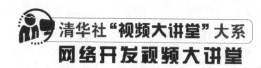

清华社"视频大讲堂"大系

网络开发视频大讲堂

Dreamweaver+Flash+Photoshop 网页设计从入门到精通

李东博　编著

清华大学出版社

北　京

内 容 简 介

《Dreamweaver+Flash+Photoshop 网页设计从入门到精通》(清华社"视频大讲堂"大系)通过基础知识+中小实例+实战案例的方式讲述,配有大量视频,适合快速上手。它虽是用 CS5 写成,但几乎所有内容也适合 CS6。它还是一本由浅入深的网页设计和网站开发类百科全书式教程,全书共分为 5 大部分 23 章,详细介绍了 Dreamweaver CS5、Photoshop CS5 和 Flash CS5 的综合使用方法、操作技巧和实战案例。内容包括使用 Dreamweaver CS5 创建网页对象,使用 DIV+CSS 布局网页,应用表单和行为,网页制作精彩实例,使用 Flash 设计元件,设计时间轴动画,使用 Photoshop 设计网页元素,网页效果图切片与输出,以及设计首页效果图等知识。本书作者具有多年网站设计与教学经验,对所有的实例都亲自实践与测试,力求呈现给读者的每一个实例都是真实而完整的。

全书内容丰富、实用,讲解循序渐进,每章都安排有丰富的实战案例,案例步骤详尽,可操作性强,适合读者从零基础快速进阶,全面、详尽的知识结构能够满足不同学习阶段的读者对学习内容的不同要求。本书显著特色有:

1. 同步视频讲解,让学习更为直观高效。306 节大型高清同步视频讲解,先看视频再学习效率更高。
2. 海量精彩实例,用实例学更轻松快捷。220 个精彩实例,模仿练习是最快捷的学习方式。
3. 精选实战案例,为高薪就业牵线搭桥。81 个实战案例展示可为以后就业积累经验。
4. 完整学习套餐,为读者提供贴心服务。参考手册 11 部,实用模版 83 类,素材源程序,让学习更加方便。
5. 讲解通俗翔实,看得懂学得会才是硬道理。

本书适用于从未接触过网页制作的初级读者,以及有一定网页制作基础,想灵活使用 Dreamweaver、Flash 和 Photoshop 软件以提高制作技能的中级读者自学使用,也可作为高等院校计算机专业以及相关培训班的教学用书。

图书在版编目(CIP)数据

Dreamweaver+Flash+Photoshop 网页设计从入门到精通/李东博编著. —北京:清华大学出版社,2013(2020.1 重印)
(清华社"视频大讲堂"大系 网络开发视频大讲堂)

ISBN 978-7-302-30667-2

I. ①D… II. ①李… III. ①网页制作工具 IV. ①TP393.092

中国版本图书馆 CIP 数据核字(2012)第 272547 号

责任编辑:赵洛育
封面设计:李志伟
版式设计:文森时代
责任校对:马军令
责任印制:杨 艳

出版发行:清华大学出版社
　　网　　址:http://www.tup.com.cn,http://www.wqbook.com
　　地　　址:北京清华大学学研大厦 A 座　　　邮　　编:100084
　　社 总 机:010-62770175　　　　　　　　邮　　购:010-62786544
　　投稿与读者服务:010-62776969,c-service@tup.tsinghua.edu.cn
　　质量反馈:010-62772015,zhiliang@tup.tsinghua.edu.cn
印 装 者:北京密云胶印厂
经　　销:全国新华书店
开　　本:203mm×260mm　　　印　张:41.75　　字　　数:1172 千字
　　　　　(附 1DVD,含配套视频、参考手册、网页模板、素材源程序等)
版　　次:2013 年 6 月第 1 版　　　　　印　　次:2020 年 1 月第 12 次印刷
定　　价:79.80 元

产品编号:044323-01

前 言

Preface

随着网页制作技术的不断发展和完善，市场上有越来越多的网页制作软件被使用。目前使用最多的是 Dreamweaver、Photoshop 和 Flash 这三种软件，俗称"新网页三剑客"。新网页三剑客无论从外观还是功能上都表现得很出色，这三种软件的组合可以高效地实现网页的各种功能，因此，无论是设计师还是初学者，都能更加容易地学习和使用，并能够轻松达到各自的目标，真切地体验到 CS 套装软件为创意工作流程带来的全新变革。

本书不是纯粹的软件教程，书中除了介绍软件的使用外，更多地介绍了创意设计与软件功能的结合。全书以软件的实际应用为主线，针对 Dreamweaver CS5、Photoshop CS5、Flash CS5 版本中的各方面知识进行了深入探讨。

本书特色

本书由浅入深地讲解了网站建设与网页设计的整个流程，面向的读者是初级专业人员及网页设计爱好者。为了方便广大读者学习，本书结合大量的实际操作进行介绍。本书作者具有多年网站设计与教学经验，在编写本书时，所有的实例都亲自实践与测试过，力求呈现给读者的每一个实例都是真实而完整的。本书具有如下特点。

☑ **科学的知识点分布**

本书从入门到提高，从精通到实战，将知识点根据读者学习的难易程度以及在实际工作中应用的轻重顺序进行安排，真正为读者的学习考虑，便于不同读者能在学习的过程中有针对性地选择学习内容。

☑ **清新的语言风格**

本书立足于实用性，并不像传统的教科书那样语言枯燥、无味，理论知识和实例效果生硬、无实际使用价值，而是深入考虑读者的实际需求，版式清晰、典雅，内容实用，就像一位贴心的朋友、老师在您面前将枯燥的计算机知识娓娓道来。

☑ **知识与示例结合**

为使读者更好地理解和掌握每一章所讲述的内容，在每章的最后基本上都有"实战演练"，将本章的内容进行了完整的贯通，以帮助读者巩固本章的相关知识点和提升读者解决实际问题的能力。另外作者还毫无保留地将现实工作中大量非常实用的经验、技巧贡献出来。

☑ **贴近实战，实例更丰富**

本书的最大特点是对每个知识内容从实例的角度进行介绍，以详细、直观的步骤讲解相关操作，适时添加提示，以补充使用技巧和知识链接，读者可以快捷地学习操作和应用，实战性非常强。

☑ **超值配套光盘**

本书所附光盘的内容为书中介绍的范例的源文件及大量参考素材，供读者学习时参考和对照使用。

Note

本书内容

本书分为 5 大部分，共 23 章，具体结构划分如下。

第一部分：网页设计与网站开发准备部分，包括第 1 章。这部分主要介绍了网站类型概述、网站盈利模式、网页设计常用工具、网站开发筹备和网站规划等知识。

第二部分：Dreamweaver 网页制作部分，包括第 2 章～第 12 章。这部分主要介绍了网页对象设计、CSS 美化、网页布局，以及利用 Dreamweaver 设计交互网页效果，使用 Dreamweaver 开发动态网站等。

第三部分：Photoshop 网页设计部分，包括第 13 章～第 15 章。这部分主要介绍了 Photoshop 操作基础、Photoshop 图层、文本等核心技术，以及如何使用 Photoshop 设计网页元素。

第四部分：网页设计和布局实战部分，包括第 16 章～第 17 章。这部分主要通过两个不同类型的网站介绍了如何使用 Photoshop 设计网站效果图和如何通过 Dreamweaver 进行重构和布局，把平面设计效果图转换为网页结构效果。

第五部分：Flash 网页互动部分，包括第 18 章～第 23 章。这部分主要介绍了 Flash 操作基础，Flash 图层、文本、动画、元件、绘图等核心技术，以及如何使用 Flash 设计交互动作，并通过一个综合实例演示如何使用 Flash 设计一个完整的 Flash 网站。

本书读者

- ☑ 希望系统学习网页设计、网站制作的初学者
- ☑ 从事网页设计制作和网站建设的专业人士
- ☑ Web 前端开发和后台设计人员
- ☑ 网页设计与制作人员
- ☑ 网站建设与开发人员
- ☑ 个人网站爱好者与自学者

关于我们

参与本书编写的人员包括咸建勋、奚晶、文菁、李静、钟世礼、李增辉、甘桂萍、刘燕、杨凡、李爱芝、余乐、孙宝良、余洪萍、谭贞军、孙爱荣、何子夜、赵美青、牛金鑫、孙玉静、左超红、蒋学军、邓才兵、袁江、李东博等。由于作者水平有限，书中疏漏和不足之处在所难免，欢迎读者朋友不吝赐教。广大读者如有好的建议或在学习本书时遇到疑难问题，可以联系我们，我们会尽快为您解答，联系方式为 design1993@163.com，liulm75@163.com。

编　者

目 录

Contents

网页设计与网站开发准备

　　如今，网上冲浪已经成为一种时尚，构成了现代人生活中一道独特而又亮丽的风景线。当读者在网上漫游之际，一定会对那些漂亮网页的制作者和各种成功网站的开发者羡慕不已，其实，读者也可以制作自己的网站，然后在网上发布，通过自己的努力成为一名优秀的站长，进而发展为商业网站。为了帮助读者对网页和网站有一个总体的认识，本章将介绍网站开发的基本知识，以及应做的准备工作，为后面章节的网页设计打下良好的基础。

学习重点：

▶▶　了解网站类型。

▶▶　认清网站发展方向和形式变化。

▶▶　熟悉各种网站的盈利模式。

▶▶　了解网站开发的常用工具。

▶▶　熟悉网站开发前的准备工作。

▶▶　能够独立完成网站开发的前期策划工作。

1.1　网站类型概述

互联网发展到今天，可以说什么类型的网站都有，而且有很多网站开发人员。

做什么类型的网站对于很多初学者来说，是最迷茫的问题。开宗明义，笔者建议读者一定要做一个自己喜欢的网站，只有自己喜欢，兴趣才浓，才能够持久，遇到任何困难都会坚持做下去。当然，要想做好，就要做出自己的特色，原创的网站总会被百度等搜索引擎优先收录，大部分浏览者也最喜欢这类网站。

根据自己锁定的目标群体，决定要做的网站类型。也许最初做网站的定位会比较模糊，差不多这个群体喜欢的东西都可以涉及。例如，如果读者是个文学爱好者，建站目的就是让一群与自己有着相同爱好的人聚集在一起，这样，网站的范围就好界定了，如果倾向于传统文学，就建一个传统文学交流站，来引起人们关于古籍的探讨，加深对中国传统文学的认识。随着网站的发展，会慢慢地发现自己用户群的喜好发生了变化，他们更喜欢历史故事而非那些古籍，这样，网站中就要增加历史故事的比例。再后来，发现他们倾向历史人物介绍、某一朝代兴衰史等，网站也会慢慢转变为偏向介绍历史知识类的网站。

根据群体喜好决定网站类型，要么会将网站做得越来越大，要么只会做得越来越背离初衷，但无论哪种情况，用户忠诚度应该不会减弱。个人网站未来的出路，必定是朝着"垂直细分、专业专注"的方向发展。读者不妨集中精力先做好一件事，做细做专，有了稳定流量和粘性度后再做进一步的延伸。

1.1.1　网站分类

根据不同的标准，网站可以分为很多类型。例如，根据网站性质不同，可分为政府网站、企业网站、商业网站、教育科研机构网站、个人网站、其他非盈利机构网站以及其他类型网站等；根据网站模式不同，可分为综合类门户网站、电子商务网站、专业网站等。下面着重介绍根据网站功能不同来分类的网站。

1. 产品（服务）查询展示型网站

本类网站的核心目的是推广产品（服务），是企业的产品"展示框"，主要功能如下。
- ☑ 利用多媒体技术、数据库存储查询技术和三维展示技术，配合有效的图片和文字说明，将企业的产品（服务）充分展现给新老客户，使客户能全方位地了解公司产品。
- ☑ 与产品印刷资料相比，网站可以营造更直观的氛围和更强烈的产品感染力，促使商家及消费者对产品产生采购欲望，从而促进企业销售。

2. 品牌宣传型网站

此类网站非常强调创意设计，但不同于一般的平面广告设计。主要功能如下。
- ☑ 利用多媒体交互技术、动态网页技术，配合广告设计，将企业品牌的特点在互联网上表现得淋漓尽致。
- ☑ 着重展示企业 CI，传播品牌文化，提高品牌知名度。
- ☑ 对于产品品牌众多的企业，可以单独建立各个品牌的独立网站，以便市场营销策略与网站宣传相统一。

3. 企业涉外商务网站

通过互联网对企业各种涉外工作提供远程、及时、准确的服务，是本类网站的核心目标，网站的主要功能如下。

- ☑ 本网站可实现渠道分销、终端客户销售、合作伙伴管理、网上采购、实时在线服务、物流管理、售后服务管理等。
- ☑ 更进一步地优化企业现有的服务体系，实现公司对分公司、经销商、售后服务商、消费者的有效管理，加速企业的信息流、资金流、物流的运转效率，为企业创造额外收益，降低企业经营成本。

4. 网上购物型网站

通俗地说，网上购物型网站就是实现在网上买卖商品，购买对象可以是企业（B2B），也可以是消费者（B2C）。此类网站的主要功能如下。

- ☑ 为了确保采购成功，该类网站需要有产品管理、订购管理、订单管理、产品推荐、支付管理、收费管理、送发货管理、会员管理等基本系统功能。
- ☑ 网上购物型网站还需要建立复杂的商品销售系统、积分管理系统、VIP 管理系统、客户服务交流管理系统、商品销售分析系统以及与内部进销存（MIS，ERP）系统、数据导入导出系统等。
- ☑ 通过本类网站，可以开辟新的营销渠道、扩大市场，同时还可以与消费者直接交流，获得第一手的产品市场反馈，有利于市场决策。

5. 行业、协会信息门户、B2B 交易服务型网站

本类网站是各企业类型网站的综合，是企业面向新老客户、业界人士及全社会的窗口，是目前最普遍的网站形式之一。主要功能如下。

- ☑ 将企业的日常涉外工作放在网上进行，其中包括营销、技术支持、售后服务、物料采购、社会公共关系处理等。
- ☑ 涵盖的工作类型多，信息量大，访问群体广，信息更新需要多个部门共同完成。
- ☑ 有利于社会对企业的全面了解，但不利于突出特定的工作需要，也不利于展现重点。

6. 沟通交流平台

利用互联网将分布在全国的生产、销售、服务和供应等环节联系在一起，改变过去利用电话、传真、信件等进行交流的传统沟通方式。主要功能如下。

- ☑ 可以针对不同部门、不同工作性质的用户建立无限多个个性化网站。
- ☑ 提供内部信息发布、管理、分类、共享等功能，汇总各种生产、销售、财务等数据。
- ☑ 提供内部邮件、文件传递、语音、视频等多种通信交流手段。

7. 政府门户信息网站

利用政务网（或政府专网）和内部办公网络建立的内部门户信息网，是为了方便办公区域以外的相关部门（或上、下级机构）互通信息、统一数据处理、共享文件资料而建立的，主要功能如下。

- ☑ 提供多数据源的接口，实现业务系统的数据整合。
- ☑ 统一用户管理，提供方便有效的访问权限和管理权限体系。
- ☑ 便于建立二级子网站和部门网站。
- ☑ 完成复杂的信息发布管理流程。

1.1.2　网站类型定位

做网站不是为了自娱自乐，最终目的是为了盈利，因此做什么类型的网站才能在尽可能短的时间内产生效益是读者要考虑的重点问题。虽然现在各类网站层出不穷，但是对于后来者、新创业者来说，只要找准定位、找准落脚点、找到盈利的模式，仍然可以制作出有前景的网站。

1.　行业网站

如果在某个行业内有一定资源优势，创建该行业的行业网站是非常好的选择。这类网站虽然用户数量无法与大而全的网站相比，但都是有效客户。根据"二八理论"，行业网站的用户有 20%是无效用户，80%是有效用户，而非行业网站则恰好相反。例如，Donews（http://www.donews.com/）就是一个非常典型的代表。该网站自 2000 年 4 月创立以来，只用半年时间就成为中国最大的 IT 写作社区，现在已团结了 3.2 万名编辑、记者、自由撰稿人以及 IT 从业人员成为网站中的专栏作者或论坛用户，如图 1.1 所示。

图 1.1　DoNews 网站

如果做传统行业的行业网站，如中国五金网、中国服装网、中国粮食网、中国化工网，仍然需要较多的投入，这是个人网站站长无法完成的。因此，建议初学者选择其他行业，完全可以把这里所说的"行业"范围扩大一些。

例如，如果读者是位高中语文教师，对高中语文教学颇有研究，那么不妨按教材的目录编写一个行业网站，即做到将课件、试卷、教案、学案、教学研究都链接到一个页面上，使用户打开网站后，看到的是整个高中教材的目录，如果用户单击第一册第一篇课文，在打开的页面中就可以看到该节课文所有的实用资料，这对于有经验的教师来说是完全可以做到的。因此，不妨把点定位得小一点、准一点，这样很快就可以获得效益。

2.　面向大众用户

用户是收益的来源，有访问量就可以赚取不菲的广告费。但怎样才能赢得用户呢？

以 hao123（http://www.hao123.com/）为例进行说明，也许读者很少使用 hao123 进行网址导航，甚至基本上没有人将其设为浏览器的默认网页，但是如果读者走访网吧、非 IT 用户的计算机时，会发现 IE 默认首页都选择了 hao123，如图 1.2 所示，这是为什么？

图 1.2　hao123 网址导航

回忆最初接触互联网时，是不是为如何记住一个又一个网址而苦恼呢？现在同样如此，随着网络的高速发展，在巨大的用户群中，非专业的用户所占比例是非常庞大的，他们不会去记忆网址，虽然很多域名很容易记住。hao123 网站的站长正是看到这个盲点，并迅速出手，创建了这样一个入门级的网站导航页面，满足了上亿用户访问互联网的需求。由于先出手占据了市场，最终该网站以 5 000 万人民币的价格卖给了百度。

为什么 hao123 这样看起来毫无技术含量、很不时尚的网站，会有这么大的需求？

认真想一想，这恰好说明中国的现状。互联网不再是一线城市的白领、大学生的专利，越来越多的不会拼音的老年人上网了，越来越多的二线城市、乡镇，包括农村（农民）朋友上网了。他们本来应该和所有互联网用户一样拥有平等的权利，理应受到相应的尊重，却被很多创业人员忽略了。

例如，现在的 IT 学院类网站遍地开花，这类网站都追求"门户"之风，从简单到复杂，从普通内容到行业教学，包罗万象。这样，虽然可能每个用户用起来都会觉得这儿有他们需要的东西，但是这留不住用户。

换一个角度，可以只做针对菜鸟的网站，编辑他们最需要、最关心的教学内容，不做高端的、大而全的。毕竟菜鸟用户的数量要数倍于高手，而且做这类网站也不需要太高的技术。

3. 地区分类信息网站

分类信息网站目前已经有很多了，如客齐集、赶集网等，另外，163、QQ 等门户网站都有地区的分类信息，那么是不是就意味着新创业者就没有前途了呢？当然不是，只要做好下面几点就可以了。

☑　选择的城市规模要适中，避开锋芒。对于北京、上海这类大城市，网站推广起来比较麻烦，而且这类网站说不定早已存在，因此没有必要与其相争。选择的城市应以中等规模的市一级城市或较大规模的县、区为主，这样的城市规模适中，有一定的用户量，但又不是特别大，推广起来比较容易。

☑　选择中小规模的城市是因为，像现有的全国性的分类信息网站还没有能力把这类城市的信息收集全并在本地区进行推广。

☑ 做好分类信息的内容。这部分内容的选取一定要遵循实用的原则，要确实是本地区用户感兴趣的、对他们的生活有帮助的信息，同时主要用户群应是中青年用户。

☑ 网站频道设置要有特色，如二手交易、房产交易、物流、招聘求职、交友等都是积聚人气的不错选择。其次是本地区的商家信息。在网站推出前期，可以由专人将本地区按街道、功能等方式进行多重分类，免费收录到网站中。具体来说，为了方便用户找到信息，可以将每条街道上的所有店铺、商家免费入驻。先期的工作量稍大一些，但针对不是特别大的城市，做起来并不是特别难，并且在先期收录时可以只收录主要的店铺，如综合商场、专卖店、KTV、酒吧等。

☑ 推广策略要恰当。在先期准备工作做好后，可以集中制作一批宣传单（如画、册），向入驻的商家免费发放，同时可以在主城区主要干道上进行分发（这在中小城市是可以的），另外也可以组织一些互动的活动来积聚人气。

☑ 内容更新应及时。当网站有一定的知名度后，如二手、物流、招聘求职、交友这类信息用户会主动发布，其次一些商场、较大的专卖店等一般也都会有专人负责网上的宣传，可以让他们免费发布。如果本地区的商场不能做到，那么可以与其签订协议，免费帮助他们更新信息。

☑ 根据城市的大小，可考虑安排2～5名信息员，让他们按区域每天排查，看其所属区域内有没有最新的促销信息、打折信息、新品信息、活动信息等，如果有就立即发布，同时也要求入驻的商家有该类信息时主动联系发布。

做到本地区分类信息与人们生活、休闲相关，内容收录得比较全，就可以开始赚钱了，如发布信息收费、为大商场设立专区宣传收费等。换句话说，网站相当于一个媒体平台，而这个媒体的运营成本是比较低的。当然，如果要做大，还有很多方式，如承包本地区某份报纸的一个版面，将网站收录的信息在报纸上发布（指收费信息）等。

这类网站之所以能赚钱，是因为全国性的分类信息网站无法做到信息本地化，抓住这个契机建一个本地生活信息服务网站还是可行的。

1.1.3 个人网站目标分析

自2009年以来，网络环境发生了巨大的变化，那些靠垃圾网站刷流量、靠人体艺术网站挂广告、靠打擦边球赚流量来盈利的网站已经无法生存。申请域名时，备案要实名认证，cn域名个人不得注册等行为规范正在逐渐完善，再加上百度等搜索引擎的算法不断改进，网站靠流量赚钱已经相当困难。所以，读者在选择目标时一定要正确选择。下面就几个比较热门的网站目标进行调查分析，以供参考。

1. 多媒体网站

电影和音乐网站很容易发展，也很容易赚钱。只要不断添加内容，不断增加节目，确保可以在线播放，流量不是问题。如果做免费电影网站，基本半年不到就可以积累一定基数的用户。但是，电影网站对带宽的要求非常高，而且这类网站的广告非常多，几乎随处可见，虽然如此，浏览者还是比较习惯，并能够忍受，很多站长靠广告联盟获得了高额利润。

不过，随着国家对版权保护的加强，打击盗版的力度越来越大。做电影和音乐类型的网站会存在致命的发展隐患。但如果做得成功，靠会员还是可以盈利的。大部分电影网站都是"小偷"程序，有的采集优酷、56、土豆等门户视频网站，导致不被搜索引擎收录的情况时有发生，因此，现在的电影网站并不好做。

2. 图片网站

图片网站是比较合适个人站长去做的一类网站，这类网站需要占用大量的空间，如果拥有虚拟的服务器（VPS），不妨考虑一下，当然，网站成本会增加很多。现在的图片网站中必须是正规图片，不能有不健康的图片。

图片网站一般没有固定用户，除非是专业素材类图片。图片网站的大部分流量来自搜索引擎，图片内容不能打擦边球。搜集图片资源也是个漫长的工作，需要耐心，不建议直接到淘宝店买一套整图片站程序。

3. 小说网站

小说网站的流量产生主要依靠搜索引擎，现在主要是百度。因此，此类网站不做 SEO 优化，靠普通的推广手段比较难，没有流量的小说网站相当于一个废站。另外，小说的内容从哪里来？自己写不太现实，做采集，但现在采集站大部分都死了。没有哪个有能力的作者喜欢长期在一个小网站上写作。

现在做手机小说下载网站还是比较有前途的，因为 3G 时代，人人都离不开手机。将来在手机上看小说的人会越来越多，虽然手机小说下载网站很多，但由于这个市场庞大，现在进入还为时不晚。

4. 导航网站

导航网站有很多人在做，但一直没有被超越，大家都是看到了 hao123 被百度高价收购的神话，跟风上阵。导航网站谁都可以做，到网上下载一个源码，用不了一小时就做出来了，但是这类网站的流量如何产生呢？这是一个最大的问题。个人站长没有大量的资金去做宣传，也没有能力做一个木马软件进行传播，更不可能去和电信、网通合作，出高价去门户站投硬广告也不实际。如果说做个导航网站自己玩玩，在自己的网吧用，还是可以的，用来盈利肯定不行。

5. 下载网站

下载网站一直是个热门，不过大部分个人下载站都是盗链接，很少有个人站长自己慢慢搜集资源，再一个一个地搜集软件源码、测试，并打包上传。如果是后者，那的确是有前途的个人网站。但是，这样做会花费很多精力，下载站占用的空间和带宽也很大，没有自己的服务器是不行的。很多个人站长没有能力去投资，花大力去推广，这样的网站也坚持不了几年就"死亡"了，天空软件下载以前是相当出名的网站，它也是由个人下载站发展起来的，因为它发展的早，成功模式不可能再去复制了。

正规下载站的盈利模式，靠的是广告位和联盟。垃圾下载站靠的是流氓站和绑定插件，甚至是木马程序。

6. 论坛社区和博客网站

对于论坛社区和博客网站来说，现在很多网站使用的都是 DZX 程序，还有 WD，建一个论坛仅需不到半个小时的时间，把模板风格设计好，不到一天。但是有人气的论坛有多少？大多是放那里，供那些网络水军发 AD。但是靠地方论坛或者专业性的技术论坛，这类网站还是可以发展起来的，如网络技术、站长论坛、电器维修论坛等。站长论坛火了，大家又都在做站长论坛，在百度上搜索了一下"站长论坛"这个关键词，搜索到的结果太多了，然而论坛数量多了，一些论坛的人气也下降了，甚至有的论坛不得已也采用了自动回帖插件。

7. 其他类型网站

还有一些其他类型的小网站，有自己的特色和盈利点，有发展前途，当然需要读者去认真分析和把握。但是当一种网站模式成功之后，就会引起别人关注，随时可能被模仿并被超越。也有很多人做 IDC 卖空间，基本上走的都是在国外买一个 VPS，在国内卖主机的道路。这类服务空间不稳定，骗子多，让人防不胜防。国内的 IDC 有 70%都是个人在做，陷阱很多，所以建议大家做一些正规的网站，向细分化的行业站发展，做得早，说不定以后就是这个行业的霸主。

1.2 网站盈利模式

网站靠什么存活？靠的是点击率。但对于大部分个人网站或者中小型网站来说，既没有大规模运作的实力，也没有网站营销的经验，如何获取大量的点击率？何况有点击率也不能够确保盈利，很多初学建站的站长抱着坚定的理想和信念，付出了大量的时间和汗水，却往往颗粒无收，没有任何回报，这是一件令人非常郁闷的事情。因此，对于广大初学网站开发的读者来说，学习之初首先应该了解并思考网站的盈利模式，虽然成功不可复制，但成功的模式却可以借鉴。

1.2.1 广告费

经营广告是网站生存的最基本盈利模式。广告的种类繁多，各种规模的网站都在做，所以在做广告时，一定要选好定位。例如，做彩铃，在数码频道、时尚频道或者女性频道比较好做，国内一家知名的通信资讯公司的报告显示，70%的彩铃业务来自于女性客户。

网站广告的形式多种多样，简单总结如下。

☑ 网站本身广告

几乎所有网站都有广告位，最常见的是横幅式广告，有些显示在最上方，有些则在网站内容的中间和底部。还有一些是内页的大幅广告位。这些广告位的尺寸都没严格限制，可根据自己网站的布局和需求制定。展现形式可为图片、文字和动画。

☑ 悬浮式窗口广告

不影响网站本身布局，内容自由的广告位。如经常可以看到的网站左右两侧悬浮的广告位，以及网站右下角类似腾讯新闻提示框的窗口广告位，这种广告位多为图片和动画，文字较少。

☑ 弹窗广告

该种广告和网站页面不相关，直接弹出新的窗口。现在各类小说网站大多都含有弹窗广告。不过用户体验差，对网站空间和速度有影响。

☑ 图片广告

这一种新的广告形式，可以让网站里的图片都成为广告位。在鼠标没有移动到图片上的特定区域之前，展现出来的是网站本身的样式，如果移动到图片的特定区域，则会出现提示性的广告。这种广告不影响网站本身的内容，针对性强，用户体验度高，有发展前途。

网站广告收费形式总结如下。

☑ CPM（COST PER MILLION）

这种广告形式是指广告展示 1 千次，就计费一次。现在的弹窗广告就是这种形式，不看重实际效果，只在乎展示次数。

☑ CPA（COST PER ACTION）

这种广告收费形式是按特定的动作进行收费的。例如，成功购买一件东西、注册一个用户、点击一个网页等。这种广告形式对广告主比较有益，因为可以根据实际工作来计费。

现在很多免费网站，都以引导客户做出以上行为为工作重点。用广告方面赚的钱维持对用户的免费服务，因此很多网站采取激励的方式，只要用户完成以上行为，就可以获取积分，积分到一定量之后就可以换取网站服务等。

　　☑　CPC（COST PER CLICK）

　　点击付费，根据实际点击率进行计费。这个是推广广告最常用的形式，如百度推广、阿里巴巴的网销宝等都是这种形式。

　　☑　CPS（COST PER SALE）

　　根据实际销售情况来计算广告费，一般按利润的百分率来计算。淘宝客采用的就是这种模式，根据实际产品销售出去的利润按 30%或 50%的比例分成。

　　☑　包月

　　这种形式主要出现在网站的固定广告位上，以一个价格买断一个广告位，不计算展示，不计算点击，也不计算实际销售情况。很多喜欢固定收入的站长比较喜欢这种形式。

　　在此类盈利模式中，国内做得比较好的是新浪（www.sina.com.cn）、搜狐（www.sohu.com）、网易（www.163.com）、雅虎（www.yahoo.com.cn）等门户网站（包括行业门户）。另外，视频网站通过影音载入前后的等待时间播放广告主的在线广告也是一个非常可观的盈利点，如国外的 youtube（www.youtube.com）、国内的 56（www.56.com）、土豆（www.toodou.com）、六间房（www.6rooms.com）等。

1.2.2　技术费

　　建设这种模式的网站需要拥有专业团队，并在某一特殊领域建立良好的声誉，像国内的一些 CMS、BBS 系统提供者，如风讯、动易、动网、帝国等。国外的也有类似的免费开源项目，如 WordPress。

　　WordPress 是一种使用 PHP 开发的博客平台，用户可以利用它在支持 PHP 和 MySQL 数据库的服务器上架设自己的博客，也可以把 WordPress 当作一个内容管理系统（CMS）来使用。WordPress 是一个免费的开源项目，但是最初这个项目也仅是一个自娱自乐的网站，由于该网站做得比较专业，并最先实现开源和免费，于是很多个人网站便使用了它。目前 WordPress 是美国最富创新性的网站，网站价值超过了几十亿美元。

1.2.3　标准费

　　这种网站致力于建立业界的标准，一旦标准被建立，则可获得丰厚的报酬。这种网站对站长的要求很高，不仅要求站长有很深厚的专业功底，还要有极强的创新能力。比较成功的如百度、谷歌，它们旨在建立一种搜索行业的标准，后来者只是模仿者，但是模仿者想要超过标准建立者，需要付出很高的代价，而且几乎是不可能的。这类网站中比较知名的还有 hao123、chinabbs、qihoo 等。

1.2.4　服务费

　　这种网站会深入了解客户的状况，协助他们解决问题，因此能够和客户建立非常好的关系，网站也因客户的成长而盈利。这类网站的站长要在某一行业中有足够的实力或者有很强的话语权。

　　这种网站有很多，如提供电子商务解决方案，帮助客户梳理产品流程，减低企业成本，还有一种是论文发表网站，帮助有发表需求的客户发表论文，这种收益绝对比广告来得多，此外还有翻译网站，归根结底，是以提供服务为主。

1.2.5　平台费

　　这种网站扮演着电话系统交换机的角色，提供一个平台，让买卖双方交易，从中收取费用，因此交易量越大，盈利越高。其中国内最成功的网站应该是淘宝网了。国外的有 eBay 拍卖网站，eBay 也成为全世界最大且最赚钱的拍卖网站公司，其实淘宝网站也是在模仿 eBay 的模式中走向成功的。还有其他一些小型的 C2C、B2B 和各种各样的交友网站。

目前这类网站发展空间比较小了，不过读者可以在专业化上谋求发展，如做点卡、虚拟财产等。

1.2.6 会员费

这类网站最成功的案例还要算 QQ 会员站了，因为此网站拥有如此多的忠实会员，可定期向会员收取会员费。如果读者期望通过会员模式盈利，那么在设计网站时，就应该思考网站的内容，应该具有专、精、深的特性，同时在互联网上又无法找到，仅此一家，而这些内容对于特定用户群来说，又是必须的。例如，淘宝营销经验、个人独门秘方、技术专供等。

这类网站想要拥有数量众多的忠实会员，必须要在内容上下功夫，但这又与互联网共享的精神相矛盾。例如，建一个学习资料的收费会员站，苦心经营一段时间后，会发现网上类似的资料满天飞，因此做好内容的同时，一定要想办法控制内容的流失，办法有很多，可以借鉴国内几家提供电子杂志的网站，还有一些论文、电影、文秘网站的做法。当然做这类网站是比较辛苦的，风险也比较大。

注册会员收费，提供与免费会员差异化的服务，这类盈利模式比较成功的网站举例如下。
- ☑ 阿里巴巴（www.cn.alibaba.com），中国 B2B 网站典范，还有慧聪商情（www.hc360.com）、金银岛（www.315.com.cn）等 B2B 类型网站。
- ☑ 中国化工网（www.chemnet.com.cn）、我的钢铁（www.mysteel.com）等行业门户网站。
- ☑ 配货网（www.peihuo.com）等专业服务网站。
- ☑ 51（www.51.com）等娱乐游戏网站。

1.2.7 增值费

这种模式主要通过短信的途径实现，短信业务成功的实质是一种运营模式的胜利。中国移动通过利益分成的形式将 SP（内容提供商）团结在一起，形成了一个完整的包括电信运营商、内容提供商、系统和终端设备提供商、用户的产业链，并担负着联系各方、协调整个链条正常运转的最关键责任。中国移动通过这个由运营商主导施行的一种公平的互惠互利商业模式，让各个环节的参与者都真切地感觉到了可企及的利益，而通过榜样的力量更是吸引到了越来越多的公司和个人参与。

目前，这是最赚钱的网络盈利模式之一，几乎每个进入全球排名前 10 万位的商业性网站和个人网站都在通过 SP 来获取经济回报，不过由于 SP 受到中国移动等运营商的限制，盈利率有些下降，以此类模式为主的上市公司市值较以前有缩水，比较典型的网站有空中网（www.kong.net）、3G 门户（www.3g.net.cn）、Zcom（www.zcom.com）、唯刊（www.vika.cn）、51（www.51.com）等。

1.2.8 游戏费

这类网站主要以网络游戏为平台，通过游戏相关的服务和虚拟物品进行盈利，如虚拟装备和道具买卖。相信很多玩过网络游戏的读者都会了解这种盈利模式的形式。

这方面比较成功的网站包括网易游戏（www.163.com）、盛大游戏（www.poptang.com、www.shanda.com.cn）、九城游戏（www.the9.com、www.ninetowns.com）、久游（www.9you.com）及其游戏地方代理运营商等。

1.2.9　电商盈利费

　　电子商务盈利模式将是未来网站盈利模式的主要方向，主要通过网上交易获取实际收益，类似的网站形式包括各种网上商店，以及现在正在流行的团购网站，都是电子商务盈利模式的新形式，值得读者认真思考和研究。

　　这类模式又可以分为以下两种。

　　☑　销售别人的产品

　　根据对象不同可分为 B2C（商家对个人）和 C2C（个人对个人）两种模式。C2C 网站包括淘宝（www.taobao.com）、易趣（www.ebay.com.cn）等，易趣通过在线竞拍，从成功交易中抽取佣金。B2C网站包括卓越（www.joyo.com）、当当（www.dangdang.com），而豆瓣网（www.douban.com）则通过营造社区，推荐销售来抽取佣金。

　　☑　销售自己的产品

　　也就是企业网店。大多数外贸网站和国内中小企业网站都会包含该功能模块，或者建立独立的产品销售网站。

1.3　网页设计常用工具

　　网页内容如此丰富，究竟要用什么工具来进行创作，已经成为广大网页初学者最关心的话题。现在网页制作工具有很多，下面就介绍几种各有特色的网页编辑、网页图像与动画制作软件。

1.3.1　Dreamweaver

　　Dreamweaver、Fireworks 和 Flash 一起被人们喻为"网页制作三剑客"。Dreamweaver 是"所见即所得"的网页编辑软件。它能够很好地通过鼠标拖动的方式快速制作网页效果，并能够与 HTML 代码编辑器之间进行自由转换，而 HTML 语法及结构不变。这样，专业设计者可以在不改变原有编辑习惯的同时，充分享受到"所见即所得"带来的方便。

　　Dreamweaver 支持多种语言的动态网页的开发，如 ASP、JSP 和 PHP 等。Dreamweaver 界面和工作环境简洁、富有弹性，与 Fireworks、Flash 和 Photoshop 紧密集成，可以使用 Dreamweaver 的可扩展结构来扩展和定制 Web 的功能。

1.3.2　Photoshop

　　Photoshop 是目前最流行的图像处理软件。只要将 Dreamweaver 的默认图像编辑器设为 Photoshop，那么在 Photoshop 中制作完成网页图像后将其输出，就会立即在 Dreamweaver 中更新。

　　Photoshop 提供了大量的网页图像处理功能，例如，网页上很流行的阴影和立体按钮等效果，只需单击一下就可以制作完成。当然，使用 Photoshop 的最方便之处在于，它可以将图像切割效果直接生成 HTML 代码，或者嵌入到现有的网页中，或者作为单独的网页出现。

1.3.3　Flash

　　Flash 是目前最流行的矢量动画制作软件。与其他 Web 动画软件相比，用 Flash 制作的动画占用空间小，非常适合在网络上使用。同时，矢量图像不会随浏览器窗口大小的改变而改变画面质量。它还有一些增强功能，例如，支持位图、声音、渐变色和 Alpha 透明等。拥有了这些功能，用户就完全可以建立一个全部由 Flash 制作的站点。

Flash 支持视频流，这样浏览者在观看一个大动画时，可以不必等到影片全部下载到本地再观看，而是可以随时观看，即使后面的内容还没有完全下载，也可以欣赏动画。此外，本软件界面简洁、易学易用，软件中还附带了精美的动画实例和简明教程，即使是新手，也会很快掌握。

1.4 网站开发筹备

对于广大初学网站开发的读者来说，一定要铭记：网站内容要尽量做到精和专。在开发网站之前，应该思考以下问题。

☑ 网站包含什么内容？
☑ 目前国内有哪些比较有实力的同类网站？
☑ 与它们相比该网站有哪些优势？

当读者清楚了上面问题的答案后，就可以着手筹备自己的网站了，具体说明如下。

1.4.1 了解网站工作方式

在学习网站开发时，读者应该明白两个基本概念：客户端和服务器端。

客户端的英文为 Client，服务器端的英文为 Server。在计算机领域，凡是提供服务的一方，都可以称为服务器端（Server），而接受服务的一方则称为客户端（Client）。

例如，把自家的几台计算机连在一起，形成一个简单的家庭局域网。其中一台计算机连接有打印机，其他计算机都可以通过这台计算机进行打印，那么我们可以把这台计算机称为打印服务器，因为这台计算机提供打印服务，而使用打印服务器提供的打印服务的另一台计算机就可以称为客户端。

当然，谁是客户端、谁是服务器端都不是绝对的，而是随时变化的。例如，如果原来提供服务的服务器端计算机要使用其他计算机提供的服务，则服务器端所扮演的角色即转变为客户端。

如果把这种关系迁移到动态网站开发中，则客户端和服务器端就变成了浏览器和网站之间的对应关系。浏览者（在本地计算机中）通过浏览器向网站请求浏览服务，网站（在远程服务器上）根据请求进行响应服务。

当然，读者不能根据位置关系来判断客户端和服务器端。如果在本地机中组建了支持服务器的环境，而读者又在同一台计算机中向服务器请求服务，则客户端和服务器端都会在同一台机器上，位置关系就发生了变化。

如果本地机被连接到互联网上，且远方的朋友知道读者的 IP 地址，则他可以在远方浏览读者在本地机上设计的动态网页，这时本地计算机就变成了服务器端，而远程计算机就变成了客户端。

请求的英文为 Request，响应的英文为 Response。请求和响应是 HTTP 传输协议中两个基本概念。HTTP 是超文本传输协议，它是 Web 应用的基础，网页都是通过 HTTP 协议进行传输的。

HTTP 是一种请求/响应模式的协议，通俗地说就是客户端浏览器向服务器发出一个请求，服务器一定要进行响应，HTTP 消息在一来一回中完成一个请求/响应的过程。

当客户端浏览器与服务器建立连接之后，客户端会发送一个请求给服务器，请求消息的格式是：

统一资源定位符（URI 网址）、协议版本号，后面是类似 MIME 的信息（MIME 的概念可参阅第 12.2.1 节中的介绍），包括请求修饰符、客户机信息和可能的内容（这些内容我们都将在后面的章节中进行讲解）。服务器接到请求后，会返回相应的响应消息，其格式是：一个状态行包括消息的协议版本号、一个成功或错误的代码，后面也是类似 MIME 的信息，包括服务器信息、实体信息和可能的内容。

在动态网站中，请求/响应就这样构成了全部活动的基础，实现了信息的动态显示。

1.4.2 了解动态网站类型

目前常用的 3 类服务器技术包括 ASP、JSP 和 PHP。它们的功能都是相同的，但是基于的开发语言不同，实现功能的途径也存在差异。如果掌握了一种服务器技术，再学习另一种服务器技术，就会简单得多。这些服务器技术都可以设计出常用的动态网页功能，对于一些特殊功能，不同服务器技术支持程度不同，操作的难易程度也略有差别，甚至还有些功能必须借助各种外部扩展才可以实现。

另外，Adobe 公司开发的基于 Flash 技术的 FMS（Flash Media Server）服务器技术，目前也受到很多网友的热捧。同时，由 ASP 技术升级后得到的 ASP.NET 服务器技术，功能强大得更是让人眼花缭乱。下面就来简单了解一下 ASP、PHP 和 JSP 三大服务器的技术特点。

1. ASP

ASP（Active Server Pages，活动服务器网页）是一种 Web 应用开发的环境，它不是一种语言，其实其他几种服务器技术也不是具体的编程语言。ASP 简单、好学，是目前服务器应用比较广泛的一种技术，群众基础和技术支持都比较雄厚。ASP 采用 VBScript 和 JScript 脚本语言作为开发语言，当然，读者也可以嵌入其他脚本语言。ASP 服务器技术只能在 Windows 系统中使用。ASP 页面的扩展名为.asp。

2. PHP

PHP（Hypertext Preprocessor，超文本预处理程序）也是一种比较流行的服务器技术，它最大的优势就是开放性和免费服务。读者不用花费一分钱，就可以从 PHP 官方网站（http://www.php.net）下载 PHP 服务软件，并不受限制地获得源码，甚至可以加进自己的代码。PHP 服务器技术能够兼容不同的操作系统。现在用 PHP+MySQL 组合进行开发已成为中小企业应用开发的首选。PHP 页面的扩展名为.php。

3. JSP

JSP（Java Server Pages，Java 服务器网页）是 Sun 公司推出的服务器技术，我们知道 Sun 公司打造的 Java 开发平台现在完全可以与微软的.NET 平台相抗衡，也是大型网站首选的开发工具之一。JSP 可以在 Serverlet 和 JavaBean 技术的支持下，完成功能强大的 Web 应用开发。另外，JSP 也是一种跨平台的服务器技术，几乎可以在所有平台上执行。JSP 页面的扩展名为.jsp。

ASP、PHP 和 JSP 这三大服务器技术具有很多共同的特点，如下所示。

- ☑ 都是在 HTML 源代码中混合其他脚本语言或程序代码。其中 HTML 源代码主要负责描述信息的显示结构和样式，而脚本语言或程序代码则用来描述处理逻辑。
- ☑ 程序代码都是在服务器端经过专门的语言引擎解释之后执行，然后把执行结果嵌入到 HTML 文档中，最后再一起发送给客户端浏览器。
- ☑ ASP、PHP 和 JSP 都是面向 Web 服务器的技术，客户端浏览器不需要任何附加的软件支持。

当然，它们也存在很多不同，如下所示。

☑ JSP 代码被编译成 Servlet，并由 Java 虚拟机解释执行，这种编译操作仅在对 JSP 页面的第一次请求时发生，以后就不需要再编译。而 ASP 和 PHP 的每次请求都需要进行编译。因此，从执行速度上来说，JSP 的效率最高。

☑ 目前在国内，PHP 和 ASP 应用最为广泛。由于 JSP 是一种较新的技术，所以国内使用较少。但是在国外，JSP 已经是一种比较流行的技术，尤其电子商务类网站多采用 JSP。

☑ 由于免费的 PHP 缺乏规模支持，不适合应用于大型电子商务网站，而更适合一些小型商业网站。ASP 和 JSP 则没有 PHP 的这个缺陷。ASP 可以通过微软的 COM 技术获得 ActiveX 扩展支持，JSP 可以通过 Java Class 和 EJB 获得扩展支持。同时升级后的 ASP.NET 更是获得.NET 类库的强大支持，编译方式也采用了 JSP 的模式，功能可以与 JSP 相抗衡。

总之，ASP、PHP 和 JSP 这 3 种技术都有自己的用户群，它们各有所长，读者可以根据三者的特点选择一种适合自己的语言。

1.4.3 申请域名和购买空间

域名和空间是两个独立但又紧密联系的概念，都不能单独使用。域名相当于远程网站的联系地址，而空间就是网站在互联网上的家。通过域名可以找到网站，但是如果没有网站，域名也仅是空的联系地址，没有实际意义。

1. 认识域名

提及域名，我们不妨先从网址说起。读者可能经常在浏览器的地址栏中输入网址。网址的专业名称是统一资源定位符（Uniform Resource Locator，URL），它完整地描述了互联网上网页和其他资源地址的标识方法，因此也常称之为 URL 地址。这个地址可以是本地磁盘，也可以是局域网上的某一台计算机，更多的是互联网上的网站。

例如，在浏览器中的地址栏中输入 http://www.baidu.com/，确定之后，浏览器就会自动定位到百度的首页。其中，http 表示超文本传输协议，专供 Web 服务器使用，这也是使用最广泛的协议。类似的还有 ftp（文件传输协议）、mailto（电子邮件协议）等。

www.baidu.com 表示服务器的域名（或称主机名，简称域名），这里提及的服务器或主机多数情况下表示虚拟服务器或虚拟主机，即网站，而非实际的服务器或主机。接入到互联网中的每个可供访问的服务器都有一个专用的域名，用户要访问服务器上的资源，也必须指明服务器的域名。

在 www.baidu.com 域名中，com 表示顶级域名，该域名是国际通用域名，在世界范围都可以访问，开始时为公司（Company）所使用，但现在任何人都可以申请。类似的域名还有 cn，它表示中国国家域名，使用范围仅适于国内，但是随着中国国家域名的影响力不断增大，其他国家和地区也开始为 cn 域名提供接入服务。

顶级域名的类型繁多，以前国家对于域名的管理还比较严格（因为当时资源有限），现在大部分类型的域名都可以对个人开放了，当然不同类型的域名收费标准也是千差万别，不同服务商的收费标准也各不相同。读者在选用时要适当比较一下。其中，cn 域名是现在比较流行、收费也最便宜的域名。

baidu 表示二级域名，实际上它才是真正的域名（从狭义角度讲）。二级域名前面还可以跟随三级域名。二级域名在申请时由申请者自己确定，而三级域名可以在申请成功之后自己绑定。

2. 申请域名

域名申请一般可以在网上完成。提供域名和空间服务的公司很多，如果在搜索引擎中搜索"域名注册"关键字，读者会找到很多提供类似服务的公司。当然，各家公司的服务水平也是参差不齐的，请读者根据个人需求和公司口碑适当进行选择。申请域名时不妨按如下几步来进行。

第 1 步，确定自己的顶级域名。一般可以根据网站的业务选择不同的类型，例如，如果仅为学习、交流使用则可以选择 cn 国家域名；如果希望网站在世界范围内能够被访问，则可以选择 com、org、net 等国际域名；如果准备建立 wap 网站，则可以申请 mobi 手机域名。另外，还有通用域名和中文域名等，不一而足，现在用户选择域名类型的余地还是很大的。

第 2 步，确定自己的域名。这个域名也就是上面所说的二级域名。域名越短越好，当然还应好记，并具有一定的意义。

第 3 步，查询自己的域名是否已被注册。只有未注册的域名才允许申请。例如，假设在中国万网（http://www.net.cn/）中查询"zhu2008"关键字，则可以快速看到查询结果，如图 1.3 所示。

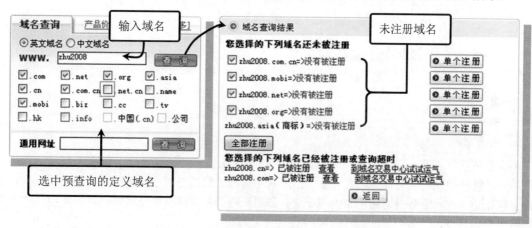

图 1.3 选择域名

由于所有域名都由国家工业和信息化部进行统一备案和管理（http://www.miibeian.gov.cn/），其中国际域名还必须由国际统一机构进行备案管理，所以在任何一家网站中查询域名的数据库，所查询的结果都是相同的。

如果自己设计的域名已经被注册，则可以返回域名查询页面重新设计域名并进行查询，直到满意为止。

第 4 步，当确定自己的域名未被注册，则应该马上申请注册。很多有价值的域名有可能会瞬间被别人抢注。例如，在上面的查询结果中，如果决定注册"zhu2008.net"国际英文域名，则单击【单个注册】按钮，进入确认页面，在这里可以选择域名的期限，一般为一年，过了一年，如果没有续费，则该域名自动作废。如果计划长期持有则建议选择多年注册，一方面多年注册会优惠，另一方面也避免因为忘记续费而被别人抢注。

在选择域名期限的同时，读者还可以选择配套服务，如是否购买空间等，如图 1.4 所示。对于初次注册域名的用户，建议再选择一款空间类型（下一部分将详细讲解），这样服务商就可以帮助用户将域名和空间进行绑定，而不需要自己动手进行繁琐的相关操作。

第 5 步，注册个人详细信息。由于每个域名如同身份证号一样都是唯一的，所以读者提交的个人信息必须真实、详细。这些信息将被保存到国家域名数据中心进行统一管理。

第 6 步，信息提交成功之后，用户就可以通过各种方式付费，当服务商收到钱之后会帮助读者申请该域名并进行备案，一般这个过程可能需要几个小时，甚至一两天时间。

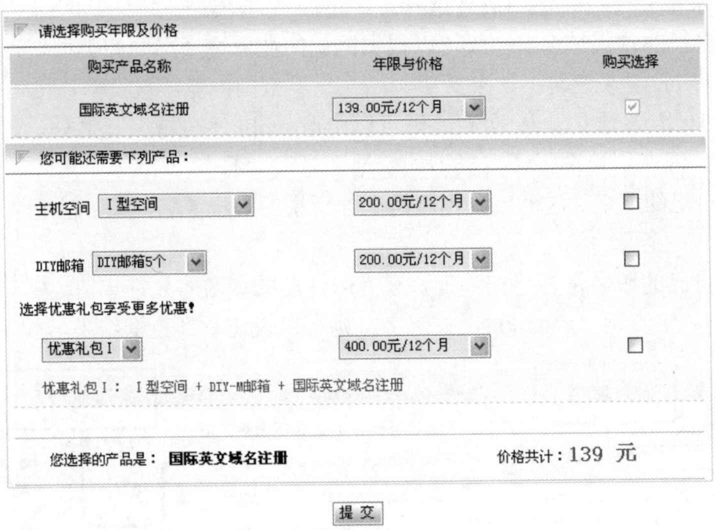

请选择购买年限及价格		
购买产品名称	年限与价格	购买选择
国际英文域名注册	139.00元/12个月	☑

您可能还需要下列产品：

主机空间 I型空间	200.00元/12个月	☐
DIY邮箱 DIY邮箱5个	200.00元/12个月	☐

选择优惠礼包享受更多优惠！

优惠礼包 I	400.00元/12个月	☐

优惠礼包 I： I型空间 + DIY-M邮箱 + 国际英文域名注册

您选择的产品是：**国际英文域名注册**　　　　　　　价格共计：139 元

提 交

图 1.4　购买配套服务

3．购买空间

购买空间实际上就是购买主机（或服务器）。这里的主机有两种概念。

第一，就是独立的服务器，读者可以自己购买服务器，然后在网上向服务商申请主机托管，或者申请主机租赁。独立服务器适用于大中型企业、公司，或者做资源型商业网站，自然使用独立服务器的费用也相当昂贵，一般一年的管理费用都会达到上万元。

第二，就是虚拟主机。这也是大多数网站的首选。虚拟空间的最大优势就是经济、够用，便宜的空间费用最低可能几十元钱，一般空间在几百元左右。根据公司服务水平的好坏，收费差距也很大。

所谓虚拟主机，就是把一台运行在互联网上的服务器划分为多个虚拟的服务器，每个虚拟主机都具有独立的域名和完整的 Internet 服务器（即支持 WWW、FTP、E-mail 等）功能。一台服务器上的不同虚拟主机是各自独立的，并由用户自行管理。

虚拟主机有多种类型和大小，所支持的功能也不尽相同，应该根据自己的需要进行选择。既然学习 PHP 应用开发，当然应该选择支持 PHP 技术。空间大小根据需要而定，空间越大，费用也就越高。

如果建立简单的个人网站或者创业网站，数据库可以选择 MySQL。另外，还应了解空间支持的扩展技术，例如，是否支持 FrontPage 扩展、多媒体、FSO 组件、邮件发送组件、文件上传组件等扩展技术。如果希望在网站中增加邮件发送模块，就应该确定该空间是否能够支持邮件发送组件；如果希望播放多媒体文件，则还要关注空间是否支持多媒体以及媒体类型等。服务器的细节问题还是很多的，这还需要读者认真比较、选择。服务商推出每一款服务都会在网上详细地列出该类型空间支持的技术和相关服务细节。

申请空间成功之后，读者应该及时汇款或邮寄相关费用，服务商收到服务费用之后会帮助读者开通空间，如果同时申请了域名，还会帮助读者把域名绑定到空间上。同时会发送一份订单信息给读者，在清单中详细显示空间后台管理的入口和登录信息以及服务的内容。这个订单非常重要，请妥善保管，以后建立远程网站时会用到这些信息。

4．域名解析设置

在申请域名和购买空间之后，用户还不能够利用申请的域名来访问远程的服务器，因为域名和网址并不是一回事。域名注册好之后，只说明用户拥有了域名的使用权，如果不进行域名解析，这个域名也不能发挥任何作用。

域名经过域名服务器（DNS，Domain Name System）被转换为能够被网络识别的 IP 地址之后，才能够访问网站。互联网上的网站都是以一台一台的服务器的形式存在的，但是怎样才能找到要访问的网站服务器呢？这就需要给每台服务器分配 IP 地址。互联网上的网站太多，我们不可能记住每个网站的 IP 地址，这就产生了方便记忆的域名管理系统 DNS，它可以把用户输入的好记的域名转换为要访问的服务器的 IP 地址，例如，在浏览器中输入 www.chinaitlab.com，则 DNS 会自动把它转换成为 202.104.237.103，然后再进行访问。

设置域名解析可以请服务商的技术员帮助完成，如果读者购买服务商提供的域名和空间套餐，他们会帮助读者自动设置，当然读者自己也可以很轻松地设置。例如，在服务商提供的网站中登录到订单管理后台，就可以根据"域名解析"提示进行设置，如图 1.5 所示。

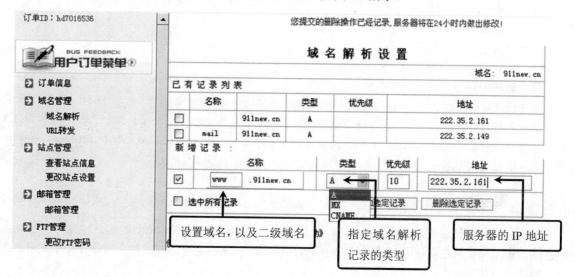

图 1.5　解析域名

☑　A 类型

又称 IP 指向，用户可以设置子域名（二级域名），并指向购买的服务器地址，从而实现通过域名找到服务器。A 类型的主机地址只能使用 IP 地址。

☑　CNAME 类型

又称别名指向，用户可以为一个主机设置别名，例如，设置 news.911new.cn，用来指向一个主机 www.othernews.com，那么以后就可以使用 news.911new.cn 来代替访问 www.othernews.com 了。CNAME 的主机地址只能使用主机名，不能使用 IP 地址，而且主机名前不能有任何协议前缀，例如，http://www.othernews.com 中的 http://是不被允许的。

A 类型的域名解析会优先于 CNAME 类型，也就是说如果一个主机地址同时存在 A 类型和 CNAME 类型，则 CNAME 类型的解析无效。

☑　MX 类型

又称邮件交换，用于将以该域名结尾的电子邮件指向对应的邮件服务器来进行处理。MX 类型可以解析主机名或 IP 地址，同时还可以通过设置优先级实现主辅服务器设置，优先级中的数字越小表示级别越高，也可以使用相同优先级达到负载均衡的目的。如果在主机名中包含子域名，则该 MX 记录只对子域名生效。

1.5 网站规划

网站建设是一个系统工程，涉及多方面的知识，特别是商业网站，由于其内容丰富、结构复杂，在创建之初进行规划是必需的。下面简单讲解一般网站的规划和创建流程。

1.5.1 设计规划

除非只设计一两个页面，否则网页制作应从网站的整体角度来考虑。首先对内容进行规划设计，创建新网站的最佳方法是先建立草图，再进行详细设计，最后正式实施。草图开发过程中要解决网站建设的一些基本问题，例如：

- ☑ 网站的结构。
- ☑ 文件的组织与管理。
- ☑ 存储信息的物理方法，是采用数据库还是文件系统。
- ☑ 结构的完整性和一致性的维护方法。

详细设计包括页面布局、网站系统的内部结构、实现方法和维护方法等。这些对于以后的系统开发和投资都有着极其重要的意义。进行详细设计时，最重要的是确定网站的运行模式。对于商业网站，必须充分考虑财力、人力、计算机数目、网络连接方式、系统的经济效益、网站验证和用户反馈等诸多问题。从长远角度考虑，必须准确地知道网站的目标和系统的资金投入。

1.5.2 素材筹备

影响网站成功的因素主要包括网站结构的合理性、直观性以及多媒体信息的实效性和开销等。成功网站的最大秘诀就在于让用户感到网站非常有用。因此，网站内容的开发对于网站建设至关重要。进行网站内容开发时要注意以下几点。

- ☑ 由于浏览器存在兼容性问题，在网页设计时要充分考虑让所有的浏览器都能够正常显示。
- ☑ 网站总体结构的层次要分明。应该尽量避免复杂的网状结构。网状结构不仅不利于用户查找感兴趣的内容，而且在信息不断增多后还会使维护工作非常困难。
- ☑ 图像、声音和视频信息比普通文本提供更丰富和更直接的信息，产生更大的吸引力，但文本字符可提供较快的浏览速度。因此，图像和多媒体信息的使用要适中。
- ☑ 网页的文本内容应简明、通俗易懂。

1.5.3 风格设计

简洁明快、独具特色、保持统一的网站风格能让用户产生深刻印象，不断前来访问。优秀的网页画面少不了漂亮的图像，但更主要的是布局效果。网页布局采用的主要技术是 HTML 的表格和框架功能。同时要考虑以下几点。

- ☑ 色调：是活泼还是庄重，是朴素还是艳丽，这些要根据具体的网站内容来确定。
- ☑ 画面：需要考虑画面是写实还是写意，是专业性还是大众化，要根据不同对象进行设计。
- ☑ 简繁：是追求简洁还是复杂，不同性质的网站在这方面会有所不同。如艺术网站，会不厌其烦地用各种手法展示其创意，而商业网站的设计则应追求简洁。

☑　动静：用 Flash 动画的动和静，体现活泼或严肃、动感或凝固等。但要特别注意，网站中动的元素不要太多，避免杂乱。

1.5.4　结构设计

在规划站点结构时，一般应遵循下面一些规则。

1. 用文件夹进行分类存储

用文件夹来合理构建站点的结构。首先为站点创建一个根文件夹（根目录），然后在其中创建多个子文件夹，再将网页文件分门别类存储到相应的文件夹内，可以创建多级子文件夹。

2. 文件命名要合理

使用合理的文件名非常重要，特别是在网站的规模很大时。文件名应该简洁易懂，让人看了就能够知道网页表述的内容。如果不考虑那些不支持长文件名的操作系统，那么就可以使用长文件名来命名文件，以充分表述文件的含义和内容。

尽管中文文件名对于中国人来说清晰易懂，但是应该避免使用中文文件名，因为很多 Internet 服务器使用的是 Unix 系统或者其他操作系统，不能对中文文件名提供很好的支持，而且浏览网站的用户也可能使用英文操作系统，中文的文件名称可能导致浏览错误或访问失败。如果实在对英文不熟悉，可以用汉语拼音作为文件名。

同时，有些操作系统是区分文件大小写的，例如，Unix 操作系统。因此，建议在构建的站点中，全部使用小写的文件名称。

3. 资源分配要合理

网页中不仅仅包含文字，还可能包含其他任何类型的资源，这些网页资源通常不能直接存储在 HTML 文档中，考虑到它们的存放位置，可以在站点中创建不同门类的文件夹，然后将相应的资源保存到相应的文件夹中。

4. 设置本地站点和远端站点为相同的结构

为了便于维护和管理，应该将远端站点设计成同本地站点相同的结构。这样在本地站点上相应文件夹和文件上的操作，都可以同远端站点上的文件夹和文件一一对应。当编辑完本地站点后，利用 Dreamweaver CS5 将本地站点上传到 Internet 服务器上，可以保证远端站点是本地站点的完整复制，避免发生错误。

1.5.5　撰写网站规划书

网站规划书应该尽可能涵盖网站规划中的各个方面，网站规划书的写作要科学、认真、实事求是。网站规划书包含的主要内容如下。

1. 建设网站前的市场分析

☑　相关行业的市场是怎样的，市场有什么样的特点，是否能够在互联网上开展公司业务。

☑　市场主要竞争者分析，竞争对手上网情况及其网站规划、功能作用。

☑　公司自身条件分析、公司概况、市场优势，可以利用网站提升哪些竞争力，建设网站的能力（费用、技术、人力等）。

Note

2. 建设网站的目的及功能定位

☑ 为什么要建立网站，是为了宣传产品，进行电子商务，还是建立行业性网站？是企业的需要还是市场开拓的延伸？

☑ 整合公司资源，确定网站功能。根据公司的需要和计划，确定网站的功能，如产品宣传型、网上营销型、客户服务型、电子商务型等。

☑ 根据网站功能，确定网站应达到的目的和作用。

☑ 企业内部网的建设情况和网站的可扩展性。

3. 网站技术解决方案

根据网站的功能确定网站技术解决方案。

☑ 采用自建服务器，还是租用虚拟主机。

☑ 选择操作系统，如 Unix、Linux、Window2000/NT 等。分析投入成本、功能、开发、稳定性和安全性等。

☑ 采用系统性的解决方案，如 IBM、HP 等公司提供的企业上网方案、电子商务解决方案，还是自己开发。

☑ 网站安全性措施，防黑、防病毒方案。

☑ 相关程序开发，如网页程序 PHP、ASP、JSP、CGI 和数据库程序等。

4. 网站内容规划

☑ 根据网站的目的和功能规划网站内容，一般企业网站应包括公司简介、产品介绍、服务内容、价格信息、联系方式、网上订单等基本内容。

☑ 电子商务类网站要提供会员注册、详细的商品服务信息、信息搜索查询、订单确认、付款、个人信息保密措施、相关帮助等。

☑ 如果网站栏目比较多，则考虑让网站编程专人负责相关内容。

注意，网站内容是网站吸引浏览者最重要的因素，无内容或不实用的信息不会吸引匆匆浏览的访客。可事先对人们希望阅读的信息进行调查，并在网站发布后调查人们对网站内容的满意度，以及时调整网站内容。

5. 网页设计

☑ 网页美术设计一般要与企业整体形象一致，要符合 CI 规范。要注意网页色彩、图片的应用及版面规划，保持网页的整体一致性。

☑ 在新技术的采用上应考虑主要目标访问群体的分布地域、年龄、阶层、网络速度、阅读习惯等。

☑ 制订网页改版计划，如半年到一年时间进行较大规模改版等。

6. 网站维护

☑ 服务器及相关软硬件的维护，对可能出现的问题进行评估，制定响应时间。

☑ 数据库维护，有效地利用数据是网站维护的重要内容，因此数据库的维护要受到重视。

☑ 内容的更新、调整等。

☑ 制定相关网站维护的规定，将网站维护制度化、规范化。

7. 网站测试

网站发布前要进行细致周密的测试，以保证能正常浏览和使用。主要测试内容包括以下几点。

☑　服务器稳定性、安全性测试。

☑　程序及数据库测试。

☑　网页兼容性测试，如浏览器、显示器。

☑　根据需要进行的其他测试。

8．网站发布与推广

☑　网站测试后进行发布的公关、广告活动。

☑　搜索引擎登记等。

9．网站建设日程表

日程表中的内容应包括各项规划任务的开始完成时间、负责人等。

10．费用明细

费用明细即为各项事宜所需费用清单。

以上为网站规划书中应该体现的主要内容，根据不同的需求和建站目的，内容可适当增加或减少。在建设网站之初一定要进行细致的规划，才能达到预期建站目的。

附录：

景德镇陶瓷在线

（**http://www.jdzmc.com/**）

商业网站策划书

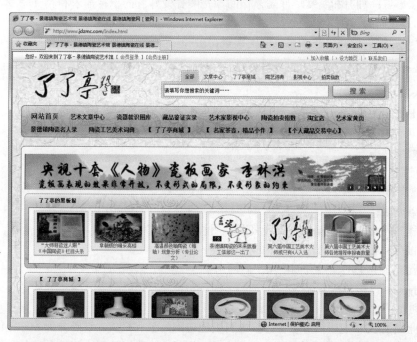

中国陶瓷自出现至今已有数千年的历史，且品种之丰富，制作之精美，形式之多样，影响之深远，是有口皆碑的。它既是物质的产品，又是精神的财富，同时又是科学与艺术的综合成果。历代的经济发展，科学技术的进步，文化艺术的演变，时代风格的变迁，审美观的嬗变，在陶瓷艺术中反映得十分突出，从而使得它既具有中华民族特有的民族风格，同时又具有强烈的时代性和鲜明的艺术个性，

在这种意义上我们可以断言，中国陶瓷是中国文化的象征。但在网络时代来临的时候，在瓷都景德镇建镇千年的大好机遇的面前，网上的陶瓷商务专业网站是少之有少，针对于此，就陶瓷在线网站的商业化方案阐述如下。

一、可行性

1．技术方面：我们拥有资深的设计师和工程师，把时尚的界面与功能强大的后台程序完美地结合在一起，达到艺术与技术的完美融合，即运用 ASP 程序语言+SQL 数据库动态建站技术，能够快捷、方便、简单的更新和管理网站；我们的高性能服务器和 100M 接入的带宽、24 小时监护完全可以保证网站的稳定性和浏览速度。

2．内容更新方面：网站的 5 名新闻编辑、我们已有的陶瓷精品图片（其中已经上网的有 1000 张左右）、20 万陶瓷企业资料库、与国内外各大艺术类网站建立的资源合作关系、和陶瓷杂志社建立的合作关系等可以满足网站日常更新的需要。

3．服务咨询方面：24 小时开通的咨询电话、平均每天上网时间在 10 小时左右的"我"，可以及时解决网站可能出现的各种问题及解答客户的问题。

二、市场潜力

1．陶瓷企业：目前国内陶瓷企业有 20 多万家，以瓷都景德镇为例，有 68.4%的陶瓷企业建立了自己的网站，有 82.6%的陶瓷企业有在网上做生意的需求。

2．陶瓷艺术家：我国进行陶瓷艺术创作的工作人员有 120 多万，其中青年陶瓷创作家有 80 多万，以瓷都景德镇为例，78.4%的人有在网上展示自己作品的需求。

3．陶瓷爱好者：拥有和鉴赏一件陶艺作品，是陶瓷爱好者的精神需求和精神享受，是许多人的梦想，他们都是我们的潜在客户。

（注：以上数据部分通过在景德镇地区调查得出。）

三、商业计划

☑　服务项目

1．企业 B2B 电子商务。

2．陶瓷创作家上网。

3．陶瓷商城。

4．网络广告。

☑　创业步骤

1．服务器升级。

2．网站程序完善，并制作 B2B 陶瓷商务栏目程序、B2C 网上商城。

3．宣传推广网站，详见网站策划中的宣传推广部分。

4．开展陶瓷企业上网、陶瓷创作家上网服务。

5．重点推广网站广告服务。

☑　盈利模式

1．为企业提供 B2B 电子商务服务，参考阿里巴巴网站盈利模式。收费分为 600RMB/年（诚信会员）、1000RMB/年（金牌会员）、1800RMB/年（钻石会员），计划盈利比例为全站的 36%。

2．为陶瓷创作家提供上网服务，展示他们创作的作品，为他们提供销售陶瓷的机会，收费为 300RMB/位，如果介绍的销售成功按成交额的 30%收取，计划盈利比例为全站的 42%。

3．为陶瓷企业、陶瓷创作者、陶瓷产品、需要宣传的网站提供网络广告服务，价格视我站流量和影响力而定，计划盈利比例为全站的 12%。

4．建立网上陶瓷销售商城，为陶瓷爱好者和企业提供陶瓷产品，产品价格视具体产品而定，计划盈利比例为全站的 10%。

☑　资金规划

资金投入：先期投入不少于 20 万 RMB，其中自备资金 3 万，银行贷款 5 万，风险资金 20 万。其中，5 万用于网站系统程序完善、服务器升级；3 万用于网站陶瓷商城开展；5 万用于网站宣传；5 万用于网站日常开支；2 万为日常流动资金。

☑　阶段目标

第一阶段（2004—2005 年）：借助景德镇千年庆典的机会说服景德镇 200～260 家陶瓷企业（作坊）在陶瓷在线网站开展电子商务服务；吸取 240～300 位景德镇地区的陶瓷创作家加入网站陶瓷名人版块；把网站流量由现在的 1200IP/天提高到 1 万 IP/天；扩大网站的影响力，做陶瓷专业网站；收回投入成本，达到收支平衡，并有部分盈利。

第二阶段（2005—2006 年）：成立陶瓷生产销售子公司，垄断江西地区网上陶瓷市场；打入国内陶瓷商务市场，在佛山、唐山、淄博、德化、潮州等国内知名陶瓷生产基地开展网站服务项目；网站全面实现盈利，预计年收入为 200 万元；成为国内权威陶瓷评估机构，有举办大型陶瓷艺术展、陶瓷研讨会等一系列大型活动的能力；网站流量提高到 10 万 IP/天。

第三阶段（2007—2011 年）：网上商场推出奥运陶瓷系列产品，在国内知名陶瓷生产城市开分公司，网站全面进入国内陶瓷商务市场，并在国际开展陶瓷商业服务。

☑　竞争对手

竞争对手有金瓷商城、中国陶瓷网、中国陶瓷企业网、21 世纪陶瓷网、陶瓷信息资源网、陶瓷世界、瓷贸网、景德镇陶瓷商务信息网、中艺网。

☑　风险评估

中国做电子商务目前还不是很成熟，做陶瓷电子商务有一定的难度和风险性，我们推出的网上 B2C 商城的成功率有 60%，而做 B2B 系列的话，在国内已经有比较成功的典范，如阿里巴巴、易趣，我相信我们做陶瓷商务以阿里巴巴为榜样，甚至比它做得更好，成功率在 85%，由于景德镇市场也有不少竞争对手，做陶瓷企业 B2B 服务的成功率在 76%，陶瓷创作家的成功率在 90%。在市场经济的条件下，无论是做项目、还是办企业都会有一定的风险性，但是我想在我们的奋勇拼搏、积极努力和不断创新下一定会成功的。

四、网站策划

☑　栏目设置

1．陶瓷资讯：陶瓷新闻、市场动态、行业政策、海外行情。

2．陶瓷欣赏：青花瓷、粉彩瓷、色釉瓷、瓷雕、雕塑瓷、玲珑瓷、仿古瓷、现代瓷、日用瓷、其他。

3．陶瓷历史：新石器时期、商周时期、春秋战国时期、秦汉时期、魏晋南北时期、隋唐五代时期、宋代和辽金时期、元代、明代、清代、民国时期、文革时期。

4．陶瓷文化：陶瓷名城、陶瓷常识、陶瓷典故、陶瓷研究、历史名窑、收藏鉴定。

5．陶瓷制作：制作工艺、制作流程、制作技巧、制作材料、制作实例。

6．陶瓷名人：历史名人、陶瓷工艺美术教授、国家陶瓷工艺美术大师、省陶瓷工艺美术大师、陶瓷艺术家、陶瓷新秀。

7．陶瓷商务：供求信息、网上商城。

8．陶瓷企业：陶瓷企业上网。

9．陶瓷论坛：陶瓷知识交流场所。

☑ 宣传推广

口号：了解中国，从这里开始；弘扬陶瓷文化，展示陶瓷精品。

➢ 免费部分

1．邮件推广：通过邮件推广，以我们特有的 50 万陶瓷企业和陶瓷爱好者邮件地址发送陶瓷信息以及相关陶瓷知识，利用闻名天下的瓷器吸引大家来访问我们的网站，进而提高网站浏览量，增加我们的客户。

2．论坛宣传：BBS 由于其独特的形式和强大的功能，受到广大网友的欢迎，并成为全世界计算机用户交流信息的园地。通过在网上各大论坛（BBS）、新闻组进行宣传，给大家介绍陶瓷方面的信息，发布国内外的最新陶瓷资讯，在上面发表一些陶瓷精品图片，并放些具有特色的精品陶瓷，来吸引大家对我们网站的兴趣，并达到提高流量的目的，进而宣传我们的服务。

3．网站合作：继续和国内外大型陶瓷艺术相关网站建立合作关系，到广告推广网站登记做显示交换链接，以达到宣传我们网站的目的，以便我们更好地进行宣传工作，增加网站人气。吸引人们来浏览，进而增加网站的知名度。

4．聊天推广：利用现在最流行的聊天软件（如 QQ）群发网站的信息，并发动网友宣传推广我们的网站和我们的服务，就这样一传十、十传百，让更多的人了解陶瓷和我们网站的服务，激发人们产生对瓷器的制作过程、陶瓷文化、陶瓷历史等的兴趣，进而购买瓷器。

➢ 收费部分

1．网络广告：通过在浏览量高的艺术、电子商务网站，做网络广告，宣传我们的网站，以及介绍我们的陶瓷信息和我们的服务，通过广告进入我们的网站，在网上介绍陶瓷信息，让人们在网上通过陶瓷在线网站就可以看到精美的瓷器，了解到陶瓷信息，达到提高网站的浏览量，吸引人们来购买陶瓷的目的。

2．搜索引擎：CNNIC 调查显示，搜索引擎是网民最常用的网络服务，而 80%的网民习惯通过搜索引擎以输入关键词搜索的方式查询感兴趣的信息。对于我们网站来说，登录搜索引擎无疑是网站宣传推广最经济、最有效的途径，也是最常用的网络营销方法之一。通过新浪、搜狐、雅虎、百度、Google、网易、中华、LYCOS 等国内外搜索引擎可以找到我们的网站，利用我们的信息资源，把已经有购买陶瓷打算的人群吸引到我们网站，观看相关的陶瓷，了解陶瓷信息，购买满意的瓷器。

3．通用网址（网络实名）：注册了通用网址，直接输入企业、产品、网站的名称，即可直达我们的网站而无需记忆复杂的域名、网址，无需输入 www、.com、.net 等前后缀，是继 IP、域名之后，最先进、最快捷、最方便的第三代互联网访问标准，可以让人们快速访问网站。注册网络实名并可自由转让，商机无限。

4．注册推广：商务网站注册推广将是一个很不错的推广方法，我们可将网站注册到上千家国内国际大型商务网站，实时向企业潜在客户展示自己的网站。

☑ 其他

1．网下的宣传广告要注意推广网站，企业材料纸、名片、产品说明书、包装纸（箱）等都要印上网站域名。

2．网站员工应记住网站域名，随时随地宣传网站。

第2章

Dreamweaver 快速入门

（ 视频讲解：1 小时 36 分钟 ）

Dreamweaver 是美国 Adobe 公司开发的一款"所见即所得"的可视化网站和 Web 应用程序开发工具。它提供了可视化布局工具、应用程序开发功能和代码编辑支持的强大组合，使各个技术级别的开发者和设计者都能够快速创建可视化、吸引人的基于标准的站点和应用程序。

Dreamweaver 于 1997 年由 Macromedia 公司开发，版本经历多次升级，目前最高版本为 CS6，即 Dreamweaver 10。Dreamweaver 主要版本以及它们的发布时间如表 2.1 所示。在 Macromedia 公司还没有被 Adobe 公司并购之前，Macromedia 把 Dreamweaver 与制作矢量动画的 Flash、处理网页图像的 Fireworks 捆绑在一起，组成了一个强大的网页开发软件包，这 3 个软件被称为"网页三剑客"。

表 2.1　Dreamweaver 主要版本列表

发布年份	版　　本	发布年份	版　　本
1997	Dreamweaver 1.0	2003	Dreamweaver MX 2004
1998	Dreamweaver 2.0	2005	Dreamweaver 8
1999	Dreamweaver 3.0 Dreamweaver UltraDev 1.0	2007	Dreamweaver CS3
2000	Dreamweaver 4.0 Dreamweaver UltraDev 4.0	2008	Dreamweaver CS4
2002	Dreamweaver MX	2010	Dreamweaver CS5

Dreamweaver 集成了 CSS、Ajax 核心技术，以及手写代码功能等各种专业工具。开发者可以将 Dreamweaver 与 Photoshop、Fireworks 和 Flash，以及与各种服务器技术完美结合来构建强大的 Web 应用程序。Dreamweaver 的最大优点就是可以帮助初学者迅速成长为网页制作高手，同时又能够给专业设计师和开发工程师提供强大的开发工具和无穷的创作灵感。因此，

Note

Dreamweaver 备受业界人士的推崇，在众多专业网站和企业应用中都把它列为首选工具。

学习重点：

▶▶ 熟悉 Dreamweaver 操作界面。

▶▶ 能够使用 Dreamweaver 定义和管理站点。

▶▶ 使用 Dreamweaver 管理制作网页。

▶▶ 了解 Dreamweaver 使用环境配置。

2.1 熟悉 Dreamweaver CS5 操作界面

安装 Dreamweaver CS5 之后，第一次启动 Dreamweaver CS5 时，会弹出一个对话框，如图 2.1 所示，要求用户选择默认编辑器，Dreamweaver CS5 会自动设置所选文件类型为默认编辑器，当双击相应类型的文件时，会自动启动 Dreamweaver CS5 进行编辑。

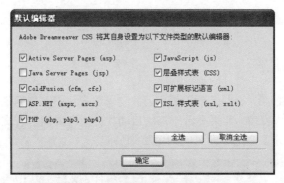

图 2.1 【默认编辑器】对话框

Dreamweaver CS5 包含 8 种工作区布局：应用程序开发人员、应用程序开发人员（高级）、经典、编码器、编码人员（高级）、设计器、设计人员（紧凑）和双重屏幕。这些工作布局环境能够最大化方便不同角色的工作，发挥 Dreamweaver 最大化工作效率。

其中，在【编码器】布局下，重要的面板和编辑窗口集成在一起，缩小了编辑窗口。右边是 Dreamweaver CS5 的代码布局，布局同样是集成工作区，但是将面板组停靠在左侧，如图 2.2 所示。该布局类似于 HomeSite 或 ColdFusion Studio 所用的布局。本书是在【设计器】布局中进行介绍，建议用户选择【设计器】工作区布局，如图 2.3 所示。虽然两者在功能上都相同，但使用习惯分别适合于不同工作内容的开发人员和设计人员。

图 2.2 【编码器】工作区布局

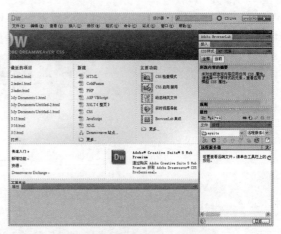

图 2.3 【设计器】工作区布局

如果要切换工作区布局，可以选择【窗口】|【工作区布局】命令，在打开的子菜单中选择相应的布局命令就可以了，如图 2.4 所示。在该菜单中，可以选择不同样式的布局，也可以保存个人使用布

局。由于使用习惯的差异，建议保存符合个人习惯的工作区布局。当工作区布局被改变后，可以快速恢复到以前保存的布局。

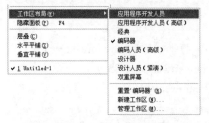

图 2.4　【工作区布局】子菜单

2.1.1　打开编辑窗口

启动 Dreamweaver CS5 后，会显示欢迎界面，并要求用户从中选择新建、打开或以其他方式创建文档，然后就可以打开编辑窗口。如果不希望每次启动软件或者关闭所有文档时都显示欢迎界面，在欢迎界面中选中【不再显示】复选框即可，如图 2.5 所示。

图 2.5　欢迎界面

打开编辑窗口，Dreamweaver CS5 主窗口工作界面包括标题栏、菜单栏、状态栏、属性面板、浮动面板等，如图 2.6 所示。

图 2.6　Dreamweaver CS5 主窗口操作界面

2.1.2　标题栏

在 Dreamweaver CS5 主窗口的顶部是标题栏，标题栏不再显示以前版本中显示的"Adobe Dreamweaver CS5"或者如网页标题、所在目录以及文件名称。取而代之的是几个常用的导航图标。例如，布局视图按钮、扩展 Dreamweaver 图标按钮和站点管理图标按钮，单击这些按钮可以打开下拉菜单，从中选择相应的命令即可，这些选项与主菜单中的功能基本相同，不过它们都是简化后的常用命令。

标题栏最右侧显示有 3 个按钮，分别对应主窗口的【最小化】、【最大化】和【关闭】命令，如图 2.7 所示。

图 2.7　标题栏按钮

2.1.3　菜单栏

Dreamweaver CS5 菜单栏下包括文件、编辑、查看、插入、修改、格式、命令、站点、窗口和帮助。单击其中任意一个菜单名，就会打开一个下拉菜单，如图 2.8 所示，打开【修改】下拉菜单。

如果菜单选项显示为浅灰色，则表示在当前的状态下不能执行；如果菜单项右侧显示有键盘的代码，则表示该命令的快捷键，熟练使用快捷键有助于提高工作效率；如果菜单项右侧显示有一个小黑三角符号 ▸，则表示该命令还包含有子菜单，鼠标停留在该菜单项上片刻即可显示子菜单，也可以单击打开子菜单；如果命令的右边显示有省略号…，则表示该命令能打开一个对话框，需要用户进一步设置才能执行命令。

除了菜单栏菜单外，Dreamweaver CS5 还提供各种快捷菜单，利用这些快捷菜单可以很方便地使用与当前选择区域相关的命令。例如，单击面板右上角的菜单按钮，可以打开【面板】菜单，如图 2.9 所示。

图 2.8　【修改】菜单

图 2.9　面板菜单

2.1.4　工具栏

工具栏提供了一种快捷操作的方式。选择【查看】|【工具栏】命令，在打开的子菜单中可以选

择【样式呈现】、【文档】、【标准】和【浏览器导航】4 种类型的工具栏，如图 2.10 所示。

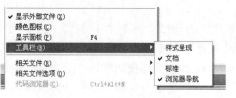

图 2.10 【工具栏】子菜单

在默认状态下，Dreamweaver CS5 只显示【文档】和【浏览器导航】工具栏。另外，【插入】工具栏在 CS5 版本中被废除了，转而设计为一个【插入】面板。选择【窗口】|【插入】命令，可以打开或关闭【插入】面板，如图 2.11 所示。

【插入】面板中包含 8 类对象的快捷控制按钮，如常用、布局、表单、数据、Spry、InContext Editing（可编辑内容）、文本和收藏夹。Dreamweaver CS5 删除了 Dreamweaver 8 中的 HTML、应用程序、Flash 元素 3 类工具。系统默认显示为常用工具栏，读者可以快速进行切换。如果单击【插入】面板顶部的向下箭头，【插入】工具栏就会显示为菜单样式，如图 2.12 所示。

图 2.11 【插入】面板

图 2.12 【插入】面板中的下拉选项

【文档】工具栏位于文档窗口的顶部，其左侧显示有 6 个视图按钮：单击【代码】按钮可以切换到代码视图，单击【拆分】按钮可以切换到拆分视图，单击【设计】按钮可以切换到设计视图，单击【实时代码】按钮可以在代码视图下显示实时视图源，单击【实时视图】按钮可以在窗口中查看最终效果，单击【检查】按钮可以切换到检查模式，动态检查网页错误信息。在【文档】工具栏的【标题】文本框中可以输入网页标题，该标题将显示在浏览器的标题栏中。【文档】工具栏右侧提供了编辑工作常用功能按钮，用户可以在各个按钮的下拉菜单中进行选择，执行相应的命令或功能，如图 2.13 所示。

图 2.13 【文档】工具栏

2.1.5　状态栏

状态栏位于文档窗口的底部，如图 2.14 所示。在状态栏最左侧是【标签选择器】，显示当前选定内容标签的层次结构。单击该层次结构中的任何标签可以选择该标签及其全部内容。例如，单击<body>可以选择整个文档。

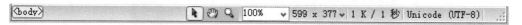

图 2.14　状态栏

状态栏中的【选取工具】按钮、【手形工具】按钮和【缩放工具】按钮分别用来选取对象、移动页面工作区域和缩放页面。按住 Alt 键，可以使用【缩放工具】缩小页面工作区域。只有当页面被放大到超出窗口后，才可使用【手形工具】按钮移动页面。

在上述 3 个工具按钮后面显示当前文档窗口的显示比例 100% 。若要使页面看起来效果最好，可以单击该下拉列表右边的小箭头，在弹出的下拉列表中选择一个比例，然后就可以将文档窗口调整到选定预定义窗口的大小。文档窗口的当前显示比例与【缩放工具】按钮功能相同。

在文档窗口的显示比例 100% 右侧显示窗口大小，反映浏览器窗口的内部尺寸（不包括边框），单击 529 x 338 右边的小三角，在弹出的下拉列表中可以选择显示器大小。例如，如果用户的访问者可能按其默认配置在 640×480 像素显示器上使用 Microsoft Intemet Explorer 或 Netscape Navigator，则用户应选择【536×196（640×480，默认）】。

工具栏最右边显示的是网页下载速度，即下载文件时的数据传输速率（以 KB/s 为单位）。页面的下载速度显示在状态栏中。选择【编辑】|【首选参数】命令，在打开的【首选参数】对话框的【分类】列表框中选择【状态栏】选项，然后在右边可以定义【窗口大小】和【连接速度】的值。

2.1.6　属性面板

网页的内容虽然形式多样，但是都可以被称为对象。简单的对象包括文字、图像、表格等，复杂的对象包括导航条、程序等。一般网页中的对象都有属性，如文字有字体、颜色、字号等，图像有宽、高、链接等。

用户可以在【属性】面板中设置对象的属性。【属性】面板的设置项目会根据对象的不同而不同。选择【窗口】|【属性】命令，可以打开或关闭属性面板，【属性】面板上的大部分内容都可以在【修改】菜单项中找到。如图 2.15 所示是选中了表格之后的【属性】面板效果。

图 2.15　【属性】面板

2.1.7　浮动面板

【浮动】面板在 Dreamweaver CS5 操作中使用频率比较高，每个面板都集成了不同类型的功能。读者可根据需要显示不同的【浮动】面板，拖动面板可以脱离面板组，使其停留在不同的位置。例如，使用鼠标单击左侧【浮动】面板上面的小三角按钮，可以折叠或展开面板，如图 2.16 所示。

Note

图 2.16 展开/折叠整个浮动面板

双击浮动面板标题栏的深灰色区域，可以展开或折叠当前面板组，如图 2.17 所示。

图 2.17 展开/折叠当前浮动面板组

使用鼠标拖动面板标题栏，可以把面板从面板组中拖出来，作为单独的窗口放置在 Dreamweaver 工作界面的任意位置上。同样，用相同的方法可以将单独面板拖回恢复默认状态。

2.2 Dreamweaver 界面操作演练

熟练操作 Dreamweaver，读者应该先从它提供的各种辅助工具入手，上机练习使用这些辅助工具，能大大提高网页制作效率。辅助工具主要包括标尺、网格、辅助线和【历史记录】面板。

2.2.1 使用标尺

使用标尺可以精确地计算所编辑网页的宽度和高度，同时可以比较页面中各个对象元素的大小。
操作步骤：
第 1 步，选择【查看】|【标尺】|【显示】命令，可以在编辑窗口中显示标尺，如图 2.18 所示。

第 2 步，标尺原点的默认位置位于 Dreamweaver 编辑窗口的左上角。用鼠标拖动该点，可以设置标尺原点到编辑窗口中的任意点，如图 2.19 所示。

第 3 步，如果要将原点恢复到默认左上角顶点位置，选择【查看】|【标尺】|【重设原点】命令即可，或者双击左上角顶点默认位置。

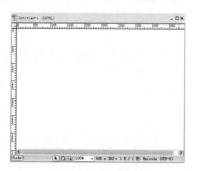

图 2.18　显示标尺

图 2.19　拖动设置标尺原点

第 4 步，标尺的单位可以是像素、英寸或厘米，默认为像素。选择【查看】|【标尺】命令，可以在子菜单上选择，如图 2.20 所示。若要隐藏标尺，再次选择【查看】|【标尺】|【显示】命令即可。

图 2.20　设置标尺单位

2.2.2　使用网格

在 Dreamweaver 设计视图中，网格主要用于对 AP 元素（层）进行绘制、定位或大小调整的可视化操作。借助网格辅助工具，可以使页面元素在被移动后自动对齐，选择【插入】|【布局对象】|【AP Div】命令，可以在当前编辑窗口中插入一个 AP 元素。

操作步骤：

第 1 步，选择【查看】|【网格】|【显示网格】命令，将在编辑窗口中显示网格，如图 2.21 所示。

第 2 步，如果想使网页中的 AP 元素自动靠齐到网格，方便 AP 元素的定位，应选择【查看】|【网格】|【靠齐到网格】命令。无论网格是否显示，都可以使用靠齐功能，如图 2.22 所示。

第 3 步，选择【查看】|【网格】|【网格设置】命令，打开【网格设置】对话框，如图 2.23 所示。利用该对话框可以设置网格显示状态。该对话框简单说明如下，读者可以尝试改动相关参数。

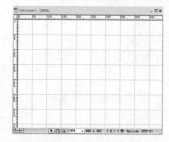

图 2.21　显示网格

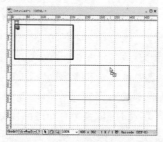

图 2.22　设置对齐网格

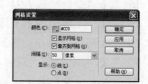

图 2.23　【网格设置】对话框

☑ 【颜色】选项：设置网格线的颜色。Dreamweaver CS5 默认网格线颜色为#CC9。

☑ 【显示网格】复选框：选中该复选框在编辑窗口中将会显示网格。

☑ 【靠齐到网格】复选框：选中该复选框将设置网页中的 AP 元素自动靠齐到网格。

☑ 【间隔】文本框：设置网格线的间距，在后面的下拉列表中可以设置间距度量单位，包括像素、英寸和厘米。Dreamweaver CS5 默认的网格间距为 50 像素。

☑ 【显示】选项：设置指定网格线显示为线条或点。

第 4 步，设置完毕后，单击【应用】按钮可应用更改而不关闭对话框，单击【确定】按钮可应用更改并关闭对话框。

2.2.3 使用辅助线

辅助线与网格功能相同，也是用来对齐 AP 元素，不过使用辅助线比网格更加灵活方便。

操作步骤：

第 1 步，要绘制辅助线，首先应显示标尺，可参考上面小节的介绍进行操作。

第 2 步，在编辑窗口左边或上顶部的标尺栏中，按住鼠标左键，拖出一条辅助线到窗口中即可，如图 2.24 所示。

第 3 步，选择【查看】|【辅助线】|【显示辅助线】命令，可以显示或隐藏已绘制好的辅助线。

第 4 步，选择【查看】|【辅助线】|【锁定辅助线】命令，可以锁定已绘制好的辅助线，禁止拖动。

第 5 步，选择【查看】|【辅助线】|【对齐辅助线】命令，可以拖动 AP 元素对齐辅助线，如图 2.25 所示。

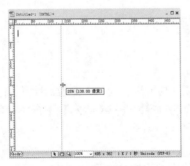
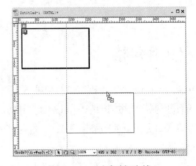

图 2.24　拖绘辅助线　　　　　　　图 2.25　对齐辅助线

第 6 步，选择【查看】|【辅助线】|【清除辅助线】命令，可以清除编辑窗口中所有的辅助线。

第 7 步，选择【查看】|【辅助线】|【编辑辅助线】命令，打开【辅助线】对话框，如图 2.26 所示。利用该对话框可以设置辅助线的显示状态。该对话框简单说明如下，读者可以尝试改动相关参数。

☑ 【辅助线颜色】选项：设置辅助线的颜色。Dreamweaver CS5 默认辅助线颜色为#00FF00。

☑ 【距离颜色】选项：设置距离的颜色。Dreamweaver CS5 默认距离颜色为#0000FF。

☑ 【显示辅助线】复选框：选中该复选框将在编辑窗口中显示辅助线。

☑ 【靠齐辅助线】复选框：选中该复选框将设置网页中的 AP 元素自动靠齐到辅助线。

☑ 【锁定辅助线】复选框：选中该复选框将锁定网页中的辅助线。

☑ 【辅助线靠齐元素】复选框：选中该复选框拖动辅助线时自动靠齐附近的对象。

☑ 【清除全部】按钮：单击该按钮可以清除编辑窗口中所有辅助线。

第 8 步，设置完毕后，单击【确定】按钮可应用设置并关闭对话框。

第 9 步，在【辅助线】子菜单中还显示几种预制辅助线，如图 2.27 所示。使用这些预制辅助线可以对齐各种默认类型显示器。

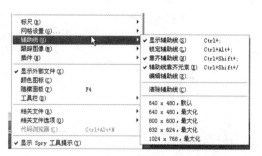

图 2.26　【辅助线】对话框　　　　　　　　　图 2.27　【辅助线】子菜单

2.2.4　使用历史记录

使用【历史记录】面板可以恢复上一步或上几步的操作，也可以创建需要重复使用的命令，以便 Dreamweaver 自动执行。

操作步骤：

第 1 步，选择【窗口】|【历史记录】命令，打开【历史记录】面板，如图 2.28 所示。当制作网页时，【历史记录】面板会自动跟踪录制用户的所有操作。

第 2 步，在【历史记录】面板中，左侧的滑块 指示刚进行完的步骤。要想恢复某一步骤的操作，只需用鼠标向上拖动左侧的滑块，直到指定某步骤即可。

第 3 步，如果想重放已操作步骤，只需选中对象后选择要重放的起始步骤，然后单击【历史记录】面板底部的 重放 按钮即可，系统会自动执行上面的操作，其中显示为 图标的历史记录将不被重复播放。如果想重复利用这些操作步骤，可以把这些步骤存储为命令。在【历史记录】面板中选中一连串的步骤后。单击面板底部的【将选定步骤保存为命令】按钮 ，打开【保存为命令】对话框，如图 2.29 所示。

操作提示：按住 Shift 键，可以用鼠标重复连续选择；按住 Ctrl 键，可以用鼠标重复不连续选择。

第 4 步，输入名称，单击【确定】按钮，所保存的命令就会立刻显示在【命令】菜单底部，如图 2.30 所示。

第 5 步，被保存的命令可以永久保留使用，如果用户选择【命令】|【删除操作】命令，会自动在当前编辑窗口中删除选定的对象。

图 2.28　【历史记录】面板　　　　图 2.29　【保存为命令】对话框　　　　图 2.30　保存为命令的历史记录

第6步，【历史记录】面板中显示的操作步骤的数目可以自由设置。选择【编辑】|【首选参数】命令，在打开的【首选参数】的【常规】分类项中进行设置，然后设置历史步骤的数目即可。设置的数目越大，系统需要的内存就越大，因此建议不要超过50次。如果要清除历史记录，可以在【历史记录】面板中单击鼠标右键，从弹出的快捷菜单中选择【清除历史记录】命令即可。

2.3 定义和管理站点

网站一般都包括首页和若干个子页，其中首页是一级页面，当访问者访问网站时会先打开首页。由于网站内网页众多，根据内容可能还需要进行分类，形成二级页面、三级页面、详细页面等，依此类推，整个网站就这样形成了金字塔状的网链接结构。

2.3.1 定义本地静态站点

静态站点是指一般不需要服务器支持就可以直接运行的网页，本地站点是指将网站文件存放在本地，并在本地运行，不需要远程服务器的配合。

操作步骤：

第1步，在菜单栏中选择【站点】|【新建站点】命令，打开【站点设置对象】对话框，如图2.31所示。

第2步，选择【站点】选项卡，在【站点名称】的文本框中输入网站的名称，如"mysite"，如图2.32所示。站点名称将显示在【文件】面板和【管理站点】对话框中，不会在浏览器中显示。

第3步，在【本地站点文件夹】文本框中输入本地站点文件夹路径，可以单击后面的【浏览文件夹】按钮，在弹出的【选择根文件夹】对话框中选择路径，如图2.33所示。

第4步，单击【打开】按钮，进入mysite文件夹，再单击【选择】按钮，确定选择该路径，如图2.34所示。

第5步，返回【站点设置】对话框，单击【保存】按钮，即可创建一个Dreamweaver站点，并弹出【文件】面板，在该面板中允许管理站点内文件，如图2.35所示。

本地站点文件夹就是在本地磁盘上存储站点文件、模板和库项目的文件夹的名称。在硬盘上创建一个文件夹，或者单击文件夹图标浏览到该文件夹。当Dreamweaver解析站点根目录相对链接时，它是相对于该文件夹来解析的。

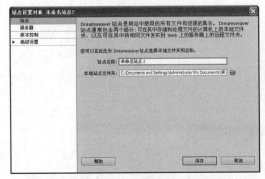
图2.31 【站点设置对象】对话框

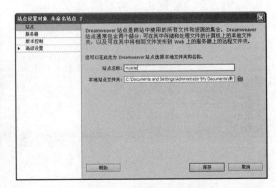
图2.32 设置站点名称

Note

图 2.33　【选择根文件夹】对话框

图 2.34　选择 mysite 路径

图 2.35　【文件】面板

2.3.2　设置站点配置选项

Dreamweaver 站点包括本地站点和远程站点。本地站点实际上就是用户在本地计算机中创建的一个文件夹，作为工作目录专门用来存放站点页面和素材，本地站点的相关设置也被称为本地信息。网站制作完毕，需要把本地站点内的网页和素材上传到服务器端才能够被浏览者访问，服务器上的位置也称为远程站点，远程站点的相关设置就被称为远程信息。

操作步骤：

第 1 步，选择【站点】|【管理站点】命令，打开【管理站点】对话框，然后在站点列表框中选择刚创建的站点 "mysite"，单击【编辑】按钮，打开如图 2.36 所示的对话框。

第 2 步，选择【高级设置】选项，展开高级选项设置分类。

第 3 步，在【高级设置】选项中选择【本地信息】子选项，则在右侧显示本地信息的设置，如图 2.36 所示。

图 2.36　【本地信息】选项

该对话框的简单说明如下。

- ☑ 【默认图像文件夹】文本框：设置默认的存放站点图片的文件夹。但是对于比较复杂的网站，图片往往不只存放在一个文件夹中，可以不输入。
- ☑ 【链接相对于】复选框：设置站点内网页的链接形式，其中【文档】选项表示站点内链接以相对路径的形式设置，而【站点根目录】选项表示站点内链接以根路径的形式设置。

例如，如果在站点根目录下 blog 文件夹中的 index.html 网页中创建链接到同文件夹中的 index1.html 文件，如果选择【文档】选项，则链接路径为 index1.html 即可；如果选择【站点根目录】选项，则链接路径为/blog/index1.html。

在默认情况下，Dreamweaver 创建的文档都是相对链接。如果更改默认设置并选择【站点根目录】选项，请确保在【Web URL】文本框中输入了站点的正确 Web URL（请参阅下面说明）。更改此设置将不会转换现有链接的路径。此设置仅应用于使用 Dreamweaver 以可视方式创建的新链接。

使用本地浏览器预览文档时，除非指定了测试服务器，或者在【首选参数】对话框中的【在浏览器中预览】分类选项中选择【使用临时文件预览】选项，否则文档中通过站点根目录相对链接进行链接的内容将不会显示。这是因为浏览器不能识别站点根目录，而服务器能够识别。

- ☑ 【Web URl】文本框：输入网站的网址，该网址能够供链接检查器验证使用绝对地址的链接。在输入网址的时候需要输入完整的网址，如 http://www.mysite.com/。

如果不能确定正在处理的页面在目录结构中的最终位置，或者如果认为可能会在以后重新定位或重新组织包含该链接的文件，则站点根目录相对链接很有用。站点根目录相对链接指的是指向其他站点资源的路径为相对于站点根目录（而非文档）的链接。因此，如果将文档移动到某个位置，资源的路径仍是正确的。

例如，指定 http://www.mysite.com/mycoolsite（远程服务器的站点根目录）作为 Web URL，而且远程服务器上的 mycoolsite 目录中包含一个图像文件夹（http://www.mysite.com/mycoolsite/images）。假设 index.html 页面位于 mycoolsite 目录中，当在 index.html 文件中创建指向 images 目录中某个图像的站点根目录相对链接时，该链接如下所示。

```
<img src="/mycoolsite/images/image1.jpg" />
```

该链接不同于下面的文档相对链接：

```
<img src="images/image1.jpg" />
```

/mycoolsite/ 附加到相对于站点根目录的图像，而不是相对于文档的图像。如果图像位于图像目录中，图像文件路径（/mycoolsite/images/image1.jpg）将始终是正确的，即使将 index.html 文件移到其他目录中也是如此。

- ☑ 【区分大小写的链接检查】复选框：选中该复选框可以对链接的名称大小写进行检查和区分。该项主要用于文件名区分大小写的 Unix 系统。
- ☑ 【启用缓存】复选框：选中该复选框可以创建缓存，以加快链接和站点管理任务的速度。如果不选择该项，Dreamweaver 在创建站点前将会询问是否希望创建缓存。只有在创建缓存后，【资源】面板才有效。

第 4 步，在【站点设置】的【高级设置】选项子列表中选择【遮盖】，则在右侧显示遮盖设置，如图 2.37 所示。使用文件遮盖，可以在站点操作时排除被遮盖的文件。例如，如果不希望上传多媒体文件，可以将多媒体文件所在的文件夹遮盖，这样，上传站点时，多媒体文件就不会被上传。

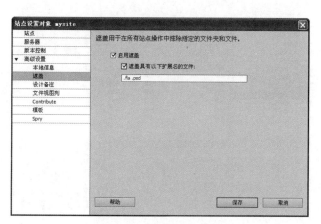

图 2.37　【遮盖】选项

Note

该对话框的简单说明如下。

☑　【启用遮盖】复选框：选中该复选框将激活文件遮盖。遮盖用于在所有站点操作中排除指定的文件夹和文件，过滤网站中特殊的文件，默认为选中。

☑　【遮盖具有以下扩展名的文件】复选框：选中该复选框，需要在后面的文本框中填入要遮盖文件的后缀名，这样，站点内的操作将不会影响到它们，如查找替换和全站点链接更新等，默认为不选中。

第 5 步，在【站点设置】高级选项子列表中选择【设计备注】，则在右侧显示设计备注设置，如图 2.38 所示。在站点开发过程中，可能会需要记录一些开发过程信息，以备查询，然后上传到服务器上，使其他人也能够访问，使开发站点团队共享信息。

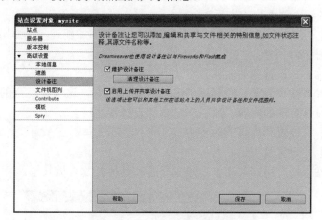

图 2.38　【设计备注】选项

该对话框的简单说明如下。

☑　【维护设计备注】复选框：选中该复选框可以保存设计备注。

☑　【清理设计备注】按钮：单击该按钮可以删除过去保存的设计备注。

☑　【启用上传并共享设计备注】复选框：选中该复选框可以在上传文件时，将设计备注上传到远端服务器上。

第 6 步，当在【站点设置】的【高级设置】选项子列表框中选中【文件视图列】时，则对话框如图 2.39 所示。文件视图列主要设置【站点管理器】窗口中浏览文件显示的内容项目。

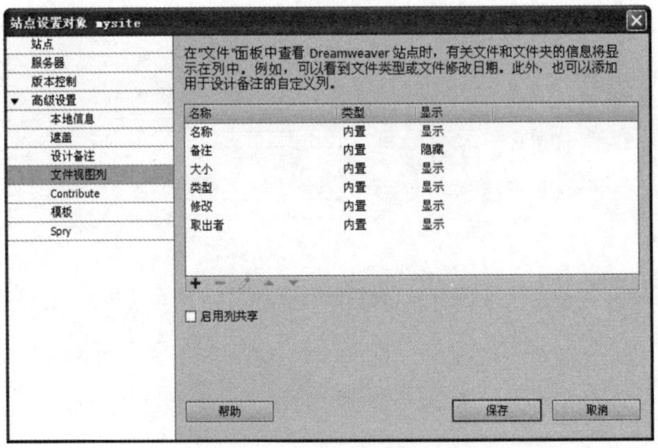

图 2.39　【文件视图列】选项

该对话框简单说明如下。

☑　在文件视图列中显示文件视图显示的项目，包括以下 6 项。

   ➢　【名称】：显示文件名。

   ➢　【备注】：显示设计备注。

   ➢　【大小】：显示文件大小。

   ➢　【类型】：显示文件类型。

   ➢　【修改】：显示修改时间。

   ➢　【取出者】：显示正在被谁打开和修改。

☑　【调整列的排列先后】：选中要调整的列的项目，然后单击对话框右上角的【向上】或者
【向下】按钮，调整列的先后顺序。

☑　【添加新列】：单击面板上的【加号】按钮，可以添加新列。在弹出的浮动面板中可以设
置内容，如图 2.40 所示。

   ➢　【列名称】：设置列的名称。

   ➢　【与设计备注关联】：设置是否和设计备注结合，这里要注意的是，新添加列主要显
示的是设计备注的内容，所以一定要和设计备注结合。

   ➢　【对齐】：设置列内容的对齐方式。

   ➢　【显示】：设置是否显示。

   ➢　【与该站点所有用户共享】：设置是否和其他开发人员共享。

图 2.40　增加新的视图列

☑　【删除列】：选中要删除的列后，单击面板上方的【减号】按钮□可以删除该列。

第 7 步，在【站点设置】的【高级设置】选项子列表中选中【模板】选项时，对话框如图 2.41 所示。【模板】主要用于设置当网站模板更新时，是否改变文档的相对路径。

第 8 步，在【站点设置】的【高级设置】选项子列表中选中【Spry】选项时，对话框显示如图 2.42 所示。【Spry】主要设置当网站应用 Spry 框架技术时，所用的资源保存在哪个文件夹中，Spry 资源主要包括 JavaScript、CSS、HTML 和图像等。

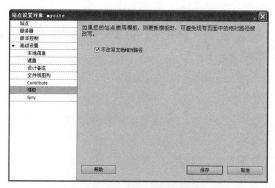

图 2.41　定义模板更新路径

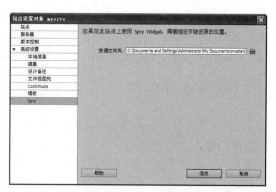

图 2.42　定义 Spry 资源文件夹

2.3.3　管理站点

创建站点之后，可以使用【管理站点】对话框对所创建的站点进行管理，主要包括站点的增加、删除、编辑、复制和导入导出等操作。

操作步骤：

第 1 步，选择【站点】|【管理站点】命令，打开【管理站点】对话框，如图 2.43 所示。

第 2 步，在【站点列表】中选中一个站点，例如，"mysite"。然后单击对话框右侧的【编辑】按钮，打开【站点设置】对话框，然后参阅上一节介绍的方法和步骤重新设置站点配置选项即可。

第 3 步，编辑完毕，单击【确定】按钮可以返回到【管理站点】对话框。

第 4 步，选择要删除的本地站点，然后在【管理站点】对话框中单击【删除】按钮。Dreamweaver 会弹出一个提示对话框，询问用户是否要删除本地站点，单击【是】按钮，即可删除选中的本地站点。

删除站点操作实际上只是删除了 Dreamweaver 同该本地站点之间的关系，而本地站点内容，包括文件夹和文件等仍然保存在本地计算机上，用户可以重新创建指向其位置的新站点。

第 5 步，在【管理站点】对话框中选中要复制的站点。单击对话框中的【复制】按钮，即可将该站点复制，新复制的站点名称会出现在【管理站点】对话框的站点列表中。该名称在原站点名称后添加"复制"字样，如图 2.44 所示。如有需要，可以选中新复制的站点，然后单击【编辑】按钮，对其进行编辑。

图 2.43　【管理站点】对话框

图 2.44　复制站点

如果希望创建多个结构相同或类似的站点，则可以复制站点。先复制一个站点，然后根据需要分别对每个站点进行编辑，这样能够提高工作效率。

2.4　编辑站点内容

无论是创建空白站点，还是对已有站点内容进行管理，都可以利用【文件】面板轻松完成相关站点内容的操作。例如，新建站点页面，编辑、删除、移位、创建文件夹等。在【文件】面板中进行操作时，Dreamweaver 会自动完成相关链接的调整和更新服务。

2.4.1 熟悉文件面板

【文件】面板可以说是 Dreamweaver 组织和编辑站点的控制中心，在该面板中包含了许多重要功能。
操作步骤：
第 1 步，选择【窗口】|【文件】命令，打开【文件】面板，如图 2.45 所示。

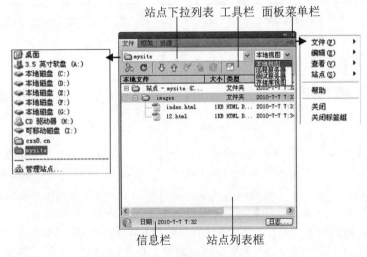

图 2.45　【文件】面板

【文件】面板由上到下分为 5 个部分：面板菜单栏、工具栏、站点下拉列表、站点列表框和信息栏。在【文件】面板菜单中提供了操作站点的全部命令。

第 2 步，在【文件】面板左侧的下拉列表中列出了本地计算机的所有磁盘分区和所有存在的站点名称，单击下拉列表，在打开的下拉列表中选择不同的站点，可进行站点切换。选择最下面的【管理站点】选项可以打开【管理站点】对话框。

第 3 步，右侧的下拉列表列出了在【站点列表框】中可以显示出的 4 种面板视图方式。简单说明如下，读者可以自己动手试一试。

- ☑　【本地视图】：选中该项则在【站点列表框】中显示在本地计算机中存储的网站文件。
- ☑　【远程视图】：选中该项则在【站点列表框】中显示在远程的服务器中存储的网站文件。前提是先要定义一个远程站点。
- ☑　【测试服务器】：选中该项，则在【站点列表框】中显示的是在测试服务器的条件下存储的网站文件。前提是先要定义一个测试服务器。

☑ 【存储库视图】：选中该项，则在【站点列表框】中显示的是在测试服务器的条件下存储的网站文件。前提是先要定义一个测试服务器。

第 4 步，工具栏中从左到右排列着 8 个工具按钮。简单说明如下。

☑ 【连接到远端主机】按钮 ：单击该按钮可以连接到远程服务器，如果连接成功，则显示为 状态。

☑ 【刷新】按钮 ：刷新当前本地站点和远程服务器上的文件。

☑ 【下载文件】按钮 ：把远程服务器上的文件下载到本地站点中，前提是已连接到服务器。

☑ 【上传文件】按钮 ：把本地站点中的文件上传到远程服务器，前提是已连接到服务器。

☑ 【取出文件】按钮 ：取出和存回是 Dreamweaver 特有的功能，为了避免在一个开发团队中多人同时操作一个文件时出现错误，取出功能会在用户操作一个文件时，禁止其他人操作该文件，当操作完毕，执行存回功能，则 Dreamweaver 会自动解锁对该文件的禁令，其他人就可以操作该文件了，因此当执行取出操作后，用户不要忘记及时存回。

在使用【取出文件】功能前，用户应该在定义站点时，在【远程信息】分类中选中【启用存回和取出】复选框，然后在显示的选项中继续设置。

☑ 选中【打开文件之前取出】复选框，则要求用户在打开一个文件前，先执行取出操作。

☑ 在【取出名称】文本框中输入自己的名称，这样其他人就知道当前是谁在操作该文件。

☑ 在【电子邮件地址】文本框中输入个人 E-mail 地址，其他人可以及时与当前操作人进行联系，如图 2.46 所示。

图 2.46　设置【远程服务器】

☑ 【存回文件】按钮 ：对当前取出操作进行解锁。

☑ 【同步】按钮 ：使用该功能的前提也是在定义站点时启动同步功能。单击该按钮，将会打开【同步文件】对话框，如图 2.47 所示。在该对话框中可以设置同步的方式。

➤ 在【同步】下拉列表中可以选择是否同步整个站点，还是近同步当前选中的文件或文件夹。

➤ 在【方向】下拉列表中可以选择同步的方向，它包括"放置较新的文件到远程"（把本地最新修改的文件上传到远程服务器）、"从远程获得较新的文件"（把远程最新修改的文件下载到本地站点中）和"获得和放置较新的文件"（将根据本地站点和远程服务器上哪边文件最新进行操作，如果本地最新，则上传；如果远程最新，则下载）。Dreamweaver 是根据文件的修改时间进行同步操作的。

☑ 【扩展/折叠】按钮 ：单击【扩展/折叠】按钮 可以展开【文件】面板，启动【站点管理器】窗口，方便用户对本地站点和远程站点的协调管理，如图 2.48 所示。在该窗口中，管理远程文件如同在本地机中那样随时可见即可得地进行操作，大大方便了站点管理。

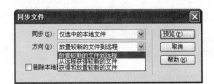

图 2.47　【同步文件】对话框　　　　　　　　图 2.48　【站点管理器】窗口

第 5 步，在信息栏中显示站点文件的一些信息，如图 2.49 所示。

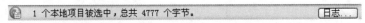

图 2.49　站点信息栏

2.4.2　操作站点文件和文件夹

1. 打开站点

完成站点创建工作，用户就可以在站点内构建网站结构和制作网页了，但前提是要先打开该站点。
操作步骤：

第 1 步，选择【窗口】|【文件】命令（或按 F8 键），打开【文件】面板，如图 2.50 所示。

第 2 步，单击【文件】下拉列表右侧的向下三角按钮 ，打开一个下拉列表，如图 2.51 所示。

第 3 步，在下拉列表中选择刚建立的 "mysite"，这时就可以打开 "mysite" 站点，如图 2.52 所示。

图 2.50　【文件】面板　　　　　图 2.51　显示下拉列表　　　　　图 2.52　打开站点

如果想打开另外一个站点，可以单击【文件】下拉列表，选择一个站点即可打开一个已经定义的站点。当运行 Dreamweaver 之后，系统会自动打开上次退出 Dreamweaver 时正在编辑的站点。

2. 创建文件夹

创建文件夹的目的主要是为了方便站点管理，这个过程实际上也是构思网站结构的过程。如果制作的网站规模比较大，分类又多，或者栏目繁杂，这时就需要进行规划。

一般目录代表站内栏目或分类，如站内图片文件夹（images）、多媒体文件夹（videos）、脚本文件夹（js）、样式表文件夹（styles）和新闻栏目子目录（news）等。有时 Dreamweaver 会自动创建文件夹用来存放一些特殊文件，如 Templates 和 Libraries 文件夹，它们分别用来保存模板和库。随着站点的扩大，文件夹的数量会不断增加，所以建立文件夹时应该分好类。

操作步骤：

第 1 步，在【文件】面板的本地站点文件列表框中，右键单击【文件】面板的站点根目录，从弹出的快捷菜单中选择【新建文件夹】命令，如图 2.53 所示。

第 2 步，如果要在某个文件夹中建立子文件夹，只需右键单击父级目录名，在弹出的快捷菜单中选择【新建文件夹】命令，这时在子目录中就会新建一个文件夹。例如，在根目录下新建一个待命名的文件夹，如图 2.54 所示。

图 2.53 选择【新建文件夹】命令

图 2.54 建立的新文件夹

第 3 步，为文件夹命名，然后就可以在其中新建或保存文件了。

3. 创建文件

操作步骤：

第 1 步，在【文件】面板的本地站点文件列表中，右键单击准备新建文件的文件夹，在弹出的快捷菜单中选择【新建文件】命令，这时在文件夹中会出现一个新建文件，如图 2.55 所示。

第 2 步，文件刚被创建时，其名称区域处于编辑状态（见图 2.56），用户可以编辑文件名称。例如，命名为 index.htm（或 index.html），作为栏目首页，单击输入区外任意位置，即可完成对文件的命名，如图 2.57 所示。

第 3 步，如果希望修改文件的名称，可以单击文件的名称（或按 F2 键），激活其文字编辑状态，然后输入新的名称即可。

图 2.55 选择命令

图 2.56 新建文件

图 2.57 命名文件

Note

4. 复制操作

利用【文件】面板可以对新建文件或文件夹进行基本管理操作，如剪切、复制和粘贴等。

操作步骤：

第 1 步，在【文件】面板的本地站点文件列表中，右键单击要移动或复制的文件（或文件夹），在弹出的快捷菜单中选择【编辑】命令，在子菜单中选择相应的命令即可，如图 2.58 所示。

第 2 步，如果移动或复制文件，由于文件的位置发生了变化，其中的链接信息（特别是相对链接）可能会发生相应变化。Dreamweaver 会弹出【更新文件】提示对话框（见图 2.59），提示是否要更新被移动或复制文件中的链接信息。

第 3 步，从列表中选中要更新的文件，单击【更新】按钮，则更新文件中的链接信息，单击【不更新】按钮，则不对文件中的链接进行更新。

图 2.58　移动和复制文件和文件夹

图 2.59　【更新文件】对话框

第 4 步，使用鼠标拖动的方法，也可以实现文件或文件夹的移动。从【文件】面板的本地站点文件列表框中，选中要移动的文件（或文件夹），按住鼠标左键拖动选中的文件或文件夹，然后移动到目标文件夹中，释放鼠标左键即可。

5. 重命名操作

操作步骤：

第 1 步，给文件或文件夹重命名的方法是先选中要重命名的文件或文件夹，再按 F2 键。

第 2 步，文件名变为可修改状态，输入文件名，最后按 Enter 键确认即可。

注意，静态网页文件的扩展名一般为.htm 或.html，动态网页的扩展名应该根据服务器的技术类型来确定，如采用 ASP 服务器技术，则扩展名应为.asp。

无论是重命名还是移动，都应该在【文件】面板中进行，因为【文件】面板有动态更新链接的功能。可确保站点内部不会出现链接错误。

6. 删除操作

操作步骤：

第 1 步，从本地文件列表中选中要删除的文件或文件夹，按 Delete 键。

第 2 步，这时系统会弹出提示对话框，询问是否要真正删除文件或文件夹，如图 2.60 所示。

第 3 步，单击【是】按钮，确认后即可将文件或文件夹从本地站点中删除。与站点的删除操作不同，这种对文件或文件夹的删除操作，会从磁盘上真正删除相应的文件或文件夹。

第 4 步，如果预删除文件还与其他文件存在链接关系，则 Dreamweaver 会弹出对话框提示该文件与哪些存在链接关系，并询问是否真正删除，如图 2.61 所示。

图 2.60 提示对话框

图 2.61 询问对话框

Note

7. 设置首页

主页就是站点默认的首页。在浏览网站时，如果在浏览器地址栏中输入网站地址，而不输入任何网页文件名称，则会打开主页。在本地站点文件列表框中，用户可以直接创建作为主页的文件，也可以将某个现有的文件指定为主页。

操作步骤：

第1步，右键单击要设为主页的文件。

第2步，在弹出的快捷菜单中选择【设成首页】命令。也可以在【文件】面板菜单中选择【站点】|【设成首页】命令。

8. 编辑操作

先构建整个站点，然后在站点各个文件夹中创建好需要编辑的文件，再在文档窗口中分别对这些文件进行编辑，最终完成整个网站的内容制作。

操作步骤：

第1步，编辑站点文件。可以在【文件】面板的本地站点文件列表中，双击相应的文件名称，即可在编辑窗口中打开相应的文件，这时就可以进行编辑了。

第2步，文件编辑完毕，在编辑窗口中保存文件，Dreamweaver 即可自动对本地站点中的文件进行更新。

9. 刷新操作

如果用户在 Dreamweaver CS5 之外，对站点中的文件夹或文件进行了修改，则需要对本地站点文件列表进行刷新，只有刷新之后才可以看到修改后的结果。

操作步骤：

第1步，在【文件】面板菜单中选择【查看】|【刷新】命令（快捷键为F5），即可对本地站点的文件列表进行刷新，如图 2.62 所示。

图 2.62 刷新文件

第2步，在列表框中单击右键，选择【刷新远程文件】命令可以对远端站点文件列表中的内容进行刷新。

第3步，如果单击【文件】面板工具栏上的【刷新】按钮 ，就可以同时刷新本地站点文件列表和远端站点文件列表。

第4步，在定义站点时，如果在【服务器】设置面板中选中了【维护同步信息】复选框，如图2.63所示，则Dreamweaver会自动维持本地站点与远程服务器在信息上的同步更新，避免在本地或远程服务器修改文件后，出现信息不一致的现象。

第5步，如果在【服务器】设置面板中选中了【保存时自动将文件上传到服务器】复选框，则在本地站点内保存文件时，Dreamweaver会自动询问是否上传该文件以及相关文件，如图2.64所示。

图2.63　同步和自动上传文件

图2.64　询问是否上传文件

第6步，如果取消选中这些复选框，Dreamweaver将不再显示该对话框进行提示。用户也可以在【首选参数】的【站点】分类中进行更详细的操作设置，如图2.65所示。打开【首选参数】对话框的方法是：选择【编辑】|【首选参数】命令，打开【首选参数】对话框。

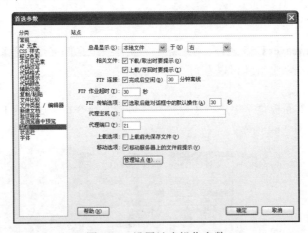

图2.65　设置站点操作参数

2.5　创 建 网 页

网页是构成网站的基本单元，是网站内容的聚合器，也是承载各种Web应用的平台，一般需要使用网页浏览器才能够浏览。网页通常是HTML格式，文件扩展名可以为.html、.htm、.asp、.aspx、.php

或.jsp 等。

实际上，网页只是一个纯文本文件，通过各式各样的标记对页面上的文字、图片、表格、声音等元素进行描述（如字体、颜色、大小），而浏览器则对这些标记进行解释并生成页面，于是得到读者所看到的页面。本节将讲解如何使用 Dreamweaver 新建网页，并设置网页的基本属性。

2.5.1 新建网页

Dreamweaver 提供了多种创建页面的方法。除了直接在【文件】面板中新建各种类型的网页文件外，使用【新建文档】对话框创建网页最为简单。

操作步骤：

第 1 步，选择【文件】|【新建】命令，打开【新建文档】对话框，如图 2.66 所示。从图中可以看到，【新建文档】对话框由【空白页】、【空模板】、【模板中的页】、【示例中的页】和【其他】共 5 个分类选项卡组成（模板是依照已有的文档结构新建一个文档）。

第 2 步，在左侧选项卡中选择一种类型，如【示例中的页】，然后在【示例文件夹】列表框中选择子类项，如【CSS 样式表】选项，则右侧列表框将显示【示例页】类别的所有选项，如图 2.67 所示。

第 3 步，在【示例】页列表框中选择一种风格的页面，在右侧的预览区域和描述区域中可以观看效果，并查看该页面的描述文字。例如，选择【颜色：红色】选项，对话框的预览区域自动生成红色主题预览图，描述区域自动显示该主题的描述说明，如图 2.68 所示。如果在【示例文件夹】列表中选择【框架页】分类选项，则可以在右侧的框架页列表中选择一种框架类型，并创建一个框架页，如图 2.69 所示。

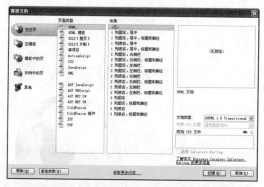

图 2.66 【新建文档】对话框

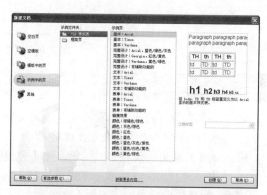

图 2.67 【CSS 样式表】类别项列表

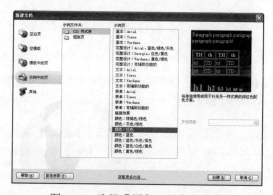

图 2.68 选择【颜色：红色】选项

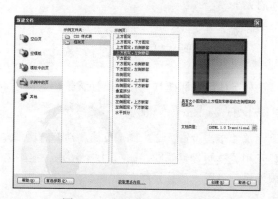

图 2.69 选择【框架页】模板

第 5 步，单击【新建文档】对话框中的【创建】按钮，Dreamweaver 会自动在当前窗口创建一个样式表文件。保存该样式表文件，然后就可以在其他页面中引用这个样式表样式了。

2.5.2 设置页面基本属性

新建网页之后，应该设置页面的显示属性，如页面背景效果、页面字体大小、颜色和页面超链接属性等。在 Dreamweaver CS5 中设置页面显示属性可以通过【页面属性】对话框来实现。

操作步骤：

第 1 步，在 Dreamweaver 编辑窗口中，选择【修改】|【页面属性】命令，打开【页面属性】对话框，如图 2.70 所示。在【页面属性】对话框【分类】列表框中共有 5 类：外观、链接、标题、标题/编码和跟踪图像。右侧显示各个分类的具体属性设置。

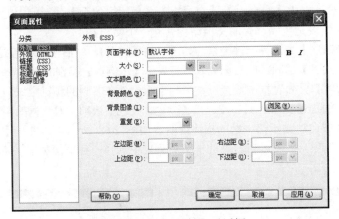

图 2.70 【页面属性】对话框

第 2 步，设置外观。外观主要包括页面的基本属性，如页面字体大小、字体类型、字体颜色、网页背景样式、页边距等。【页面属性】对话框提供了两种设置方式。

☑ 如果在【页面属性】对话框左侧的【分类】列表框中选择【外观（CSS）】选项，则可以使用标准的 CSS 样式来进行设置。

☑ 如果在【页面属性】对话框左侧【分类】列表框中选择【外观（HTML）】选项，则可以使用传统方式（非标准）来进行设置。

例如，如果使用标准方式设置页面背景色为白色，则 Dreamweaver 会生成如下样式来控制页面字体的大小。

```
body {
    background-color: #FFF;
}
```

如果使用非标准方式设置页面背景色为白色，则 Dreamweaver 会在 <body> 标签中插入如下属性。

```
<body bgcolor="#000000">
```

第 3 步，设置链接。在【页面属性】对话框左侧的【分类】列表框中选择【链接】选项，在右侧显示相关链接设置属性，如图 2.71 所示。这些内容主要是针对链接文字的字体、大小、颜色和样式属性进行设置，而且只能对链接文字产生作用。

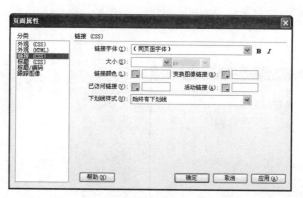

图 2.71 【页面属性】对话框中的【链接】选项

第 4 步，设置标题。在【页面属性】对话框左侧的【分类】列表框中选择【标题】选项，在右侧则显示相关标题设置属性，如图 2.72 所示。这里的标题主要针对页面内各级不同标题样式，包括字体、粗体、斜体和大小。可以定义标题字体及 6 种预定义的标题字体样式。

图 2.72 【页面属性】对话框中的【标题】选项

第 5 步，设置标题/编码。在【页面属性】对话框左侧的【分类】列表框中选择【标题/编码】选项，在右侧则显示相关标题/编码设置属性，如图 2.73 所示。这里主要设置网页标题，该标题将显示在浏览器的标题栏中。同时还可以设置 HTML 源代码中字符编码，中文网页默认设置为"简体中文（GB2312）"即可。

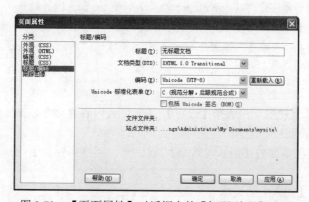

图 2.73 【页面属性】对话框中的【标题/编码】选项

第 6 步，设置跟踪图像。在【页面属性】对话框左侧的【分类】列表框中选择【跟踪图像】选项，如图 2.74 所示，在右侧则显示相关跟踪图像设置属性，效果如图 2.75 所示。

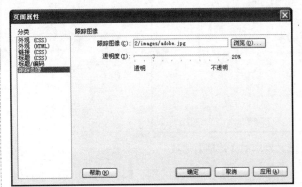

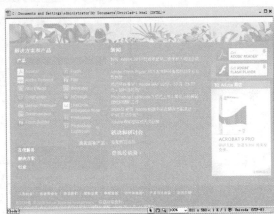

图 2.74　【页面属性】对话框中的【跟踪图像】选项　　　图 2.75　设置跟踪图像效果

　　在制作网页时，很多设计师习惯于先用绘图工具绘制网页草图（即设计网页草稿）。为方便设计师快速参考设计草图，Dreamweaver 可以将设计草图设置成跟踪图像，铺在编辑的网页下面作为背景，用于引导网页的设计。不过跟踪图像只是起辅助编辑的作用，最终并不会在浏览器中显示，所以它与页面背景图像存在本质区别。

2.5.3　设置网页元信息

　　网页由两部分组成：头部信息区和主体可视区。其中头部信息位于<head>和</head>标记之间，不会被显示出来，但可以在源代码中查看，头部信息一般作为网页元信息方便搜索引擎等工具识别，页面可视区域包含在<body>标记中，浏览者所看到的所有网页信息都包含在该区域。

　　头部信息对于网页来说是非常重要的，可以说它是整个页面的控制中枢，例如，若页面以乱码形式显示，就是因为网页字符编码没有设置正确。还可以通过头部元信息设置网页标题、关键词、作者、描述等多种信息。读者可以在代码视图中直接输入<meta>标记及其属性，并通过 HTTP-EQUIV、Name和 Content 这 3 个属性组合来定义各种元数据。不过在 Dreamweaver 中使用可视化方式进行操作插入元数据会更直观方便。

　　提示：HTTP-EQUIV 是 HTTP Equivalence 的简写，它表示 HTTP 的头部协议，这些头部协议信息将反馈给浏览器一些有用的信息，以帮助浏览器正确和精确的解析网页内容。在【META】对话框的【属性】下拉列表中选择【HTTP-equivalent】选项，则可以设置各种HTTP 头部协议。

　　操作步骤：

　　第 1 步，在【设计】视图下，选择【查看】|【文件头内容】命令，在工作区的顶部出现两个按钮 ，它们分别表示插入元数据和设置标题。

　　第 2 步，单击工作区顶部的【插入元数据】按钮 ，属性面板显示<meta>标记的属性、属性值和内容，如图 2.76 所示。

　　第 3 步，可以通过【插入】面板插入元数据。在【插入】面板中选择【常用】工具类中的【文件头】按钮 ，并在弹出的下拉列表中选择【META】选项，如图 2.77 所示。

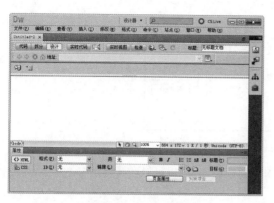

图 2.76　插入元数据

图 2.77　使用【插入】面板插入元数据

第 4 步，打开【META】对话框，如图 2.78 所示。【META】对话框与图 2.76 所示的属性面板内容基本相同，下面介绍【META】对话框中的各个选项。

- ☑ 【属性】下拉列表：该列表框中有【HTTP-equivalent】和【名称】两个选项，分别对应 HTTP-EQUIV 和 NAME 变量类型。
- ☑ 【值】文本框：输入 HTTP-EQUIV 或 NAME 变量类型的值，用于设置不同类型的元数据。
- ☑ 【内容】文本框：在该文本框中输入 HTTP-EQUIV 或 NAME 变量的内容，即设置元数据项的具体内容。

例如，按图 2.78 所示进行设置，设置网页字符编码为 GB2312（中文简体），设置完毕，单击【确定】按钮就可以在头部区域插入相应的字符编码信息，如果切换到【代码】视图，可以看到刚插入的字符编码信息，如图 2.79 所示。

图 2.78　【META】对话框

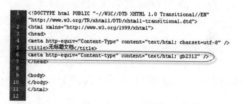

图 2.79　插入的字符编码信息

注意，在插入元信息时，可以重复插入相同类型的信息，虽然在网页中已经设置了字符编码为 UTF-8，但系统依然会再次插入字符编码信息，这与【页面属性】对话框设置不同，它不会修改原来已经设置的信息。

2.5.4　实战演练：设置网页元信息

1．设置字符编码

字符编码告诉浏览器应该使用什么编码来显示网页内容。如果字符编码设置不正确，在使用浏览器显示时，页面会显示为乱码。常用字符编码包括 GB2312 简体中文编码、BIG5 繁体中文编码、IS08859-1 英文编码、国际通用字符编码 UTF-8 等。

操作步骤：

第 1 步，在【值】文本框中输入 "Content-Type"。

第 2 步，在【内容】文本框中输入 "text/html;charset=gb2312"，则可以设置网页字符编码为简体中文，如图 2.80 所示。

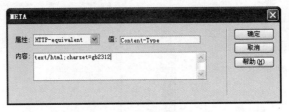

图 2.80   设置简体中文字符

默认情况下，将新建页面设置为 UTF-8 编码（国际通用编码），也可以在【首选参数】对话框中的【新建文档】分类中设置默认网页编码。

2. 设置有效期

设置网页的有效期之后，过期网页将无法脱机浏览，只有重新登录并连接该网页才可以再次浏览。

操作步骤：

第 1 步，在【值】文本框中输入"expires"，expires 为网页到期。

第 2 步，在【内容】文本框中输入"Sun,1 Dec 2012 12:00:00 GMT"，则可以设置网页在 2012 年 12 月 1 日 12 点过期，其格式为"星期，日 月 年 时 分 秒 GML"。

3. 设置禁止缓存

使用网页缓存可以加快浏览网页的速度，因为缓存将曾经浏览过的页面暂存在客户端计算机内存中，当下次打开同一个网页时，即可直接从内存中调出已浏览的页面，实现快速浏览，避免再次去服务器读取同一网页内容。但是如果网页的内容经常频繁地更新，网页制作者希望随时都能查看到最新的网页内容，则可以设置禁止页面缓存。

操作步骤：

第 1 步，在【值】文本框中输入"cache-control"。

第 2 步，在【内容】文本框中输入"no-cache"，则可以禁止该网页缓存。其中 cache-control 表示缓冲机制，content 属性或者【内容】文本框中内容 no-cache 定义禁止缓存。

4. 设置自动刷新

在直播频道、论坛网站等就需要设置页面自动刷新，以实现信息的自动实时显示。

操作步骤：

第 1 步，在【值】文本框中输入"refresh"。

第 2 步，在【内容】文本框中输入"5"，则可以每 5 秒钟刷新一次网页。

5. 设置自动跳转

使用 refresh 属性不仅能够完成页面自动刷新，也可以实现页面之间相互跳转。如果网站地址有所变化，希望在当前的页面中等待几秒钟之后就自动跳转到新的网站地址，可以通过设置跳转时间和地址来实现。

操作步骤：

第 1 步，在【值】文本框中输入"refresh"。

第 2 步，在【内容】文本框中输入"5;url= http://www.cepp.com.cn/"。则 5 秒钟后，网页自动跳转到 http://www.cepp.com.cn/页面。

6. 设置网页关键词

设置网页的关键词非常重要，这样便于搜索引擎检索。因为用户浏览网页主要途径是通过搜索引擎来实现的，大多数搜索引擎检索时都会限制关键词的数量，有时关键词过多，该网页会在检索中被忽略。所以关键词的输入不宜过多，应切中要害。

操作步骤：

第 1 步，在【META】对话框的【属性】下拉列表中选择【名称】选项。

第 2 步，在【META】对话框的【值】文本框中输入 "keywords"。

第 3 步，在【内容】文本框中输入与网站相关的关键词即可。如以网页设计为主的网站，可以设置多个与网页主题相关的关键词以便搜索。

这些关键词不会在浏览器中显示，输入关键词时各个关键词之间用逗号分隔。

7. 设置搜索限制

通过设置禁止或者允许权限来避免搜索引擎的搜索，保护网站隐私。

操作步骤：

第 1 步，在【META】对话框的【属性】下拉列表中选择【名称】选项。

第 2 步，在【META】对话框的【值】文本框中输入 "robots"，定义搜索方式。

第 3 步，在【内容】文本框中输入搜索权限，取值说明如表 2.2 所示。

表 2.2　搜索权限

值	描　　述
All	表示能搜索当前网页与其链接的网页，系统默认设置
Index	表示能搜索当前网页
Nofollow	表示不能搜索与当前网页链接的网页
Noindex	表示不能搜索当前网页
None	表示不能搜索当前网页及与其链接的网页

8. 设置网页说明

在网页中添加说明文字，概括描述网站的主题内容，方便搜索引擎按主题搜索。这些说明文字不会显示在浏览器中，主要为搜索引擎寻找主题网页提供方便。说明文字还可存储在搜索引擎的服务器中，在浏览者搜索时随时调用，还可以在检索到网页时作为检索结果返给浏览者，例如，在用搜索引擎搜索的结果网页中显示的说明文字就是这样设置的。搜索引擎同样限制说明文字的字数，所以内容要尽量简明扼要。

操作步骤：

第 1 步，在【META】对话框的【属性】下拉列表中选择【名称】选项。

第 2 步，在【META】对话框的【值】文本框中输入 "description"，定义搜索方式。

第 3 步，在【内容】文本框中输入说明文字即可。

第3章

文本之美

(视频讲解：54分钟)

文字是网页中传递信息的主要元素，各式各样的文字效果给网页增添了很多魅力，虽然使用图像、动画或视频等多媒体信息也可以表情达意，但是文字仍然是传递信息的最直接、最经典的方式。网页制作的重点工作就是如何更好地编辑段落文本格式，体现网页主旨，以吸引浏览者的注意力。对于广大初学者来说，在网页中设置字体、段落格式是必备的基本技能之一。本章将详细讲解网页字体设置、段落格式编排，以及如何设置列表等基本操作。

学习重点：

▶▶ 在网页中输入文本。

▶▶ 设置文本显示属性。

▶▶ 设计段落文本、标题文本和列表文本。

▶▶ 设计网页正文版式。

3.1 输 入 文 本

在 Dreamweaver 中输入文本有以下两种方法。

☑ 直接在文档窗口中输入文本，也就是先选择要插入文本的位置，然后直接输入文本。

☑ 复制其他文本编辑器中的文本。先在其他窗口中复制文本，然后在 Dreamweaver 编辑窗口中选择【编辑】|【粘贴】命令即可，快捷键为 Ctrl+V。

在 Dreamweaver 编辑窗口中粘贴文本时，可以确定是否粘贴文本源格式。

操作步骤：

第 1 步，选择【编辑】|【首选参数】命令，打开【首选参数】对话框。

第 2 步，在左侧【分类】列表框中选择【复制/粘贴】选项，然后在右侧具体设置粘贴的格式，如图 3.1 所示。

第 3 步，如果使用其他文本编辑器中带格式的文本，例如，在 Word 中选择一段带格式的文本，然后在 Dreamweaver 编辑窗口中粘贴文本，则效果如图 3.2 所示。

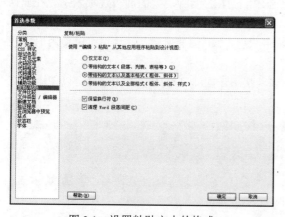

图 3.1　设置粘贴文本的格式

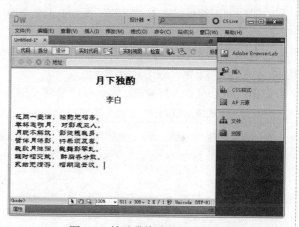

图 3.2　粘贴带格式的文本效果

第 4 步，在粘贴文本时，如果选择【编辑】|【选择性粘贴】命令，会打开【选择性粘贴】对话框，在该对话框中可以进行不同的粘贴操作。例如，仅粘贴文本，或仅粘贴基本格式文本，或者完整粘贴文本中所有格式等。

在编辑网页的过程中，使用不可见元素可以帮助查看网页编排的细节。

操作步骤：

第 1 步，选择【编辑】|【首选参数】命令，打开【首选参数】对话框。

第 2 步，在左侧【分类】列表框中选择【不可见元素】选项，在右侧的具体设置中选中【换行符】复选框。

第 3 步，选择【查看】|【可视化助理】|【不可见元素】命令。

第 4 步，在网页编辑窗口中显示记号，该记号提示当前为换行操作。

3.2 设置文本属性

输入文本之后，可以设置文本的属性，如文字的字体、大小和颜色，文本的对齐方式、缩排和列表等。设置这些属性最好的方法就是使用文本属性面板。属性面板一般位于编辑窗口的下方，如图 3.3 所示。

如果主界面中没有显示属性面板，可以选择【窗口】|【属性】命令打开属性面板，或者按 Ctrl+F3 组合键快速打开或关闭属性面板。打开 Dreamweaver 窗口后，有时属性面板以最小化状态显示，此时只需要单击面板标题栏中的深灰色区域即可将其快速打开，再次单击也可以收缩属性面板。

图 3.3　文本属性面板（HTML 选项卡）

属性面板将根据选中对象的不同，把面板分为 CSS 和 HTML 两种类型的面板选项状态。在属性面板左上角会显示两个按钮：【HTML】和【CSS】。

- ☑ 单击【HTML】按钮可以切换到 HTML 选项卡状态，如图 3.3 所示，在这里可以使用 HTML 属性来定义选中对象的属性样式。
- ☑ 单击【CSS】按钮，则可以切换到 CSS 选项卡状态，如图 3.4 所示，在这里可以使用 CSS 样式来定义选中对象的属性样式。

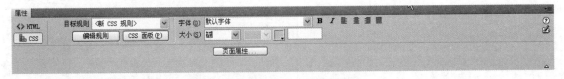

图 3.4　文本属性面板（CSS 选项卡）

要设置文本属性，应先在编辑窗口中选中需要设置属性的文本，然后在属性面板中根据需要设置相应的属性即可。

3.2.1 实战演练：定义文本格式类型

文本格式类型指定文本所包含的标签是什么，该标签表示文本所代表的语义性。在文本属性面板中单击【格式】下拉列表右侧的向下按钮，打开格式下拉列表，该下拉列表可以设置文本的段落格式、标题格式、预先格式化。在【格式】下拉列表中选择【无】选项，可以取消当前文本的格式类型。

操作步骤：

第 1 步，新建网页文档，保存为 index.html。

第 2 步，手动输入"月下独酌"文本，选中该文本，在属性面板的【格式】下拉列表中选择【标题 1】选项，如图 3.5 所示。

图 3.5　设置标题文本

操作提示：

标题文本主要用于强调文本信息的重要性。HTML 定义了 6 级标题，分别用<h1>、<h2>、<h3>、<h4>、<h5>、<h6>标记来表示，每级标题的字体大小依次递减，标题格式一般加粗显示。为标题定义的级别只决定了标题之间的重要程度，也可以设置各级标题的具体属性。

第 3 步，选择【格式】|【对齐】|【居中对齐】命令，设置标题文本居中显示。在【代码】视图下，可以看到生成的 HTML 代码。

```
<body>
<h1 align="center">月下独酌</h1>
</body>
```

第 4 步，切换到【设计】视图，按 Enter 键换行显示，Dreamweaver 会自动在下一行显示段落格式。

操作提示：

如果要更改这个设置，选择【编辑】|【首选参数】命令，在打开的【首选参数】对话框中选择【常规】分类项，然后在右侧取消选中【标题后切换到普通段落】复选框，如图 3.6 所示。这时，如果在标题格式文本后按 Enter 键则依然保持标题格式。

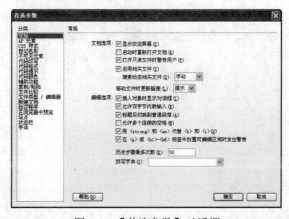

图 3.6　【首选参数】对话框

第 5 步，输入"李白"文本，选中这两个字，在【格式】下拉列表中选择【标题 2】选项。

第 6 步，按 Enter 键换行显示，取消【格式】|【对齐】|【居中对齐】命令，设置段落文本默认左对齐显示。在【格式】下拉列表中选择【段落】选项，然后输入"花间一壶酒，独酌无相亲。"文本。

操作提示：

段落格式是设置文本为段落样式，在 HTML 源代码中使用<p>标记表示，段落文本默认格式是在段落文本上下边显示 1 行空白间距，其语法格式如下。

```
<p>段落文本</p>
```

在【设计】视图下，输入一些文字后，按下 Enter 键，就会自动生成一个段落，这时也会自动应用段落格式。当输入段落格式文本后，按 Enter 键，光标自动换行，同时【格式】下拉列表中显示为"段落"状态。

第 7 步，按 Enter 键换行显示，继续输入"举杯邀明月，对影成三人。"文本。依此类推，输入全部诗句。则生成的 HTML 代码如下，在【设计】视图下可以看到如图 3.7 所示的效果。

```
<!DOCTYPE html PUBLIC "-//W3C//DTD XHTML 1.0 Transitional//EN" "http://www.w3.org/ TR/xhtml1/DTD/xhtml1-transitional.dtd">
<html xmlns="http://www.w3.org/1999/xhtml">
<head>
<meta http-equiv="Content-Type" content="text/html; charset=utf-8" />
<title>上机练习</title>
</head>
<body>
<h1 align="center">月下独酌</h1>
<h2 align="center">李白</h2>
<p>花间一壶酒，独酌无相亲。</p>
<p>举杯邀明月，对影成三人。</p>
<p>月既不解饮，影徒随我身。</p>
<p>暂伴月将影，行乐须及春。</p>
<p>我歌月徘徊，我舞影零乱。</p>
<p>醒时相交欢，醉后各分散。</p>
<p>永结无情游，相期邈云汉。</p>
</body>
</html>
```

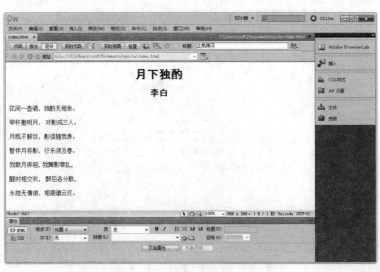

图 3.7　设置唐诗文本的格式类型

操作提示：

如果按 Shift+Enter 组合键或者用
标记换行，但上下行依然是在一个标记内。

第 8 步，按 F12 键在浏览器中预览，则显示效果如图 3.8 所示。

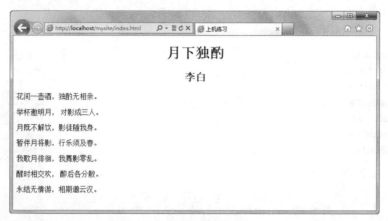

图 3.8　在浏览器中预览效果

第 9 步，选择【文件】|【另存为】命令，把 index.html 另存为 index1.html。

第 10 步，在 index1.html 文档的【设计】视图下，使用鼠标拖选文档中所有的文本，如图 3.9 所示。按 Ctrl+A 组合键可以快速选中文档中所有的文本。

图 3.9　选中所有文本

第 11 步，在属性面板的【格式】下拉列表中选择【预先格式化的】选项，定义所有文本的格式为预定义格式显示，如图 3.10 所示。

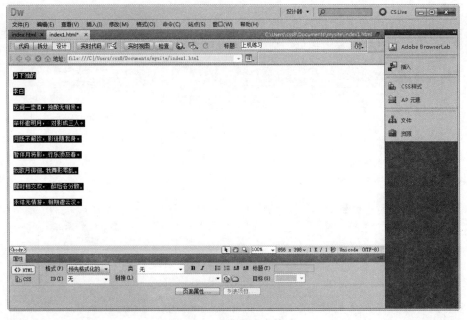

图 3.10　定义预定义格式

操作提示：

　　所谓预定义格式就是网页在浏览器中显示时能够保留文本间的空格符，如空格、制表符和换行符。在正常情况下，浏览器会忽略这些空格符。预定义格式的标记为<pre>。

　　第 12 步，按 Tab 键逐行递增，设计阶梯缩进显示效果，如图 3.11 所示。

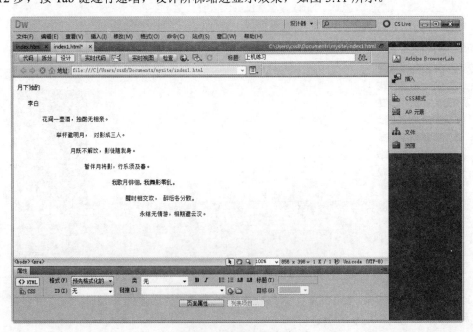

图 3.11　缩进显示唐诗

在【代码】视图下，显示代码如下。

```
<!DOCTYPE html PUBLIC "-//W3C//DTD XHTML 1.0 Transitional//EN" "http://www.w3.org/TR/xhtml1/DTD/
xhtml1-transitional.dtd">
<html xmlns="http://www.w3.org/1999/xhtml">
<head>
<meta http-equiv="Content-Type" content="text/html; charset=utf-8" />
<title>上机练习</title>
</head>
<body>
<pre align="center">月下独酌</pre>
<pre align="center">    李白</pre>
<pre>          花间一壶酒，独酌无相亲。</pre>
<pre>            举杯邀明月， 对影成三人。</pre>
<pre>              月既不解饮，影徒随我身。</pre>
<pre>                暂伴月将影，行乐须及春。</pre>
<pre>                  我歌月徘徊，我舞影零乱。</pre>
<pre>                    醒时相交欢， 醉后各分散。</pre>
<pre>                      永结无情游，相期邈云汉。</pre>
</body>
</html>
```

第 13 步，按 F12 键在浏览器中预览，显示效果如图 3.12 所示。

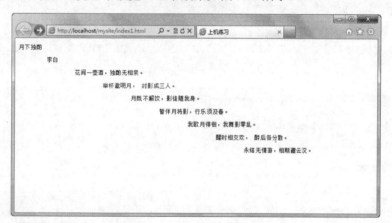

图 3.12　在浏览器中预览效果

3.2.2　实战演练：定义字体属性

文本是网页制作的基础，它包含了很多属性，通过这些属性，用户可以控制网页版式效果。一个网页的设计效果是否精致，很大程度上取决于字体属性的设置。

操作步骤：

第 1 步，打开上一节保存的 index.html 网页。

第 2 步，在【设计】视图下，使用鼠标拖选标题 1，如图 3.13 所示。

第 3 步，设置标题 1 的字体类型为隶书。选择【格式】|【字体】命令，可以打开字体类型下拉列表，如图 3.14 所示。该子菜单列表可以设置各种字体，只要用户计算机安装有某种字体，都可以进行选择设置。

建议读者为网页字体设置常用字体类型，以确保大部分浏览者都能够正常浏览。其中，默认选项是指 Dreamweaver 的默认字体，一般为宋体。

　　第 4 步，在【格式】|【字体】子菜单中选择【编辑字体列表】命令，打开【编辑字体列表】对话框，如图 3.15 所示。在【可用字体】列表中选择系统中可用字体，这里选择"华文隶书"，然后单击【<<】按钮，选择该字体，最后单击【确定】按钮，完成字体选择操作。

图 3.13　打开并选中标题 1 文本

图 3.14　字体类型下拉列表

图 3.15　选择可用字体

　　第 5 步，在属性面板中，选择【CSS】选项卡，然后在该选项卡中单击【字体】右侧的向下箭头，从中选择【华文隶书】选项，即可为当前标题 1 设置华文隶书字体类型，如图 3.16 所示。

　　第 6 步，设置好字体之后，Dreamweaver 会提示用户定义一个样式，如图 3.17 所示。在【新建 CSS 规则】对话框中，设置【选择器类型】为"标签（重新定义 HTML 元素）"，【选择器名称】为"h1"，【规则定义】选项为"（仅限于该文档）"，即在当前文档内部定义一个内部样式表，并在内部样式表中新建一个标签样式，最后单击【确定】按钮即可。

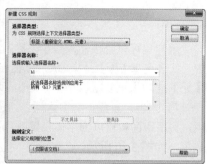

图 3.16　设置字体类型　　　　　　　图 3.17　定义样式规则

第 7 步，切换到【代码】视图，可以看到 Dreamweaver 自动使用 CSS 定义了字体属性，其中<style>标记表示定义 CSS 样式。

```
<style type="text/css">
h1 {
    font-family: "华文隶书";
}
</style>
```

在传统布局中，默认使用<font>标记设置字体类型、字体大小和颜色，在标准设计中不建议使用。

第 8 步，设置标题 2 字体大小。选中"李白"文本，在属性面板中切换到【CSS】设置选项下，如图 3.18 所示。在属性面板中单击【大小】下拉列表右侧的向下按钮，打开字体下拉列表，然后选择一个选项即可，同样 Dreamweaver 会要求定义一个样式，参数设置如图 3.19 所示。

图 3.18　设置字体大小　　　　　　　图 3.19　定义样式规则

操作提示：

【大小】下拉列表中可以选择字体大小。网页常用字体大小一般为 12 像素，这个大小符合大多

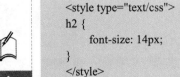

数浏览者的阅读习惯，又能最大容量地显示信息。切换到【代码】视图中显示代码如下。

```
<style type="text/css">
h2 {
    font-size: 14px;
}
</style>
```

用户也可以直接输入数字，然后后边的单位文本框显示为可用状态，从中选择一个单位即可。其中，默认选项【无】是指 Dreamweaver 默认字体大小或者继承上级包含框定义的字体，用户可以选择【无】选项来恢复默认字体大小。

第 9 步，设置正文字体颜色。选中第一段文本，选择【格式】|【颜色】命令，打开【颜色】面板，利用该面板可以为字体设置颜色。或者在属性面板中单击色块图标，从弹出的调色板中选择一种颜色，如图 3.20 所示。

第 10 步，执行上步骤操作后，Dreamweaver 会打开如图 3.21 所示的对话框提示用户定义或选择样式。在【新建 CSS 规则】对话框中，设置【选择器类型】为"类（可应用于任何 HTML 元素）"，【选择器名称】为"c1"，【规则定义】选项为"（仅限该文档）"，即在当前文档内部定义一个内部样式表，并在内部样式表中新建一个类样式，最后单击【确定】按钮即可。

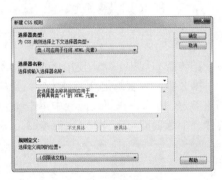

图 3.20　设置字体颜色　　　　　　　　　图 3.21　定义样式规则

操作提示：

在网页中，颜色的表示有 3 种方法：颜色名、百分比和数值。

☑　使用颜色名。该方法是最简单的方法，目前能够被大多数浏览器接受且符合 W3C 标准的颜色名称有 16 种，如表 3.1 所示。

表 3.1　符合标准的颜色名称

名　称	颜　色	名　称	颜　色	名　称	颜　色
black	纯黑	silver	浅灰	navy	深蓝
blue	浅蓝	green	深绿	lime	浅绿
teal	靛青	aqua	天蓝	maroon	深红
red	大红	purple	深紫	fuchsia	品红
olive	褐黄	yellow	明黄	gray	深灰
white	亮白				

☑　使用百分比，例如：

```
color:rgb(100%,100%,100%);
```

在上面的设置中，结果将显示为白色，其中第 1 个数字表示红色的比重值，第 2 个数字表示蓝色比重值，第 3 个数字表示绿色比重值，而 rgb(0%,0%,0%)会显示为黑色，3 个百分值相等将显示灰色。

☑　使用数字。数字范围从 0～255，例如：

```
color:rgb(255,255,255);
```

上面这个声明将显示为白色，而 rgb(0,0,0)将显示为黑色。使用十六进制数字来表示颜色（这是最常用的方法），例如：

```
color:#ffffff;
```

其中要在十六进制数字前面加一个颜色符号"#"。上面这个定义将显示白色，而#000000 将显示为黑色，用 RGB 来描述，则如下所示。

```
color: #RRGGBB;
```

第 11 步，切换到【代码】视图，则可以看到下面的设置代码。

```
<style type="text/css">
.c1 {
    color: #030;
}
</style>
<p class="c1">花间一壶酒，独酌无相亲。</p>
```

第 12 步，以同样的方式为其他几段文本设置字体颜色，则在浏览器中的预览效果如图 3.22 所示。

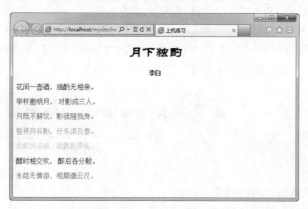

图 3.22　定义字体颜色

第 13 步，切换到【代码】视图，可以看到如下设置代码。

```
<!DOCTYPE html PUBLIC "-//W3C//DTD XHTML 1.0 Transitional//EN" "http://www.w3.org/TR/xhtml1/DTD
/xhtml1-transitional.dtd">
<html xmlns="http://www.w3.org/1999/xhtml">
<head>
<meta http-equiv="Content-Type" content="text/html; charset=utf-8" />
<title>上机练习</title>
<style type="text/css">
```

```
h1 { font-family: "华文隶书"; }
h2 { font-size: 14px; }
.c1 { color: #030; }
.c2 { color: #066; }
.c3 { color: #09c; }
.c4 { color: #9c0; }
.c5 { color: #9f6; }
.c6 { color: #c0c; }
.c7 { color: #c6f; }
</style>
</head>
<body>
<h1 align="center">月下独酌</h1>
<h2 align="center">李白</h2>
<p class="c1">花间一壶酒，独酌无相亲。</p>
<p class="c2">举杯邀明月，对影成三人。</p>
<p class="c3">月既不解饮，影徒随我身。</p>
<p class="c4">暂伴月将影，行乐须及春。</p>
<p class="c5">我歌月徘徊，我舞影零乱。</p>
<p class="c6">醒时相交欢，醉后各分散。</p>
<p class="c7">永结无情游，相期邈云汉。</p>
</body>
</html>
```

第 14 步，为了找出押韵字，下面把所有韵字以粗体显示。选中"亲"字，在属性面板中单击【加粗】按钮 **B**，Dreamweaver 会打开如图 3.23 所示的对话框，提示用户定义或选择样式。在【新建 CSS 规则】对话框中，设置【选择器类型】为"类（可应用于任何 HTML 元素）"，【选择器名称】为"bold"，【规则定义】选项为"（仅限该文档）"，即在当前文档内部定义一个内部样式表，并在内部样式表中新建一个类样式，最后单击【确定】按钮即可。

第 15 步，分别选中每句末尾的韵字，在属性面板的【目标规则】下拉列表中选择"bold"类选项，为该字应用加粗类样式，如图 3.24 所示。

图 3.23　定义样式规则

图 3.24　应用类样式

在【代码】视图下，HTML 源代码如下所示。

```
<style type="text/css">
.bold {
    font-weight: bold;
}
</style>
<p class="c1">花间一壶酒，独酌无相<span class="bold">亲</span>。</p>
<p class="c2">举杯邀明月，对影成三<span class="bold">人</span>。</p>
```

第 16 步，完成所有字体属性设置之后，最后在浏览器中的预览效果如图 3.25 所示。

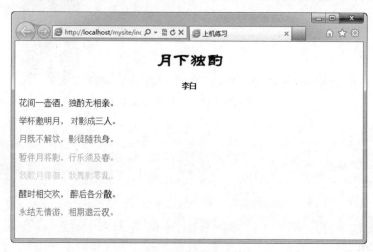

图 3.25　设计的字体效果

3.2.3　实战演练：定义段落版式

段落在页面版式设置中占有重要的地位。段落所包含的设计因素也比较多，例如，文本缩进、行距、段距、首行缩进、列表等。

操作步骤：

第 1 步，打开上一节保存的 index.html 网页，另存为 index1.html。

第 2 步，在【设计】视图下，为每段文本进行强制换行显示。将光标置于第一段的前半句后面，选择【插入】|【HTML】|【特殊字符】|【换行符】命令，或者按 Shift+Enter 组合键快速强制换行文本。

操作提示：

Dreamweaver 和其他字处理软件一样，按 Enter 键即可创建一个新的段落，但网页浏览器一般会自动在段落之间增加一行段距，因此网页中的段落间距可能会比较大，有时会影响页面效果。使用强制换行命令可以避免这种问题，不过在使用强制换行时，上下行之间依然是一个段落，同受一个段落格式的影响。如果希望为不同行应用不同的样式，这种方式就不是很妥当。同时，在标准设计中不建议大量使用强制换行。在 HTML 代码中一般使用
标记强制换行，该标记是一个非封闭类型的标记。

第 3 步，以同样的方式为所有段落文本进行强制换行，如图 3.26 所示。

第 4 步，分别选中标题 1 和标题 2 文本，在属性面板中单击【左对齐】按钮，让标题左对齐。此时，在【代码】视图下，可以看到标题 1 和标题 2 样式代码的变化。

Note

图 3.26 设计强制换行文本

```
<style type="text/css">
h1 {
    font-family: "华文隶书";
    text-align: left;
}
h2 {
    font-size: 14px;
    text-align: left;
}
</style>
```

操作提示：

文本对齐方式是指文本行相对文档窗口或者浏览器窗口在水平位置上的对齐方式，共包括4种方式：左对齐、居中对齐、右对齐和两端对齐。在属性面板的【HTML】选项卡中分别对应【左对齐】按钮 ，【居中对齐】按钮 ，【右对齐】按钮 和【两端对齐】按钮 。

第5步，设置段落文本缩进版式显示。

把光标置于第1段文本中，在属性面板中单击【缩进】按钮 1次。

把光标置于第2段文本中，在属性面板中单击【缩进】按钮 2次。

把光标置于第3段文本中，在属性面板中单击【缩进】按钮 3次。

把光标置于第4段文本中，在属性面板中单击【缩进】按钮 4次。

把光标置于第5段文本中，在属性面板中单击【缩进】按钮 5次。

把光标置于第6段文本中，在属性面板中单击【缩进】按钮 6次。

把光标置于第7段文本中，在属性面板中单击【缩进】按钮 7次。

提示：根据排版需要，有时为了强调文本或者表示文本引用等特殊用途，会用到段落缩进或者凸出版式。缩进和凸出主要是相对于文档窗口（或浏览器）左端而言。

缩进和凸出可以嵌套，即在属性面板的【HTML】选项卡中可以连续单击【缩进】按钮 或【凸出】按钮 应用多次缩进或凸出。当文本无缩进时，【凸出】按钮将不能正常使用，凸出也将无效果。

> 按下 Ctrl+Alt+]快捷键可以快速缩进文本，按几次就会缩进几次。按下 Ctrl+Alt+[快捷键可以快速凸出缩进文本，也就是恢复缩进。

第 6 步，完成上面递增缩进操作之后，利用上一章介绍的操作方法，选择【修改】|【页面属性】命令，为网页背景添加一幅图像，定位到右下角，在浏览器中的预览效果如图 3.27 所示，其代码如下。

```
<style type="text/css">
body {
        background-image: url(images/libai.png);
        background-repeat: no-repeat;
        background-position:right top;
}
</style>
```

图 3.27　段落文本递增缩进效果

第 7 步，切换到【代码】视图下，可以看到整个文档的结构和 CSS 样式代码。

```
<!DOCTYPE html PUBLIC "-//W3C//DTD XHTML 1.0 Transitional//EN" "http://www.w3.org/TR/xhtml1/DTD/xhtml1-transitional.dtd">
<html xmlns="http://www.w3.org/1999/xhtml">
<head>
<meta http-equiv="Content-Type" content="text/html; charset=utf-8" />
<title>上机练习</title>
<style type="text/css">
h1 { font-family: "华文隶书"; text-align: left; }
h2 { font-size: 14px; text-align: left; }
.c1 { color: #030; }
.c2 { color: #066; }
.c3 { color: #09c; }
.c4 { color: #9c0; }
.c5 { color: #9f6; }
.c6 { color: #c0c; }
.c7 { color: #c6f; }
.bold { font-weight: bold; }
```

```
body { background-image: url(images/libai.png); background-repeat: no-repeat; background-position:right top;    }
</style>
</head>
<body>
<h1 align="center">月下独酌</h1>
<h2 align="center">李白</h2>
<blockquote>
    <p class="c1">花间一壶酒，<br />
        独酌无相<span class="bold">亲</span>。</p>
    <blockquote>
        <p class="c2">举杯邀明月，<br />
            对影成三<span class="bold">人</span>。</p>
        <blockquote>
            <p class="c3">月既不解饮，<br />
                影徒随我<span class="bold">身</span>。</p>
            <blockquote>
                <p class="c4">暂伴月将影，<br />
                    行乐须及<span class="bold">春</span>。</p>
                <blockquote>
                    <p class="c5">我歌月徘徊，<br />
                        我舞影零<span class="bold">乱</span>。</p>
                    <blockquote>
                        <p class="c6">醒时相交欢，  <br />
                            醉后各分<span class="bold">散</span>。</p>
                        <blockquote>
                            <p class="c7">永结无情游，<br />
                                相期邈云<span class="bold">汉</span>。</p>
                        </blockquote>
                    </blockquote>
                </blockquote>
            </blockquote>
        </blockquote>
    </blockquote>
</blockquote>
</body>
</html>
```

3.3 设置列表样式

段落信息列表就是具有相同类型的信息集合。在 HTML 中，有两种类型的列表，一种是无序列表，另一种是有序列表。前者是用项目符号来标记无序的项目，而后者则使用编号来记录项目的顺序。

Dreamweaver 允许设置多种项目列表格式，例如，项目列表、编号列表、定义列表。设置段落信息的项目列表是 Dreamweaver 可视化操作的一个很重要的格式设置内容。

在属性面板的【HTML】选项卡中有两个用于设置列表的按钮，分别是【项目列表】按钮 和【编号列表】按钮 ，使用这两个按钮可以快速设置项目列表和编号列表。

操作步骤：

第 1 步，在【设计】视图下，输入多行列表文字，然后全部选中。

第 2 步，单击属性面板【HTML】选项卡中的【项目列表】按钮 ▤ 或【编号列表】按钮 ▤，即可设置项目列表或编号列表。

操作提示：

在属性面板中不能直接设置列表属性，需要使用【格式】菜单中的命令才能够实现。

3.3.1　实战演练：创建项目列表

在项目列表中，各个列表项之间没有顺序级别之分，即使用一个项目符号作为每条列表的前缀。在 HTML 中，有 3 种类型的项目符号：○（环形）、●（球形）和■（矩形）。

操作步骤：

第 1 步，新建网页，保存为 index.html。在页面中输入下面几段文本，其中第一行文本设置为标题 1，其他几行文本设置为段落文本，如图 3.28 所示。

图 3.28　输入段落文本

第 2 步，使用鼠标拖选所有段落文本，然后在属性面板的【HTML】选项卡中单击【项目列表】按钮。把段落文本转换为列表文本，如图 3.29 所示。

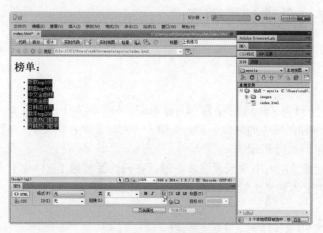

图 3.29　定义项目列表

第 3 步，切换到【代码】视图下，可以看到整个列表结构的代码。

```
<!DOCTYPE html PUBLIC "-//W3C//DTD XHTML 1.0 Transitional//EN" "http://www.w3.org/TR/xhtml1/DTD/
xhtml1-transitional.dtd">
<html xmlns="http://www.w3.org/1999/xhtml">
<head>
<meta http-equiv="Content-Type" content="text/html; charset=utf-8" />
<title>上机练习</title>
</head>
<body>
<h1>榜单：</h1>
<ul>
    <li>新歌 top100</li>
    <li>歌曲 top500</li>
    <li>中文金曲榜</li>
    <li>欧美金曲</li>
    <li>日韩流行风</li>
    <li>歌手 top200</li>
    <li>欧美热门歌手</li>
    <li>日韩热门歌手</li>
</ul>
</body>
</html>
```

操作提示：

在 HTML 中可以使用<ul>标记定义项目列表，代码如下。

```
<ul type="circle"></ul>
```

<ul>标记的 type 属性用来设置项目列表符号类型，如下所示。

- ☑ type="circle"：表示圆形项目符号。
- ☑ type="disc"：表示球形项目符号。
- ☑ type="square"：表示矩形项目符号。

<li>标记也带有 type 属性，因此也可以分别为每个项目设置不同的项目符号。

3.3.2 实战演练：创建编号列表

编号列表同项目列表的区别在于，编号列表使用编号，而不是用项目符号来编排项目。对于有序编号，可以指定其编号类型和起始编号。

操作步骤：

第 1 步，将上一节的 index.html 另存为 index1.html。将光标置于"新歌 top100"项目文本后面按 Enter 键换行，然后分别输入图中的歌曲名称，每输入一首歌曲名称，按 Enter 键，则所有歌曲会自动成为当前列表项目，如图 3.30 所示。

第 2 步，使用鼠标拖选所有歌曲列表文本，然后在属性面板的【HTML】选项卡中单击【编号列表】按钮，把项目列表文本转换为编号列表文本。

操作提示：

在 HTML 中可以使用<ol>标记定义编号列表。

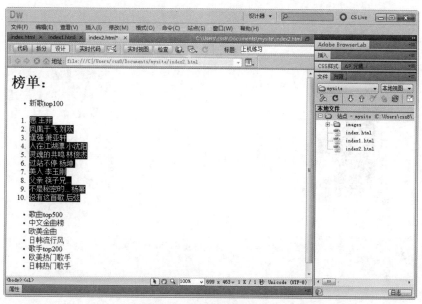

图 3.30 输入歌曲列表项目

```
<ol type="a"></ul>
```

<ol>标记带有 type 和 start 等属性，用于设置编号的类型和起始编号。设置 type 属性，可以指定数字编号的类型，主要包括以下几种。

☑ type="1"：表示以阿拉伯数字作为编号。
☑ type="a"：表示以小写字母作为编号。
☑ type="A"：表示以大写字母作为编号。
☑ type="i"：表示以小写罗马数字作为编号。
☑ type="I"：表示以大写罗马数字作为编号。

通过<ol>标记的 start 属性，可以决定编号的起始值。对于不同类型的编号，浏览器会自动计算相应的起始值。例如，start="4"，表明对于阿拉伯数字编号从 3 开始，对于小写字母编号从 d 开始等。

默认情况下使用数字编号，起始值为 1，因此可以省略其中对 type 属性的设置。同样<li>标记也带有 type 和 start 属性，如果为列表中某个<li>标记设置 type 属性，则会从该<li>标记所在行起使用新的编号类型，同样，如果为列表中的某个<li>标记设置 start 属性，将会从该<li>标记所在行起使用新的起始编号。

3.3.3 实战演练：创建嵌套列表

结合使用缩进和列表功能可以实现多层列表嵌套，制作复杂的列表。
操作步骤：
第 1 步，打开上一节的 index1.html 文档，另存为 index2.html。
第 2 步，打开文档，在【设计】视图下选中所有编号列表项，然后在属性面板的【HTML】选项卡中单击【缩进】按钮，缩进显示所有编号列表，如图 3.31 所示。

Note

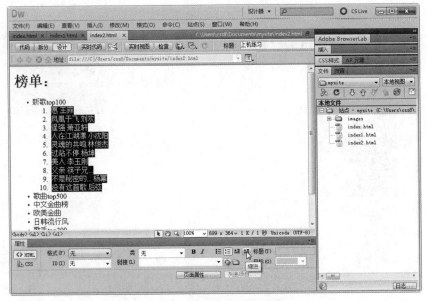

图 3.31 设置缩进项目列表

第 3 步，切换到【代码】视图下，可以看到整个嵌套列表结构的代码。

```html
<!DOCTYPE html PUBLIC "-//W3C//DTD XHTML 1.0 Transitional//EN" "http://www.w3.org/TR/xhtml1/DTD/
xhtml1-transitional.dtd">
<html xmlns="http://www.w3.org/1999/xhtml">
<head>
<meta http-equiv="Content-Type" content="text/html; charset=utf-8" />
<title>上机练习</title>
</head>

<body>
<h1>榜单：</h1>
<ul>
    <li>新歌 top100
        <ol>
            <li>愿  王菲 </li>
            <li>凤凰于飞  刘欢</li>
            <li>逞强 萧亚轩</li>
            <li>人在江湖漂  小沈阳</li>
            <li>灵魂的共鸣  林俊杰 </li>
            <li>过站不停  杨坤 </li>
            <li>美人 李玉刚</li>
            <li>父亲  筷子兄...</li>
            <li>不是秘密的... 杨幂</li>
            <li>没有这首歌  后弦</li>
        </ol>
    </li>
    <li>歌曲 top500</li>
    <li>中文金曲榜</li>
    <li>欧美金曲</li>
```

```
        <li>日韩流行风</li>
        <li>歌手 top200</li>
        <li>欧美热门歌手</li>
        <li>日韩热门歌手</li>
    </ul>
    </body>
</html>
```

第 4 步，设置完列表后，切换到【设计】视图，将光标插入列表中的第一首歌曲列表项目。

第 5 步，当属性面板【HTML】选项卡中的【列表项目】按钮显示为有效状态，单击【列表项目】按钮可以打开【列表属性】对话框，设置如图 3.32 所示。

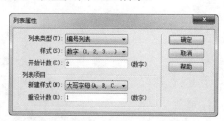

图 3.32 【列表属性】对话框

操作提示：

通过设置项目列表的属性，可以选择列表的类型、项目列表中项目符号的类型，编号列表中项目编号的类型。

☑ 【列表类型】下拉列表：可以选择列表类型。该选择将影响插入点所在位置的整个项目列表的类型，主要包括：项目列表，生成的是带有项目符号式样的无序列表；编号列表，生成的是有序列表；目录列表，生成目录列表，用于编排目录；菜单列表，生成菜单列表，用于编排菜单。

☑ 【样式】下拉列表：可以选择相应的项目列表样式。该选择将影响插入点所在位置的整个项目列表的样式。主要包括：默认，默认类型，默认为球形；项目符号，项目符号列表的样式，默认为球形；正方形，正方形列表的样式，默认为正方形等。

☑ 【开始计数】文本框：如果前面选择的是编号列表，则在【开始计数】文本框中，可以选择有序编号的起始数字。该选择将使插入点所在位置的整个项目列表的第一行开始重新编号。

☑ 【新建样式】下拉列表：允许为项目列表中的列表项指定新的样式，这时从插入点所在行及其后的行都会使用新的项目列表样式。

☑ 【重设计数】文本框：如果前面选择的是编号列表，在【重设计数】文本框中，可以输入新的编号起始数字。这时从插入点所在行开始以后的各行，会从新数字开始编号。

第 6 步，切换到【代码】视图下，可以看到列表结构中添加的属性。

```
<ol start="2" type="1">
    <li type="A" value="1">愿 王菲 </li>
    <li>凤凰于飞 刘欢</li>
    <li>逞强 萧亚轩</li>
    <li>人在江湖漂 小沈阳</li>
    <li>灵魂的共鸣 林俊杰 </li>
    <li>过站不停 杨坤 </li>
    <li>美人 李玉刚</li>
    <li>父亲 筷子兄...</li>
```

```
    <li>不是秘密的... 杨幂</li>
    <li>没有这首歌 后弦</li>
</ol>
```

第 7 步，为网页设计一个背景图像，对歌曲榜进行适当修饰。选择【修改】|【页面属性】命令，为网页背景添加一幅图像，定位到右下角。然后在浏览器中预览，则显示效果如图 3.33 所示。

图 3.33 设计嵌套列表结构样式的效果

提示：该步操作在 IE 下预览时存在问题，可能看不到想要的设计结果。

3.3.4 实战演练：创建定义列表

定义列表也称字典列表，因为它具有与字典相同的版式。在定义列表结构中，每个列表项都带有一个缩进的定义字段，就好像字典对文字进行解释。

操作步骤：

第 1 步，打开上一节的 index1.html 文档，另存为 index2.html。

第 2 步，打开文档，在【设计】视图下将光标置于歌曲名与演唱者名称之间，然后按 Enter 键，把它们分为两个项目，如图 3.34 所示。

第 3 步，选择所有编号列表项，选择【格式】|【列表】|【定义列表】命令，把当前编号列表文本转换为定义列表，如图 3.35 所示。

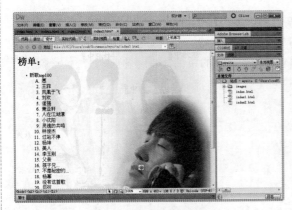

图 3.34 切分项目文本

图 3.35 编号列表转为定义列表

第 4 步，切换到【代码】视图下，可以看到定义列表结构。

```
<li>新歌 top100
    <dl>
        <dt>愿</dt>
        <dd> 王菲 </dd>
        <dt>凤凰于飞 </dt>
        <dd>刘欢</dd>
        <dt>逞强 </dt>
        <dd>萧亚轩</dd>
        <dt>人在江湖漂 </dt>
        <dd>小沈阳</dd>
        <dt>灵魂的共鸣 </dt>
        <dd>林俊杰 </dd>
        <dt>过站不停 </dt>
        <dd>杨坤 </dd>
        <dt>美人 </dt>
        <dd>李玉刚</dd>
        <dt>父亲 </dt>
        <dd>筷子兄...</dd>
        <dt>不是秘密的... </dt>
        <dd>杨幂</dd>
        <dt>没有这首歌 </dt>
        <dd>后弦</dd>
    </dl>
</li>
```

操作提示：

代码中<dl>标记表示定义列表，<dt>标记表示一个标题项，<dd>标记表示一个对应说明项，<dt>标记中可以嵌套多个<dd>标记。

第 5 步，在浏览器中预览，显示效果如图 3.36 所示。

图 3.36 定义列表显示效果

第 4 章

用图像和多媒体丰富页面

(🎥 视频讲解：53 分钟)

　　在网页中，图像与文本一样都是很重要的元素，适当插入图像可以避免段落文本给人单调的感觉，从而丰富页面信息，增强网页的观赏性。图像本身就具有强大的视觉冲击力，可以吸引浏览者的眼球，制作精巧、设计合理的图像能增加浏览者浏览网页的兴趣。Dreamweaver 具有强大的多媒体支持功能，可以在网页中轻松插入各种类型的动画、视频、音频、控件和小程序等，并能利用属性面板或快捷菜单控制多媒体在网页中的显示。灵活插入各种多媒体文件可以使网页更加生动。

学习重点：

▸▸　在网页中插入图像。

▸▸　设置图像显示属性。

▸▸　编辑和操作图像。

▸▸　在网页插入 Flash 动画。

▸▸　在网页插入视频和音频。

4.1　在网页中插入图像

图像的格式众多，但能在网页中使用的格式只有 3 种：GIF、JPEG 和 PNG。这 3 种图像格式各有优势，简单说明如下。

1. GIF 图像

☑　具有跨平台能力，并获得所有图像浏览器的支持，不用担心兼容性问题。
☑　具有减少颜色显示数目而极度压缩文件的能力。它压缩的原理不是降低图像的品质，而是减少显示色，最多可以显示的颜色是 256 色，所以它是一种无损压缩。
☑　支持背景透明的功能，便于图像更好地融合到其他背景色中。
☑　可以存储多张图像，并能动态显示这些图像，GIF 图像目前在网上广泛运用。

2. JPEG 图像

☑　支持 1670 万种颜色，可以很好地再现摄影图像，尤其是色彩丰富的大自然。
☑　是一种有损压缩，在压缩处理过程中，图像的某些细节将被忽略，因此，图像将有可能会变得模糊一些，但一般的浏览者是看不出来的。
☑　不支持 GIF 格式的背景透明和交错显示功能。

3. PNG 图像

☑　网络专用图像，具有 GIF 格式图像和 JPEG 格式图像的双重优点。
☑　是一种无损压缩文件格式，压缩技术比 GIF 好。
☑　支持的颜色数量达到了 1670 万种，同时还包括索引色、灰度、真彩色图像。
☑　支持 Alpha 通道透明。

在网页设计中，如果图像颜色少于 256 色，则建议使用 GIF 格式，如 Logo 等；而当颜色较丰富时，应使用 JPEG 格式，如在网页中显示自然画面的图像。如果希望保留更多色彩细节，并能够保留半透明羽化效果，建议使用 PNG 格式。

4.1.1　实战演练：在网页中插入图像

图像在网页中可以以多种方式存在，Dreamweaver 提供了多种插入图像的方法。
操作步骤：
第 1 步，打开准备插入图像的网页半成品。读者也可以新建一个空白网页。
第 2 步，将光标定位在要插入图像的位置，然后选择【插入】|【图像】命令，或单击【插入】面板中【常用】选项下的【图像】按钮，从弹出的下拉菜单中选择【图像】命令，如图 4.1 所示。
第 3 步，打开【选择图像源文件】对话框，如图 4.2 所示，从中选择图像文件，单击【确定】按钮，图像即被插入页面中。
第 4 步，在打开的【图像标签辅助功能属性】对话框中设置【替换文本】选项为"新闻图片"，如图 4.3 所示。
第 5 步，单击【确定】按钮，图像即被插入页面中，如图 4.4 所示。

图 4.1　【插入】面板

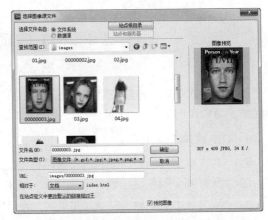

图 4.2　【选择图像源文件】对话框

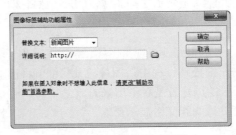

图 4.3　设置图像辅助属性

图 4.4　插入图像的效果

操作提示：

插入图像还有其他方法。

☑　从【插入】面板中把【图像】按钮拖到编辑窗口中要插入图像的位置，打开【选择图像源文件】对话框，选择图像即可。

☑　从桌面上把一幅图像拖到编辑窗口中要插入图像的位置。

☑　从【资源】面板中插入图像：选择【窗口】|【资源】命令（或按 F11 键）打开【资源】面板（如果没有建立站点，【资源】面板无法使用），单击▣按钮，然后在图像列表框内选择一幅图像，并将其拖到需要插入该图像的位置即可。

第 6 步，在 Dreamweaver 编辑窗口中插入图像时，HTML 源代码中会自动产生对该图像文件的引用。为确保正确引用，必须要保存图像到当前站点内。如果不存在，Dreamweaver 会询问用户是否要把该图像复制到当前站点内，单击【确定】按钮即可。

第 7 步，切换到【代码】视图，可以看到插入的图片代码。

```
<img src="images/00000003.jpg" width="307" height="409" alt="新闻图片" />
```

在 HTML 中使用<img src= "图像地址（可以是相对地址和绝对地址）">标记可以实现插入图像。<img>标记主要有 7 个属性：width（设置图像宽）、height（设置图像高）、hspace（设置图像水平间距）、vspace（设置图像垂直间距）、border（设置图像边框）、align（设置图像对齐方式）和 alt（设置图像指示文字）。

4.1.2　实战演练：插入图像占位符

利用图像占位符，在网页制作中可以先不用关心所插入图像是什么内容，这在动态开发中极大地提高了网页制作效率。

操作步骤：

第 1 步，打开上一节中所创建的文档，将光标定位在要插入图像占位符的位置。

第 2 步，选择【插入】|【图像对象】|【图像占位符】命令，或者选择【插入】面板的【常用】选项卡中的【图像】下拉菜单的【图像占位符】选项，打开【图像占位符】对话框，如图 4.5 所示。

☑　【名称】文本框：为图像占位符起一个名称。

☑　【宽度】和【高度】文本框：可设置图像占位符的宽度和高度，默认大小都是 32 像素，在编辑窗口中，图像占位符上将显示宽度和高度的值，如图 4.6 所示。

☑　【颜色】：可为图像占位符定义一个颜色，以方便显示和区分。

☑　【替换文本】文本框：在该文本框中可以输入图像占位符的说明文字。在浏览器中，当鼠标停留在图像占位符上时，在鼠标位置旁将弹出该文本框中的说明文字。

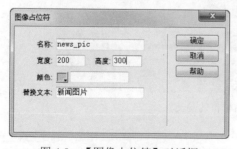

图 4.5　【图像占位符】对话框

图 4.6　图像占位符

第 3 步，输入完毕后，单击【确定】按钮，即可插入图像占位符，效果如图 4.7 所示。

第 4 步，切换到【代码】视图，可以看到插入的图片代码。

```
<img alt="新闻图片" name="news_pic" width="200" height="300" id="news_pic" />
```

操作提示：

图像占位符是指没有设置 src 属性的<img>标签。在编辑窗口中默认显示为灰色空白，在浏览器中浏览时显示为一个红叉，如果为其指定了 src 属性，则该图像占位符就会立即显示该图像，在属性面板中还可设置它的宽、高、颜色等属性。

如果需要在网页发布前确定要显示的图片，可以选中图像占位符，在【属性】面板中设置图片的源文件，如图 4.8 所示。

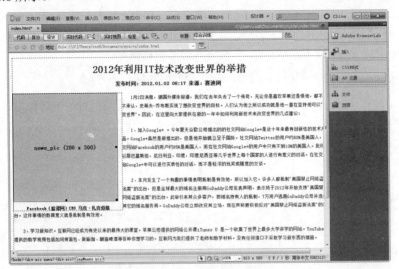

图 4.7　插入图像占位符的效果

图 4.8　设置图像占位符的源文件

4.1.3　实战演练：插入鼠标经过图像

所谓鼠标经过图像就是当鼠标移动到图像上时，图像会变成另一幅图，而当鼠标移开时，又恢复成原来的图像，也称为图像轮换。鼠标经过图像由两个图像组成：一个是主图像，就是首次载入页面时显示的图像；另一个是次图像，就是当鼠标指针移过主图像时显示的图像。这两个图像应该大小相等，如果这两个图像的大小不同，Dreamweaver 会自动调整第 2 幅图像，使之与第 1 幅图像相匹配。

操作步骤：

第 1 步，新建页面，保存为 index.html。初步完成网站首页页面半成品设计，代码如下，设计效果如图 4.9 所示。

```
<!DOCTYPE html PUBLIC "-//W3C//DTD XHTML 1.0 Transitional//EN" "http://www.w3.org/TR/xhtml1/DTD/
xhtml1-transitional.dtd">
<html xmlns="http://www.w3.org/1999/xhtml">
<head>
<meta http-equiv="Content-Type" content="text/html; charset=gb2312" />
<style type="text/css">
body { background:#51b0d0 url(images/index_bg.jpg) center top no-repeat; text-align:center; margin:0;
padding:0; }
#box { margin:135px auto; width:425px; height:425px; position:relative; left:-8px; }
</style>
<title>上机练习</title>
</head>
<body>
<div id="box"> </div>
</body>
</html>
```

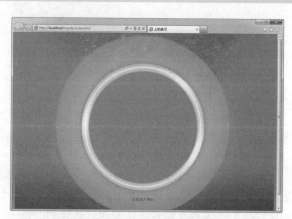

图 4.9　设计首页半成品效果

第 2 步，在编辑窗口中，将光标定位在要插入鼠标经过图像的位置，即<div id="box">标签中。

第 3 步，选择【插入】|【图像对象】|【鼠标经过图像】命令，或者选择【插入】面板内【常用】选项中，【图像】下拉菜单中的【鼠标经过图像】选项，如图 4.10 所示，打开【插入鼠标经过图像】对话框，参数设置如图 4.11 所示。

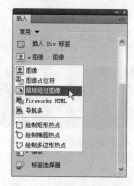

图 4.10　【插入】面板

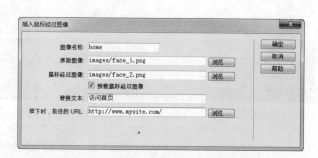

图 4.11　【插入鼠标经过图像】对话框

☑ 【图像名称】文本框：为鼠标经过图像命名，如 imagel。

☑ 【原始图像】文本框：可以输入页面被打开时显示的图像，也就是主图的 URL 地址，或者单击后面的【浏览】按钮，选择一个图像文件作为原始的主图像。

☑ 【鼠标经过图像】文本框：可以输入鼠标经过时显示的图像，也就是次图像的 URL 地址，或者单击后面的【浏览】按钮，选择一个图像文件作为交换显示的次图像。本例中使用的主图像和次图像如图 4.12 所示。

（a）主图像　　　　　　　　　　（b）次图像

图 4.12　鼠标经过图像原图

☑ 【预载鼠标经过图像】复选框：选中该复选框，则鼠标还未经过图像，浏览器就会预先载入次图像到本地缓存中。这样，当鼠标经过该图像时，次图像会立即显示在浏览器中，而不会出现停顿的现象，以加快浏览网页的速度。

☑ 【替换文本】文本框：可以输入鼠标经过图像时的说明文字，即在浏览器中，当鼠标停留在鼠标经过图像上时，在鼠标位置旁显示该文本框中输入的说明文字。

☑ 【按下时，前往的 URL】文本框：输入单击图像时跳转到的链接地址。

第 4 步，设置完各项内容，单击【确定】按钮，即可完成插入鼠标经过图像的操作，效果如图 4.13 所示。

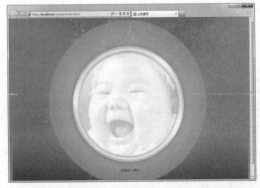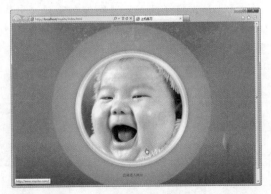

（a）正常状态　　　　　　　　　　（b）鼠标经过状态

图 4.13　鼠标经过图像效果

4.2 设置图像属性

在 Dreamweaver 编辑窗口中插入图像之后，选中该图像，就可以在属性面板中查看和编辑图像的
显示属性，如图 4.14 所示。

图 4.14 图像属性面板

☑ **【ID】文本框**：设置图像的 ID 名称，以方便在 CSS 或 JavaScript 等脚本中控制图像。在文
本框的上方显示一些文件信息，如"图像"文件类型，图像大小为 1915K。如果插入占位
符，则会显示"占位符"字符信息。

☑ **【宽】和【高】文本框**：设置选定图像的宽度和高度，默认以像素为单位，也可以设置为
pc（十二点活字）、pt（磅）、in（英寸）、mm（毫米）、cm（厘米）和这些单位的组合
（如 2in+4mm）。在 HTML 源代码中，Dreamweaver 将这些值转换为像素。当用户插入图
像时，图像自动按原始尺寸显示，同时在该文本框中显示原始宽和高。如果设置的宽度和
高度与图像的实际宽度和高度不符，在浏览器中图像可能不能正确显示。可以改变这些值
来缩放图像实际的显示大小，但不能减少下载时间。如果要减少下载时间，并确保图像的
所有实例以同样大小显示，请使用图像编辑程序来缩放图像。

☑ **【重设图像大小】按钮** ：当在编辑窗口中调整图像大小后，在【宽】和【高】文本框右
侧显示一个【重设图像大小】按钮 ，单击该按钮可以恢复图像原始大小。

☑ **【源文件】文本框**：指定图像的源文件。在文本框中直接输入文件的路径，或者单击【选
择文件】图标 ，在打开的【选择图像源文件】对话框中找到想要的源文件。

☑ **【链接】文本框**：为图像指定超链接。拖住【指向文件】图标 到文件浮动面板站点内的
一个文件上面，或者单击【选择文件】图标 ，在当前站点中浏览并选择一个文档，也可
以在文本框中直接输入 URL，都可以为图像创建超链接。

☑ **【替换】下拉文本框**：指定在图像位置上显示的可选文字。当浏览器无法显示图像时则显
示这些文字，同时，当鼠标移动到图像上面时，也会显示这些文字。

☑ **【类】下拉列表**：设置图像的 CSS 类样式。

☑ **【编辑】按钮** ：单击该按钮启动外部编辑器打开选定的图像。在【首选参数】对话框中可
以指定外部图像编辑器，也可以单击【图像编辑设置】按钮 打开【图像预览】对话框，如
图 4.15 所示，在这里可以进行快速编辑图像、优化图像、转换图像格式等基本操作。该功
能适合没有安装外部图像编辑的用户使用。

☑ **【优化】按钮** ：单击该按钮可打开【图像预览】对话框优化图像。

☑ **【裁剪】按钮** ：单击该按钮可修剪图像的大小，从所选图像中删除不需要的区域。

☑ **【重新取样】按钮** ：重新取样已调整大小的图像，提高图片在新的大小和形状下的品质。

☑ **【亮度和对比度】按钮** ：单击该按钮可打开【亮度/对比度】对话框，调整图像的亮度和
对比度。

☑ **【锐化】按钮** ：单击该按钮可打开【锐化】对话框调整图像的清晰度。

图 4.15　图像快速编辑

- ☑ 【地图】文本框和【热点工具】按钮：用来标注和创建客户端图像地图。
- ☑ 【垂直边距】和【水平边距】文本框：可以设置沿图像的边缘添加边距（以像素为单位）。使用垂直边距可以沿图像的顶部和底部添加边距，使用水平边距可以沿图像左侧和右侧添加边距。
- ☑ 【目标】下拉列表：指定链接页面应该载入的目标框架或窗口。如果图像上没有链接，则本选项无效。当前文档内的所有框架名都显示在列表中以供选择，也可以选择保留目标名：_blank、_parent、_self 和 _top。如果当前文档在浏览器中打开时指定的框架不存在，则链接页面会被载入到新窗口中。
- ☑ 【原始】文本框：指定在载入主图像之前应该载入的图像。许多设计人员使用主图像的 2 位（黑和白）版本，因为它可以迅速载入并使访问者对他们等待看到的内容有所了解。
- ☑ 【边框】文本框：设置图像边框的宽度。以像素为单位，默认为无边框。
- ☑ 【对齐】下拉列表：对齐同一行上的图像和文本。

4.3　编辑网页图像

　　Dreamweaver 虽然不是专业的图像编辑工具，但是它也提供了图像大小调整、图像裁切、图像色彩调整以及图像对齐等基本操作。利用现有的图像编辑功能，用户可以轻松完成一些常用图像编辑工作，同时还可以无缝切换到 Photoshop 和 Fireworks 等专业图像编辑器中。

　　1. 调整图像大小

　　在 Dreamweaver 编辑窗口中，能够进行可视化拖动来调整图像的大小，也可以在图像属性面板的【宽】和【高】文本框中精确调整图像大小。可视化调整图像最小可达 6×6 像素。要将对象的高度和宽度调整到更小（如 1×1 像素），只能使用【宽】和【高】文本框。如果在调整大小后不满意，单击属性面板中【重设图像大小】按钮，或者单击【宽】和【高】文字标签，可以分别恢复图像的宽度值和高度值。

　　在编辑窗口中选择要调整的图像。在图像的底边、右边以及右下角出现调整手柄，用法如下。
- ☑ 拖动右边的手柄，调整元素的宽度。
- ☑ 拖动底边的手柄，调整元素的高度。

☑　拖动右下角的手柄，可同时调整元素的宽度和高度。

☑　按住 Shift 键拖动右下角的手柄，可保持元素的宽高比不变。

如果没有出现调整手柄，可重新选取，或者单击【标签选择器】中的图像标记<img>，选定该元素，如图 4.16 所示。

图 4.16　调整图像大小

2．重新优化图像

在 Dreamweaver 中重新调整图像的大小时，可以对图像进行重新取样，以便根据新尺寸来优化图像品质。重新取样图像时，会在图像中添加或删除像素，以使其变大或变小。重新取样图像以取得更高的分辨率时，不会导致图像品质下降，但在取得较低的分辨率时，总会导致数据丢失，降低图像的品质。

单击图像属性面板中的【重新取样】按钮可以增加或减少已调整大小的 JPEG 和 GIF 图像文件中的像素，并与原始图像的外观尽可能地匹配。对图像进行重新取样会减小图像文件的大小，但可以提高图像的下载性能。

3．裁剪图像

单击图像属性面板中的【裁剪】按钮可以减小图像区域。通过裁剪图像以强调图像的主题，并删除图像中的多余部分。

操作步骤：

第 1 步，选中要裁切的图像，单击图像属性面板中的【裁剪】按钮，弹出一个提示对话框，如图 4.17 所示。

第 2 步，单击【确定】按钮，将在所选图像周围出现裁切控制点，如图 4.18 所示。

图 4.17　提示对话框

图 4.18　裁切图像区域

Note

第 3 步，拖曳控制点可以调整裁切大小，直到满意为止，如图 4.19 所示。

第 4 步，在边界框内部或者直接按 Enter 键就可以裁切所选区域。所选区域以外的所有像素都被删除，但将保留图像中其他对象，如图 4.20 所示。

图 4.19　调整裁切区域

图 4.20　裁切效果

4.4　实战演练：图文混排

图文混排就是通过将合适的图像与文字有效地排列组合在一起，以丰富版面内容，提高网页的审美性。Dreamweaver 提供了强大的图文混排功能，为网页设计注入了活力。

操作步骤：

第 1 步，新建页面，保存为 index.html。初步完成网站首页页面半成品设计，代码如下，设计效果如图 4.21 所示。

```
<!DOCTYPE html PUBLIC "-//W3C//DTD XHTML 1.0 Transitional//EN" "http://www.w3.org/TR/xhtml1/DTD/xhtml1-transitional.dtd">
<html xmlns="http://www.w3.org/1999/xhtml">
<head>
<meta http-equiv="Content-Type" content="text/html; charset=utf-8" />
<title>图文混排</title>
<style type="text/css">
h1 { text-align: center; }
h2 { text-align: center; }
p { text-indent:2em; }
</style>
</head>
<body>
<h1>天　坛</h1>
<h2>远方</h2>
<p><img src="images/14.jpg" width="500" />北京，让世人注目的文物可谓叹为观止，而天坛又为皇皇翘楚。</p>
<p>天坛始建于明永乐 18 年。它坐落于天安门东南方不远的崇文区永定门内，占地达 272 万平方米，超乎故宫之上，是北京九坛之首、华夏庙坛之冠，其博大与精妙，中外无匹。</p>
<p>当心仪平生的天坛跃然于我们面前时，我们陡然而获意外惊喜。这儿，一扫故宫之类庞大建筑的重院深
```

深、高墙森森的覆压与封闭，我们满眼是灿灿的敞亮、广阔与舒展——高度仅为五米的巨大"圜丘坛"，艳阳下洁白如雪，遥遥安卧；由南北望，与圜丘坛对称的巍峨祈年殿在远方熠熠地闪着宝蓝色辉光；除此之外，似乎全是蔚蓝无垠的天空和静静高泊的白云……</p>

　　<p>举步而行，我们似乎不是走向一个古迹，而是踏步自然原野。这种境界，历史知识很快让我悟到：天坛是天子祭天之所，怎么能够楼阁如云、"繁文缛节"，而不一缆无余地向上苍做彻底的坦诚呢？</p>

　　<p>天坛的建筑艺术是辉煌卓绝的，它当年虽为天子而造（其实也是为国家而筑），它的历史科学、它的哲学与美学造诣都是属于人民，属于民族。从南而北蓝色无垠的天宇下那条庄严宁静的地脉中轴线上，次第坐落圜丘坛、皇穹宇、祈年殿；自南而北，最终高差量为两米，意为步步缓高，向天稳健而行；圜丘坛，白玉铺地，祈年殿，蓝瓦流辉，其造型、色调对比相谐，迢迢呼应；四围嘉木外、芳草外，空阔广宇……当年，知慧的工匠们在这里仰望深邃昊旻，天子在这里向天而祭，而今天，我们在这里，足踏历史，面对宇宙，拾取一个民族的大哲大美。</p>

　　<p>阳光轻漾，游人如织。我们轻轻登上圜丘坛。圜丘坛，古典几何学、声学、哲学、美学在这里流光溢彩：它分三层，层层周圆，层上层小，每层护栏板、望柱均为汉白玉，每一层地面方石均以 9 之倍数逐圈而增——最高层最外延一圈刚好第九圈，刚好铺石九九八十一块，这"阳数之极的九"既符合天子、上天之尊，又以单虚之数象征再步循环发展之玄机。顶层中心一石为"天心石"，当年天子就是立于其上祈祷上苍的——人立其上，轻轻而语，声音却清析响亮，这为一奇；其实是话语声波在十分光滑的坛面疾速四播，碰于四周石栏而反射，原声未消回音已至的结果，这就是古人的精妙声学！登上圜丘坛的人们都一一立于天心石之上，或当一回天子，或测试一下"天籁"，或向天许愿……而当我踏上天心石时，我确实灵感闪烁，瞬息间，历史感宇宙感生命感融为一念，我看到雪白圣洁，庄严美丽的圜丘坛既古典神秘又年轻新美，它似在蓝天下诉说着什么，又像什么也没说，只是向我们莞尔着一种深邃……</p>

　　</body>
　　</html>

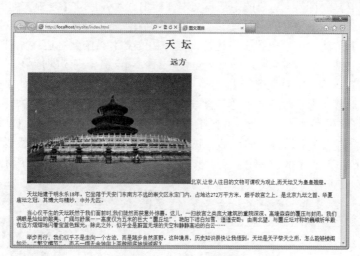

图 4.21　首页半成品效果

　　第 2 步，在【设计】视图下使用鼠标单击选中图像。

　　第 3 步，在属性面板的【对齐】下拉列表中选择【左对齐】选项，设置图像向左对齐，如图 4.22所示。

　　操作提示：

　　对齐是图像和文字在垂直方向上的对齐方式，共有 10 种对齐方式。

　　☑　【默认值】：一般指基线对齐，即文本行沿图片底边排列，默认对齐方式可能会因浏览器不同而不同。

　　☑　【基线】：将文本行的基线（或其他元素）与选定对象（这里指图像）底部对齐，其效果和【默认值】相似。

Note

图 4.22　设计图像左对齐

☑　【顶端】：将文本行中最高字符的上部与选定对象的上部对齐。

☑　【居中】：将文本行的基线与选定对象的中部对齐。

☑　【底部】：将文本行的基线与选定对象的底部对齐。

☑　【文本上方】：将选定对象的顶端与文本行中最高字符的顶端对齐，其效果和【顶端】相似。

☑　【绝对居中】：将选定对象的中部与文本行的中部对齐，与【居中】的效果类似。

☑　【绝对底部】：将文本的绝对底部（包括下行字母，如字母 g）与选定对象的底部对齐。

☑　【左对齐】：将选定对象置于左边缘，其旁边的文本绕排到右边。如果一行中左对齐文本先于选定对象，则左对齐文本通常会迫使左对齐对象绕排到新的行中。

☑　【右对齐】：将选定对象置于右边缘，其旁边的文本绕排到左边。如果一行中右对齐文本先于选定对象，则右对齐文本通常会迫使右对齐对象绕排到新的行中。

第 4 步，设置图文间距。选中图像，在图像属性面板中的【垂直边距】和【水平边距】文本框中输入数字，其中【垂直边距】沿图像的顶部和底部添加边距，【水平边距】沿图像左侧和右侧添加边距。分别在【垂直边距】和【水平边距】文本框中输入"10"，效果如图 4.23 所示。

图 4.23　设置图文间距

第 5 步，切换到【代码】视图，可以看到设置的代码。

```
<img src="images/14.jpg" width="500" hspace="10" vspace="10" align="left" />
```

第 6 步，在浏览器中预览，显示效果如图 4.24 所示。

图 4.24　设计的图文混排效果

4.5　插入 Flash 动画

SWF 动画以文件小巧、速度快、特效精美、支持流媒体和强大的交互功能成为网页最流行的动画格式，被大量应用于网页中。

操作步骤：

第 1 步，新建页面，保存为 index.html。初步完成网站首页页面半成品设计，在编辑窗口中，将光标定位在要插入 SWF 动画的位置。

第 2 步，选择【插入】|【媒体】|【SWF】命令，或者选择【插入】面板的【常用】选项卡中的【媒体】下拉菜单的【SWF】选项，打开【选择 SWF】对话框，按如图 4.25 所示进行设置。

第 3 步，单击【确定】按钮，关闭【选择 SWF】对话框，在弹出的【对象标签辅助功能属性】对话框中进行设置，如图 4.26 所示。

第 4 步，单击【确定】按钮，即可在当前位置插入一个 SWF 动画，此时编辑窗口中出现一个带有字母 F 的灰色区域，如图 4.27 所示，只有在预览状态下才可以观看到 SWF 动画效果。

图 4.25　【选择 SWF】对话框

图 4.26　设置对象标签辅助功能

图 4.27　插入 SWF 效果

第 5 步，在插入 SWF 动画时，Dreamweaver 会提示把当前 SWF 动画保存到站点内和设置对象标签辅助功能属性。当保存插入 SWF 动画的网页文档时，Dreamweaver 会自动提示保存两个脚本文件，如图 4.28 所示。

图 4.28　提示保存辅助工具

第 6 步，当在 Dreamweaver 中插入 SWF 动画之后，切换到【代码】视图，可以看到新增加的代码。

```
<!DOCTYPE html PUBLIC "-//W3C//DTD XHTML 1.0 Transitional//EN" "http://www.w3.org/TR/xhtml1/DTD/xhtml1-transitional.dtd">
<html xmlns="http://www.w3.org/1999/xhtml">
<head>
<meta http-equiv="Content-Type" content="text/html; charset=gb2312" />
<style type="text/css">
body { text-align:center; margin:0; padding:0; }
#box { margin:auto; }
</style>
<title>上机练习</title>
<script src="Scripts/swfobject_modified.js" type="text/javascript"></script>
</head>
<body>
<div id="box">
    <object classid="clsid:D27CDB6E-AE6D-11cf-96B8-444553540000" width="50" height="50" id="FlashID"
```

```
accesskey="a" tabindex="1" title="home">
            <param name="movie" value="images/home.swf" />
            <param name="quality" value="high" />
            <param name="wmode" value="opaque" />
            <param name="swfversion" value="83.0.0.0" />
            <!--此 param 标签提示使用 Flash Player 6.0 r65 和更高版本的用户下载最新版本的 Flash Player。如
果您不想让用户看到该提示，请将其删除。 -->
            <param name="expressinstall" value="Scripts/expressInstall.swf" />
            <!-- 下一个对象标签用于非 IE 浏览器。所以使用 IECC 将其从 IE 隐藏。 -->
            <!--[if !IE]>-->
            <object type="application/x-shockwave-flash" data="images/home.swf" width="50" height="50">
                <!--<![endif]-->
                <param name="quality" value="high" />
                <param name="wmode" value="opaque" />
                <param name="swfversion" value="83.0.0.0" />
                <param name="expressinstall" value="Scripts/expressInstall.swf" />
                <!-- 浏览器将以下替代内容显示给使用 Flash Player 6.0 和更低版本的用户。 -->
                <div>
                    <h4>此页面上的内容需要较新版本的 Adobe Flash Player。</h4>
                    <p><a  href="http://www.adobe.com/go/getflashplayer"><img  src="http://www.adobe.com/
images/shared/download_buttons/get_flash_player.gif" alt="获取 Adobe Flash Player" width="112" height="33" />
</a></p>
                </div>
                <!--[if !IE]>-->
            </object>
            <!--<![endif]-->
        </object>
    </div>
    <script type="text/javascript">
swfobject.registerObject("FlashID");
    </script>
</body>
</html>
```

操作提示：

在 Dreamweaver 中插入 SWF 动画时，源代码可以分为两部分，第一部分为脚本部分，即使用
JavaScript 脚本导入外部 SWF 动画，第二部分是利用<object>标记来插入动画。当用户浏览器不支持
JavaScript 脚本时，可以使用<object>标记插入，这样就可以最大限度地保证 SWF 动画能够适应不同
的操作系统和浏览器类型。

<embed>标记表示插入多媒体对象，与 Dreamweaver 属性面板中的各种参数设置相同；classid 属
性设置类 ID 编号，同 Dreamweaver 属性面板中的【类 ID】相同；<param>标记设置类对象的各种参
数，与 Dreamweaver 属性面板中的【参数】按钮打开的【参数】对话框参数设置相同；codebase 属性
与 Dreamweaver 属性面板中的【基址】相同。

第 7 步，在属性面板中改变 SWF 文件的大小，然后单击【播放】按钮，则可以在编辑窗口中看
到播放效果，如图 4.29 所示。

图 4.29　播放 SWF 文件

操作提示：

插入 SWF 动画后，选中动画就可以在属性面板中设置 SWF 动画属性了，如图 4.30 所示。

图 4.30　SWF 动画属性面板

☑　【FlashID】文本框：在"Flash"字母标识下面的文本框中设置 SWF 动画的名称，同时在旁边显示插入动画的大小。

☑　【宽】和【高】文本框：设置 SWF 动画的宽度和高度，默认单位是像素，也可以设置单位为 pc（十二点活字）、pt（点）、in（英寸）、mm（毫米）、cm（厘米）或%（相对于父对象大小的百分比）。输入时数字和缩写必须紧连在一起，中间不留空格，如 2in。单击其右侧的【重设大小】图标 ↻ 可以恢复动画的原始大小。

☑　【文件】文本框：设置 SWF 动画文件地址，单击【选择文件】按钮 🗀 可以浏览文件并选定。

☑　【编辑】按钮：如果安装了 Adobe Flash，可启动 Adobe Flash 以编辑和更新 fla 文件，如果没有安装 Adobe Flash，则该按钮无效。

☑　【背景颜色】：指定影片区域的背景颜色。在不播放影片时（在加载时和在播放后）也显示此颜色。

☑　【循环】复选框：设置 SWF 动画循环播放。

☑　【自动播放】复选框：设置网页打开后自动播放 SWF 动画。

☑　【垂直边距】和【水平边距】文本框：设置 SWF 动画上下方和左右方与其他页面元素的距离。

☑　【品质】下拉列表：设置 SWF 动画的品质，包括【低品质】、【自动低品质】、【自动高品质】和【高品质】4 个选项。品质设置得越高，影片的观看效果就越好，但对硬件的要求随之提高，以使影片能够在屏幕上正常显示；品质设置得低能加快速度，但画面较糙。【自动低品质】设置一般先看速度，如有可能再考虑外观，【自动高品质】设置一般先看外观和速度这两种品质，但根据需要可能会因为速度而影响外观。

- ☑ 【比例】下拉列表：设置 SWF 动画的显示比例，包括 3 项：【默认（全部显示）】，SWF 动画将全部显示，并保证各部分的比例；【无边框】，根据设置尺寸调整 SWF 动画显示；【严格匹配】，SWF 动画将全部显示，但会根据设置尺寸调整显示比例。
- ☑ 【对齐】下拉列表：设置 SWF 动画的对齐方式，包括 10 个选项。
  - ➢ 【默认值】：SWF 动画将以浏览器默认的方式对齐（通常指基线对齐）。
  - ➢ 【基线】和【底部】：将文本（或同一段落中的其他元素）的基线与 SWF 动画的底部对齐。
  - ➢ 【顶端】：将 SWF 动画的顶端与当前行中最高项（图像或文本）的顶端对齐。
  - ➢ 【居中】：将 SWF 动画的中部与当前行的基线对齐。
  - ➢ 【文本上方】：将 SWF 动画的顶端与文本行中最高字符的顶端对齐。
  - ➢ 【绝对居中】：将 SWF 动画的中部与当前行中文本的中部对齐。
  - ➢ 【绝对底部】：将 SWF 动画的底部与文本行（包括字母下部，例如字母 g）的底部对齐。
  - ➢ 【左对齐】：将 SWF 动画放置在左边，文本在对象的右侧换行。如果左对齐文本在行上处于对象之前，则通常强制左对齐对象换到一个新行。
  - ➢ 【右对齐】：将 SWF 动画放置在右边，文本在对象的左侧换行。如果右对齐文本在行上处于对象之前，则通常强制右对齐对象换到一个新行。
- ☑ 【参数】按钮：可以打开一个【参数】对话框。可在其中输入传递给影片的附加参数，对动画进行初始化。影片必需先设计好，才可以接收这些附加参数。【参数】对话框中的参数由参数和值两部分组成，一般成对出现。单击【参数】对话框上的➕按钮，可增加一个新的参数，然后在【参数】列表框中输入名称，在【值】下面输入参数值，单击➖按钮，可删除选定参数。在【参数】对话框上，选中一项参数，单击向上▲或向下▼的箭头按钮，可调整各项参数的排列顺序，最后单击【确定】按钮即可。例如，设置 SWF 动画背景透明，可在【参数】列表中输入"wmode"，在【值】列表中输入"transparent"，即可实现动画背景透明播放。

4.6　插入 FLV 视频

FLV 是 Flash Video 的简称，是一种全新的视频格式，由于该格式生成的视频文件极小、加载速度极快，使在网络上观看视频文件成为可能，它的出现有效地解决了视频文件导入 Flash 后，导出的 SWF 文件体积庞大，而不能在网络上很好的使用等缺点。目前国内视频分享网站，如 56、优酷等都使用 FLV 技术实现视频的制作、上传和播放。

操作步骤：

第 1 步，新建页面，保存为 index.html。初步完成网站首页页面半成品设计，在编辑窗口中，将光标定位在要插入 FLV 视频的位置。

第 2 步，选择【插入】|【媒体】|【FLV】命令，或者选择【插入】工具栏中【媒体】下拉菜单中的【FLV】选项。打开【插入 FLV】对话框，如图 4.31 所示。

第 3 步，在【视频类型】下拉列表中选择视频下载类型，它包括【累进式下载视频】和【流视频】两种类型。当选择【流视频】选项后，对话框会变成如图 4.32 所示。

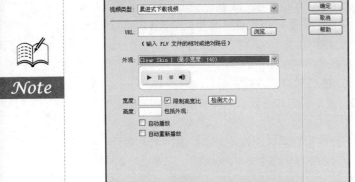

图 4.31 【插入 FLV】对话框　　　　　　图 4.32 插入流视频

第 4 步，如果希望累进式下载浏览视频，则应该从【视频类型】下拉菜单中选择"累进式下载视频"命令，然后在如图 4.32 所示的对话框中设置以下选项。

- ☑ 服务器 URL：指定 FLV 文件的相对或绝对路径。如果要指定相对路径，例如，mypath/myvideo.flv，用户可以单击【浏览】按钮，在打开的【选择文件】对话框中选择 FLV 文件。如果要指定绝对路径，可以直接输入 FLV 文件的 URL，例如，http://www.example.com/myvideo.flv。如果要指向 HTML 文件向上两层或更多层目录中的 FLV 文件，则必须使用绝对路径。要使视频播放器正常工作，FLV 文件必须包含元数据。使用 Flash Communication Server 1.5.2、FLV Exporter 1.2 和 Sorenson Squeeze 4.0，以及 Flash Video Encoder 创建的 FLV 文件自动包含元数据。
- ☑ 外观：指定 FLV 视频组件的外观。所选外观的预览会出现在预览框中。
- ☑ 宽度：以像素为单位指定 FLV 文件的宽度。若要让 Dreamweaver 确定 FLV 文件的准确宽度，可以单击【检测大小】按钮。如果 Dreamweaver 无法确定宽度，则必须键入宽度值。
- ☑ 高度：以像素为单位指定 FLV 文件的高度。如果要让 Dreamweaver 确定 FLV 文件的准确高度，可以单击【检测大小】按钮。如果 Dreamweaver 无法确定高度，则必须键入宽度值。FLV 文件的宽度和高度包括外观的宽度和高度。
- ☑ 限制高宽比：保持 FLV 视频组件的宽度和高度之间的纵横比不变。默认情况下会选中此复选框。
- ☑ 自动播放：指定在 Web 页面打开时是否播放视频。
- ☑ 自动重新播放：指定播放控件在视频播放完之后是否返回起始位置。

第 5 步，按上图所示设置完毕，单击【确定】按钮关闭对话框，并将 FLV 视频内容添加到网页中，如图 4.33 所示。

操作提示：

插入 FLV 视频之后，系统会自动生成一个视频播放器 SWF 文件和一个外观 SWF 文件，它们用于在网页上显示 FLV 视频内容。这些文件与 FLV 视频内容所添加的 HTML 文件存储在同一目录中。当用户上传包含 FLV 视频内容的网页时，Dreamweaver 将以相关文件的形式上传这些文件。

第 6 步，在浏览器中预览插入 FLV 视频的网页，显示效果如图 4.34 所示。

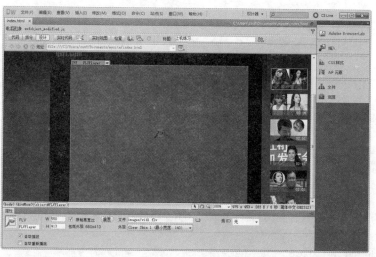

图 4.33 在网页中插入 FLV 视频

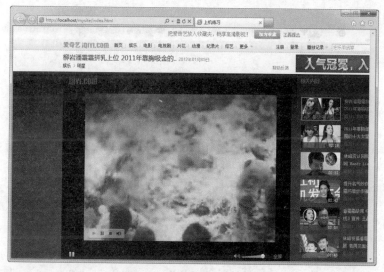

图 4.34 插入 FLV 视频效果

第 7 步，切换到【代码】视图，可以看到插入的 FLV 视频代码，原来它是通过<object>并配合
JavaScript 脚本实现播放的。

```
<!DOCTYPE html PUBLIC "-//W3C//DTD XHTML 1.0 Transitional//EN" "http://www.w3.org/TR/xhtml1/
DTD/xhtml1-transitional.dtd">
<html xmlns="http://www.w3.org/1999/xhtml">
<head>
<meta http-equiv="Content-Type" content="text/html; charset=gb2312" />
<style type="text/css">
body { background:#51b0d0 url(images/bg1.jpg) left top no-repeat; margin:0; padding:0; }
#box { width:525px; height:414px; position:absolute; left:210px; top: 186px; }
</style>
<title>上机练习</title>
<script src="Scripts/swfobject_modified.js" type="text/javascript"></script>
</head>
```

```html
<body>
<div id="box">
    <object classid="clsid:D27CDB6E-AE6D-11cf-96B8-444553540000" width="550" height="413" id="FLVPlayer">
        <param name="movie" value="FLVPlayer_Progressive.swf" />
        <param name="quality" value="high" />
        <param name="wmode" value="opaque" />
        <param name="scale" value="noscale" />
        <param name="salign" value="lt" />
        <param name="FlashVars" value="&amp;MM_ComponentVersion=1&amp;skinName=Clear_Skin_1&amp;streamName=images/vid1&amp;autoPlay=true&amp;autoRewind=false" />
        <param name="swfversion" value="8,0,0,0" />
        <!--此 param 标签提示使用 Flash Player 6.0 r65 和更高版本的用户下载最新版本的 Flash Player。如果您不想让用户看到该提示，请将其删除。 -->
        <param name="expressinstall" value="Scripts/expressInstall.swf" />
        <!-- 下一个对象标签用于非 IE 浏览器。所以使用 IECC 将其从 IE 隐藏。 -->
        <!--[if !IE]>-->
        <object type="application/x-shockwave-flash" data="FLVPlayer_Progressive.swf" width="550" height="413">
            <!--<![endif]-->
            <param name="quality" value="high" />
            <param name="wmode" value="opaque" />
            <param name="scale" value="noscale" />
            <param name="salign" value="lt" />
            <param name="FlashVars" value="&amp;MM_ComponentVersion=1&amp;skinName=Clear_Skin_1&amp;streamName=images/vid1&amp;autoPlay=true&amp;autoRewind=false" />
            <param name="swfversion" value="8,0,0,0" />
            <param name="expressinstall" value="Scripts/expressInstall.swf" />
            <!-- 浏览器将以下替代内容显示给使用 Flash Player 6.0 和更低版本的用户。 -->
            <div>
                <h4>此页面上的内容需要较新版本的 Adobe Flash Player。</h4>
                <p><a href="http://www.adobe.com/go/getflashplayer"><img src="http://www.adobe.com/images/shared/download_buttons/get_flash_player.gif" alt="获取 Adobe Flash Player" /></a></p>
            </div>
            <!--[if !IE]>-->
        </object>
        <!--<![endif]-->
    </object>
</div>
<script type="text/javascript">
swfobject.registerObject("FLVPlayer");
</script>
</body>
</html>
```

拓展操作：

如果要在网页页面中更改 FLV 视频内容的设置，用户必须在 Dreamweaver 文档窗口中选择 FLV

视频组件占位符并使用属性面板，或者通过选择【插入】|【媒体】|【FLV】命令来删除 FLV 视频组件并重新插入它。当选中 FLV 视频组件占位符时，属性面板如图 4.35 所示。

图 4.35　FLV 视频属性面板

在属性面板中可以设置 FLV 视频的宽和高、FLV 视频文件、视频外观等属性，由于与【插入 FLV】对话框中的选项类似，更多的相关信息，用户可以参见设置【插入 FLV】对话框选项部分。但用户不能使用属性面板更改视频类型，例如，从"累进式下载"更改为"流式"。若要更改视频类型，必须删除 FLV 视频组件，然后通过选择【插入】|【媒体】|【FLV】命令来重新插入它。

如果要删除 FLV 视频组件，用户只需要在 Dreamweaver 的文档窗口中选择 FLV 视频组件占位符，然后按 Delete 键即可。

拓展练习：

如果希望以流视频的方式浏览视频，可以在【视频类型】下拉菜单中选择"流视频"。然后设置以下选项。

☑ 服务器 URI：以 rtmp://www.example.com/app_name/instance_name 的形式指定服务器名称、应用程序名称和实例名称。

☑ 流名称：指定想要播放的 FLV 文件的名称，例如，myvideo.flv。.flv 扩展名是可选的。

☑ 外观：指定 FLV 视频组件的外观。所选外观的预览会出现在下面的预览框中。

☑ 宽度：以像素为单位指定 FLV 文件的宽度。如果要让 Dreamweaver 确定 FLV 文件的准确宽度，可以单击【检测大小】按钮。如果 Dreamweaver 无法确定宽度，必须键入宽度值。

☑ 高度：以像素为单位指定 FLV 文件的高度。如果要让 Dreamweaver 确定 FLV 文件的准确高度，可以单击【检测大小】按钮。如果 Dreamweaver 无法确定高度，必须键入高度值。

☑ 限制：保持 FLV 视频组件的宽度和高度之间的纵横比不变。默认情况下会选择此选项。

☑ 实时视频输入：指定 FLV 视频内容是否为实时的。如果选定了【实时视频输入】，Flash Player 将播放从 Flash Communication Server 流入的实时视频输入。实时视频输入的名称是在【流名称】文本框中指定的名称。

如果选择了【实时视频输出】，组件的外观上只会显示音量控件，用户将无法操纵实时视频。此外，【自动播放】和【自动重新播放】选项也不起作用。

☑ 自动播放：指定在网页页面打开时是否播放视频。

☑ 自动重新播放：指定播放控件在视频播放完之后是否返回起始位置。

☑ 缓冲时间：指定在视频开始播放之前进行缓冲处理所需的时间（以秒为单位）。默认的缓冲时间设置为 0，这样在单击了【播放】按钮后，视频会立即开始播放。如果选择【自动播放】，视频将在建立与服务器的连接后立即开始播放。如果用户要发送的视频的比特率高于站点访问者的连接速度，或者网络通信可能会导致带宽或连接问题，则可能需要设置缓冲时间。例如，如果要在网页页面播放视频之前将 15 秒的视频发送到网页页面，可以将缓冲时间设置为 15。

单击【确定】按钮关闭对话框并将 Flash 视频内容添加到网页中。这时系统会自动生成一个视频播放器 SWF 文件和一个外观 SWF 文件，用于在网页上显示 FLV 视频。该命令还会生成一个 main.asc 文件，用户必须将该文件上传到 Flash Communication Server。这些文件与 FLV 视频内容所添加的网页文件存储在同一目录中。上传包含 FLV 视频内容的网页页面时，请不要忘记将这些 SWF 文件上传到 Web 服务器，并将 main.asc 文件上传到 Flash Communication Server。

如果服务器上已有 main.asc 文件，请确保在上传由【插入 Flash 视频】命令生成的 main.asc 文件之前与服务器管理员核实。

4.7 插 入 音 频

声音是多媒体网页的重要组成部分。当前存在着一些不同类型的声音文件和格式，用不同的方法将这些声音添加到网页中。在决定添加的声音的格式和方式之前，需要考虑的因素包括其用途、格式、文件大小、声音品质和浏览器差别等。

网页中应用的音频格式有很多，常用的有 MIDI、WAV、AIF、MP3 和 RA 等。在使用这些格式的文件时，需要了解它们的差异性。很多浏览器不用插件也可以支持 MIDI、WAV 和 AIF 格式的文件，而 MP3 和 RM 格式的声音文件则需要专门插件支持浏览器才能播放。

☑ MID（或 MIDI，Musical Instrument Digital Interface 的简称）是一种乐器声音格式，它能够被大多数浏览器支持，并且不需要插件。很小的 MIDI 文件也可以提供较长时间的声音剪辑。MIDI 文件不能被录制，并且必须使用特殊的硬件和软件在计算机上合成。

☑ WAV（Waveform Extension）格式的文件具有较高的声音质量，能够被大多数浏览器支持，并且不需要插件。用户可以使用 CD、麦克风来录制声音，但文件通常较大，网上传播数量比较有限。

☑ AIF（或 AIFF，Audio Interchange File Format 的简称），也具有较高的质量，和 WAV 声音很相似。

☑ MP3（Motion Picture Experts Group Audio 或 MPEG-AudioLayer-3 的简写）是一种压缩格式的声音，文件大小比 WAV 格式明显缩小。其声音品质非常好，如果正确录制和压缩，MP3 文件质量甚至可以和 CD 质量相媲美。MP3 是网上比较流行的音乐格式，它支持流媒体技术，方便用户边下载边听。

☑ RA（或 RAM）、RPM 和 RealAudio，这几种格式具有非常高的压缩程度，文件大小小于 MP3 格式的大小。能够快速传播和下载，同时支持流媒体技术，是最有前途的一种格式，不过在听之前要先安装 RealPlayer 程序。

插入声音的方法有两种，一种是链接声音文件，一种是嵌入声音文件。链接声音文件比较简单，使用起来比较快捷有效，同时能够让浏览者选择是否要收听该文件，并且使文件可应用于最广范围的观众中。

链接声音文件首先选择要用来指向声音文件链接的文本或图像，然后在属性面板的【链接】文本框中输入声音文件地址，或者单击后面的【选择文件】按钮 直接选择文件，如图 4.36 所示。

图 4.36　在属性面板中链接声音文件

嵌入声音文件是将声音直接插入到页面中，但只有浏览器安装了适当插件后才可以播放声音。

操作步骤：

第 1 步，新建页面，保存为 index.html。初步完成网站首页页面半成品设计，在编辑窗口中，将光标定位在要插入音频的位置。

第 2 步，选择【插入】|【媒体】|【插件】命令，或者选择【插入】工具栏中【媒体】下拉菜单中的【插件】选项，打开【选择文件】对话框。

第 3 步，在对话框里选择要插入的插件文件，单击【确定】按钮即可。这时 Dreamweaver 编辑窗口上会出现插件图标，如图 4.37 所示。

图 4.37 插入的插件图标

第 4 步，选中插入的插件图标，可以在属性面板中详细设置其属性，如图 4.38 所示。

图 4.38 插件属性面板

- ☑ 【插件】文本框：设置插件的名称，以便在脚本中能够引用。
- ☑ 【宽】和【高】文本框：设置插件在浏览器中显示的宽度和高度，默认以像素为单位，也可以设置为 pc（十二点活字）、pt（点）、in（英寸）、mm（毫米）、cm（厘米）和这些单位的组合，如 4pt+3mm。
- ☑ 【源文件】文本框：设置插件的数据文件。单击【选择文件】按钮，可查找并选择源文件，或者直接输入文件地址。
- ☑ 【对齐】下拉列表：设置插件和页面的对齐方式。包括 10 个选项，详细介绍参见本章第 4.4 节。
- ☑ 【插件 URL】文本框：设置包含该插件的地址。如果在浏览者的系统中没有装该类型的插件，则浏览器将从该地址进行下载。如果没有设置【插件 URL】文本框，且没有安装相应的插件，则浏览器无法显示插件。
- ☑ 【垂直边距】和【水平边距】文本框：设置插件的上、下、左、右与其他元素的距离。
- ☑ 【边框】文本框：设置插件边框的宽度，可输入数值，单位是像素。
- ☑ 【播放】按钮：单击该按钮，可在 Dreamweaver 编辑窗口中预览这个插件的效果，单击【播放】按钮后，该按钮变成【停止】按钮，单击则停止插件的预览。
- ☑ 【参数】按钮：单击可打开【参数】对话框，设置参数对 ActiveX 控件进行初始化。

第 5 步，设置完属性，按 F12 键在浏览器中预览，效果如图 4.39 所示。

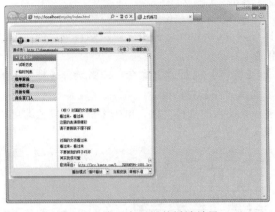

图 4.39　嵌入音乐插件播放效果

第 6 步，切换到【代码】视图，可以看到插入的音频代码，原来它是通过<embed>标记实现播放的。

```
<embed src="images/bg2.mp3" width="478" height="42"></embed>
```

4.8　插入视频

在 4.7 节中讲解了在网页中插入 FLV 视频的方法。下面再来讲解常见视频格式的插入方法。视频文件的格式非常多，常见的有 MPEG、AVI、WMV、RM 和 MOV 等。

☑　MPEG（或 MPG）是一种压缩比率较大的活动图像和声音的视频压缩标准，它也是 VCD 光盘所使用的标准。

☑　AVI 是一种 Microsoft Windows 操作系统所使用的多媒体文件格式。

☑　WMV 是一种 Windows 操作系统自带的媒体播放器 Windows Media Player 所使用的多媒体文件格式。

☑　RM 是 Real 公司推广的一种多媒体文件格式，具有非常好的压缩比率，是网上应用最广泛的格式之一。

☑　MOV 是 Apple 公司推广的一种多媒体文件格式。

插入视频的方法也包括链接视频文件和嵌入视频文件两种，使用方法与插入声音的方法相同。

☑　链接视频文件。在属性面板的【链接】文本框中输入视频文件地址，按下 F12 键打开浏览器预览效果时，把光标放在链接文字上，立即变成手形，单击将播放视频，或者右键单击，在弹出的快捷菜单中选择【目标另存为】选项，将视频下载至本地。

☑　嵌入视频文件。可以将视频直接插入页面中，但只有在浏览器安装了所选视频文件的插件后才能够正常播放。具体方法可以参阅上面章节中的讲解。

在 HTML 代码中，不管插入音频还是视频文件，使用的标记代码和设置方法都相同，详细设置如下。

☑　以下为链接法代码。

```
<a href="vid1.avi">观看视频</a>
```

☑　以下为嵌入法代码。

```
<embed src="vid1.avi" width="339" height="339">
```

操作步骤:

第 1 步, 新建页面, 保存为 index.html。初步完成网站首页页面半成品设计, 在编辑窗口中, 将光标定位在要插入音频的位置。

第 2 步, 选择【插入】|【媒体】|【插件】命令, 或者选择【插入】工具栏中【媒体】下拉菜单中的【插件】选项, 打开【选择文件】对话框。

第 3 步, 在对话框里选择要插入的插件文件, 单击【确定】按钮即可。这时 Dreamweaver 编辑窗口上会出现插件图标, 如图 4.40 所示。

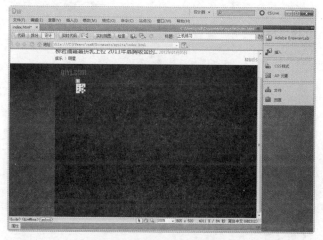

图 4.40 插入的插件图标

第 4 步, 选中插入的插件图标, 在属性面板中设置视频播放器的大小, 如图 4.41 所示。

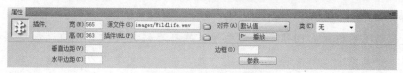

图 4.41 插件属性面板

第 5 步, 设置完属性, 按 F12 键在浏览器中预览, 效果如图 4.42 所示。

图 4.42 嵌入视频插件播放效果

第5章

设计超链接和导航菜单

（ 视频讲解：42 分钟 ）

　　超链接（Hyper Link）也称网页链接，是指从一个网页指向一个目标的连接关系，这个目标可以是另一个网页，也可以是相同网页上的不同位置，还可以是一个图片、一个电子邮件地址、一个文件，甚至是一个应用程序。在一个网页中用来超链接的对象，可以是一段文本或者是一个图片，当浏览者单击已经链接的文字或图片后，链接目标将显示在浏览器上，并且根据目标的类型打开或运行。

　　超链接是互联网的桥梁，网站与网站之间、网页与网页之间都是通过超链接建立联系。如果没有超链接，那么整个互联网将成为无数个数字孤岛，失去存在的价值。本章将详细讲解如何使用 Dreamweaver 设置各种类型的超链接，并利用这些超链接把整个网站融合在一起，形成一个统一的有机体。

学习重点：

▶▶　熟悉路径以及 URL 表示方法。

▶▶　在网页中插入超链接。

▶▶　设置热点地图。

▶▶　设计导航菜单。

5.1 超链接概述

URL（Uniform Resource Locator，统一资源定位器）用于指定网上资源的位置和方式。在本地计算机中，定位一个文件需要路径和文件名，对于遍布全球的各个网站和网页来说，显然还需要知道文件存放在哪个网络的哪台主机中才行。

在本地计算机中，所有的文件都由统一的操作系统管理，因而不必给出访问该文件的方法，但在互联网上，各个网络、各台主机的操作系统可能不一样，因此必须指定访问该文件的方法，这个方法就是使用 URL 定位技术。

一个 URL 一般由以下 3 部分组成。

- ☑ 协议（或服务方式）。
- ☑ 存有该资源的主机 IP 地址（有时也包括端口号）。
- ☑ 主机资源的具体地址，如目录和文件名等。

其语法如下。

```
protocol://machinename[:port]/directory/filename
```

- ☑ protocol 是访问该资源所采用的协议，即访问该资源的方法，常用网络协议有以下几种。
  - ➢ http://：超文本传输协议，表示该资源是 HTML 文件。
  - ➢ ftp://：文件传输协议，表示用 FTP 传输方式访问该资源。
  - ➢ gopher:// ：表示该资源是 Gopher 文件。
  - ➢ news: ：表示该资源是网络新闻（不需要两条斜杠）。
  - ➢ mailto: ：表示该资源是电子邮件（不需要两条斜杠）。
  - ➢ telnet: ：使用 Telnet 协议的互动会话（不需要两条斜杠）。
  - ➢ file:// ：表示本地文件。
- ☑ machinename 表示存放该资源的主机的 IP 地址，通常以字符形式出现，例如，www.china.com.port。其中，port 是服务器在该主机上所使用的端口号，一般情况下不需要指定，只有当服务器所使用的不是默认的端口号时才指定。
- ☑ directory 和 filename 是该资源的路径和文件名。

例如：

```
http://news.sohu.com/s2005/hujintaochufang.shtml
```

这个 URL 表示搜狐 www 服务器上的起始 shtml 文件，文件具体存放的路径及文件名取决于该 www 服务器的配置情况。

路径包括 3 种基本类型：绝对路径、相对路径和根路径。

5.1.1 绝对路径

绝对路径就是被链接文件的完整 URL，包括所使用的传输协议（对于网页通常是 http://）。例如，http://news.sohu.com/main.html 就是一个绝对路径。设置外部链接（从一个网站的网页链接到另一个网站的网页）必须使用绝对路径。这与本地计算机中绝对路径的概念类似。

5.1.2 相对路径

相对路径是指以当前文件所在位置为起点，到被链接文件经由的路径。例如，dreamweaver/main.html 就是一个文件相对路径。在把当前文件与处在同一文件夹中的另一文件链接，或者把同一网站下不同文件夹中的文件相互链接时，就可以使用相对路径。

当设置网站内部链接（同一站点内一个文件与另一个文件之间的链接）时，一般可以不用指定被链接文件的完整 URL，而是指定一个相对于当前文件或站点根文件夹的相对路径。

- ☑ 如果要把当前文件与同一文件夹中的另一文件链接，只要提供被链接文件的文件名即可，例如，filename。
- ☑ 如果要把当前文件与一个位于当前文件所在文件夹中的子文件夹里的文件链接，就需要提供子文件夹名、斜杠和文件名，例如，subfolder/ filename。
- ☑ 如果要把当前文件与一个位于当前文件所在文件夹的父文件夹里的文件链接，则要在文件名前加上"../"（".."表示上一级文件夹），例如，../filename。

如果在没有保存的网页上插入图片或增加链接，Dreamweaver 会暂时使用绝对路径。网页保存后，Dreamweaver 会自动将绝对路径转化为相对路径。当使用相对路径时，如果在 Dreamweaver 中改变了某个文件的存放位置，不需要手动修改链接路径，Dreamweaver 会自动更新链接的路径。

5.1.3 根路径

根路径是指从站点根文件夹到被链接文件经由的路径。根路径由前斜杠开头，代表站点根文件夹。例如，/news/beijing2005.html 就是站点根文件夹下，news 子文件夹中的一个文件（beijing2005.html）的根路径。在网站内链接文件时一般使用根路径的方法，因为在移动一个包含根相对链接的文件时，无需对原有的链接进行修改。

但是，这样使用对于初学者来说是具有风险性的，因为这里所指的根文件夹并不是所建网站的根文件夹，而是该网站所在的服务器的根文件夹，因此，当网站的根文件夹与服务器的根文件夹不同时，就会出现错误。

根路径只能由服务器来解释，当客户在客户端打开一个带有根路径的网页时，上面的所有链接都将是无效的。如果在 Dreamweaver 中预览，Dreamweaver 会将预览网页的路径暂时转换为绝对路径形式，可以访问链接的网页，但这些网页的链接将是无效的。

5.2 定义超链接的方法

使用 Dreamweaver 定义超链接非常方便快捷，实现的方法和途径也有多种选择。

5.2.1 使用属性面板

操作步骤：

第 1 步，选中要定义超链接的文字或图像，在属性面板的【链接】文本框中输入要链接文件的路径和文件名，如图 5.1 所示。

图 5.1　在属性面板中定义超链接

第 2 步，如果不能够确定 URL 路径，则单击【链接】文本框右边的【选择文件】按钮，在打开的【选择文件】对话框中可以快速选择一个目标对象，如图 5.2 所示。

图 5.2　【选择文件】对话框

在 URL 文本框中显示被链接文件的路径，在【相对于】下拉列表中可以选择【文件】选项（设置相对路径）或【站点根目录】选项（设置根路径）。当设置【相对于】下拉列表中的选项后，Dreamweaver 把该选项设置为以后定义超链接的默认路径类型，直至改变该项选择为止。

第 3 步，单击【确定】按钮，完成定义超链接操作。

第 4 步，选择被链接文件的载入目标。在默认情况下，被链接文件打开在当前窗口或框架中。要使被链接的文件显示在其他地方，需要从属性面板的【目标】下拉列表中选择一个选项，如图 5.3 所示。

图 5.3　定义超链接的目标

- ☑　_blank：将被链接文件载入到新的未命名浏览器窗口中。
- ☑　_parent：将被链接文件载入到父框架集或包含该链接的框架窗口中。
- ☑　_self：将被链接文件载入到与该链接相同的框架或窗口中。
- ☑　_top：将被链接文件载入到整个浏览器窗口并删除所有框架。

5.2.2　使用指向文件图标

操作步骤：

第 1 步，选中要定义超链接的文字或图像。

第 2 步，在属性面板中拖动【链接】文本框右边的【指向文件】图标🌀可以快速定义超链接，如图 5.4 所示。

图 5.4　拖动【指向文件】图标创建文件链接

操作提示：

拖动鼠标时会出现一条带箭头的细线，指示要拖动的位置，指向文件后只需释放鼠标，即会自动生成链接。使用【指向文件】图标可以方便快捷地创建指向站点文件面板中的一个文件或者图像文件。

5.2.3　使用【超级链接】对话框

操作步骤：

第 1 步，选中要定义超链接的文字或图像。

第 2 步，选择【插入】|【超级链接】命令，打开【超级链接】对话框，如图 5.5 所示。或者选择【插入】面板中【常用】选项下的【超级链接】选项，也会打开【超级链接】对话框。该对话框的简单说明如下。

图 5.5　设置【超级链接】对话框

☑　【文本】文本框：定义超链接显示的文本。

☑　【链接】文本框：定义超链接链接到的路径，最好输入相对路径而不是绝对路径。

☑　【目标】下拉列表：定义超链接的打开方式，包括 4 个选项，可参见本章第 5.2.1 小节的介绍。

☑　【标题】文本框：定义超链接的标题。

☑　【访问键】文本框：设置键盘快捷键，单击键盘上的快捷键将选中这个超链接。

☑　【Tab 键索引】文本框：设置在网页中用 Tab 键选中的超链接的顺序。

第 3 步，设置好参数后，单击【确定】按钮，即可向网页中插入一个超链接。

5.2.4　使用快捷菜单

操作步骤：

第 1 步，选中要定义超链接的文字或图像。

第 2 步，右击选中的文字或图像，在打开的快捷菜单中选择【创建链接】命令，打开【选择文件】对话框，即可定义超链接。

操作提示：

选择定义超链接的文本或图像后，选择【修改】|【创建链接】命令同样可以打开【选择文件】对话框进行设置（快捷键为 Ctrl+L）。

5.2.5　鼠标拖动

操作步骤：

第 1 步，在编辑窗口中，选择要定义超链接的文本。

第 2 步，按住 Shift 键，在选定的文本上拖动鼠标指针，在拖动时会指向文件图标。拖动鼠标到文件中的锚点或者【文件】面板中另一个文件，最后释放鼠标即可，如图 5.6 所示。

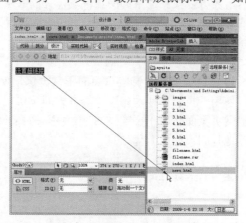

图 5.6　直接拖动定义超链接

5.2.6　使用源代码

在【代码】视图下可以直接输入 HTML 代码定义超链接。

使用<a>标记，结合 href 属性创建文本链接，例如：

```
<a href="http://www.sohu.com/ target="_blank">文本链接</a>
```

其中，href 属性用来设置目标文件的地址；target 属性相当于 Dreamweaver 属性面板中的【目标】选项设置，当属性值等于_blank，表示在新窗口中打开。除此之外，target 的属性值还包括其他 3 种：_parent、_self 和_top。

图像链接与文本链接基本相同，也用<a>标记实现，唯一的差别就在于<a>属性设置。例如：

```
<a href="http://www.sohu.com/ target="_blank">
<img src="icon.gif" alt="图像链接" width="40" height="48" border="1" />
</a>
```

从实例代码中可以看出，图像链接在<a>标记中多了<img>标记，该标记用于设置链接图像的属性。

5.3 使用超链接

互联网上的每个网页都被超链接技术互相链接在一起，单击包含超链接的文本或图像就可以跳转到其他页面（该页面可以是站内页面，也可是站外页面）。在默认状态下，超链接文本一般带有下划线并显示为蓝色，而超链接图像也会带有蓝色线框。

在实际网页制作中，如何设计网页超链接，采用什么样的链接结构会直接影响网页布局和网站运行效率。例如，导航条的结构、导航条的布局、网页链接层次、链接的效果和形式等。定义超链接的形式多种多样，方法也比较灵活，但需要注意下面的问题。

☑ 链接层次不能太深，最多不要超过 3 层。在完善网页结构时，除了特殊情况，如转链接、分项链接或链接内容的细化。一般较合理的设计是 3 层，即导航链接→列表链接→链接内容。

☑ 避免出现单向链接。每设计一个链接时，都要考虑如何让用户能够快速返回，避免出现迷路现象。对于详细内容页面不希望返回时，应设计在新窗口中被打开，这样可以保证用户关闭该浏览器窗口后，还可以找到原来的网页位置，并能够快速返回首页或频道页。

☑ 避免出现孤文件。在设计网站时，要思路清晰、考虑完善，避免出现孤文件（孤文件就是没有被任何页面链接的网页），这些文件用户一般很难找到，同时对于网站维护也构成潜在影响。

☑ 页面链接不要太多。过多链接可能会影响页面的正常浏览，使文件过大而影响下载速度。对于过多的链接可以使用下拉表单或动态菜单等方式间接实现。

☑ 页面不要太长。一般网页页面长度不要超过 3 个屏幕，如果页面较长可以通过定义锚点，让用户能方便、快速地找到页面内具体信息。

5.3.1 实战演练：创建锚点链接

锚点链接是指链接到同一页面中的不同位置的链接。例如，在一个很长的页面中，在页面的底部设置一个锚点，单击后可以跳转到页面顶部，这样避免了上下滚动页面的麻烦。另外，在页面内容的标题上设置锚点，然后在页面顶部设置锚点的链接，这样就可以通过链接快速地浏览具体内容。

操作步骤：

第 1 步，打开半成品的 index.html 页面，在编辑窗口中把光标定位在要创建锚点的位置，或者选中要链接到锚点的文字、图像等对象。

第 2 步，选择【插入】|【命名锚记】命令，或者选择【插入】面板【常用】选项卡下的【命名锚记】选项，打开【命名锚记】对话框，如图 5.7 所示。

图 5.7 【命名锚记】对话框

第 3 步，在【命名锚记】对话框中输入锚点名称，该名称相当于一个 ID 编号，以便超链接引用。给锚点命名时不要含有空格，同时不要置于 AP 元素内。

第4步，单击【确定】按钮，即可在选中对象或者光标位置插入一个锚点符号，如图 5.8 所示。

操作提示：

如果创建锚点后，看不见锚点标记，可选择【编辑】|【首选参数】命令，打开【首选参数】对话框，在【不可见元素】分类选项中选中【命名锚记】复选框。同时要确定【查看】|【可视化助理】|【不可见元素】选项是否被选中。

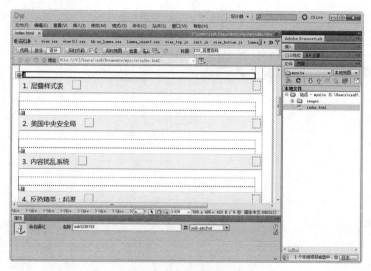

图 5.8　定义锚点标记

第 5 步，创建锚点后，选择锚点标记，在属性面板中可以重新设置锚点的名称和类，如图 5.8 所示。

定义锚点标记之后，就可以设置指向该位置点的锚点链接了。这样，当单击超链接时，浏览器会自动定位到页面中锚点指定的位置，这对于一个页面包含很多屏的情况非常有用。

第6步，在编辑窗口中选中或插入并选中要链接到锚点的文字、图像等对象。

第7步，在属性面板的【链接】文本框中输入"#+锚点名称"，如输入"#sub5236733"，如图 5.9 所示。

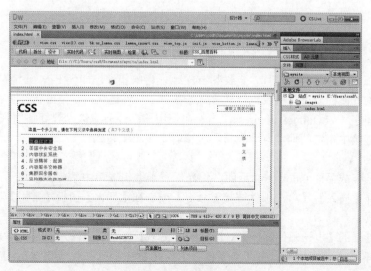

图 5.9　设置锚点链接

操作提示：

如果要链接到同一文件夹内其他文件中，如 test.html，则输入"test.html #sub5236733"，可以使用绝对路径，也可以使用相对路径。注意锚点名称是区分大小写的。

第 8 步，保存网页，按 F12 键可以预览效果，如果单击超链接，则页面会自动跳转到顶部，如图 5.10 所示。

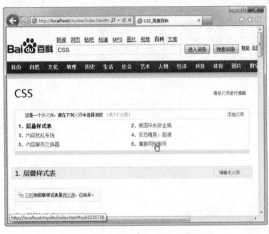
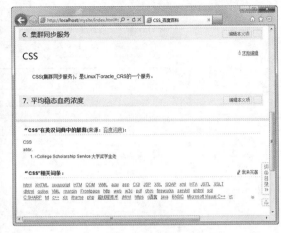

（a）单击锚点类型的超链接　　　　　　　　（b）跳转到锚点指向的位置

图 5.10　锚点链接应用效果

第 9 步，切换到【代码】视图，可以看到在 HTML 中可以使用<a>标记定义锚点并设置锚点类型的超链接，代码如下。

```
<SPAN>1．</SPAN><A  href="#sub5236733">层叠样式表</A>
……
<DIV  class=clear></DIV><A  id=sub5236733  class=sub-anchor  name=sub5236733> </A>  <SPAN
class=headline-content>层叠样式表</SPAN>
</ DIV>
```

其中，第一行代码表示创建一个锚点，最后一行代码表示链接到锚点。

5.3.2　实战演练：创建 E-Mail 链接

E-Mail 就是邮箱地址的英文简称，定义超链接地址为邮箱地址即为 E-Mail 链接。通过 E-Mail 链接可以为用户提供方便的反馈与交流机会。当浏览者单击邮件链接时，会自动打开客户端浏览器默认的电子邮件处理程序（如 Outlook Express，当然在使用该软件前应该设置好邮件账户），收件人邮件地址被电子邮件链接中指定的地址自动更新，浏览者不用手工输入。

操作步骤：

第 1 步，打开半成品的 index.html 页面，将光标置于编辑窗口中希望显示电子邮件链接的位置。

第 2 步，选择【插入】|【电子邮件链接】命令，或者在【插入】面板【常用】选项卡中选择【电子邮件链接】选项。

第 3 步，在打开的【电子邮件链接】对话框的【文本】文本框中输入或编辑作为电子邮件链接显示在文件中的文本，中英文均可。在【电子邮件】文本框中输入邮件应该送达的 E-mail 地址，如图 5.11 所示。

图 5.11　设置【电子邮件链接】对话框

第 4 步，单击【确定】按钮，即可插入一个超链接地址，如图 5.12 所示。

图 5.12　电子邮件链接效果图

第 5 步，保存网页，按 F12 键可以预览效果，如果单击 E-Mail 链接的文字，即可打开系统默认的电子邮件处理程序，如 Outlook Express，如图 5.13 所示。

图 5.13　自动打开电子邮件处理程序

操作提示：

也可以在属性面板中直接设置 E-Mail 链接。选中文本或其他对象，在属性面板的【链接】文本框中输入 "mailto:+电子邮件地址"，如 mailto:tousu@hongxiu.com，如图 5.14 所示。

图 5.14　在面板中直接设置 E-Mail 链接

还可以在属性面板的【链接】文本框中输入 "mailto:+电子邮件地址+?+subject=+邮件主题"，这样就可以快速输入邮件主题，如输入 "mailto: tousu@hongxiu.com?subject=意见和建议"。在 HTML 中可以使用<a>标记创建电子邮件链接，代码如下。

```
<a href="mailto: tousu@hongxiu.com?subject=意见和建议">zhuyinhong@63.net</a>
```

在该链接中多了 mailto:字符，表示电子邮件，?subject 表示邮件主题，其他与锚点链接基本相同。

5.3.3　实战演练：创建脚本链接

脚本链接是一种特殊类型的链接，通过单击带有脚本链接的文本或对象，可以执行脚本代码（如 JavaScript 或 VBScript 脚本代码等），利用这种特殊的方法可以实现各种特殊的功能，如使用脚本链接进行确认或验证表单等。

操作步骤：

第 1 步，在编辑窗口中，选择要定义超链接的文本或其他对象。

第 2 步，在属性面板的【链接】文本框中输入 "javascript"，接着输入相应的 JavaScript 代码或函数，如 "javascript:alert("请核对当前网址是否正确：http://www.icbc.com.cn/");"，如图 5.15 所示。

图 5.15　设置脚本链接

第 3 步，在脚本链接中，由于 JavaScript 代码出现在一对双引号中，所以代码中原先的双引号应该相应改写为单引号。如果要创建更为复杂的脚本链接，请参考相关编程书籍。

第 4 步，按 F12 键预览网页，单击脚本链接时，会弹出如图 5.16 所示的对话框。

图 5.16　脚本链接演示效果

第 5 步，切换到【代码】视图，可以看到在 HTML 中可以使用<a>标记定义脚本链接，代码如下。

```
<div id="box"><a href="javascript:alert(&quot;请核对当前网址是否正确：http://www.icbc.com.cn/&quot;);">防
范假网站</a></div>
```

5.3.4　实战演练：创建空链接

空链接就是没有指定路径的链接。利用空链接可以激活文档中的链接文本或对象。一旦对象或文本被激活，则可以为之添加行为，以实现当鼠标移动到链接上时进行切换图像或显示分层等动作。有些客户端动作，需要由超链接来调用，这时就需要用到空链接。

在编辑窗口中，选择要设置链接的文本或其他对象，在属性面板的【链接】文本框中只输入一个"#"符号即可，如图 5.17 所示。

图 5.17　设置空链接

在 HTML 中可以使用<a>标记创建空链接，代码如下。

```
<a href="#">空链接</a>
```

5.3.5　实战演练：创建下载链接

被链接的文件不被浏览器解析，如二进制文件、压缩文件等，便被浏览器直接下载，保存到本地计算机中。

第 1 步，首先使用压缩工具把准备下载的文件压缩打包。

第 2 步，在编辑窗口中，选择要定义超链接的文本或其他对象。在属性面板中，直接在【链接】文本框中输入文件名和后缀名，如"filename.rar"，如图 5.18 所示。如果不在同一个文件夹，那么还要指明路径。

图 5.18　设置文件下载链接

第 3 步，保存网页，按 F12 键预览，单击这个链接，则会出现提示条，询问是否保存，如图 5.19 所示，单击【另存为】按钮，打开【另存为】对话框，选择要保存的路径和文件名，单击【保存】按钮即可下载。

图 5.19　下载文件演示

第 4 步，切换到【代码】视图，可以看到在 HTML 中可以使用<a>标记定义脚本链接，代码如下。

`<a href="images/Baofeng5-5.08.0101.rar"><img src="images/down.jpg" width="232" height="55" /></a>`

5.3.6　实战演练：创建双链接或多重链接

双链接就是在一个超链接中包含两个指定路径，同理，多重链接是在一个超链接中包含多个指定路径。双链接和多重链接在某些时候有特殊的用处。双链接常用来实现链接时两个框架页面内的内容都改变；多重链接并不常用，它使一个链接元素链接多个文档。

操作步骤：

第 1 步，在编辑窗口中选中要定义超链接的文本，在属性面板中的【链接】文本框中直接输入空链接符号"#"。

第 2 步，选择【窗口】|【行为】命令，打开【行为】面板，然后单击【行为】面板中的"+"按钮，在弹出的下拉菜单中选择【打开浏览器窗口】选项，如图 5.20 所示。

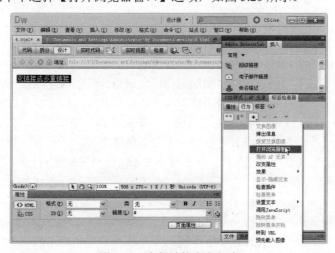

图 5.20　为超链接定义行为

第 3 步，在打开的对话框的【要显示的 URL】文本框中输入一个有效的 URL，如图 5.21 所示。注意，最后一定要设置增加的行为事件为 onclick，如图 5.22 所示。

第 4 步，重复上面的步骤，只需把【要显示的 URL】中的 URL 改为其他 URL，即可实现在一个对象上创建多个超链接。当用户单击这个链接时，会同时打开多个网页。

图 5.21　设置打开的 URL

图 5.22　设置单击事件

5.4 创建图像地图

图像地图也称为图像热点区域，即指定图像内部某个区域为热点，当单击该热点区域时，会触发超链接，并跳转到其他网页或网页的某个位置。图像地图是一种特殊的超链接形式，常用来在图像中设置局部区域导航。

选中一幅图像，在图像属性面板中用【指针热点工具】、【矩形热点工具】、【椭圆热点工具】和【多边形热点工具】可以调整和创建热点区域，如图 5.23 所示。

图 5.23　图像属性面板

- ☑ 【地图】文本框：输入热点区域名称，便于引用。
- ☑ 【指针热点工具】按钮：调整和移动热点区域。
- ☑ 【椭圆热点工具】按钮：在选定图像上拖动鼠标指针可以创建圆形热区。
- ☑ 【矩形热点工具】按钮：在选定图像上拖动鼠标指针可以创建矩形热区。
- ☑ 【多边形热点工具】按钮：在选定图像上，单击选择一个多边形，定义一个不规则形状的热区。单击【指针热点工具】可以结束多边形热区定义。

如果要在一幅图上定义多个热点区域，以实现单击不同的热区链接到不同页面，这时就可以使用图像地图。

操作步骤：

第 1 步，新建网页文档，保存为 index.html。在图像编辑窗口中插入图像，然后选中图像，打开属性面板，并单击属性面板右下角的展开箭头，显示图像地图制作工具，如图 5.23 所示。

第 2 步，在属性面板的【地图】文本框中输入热点区域名称。如果一个网页的图像中有多个热点区域，必须为每个图像热点区域起一个唯一的名称。

第 3 步，选择一个工具，根据不同部位的形状可以选择不同的热区工具，这里选择【矩形热点工具】按钮，在选定的图像上拖动鼠标指针，便可创建出图像热区。

第 4 步，热点区域创建完成后，选中热区，属性面板变成如图 5.24 所示。

- ☑ 【链接】文本框：可输入一个被链接的文件名或页面，单击【选择文件】按钮可选择一个文件名或页面。如果【链接】文本框输入"#"，表示空链接。
- ☑ 【目标】文本框：要使被链接的文档显示在其他地方而不是在当前窗口或框架，可在【目标】下拉文本框中输入窗口名或从【目标】下拉列表中选择一个框架名。
- ☑ 【替换】文本框：在该文本框中输入所定义热区的提示文字。在浏览器中，当鼠标移到该热点区域中将显示提示文字。可设置不同部位的热区显示不同的文本。

第 5 步，用【矩形热点工具】创建一个热区，在【替换】文本框中输入提示文字，并设置好链接和目标窗口，如图 5.24 所示。

图 5.24 热点属性面板

第 6 步，以相同的方法分别为各个部位创建热区，并输入不同的链接和提示文字，保存并预览，这时候单击不同的热区就会跳转到对应的页面中，如图 5.25 所示。

图 5.25 预览热点地图

第 7 步，切换到【代码】视图，可以看到在 HTML 中可以使用<a>标记定义脚本链接，代码如下。

```
<!DOCTYPE html PUBLIC "-//W3C//DTD XHTML 1.0 Transitional//EN" "http://www.w3.org/TR/xhtml1/DTD/xhtml1-transitional.dtd">
```

```
<html xmlns="http://www.w3.org/1999/xhtml">
<head>
<meta http-equiv="Content-Type" content="text/html; charset=gb2312" />
<style type="text/css">
body { margin:0; padding:0; }
</style>
<title>上机练习</title>
</head>
<body>
<img src="images/bg1.jpg" width="1005" height="647" border="0" usemap="#Map" />
<map name="Map" id="Map">
    <area  shape="rect"  coords="32,174,328,274"  href="http://www.hongxiu.com/index.html"  target="_blank"
alt="言情小说站" />
    <area shape="rect" coords="347,173,643,273" href="http://www.huanxia.com/" target="_blank" alt="玄幻小
说站" />
    <area shape="rect" coords="668,173,964,273" href="http://wenxue.hongxiu.com/" target="_blank" alt="经典
文学站" />
</map>
</body>
</html>
```

其中<map>标记表示图像地图，name 属性作为<img>标记中 usermap 属性要引用的对象。然后用<area>标记确定热点区域，shape 属性设置形状类型，coords 属性设置热点区域各个顶点坐标，href 属性表示链接地址，target 属性表示目标，alt 属性表示替代提示文字。

操作提示：

对于图像地图创建的热区，用户可以很容易地进行修改，如移动热区、调整热区大小、在层之间移动热区，还可以将热区从一个页面复制到另一个页面等。

使用【指针热点工具】可以方便地选择一个热区。如果选择多个热区，只需要按住 Shift 键，单击要选择的其他热区，就可以实现选择多个热区的目的。

使用【指针热点工具】选择要移动的热区，拖动鼠标至合适位置即可移动热区。或者使用键盘操作，按下 1 次键盘上的箭头键，热区将向选定的方向移动 1 个像素，如果按下 Shift+箭头键，热区将向选定的方向移动 10 个像素。

使用【指针热点工具】选择要调整大小的热区，然后拖动【热点选择器手柄】到合适的位置，即可改变热区的大小或形状。

第6章

使用表格布局网页

(视频讲解：1小时18分钟)

表格具有强大的数据组织和管理功能，同时在网页设计中还是进行页面布局的工具。在传统网页设计中，表格布局比较流行，因此很多人把传统布局视为表格布局。熟练掌握表格的使用技巧就可以设计出很多富有创意、风格独特的网页。本章将讲解表格的一般使用技巧，如在表格中插入内容，增加、删除、分割、合并行与列，修改表格、行、单元格属性，实现表格的多层嵌套等操作。

学习重点：

▶▶▶ 可视化、快速插入表格。

▶▶▶ 能够快速选中表格。

▶▶▶ 设置表格显示属性。

▶▶▶ 操作表格数据。

▶▶▶ 使用表格布局网页。

6.1 插入表格

Dreamweaver 提供了强大而完善的表格可视化操作功能，利用这些功能可以进行快捷插入表格、格式化表格等操作，使网页开发的周期大大缩短。

操作步骤：

第 1 步，打开制作的半成品网页文件 index.html，将光标置于页面中要插入表格的位置。

第 2 步，选择【插入】|【表格】命令（快捷键为 Ctrl+Alt+T），或者选择【插入】面板【常用】选项卡中【表格】选项，打开【表格】对话框，如图 6.1 所示。

图 6.1 【表格】对话框

该对话框设置项说明如下。

☑ 【行数】和【列】文本框：设置表格行数和列数。

☑ 【表格宽度】文本框：设置表格的宽度，其后面的下拉列表可选择表格宽度的单位。可以选择【像素】选项设置表格固定宽度，或者选择【百分比】选项设置表格相对宽度（以浏览器窗口或者表格所在的对象作为参照物）。

☑ 【边框粗细】文本框：设置表格边框的宽度，单位为像素。

☑ 【单元格边距】文本框：设置单元格边框和单元格内容之间距离，单位为像素。

☑ 【单元格间距】文本框：设置相邻单元格之间的距离，单位为像素。

☑ 【标题】选项区域：选择设置表格标题拥有的行或列。

　➢ 【无】单选项：不设置表格行或列标题。

　➢ 【左】单选项：设置表格的第 1 列作为标题列，以便为表格中的每一行输入一个标题。

　➢ 【顶部】单选项：设置表格的第 1 行作为标题列，以便为表格中的每一列输入一个标题。

　➢ 【两者】单选项：设置在表格中输入行标题和列标题。

☑ 【标题】文本框：设置一个显示在表格外的表格标题。

☑ 【摘要】文本框：设置表格的说明文本，屏幕阅读器可以读取摘要文本，但是该文本不会显示在用户的浏览器中。

操作提示：

如果插入表格等对象时，不需要显示对话框，可选择【编辑】|【首选参数】命令，打开【首选参数】对话框，在【常用】分类选项中取消选中【插入对象时显示对话框】复选框，如图 6.2 所示。

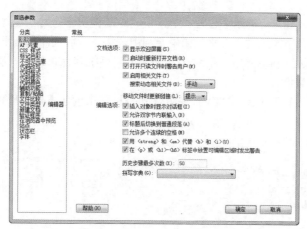

图 6.2 【首选参数】对话框

第 3 步，在【表格】对话框中设置表格为 3 行 3 列，宽度为 100%，边框为 1 像素，则插入表格效果如图 6.3 所示。

图 6.3 插入的表格

拓展知识：

一般在插入表格的下面或上面显示表格宽度菜单，显示表格的宽度和宽度分布，它可以方便设计者排版操作，不会在浏览器中显示。选择【查看】|【可视化助理】|【表格宽度】命令可以显示或隐藏表格宽度菜单。单击表格宽度菜单中的小三角图标，会打开一个下拉菜单，如图 6.4 所示，可以利用该菜单完成一些基本操作。

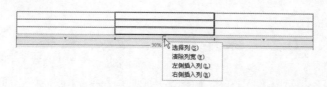

图 6.4 表格宽度菜单

在没有明确指定边框粗细、单元格边距和单元格间距的情况下，大多数浏览器默认边框粗细和单元格边距为 1 像素、单元格间距为 2 像素。如果要利用表格进行版面布局，不希望看见表格边框，可设置边框粗细、单元格边距和单元格间距为 0。【表格】对话框将保留最后一次插入表格所输入的值，作为以后插入表格的默认值。

第 4 步，切换到【代码】视图，HTML 使用<table>标记来创建表格，代码如下。

```
<div id="box">
    <table width="100%" border="1">
        <tr>
            <td> </td>
            <td> </td>
            <td> </td>
        </tr>
        <tr>
            <td> </td>
            <td> </td>
            <td> </td>
        </tr>
        <tr>
            <td> </td>
            <td> </td>
            <td> </td>
        </tr>
    </table>
</div>
```

用上面的代码可以插入一个 3 行 3 列的表格，其中<table>标记表示表格框架，<tr>标记表示行，<td>标记表示单元格。当用户插入并设置表格后，切换到【代码】视图，可以查看表格的源代码。在【代码】视图下，用户能够精确地编辑和修改表格的各种显示属性，例如，宽、高、对齐、边框等。

拓展知识：

表格结构包含多个标记，这些标记共同构建完整的表格结构，说明如下。

☑ <table>：定义表格。
☑ <caption>：定义表格标题。
☑ <th>：定义表格的表头。
☑ <tr>：定义表格的行。
☑ <td>：定义表格单元。
☑ <thead>：定义表格的页眉。
☑ <tbody>：定义表格的主体。
☑ <tfoot>：定义表格的页脚。
☑ <col>：定义用于表格列的属性。
☑ <colgroup>：定义表格列的组。

6.2 操作练习：选择表格

Dreamweaver 提供了多种灵活选择表格或表格元素的方法，同时还可以选择表格中的连续或不连续的多个单元格。选定表格或单元格之后，就可以设置表格或表格元素的属性，也可以复制或粘贴连续单元格。

6.2.1　选择完整的表格

要选择整个表格，可以按如下方法之一进行操作。

方法 1，移动鼠标指针到表格的左上角，当鼠标指针右下角附带一表格图形⊞时，单击即可，或者在表格的右边缘、下边缘或单元格内边框的任何地方单击（平行线光标⬍），如图 6.5 所示。

<table>
<tr><td>（a）</td><td>（b）</td><td>（c）</td><td>（d）</td></tr>
</table>

图 6.5　不同状态下单击选中整个表格

方法 2，在单元格中单击，然后选择【修改】|【表格】|【选择表格】命令，或者连续按 2 次 Ctrl+A 组合键。

方法 3，在单元格中单击，然后连续选择【编辑】|【选择父标签】命令 3 次，或者连续按 3 次 Ctrl+[组合键。

方法 4，在表格内任意处单击，然后在编辑窗口的左下角标签选择栏中单击<table>标签，如图 6.6 所示。

方法 5，单击表格宽度菜单中的小三角图标，在打开的下拉菜单中选择【选择表格】命令，如图 6.7 所示。

图 6.6　用标签选择器选中整个表格 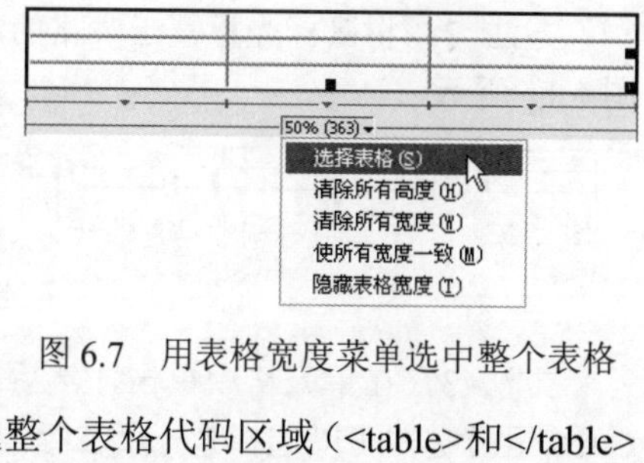

图 6.7　用表格宽度菜单选中整个表格

方法 6，在【代码】视图下，找到表格代码区域，用鼠标拖选整个表格代码区域（<table>和</table>标记之间代码区域），如图 6.8 所示。或者将光标定位到<td>和</td>标记内，连续单击左侧工具条中的【选择父标签】按钮 3 次，或者连续按 3 次 Ctrl+[组合键。

Note

图 6.8　在【代码】视图下选中整个表格

6.2.2　选择行和列

选择表格行或列的方法也很多，读者可以选择下面方法之一执行操作。

方法 1，将光标置于行的左边缘或列的顶端，出现选择箭头时单击，如图 6.9 所示，单击即可选择该行或列。如果单击并拖动可选择多行或多列，如图 6.10 所示。

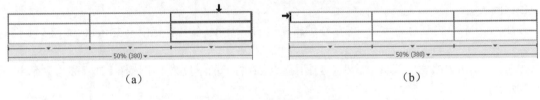

（a）　　　　　　　　　　　　　　　（b）

图 6.9　单击选择表格行或列

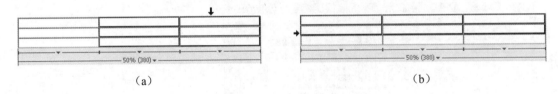

（a）　　　　　　　　　　　　　　　（b）

图 6.10　单击并拖动选择表格多行或多列

方法 2，将鼠标光标置于表格的任意单元格，平行或向下拖曳鼠标可以选择多行或者多列，如图 6.11 所示。

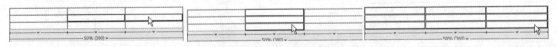

图 6.11　拖选表格多行或多列

方法 3，在单元格中单击，然后连续选择【编辑】|【选择父标签】命令两次，或者连续按两次 Ctrl+[组合键，可以选择光标所在行，但不能选择列。

方法 4，在表格内任意单击，然后在编辑窗口的左下角标签选择栏中选择<tr>标签，如图 6.12 所示，可以选择光标所在行，但不能选择列。

方法 5，单击表格列宽度菜单中的小三角图标，在打开的下拉菜单中选择【选择列】命令，如图 6.13 所示，该命令可以选择所在列，但不能选择行。

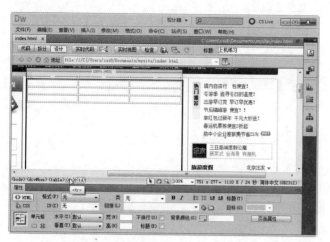

| 图 6.12 | 用标签选择器选中表格行 | 图 6.13 | 用表格列宽度菜单选中表格列 |

方法 6，在【代码】视图下，找到表格代码区域，用鼠标拖选表格内<tr>和</tr>标记之间代码区域，如图 6.14 所示。或者将光标定位到<td>和</td>标记内，连续单击左侧工具条中的【选择父标签】按钮 2 次，或者按 2 次 Ctrl+[组合键。这种方式可以选择行，但不能选择列。

```
 8  <body>
 9  <table width="50%" border="1" cellspacing="0" cellpadding="0">
10    <tr>
11      <td> </td>
12      <td> </td>
13      <td> </td>
14    </tr>
15    <tr>
16      <td> </td>
17      <td> </td>
18      <td> </td>
19    </tr>
20    <tr>
21      <td> </td>
22      <td> </td>
23      <td> </td>
24    </tr>
25  </table>
26  </body>
27  </html>
```

图 6.14 在【代码】视图下选中表格行

6.2.3 选择单元格

与选择表格行或列的方法类似，读者可以选择下面方法之一执行操作。

方法 1，在单元格中单击，然后按 Ctrl+A 组合键。

方法 2，在单元格中单击，然后选择【编辑】|【选择父标签】命令，或者按 Ctrl+[组合键。

方法 3，在单元格中单击，然后在编辑窗口的左下角标签选择栏中选择<td>标签。

方法 4，在【代码】视图下，找到表格代码区域，用鼠标拖选<td>和</td>标记区域代码，单击左侧工具条中的【选择父标签】按钮 。

方法 5，要选择多个单元格，可使用选择行或列中的拖选方式快速选择多个连续的单元格，也可以配合键盘快速选择多个连续或不连续的单元格。

方法 6，在一个单元格内单击，按住 Shift 键单击另一个单元格，包含两个单元格的矩形区域内所有单元格均被选中。

方法 7，按 Ctrl 键的同时单击需要选择的单元格（两次单击则取消选定），可以选择多个连续或不连续的单元格，如图 6.15 所示。

图 6.15 选择多个不连续的单元格

6.3 表 格 属 性

表格属性众多，它包括完整表格属性，即<table>标记属性，这些属性主要用于设置表格整体显示效果，以及表格外框样式。由于在<table>标记中还包含了<tr>和<td>标记等，利用这些标记的属性可以设置表格局部区域的属性。

6.3.1 操作练习：设置表格框属性

选中整个表格之后，就可以利用属性面板设置或修改表格的属性，表格属性面板如图 6.16 所示。

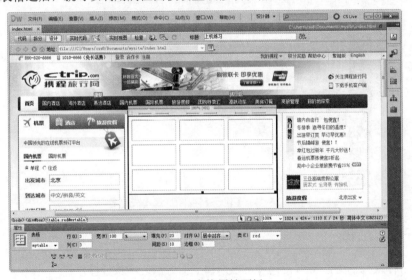

图 6.16 表格属性面板

☑ 【表格】文本框：设置表格的 ID 编号，便于用脚本对表格进行控制，可不填。代码如下。

```
<table id="mytable">
```

☑ 【行】和【列】文本框：设置表格的行数和列数。
☑ 【宽】文本框：设置表格的宽度，可填入数值。可在其后的下拉列表中选择宽度的单位，包括两个选项：%（百分比）和像素。代码如下。

```
<table width="100%">
```

☑ 【填充】文本框：设置单元格内部和单元格边框之间的距离，单位是像素，设置不同的表格填充效果如图 6.17 所示。代码如下。

```
<table cellpadding="20">
```

☑　【间距】文本框：设置单元格之间的距离，单位是像素，设置不同的表格间距如图 6.18 所示。代码如下。

```
<table cellspacing="10">
```

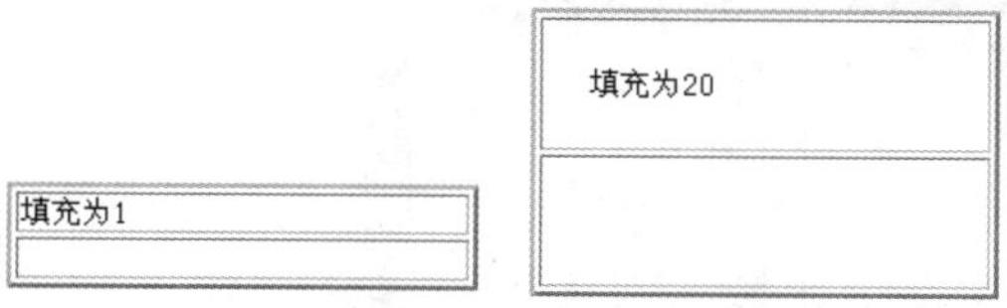

（a）　　　　　　　（b）　　　　　　　（a）　　　　　　　（b）

图 6.17　不同的表格填充效果 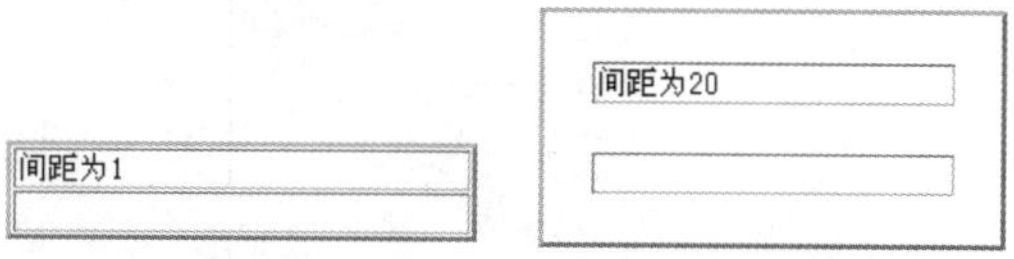　　　　　图 6.18　不同的表格间距效果

☑　【对齐】下拉列表：设置表格的对齐方式，包括 4 个选项：默认、左对齐、居中对齐和右对齐。代码如下。

```
<table align="center">
```

☑　【边框】文本框：设置表格边框的宽度，单位是像素，设置不同的表格边框如图 6.19 所示。代码如下。

```
<table border="1">
```

（a）　　　　　　　　　　　　　　　　　　　　　　　　（b）

图 6.19　不同的表格边框效果

☑　【类】文本框：设置表格的 CSS 样式表的类样式。代码如下。

```
<table class="red">
```

☑　【清除列宽】按钮 和【清除行高】按钮 ：单击该按钮可以清除表格的宽度和高度，使表格宽度和高度恢复到最小状态。
☑　【将表格宽度转换成像素】按钮 ：单击该按钮可以将表格宽度单位转换为像素。
☑　【将表格宽度转换成百分比】按钮 ：单击该按钮可以将表格宽度单位转换为百分比。
操作提示：
如果使用表格进行页面布局，应设置表格边框为 0，这时要查看单元格和边框，可选择【查看】|【可视化助理】|【表格边框】菜单项。

6.3.2　操作练习：设置表格对象属性

将鼠标光标移到表格的某个单元格内，就可以在属性面板中设置单元格属性。在属性面板中，上半部分是设置单元格内文本的属性，下半部分是设置单元格的属性，如果属性面板只显示文本属性的上半部分，可单击属性面板右下角的 ▽ 按钮，展开属性面板，如图 6.20 所示。

图 6.20　单元格属性面板

当表格整体属性和单元格属性设置冲突时，将优先使用单元格中设置的属性。行、列和单元格的属性面板设置相同，只不过在选中行、列和单元格时，属性面板下半部分的左上角显示不同的名称。

☑　【合并单元格】按钮 🔳：单击可将所选的多个连续单元格、行或列合并为一个单元格。所选多个连续单元格、行或列应该是矩形或直线的形状，如图 6.21 所示。

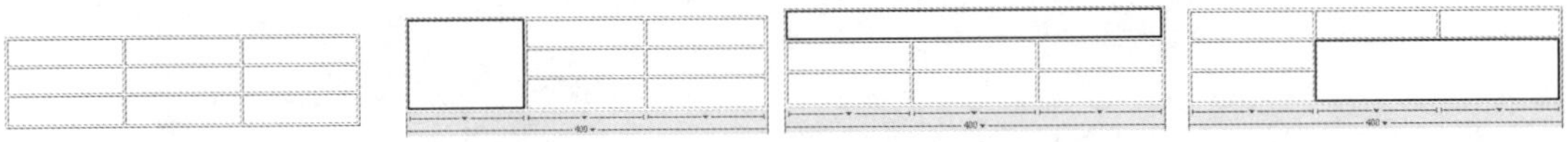

（a）合并前的效果　　　　　　　　　　　　　　（b）合并后的效果

图 6.21　合并单元格

在 HTML 源代码中，可以使用下面的代码表示。

➢　合并同行单元格

```
<div id="box">
    <table width="100%" border="1" align="center" id="mytable">
        <tr>
            <td colspan="3"> </td>
        </tr>
        <tr>
            <td> </td>
            <td colspan="2"> </td>
        </tr>
        <tr>
            <td> </td>
            <td> </td>
            <td> </td>
        </tr>
    </table>
</div>
```

➢　合并同列单元格

```
<div id="box">
```

```
<table width="100%" border="1" align="center" id="mytable">
    <tr>
        <td rowspan="3"> </td>
        <td rowspan="2"> </td>
        <td> </td>
    </tr>
    <tr>
        <td> </td>
    </tr>
    <tr>
        <td> </td>
        <td> </td>
    </tr>
</table>
</div>
```

☑ 【拆分单元格】按钮 ⊞：单击可将一个单元格分成两个或者更多的单元格。单击该按钮后会打开【拆分单元格】对话框，如图 6.22 所示，在该对话框中可以选择将选中的单元格拆分成【行】或【列】以及拆分后的【行数】或【列数】。拆分单元格前后的效果如图 6.23 所示。

图 6.22 【拆分单元格】对话框

（a）拆分前　　　　　　　（b）拆分后

图 6.23 拆分单元格

☑ 【水平】文本框：设置单元格内对象的水平对齐方式，包括默认、左对齐、右对齐和居中对齐等对齐方式（单元格默认为左对齐，标题单元格则为居中对齐）。用 HTML 源代码表示为 align="left"或者其他值。

☑ 【垂直】文本框：设置单元格内对象的垂直对齐方式，包括默认、顶部、居中、底部和基线等对齐方式（默认为居中对齐），如图 6.24 所示。用 HTML 源代码表示为 valign="top"或者其他值。

	顶部		基线
默认		居中	
		底部	

图 6.24 单元格垂直对齐方式

☑ 【宽】和【高】文本框：设置单元格的宽度和高度，可以以像素或百分比来表示，在文本框中可以直接合并输入，如 45%、45（像素单位可以不输入）。

☑ 【不换行】复选框：设置单元格文本是否换行。如果选择该复选框，则当输入的数据超出单元格宽度时，单元格会调整宽度来容纳数据。用 HTML 源代码表示为 nowrap="nowrap"。

☑ 【标题】复选框：选中该复选框，可以将所选单元格的格式设置为表格标题单元格。默认情况下，表格标题单元格的内容为粗体并且居中对齐。用 HTML 源代码表示为<th>标记，而不是<td>标记。

☑ 【背景颜色】文本框：设置表格的背景颜色。

6.3.3 操作练习：设置表格特殊属性

在 Dreamweaver 中可以利用<table>标记的特殊属性以实现表格的特殊表现样式，但这些属性只被 IE 浏览器支持，其他浏览器支持不是很理想，使用时应慎重。建议使用 CSS 技术实现。

1. 设置单元格分隔线

实现单元格分隔线的显示和隐藏主要通过 rules 属性值来控制。

☑ 当 rules 的属性值为 rows 时：隐藏表格的横向分隔线，只能看到表格的列。

☑ 当 rules 的属性值为 cols 时：隐藏表格的纵向分隔线，只能看到表格的行。

☑ 当 rules 的属性值为 none 时：纵向分隔线和横向分隔线将全部被隐藏。

例如，输入下面代码，则隐藏单元格行分割线，在浏览器中的效果如图 6.25 所示。

```
<div id="box">
    <table width="100%" border="2" cellspacing="5" cellpadding="5" rules="cols">
        <tr>
            <td>城市酒店预订</td>
            <td>品牌酒店预订</td>
            <td>城市特价机票</td>
        </tr>
        <tr>
            <td>上海酒店</td>
            <td> 如家快捷酒店</td>
            <td>上海特价机票</td>
        </tr>
        <tr>
            <td>北京酒店</td>
            <td>汉庭快捷酒店</td>
            <td>北京特价机票</td>
        </tr>
    </table>
</div>
```

图 6.25 隐藏单元格行分割线

输入下面的代码,则隐藏单元格列分割线,在浏览器中的效果如图 6.26 所示。

```
<div id="box">
    <table width="100%" border="2" cellspacing="5" cellpadding="5" rules="rows">
        <tr>
            <td>城市酒店预订</td>
            <td>品牌酒店预订</td>
            <td>城市特价机票</td>
        </tr>
        <tr>
            <td>上海酒店</td>
            <td> 如家快捷酒店</td>
            <td>上海特价机票</td>
        </tr>
        <tr>
            <td>北京酒店</td>
            <td>汉庭快捷酒店</td>
            <td>北京特价机票</td>
        </tr>
    </table>
</div>
```

图 6.26　隐藏单元格列分割线

2. 设置表格边框

实现表格边框的显示和隐藏主要通过 frame 属性值来控制。

☑　当 frame 属性值为 vsides 时可以显示表格的左、右边框。

☑　当 frame 属性值为 hsides 时可以显示表格的上、下边框。

☑　当 frame 属性值为 above 时可以显示表格的上边框。

☑　当 frame 属性值为 below 时可以显示表格的下边框。

☑　当 frame 属性值为 rhs 时可以显示表格的右边框。

☑　当 frame 属性值为 lhs 时可以显示表格的左边框

☑　当 frame 属性值为 void 时将不能显示表格的边框。

例如，当在<table>标记中输入"frame="hsides""时，在浏览器中的效果如图 6.27 所示。

```html
<div id="box">
    <table width="100%" border="2" cellspacing="5" cellpadding="5" frame="hsides">
        <tr>
            <td>城市酒店预订</td>
            <td>品牌酒店预订</td>
            <td>城市特价机票</td>
        </tr>
        <tr>
            <td>上海酒店</td>
            <td>如家快捷酒店</td>
            <td>上海特价机票</td>
        </tr>
        <tr>
            <td>北京酒店</td>
            <td>汉庭快捷酒店</td>
            <td>北京特价机票</td>
        </tr>
    </table>
</div>
```

图 6.27　隐藏表格两侧边框线

6.4　实战演练：操作表格

除了用属性面板可以设置表格及其元素的各种属性外，使用鼠标也可以徒手调整表格，或者使用各种命令精确编辑表格。

6.4.1　调整大小

用属性面板中的【宽】和【高】文本框能精确调整表格及其元素的大小，而用鼠标拖动调整则显得更为方便快捷，如果配合表格宽度菜单中显示的数值也能比较精确地调整行高或列宽。

操作方法:

☑ 调整列宽: 把光标置于表格右边框上, 当光标变成 ┤├ 时, 拖动即可调整最后一列单元格的宽度, 同时也调整表格的宽度, 对于其他行不影响; 把光标置于表格中间列边框上, 当光标变成 ┤├ 时, 拖动可调整中间列边框两边列单元格的宽度, 对于其他列单元格不影响, 表格整体宽度不变, 如图 6.28 所示。

（a）调整第 3 列宽度

（b）调整效果

（c）调整第 2 列宽度

（d）调整效果

图 6.28　调整列宽

☑ 调整行高: 把光标置于表格底部边框或者中间行线上, 当光标变成 ╪ 时, 拖动即可调整该边框上面一行单元格的高度, 对于其他行不影响, 如图 6.29 所示。

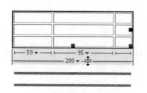
（a）调整第 1 行高度

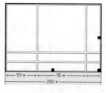
（b）调整效果

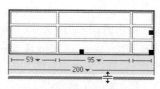
（c）调整第 3 行高度

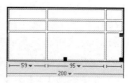
（d）调整效果

图 6.29　调整行高

☑ 调整表宽: 选中整个表格, 把光标置于表格右边框控制点 ■ 上, 当光标变成双箭头 ⇔ 时, 拖动即可调整表格整体宽度, 各列会被均匀调整, 如图 6.30 所示。

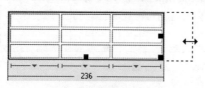
（a）调整表宽

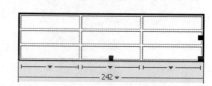
（b）调整后效果

图 6.30　调整表宽

☑ 调整表高: 选中整个表格, 把光标置于表格底边框控制点 ■ 上, 当光标变成双箭头 ⇕ 时, 拖动即可调整表格整体高度, 各行会被均匀调整, 如图 6.31 所示。

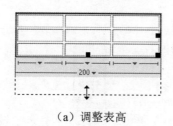
（a）调整表高

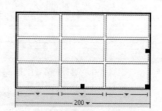
（b）调整后效果

图 6.31　调整表高

☑ 调整表宽和高：选中整个表格，把光标置于表格右下角的控制点█上，当光标变成双箭头◥️时，拖动即可同时调整表格整体高度和高度，各行和列会被均匀调整，如图 6.32 所示。按住 Shift 键，可以按原比例调整表格的宽和高。

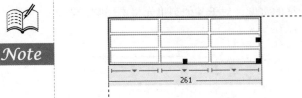
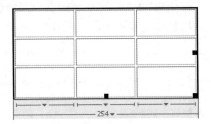

（a）调整表宽和高 　　　　　　　　　（b）调整后效果

图 6.32　调整表宽和高

6.4.2　清除、均化大小

表格及其元素被调整后，可以清除表格大小或者均化宽度。操作方法如下。

☑ 清除所有高度：选择整个表格，在表格宽度菜单中选择【清除所有高度】菜单项，如图 6.33 所示。将表格的高度值清除，收缩表格高度范围至最小状态，如图 6.34 所示。也可以选择【修改】|【表格】|【清除单元格高度】命令实现相同的功能。

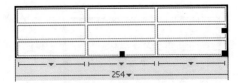

图 6.33　选择【清除所有高度】菜单项 　　　　图 6.34　清除所有高度

☑ 清除所有宽度：选择整个表格，在表格宽度菜单中选择【清除所有宽度】菜单项，如图 6.35 所示，将表格的宽度值清除，收缩表格高度范围至最小状态，如图 6.36 所示。也可以选择【修改】|【表格】|【清除单元格宽度】命令实现相同的功能。

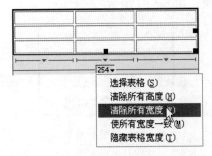

图 6.35　选择【清除所有宽度】菜单项 　　　　图 6.36　清除所有宽度

☑　均化所有宽度：选择整个表格，如果表格中一个列的宽度有两个数字，说明 HTML 代码中设置的列宽度与这些列在可视化编辑窗口中显示的宽度不匹配，在表格宽度菜单中选择【使所有宽度一致】菜单项，可以将代码中指定的宽度和可视化宽度相匹配。

☑　均化列宽：表格调整后，可能各列宽度不一致，选择列宽度菜单中的【清除列宽】菜单项，如图 6.37 所示，可以根据各列分布均化该列与其他列之间的关系，如图 6.38 所示。

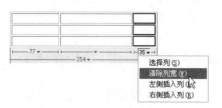

图 6.37　清除列宽

图 6.38　清除列宽效果

6.4.3　增加行、列

插入表格后，可以根据需要再增加表格行和列。

1．增加行

如果增加行，首先把光标置于要插入行的单元格，然后执行下面的操作之一。

方法 1，选择【插入】|【表格对象】|【在上面插入行】或者【在下面插入行】命令，可以在光标所在单元格的上面或者下面插入一行。

方法 2，选择【修改】|【表格】|【插入行】命令，可以在光标所在单元格上面插入一行。

方法 3，选择【修改】|【表格】|【插入行或列】命令，打开【插入行或列】对话框，在【插入】选项中选择【行】单选按钮，然后设置插入的行数，如图 6.39 所示，可以在光标所在单元格下面或者上面插入行。

方法 4，通过右键单击单元格，在弹出的快捷菜单中选择【插入行】（或【插入行或列】）命令，可以以相同方法插入行。

方法 5，在【代码】视图中通过插入\<tr\>和\<td\>标记来插入行，有几列就插入几个\<td\>标记，为了方便观看，在每个\<td\>标记中插入空格代码\ ，如图 6.40 所示。

图 6.39　【插入行或列】对话框

图 6.40　通过【代码】视图插入行

方法 6，选中整个表格，然后在属性面板中增加【行】文本框中的数值，如图 6.41 所示。

图 6.41　用属性面板插入行

2. 增加列

把光标置于要插入列的单元格，然后执行下面的操作之一。

方法 1，选择【插入】|【表格对象】|【在上面插入列】（或【在下面插入列】）命令，可以在光标所在单元格的左面或者右面插入一列。

方法 2，选择【修改】|【表格】|【插入列】命令，可以在光标所在单元格左面插入一列。

方法 3，选择【修改】|【表格】|【插入行或列】命令，打开【插入行或列】对话框，可以自由插入多列。

方法 4，通过右键单击单元格，在弹出的快捷菜单中选择【插入列】（或【插入行或列】）命令，可以以相同方法插入列。

方法 5，在列宽度菜单中选择【左侧插入列】（或【右侧插入列】）菜单项，如图 6.42 所示。

图 6.42　用列宽度菜单插入列

方法 6，选中整个表格，然后在属性面板中增加【列】文本框中的数值。

6.4.4　删除行、列、单元格内容

插入的表格可以删除其中的行、列，也可以删除单元格内容。

1. 删除单元格内容

选择一个或多个不连续的单元格，然后执行下面的操作之一。

方法 1，按下 Delete 键，可删除单元格内的内容。

方法 2，选择【编辑】|【清除】命令清除单元格内的内容。

2. 删除行或列

把光标置于要删除的行或者列单元格中，或者拖选行或者列，然后执行下面的操作。

☑　删除行方法如下。

方法 1，选择【修改】|【表格】|【删除行】命令。

方法 2，选择要删除的行，然后在右键菜单中选择【删除行】命令。

方法 3，选择整个表格，然后在属性面板中减少【行】文本框中的数值，减少多少就会从表格底部往上删除多少行。

☑　删除列方法如下。

方法 1，选择【修改】|【表格】|【删除列】命令。

方法 2，选择要删除的列，然后在右键菜单中选择【删除列】命令。

方法 3，选择整个表格，然后在属性面板中减少【列】文本框中的数值，减少多少就会从表格右边往左删除多少列。

6.4.5 剪切、复制和粘贴单元格

可以一次复制、剪切和粘贴多个表格单元格并且保留单元格的格式，也可以只复制和粘贴单元格的内容。单元格可以在插入位置被粘贴，也可替换单元格中被选中的内容。要粘贴多个单元格，剪贴板中的内容必须和表格的格式一致。

1. 剪切单元格

选择表格中的一个或多个单元格，要注意选定的单元格必须成矩形才能被剪切或复制。选择【编辑】|【剪切】命令之后，被选择单元格中的一个或多个单元格将从表格中删除。

如果被选择的单元格组成了表格的某些行或列，选择【编辑】|【剪切】命令会把选中的行或列也删除，否则仅删除单元格中的内容和格式。

2. 复制单元格

复制单元格与剪切单元格操作基本相同，先选中单元格，然后按 Ctrl+C 组合键进行复制，最后定位插入点，按 Ctrl+V 组合键，即可快速粘贴。

3. 粘贴单元格

操作步骤：

第 1 步，在表格中选择要粘贴的位置。

第 2 步，如果要在某个单元格内粘贴单元格内容，则在该单元格内单击；如果要以粘贴单元格来创建新的表格，则单击要插入表格的位置。

第 3 步，选择【编辑】|【粘贴】命令，如果把整行或整列粘贴到现有的表格中，所粘贴的行或列被添加到该表格中，如图 6.43 所示。

图 6.43 粘贴整行

如果粘贴某个（些）单元格，只要剪贴板中的内容与选定单元格兼容，选定单元格的内容将被替换，如图 6.44 所示。

如果在表格外粘贴，所粘贴的行、列或单元格被用来定义新的表格，如图 6.45 所示。如果在粘贴过程中，剪贴板中的单元格与选定单元格的内容不兼容，Dreamweaver 会弹出提示对话框提示用户。

第 4 步，选择【编辑】|【选择性粘贴】命令，会打开【选择性粘贴】对话框，如图 6.46 所示，在该对话框中可以设置粘贴内容、格式和全部标记。

图 6.44　粘贴单元格

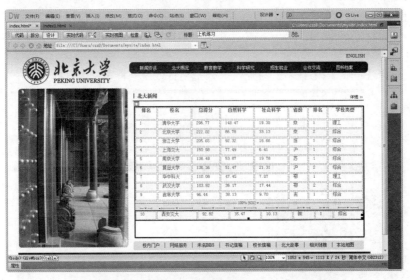

图 6.45　粘贴为新表格

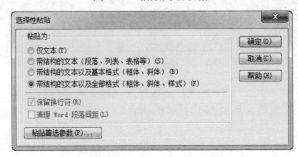

图 6.46　【选择性粘贴】对话框

6.4.6　合并和拆分单元格

在设置行、列和单元格属性时，曾经介绍了用属性面板合并和拆分单元格，下面通过一个实例来学习单元格的合并和拆分。

操作目的：

在如图 6.47 所示的网站导航栏中，所有导航栏目同在一个单元格中，现在要把这个单元格拆分为 7 个，并把各栏目分别放入不同的单元格中。

图 6.47　网站导航栏

操作步骤：

第 1 步，选中该单元格，如图 6.47 所示。

第 2 步，选择【修改】|【表格】|【拆分单元格】命令（或者右键单击，在打开的快捷菜单中选择【表格】|【拆分单元格】命令），打开【拆分单元格】对话框，如图 6.48 所示。

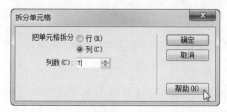

图 6.48　【拆分单元格】对话框

第 3 步，选择【列】单选按钮，并设置【列数】下拉文本框的值为 7，单击【确定】按钮，即可把当前单元格拆分为 7 个，如图 6.49 所示。

第 4 步，移动各栏目到各个单元格中，如果要更准确地移动，建议到【代码】视图中移动代码，移动之后的导航条效果如图 6.50 所示。

第 5 步，同理，如果用户想把这些拆分的单元格合并成一个单元格，方法就比较简单，选中多个

相邻单元格，选择【修改】|【表格】|【合并单元格】命令（或者右键单击，在打开的快捷菜单中选择【表格】|【合并单元格】命令）即可。

图 6.49　拆分单元格

图 6.50　移动各个栏目

在某个表格的单元格中，选择【修改】|【表格】子菜单中的【增加行宽】（或【增加列宽】）命令，可以合并下面的行或者列单元格。同样利用【减少行宽】或者【减少列宽】命令，可以拆分合并的单元格，

6.5　实战演练：操作表格数据

Dreamweaver 能够与外部软件交换数据，以方便用户快速导入和导出数据，同时还可以对数据表

格进行排序。

6.5.1 导入数据

在 Dreamweaver 中可以直接导入外部表格数据。例如，文本文件格式的数据、Excel 数据表、XML 格式数据等。

操作步骤：

第 1 步，事先准备好外部数据，这里以文本数据为例进行演示。数据行内各个数据单元通过分隔符 Tab 进行分隔，多行数据以换行符进行分隔，如图 6.51 所示。

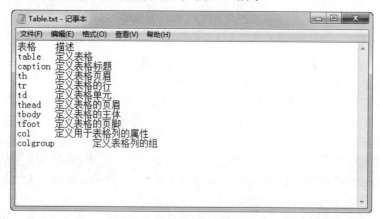

图 6.51 文本文件数据

第 2 步，打开事先制作好的网页文件，把光标置于准备导入表格数据的位置，如图 6.52 所示。

图 6.52 打开网页并定义当前光标位置

第 3 步，选择【文件】|【导入】|【表格式数据】命令，打开【导入表格式数据】对话框，如

图 6.53 所示。在【导入】子菜单中还包含其他命令，可以利用这些命令分别导入不同格式的数据。

图 6.53　【导入表格式数据】对话框

第 4 步，在【数据文件】中输入导入文件，单击【浏览】按钮可以快速选择一个要导入的文件。

第 5 步，在【定界符】下拉列表中选择导入文件中所使用的分隔符，包括 Tab、逗点、分点、引号和其他选项。如果选择【其他】选项，则列表右侧会出现一个文本框，可以输入文件中使用的分隔符。要设置文件使用的分隔符，如果未能设置分隔符，则无法正确导入文件，也无法在表格中对数据进行正确的格式设置。

第 6 步，在【表格宽度】选项中设置要创建的表格的宽度，选择【匹配内容】单选按钮可以使每个列足够宽以适应该列中最长的文本内容；选择【设置为】单选按钮可以以像素为单位指定绝对的表格宽度，或按百分比指定相对的表格宽度。

第 7 步，在【单元格边距】中设置单元格内容和单元格边框之间的距离，在【单元格间距】中设置相邻的单元格之间的距离。

第 8 步，在【格式化首行】下拉列表中选择应用于表格首行的格式设置。

第 9 步，在【边框】文本框中设置表格边框的宽度，单位为像素。

第 10 步，最后单击【确定】按钮，完成表格数据的导入，如图 6.54 所示。

图 6.54　导入外部表格数据

第 11 步，在浏览器中预览，显示效果如图 6.55 所示。

图 6.55　预览导入的表格数据

6.5.2　导出数据

在 Dreamweaver 中导出数据比较简单。

操作步骤：

第 1 步，将光标置于表格中，选择主菜单【文件】|【导出】|【表格】命令，打开【导出表格】对话框，如图 6.56 所示。

图 6.56　【导出表格】对话框

第 2 步，在【定界符】下拉列表中选择要在导出的文件中使用的分隔符类型，包括 Tab、空白键、逗号、分号和冒号。如果选择【Tab】选项，则分隔符为多个空格；如果选择【空白键】选项，则分隔符为单个空格；如果选择【逗号】选项，则分隔符为逗号；如果选择【分号】选项，则分隔符为分号；如果选择【冒号】选项，则分隔符为冒号。

第 3 步，在【换行符】下拉列表中选择打开导出文件的操作系统，包括 Windows、Mac 和 Unix。如果选择 Windows 选项，则将导出表格数据至 Windows 操作系统；如果选择 Mac 选项，则将导出表格数据到苹果机操作系统；如果选择 Unix 选项，则将导出表格数据到 Unix 操作系统，不同的操作系统具有不同的指示文本行结尾的方式。

第 4 步，单击【导出】按钮，会打开【表格导出为】对话框，然后选择保存位置和文件名，如图 6.57 所示，最后单击【确定】按钮即可。

第 5 步，在相应的路径下可以看到导出的数据文件，打开即可看到被导出的数据，如图 6.58 所示。

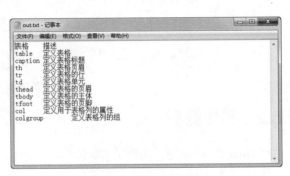

图 6.57　【表格导出为】对话框　　　　　　　　图 6.58　导出的数据

6.5.3　数据排序

利用 Dreamweaver 的【表格排序】命令可以使表格对指定列的内容进行排序。

操作步骤：

第 1 步，选择要排序的表格，如图 6.59 所示。

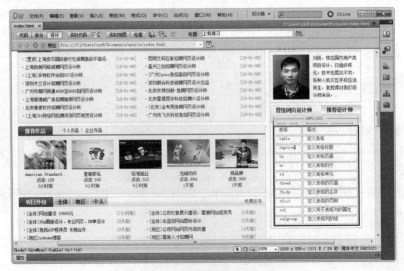

图 6.59　选择要排序的数据表格

第2步，选择【命令】|【排序表格】命令，打开【排序表格】对话框，如图6.60所示。

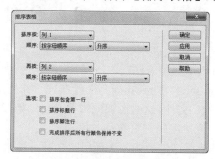

图6.60 【排序表格】对话框

第3步，在【排序按】下拉列表中选择按哪一列排序。该菜单上列出了选定表格的所有列，例如，列1、列2等。

第4步，在【顺序】左侧的下拉列表中选择按字母顺序还是按数字顺序排序。当列的内容是数字时，选择按字母顺序和数字顺序得到的排序结果是不同的。

第5步，在【顺序】右侧的下拉列表中选择升序还是降序，即排序的方向。

第6步，如果还要求按另外的列进行次一级排序，在【再按】下拉列表中选择按哪一列进行次级排序。

第7步，在【选项】区域内设置各个选项。

☑ 【排序包含第一行】：排序时将包括第一行。如果第一行是表头，就不应该包括在内，不要选择该选项。

☑ 【排序标题行】：如果存在标题行，选中该选项时将对标题行排序。

☑ 【排序脚注行】：如果存在脚注行，选中该选项时将对脚注行排序。

☑ 【完成排序后所有行颜色保持不变】：排序时，不仅移动行中的数据，行的属性也会随之移动。

第8步，单击【应用】或【确定】按钮，便完成对表格的排序，最后的排序结果如图6.61所示。

图6.61 表格数据排序结果

Note

6.6 实战演练：使用表格设计网页

用表格实现网页布局一般有以下两种方法。

☑ 用图像编辑器（如 Photoshop、Fireworks 等）绘制网页布局图，然后在图像编辑器中用切图工具切图并另存为 HTML 文件，这时图像编辑器会自动把图像转化为表格布局的网页文件。

☑ 在网页编辑器中用表格直接编辑网页布局效果。

第一种方法比较简单，这里不再详细说明。下面用第二种方法来介绍一个简单的页面布局过程，最终设计效果如图 6.62 所示。

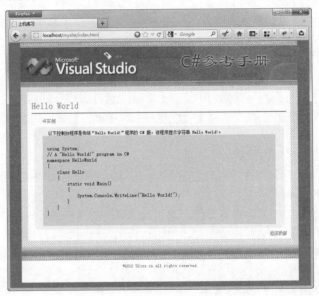

图 6.62 使用表格设计的网页效果

操作步骤：

第 1 步，启动 Dreamweaver，新建一个空白文件，保存为 index.html。

第 2 步，选择【修改】|【页面属性】命令，在【页面属性】对话框中设置网页背景色、字体大小、页边距、超链接属性等，如图 6.63 所示。

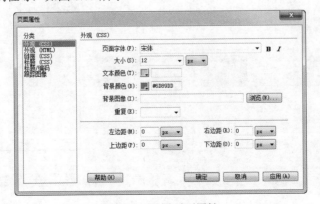

图 6.63 设置页面属性

Note

第3步，在对话框左侧的【分类】列表框中选择【外观】选项，在右侧的属性选项中设置"页面字体"、"大小"、"背景颜色"、"左边距"、"右边距"、"上边距"和"下边距"属性。然后在对话框左侧的【分类】列表框中选择【链接】选项，定义超链接的详细属性，具体属性值读者可以自定。

第4步，在页面中插入表格，本案例页面共分为5行1列。因此可以分别插入5个表格，如图6.64所示。5个表格的共同属性如下。

- ☑ 行：1。
- ☑ 列：1。
- ☑ 宽：776px。
- ☑ 对齐：居中对齐。
- ☑ 边框：0。
- ☑ 填充：0。
- ☑ 间距：0。

图6.64 设计表格框架

5个表格分别进行设置，如下所示。

- ☑ 第1个表格的高度为12像素，定义背景图像为images/bg_top1.gif，实现水平平铺。
- ☑ 第2个表格中插入一幅图像images/bg_top.jpg，插入图像可以自动撑开表格，因此就不需要定义表格高度。
- ☑ 第3个表格定义背景色为白色，并添加几行空格。
- ☑ 第4个表格定义高度为39像素，背景图像为images/bg_bottom.gif，实现水平平铺。
- ☑ 第5个表格定义背景色为白色，宽度为60像素。

操作提示：

在Dreamweaver中插入表格时，会自动在单元格中插入一个 空白符号，单元格会自动形成一个最低12像素的高度，如果要定义表格小于12像素的高度，应该先在代码中清除 空白符号，如下面代码中所示。

```
<table width="776" border="0" align="center" cellpadding="0" cellspacing="0"    bgcolor="#FFFFFF">
    <tr>
        <td> </td>
    </tr>
</table>
```

第5步，上面的操作实现了第一层网页布局框架。下面可以在中间表格中再嵌入表格，实现第二层页面布局，如图6.65所示。

图6.65　嵌套表格

第6步，设计麻点边框效果。在第3个表格中插入一个1行1列的表格，表格属性可以参考上面所列的共同属性。定义表格背景图像为images/bg_dot1.gif，实现水平和垂直方向上的平铺，使表格背景显示麻点效果。

第7步，在第2层表格中再嵌入一个1行1列的表格，宽度为736像素，背景色为白色，其他属性可以参考上面所列的共同属性。

第8步，在第3层嵌套表格内插入一个5行1列的表格，如图6.66所示，表格宽度为712像素，其他属性与公共属性相同。然后在第1行单元格中输入标题；在第2行单元格中插入水平线，水平线高度为2像素，在【属性】面板中取消选中【阴影】复选框，定义无阴影效果；在第3行单元格中输入小标题；第4个单元格暂时空着，为下一步更详细布局作准备；在第5个单元格中输入"返回顶部"锚链接文字。

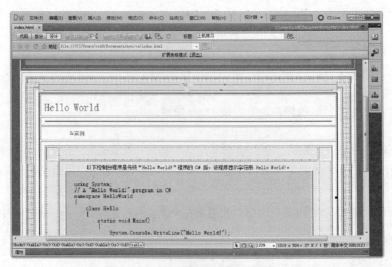

图6.66　使用表格设计边线效果

第 9 步，设计圆角。在传统表格布局中，要实现圆角效果，一般通过插入一个 3 行 3 列的表格，然后在 4 个顶角单元格中插入制作好的圆角图像，并定义表格背景色与圆角图像的颜色一致即可，如图 6.67 所示。

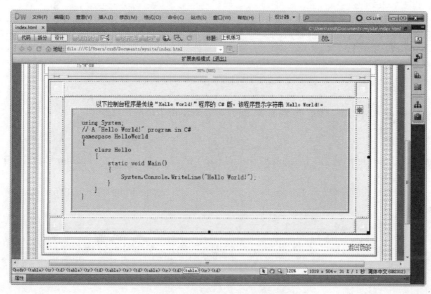

图 6.67　使用表格设计圆角效果

第 10 步，在为 4 个顶角的单元格插入圆角图像时，注意单元格的大小要与圆角图像的大小一致，本例为 10×10 像素大小。中间的代码区域为一个表格，并定义背景色为浅灰色，用<pre>和</pre>标签包含代码，以保留代码的预定义格式显示。

第 11 步，在【代码】视图下，可以看到最后生成的 HTML 代码。

```
<!DOCTYPE html PUBLIC "-//W3C//DTD XHTML 1.0 Transitional//EN" "http://www.w3.org/TR/xhtml1/
DTD/xhtml1-transitional.dtd">
<html xmlns="http://www.w3.org/1999/xhtml">
<head>
<meta http-equiv="Content-Type" content="text/html; charset=gb2312" />
<title>上机练习</title>
<style type="text/css">
<!--
body { background-color: #6D89DD; margin-left: 0px; margin-top: 0px; margin-right: 0px; margin-bottom: 0px; }
.STYLE1 { font-size: 24px; color: #00a06b; }
.STYLE2 { color: #00A06B; font-size: 13px; }
a:link { color: #E66133; text-decoration: none; }
a:hover { color: #637DBC; text-decoration: underline; }
a { font-size: 12px; }
a:visited { text-decoration: none; }
a:active { text-decoration: none; }
body, td, th { font-size: 12px; font-family: 宋体; }
.STYLE3 { color: #0000FF; font-size: 14px; }
.STYLE4 { color: #667ebe }
-->
</style>
</head>
```

```
<body>
<a name="top" id="top"></a>
<table width="776" height="12" border="0" align="center" cellpadding="0" cellspacing="0" background="images/
bg_top1.gif">
    <tr>
        <td></td>
    </tr>
</table>
<table width="776" border="0" align="center" cellpadding="0" cellspacing="0">
    <tr>
        <td><img src="images/bg_top.jpg" width="776" height="109" /></td>
    </tr>
</table>
<table width="776" border="0" align="center" cellpadding="0" cellspacing="0"  bgcolor="#FFFFFF">
    <tr>
        <td><table width="776" border="0" align="center" cellpadding="0" cellspacing="0" background=
"images/bg_dot1.gif">
            <tr>
                <td><br />
                    <table width="736" border="0" align="center" cellpadding="0" cellspacing="0"
bgcolor="#FFFFFF">
                        <tr>
                            <td><table width="712" border="0" cellspacing="0" cellpadding="0"
align="center" >
                                <tr>
                                    <td height="50" valign="bottom"><span class="STYLE1">
Hello World</span></td>
                                </tr>
                                <tr>
                                    <td><hr align="center" size="2" noshade="noshade" />
</td>
                                </tr>
                                <tr>
                                    <td height="30">     <img
src="images/0.gif" width="12" height="12" /><span class="STYLE2">实例</span></td>
                                </tr>
                                <tr>
                                    <td><table width="98%" border="0" align="center"
cellpadding="0" cellspacing="0" bgcolor="#ECF6FC">
                                        <tr>
                                            <td width="10" height="10"><img
src="images/tl.gif" width="10" height="10" /></td>
                                            <td></td>
                                            <td width="10" height="10"><img
src="images/tr.gif" width="10" height="10" /></td>
                                        </tr>
                                        <tr>
                                            <td></td>
                                            <td>       以
```
下控制台程序是传统 "Hello World!" 程序的 C# 版，该程序显示字符串 Hello World!。

```
<table width="96%" border="0" align="center" cellpadding="12" cellspacing="0" bgcolor="#dddddd">
                                                                <tr>
                                                                    <td><pre
class="STYLE3">using System;
    // A "Hello World!" program in C#
    namespace HelloWorld
    {
        class Hello
        {
            static void Main()
            {
                System.Console.WriteLine("Hello World!");
            }
        }
    }</pre></td>
                                                                </tr>
                                                            </table></td>
                                                        <td></td>
                                                    </tr>
                                                    <tr>
                                                        <td width="10" height="10"><img src=
"images/bl.gif" width="10" height="10" /></td>
                                                        <td></td>
                                                        <td><img src="images/br.gif" width="10"
height="10" /></td>
                                                    </tr>
                                                </table></td>
                                            </tr>
                                            <tr>
                                                <td height="30"><div align="right"><a title="跳到页首"
href="#top">返回顶部</a></div></td>
                                            </tr>
                                        </table></td>
                                    </tr>
                                </table>
                                <br /></td>
                        </tr>
                    </table></td>
            </tr>
        </table>
        <table width="776" height="39" border="0" align="center" cellpadding="0" cellspacing="0">
            <tr>
                <td background="images/bg_bottom.gif"> </td>
            </tr>
        </table>
        <table width="776" height="60" border="0" align="center" cellpadding="10" cellspacing="0">
            <tr>
                <td valign="top" bgcolor="#FFFFFF"><div align="center" class="STYLE4">&copy;2012 <a
href="http://www.52css.cn" target="_black" >52css.cn</a> all rights reserved </div></td>
            </tr>
```

```
</table>
</body>
</html>
```

拓展知识：

表格布局存在很多问题，读者在使用过程中应该慎重。

- ☑ 通过上面的页面源代码可以看到，表格布局会产生大量冗余代码，这个页面布局共用了 83 行代码，代码之多不言而喻了。如果用图像编辑器切图制作页面会产生更多的代码冗余。

- ☑ 为了实现犹如麻点边框效果和圆角效果等，页面需要多层表格嵌套，本例表格嵌套最多达到 6 层。这样多层表格嵌套会带来两个问题：一个是浏览器解析缓慢，读者如果浏览本例表格布局的页面，就会发现有短暂的解析延迟过程；另一个是多层嵌套为代码维护与内容修改带来麻烦，大道理不讲，读者可以想象一下，在如此多层关系的表格中找到插入点是非常困难的，调整布局结构更是难上加难，因为牵一发而动全局。

- ☑ 用表格布局显得比较粗糙。当然，如果用切图来实现表格布局就另当别论了，所付出的代价就是高度的代码冗余。在制作本例时，用表格实现内边距、外边距是非常麻烦的，有时为了增加表格左边距，可能需要再增加一列单元格，甚至需要嵌套表格。特别是已经完成布局之后，再想调整内容边距时，会感觉非常费力，有时会破坏前面设计好的布局。

- ☑ 表格布局的最大问题是网页表现层与结构层混在一起，这对于页面的维护、更新、动态控制都带来麻烦。

第 7 章

使用框架布局网页

（ 视频讲解：55 分钟 ）

框架相当于一个窗口，其内部可以包含独立的网页。在网页设计中，框架是除了表格、层之外另一个非常重要的布局工具，表格和层是以对象为单位，而框架则以窗口为单位，它提供了一种较为固定的结构。本章将详细讲解如何使用 Dreamweaver 创建框架页、保存框架页，以及如何设置框架页。使用框架可以非常方便地实现网页布局和导航，而且各个框架之间互不干扰，在传统网页设计中框架技术一直普遍地应用于页面导航中。

学习重点：

▶▶ 可视化、快速插入框架。

▶▶ 能够快速选中框架。

▶▶ 设置框架显示属性。

▶▶ 操作框架页。

▶▶ 使用框架布局网页。

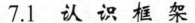

Note

7.1 认识框架

框架是一种能够使多个网页通过区域划分最终显示在一个浏览器窗口的网页结构。框架由两部分组成：框架集和多个框架。

☑ 框架（Frame）：是浏览器窗口中的一个区域，它可以显示与浏览器窗口其他区域中所显示内容无关的网页文件。

☑ 框架集（Frameset）：是一个网页文件，它将一个窗口通过行和列的方式分割成多个框架，框架的多少根据具体有多少网页来决定，每个框架中要显示的就是不同的网页文件。

框架集把浏览器窗口划分为若干区域，每个区域可以分别显示不同的网页。使用框架集可以方便地设计类似导航结构，且各框架之间互不干扰，同时使网站的结构更加清晰，保证网站风格统一，如图 7.1 所示。

图 7.1 框架结构页面

在网站制作中，可以把这些相同的部分单独制作成一个页面，作为框架结构，一个框架内容供整个站点公用。通过这种方法，达到网站整体风格的统一。一般来讲，每隔一段时间，网站都会需要更新。对于相同部分的修改，如导航栏的增减和样式设置，如果使用框架技术布局，只需要修改框架中公用网页，网站就同时更新了。

使用框架结构也存在一些问题，如使用框架结构的网站可能会影响网页的浏览速度，另外，对于不同框架中各页面元素的对齐要达到精确的程度不是很容易，框架页面对于用户和搜索引擎来说都不是很友好，在使用框架布局网页时，应该慎重选择。

7.2 创建框架

创建框架集的方法有两种：预定义框架集和自定义框架集。

7.2.1 预定义框架集

Dreamweaver 预定义了 13 种框架集。使用预定义框架集，可以简单快速地创建基于框架的排版结构。

操作步骤：

第 1 步，把光标置于要插入预定义框架集的编辑窗口中。

第 2 步，选择【插入】|【HTML】|【框架】命令，在【框架】子菜单中选择预定义的框架集，如图 7.2 所示。或者选择【窗口】|【插入】命令，打开【插入】面板，在该面板中选择【布局】选项卡。单击【框架】选项按钮，打开框架下拉列表，列表中列出了 13 种预定义的框架集，从中选择一种即可，如图 7.3 所示。

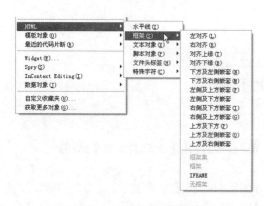

图 7.2 【框架】子菜单

图 7.3 【框架】按钮下拉列表

框架集图标提供应用于当前文档的每个框架集的可视化表示形式。框架集图标的蓝色区域表示当前文档，而白色区域表示将显示其他文档的框架。

第 3 步，选择一种框架集之后，弹出【框架标签辅助功能属性】对话框，在该对话框中可以设置各个框架的标题，也可以保持默认设置，如图 7.4 所示。

第 4 步，完成上步设置后，单击【确定】按钮即可完成预定义框架集的创建。创建框架集后的编辑窗口如图 7.5 所示。

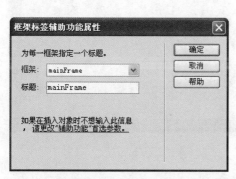

图 7.4 【框架标签辅助功能属性】对话框

图 7.5 插入预定义框架集效果

Note

操作提示：

在新建页面文档时，用户可以在【新建文档】对话框中直接选择【示例中的页】选项卡中的【框架页】类别，然后在【框架页】列表中选择一种框架集，如图7.6所示。

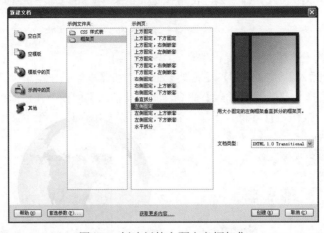

图7.6　创建新的空预定义框架集

7.2.2　自定义框架集

自定义框架集操作相对于预定义框架集比较复杂，但是可以设计更灵活的框架集结构。

操作步骤：

第1步，在自定义框架集之前，选择【查看】|【可视化助理】|【框架边框】命令，确保该项被选中，在编辑窗口中显示框架边框，以方便观察和操作。

第2步，把光标置于要插入预定义框架集的编辑窗口中。

第3步，执行下面任意操作之一。

☑　在【设计】视图中，用鼠标拖动四周显示的框架边框线，将其拖动到页面内合适的位置，然后释放鼠标即可，如图7.7所示。

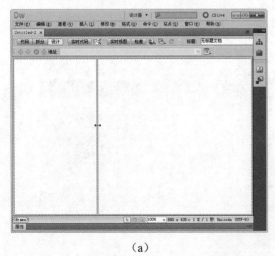

（a）　　　　　　　　　　　　　　　　　　（b）

图7.7　拖曳创建框架集

按住 Alt 键拖曳任意一条框架边框都可以快速创建框架集。如果从一个窗口顶角上拖动框架边框，可以定义 4 个框架，如图 7.8 所示。

☑　选择【修改】|【框架集】命令，在该子菜单中列出了 4 项命令，如图 7.9 所示。选择其中需要的一项即可拆分窗口，创建一个框架集，然后用鼠标调整框架窗口大小即可。

图 7.8　一次定义 4 个框架　　　　　　　图 7.9　【框架集】子菜单

7.2.3　自定义嵌套框架

嵌套框架集就是插入在一个框架集之内的框架集。一个框架集可以包含多个嵌套的框架集。大多数使用框架的网页实际上都使用嵌套框架。Dreamweaver 中大多数预定义的框架集也使用嵌套框架集。如果在一个框架集内，不同行或不同列中有不同数目的框架，则要求使用嵌套的框架集。

操作步骤：

第 1 步，将光标定位在要插入嵌套框架集的框架中。

第 2 步，执行以下任一操作。

☑　选择【修改】|【框架集】命令，在该子菜单中列出了 4 项命令，如图 7.9 所示。选择其中需要的一项即可拆分窗口，创建一个框架集，然后用鼠标调整框架窗口大小即可。

☑　在【插入】面板的【布局】选项卡中，单击【框架】选项按钮，打开框架下拉列表，列表中列出了 13 种预定义的框架集，从中选择一种即可，如图 7.3 所示。

☑　选择【插入】|【HTML】|【框架】命令，在子菜单上选择一种框架集类型即可。

第 3 步，在框架集的右侧框架中嵌套了一个二分的框架集，如图 7.10 所示。

图 7.10　嵌套框架集

Note

拓展操作：

删除框架比较简单，用户只需要将框架边框拖离编辑窗口即可。如果框架中有未保存的网页内容，Dreamweaver 会提示保存该文档。

7.2.4 用 HTML 定义框架集

在【设计】视图中创建一个框架集，切换到【代码】视图，HTML 会自动生成一个框架集代码。也可以直接输入下面的代码快速创建框架集，使用 HTML 代码创建框架集方便，容易控制和修改，建议熟悉的读者用 HTML 源代码自定义框架集。

代码如下。

```
<!DOCTYPE html PUBLIC "-//W3C//DTD XHTML 1.0 Frameset//EN" "http://www.w3.org/TR/xhtml1/
DTD/xhtml1-frameset.dtd">
<html xmlns="http://www.w3.org/1999/xhtml">
<head>
<meta http-equiv="Content-Type" content="text/html; charset=utf-8" />
<title>上机练习</title>
</head>
<frameset rows="80,*" frameborder="no" border="0" framespacing="0">
    <frame src="UntitledFrame-1" name="topFrame" scrolling="No" noresize="noresize" id="topFrame" />
    <frame src="Untitled-2" name="mainFrame" id="mainFrame" />
</frameset>
<noframes>
<body>
</body>
</noframes>
</html>
```

代码说明。

<frameset>和</frameset>标记表示一个框架集，其中的<frame>表示框架集中的一个框架，<frame>标记的 src 属性指定了该框架中要显示的网页文件的地址。

<noframes>和</noframes>标记中的 HTML 代码内容显示当浏览器不支持框架技术时预显示的内容。因此用户可以使用<noframes>标记，并且在其中加入一个普通版本的 HTML 文件，以便使用不支持框架浏览器的浏览者查看。框架集中的框架可以以横向方式或纵向方式来划分，同时也可以混合嵌套，主要通过 cols 和 rows 属性控制。

使用<frameset cols="80,*" ……>可以创建横向框架结构，*指可以是一个整数，也可以是一个百分数。整数表示框架宽度的绝对大小，单位默认为像素；百分数表示各框架宽度在框架集中所占比例。*表示右侧的宽度为相对值，所谓相对值就是该框架的宽度将根据浏览器的窗口宽度减去其他框架的固定宽度，相对值保证了框架集宽度和高度能够随浏览器窗口的变化而灵活变化，因此，相对值是一个非常关键的技术，它确保用户能够自由控制窗口的显示大小。

同样，使用<frameset rows="80,*" ……>可以创建纵向框架结构。创建混合嵌套框架的代码如下。

```
<frameset rows="30%,*" frameborder="no" border="0" framespacing="0">
    <frame src=" UntitledFrame-13" scrolling="No" id="topFrame" title="topFrame" />
    <frameset cols="254,556">
        <frame src=" UntitledFrame-16">
        <frame src=" UntitledFrame-17" />
    </frameset>
</frameset>
```

框架集的边框用 border 属性来设置，相当于 Dreamweaver 框架集中的【边框宽度】，该属性位于<frameset>标记中，单位是像素。用 frameborder 设置框架边框，位于<frame>标记中。

7.3　操作练习：选择框架

创建完框架集之后，可以对框架进行编辑。但在编辑之前，首要任务就是选中框架集和框架。

7.3.1　选择框架集

由于框架集和框架分别是单独的 HTML 文档，在【设计】视图中直接选取往往会非常困难，不过使用【框架】面板进行控制会更准确、更快捷。

操作步骤：

第 1 步，选择【窗口】|【框架】命令，打开【框架】面板，如图 7.11 所示。

第 2 步，在【框架】面板中，单击【框架】面板最外层的边框，使其变成黑边显示，即表示框架集已被选中，如图 7.12 所示。

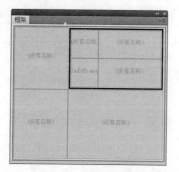

图 7.11　【框架】面板

图 7.12　选中框架集

第 3 步，在编辑窗口的【设计】视图下，当框架集被选中后，框架集内的所有框架的边框都以虚线轮廓显示，如图 7.13 所示。

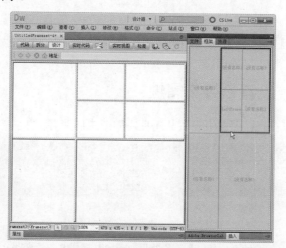

图 7.13　框架集被选中状态

7.3.2　选择框架

在【框架】面板中直接单击所要选取的框架，即可选中该框架，同时框架的四周以黑色显示，如图 7.14 所示。在编辑窗口中，框架边框将以虚线轮廓显示，如图 7.15 所示。

图 7.14　选中框架

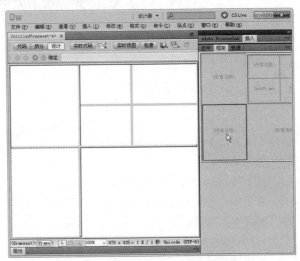

图 7.15　框架边框以虚线轮廓显示

- ☑ 在编辑窗口中单击某个框架边框，可选择该框架所属的框架集。
- ☑ 按住 Alt 键，单击某个框架，可以选中该框架。
- ☑ 若要将选择转移到另一框架，可以执行以下操作之一。
  - ➤ 按 Alt 键和向左或向右方向键，可以选择下一框架。
  - ➤ 按 Alt 键和向上方向键，可以选择父框架集。
  - ➤ 按 Alt 键和向下方向键，可以选择子框架。

7.4　框架属性

与表格一样，框架属性分别包括框架集属性和框架属性，分别用来设置框架集和每个框架的显示属性。

7.4.1　操作练习：设置框架集属性

选中框架集后，可以在属性面板中设置其属性，如图 7.16 所示。

图 7.16　框架集属性面板

- ☑ 预览框：在属性面板的左上角显示当前框架集的结构和该框架集中存在的行和列数据，如 2

行 2 列。

☑ 【边框】下拉列表：设置框架在浏览器中是否显示边框。包括 3 个选项，要显示框架边框，可以选择【是】选项；不显示框架边框，可以选择【否】选项；要让浏览器确定如何显示边框，可以选择【默认】选项。对于大多数浏览器而言，选择这一选项都意味着有边框。

框架集的设置如果和框架的设置相冲突，将以框架属性的设置为优先。当设置为不显示时，为了便于设计者的操作，在编辑窗口中将显示框架边框（外形稍有不同），而在实际的浏览器中将不会显示。

☑ 【边框宽度】：设置框架结构中边框的宽度，单位是像素。

☑ 【边框颜色】：设置边框的颜色，可以单击颜色框，打开颜色面板进行选择。

☑ 设置框架结构的拆分比例：如果拆分的形式是上下拆分，则显示【行】项的数；如果拆分的形式是左右拆分，则显示【列】项的数，如图 7.17 所示。

（a）上下拆分

（b）左右拆分

图 7.17　框架结构拆分方式

设置框架结构的拆分比例方法如下。

第 1 步，在属性面板最右侧的框架结构框中 ▇ ，选择要进行设置的框架，直接单击所在框架即可。

第 2 步，然后在【值】和【单位】两项文本框中显示该框架对应的值。【值】项对于行来说就是指高度，对于列来说就是指宽度。

第 3 步，分别在【值】和【单位】两项文本框中进行相应的设置。【值】项的设置与【单位】的设置有着密切的关系。

第 4 步，在【单位】项中选择所用单位，包括以下 3 个选项。

☑ 【像素】：设置框架的高或宽绝对值。当用户不希望框架在浏览器窗口缩放时发生大小改变，例如，在框架中插入了网页的标题、导航条等，这时可采用给框架设置绝对值的办法。但是，网页中的各个框架不可能全部设置为像素值，有一个框架设置为像素值，通常会有其他框架的高宽设置为相对值。

☑ 【百分比】：设置框架在所在框架结构中总高或总宽的百分比。

☑ 【相对】：当其他框架设置了高宽或高度之后，剩余的高宽和宽度会分给单位设置为【相对】的框架。使用【相对】作为单位时，通常不需要设置【值】。但有时为保证浏览器的兼容性，可以设置【值】为 1。这样当个别浏览器不支持相对值时，可以用 1 来表示余下的宽度或高度值。

7.4.2　操作练习：设置框架属性

选中要设置的框架，在框架的属性面板中就可以轻松地控制框架的各个属性，如图 7.18 所示。

图 7.18　框架属性面板

☑ 预览框：在属性面板的左上角以彩色显示当前被选中的框架。

☑ 【框架名称】文本框：设置当前选中的框架名称。因为框架名称是链接的目标属性所要引用的值，也是脚本在引用该框架时所用的名称，建议用户要输入一个好记易懂的名称。例如，可以根据框架在整个框架网页中的位置，在上方的命名为 upFrame，在左侧的命名为 leftFrame，在右侧的命名为 rightFrame；也可以根据内容命名，如放置导航条的框架命名为 naviFrame，放置主要内容的命名为 mainFrame 等。

框架名称必须是单个单词，允许使用下划线（_），但不允许使用连字符（-）、句点（.）和空格。框架名称必须以字母开头，而不能以数字开头。框架名称区分大小写，不要使用 JavaScript 中的保留字作为框架名称，如 top 或 navigator。

☑ 【源文件】文本框：设置前选中框架中要插入的框架网页的路径，在网页未被保存时使用绝对路径形式，保存之后使用相对路径形式。

☑ 【滚动】下拉列表：设置框架是否显示滚动条。包括 4 项，选择【是】选项表示在任何情况下都将显示滚动条，选择【否】选项表示不使用滚动条，选择【自动】选项表示只在内容超出框架范围的情况下才显示滚动条，选择【默认】选项表示使用浏览器的默认值，在大部分浏览器中等同于【自动】选项。

☑ 【不能调整大小】复选框：在默认状态下，浏览者使用浏览器观看框架网页时可以拖动框架网页的边框调整框架的大小。如果选中该复选框，则将不能调整框架的边框。

☑ 【边框】下拉列表：设置框架是否有边框。包括【是】、【否】和【默认】3 项。框架边框的设置优先于框架集属性中边框的设置。一般情况下，不设置框架网页显示边框。

☑ 【边框颜色】：设置框架边框的颜色。对框架的边框颜色的设置要优先于对框架集的边框颜色的设置。框架颜色的设置会影响到相邻框架边框的颜色。

☑ 【边界高度】和【边界宽度】：设置框架边框和框架内容之间的空白区域。

➢ 【边界宽度】设置的是框架左侧和右侧边框与内容之间的空白区域。

➢ 【边界高度】设置的是上方和下方的边框与内容之间的空白区域。

7.5 实战演练：操作框架

当完成框架的创建之后，就可以在框架中插入网页了，插入的过程实质就是把外边的网页文件链接到相应的框架中。这些被插入的网页文件可以是空白的网页，也可以是事先准备好的网页文件，实际上当创建一个框架集文件时，就已经创建了所对应框架的空白网页文件，当保存框架集文件时，系统会提示是否保存各个对应框架的空白网页文件。

除了可以用属性面板设置框架及其元素的各种属性外，使用鼠标也可以徒手调整框架。如果比较熟悉框架标记，使用代码操作框架会更加方便。

7.5.1 导入网页

操作步骤：

第 1 步，首先制作几个简单的框架页，分别命名为 menu.html、item1.html、item2.html 和 item3.html，如图 7.19 所示。

menu.html

item1.html

item2.html

图 7.19   制作框架用网页

item3.html

图 7.19　制作框架用网页（续）

第 2 步，新建一个名称为 index.html 的网页，使用前面介绍过的创建框架集的方法，将页面分成上下两个框架，如图 7.20 所示。

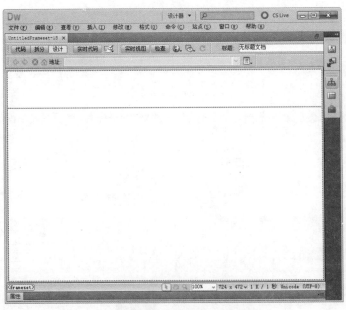

图 7.20　创建上下结构的框架集

第 3 步，选中上面的顶部框架，然后在属性面板的【源文件】文本框中输入 menu.html。也可以将光标放入上面顶部框架中，在 Dreamweaver 中选择【文件】|【在框架中打开】命令，在打开的【选择 HTML 文件】对话框中选择要插入到顶部框架的网页 menu.html，如图 7.21 所示，单击【确定】按钮，网页即被插入到框架中，如图 7.22 所示。

图 7.21　【选择 HTML 文件】对话框

图 7.22　插入网页 menu.html

　　第 4 步，插入的网页可能还需要进行适当调整。可用鼠标调整大小，或者在属性面板中进行精确调整。

　　第 5 步，在下面框架中插入 item1.html 网页内容，方法和上面相同。插入的效果如图 7.23 所示。

图 7.23　插入网页的框架集效果

第 6 步，至此，在整个框架集中插入网页的操作就全部完成了。保存整个框架集时，要选中整个框架集，然后选择【文件】|【保存框架页】或者【框架集另存为】命令，保存整个框架集。

7.5.2 设置链接

在框架之间可以通过超链接进行联系。

操作方法：

在<frame>标记中加入 name 属性，然后在其他框架中进行引用，引用的途径是通过<a>标记的 href（链接）属性定义将打开的网页文件，用 target 属性指定该超链接文件将在哪个框架中打开，target 属性所引用的值正是在<frame>标记中定义的 name 属性值。

使用 marginwidth 和 marginheight 属性设置框架与网页内容的间距，用 framespacing 设置边框宽度。结合上面的实例介绍在框架中设置超链接的方法。

操作步骤：

第 1 步，首先在框架集文件中，选择一个要建立超链接的网页以及网页内的文本或其他链接载体，如图 7.24 所示，在属性面板中使用热点地图绘制一个热点导航。

图 7.24 设置超链接

第 2 步，在属性面板的【链接】文本框中，选择要链接的页面，如图 7.25 所示。

第 3 步，在属性面板的【目标】下拉列表中选择要打开链接网页的窗口。这时会发现除了 4 个基本选项外，本框架集中所有的框架都显示在列表中，如图 7.25 所示。

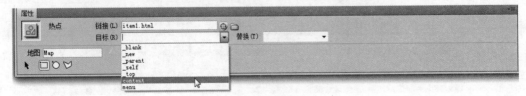

图 7.25 设置链接目标

第 4 步，选择 content 选项，表示在下面框架中打开新链接的网页。本项设置在框架设置中非常重要，一旦设置错误，会导致无法浏览网页的错误。以同样的方式设置其他几个超链接所要打开的页面。保存网页后，预览效果如图 7.26 所示。

图 7.26　框架链接效果

第 5 步，切换到【代码】视图，会看到框架集源代码。

```
<!DOCTYPE html PUBLIC "-//W3C//DTD XHTML 1.0 Frameset//EN" "http://www.w3.org/TR/xhtml1 DTD/
xhtml1-frameset.dtd">
<html xmlns="http://www.w3.org/1999/xhtml">
<head>
<meta http-equiv="Content-Type" content="text/html; charset=utf-8" />
<title>上机练习</title>
</head>
<frameset rows="322,*" framespacing="0" frameborder="no" border="0">
    <frame src="menu.html" frameborder="no" scrolling="no" noresize="noresize" name="menu" id="menu">
    <frame src="item1.html" frameborder="no" scrolling="yes" noresize="noresize" name="content"
id="content">
</frameset>
</html>
```

7.5.3　设置无框架提示

一些老版本的浏览器不支持框架，遇到有框架的网页就不能正常显示，Dreamweaver 允许创建无框架内容，供不支持框架的浏览器显示。使用<noframes>和</noframes>标记可以完成这一任务，当浏览器不能加载框架集文件时，会检索到<noframes>标记，并显示标签中的内容。

操作步骤:

第 1 步,打开上面示例的 index.html 页面。

第 2 步,选择【修改】|【框架集】|【编辑无框架内容】命令,这时网页框架消失,出现完整的编辑窗口,窗口上方标注"无框架内容",然后就可以在工作区中编写无框架的内容了,如图 7.27 所示。

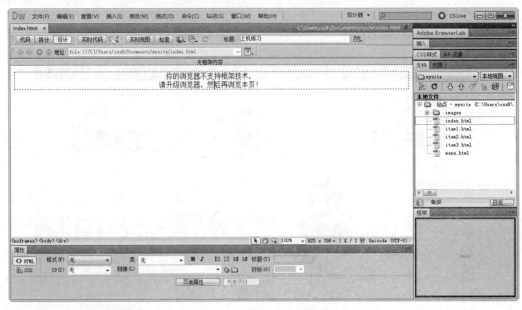

图 7.27　无框架内容编辑状态

第 3 步,选择【修改】|【框架集】|【编辑无框架内容】命令可以返回到框架集文档的正常视图状态。

第 4 步,切换到【代码】视图,会看到无框架内容所显示的源代码。

```
<!DOCTYPE html PUBLIC "-//W3C//DTD XHTML 1.0 Frameset//EN" "http://www.w3.org/TR/xhtml1/DTD/xhtml1-frameset.dtd">
<html xmlns="http://www.w3.org/1999/xhtml">
<head>
<meta http-equiv="Content-Type" content="text/html; charset=utf-8" />
<title>上机练习</title>
</head>
<frameset rows="322,*" framespacing="0" frameborder="no" border="0">
    <frame src="menu.html" frameborder="no" scrolling="no" noresize="noresize" name="menu" id="menu">
    <frame src="item1.html" frameborder="no" scrolling="yes" noresize="noresize" name="content" id="content">
</frameset>
<noframes>
<body>
<div align="center">你的浏览器不支持框架技术, <br />
    请升级浏览器,然后再浏览本页! </div>
</body>
</noframes>
</html>
```

其中<noframes>标记表示无框架的意思,其内部可以包含一个完整网页页面内容,最顶层为

<body>标记，它相当于一个页面的主体框架。

7.5.4　保存框架

框架集页面制作完毕，在预览或关闭包含有框架的文件时，必须先对框架集和框架文件进行保存。在【文件】菜单中提供了 3 个与框架有关的保存命令，分别是【保存框架页】、【框架集另存为】和【保存全部】。其中前两个命令是用于保存框架集文件的，后一个命令是将页面中包括的所有框架集、框架文件一同保存。当只保存某框架页面时，可以将光标放置于该框架中，选择【文件】|【保存框架】（或【框架另存为】）命令保存即可。

保存框架集和框架文件有以下 3 种选择方式。

☑　当向框架中插入已经制作好的网页文件时，只需要保存框架集文件。在【框架】面板中选择框架集，然后选择【文件】|【保存框架页】命令即可，或者选择【文件】|【框架集另存为】命令另存其他地方或重新命名。框架集默认名为 UntitledFrameset-1、UntitledFrameset-2……。

☑　当编辑或修改框架集中某个网页文件时，只需要保存框架中显示的网页文件。选择【文件】|【保存框架】或者【框架另存为】命令保存即可。框架默认名为 UntitledFrame-1、UntitledFrame-2……。

☑　当新建框架页面时，需要保存所有的框架文件和框架集文件。选择【文件】|【保存全部】命令即可。

7.6　实战演练：设计浮动框架

浮动框架可以将一个 HTML 文件嵌入到另一个 HTML 网页中显示。它使用<iframe>标记来表示，<iframe>标记与<frame>标记最大的不同之处如下。

☑　<iframe>标记所引用的 HTML 文件不是与另外的 HTML 文件相互独立显示的，而是可以直接嵌入在一个 HTML 文件中，与这个 HTML 文件内容相互融合，成为一个整体。

☑　<iframe>标记可以多次在一个页面内显示同一内容，而不必重复编写内容，甚至可以在同一 HTML 文件中嵌入多个 HTML 文件。

7.6.1　插入浮动框架

普通框架必须在框架集中显示，且位置固定。例如，如果定义一个上下框架的页面，则整个网页的结构就被固定下来，如果要修改，必须重新打乱框架集。浮动框架不需要框架集，可以自由、独立地嵌入到网页内任何位置，这对于网页布局具有特殊的作用，因为很多时候，设计师需要在一个网页中嵌入另一个网页，但又不希望使用框架集进行死板的布局。在 Dreamweaver 中可以可视地、快速地操作插入浮动框架。

操作步骤：

第 1 步，打开半成品页面 index.html，把光标定位到要插入浮动框架的地方。

第 2 步，选择【插入】|【HTML】|【框架】|【IFRAME】命令。或者在【插入】面板中选择【布局】选项卡，再单击其中的【IFRAME】按钮，系统自动在当前光标处插入一个<iframe></iframe>标记，并把视图切换到【拆分】视图状态下，如图 7.28 所示。

图 7.28　插入浮动框架

第 3 步，新建 map.html 页面，设计该页面为接收远程地图信息，效果如图 7.29 所示。

图 7.29　设计的地图页面效果

第 4 步，插入<iframe>标记是无法显示网页的，还需要为<iframe>标记设置属性，这样就可以显示嵌入的网页了。<iframe>标记包含的属性说明如表 7.1 所示。

表 7.1 浮动框架的属性列表

属性及取值	作 用	说 明
src=URL	定义浮动框架网页文件的位置	url 为嵌入的 HTML 文件的位置，可以是相对地址，也可以是绝对地址。例如，\<iframe src="iframe.html"\>
name=#	定义的对象名称	#为对象的名称。该属性给对象取名，以便其他对象利用。例如，\<iframe src="iframe.html" name="iframe1"\>
id=#	定义 ID 选择符	指定\<iframe\>标记的唯一 ID 选择符。例如，\<iframe src="iframe.html" id="iframe1"\>
height=# width=#	定义浮动框架的高度和宽度	取值为正整数（单位为像素）或百分数。height 表示浮动框架的高度；width 表示浮动框架的宽度。例如，\<iframe src="iframe.html" height=400 width=400\>
noresize	定义浮动框架尺寸可以调整	IE 专有属性，指定浮动框架不可调整尺寸。例如，\<iframe src="iframe.html" noresize\>
frameborder=0、1	定义是否显示边框	该属性定义是否显示浮动框架边框。0 表示不显示浮动框架边框；1 表示显示浮动框架边框。例如，\<iframe src="iframe.html" frameborder=0\>、\<iframe src="iframe.html" frameborder=1\>
border=#	定义浮动框架的边框宽度	取值为正整数和 0，单位为像素。为了将浮动框架与页面无缝结合，border 一般定义为 0。例如，\<iframe src="iframe.html" border=0\>
bordercolor=color	定义浮动框架的边框颜色	color 可以是 RGB 值（RRGGBB），也可以是颜色名。例如，\<iframe src="iframe.html" bordercolor=red\>
align=left、right、center	定义浮动框架与其他对象的对齐方式	例如，\<iframe src="iframe.html" align=left\>、\<iframe src="iframe.html" align=right\>、\<iframe src="iframe.html" align=center\>
framespacing=#	定义相邻浮动框架的间距	取值为正整数和 0，单位为像素。例如，\<iframe src="iframe.html" framespacing=10\>
hspace=# vspace=#	定义浮动框架的内边界大小	取值为正整数和 0，单位为像素。两个属性应同时应用。hspace 表示浮动框架内的左右边界大小；vspace 表示浮动框架内的上下边界大小。例如，\<iframe src="iframe.html" hspace=1 vspace=1\>
marginheight=# marginwidth=#	定义浮动框架的外边界大小	取值为正整数和 0，单位为像素。两个属性应同时应用。marginheight 表示浮动框架的右边界大小；marginwidth 表示浮动框架的上下边界大小。例如，\<iframe src="iframe.html" marginheight=1 marginwidth=1\>

第 5 步，在【代码】视图下设置浮动框架的属性，代码如下。

```
<iframe src="map.html" id="maps" width="919" height="524" align="center" marginwidth="0" marginheight= "0" hspace="0" vspace="0" frameborder="0" scrolling="no"></iframe>
```

第 6 步，保存页面，按 F12 键在浏览器中预览，则显示如图 7.30 所示的效果。

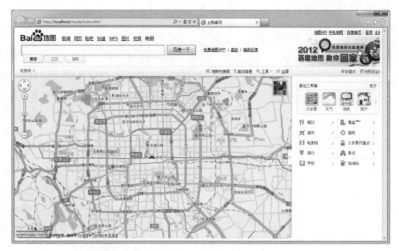

图 7.30　在网页中嵌入的浮动框架页面效果

7.6.2　设置悬浮框架页面

IE 5.5+和 Firefox 等浏览器都支持 Frame 和 Iframe 对象的 allowTransparency 方法，如果网页的背景颜色设置为 Transparency，那么该网页将继承包含它容器（框架）的特性，用户可以通过这个特性实现透明背景框架的设置。本节案例将制作一个网页，并在页面中嵌入外部开放网页，以及自己制作的一个透明网页。

操作步骤：

第 1 步，新建网页，保存为 item.html，在页面中导入 3 幅图像，在浏览器中预览，如图 7.31 所示。具体代码如下，其中定义 body 元素的背景色为透明。

```
<!DOCTYPE html PUBLIC "-//W3C//DTD XHTML 1.0 Transitional//EN" "http://www.w3.org/TR/xhtml1/DTD/xhtml1-transitional.dtd">
<html xmlns="http://www.w3.org/1999/xhtml">
<head>
<meta http-equiv="Content-Type" content="text/html; charset=utf-8" />
<title>艺术设计</title>
<style type="text/css">
body { margin:0; padding:0; background-color:transparent; }
img { position:relative; }
img.img1 { height:400px; margin:0 6px; top:-30px; left:-40px; }
img.img2 { height:200px; margin:0 6px; top:-120px; left:-120px; }
img.img3 { height:200px; margin:0 6px; top:-180px; left:-80px; }
</style>
</head>

<body>
<img src="images/1.png" class="img1" />
<img src="images/2.png" class="img2" />
<img src="images/3.png" class="img3" />
</body>
</html>
```

图 7.31　设计嵌入页面效果

第 2 步，新建首页，保存为 index.html，初步设计效果如图 7.32 所示。

图 7.32　设计首页效果

第 3 步，在首页中插入 3 个 AP div 元素（可视化操作方法可以参阅第 9 章），并定位到相应的位置，如图 7.33 所示。

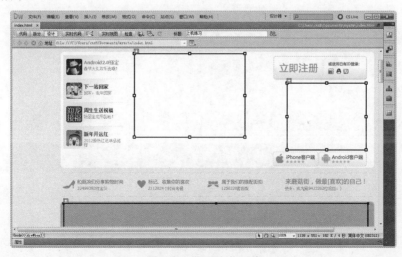

图 7.33　插入定位元素

Note

详细代码如下所示。

```
<style type="text/css">
#box1 { position:absolute; left:841px; top: 233px; width:244px; height:200px; }
#box2 { position:absolute; left:373px; top: 145px; width:340px; height:250px; }
#box3 { position:absolute; left:159px; top: 593px; width:932px; height:354px; }
</style>

<div id="box1"></div>
<div id="box2"></div>
<div id="box3"></div>
```

第 4 步，在 3 个 AP div 元素中分别插入浮动框架，并设置导入的文件源，详细代码如下所示。其中第一个和第二个浮动框架导入的是远程开放源文件，第三个浮动框架导入的是当前目录的页面，并设置该框架的 allowTransparency 属性值为 true。

```
<div id="box1">
    <iframe id='ifm2' width='189' height='190' align='center' marginwidth='0' marginheight='0' hspace='0'
vspace='0' frameborder='0' scrolling='no' src='http://weather.qq.com/inc/ss258.htm'></iframe>
    </div>
    <div id="box2">
    <iframe id='ifm1' width='405' height='332' align='center' marginwidth='0' marginheight='0' hspace='0'
vspace='0' frameborder='0' scrolling='no' src="http://weather.qq.com/24.htm"></iframe>
    </div>
    <div id="box3">
    <iframe id='ifm1' width='1000' height='413' allowTransparency="true"    align='center' marginwidth='0'
marginheight='0' hspace='0' vspace='0' frameborder='0' scrolling='no' src="item.html"></iframe>
    </div>
```

第 5 步，在浏览器中预览则会发现，第三个浮动框架的内容显示为透明，但是由于前两个框架导入的网页不是透明网页，所以将显示为原来网页的背景色，演示效果如图 7.34 所示。

图 7.34 设计的悬浮框架效果

第 8 章

使用 CSS 美化网页

（ 📹 视频讲解：2 小时 ）

CSS 是 Cascading Style Sheets 短语的缩写，中文翻译为层叠样式表，简称为网页样式，是 W3C 组织制订的一套网页样式设计标准。CSS 为用户提供了强大的页面样式美化功能。本章将讲解 CSS 语言的基本语法和用法，同时学习 Dreamweaver 所提供的强大 CSS 样式支持功能，掌握可视化定义 CSS 样式的方法。

学习重点：

▶▶ 认识 CSS。

▶▶ 掌握 CSS 基本语法和用法。

▶▶ 熟悉 CSS 选择符、CSS 属性使用。

▶▶ 使用 Dreamweaver 可视化操作 CSS 的方法。

▶▶ 使用 CSS 设计网页样式。

Note

8.1　CSS 基础

W3C 标准化组织于 1996 年 12 月推出了 CSS 1.0 版本规范,并得到了微软与网景公司的支持。1998 年 5 月,W3C 组织又推出了 CSS 2.0 版本,从此该项技术在世界范围内得到推广和使用。现在大部分网页中使用的 CSS 样式表都遵循 CSS 2.1 版本标准。最新版本的 CSS 是 3.0,目前处在试验和推广阶段,还没有大规模普及使用。

8.1.1　CSS 特点

CSS 语言是在 HTML 语言基础上发展而来的,是为了克服 HTML 网页布局所带来的弊端。在 HTML 语言中,各种功能都是通过标签元素来实现,然后通过标签的各种属性来定义标签的个性化显示。这也造成了各大浏览器厂商为了实现不同的显示效果而创建各种自定义标签。同时为了设计出不同的效果,经常会把各种标签互相嵌套,造成了网页代码的臃肿杂乱。

CSS 比较简单易学,通过 CSS 样式表,可快速控制 HTML 中各标记的显示属性。对页面布局、字体、颜色、背景和其他图文效果实现更加精确的控制。用户只修改一个 CSS 样式表文件就可以改变一批网页的外观和格式,保证在所有浏览器和平台之间的兼容性,使其拥有更少的编码、更少的页数和更快的下载速度。具体来说,CSS 样式具有如下特点。

- ☑ 可以将网页样式和内容分离。HTML 定义了网页的结构和各要素功能,而让浏览器自己决定应该让各要素以何种模样显示。CSS 样式表解决了这个问题,它通过结构定义和样式定义分离,能够对页面的布局格式施加更多的控制,这样,可以保持代码的简明;也就是把 CSS 代码独立出来,从另一角度控制页面外观。样式和内容的分离简化了维护,因为在样式表中更改某些内容,就意味着在其他地方也更改了这些内容。

- ☑ 能以前所未有的能力控制页面的布局。HTML 总体上的控制能力很有限,如不能精确地设置高度、行间距和字间距,不能在屏幕上精确定位图像的位置。但是 CSS 样式表能够实现所有页面控制功能。

- ☑ 可以制作出体积更小、下载更快的网页。CSS 样式表只是简单的文本,就像 HTML 那样。它不需要图像,不需要执行程序,不需要插件,就像 HTML 指令那样快。使用 CSS 样式表可以减少表格标签及其他加大 HTML 体积的代码,减少图像用量从而减少文件尺寸。

- ☑ 可以更快、更容易地维护及更新大量的网页。没有样式表时,如果想更新整个站点中所有主体文本的字体,必须一页一页地修改每个网页。即便站点用数据库提供服务,仍然需要更新所有的模板。样式表的主要目的就是将格式和结构分离。利用样式表,可以将站点上所有的网页都指向单一的一个 CSS 文件,只要修改 CSS 样式表文件中的某一行,那么整个站点都会随之发生变动。

- ☑ 使浏览器成为更友好的界面。CSS 样式表代码具有很好的兼容性,不像其他的网络技术,如果用户丢失了某个插件时就会发生中断;或者使用老版本的浏览器时代码不会出现杂乱无章的情况。只要是可以识别 CSS 样式表的浏览器就可以应用它。

8.1.2　CSS 基本语法

CSS 和 HTML 语言一样都是一种简单的标识语言,其语法比较简单。下面就是一个简单的 HTML

文档。

```
<html>
<body>
    <p>文本信息</p>
</body>
</html>
```

在上面的 HTML 文档中增加 CSS 样式，则代码如下：

```
<html>
<style>
<!--
p{
    color:blue;
    font-size:12px;
}
-->
</style>
<body>
    <p>文本信息</p>
</bdoy>
</html>
```

<style>标记用来定义文档内段落的样式，其中"<!--"和"-->"符号表示 HTML 注释，用来防止 CSS 源代码不能被老版本浏览器识别而显示在页面中，不过现在的浏览器都支持 CSS，可以忽略这个符号。

```
p{
    color:blue;
    font-size:12px;
}
```

这几行被称为一个样式，样式中首先要指明样式的选择符，即样式要作用的对象是谁，本例代码中为<p>标签。一个样式中可以列举多个属性及其值，一个属性及其对应值被称为一个规则。

CSS 基本语法如下所示。

```
选择符{
    属性:属性值;
    ……
}
```

上面语句表示一个样式，样式中可以包含多个规则，规则由属性和属性值组成，每个规则后面要加分号表示该规则结束，样式中的规则都放在大括号中。

选择符不只是文档中的元素标签，它还可以是类、ID 等，当然还有更多复合选择符和特殊选择符。例如：

```
<html>
<style>
p{
    font-size:14px;
    line-height:1.6em;
```

```
    }
    .color_font{
        font-weight:bold;
    }
    #big_font{
        color:red;
    }
</style>
<body>
<p><span id="big_font">选择符</span>{<span class="color_font">属性</span>:<span class="color_font">属性
值</span>; }</p>
</body>
</html>
```

在上面的代码中，.color_font 代表一个类，#big_font 代表一个标签编号（ID）。类和 ID 也可以和标签组合使用，例如：

```
p.color_font {
    color:red;
}
```

上面选择符表示该样式必须应用到<p>标签中类名为.color_font 的标记，同样也适合于 ID。为了简化声明某些重复属性，可以用 "," 把不同的选择符隔开，表示它们都具有相同的属性，例如：

```
.color_font,#big_font {
    color:red;
}
```

有时用户还希望能够在特定的范围内应用样式，例如：

```
p em {
    color:red;
}
```

前后选择符之间要用空格隔开，上面组合选择符表示在<p>标记所包含的<em>标记内定义字体显示为红色。

在 CSS 样式表中，属性值的单位多为长度单位，包括 px（像素）、pt（磅）、em（相当于当前字体高度）、mm（毫米）、cm（厘米）、in（英寸）等。要注意，CSS 样式表是区分大小写的，所以要注意拼写，另外对于 CSS 中未声明的属性和方法，样式表分析器会忽略它的存在，例如：

```
<style>
h1,h2 {
    color:green;
}
h3 & h4{
    color:red;
}
p {
    color:blue;
    fontvariant:small-caps;
}
</style>
```

其中第 5 行代码中"&"是样式表中没有的符号，则第 2 个样式被浏览器忽略掉。第 3 个样式中的 fontvariant 不是一个合法属性，该样式也被忽略掉，只有第 1 个样式"color:blue"有效。

在 CSS 源代码中，可以使用"/*"和"*/"符号为 CSS 源代码加上注释。它可以放置在代码的任何位置，例如：

```
/* 首页样式表 */
body {                                    /* 文档属性 */
    padding: 0px;                         /* 定义页边补白 */
    margin:0px;                           /* 定义页边距 */
    font-family: verdana, sans-serif;     /* 定义页面字体 */
}
```

8.1.3 CSS 基本用法

CSS 样式可以放置在网页文档内部，此时 CSS 样式被称为内部样式表，也可以把 CSS 代码存储在独立的文本文件中，保存为 CSS 文件，文件扩展名为.css，此时 CSS 样式被称为外部样式表。

在网页中有 4 种方式可以把 CSS 样式应用到网页中。

☑　在 HTML 标签中，把样式作为属性值直接定义在 style 属性中。

☑　在<style>标记中集中定义样式，即定义内部样式表。

☑　通过<link>标记导入外部 CSS 文件，即导入外部样式表。

☑　通过@import 命令导入外部 CSS 文件，即导入外部样式表。

1. 在标签内部定义样式属性

在 HTML 标签内部设计样式属性，也称为内联样式，是 CSS 应用最简单最直接的一种方法，其语法格式如下。

```
<tag_name style="property1:value1;property2:value1;..."></tag_name>
```

其中，tag_name 是标签对象的名称，property 是样式的名称，而 value 则是对应该样式的属性值，例如：

```
<div style="font-size:12px; color:red;">欢迎你来学习 CSS 样式表</div>
```

这种应用方式的优点是比较自由，可以任意指定个别标签的属性，定义起来弹性非常大，但与直接使用 HTML 标签属性来定义标签内容没有什么区别。当网页数量多时，设置与维护的工作将非常繁复。一般不赞成这种方式，仅适用于个别标签内样式的定义，且这些样式一般都比较固定，不会需要反复调试、修改。

2. 使用<style>标记定义

如果当定义的样式仅应用于 HTML 文档内部时，一般都使用这种方式。该种方式的语法格式如下。

```
<style type="text/css">
selector1-name {
    property1:value1;
    property2:value2;
    ...
}
```

Note

```
...
</style>
```

　　<style>标记专门用来定义样式，其中"type="text/css""属性用来指定<style>标记包含的代码类型为 CSS 源代码。在一个<style>标记中可以添加很多个样式，同时，一个文档内可以使用多个<style>标签包含很多样式。<style>标记定义的样式只能够在单个网页内使用，不能够在多个网页之间引用。

　　一般都会把这种内部样式的 CSS 代码放在 HTML 文档头部区域，当然用户也可以把它放在页面任何位置。因为网页内容都是从上到下的顺序被下载，放在头部区域可以避免网页内容先下载后，由于 CSS 样式代码还没有被下载完毕而无法正常显示的情况。

　　3．使用<link>标记导入外部 CSS 文件

　　一般网站都会采用这种方式，即把所有样式都定义在一个 CSS 样式表文件中，文件后缀名为.css。然后使用<link>标签导入外部 CSS 文件。其语法格式如下。

```
<link href="CSS 文件" rel="stylesheet" type="text/css" media="all">
```

　　其中 href 属性定义 CSS 文件的路径，可以是绝对路径，例如：

```
href="http://www.adobe.com/cn/css/master_import/screen.css"
```

　　也可以是相对路径，例如：

```
href="css/master_import/screen.css"
```

　　<link>标签一般放在<head>区域，以便在下载完网页内容之前先下载 CSS 文件。CSS 文件只是简单的文本，可以使用任何文本编辑器打开并编辑，内部代码都是一个个样式列表，与上面显示的 CSS 代码类似，语法相同。

　　4．使用@import 命令导入外部 CSS 文件

　　@import 命令与<link>标记功能相同，都是导入一个外部 CSS 文件。不过该命令不是一个独立的HTML 标签，它必须放在<style>标记内才可以使用。其语法格式如下：

```
<style type="text/css" media="all">
@import url("CSS 文件");
</style>
```

　　@import 命令在用法上除了必须放在<style>标记内外，它的参数格式和结尾分号都是容易出错的地方，参数 URL 要以 url()函数的方式导入外部样式表文件，其中 URL 要以字符串形式书写，需要加上引号。

8.1.4　CSS 属性

　　CSS 2.0 共定义了一百多个属性，并根据功能分成十几个大类，这么多属性如果同时让初学者掌握有点困难，不过用户可以循序渐进地了解并不断掌握它们。下面就 CSS 布局中常用属性进行介绍。

　　1．CSS 盒模型

　　CSS 定义网页文档中所有元素都自动显示为一个矩形框，这个框描述了元素及其属性在网页布局中所占用的空间大小，这个框称为 CSS 盒模型。一个完整的盒模型如图 8.1 所示。

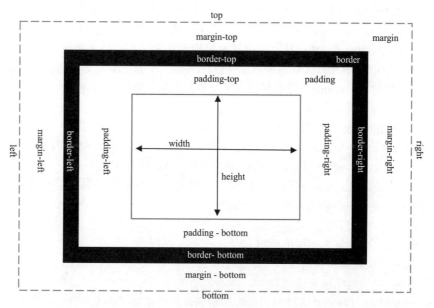

图 8.1　CSS 盒模型

一个完整的 CSS 盒模型拥有 5 类属性：边界（margin）、边框（border）、补白（padding，或称为内边界、填充）、大小（height、width）和背景（background）。

☑　边界包含 margin-top、margin-right、margin-bottom、margin-left 和 margin 共 5 个属性，分别表示盒模型里内容离外边框的距离，它的属性值是数值单位，可以是长度、百分比或 auto。margin 甚至可以设为负值，形成盒模型与另外的盒模型之间的重叠显示。

☑　补白用来描述盒模型的边框与内容之间的填充空间，与边界类似，它也包含 padding-top、padding-right、padding-bottom、padding-left、padding 共 5 个属性。

☑　边框包含 border-width、border-color 和 border-style 共 3 类属性，这些属性又可以包含很多属性，例如，border-width 属性又分为 border-top-width、border-right-width、border-bottom-width、border-left-width 和 border-width 属性。

2．CSS 定位

CSS 定位包括浮动定位、相对定位和绝对定位。

☑　浮动定位就是定义元素浮动在页面上显示，用来实现多栏显示，一般通过 float 属性来实现。

☑　相对定位就是定义元素在文档原来位置上进行偏移。

☑　绝对定位则允许元素在指定容器内任意定位。

CSS 实现定位的属性如下。

☑　position：定义对象定位的类型，取值包括 static、absolute 和 relative。

➢　static 无特殊定位，对象遵循 html 定位规则。

➢　absolute 将对象从文档流中拖出，使用 left、right、top、bottom 等属性进行绝对定位。而层叠则通过 z-index 属性定义。此时对象不具有边距，但仍有 padding 和 border 属性，我们用绝对定位的时候一般都用这个属性。

➢　relative 定义对象不可层叠，但将依据 left，right，top，bottom 等属性在正常文档流中偏移位置。

☑ float 和 clear：CSS 可以定义任何对象为浮动显示。使用 float 属性可设置对象在其他元素的左或右方浮动显示。而使用 clear 属性将禁止元素在盒模型对象的左方或右方浮动。

☑ top、right、bottom 和 left：这 4 个属性可以精确定义元素在具有定位属性的容器中的位置。

☑ z-index：在 CSS 中允许元素重叠显示，这样就有一个显示顺序的问题，z-index 属性描述了元素的前后位置，z-index 使用整数表示元素的前后位置，数值越大，就会显示在相对靠前的位置，也可以使用负数。

☑ width 和 height：定义盒模型对象的宽度和高度。

☑ min-height 和 max-height：这两个属性定义盒模型对象的高度在最小高度和最大高度之间。另外，还有 min- width 和 max- width 两个属性，其用法相同。

☑ overflow：在定义元素的宽度和高度时，如果元素的面积不足以显示全部内容时可以使用 overflow 属性剪切多余的区域。取值如下。

　　➢ visible：扩大面积以显示所有内容。

　　➢ hidden：隐藏超出范围的内容。

　　➢ scroll：在元素的右边显示一个滚动条。

　　➢ auto：当内容超出元素面积时，显示滚动条。

☑ clip：该属性可以把元素区域剪切成各种形状，但目前提供的只有方形一种。

☑ line-height 和 vertical-align：可以定义元素内部的行间距，使用长度单位或百分比。vertical-align 属性决定元素在垂直位置的显示，但浏览器对其支持不是太好。

☑ visibility：用于控制元素的显示或隐藏，取值包括 inherit、visible 和 hidden。

8.1.5 CSS 单位

CSS 属性值可以设置很多种类型的单位，CSS 单位主要包括长度、颜色和 URL。

1. 长度单位

长度单位是网页设计中最常用的一种单位。在 CSS 中，长度主要用于定义对象宽度、高度、字号、字间距、文本缩排、行高、边距、间距、边框宽度等各种属性。长度单位包括绝对单位和相对单位。

☑ 绝对长度

在网页中常使用的绝对长度包括以下几种。

　　➢ 厘米（cm）。

　　➢ 毫米（mm）。

　　➢ 英寸（in）。

　　➢ 点（pt）。

　　➢ 派卡（pc）。

绝对长度的使用范围比较有限，一般用于打印机输出设备，而在屏幕显示时，使用绝对长度意义不大，应该尽量使用相对长度。

☑ 相对长度

每一个浏览器都有默认的通用尺寸标准，这个标准可以由系统决定，也可以由用户按照自己的习惯进行设置。因此，这个默认值尺寸往往是用户觉得最适合的尺寸。于是使用相对长度，就是需要定义尺寸的元素按照默认大小为标准，进行相应的缩放，这样就不会产生难以辨认的情况，因此它能更好地适应不同的媒体。有效相对单位包括以下几种。

　　➢ em（em，元素的字体的高度）。

> ➤ ex（x-height，字母 "x" 的高度）。
> ➤ px（像素，相对于屏幕的分辨率）。

使用 em 和 ex 单位的目的就是为了根据字体设置来决定合适的宽度，而没有必要知道字体有多大，在显示时，可通过比较当前字体大小来确定。字体越大，所对应的 em 和 ex 单位取值也就越大。

以像素为单位的长度是相对于显示器上的像素的高度和宽度来决定的。图像的宽度和高度经常是以像素给出的，像素的大小依屏幕分辩率变化而不同，这也是最常用的取值单位。

2. 百分比单位

百分比总是相对于另一个值来说的，一般这个值可以根据父元素（或者上级元素）的相同属性值作为参照值。使用百分比，首先应写符号部分，这个符号可以是 "+"（正号），表示正长度值，也可以是 "−"（负号），表示负长度值。如果不写符号，那么默认值是 "+"。在符号后紧接着是一个数值，符号后面可以输入任意值，但是由于在某些情况下，浏览器不能处理带小数的百分比，因此最好不用带小数的百分比，最后在数值后面增加 "%" 符号表示百分比单位，例如，45%。

3. 颜色单位

定义颜色可以有以下 4 种形式。

☑ #rrggbb，如#00cc00。

☑ #rgb，如#0c0。

☑ rgb(x,x,x)，其中 x 是一个 0~255 之间的整数 ，如 rgb(0,204,0)。

☑ rgb(y%,y%,y%)，其中 y 是一个 0.0~100.0 之间的整数，如 rgb(0%,80%,0%)。

还可以指定颜色的名称。例如，下面是各种浏览器都支持的颜色名称。

black	纯黑 000000	silver	浅灰 C0C0C0
navy	深蓝 000080	blue	浅蓝 0000FF
green	深绿 008000	lime	浅绿 00FF00
teal	靛青 008080	aqua	天蓝 00FFFF
maroon	深红 800000	red	大红 FF0000
purple	深紫 800080	fuchsia	品红 FF00FF
olive	褐黄 808000	yellow	明黄 FFFF00
gray	深灰 808080	white	亮白 FFFFFF

4. URL 单位

URL（Uniform Resource Locator，统一资源定位）单位与链接的地址有关，在创建链接时，路径是非常重要的。主要包括绝对路径和相对路径。其中，相对路径又可以分为相对根目录的路径和相对文档的路径。

☑ 绝对路径包含的是精确位置，一般创建站外超链接时必须使用绝对路径，这样不管当前文件的位置如何变化，该链接都是有效的。

☑ 相对于根目录的路径总是从当前站点的根目录开始，一般使用斜杠告诉服务器从根目录开始。

例如，/dreamweaver/index.html 将链接到站点根目录 dreamweaver 文件夹的 index.html 文件。

☑ 相对于文档的路径是指和当前文档所在的文件夹相对的路径。

例如，下面 3 种用法表示的路径是不同的。

> ➤ 文档 test.swf 在文件夹 flash 中，指定的是当前文件夹内的文档。
> ➤ …/test.swf 指定的是当前文件夹上级目录中的文档。

Note

> ➤ /test/test.swf 指定的是 flash 文件夹下 test 文件夹中的 test.swf 文档。

相对于文档的路径是最简单的路径，在创建与文档相对的路径之前必须保存文件，因为在没有定义起始点的情况下，与文档相对的路径是无效的。

8.1.6 CSS 样式优先级

Cascading Style Sheet 中的 Cascading 是"层叠"的意思，也就是说在同一个网页文档中可以为同一个对象定义多个样式，这些样式表根据所在的位置，拥有不同的优先级，优先级越高，就越会被优先采用。一般遵循越靠近标记的样式优先级就越大的原则。具体判断 CSS 样式优先级可以从下面 3 个方面来判断，这 3 个方面包括环境、应用方式和选择符。

1. 环境

优先级别如下（排在前面的优先）。
☑ 网页设计者定义的样式。
☑ 浏览者在浏览器中设置的样式。
☑ 浏览器自带的默认样式。

2. 应用方式

☑ 在标签内部添加样式属性。
☑ 使用<style>标签定义样式。
☑ 导入的外部样式文件。

在这个顺序中，第 2 位与第 3 位有时也存在变化，如果导入的外部样式文件放在<style>标签后面，则它就具有更大优先权。例如：

```
<style type="text/css" media="all">
body {
     font-size:12px;
     color:black;                                    }
@import url("css1.css");
</style>

<link href="css2.css" rel="stylesheet" type="text/css" media="all">
```

在上面文档中同时应用了 3 种方式定义样式，如果在 css1.css 文件中定义为：

```
body {/* css1.css 样式表文档  */
     color:red;
}
```

在 css2.css 文件中定义为：

```
body {/* css2.css 样式表文档  */
     color:blue;
}
```

则网页最终显示效果为网页文字颜色为蓝色。

3. 选择符

☑ ID 选择符（默认权值为 100）。

☑　类选择符（默认权值为 10）。

☑　标签选择符（默认权值为 1）。

如果选择符是复合选择符，即由多个独立的选择符组合在一起，则根据它们的权值之和进行比较。例如：

```
<style type="text/css">
div#div1  {
    color:red;
}
div.class1 {
    color:blue;
}
#div1 {
    color:black;
}
.class1 {
    color:green;
}
div {
    color:yellow;
}
</style>

<div id="div1" class="class1">CSS 选择符优先权</div>
```

根据选择符优先权，第 1 个样式的优先权值为 101，第 2 个样式的优先权值为 11，第 3 个样式的优先权值为 100，第 4 个样式的优先权值为 10，第 5 个样式的优先权值为 1，则最终<div>标记中的文本显示为红色。

8.1.7　CSS 类型

样式表的一个最重要特征就是可以使网页在不同设备中正常显示，如计算机屏幕、手机屏幕、触摸屏、家用电器屏幕、电子合成器等。特定的属性只能作用于特定的设备。在应用 CSS 样式表文件之前，应先用@import 或@media 命令声明设备的类型，语法格式如下。

```
@import url(loudvoice.css) speech;
@media print {
    /* 在这里可以导入打印机专用样式表 */
}
```

@import 和@media 的区别在于，前者引入外部的样式表用于设备类型，后者直接引入设备属性。

☑　@import 用法

```
@import 命令 + 样式表文件的 URL 地址 + 设备类型
```

可以多个设备共用一个样式表，设备类型之间用 "," 分割符分开。

☑　@media 用法

把设备类型放在前面，后面跟该设备专用的样式，CSS 基本语法一样。也可以在<link>标记中声明一个设备类型，语法格式如下。

```
<link rel="stylesheet" type="text/css" media="print" href="style.css">
```

下面是 CSS 支持的设备类型。

- ☑ screen：指计算机屏幕。
- ☑ print：指用于打印机的不透明介质。
- ☑ projection：指用于显示的项目。
- ☑ braille 和 embossed：指用于盲文系统，如有触觉效果的印刷品。
- ☑ aural：指语音电子合成器。
- ☑ tv：指电视类型的媒体。
- ☑ handheld：指手持式显示设备（小屏幕，单色）。
- ☑ all：适合于所有媒体。

8.2　用 Dreamweaver 定义 CSS 样式

Dreamweaver 具有强大的 CSS 样式编辑和管理功能，在 Dreamweaver 的【CSS 样式】面板中可以定义 CSS 样式，如果配合 Dreamweaver 提供的各种代码编写和测试服务，可以轻松开发符合标准的 CSS 网页样式。

8.2.1　操作练习：定义 CSS 样式

使用 CSS 样式美化页面，应先建立一个样式。样式是 CSS 样式表中最小的单元，定义一个样式之后，就可以在网页中不同标记之间应用。在 Dreamweaver 中可以快速定义样式，所有操作都可以通过鼠标快速完成。

操作步骤：

第 1 步，新建网页，保存为 index.html，然后在 Dreamweaver 中打开该文档。

第 2 步，选择【窗口】|【CSS 样式】命令，打开【CSS 样式】面板，如图 8.2 所示。

第 3 步，在【CSS 样式】面板底部，单击【新建 CSS 规则】按钮 ，打开【新建 CSS 规则】对话框，如图 8.3 所示。

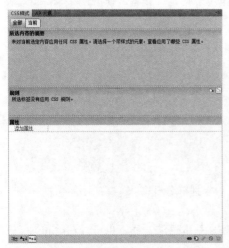

图 8.2　【CSS 样式】面板

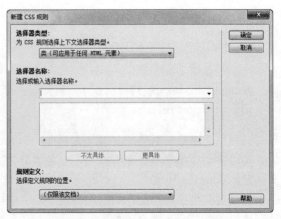

图 8.3　【新建 CSS 规则】对话框

【新建 CSS 规则】对话框简单说明如下。

☑ 【选择器类型】下拉列表框：为 CSS 样式选择一种类型。主要包括以下选项。

➤ 【类（可应用于任何 HTML 标签）】选项：选择该项将定义一类新的样式，类样式可以供任何元素引用，也就是说任何标记都可以应用类样式。类的名称需要在【选择器名称】文本框中输入。

当类样式设置完毕后，就可以在【CSS 样式】面板中看到制作完成的样式。在应用的时候，首先在页面中选中一个标记，然后在属性面板中通过【类样式】来选择要应用的类样式名称，也可以在标记中通过 class 属性直接引用类样式。

类样式必须以点开头，如果没有输入点，则 Dreamweaver 将自动添加。类样式是可以被应用于页面中任何标记的样式类型。

➤ 【标签（重新定义 HTML 元素）】选项：选择该项将现有的 HTML 标签重新定义显示样式。因此定义完毕标签样式以后就不需要在网页中指定要应用样式的元素对象，网页中所有该标签都将自动显示这个样式。

➤ 【ID（仅应用于一个 HTML 元素）】选项：选择该项，可以为网页中特定的标记定义样式，即通过标记的 ID 编号来实现，当选择该项时，在【选择器名称】文本框中输入网页中一个标记的 ID 值。

ID 样式必须以"#"开头，如果没有输入"#"，则 Dreamweaver 将自动添加。ID 样式原则上只供一个标记使用，其他标记不能使用，即使是相同名称的标签也不能够重复使用 ID 样式。

➤ 【复合内容（基于选择的内容）】选项：选择该项，可以自定义复杂的选择器，如伪选择器、复合选择器等。

☑ 【选择器名称】文本框：设置新建样式的名称。当在【选择器类型】选项组中选择不同的选项时，可以在该文本框中设置选择器的名称。

☑ 【规则定义】下拉列表框：指定该样式保存在什么地方，是定义一个外部链接的 CSS 样式表文件，还是定义一个仅应用于当前页面的 CSS 样式。

➤ 【新建样式表文件】选项：定义一个外部链接的 CSS 样式表文件，也就是说把当前定义的样式保存在外部样式表文件中，然后通过链接形式导入网页内部使用。使用样式表文件的好处就是其他网页也可以应用该样式。

➤ 【仅限该文档】选项：仅仅在该文档中应用 CSS 样式，也就是说当前定义的样式保存在网页内部，只能够被该文档使用，其他网页无法使用。

第 4 步，假设为当前文档定义标记默认样式。可在【选择器类型】选项中选择 CSS 样式的类型，由于本例要定义的是整个页面的文本，因此选择【标签（重新定义 HTML 元素）】选项，然后在【选择器名称】中选择"body"选项，如图 8.4 所示。

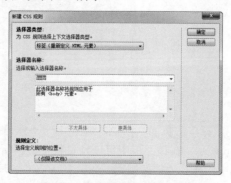

图 8.4 选择类型和标签名称

第 5 步，在【规则定义】中选择【（仅限该文档）】选项，表示将 CSS 样式放置在当前文档的头部区域。如果页面很多时，例如在定义整个站点的样式时，可以选择定义在新建的样式表文件里，即选择【新建样式表文件】选项。

第 6 步，设置完毕后，单击【确定】按钮关闭对话框，一个新的内部样式表文件就创建完成了。这时就会打开样式表编辑器，进入样式表编辑状态，如图 8.5 所示。

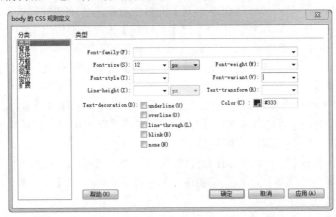

图 8.5　定义规则

在样式表编辑器中为<body>标签定义了两条规则，第一条规则定义网页的字体大小为 12 像素，第二条规则定义字体颜色为深灰色。

第 7 步，设置完毕后，单击【确定】按钮关闭对话框，然后切换到【代码】视图，可以看到在文档头部区域生成的内部样式表代码。

```
<!DOCTYPE html PUBLIC "-//W3C//DTD XHTML 1.0 Transitional//EN" "http://www.w3.org/TR/xhtml1/DTD/
xhtml1-transitional.dtd">
<html xmlns="http://www.w3.org/1999/xhtml">
<head>
<meta http-equiv="Content-Type" content="text/html; charset=gb2312" />
<style type="text/css">
body {
    font-size: 12px;
    color: #333;
}
</style>
<title>上机练习</title>
</head>

<body>
</body>
</html>
```

第 8 步，定义完毕，使用鼠标单击页面空白处，选中<body>标记，在【CSS 样式】面板中可以看到已经定义的样式，如图 8.6 所示。在该面板中可以预览整个文档所有样式，修改或删除现有样式中已经声明的规则，或者为选中的样式添加新规则。

Note

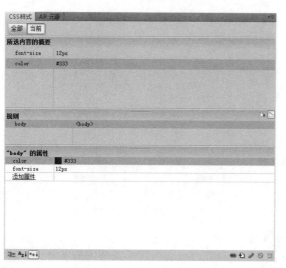

图 8.6 查看已定义的样式

8.2.2 实战演练：定义文本样式

文本样式包括网页字体类型、字体大小、字体颜色等，这些属性是网页设计中最基本的样式。下面示例演示了如何定义标题文本和段落文本的字体类型、大小和颜色。

操作步骤：

第 1 步，打开本案例的半成品网页文件，如图 8.7 所示。

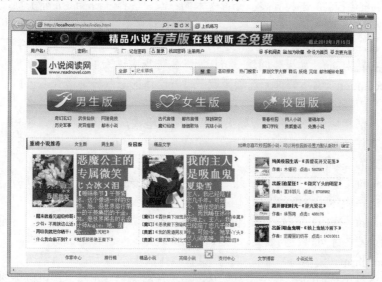

图 8.7 网页初步设计效果

第 2 步，在【CSS 样式】面板底部单击【新建 CSS 规则】按钮 ，新建一个<h1>标签样式（具体操作可参阅上节介绍）。

第 3 步，在【h1 的 CSS 规则定义】对话框中，选择左侧的分类列表中的【类型】选项，打开如图 8.8 所示的文本样式选项。

图 8.8　定义 h1 文本样式

该对话框 CSS 属性选项说明如下。

☑　Font-family（字体）下拉列表：设置当前样式所用的字体。

☑　Font-size（大小）列表框：设置字体的字号。可设置相对大小或者绝对大小，设置绝对大小时还可以在其右边的下拉列表中选择单位，常使用点数（pt）为单位。点数是计算机字体的标准单位，这一单位的优点是设置字号会随着显示器分辨率的变化而自动调整，防止不同分辨率显示器中字体大小不一致。如果使用点数作为单位，建议设置正文字体大小为 9 pt，该字号的文字和软件界面上的文字字号是相同的。另外，10.5pt、12pt 也是常用的正文文字字号。

☑　Font-style（样式）下拉列表：设置字体的特殊格式，包括正常、斜体和偏斜体。

☑　Line-height（行高）下拉列表：设置文本的行高。选择 normal（正常）项，则由系统自动计算行高和字体大小，也可以直接在其中输入具体的行高数值，然后在右边的下拉列表中选择单位。注意行高的单位应该和文字的单位一致，行高的数值是包括字号数值在内的，如设置文字高为 9pt，如果要创建一倍行距，则行高应该为 18pt。

☑　Text-decoration（文本修饰）选项区域：设置字体的一些修饰格式，包括下划线、上划线、删除线和闪烁线（闪烁效果只有在 Firefox 浏览器下才能显示出）等格式。选中相应的复选框，则激活相应的修饰格式。如果不希望使用格式，可以清除相应复选框；如果选择无，则不设置任何格式。在默认状态下，对于普通的文本，其修饰格式为无，对于超链接，其修饰格式为下划线。

☑　Font-weight（粗细）下拉列表：设置字体的粗细。选择粗细数值，可以指定字体的绝对粗细程度，选择粗体、特粗和细体则可以指定字体相对的粗细程度。

☑　Font-variant（变体）下拉列表：设置字体的变体形式，主要针对英文字符设置的。该设置只能在浏览器中才可以看到效果。

☑　Text-transform（大小写）下拉列表：设置字体的大小写方式。如果选择首字母大写，则可以指定将每个单词的第 1 个字符大写；如果选择大写或小写，则可以分别将所有被选择的文本都设置为大写或小写；如果选择无，则保持字符本身原有的大小写格式。

☑　Color（颜色）：设置 CSS 样式的字体颜色。

第 4 步，设置标题 1 的文本样式。在【CSS 规则定义】对话框中，设置字体为"宋体"、大小为 14 像素、颜色为蓝色（#1a53ff）、字体粗细为"粗体"、行高为 24 像素，其他选项均保持默认设置，如图 8.8 所示。生成的 CSS 样式代码如下。

```
h1 {
    color:#1a53ff;
    font-family:"宋体";
    font-size:14px;
    font-weight:bold;
    line-height:24px;
}
```

第 5 步，单击【确定】按钮关闭对话框，回到编辑窗口，可以看到新添加的样式。

第 6 步，在页面中选中标题 2（<h2>标记），以同样的方式定义二级标题的样式，设置字体为"宋体"、大小为 12 像素、颜色为绿色（#007e3f）、字体粗细为"粗体"、行高为 22 像素，其他选项均保持默认设置。生成的 CSS 样式代码如下。

```
h2 {
    color:#007e3f;
    font-family:"宋体";
    font-size:12px;
    font-weight:bold;
    line-height:22px;
}
```

第 7 步，在页面中选中段落文本（<p>标记），以同样的方式定义段落文本的样式，设置字体为"宋体"、大小为 12 像素、 颜色为深黑色（#333）、行高为 22 像素，其他选项均保持默认设置。生成的 CSS 样式代码如下。

```
p {
    color:#333;
    font-family:"宋体";
    font-size:12px;
    line-height:22px;
}
```

第 8 步，保存文件后，按 F12 键在浏览器中预览网页，效果如图 8.9 所示。

图 8.9 设计的网页文本样式效果

8.2.3 实战演练：定义背景样式

在前面章节中曾经介绍过使用【页面属性】对话框定义网页背景颜色和背景图像的方法，实际上就是利用 CSS 为\<body\>标签定义的背景样式。在下面的例子中将为网页添加背景图像，以美化网页效果。

操作步骤：

第 1 步，打开本案例的半成品网页文件，如图 8.10 所示。

图 8.10　网页初步设计效果

第 2 步，模仿前面小节方法建立一个样式，样式的选择器类型为"标签（重新定义特定标签的外观）"，在【标签】下拉列表中选择"body"选项，把样式保存在内部样式表中。

第 3 步，在【body 的 CSS 规则定义】对话框的左侧分类列表中选择【背景】项，然后在右侧选项区域设置背景 CSS 样式，如图 8.11 所示。

图 8.11　定义 body 背景样式

该对话框 CSS 属性选项说明如下。

☑　Background-color（背景颜色）项：设置指定页面元素的背景色。

☑　Background-image（背景图像）项：设置指定页面元素的背景图像。单击【浏览】按钮可以方便选择图像。如果同时定义背景颜色和背景图像，则只显示背景图像效果；如果没有发现背景图像，才会显示背景颜色。

☑ Background-repeat（重复）下列列表：设置当使用图像作为背景时是否需要重复显示，它包括以下 4 个选项。

> ➤ no-repeat（不重复）：表示只在应用样式的元素中显示一次该图像。
> ➤ repeat（重复）：表示在应用样式的元素背景上的水平方向和垂直方向上重复显示该图像。
> ➤ repeat-x（横向重复）：表示在应用样式的元素背景上的水平方向上重复显示该图像。
> ➤ repeat-y（纵向重复）：表示在应用样式的元素背景上的垂直方向上重复显示该图像。

☑ Background-attachment（附件）下拉列表：包括 fixed（固定）和 scroll（滚动）两个选项，用来设置元素的背景图是随对象内容滚动的还是固定的。选择"fixed"选项时，图像固定，而选择"scroll"选项时，背景图会随对象内容滚动。注意一些浏览器会将固定方式始终作为滚动方式处理，如 IE 7 及其以下版本浏览器。

☑ Background-position(X)（水平位置）下拉列表：设置背景图像相对于应用样式的元素的水平位置。包括 left（左对齐）、right（右对齐）和 center（居中对齐），也可以直接输入数值。如果输入数值，还可以在右边的下拉列表中选择数值单位，常用像素为单位。如果前面的 Background-attachment 设置为 fixed 选项，则元素的位置是相对于文档窗口，而不是元素本身的。

☑ Background-position(Y)（垂直位置）下拉列表：设置背景图像相对于应用样式的元素的垂直位置。包括 top（顶部）、bottom（底部）和 center（居中对齐），也可以直接输入数值，并在右边的下拉列表中选择数值单位。如果前面的 Background-attachment 设置为 fixed 选项，则元素的位置是相对于文档窗口，而不是元素本身的。

第 4 步，在【背景图像】选项中选择一张背景图像 images/bg_pic.png，设置 Background-repeat 为 no-repeat（见图 8.11），Background-position(X)为 top，Background-position(Y)为 center。

第 5 步，单击【确定】按钮关闭对话框，回到文档编辑状态，保存文件，按 F12 键在浏览器中预览网页，其效果如图 8.12 所示。

图 8.12　设置背景样式后效果

8.2.4　实战演练：定义区块样式

区块样式主要定义段落文本的字距、对齐方式、文本显示方式等样式。下面的示例将利用区块样式定义段落文本首行缩进 2 像素，并定义正文左对齐，以改善用户阅读习惯。

操作步骤：

第 1 步，打开本案例的半成品网页文件，如图 8.13 所示。

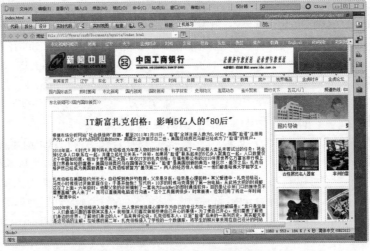

图 8.13　网页初步设计效果

第 2 步，模仿前面小节方法建立一个样式，样式的选择器类型为"复合内容（基于选择的内容）"，设置【选择器名称】为"#box p"，把样式保存在内部样式表中。

操作提示：

选中段落文本标记，然后在【CSS 样式】面板中新建样式时，Dreamweaver 会自动填写好选择器名称。

第 3 步，在【#boxp 的 CSS 规则定义】对话框左侧选择【区块】选项，然后在右边选项区域详细设置区块样式，如图 8.14 所示。

图 8.14　定义段落文本样式

该对话框 CSS 属性选项说明如下。

☑　Word-spacing（单词间距）下拉文本框：定义文字之间的间距。单词间距选项会受到页边距调整的影响。可以指定负值，但是其显示则取决于浏览器。

☑　Letter-spacing（字母间距）下拉文本框：定义字符之间的间距。可以指定负值，但是其显示则取决于浏览器。与字间距不同的是，字母间距可以覆盖由页边调整产生的字母之间的多

Note

余空格。

☑ Vertical-align（垂直对齐）下拉列表：设置元素包含内容的纵向对齐方式。只有当元素显示为单元格时，该样式才有效果，但 IE6 及其以下版本浏览器不支持这个属性。

☑ Text-align（文本对齐）下拉列表：设置文本如何在元素内对齐，包括 left（居左）、right（居右）、center（居中）和 justify（两端对齐）4 个选项。

☑ Text-indent（文字缩进）文本框：设置首行缩进的距离。指定为负值时则等于创建文本凸出显示，但是其显示则取决于浏览器。只有当标签应用于文本块元素时，Dreamweaver 的文档窗口中才会显示该属性。

☑ White-space（空格）下拉列表：决定如何处理元素内的空格键、Tab 键和换行符。有以下 3 个选项。

➢ normal（正常）：按正常的方法处理其中的空格键、Tab 键和换行符，即忽略这些特殊的字符，并将多个空格折叠成一个。

➢ pre（保留）：将所有的空格键、Tab 键和换行符都作为文本，用<pre>标记进行标识，保留应用样式元素内源代码的版式效果。

➢ nowrap（不换行）：设置文本只有在遇到
标记时才换行。在 Dreamweaver 文档窗口中不会显示该属性。

☑ Display（显示）下拉列表：设置是否以及如何显示元素。如果选择 none（无）选项，则会关闭该样式被指定的元素的显示。

第 4 步，为标记<p>定义样式。在【CSS 规则定义】对话框中设置 Text-indent 为"2em"，该值表示缩进两个字体大小，设置段落文本左对齐，其他各项均使用默认设置。

第 5 步，单击【确定】按钮关闭对话框，返回编辑窗口。切换到【代码】视图，可以在头部区域的内部样式表中看到新添加的样式，代码如下。

```
#box p {
    text-align: left;
    text-indent: 2em;
}
```

第 6 步，保存文件，然后按 F12 键在浏览器中预览效果，如图 8.15 所示。

图 8.15 设置段落文本样式后效果

8.2.5 实战演练：定义方框样式

前面曾经介绍过如何使用属性面板设置图像的大小、图像水平和垂方向上的空白区域以及设置图像是否有文字环绕效果等。方框样式完善并丰富了这些属性设置，它定义特定元素的大小及其与周围元素间距等属性。下面的示例将重新设置网页正文的标题上下间距，改善正文内容的视觉空间。

操作步骤：

第 1 步，打开本案例的半成品网页文件，本示例以上节文件为基础做进一步的设计演示。

第 2 步，模仿前面小节方法建立一个样式，设置样式的选择器类型为"复合内容（基于选择的内容）"，设置【选择器名称】为"#box h1"，把样式保存在内部样式表中。

操作提示：

选中段落文本标记，然后在【CSS 样式】面板中新建样式时，Dreamweaver 会自动填写好选择器名称。

第 3 步，在【#box h1 的 CSS 规则定义】对话框的左边选择【方框】选项，然后在右侧详细设置方框样式，如图 8.16 所示。

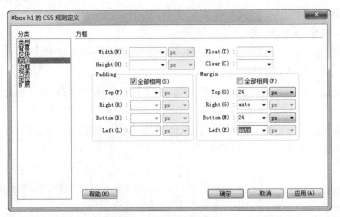

图 8.16 定义方框样式

该对话框 CSS 属性选项说明如下。

- ☑ Width（宽）和 Height（高）文本框：设置元素的大小，只有在被应用于块状元素时，Dreamweaver 的编辑窗口中才会显示该属性。
- ☑ Padding（填充）选项区域：设置元素内容和边框（如果没有边框则为边缘）之间的空间大小。可以在下面对应 top（上）、bottom（下）、left（左）、right（右）各项中设置具体的值和单位。填充属性在编辑窗口中不显示效果。
- ☑ Float（浮动）下拉列表：设置应用样式的元素浮动位置。利用该选项，可以实现元素的并列显示，如果选择 left（左对齐）或者 right（右对齐）选项，则将元素浮动到靠左或靠右的位置。其他环绕移动元素则保持正常。
- ☑ Clear（清除）下拉列表：设置浮动元素的哪一边不允许有其他浮动元素。如果在被清除的那一边有其他浮动元素，则当前浮动元素会自动移动到下面显示。
- ☑ Margin（边界）选项区域：设置元素边框和其他元素之间的空间大小。只有在被应用于块状元素时（如段落、标题、列表等）时，Dreamweaver 的文档窗口中才会显示该属性。

第 4 步，为标记<h1>定义样式。在【CSS 规则定义】对话框中设置 margin-top 和 margin-bottom 为 24 像素，该值表示为标题 1 文本上下添加 24 像素的边界空间，其他各项均使用默认设置。

第5步，单击【确定】按钮关闭对话框，返回编辑窗口。切换到【代码】视图，可以在头部区域的内部样式表中看到新添加的样式，代码如下。

```
#box h1 {
    margin-top: 24px;
    margin-right: auto;
    margin-bottom: 24px;
    margin-left: auto;
}
```

第6步，保存文件，然后按 F12 键在浏览器中预览效果，如图 8.17 所示。

图 8.17 设置标题文本样式后效果

8.2.6 实战演练：定义边框样式

边框样式可以设置元素对象的边框，如边框的颜色、粗细、样式等。下面的示例中将演示如何为标题文本添加下划线，设计单线行格式。

操作步骤：

第1步，打开本案例的半成品网页文件，本示例以上节文件为基础做进一步的设计演示。

第2步，模仿前面小节方法建立一个样式，样式的选择器类型为"复合内容（基于选择的内容）"，设置【选择器名称】为"#box h1"，把样式保存在内部样式表中。

操作提示：

选中标题文本标记，然后在【CSS 样式】面板中新建样式时，Dreamweaver 会自动填写好选择器名称。

第3步，在【#boxh1 的 CSS 规则定义】对话框的左边选择【方框】选项，然后在右侧详细设置方框样式，如图 8.18 所示。

图 8.18　定义方框样式

该对话框 CSS 属性选项说明如下。

☑　Style（样式）选项：设置边框的样式，包括无、点划线、虚线、实线、双线、槽状、脊状、凹陷和凸出。如果选中【全部相同】复选框，则只需设置【上】下拉列表的样式，其他方向样式与【上】相同。

　　➢　none（无）：设置边框线为无，无论设置边框宽度多宽，都不会显示边框。

　　➢　dotted（点划线）：设置边框线为点线组成。

　　➢　dashed（虚线）：设置边框线为虚线组成。

　　➢　solid（实线）：设置边框线为实线。

　　➢　double（双线）：设置边框线为双实线。

　　➢　groove（槽状）：设置边框线为立体感的沟槽。

　　➢　ridge（脊状）：设置边框线为脊形。

　　➢　inset（凹陷）：设置边框线为内嵌一个立体边框。

　　➢　outset（凸出）：设置边框线为外嵌一个立体边框。

☑　Width（宽度）选项：设置边框的粗细，包括 thin（细）、medium（中）、thick（粗）和值，也可以设置边框的宽度值和单位。如果选中【全部相同】复选框，其他方向的设置与【上】相同。

☑　Color（颜色）选项：设置边框的颜色，其显示取决于浏览器，在 Dreamweaver 编辑窗口中不会显示该属性。如果选中【全部相同】复选框，则其他方向的设置都与【上】相同。

第 4 步，为标记<h1>定义样式。在【CSS 规则定义】对话框中设置底部边框线为虚线、1 像素宽，颜色为浅灰色，其他各项均使用默认设置。

第 5 步，单击【确定】按钮关闭对话框，返回编辑窗口。切换到【代码】视图，可以在头部区域的内部样式表中看到为#box h1 选择器追加的声明，代码如下。

```
#box h1 {
    margin-top: 24px;
    margin-right: auto;
    margin-bottom: 24px;
    margin-left: auto;
    padding-bottom:24px;
    font-size: 14px;

    border-bottom-style: dashed;
    border-bottom-color: #CCC;
```

```
border-bottom-width: 1px;
}
```

第6步，保存文件，然后按 F12 键在浏览器中预览效果，如图 8.19 所示。

图 8.19　设置标题文本下划线样式后效果

8.2.7　实战演练：定义列表样式

使用 CSS 列表样式可以定义列表的显示效果以及缩进方式，主要包括列表项目符号样式、项目缩进样式。下面的示例中将演示如何清除列表项目符号，并重设列表项目的边界大小，然后设计列表项目并列显示。

操作步骤：

第1步，打开本案例的半成品网页文件，如图 8.20 所示，在页面右上角有个导航列表结构。

图 8.20　网页初步设计效果

Note

第 2 步，模仿前面小节中的方法建立一个样式，样式的选择器类型为"标签（重新定义特定标签的外观）"，在【标签】下拉列表中选择"ul"选项，把样式保存在内部样式表中。

第 3 步，在【ul 的 CSS 规则定义】对话框的左边选择【列表】选项，然后在右侧详细设置列表样式，如图 8.21 所示。

图 8.21 定义列表样式

该对话框 CSS 属性选项说明如下。

☑ List-style-type（类型）下拉列表：设置列表项目的符号类型。包括圆点、圆圈、方块、数字、小写罗马数字、大写罗马数字、小写字母、大写字母和无，共有 9 种类型，分别代表不同符号或编号。

➤ disc（圆点）：设置在文本行前面加实心圆。

➤ circle（圆圈）：设置在文本行前面加空心圆。

➤ square（方块）：设置在文本行前面加实心方块。

➤ decimal（数字）：设置在文本行前面加阿拉伯数字。

➤ lower-roman（小写罗马数字）：设置在文本行前面加小写罗马数字。

➤ upper-roman（大写罗马数字）：设置在文本行前面加大写罗马数字。

➤ lower-alpha（小写字母）：设置在文本行前面加小写英文字母。

➤ upper-alpha（大写字母）：设置在文本行前面加大写英文字母。

➤ none（无）：设置在文本行前面什么都不加。

☑ List-style-image（项目符号图像）下拉文本框：设置图像作为列表项目的符号，单击右侧的【浏览】按钮，可以快速选择图像文件。

☑ List-style-position（位置）下拉列表：设置列表项符号的显示位置。

➤ outside（外）：设置列表项符号显示在列表项的外面，这样列表项符号与列表项之间会产生一段空隙。

➤ inside（内）：设置列表项符号显示在列表项的内部，这样列表项符号与列表项之间会紧紧贴在一起。

第 4 步，为标记<ul>定义样式。在【ul 的 CSS 规则定义】对话框中设置项目符号为 none，项目图像也为 none，其他各项均使用默认设置。

第 5 步，单击【确定】按钮关闭对话框，返回编辑窗口。切换到【代码】视图，可以在头部区域的内部样式表中看到新定义的样式，代码如下。

```
ul {
    list-style:none;
}
```

第6步，在【CSS 样式】面板中为当前样式添加声明，设置边界缩进样式，同时定义列表字体大小，具体代码如下。

```
ul {
    list-style:none;
    padding:0;
    margin:0;
    font-size:12px;
    color:#666;
    margin-left:12px;
}
```

第7步，定义列表项目样式，设置列表项左浮动，实现并列显示，同时通过边界和补白调整项目之间的距离，然后使用边框设计分隔线效果，代码如下。

```
ul li {
    float:left;
    margin-top:6px;
    margin-right:12px;
    padding-left:12px;
    border-left-style:solid;
    border-left-color:#aaa;
    border-left-width:1px;
    cursor:pointer;
}
```

第8步，保存文件，然后按 F12 键在浏览器中预览效果，如图 8.22 所示。

图 8.22　设置列表样式效果

8.2.8 实战演练：定义定位样式

定位样式就是定义 AP 元素的相关属性。使用定位样式可以把网页已有的对象元素转化为 AP 元素，并进行精确定位。下面示例将演示如何控制音乐播放器模块在页面的中间位置显示。

操作步骤：

第 1 步，打开本案例的半成品网页文件，如图 8.23 所示，音乐播放器在默认状态下显示在页面的左上位置。

图 8.23 网页初步设计效果

第 2 步，模仿前面小节方法建立一个样式，样式的选择器类型为"ID（仅应用于一个 HTML 元素）"，在【选择器名称】文本框中输入"#box"，把样式保存在内部样式表中。

第 3 步，在【ul 的 CSS 规则定义】对话框的左边选择【列表】选项，然后在右侧详细设置列表样式，如图 8.24 所示。

图 8.24 定义定位样式

该对话框 CSS 属性选项说明如下。

☑ Position（类型）下拉列表：设置层的定位方式。包括绝对、相对、固定和静态 4 个选项。

➢ absolute（绝对）：使用绝对坐标定位元素，则元素就不再受文档流的影响，在 Width 和 Height 文本框中输入相对于最近上级包含块坐标值。

➢ relative（相对）：使用相对坐标定位元素的位置，在 Width 和 Height 文本框中输入相对于元素本身在网页中的位置设置值，相对定位的元素还需要受文档流的影响，同时，它还占据定位前的位置。

➢ fixed（固定）：使用固定位置来定义元素的显示，固定定位的元素不会随浏览器滚动条的拖动而变化，也就是说它的定位坐标是根据当前浏览器窗口来定位的。

➢ static（静态）：恢复元素的默认状态，不再进行定位处理。

☑ Visibility（显示）下拉列表：设置层的初始化显示位置。如果没有设置该属性，大多数浏览器会以分层的父级属性作为其可视化属性。

➢ inherit（继承）：针对嵌套层（就是插入在其他层中的层，分为嵌套的子层和被嵌套的父层）进行设置，设置子层继承父层的可见性。父层可见，子层也可见；父层不可见，子层也不可见。

➢ visible（可见）：设置无论在任何情况下，层都将是可见的。

➢ hidden（隐藏）：设置无论在任何情况下，层都是隐藏的。

☑ Height（高）和 Width（宽）下拉文本框：设置层的大小，选择 auto（自动）选项，层会根据内容的大小自动调整。也可以输入具体的值来设置层的大小，然后在右侧选择单位，默认单位是像素。

☑ Z-index（Z 轴）下拉文本框：设置层的先后顺序和覆盖关系。可以选择 auto（自动），或者输入相应的层索引值。可以输入正值或负值，值越大，所在层就会位于较低值所在层的上端。

☑ Placement（定位）选项：设置层的位置和大小。具体含义主要根据在 Position 下拉列表中的设置。由于层是矩形的，仅需两个点就可以准确地描绘层的位置和形状。第 1 个是左上角的顶点，用 left（左）和 top（上）两项进行设置；第 2 个是右下角的顶点，用 bottom（下）和 right（右）两项进行设置。这 4 项都是以网页左上角的点为原点。

☑ Overflow（溢出）：设置层内对象超出层所能容纳的范围时的处理方式。

➢ visible（可见）：无论层的大小，内容都会显示出来。

➢ hidden（隐藏）：隐藏超出层大小的内容。

➢ scroll（滚动）：不管内容是否超出层的范围，选中此项都会为层添加滚动条。

➢ auto（自动）：只在内容超出层时才显示滚动条。

☑ Clip（剪辑）选项：设置限定可视层的局部区域的位置和大小。限定只显示裁切出来的区域，裁切出的区域为矩形。设置两个点即可，一个是矩形左上角的顶点，由 top（上）和 left（左）两项设置完成；另一个是右下角的顶点，由 bottom（下）和 right（右）两项设置完成。坐标相对的原点是层的左上角的顶点。如果指定了剪切区域，则可以使用脚本语言（如 JavaScript）读取该区域并操作其属性以创建特殊效果。

第 4 步，为<div id="box">标记定义样式。在【CSS 规则定义】对话框中设置盒子定位方式为绝对定位，宽度为 562 像素、高度为 275 像素、距离浏览器顶边为 168 像素，距离浏览器右边为 331 像素，其他各项均使用默认设置。

第 5 步，单击【确定】按钮关闭对话框，返回编辑窗口。切换到【代码】视图，可以在头部区域的内部样式表中看到新定义的样式，代码如下。

#box {

```
    position:absolute;
    left:331px;
    top: 168px;
    width:562px;
    height: 275px;
}
```

第 6 步，在【CSS 样式】面板中为当前样式添加声明，设置边界缩进样式，同时定义列表字体大小，具体代码如下。

```
ul {
    list-style:none;
    padding:0;
    margin:0;
    font-size:12px;
    color:#666;
    margin-left:12px;
}
```

第 7 步，保存文件，然后按 F12 键在浏览器中预览效果，如图 8.25 所示。

图 8.25　设置定位样式效果

8.2.9　实战演练：定义扩展样式

CSS 样式还可以实现一些扩展功能，这些功能主要集中在扩展样式中，包括分页、光标和过滤器。扩展功能更多地对自定义功能进行扩展，不过目前大多数浏览器还不能完善地支持该项功能，建议用户要谨慎使用。

在【#box 的 CSS 规则定义】对话框的左侧分类列表中选择【扩展】选项，在右侧显示所有的 CSS 样式扩展属性，如图 8.26 所示。

图 8.26　设置扩展样式效果

☑ 　【分页】选项：设置为网页添加分页符号，通过指定在某元素前或后进行分页。当打印网页中的内容时在某指定的位置停止并强行换页。IE 4 以上版本的浏览器才支持。可以在 page-break-before（之前）和 page-break-after（之后）下拉列表中进行设置。在 page-break-before 下拉列表中包括 4 个选项。page-break-after 下拉列表各个选项与 page-break-before 下拉列表 4 个选项意思基本相同。

➢ 　auto（自动）：自动在某一个元素的前面插入一个分页符，当页面中没有空间时，就会自动产生分页符。

➢ 　always（总是）：在某一元素的前面插入一个分页符，而不管页面中是否有空间。

➢ 　left（左对齐）：在一个元素的前面插入一个或两个分页符，直至达到一个空白的左页。

➢ 　right（右对齐）：达到一个空白的右页。左页和右页实际上就是单页和双页，只有在文档进行双面打印时用到。

☑ 　Cursor（光标）：当鼠标指针停留在由扩展样式所控制的对象元素上时，改变指针的图形。主要包括 hand（手）、crosshair（交叉十字）、text（文本选择符号）、wait（Windows 的沙漏形状）、default（默认的鼠标形状）、help（带问号的鼠标）、e-resize（向东的箭头）、ne-resize（指向东北方的箭头）、n-resize（向北的箭头）、nw-resize（指向西北的箭头）、w- resize（向西的箭头）、sw-resize（向西南的箭头）和 s-resize（向南的箭头）、se-resize（向东南箭头）和 auto（正常鼠标）。

☑ 　Filter（过滤器）：设置由样式控制的对象元素应用特殊效果。只有 IE 4.0 及其以上版本才支持该属性。作为 CSS 样式的新扩展，CSS 滤镜属性能把可视化的滤镜和转换效果添加到一个标准的 HTML 元素上。在 Dreamweaver 中，可以直接在对话框中设置滤镜参数，而不用写更多的代码。Dreamweaver 在 Filter 下拉列表中为用户提供了丰富的滤镜效果。

➢ 　Alpha：设置透明效果。

➢ 　BlendTrans：设置混合过渡的效果。

➢ 　Blur：设置模糊效果。

➢ 　Chroma：将指定的颜色设置成透明。

➢ 　DropShadow：设置投影阴影。

➢ 　FlipH：进行水平翻转。

➢ 　FlipV：进行垂直翻转。

➢ 　Glow：设置发光效果。

➢ 　Grayscale：设置图像灰阶。

> ➤ Invert：设置反转底片效果。
> ➤ Light：设置灯光投影效果。
> ➤ Mask：设置遮罩效果。
> ➤ RevealTrans：设置显示过渡效果。
> ➤ Shadow：设置阴影效果。
> ➤ Wave：设置水平与垂直波动效果。
> ➤ Xray：设置 X 光照效果。

操作步骤：

第 1 步，设置光晕特效。打开本案例网页文件，选中网页中效果图图片框，在【div.filter 的 CSS 规则定义】对话框中设置光晕特效，参数设置如图 8.27 所示，在浏览器中预览效果如图 8.28 所示。

图 8.27　设置扩展样式效果

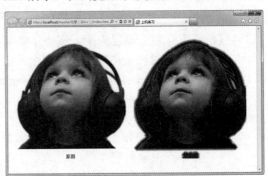

图 8.28　特效显示效果

生成的样式代码如下。

```
div.filter   {
        filter: glow(Color=blue,Strength=10);
}
```

第 2 步，设置灰度特效。打开本案例网页文件，选中网页中效果图图片框，在【div.filer 的 CSS 规则定义】对话框中设置灰度特效，参数设置如图 8.29 所示，在浏览器中预览效果如图 8.30 所示。

图 8.29　设置扩展样式效果

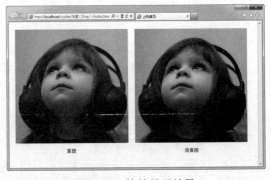

图 8.30　特效显示效果

生成的样式代码如下。

```
div.filter   {
        filter:Gray();
}
```

第9章

使用 DIV+CSS 布局网页

（ 📹 视频讲解：54分钟 ）

DIV+CSS 布局包括两种方式，一种是浮动布局，一种是定位布局。浮动布局的优势在于灵活，但是却无法实现精确控制。由于缺乏精确性，很多布局效果都无法实现。用 CSS 定位可以实现精确控制网页对象，用户能够借助 CSS 定位属性精确定位网页中每个元素的位置。本章主要讲解如何使用 DIV+CSS 技术灵活实现各种网页布局效果。

学习重点：

▶▶　了解 AP Div 布局。

▶▶　定义 AP Div 元素。

▶▶　操作 AP Div 对象。

▶▶　使用 AP Div 实现网页布局。

9.1 认识 AP Div

在 Dreamweaver 中可以使用 AP Div 元素定位页面内容，以实现网页精确布局。其中，AP 是 Absolutely Positioned 短语的缩写，中文翻译为"绝对定位"。

Dreamweaver 的 AP Div 元素可以理解为浮动在网页上的一层透明纸，能够准确地定位于网页的任意位置，并且可以设置大小。作为一种网页元素定位技术，使用 AP Div 元素可以以像素为单位精确定位页面元素。在 AP Div 元素里可放置文本、图像等对象。AP Div 元素对于制作网页的部分重叠更具有特殊的作用。把页面元素放入 AP Div 元素中，可以控制元素的显示顺序，也能控制页面元素的显示和隐藏，如果配合时间轴的使用，可同时移动一个或多个 AP Div 元素，这样就可以轻松制作出动态效果。

AP Div 元素还可以相互嵌套 AP Div 元素，子 AP Div 元素会继承父 AP Div 元素的特征，如可见性、可移动性等。AP Div 元素在 Dreamweaver 中被认为是一个对象，这样就具有更多的特性，如制作动画、触发动作。如果要构建一个十分酷的网页，AP Div 元素的作用不能忽视。

Dreamweaver 中的 AP Div 元素实际上是来自 CSS 中的定位技术，只不过 Dreamweaver 将其进行了可视化操作。AP Div 元素体现了网页技术从二维空间向三维空间的一种延伸，也是一种新的发展方向。有了 AP Div 元素就可以在网页中实现诸如下拉菜单、图片和文本的各种运动效果等。另外，使用 AP Div 元素也可以实现页面的复杂排版。

9.2 操作练习：定义 AP Div

使用 CSS 直接来定义 AP Div 元素会复杂一些，但是借助 Dreamweaver 提供的可视化操作可以简单定义 AP Div 元素。

9.2.1 定义独立的 AP Div

操作步骤：

第 1 步，启动 Dreamweaver，新建一个网页。

第 2 步，选择【插入】|【布局对象】|【AP Div】命令，即可在页面中插入一个 AP Div 元素，插入后的效果如图 9.1 所示。

第 3 步，如果在【插入】面板中选择【布局】选项卡，选择其中的【绘制 AP Div】选项可以在页面中绘制 AP Div 元素，如图 9.2 所示。

第 4 步，在编辑窗口中可以使用鼠标拖曳 AP Div 元素，如图 9.3 所示。

第 5 步，如果在【插入】面板中选择绘制 AP Div 元素的命令，在编辑窗口中按住 Ctrl 键，则可以连续绘制多个 AP Div 元素，如图 9.4 所示。

第 6 步，在【插入】面板的【布局】选项卡中，使用鼠标拖动【绘制 AP Div】选项按钮到编辑窗口中的指定位置，然后释放鼠标，如图 9.5 所示。

第 7 步，在页面上自动创建一个 AP Div 元素，AP Div 元素的大小是固定的，这个大小可以在【首选参数】中进行设置。方法是选择【编辑】|【首选参数】命令，在打开的【首选参数】对话框左侧

Note

【分类】列表中选择【AP Div】选项，然后在右侧文本框设置【宽】和【高】的大小，如图 9.6 所示。

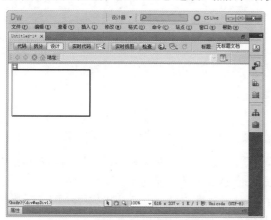

图 9.1 插入 AP Div 元素效果

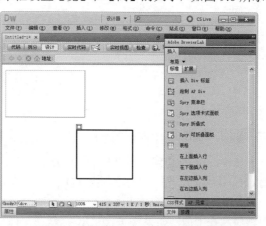

图 9.2 选择【绘制 AP Div】选项

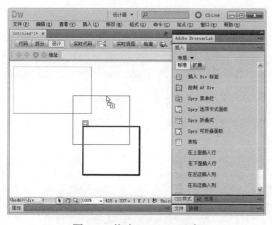

图 9.3 拖曳 AP Div 元素

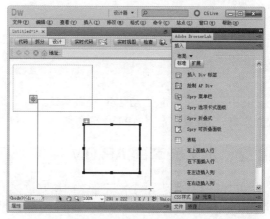

图 9.4 绘制多个 AP Div 元素

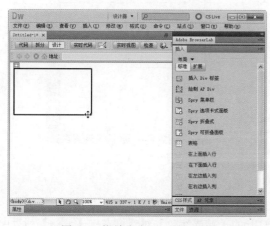

图 9.5 拖放定义 AP Div 元素

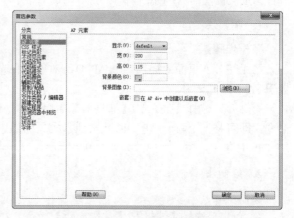

图 9.6 设置 AP Div 元素的默认大小

第 8 步，当在【设计】视图中创建一个 AP Div 元素后，切换到【代码】视图中，会发现如下代码。

```
<style type="text/css">
#apDiv1 {
        position:absolute;
        width:200px;
        height:115px;
        z-index:1;
}
</style>

<div id="apDiv1"></div>
```

其中<div>标记用来定义一个 AP Div 元素。id 属性用来定义<div>标记的名称，在<style>标记中用 CSS 分别定义<div>标记的绝对定位属性，其中，position:absolute;规则表示该元素为绝对显示；width 和 height 属性分别定义<div>标记显示的宽度和高度；z-index 属性定义<div>标记的层叠顺序，数字越大越显示在上面。如果移动 AP Div 元素在窗口中的显示位置，还会增加以下代码。

```
<style type="text/css">
#apDiv1 {
        left: 178px;
        top: 111px;
}
</style>
```

其中，left 属性定义 AP Div 元素距离最近上级包含块（包含块就是拥有定位属性的元素）左侧边框的距离，top 属性定义 AP Div 元素距离上级包含块顶部边框的距离。

9.2.2 定义嵌套的 AP Div

AP Div 嵌套就是 AP Div 元素之间相互包含。使用 AP Div 元素嵌套的最大优点就是该 AP Div 元素能够和父 AP Div 元素紧密结合，并继承父 AP Div 元素的一些属性。定义嵌套的 AP Div 有 3 种方法，具体说明如下。

1. 插入法

操作步骤：

第 1 步，在页面中插入一个 AP Div 对象，将光标置于 AP Div 元素内。

第 2 步，选择【插入】|【布局对象】|【AP Div】命令，即可将一个新的 AP Div 元素插入到页面当中的 AP Div 对象中，插入后的效果如图 9.7 所示。

图 9.7 插入嵌套层

2. 绘制法

操作步骤：

第 1 步，选择【编辑】|【首选参数】命令，在打开的【首选参数】对话框左侧【分类】列表中选择【AP 元素】选项，然后在右边选中【在 AP Div 元素中创建以后嵌套】复选框，如图 9.8 所示。

第 2 步，在【插入】面板【布局】选项卡中单击【绘制 AP Div】选项按钮。

第 3 步，移动鼠标到编辑窗口中一个 AP Div 元素上面拖动绘制 AP Div 元素，如图 9.9 所示。

Note

第 4 步,如果按住 Ctrl 键,可以连续绘制多个 AP Div 元素,如图 9.9 所示。

图 9.8 【首选参数】对话框

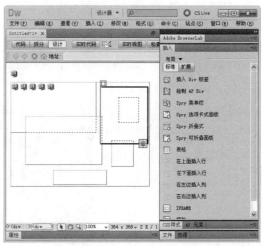

图 9.9 绘制多个 AP Div 元素

第 5 步,如果没有选中【在 AP Div 元素中创建以后嵌套】复选框,按住 Alt 键,在【插入】面板【布局】选项卡中单击【绘制 AP Div】选项按钮,移动鼠标到编辑窗口中一个 AP Div 元素上面拖动画 AP Div 元素同样可以创建嵌套 AP Div 元素。

3. 拖放法

操作步骤:

第 1 步,在【插入】面板【布局】选项卡中拖动【绘制 AP Div】选项按钮到 AP Div 元素内。

第 2 步,在拖动时确保光标已经进入父 AP Div 元素内,释放鼠标,即可创建一个嵌套 AP Div 元素,如图 9.10 所示。

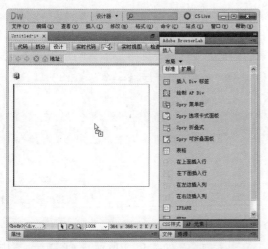
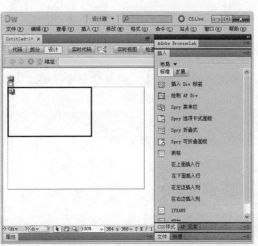

图 9.10 拖放嵌套 AP Div 元素

操作提示:

嵌套 AP Div 元素并不一定是页面上一个 AP Div 元素位于另一个 AP Div 元素内,实际上是一个 AP Div 元素的 HTML 代码嵌套在另一个 AP Div 元素的 HTML 代码之内。一个嵌套 AP Div 元素随被

Note

包含的 AP Div 元素移动而移动，并继承被包含 AP Div 元素的可见性。

如果要把嵌套的 AP Div 元素分离出来，拖动 AP Div 元素标记到父 AP Div 元素外释放鼠标即可。

拓展练习：

由于 AP Div 元素是可以重叠的，灵活性比较大，不如表格那样固定，有时虽然把光标置入到目标 AP Div 元素中了，而且那个 AP Div 元素确实已经显示在目标 AP Div 元素的上面了，但是实际上它并不一定是嵌套在那个 AP Div 元素的里面，有可能还在同一级，如图 9.11 所示。

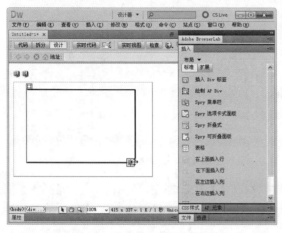
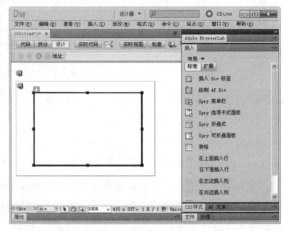

同一级 AP Div 元素　　　　　　　　　　　　嵌套 AP Div 元素

图 9.11　识别嵌套 AP Div 元素

识别嵌套的 AP Div 方法如下。

方法 1，借助 AP Div 元素标记，即位于窗口左上角或者 AP Div 元素左上角的带"C"标记的符号，可以分辨当前两个 AP Div 元素之间的包含关系。

在默认状态下，AP Div 元素标记被隐藏而无法看见，如果编辑窗口中没有显示 AP Div 元素标记，可以选择【编辑】|【首选参数】命令，在打开的【首选参数】对话框左侧【分类】列表中选择【不可见元素】选项，然后在右边选中【AP Div 元素的锚记】复选框，即可显示 AP Div 元素标记。

方法 2，切换到【代码】视图可以更直观地观察 AP Div 元素之间的关系。例如，图 9.11 中同一级 AP Div 元素的代码如下。

```
<div id="apDiv1"></div>
<div id="apDiv2"></div>
```

而包含关系的 AP Div 元素的代码如下。

```
<div id="apDiv1">
    <div id="apDiv2"></div>
</div>
```

嵌套 AP Div 元素的 AP Div 元素标记位于父 AP Div 元素内。在如图 9.12 所示的 AP Div 元素中，虽然右边的 AP Div 元素不在左边 AP Div 元素内，且比左侧的 AP Div 元素大，但是它是属于左边 AP Div 元素的嵌套 AP Div 元素。当用鼠标拖动左边的 AP Div 元素移动时，右边的 AP Div 元素也会随之移动。

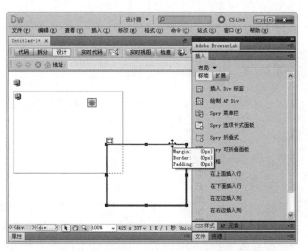

图 9.12 嵌套 AP Div 元素的显示形式

9.3 设置 AP Div 属性

在属性面板中可以设置单个 AP Div 元素的属性,也可以同时设置多个 AP Div 元素的属性,具体说明如下。

9.3.1 选择 AP Div 对象

定义 AP Div 元素之后,就可以编辑和操作 AP Div 元素了。对 AP Div 元素进行操作之前,首先应该选中 AP Div 元素。选择 AP Div 元素有多种方法。

方法 1,单击边框选中 AP Div 元素。将鼠标移动到 AP Div 元素边框上,鼠标光标变成十字状,单击选择该 AP Div 元素。选择后,AP Div 元素的左上角显示一个小方框,并且在 AP Div 元素边框上有 8 个控制点出现。

方法 2,快捷键选中 AP Div 元素。按住 Shift 键,然后用鼠标单击 AP Div 元素内任意区域,可以快速将该 AP Div 元素选中。

方法 3,用【AP 元素】面板选中 AP Div 元素。在【AP 元素】面板直接单击 AP Div 元素的名称,可以准确快速地选择 AP Div 元素。使用【AP 元素】面板选中 AP Div 元素是一种简便的方法,当 AP Div 元素非常多,且关系比较复杂时,就可以快速选中某个名称的 AP Div 元素。这个问题的详细讲解请参阅 9.4 节。

方法 4,单击 AP Div 元素标记选中 AP Div 元素。用鼠标单击位于窗口或 AP Div 元素内左上角的 AP Div 元素标记,可以将 AP Div 元素选中。不过使用这种方法的局限性比较大,当 AP Div 元素比较多时,用户无法确定 AP Div 元素。

方法 5,选择多个 AP Div 元素。按住 Shift 键在多个 AP Div 元素内或边框上单击,或者在【AP 元素】面板上按住 Shift 键单击多个 AP Div 元素的名称。当多个 AP Div 元素被选择时,最后选择的 AP Div 元素的手柄以黑色突出显示,其他 AP Div 元素的手柄以空心突出显示。选择多个 AP Div 元素可进行对齐 AP Div 元素操作,使它们的宽度和高度相同,或者重新定位它们。

9.3.2 设置单个 AP Div 属性

Note

选中单个 AP Div 元素后，可以在属性面板中设置该 AP Div 元素的属性。单个 AP Div 元素属性面板如图 9.13 所示。

图 9.13　单个 AP Div 元素属性面板

☑　【CSS-P 元素】下拉列表：用于指定一个名称，以便在【AP 元素】面板和 JavaScript 代码中标识和引用该 AP Div 元素。AP Div 元素编号只能使用标准的字母、数字字符，而不能使用空格、连字符、斜杠或句号等特殊字符。每个 AP Div 元素都必须有唯一编号。

☑　【左】和【上】文本框：设置 AP Div 元素的左上角相对于最近上级包含块的左上角距离，如果 AP Div 元素嵌套，则将根据父 AP Div 元素左上角的位置，默认单位为像素。也可以指定以下单位：pc（pica）、pt（点）、in（英寸）、mm（毫米）、cm（厘米）或%（父 AP Div 元素相应值的百分比）。缩写必须紧跟在值之后，中间不留空格，例如，2mm 表示 2 毫米。

☑　【宽】和【高】文本框：设置 AP Div 元素的宽度和高度，单位为像素。

☑　【Z 轴】文本框：当 AP Div 元素重叠时，用来设置 AP Div 元素之间的前后排列顺序。值越大，显示越在上面。值可以为正，可以为负，也可以是 0。叠放顺序根据数值顺序排列，当更改 AP Div 元素的堆叠顺序时，使用【AP 元素】面板可以快速设置定 Z 轴值，如图 9.14 所示。

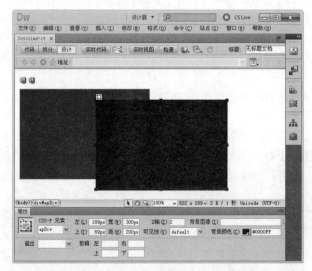

图 9.14　AP Div 元素之间的 Z 轴位置关系

☑　【可见性】下拉列表：设置 AP Div 元素是否可见，使用脚本语言（如 JavaScript）可以控制 AP Div 元素的可见性和动态显示 AP Div 元素的内容。包括 4 个选项。

➢　default（默认）：表示不指定可见性属性，当未指定可见性时，多数浏览器都会默认为继承。

- ➢ inherit（继承）：表示使用该 AP Div 元素最近上级包含块元素的可见性属性。
- ➢ visible（可见）：表示显示该 AP Div 元素的内容，而不管最近上级包含块元素的可见性属性。
- ➢ hidden（隐藏）：隐藏 AP Div 元素的内容，而不管最近上级包含块元素的可见性属性。

☑ 【背景图像】文本框：可以为 AP Div 元素指定一个背景图像。单击右边【选择文件】按钮，浏览并选择一个图像文件，或者在文本域中输入图像文件的路径。

☑ 【背景颜色】选项：可以为 AP Div 元素指定一个背景颜色。如果将此选项留为空白，则指定透明的背景。

☑ 【溢出】下拉列表：当 AP Div 元素的内容超过 AP Div 元素指定大小时，设置在浏览器中显示效果，只有在浏览器中才能预览效果。主要包括 4 个选项。

- ➢ visible（可见）：指定在 AP Div 元素中显示额外的内容，该 AP Div 元素会通过延伸来容纳额外的内容。
- ➢ hidden（隐藏）：指定不在浏览器中显示额外内容。
- ➢ scroll（滚动）：指定浏览器在 AP Div 元素上添加滚动条，而不管是否需要滚动条。
- ➢ auto（自动）：设置仅在需要时（即当 AP Div 元素的内容超出其边界时），浏览器才显示 AP Div 元素的滚动条。

☑ 【剪辑】选项组：定义 AP Div 元素的可见区域，AP Div 元素经过剪辑后，只有指定的矩形区域才是可见的。共有【左】、【右】、【上】和【下】4 项。

- ➢ 【左】文本框：设置这个可见区域的左边界距 AP Div 元素左边界的距离。
- ➢ 【右】文本框：设置这个可见区域的右边界距 AP Div 元素左边界的距离。
- ➢ 【上】文本框：设置这个可见区域的上边界距 AP Div 元素上边界的距离。
- ➢ 【下】文本框：设置这个可见区域的下边界距 AP Div 元素上边界的距离。

9.3.3　设置多个 AP Div 属性

按住 Shift 键选中多个 AP Div 元素，这时可以在属性面板中设置多个 AP Div 元素的属性。多个 AP Div 元素属性面板如图 9.15 所示。

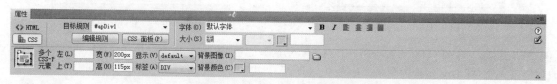

图 9.15　多个 AP Div 元素属性面板

多个 AP Div 元素属性面板上半部分用来设置 AP Div 元素中的文本，下半部分用来设置多 AP Div 元素的共同属性，其中大部分属性和单 AP Div 元素属性面板相同，这里就不再重复了。下面列出一个前面没有的选项：【标签】下拉列表，定义多个 AP Div 元素的 HTML 标记，包括 DIV 和 SPAN 两个选项。

9.4　操作练习：使用 AP Div 面板

在 Dreamweaver 中使用【AP 元素】面板可以轻松选择 AP Div 元素，调整 AP Div 元素顺序，设置 AP Div 元素可见性，设置 AP Div 元素关系，命名 AP Div 元素等。当页面中插入很多 AP Div 对象时，如果直接在编辑窗口中操作就比较困难。

操作步骤：

第 1 步，启动 Dreamweaver，新建一个网页。

第 2 步，选择【插入】|【布局对象】|【AP Div】命令，在页面中插入多个 AP Div 元素。

第 3 步，选择【窗口】|【AP 元素】命令，打开【AP 元素】面板，如图 9.16 所示。

第 4 步，显示/隐藏 AP Div 元素。在【AP 元素】面板左侧眼睛图标列 内单击可以更改 AP Div 元素的可见性。

操作提示：

眼睛闭合 表示该 AP Div 元素为隐藏；眼睛睁开 表示该 AP Div 元素为显示。如果未指定 AP Div 元素的可见性，则眼睛图标列内不会显示眼睛图标，即该 AP Div 元素在属性面板的【可见性】选项中设置为【默认】，这种不显示眼睛图标的 AP Div 元素通常会继承其父可见性。

第 5 步，防止 AP Div 元素重叠。在【AP 元素】面板顶部选中【防止重叠】复选框，则 AP Div 元素之间将不能重叠，而只能并行排列。

操作提示：

如要将 AP Div 元素转换为表格的话，建议选中【防止重叠】复选框。

第 6 步，更改 AP Div 元素名称。双击【AP 元素】面板中的【名称】列的名称，可以更变该 AP Div 元素的名称，如图 9.17 所示。

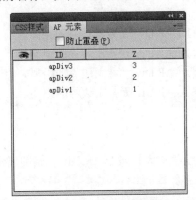

图 9.16 【AP 元素】面板

图 9.17 更改 AP Div 元素名称

第 7 步，改变 AP Div 元素顺序。在【AP 元素】面板的【Z】列中，单击【Z】列中的数值，更改数值来调整 AP Div 元素的顺序，如图 9.18 所示。注意，数值越大，显示越在上面。

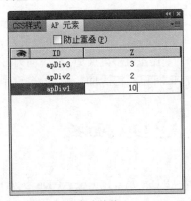

更改数值

顺序自动变换

图 9.18 利用更改【Z】列值来改变 AP Div 元素顺序

操作提示：

用鼠标在【AP 元素】面板中将 AP Div 元素向上或向下拖动来改变排列的顺序。当移动 AP Div 元素时会出现一条线，它指示该 AP Div 元素将出现的位置。当线出现在排列顺序中需要的位置时，释放鼠标，【Z】列中的数值自动发生变化，如图 9.19 所示。

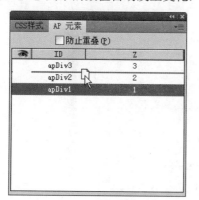

拖动 AP Div 元素

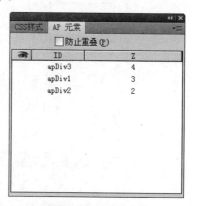

【Z】列数值自动变换

图 9.19 利用拖动改变 AP Div 元素顺序

第 8 步，设置 AP Div 元素嵌套。按住 Ctrl 键，用鼠标拖动 AP Div 元素到另一个 AP Div 元素上面，可以创建嵌套 AP Div 元素。

9.5 实战演练：操作 AP Div

AP Div 操作包括激活、移动、调整、插入等内容，下面通过具体示例演练如何操作 AP Div 对象，并利用 AP Div 实现网页布局。

9.5.1 在 AP Div 中插入模块内容

在 AP Div 元素中插入内容，应先要激活 AP Div 元素，然后输入文本、插入图像，或者在其中输入其他网页内容，此时 AP Div 对象如同一个独立的窗口，功能类似一个浮动框架。

操作步骤：

第 1 步，新建网页并保存为 index.html，完成页面前期制作，然后把光标置于需要插入 AP Div 的位置。

第 2 步，选择【插入】|【布局对象】|【AP Div】命令，在页面中插入一个 AP Div 元素，插入后的效果如图 9.20 所示。

第 3 步，把鼠标光标移至 AP Div 元素内的任何地方单击，即可激活 AP Div 元素。此时，插入点被置于 AP Div 元素内，如图 9.21 所示。被激活 AP Div 元素的边界突出显示，选择手柄也同时显示出来。

第 4 步，激活 AP Div 元素后，当光标移动到 AP Div 元素内时，就可以在 AP Div 元素中插入对象元素。无论是文本、图像、Flash 或者视频，甚至包括表格，一切在网页中可以插入的对象，在 AP Div 元素中同样都可以插入，插入的方法也基本相同，如图 9.22 所示。

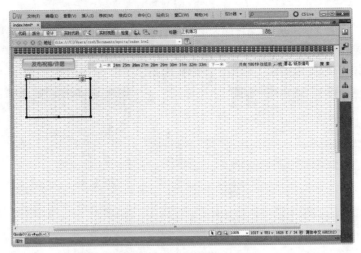

图 9.20　页面初步设计效果

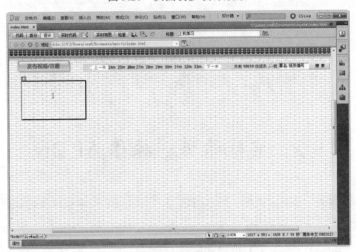

图 9.21　激活 AP Div

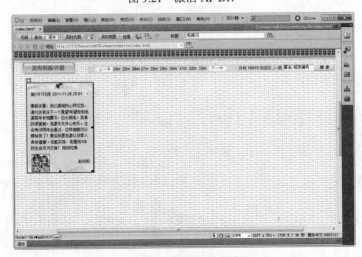

图 9.22　插入版块内容

9.5.2 编辑 AP Div 栏目

定义 AP Div 元素完毕，可以调整它的大小。可以单独调整一个 AP Div 元素的大小，也可以同时调整多个 AP Div 元素的大小，使它们具有相同的宽度和高度。

提示：如果在【AP 元素】面板中选中了【防止重叠】复选框，在调整某 AP Div 元素大小时不能使它与另一个 AP Div 元素重叠。调整 AP Div 元素的大小会改变 AP Div 元素的宽度和高度，但不会影响 AP Div 元素的可见区。

调整单个 AP Div 元素的大小，可执行下面任一操作。

- ☑ 用拖动的方法调整大小：选择 AP Div 元素，拖曳控制点以改变它的大小。
- ☑ 每次调整 1 个像素：选择 AP Div 元素，然后按住 Ctrl 键，同时按方向键。
- ☑ 按网格吸附增量来调整大小：按住 Ctrl+Shift 组合键，同时按方向键。
- ☑ 用属性面板：在属性面板的【宽】和【高】文本框中输入宽度和高度值。
- ☑ 在 AP Div 元素属性面板的【宽】和【高】文本框选项中分别输入宽度和高度值。输入的值被应用于所有选定的 AP Div 元素。

在编辑窗口中移动 AP Div 元素。可移动一个 AP Div 元素，也可以同时移动多个 AP Div 元素。操作方法方法如下。

- ☑ 拖动选择 AP Div 元素，把选择的 AP Div 元素拖到想放置的位置。如果同时选择了多个 AP Div 元素，拖曳最后选定的 AP Div 元素的控制柄。
- ☑ 选择 AP Div 元素，使用方向键移动，每次可以移动一个像素。同时按住 Shift 键和方向键，可以按当前网格吸附增量移动 AP Div 元素。

提示：如果在【AP 元素】面板中选取了【防止重叠】复选框，在移动 AP Div 元素时不能使它与另一个 AP Div 元素重叠。

9.5.3 布局 AP Div 栏目

当页面上有多个 AP Div 元素时，可以使用 AP Div 元素对齐命令对齐 AP Div 元素。

操作步骤：

第 1 步，选择要对齐的 AP Div 元素。

第 2 步，然后选择【修改】|【排列顺序】命令，在子菜单中分别选择对齐选项，包括 4 种对齐方式：左对齐、右对齐、对齐上缘和对齐下缘。例如，如果选择【对齐下缘】选项，所有选定的 AP Div 元素的下缘与最后选定的 AP Div 元素顶边对齐，如图 9.23 所示。

第 3 步，在对齐 AP Div 元素时，嵌套 AP Div 元素会因父 AP Div 元素对齐而相应地移动位置。防止嵌套 AP Div 元素被移动，要分离嵌套 AP Div 元素。

对齐 AP Div 元素到网格，操作步骤如下。

第 1 步，在编辑窗口中，显示网格可以精确定位 AP Div 元素和调整 AP Div 元素的大小。如果对齐网格功能被启用，在移动或调整 AP Div 元素大小时，该 AP Div 元素被自动定位到最近的网格位置并对齐，无须考虑网格是否可见。

第 2 步，选择【查看】|【网格】|【显示网格】命令。或者选择【查看】|【网格】|【网格设置】命令，打开【网格设置】对话框，如图 9.24 所示。在对话框中对网格进行设置，然后选择【显示网格】复选框。

第 3 步，选择【查看】|【网格】|【靠齐到网格】命令，启动对齐网格功能选项。

第 4 步，在编辑窗口中，选中 AP Div 元素并拖动它。释放时，AP Div 元素将跳转到最近的对齐位置，如图 9.25 所示。

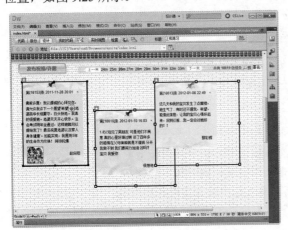

对齐前位置（最后选右边 AP Div 元素）　　　　　　　　　对齐后效果

图 9.23　对齐多个 AP Div 元素

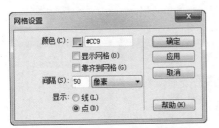

图 9.24　【网格设置】对话框

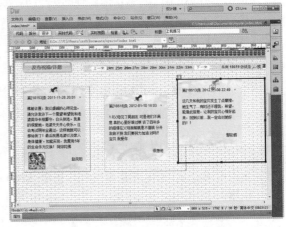

图 9.25　对齐 AP Div 元素到网格

9.5.4　定位 AP Div

定位 AP Div 元素包括两种类型：绝对定位和相对定位。绝对定位就是指定 AP Div 元素以最近上级包含块的左上角点为参考点进行定位，相对定位就是指定 AP Div 元素以相对于自身位置的左上角点为参考点进行定位。

要更改绝对定位或相对定位，可以在【代码】视图中修改 AP Div 元素的 CSS 样式表属性，设置 position 属性为 absolute（绝对定位）或 relative（相对定位），代码如下。

```
<style type="text/css">
#Layer1 {
    position:relative;/* 相对定位 */
```

Note

```
    }
</style>
```

凡是标记的 position 属性被定义为 absolute（绝对定位）或 relative（相对定位），该标记就是一个包含块，它包含的 AP Div 元素将根据它进行定位。

Dreamweaver 默认创建的 AP Div 元素为绝对定位，有时可以根据需要在【代码】视图中进行更改。当 AP Div 元素为绝对定位时，AP Div 元素的左上角显示有个凸出的小方框，用户可以随意在窗口中拖动 AP Div 元素的位置。而当元素设置为相对定位时，元素的左上角没有凸出的小方框，用户不能拖动 AP Div 元素的位置，如图 9.26 所示。

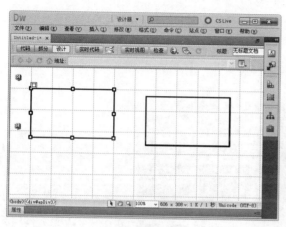

定位方式比较　　　　　　　　　　　增加文本流之后比较定位方式

图 9.26　元素定位方式

对上面图示的定位元素源代码进行比较，绝对定位的元素代码如下。

```
#apDiv1 {
    position:absolute;
    width:200px;
    height:115px;
    z-index:1;
    left:100px;
    top: 50px;
}
```

相对定位的元素代码如下。

```
#apDiv2 {
    position:relative;
    width:200px;
    height:115px;
    z-index:1;
    left:100px;
    top: 50px;
}
```

由于相对定位元素位置不是固定的，它会随着文档内容的变化而不断上下流动，但可以形成一个

Note

包含块。利用这个特点，可以把包含元素定义为包含块，内部嵌入 AP Div 元素，就会实现元素布局的灵活性与精确性相统一。

9.5.5 表格布局与 AP Div 布局快速切换

用 AP Div 定位网页对象比较灵活、方便，这是它的优点，但在浏览器中显示时，很容易移动位置，往往设计效果和浏览效果差别很大，不同浏览器、不同版本差别就更大。所以，在设计时不妨先用 AP Div 制作网页，利用 AP Div 的易操作性先将各个对象进行定位，然后将 AP Div 转化为表格，从而保证低版本浏览器正常浏览页面。

1. 把表格布局转换为 AP Div 布局

操作步骤：

第 1 步，使用 Photoshop 设计网页效果图，如图 9.27 所示，具体设计过程就不再演示。

图 9.27　网页设计效果图

第 2 步，使用 Photoshop 切割效果图，在工具箱中选择【切片工具】分割图片，以便输出为网页显示，如图 9.28 所示。

第 3 步，在 Photoshop 中选择【文件】|【存储为 Web 和设备所用格式】命令，打开【存储为 Web 和设备所用格式】对话框，单击【存储】按钮，在打开的【将优化结果存储为】对话框中把设计图存储为 index.html 网页格式，设置如图 9.29 所示。

第 4 步，启动 Dreamweaver，打开转换过来的 index.html 页面，切换到【代码】视图，可以看到整个网页使用表格进行布局，如图 9.30 所示。

第 5 步，选择【修改】|【转换】|【表格到 AP Div】命令，打开【将表格转换为 AP Div】对话框，如图 9.31 所示。

图 9.28 切割网页效果图

图 9.29 将效果图存储为网页格式

Note

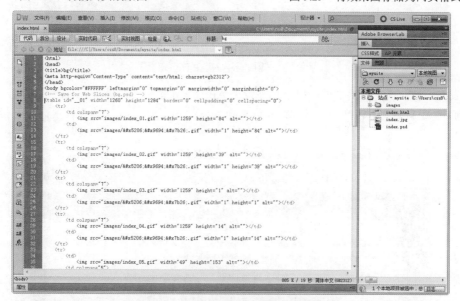

图 9.30 查看表格布局的网页源代码

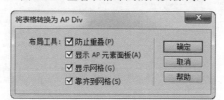

图 9.31 【将表格转换为 AP Div】对话框

该对话框各个选项说明如下。

☑ 【防止重叠】复选框：选中该复选框可以在转换后的页面中激活防止 AP Div 重叠的功能。

☑ 【显示 AP 元素面板】复选框：选中该复选框可以在转换后的页面中显示【AP 元素】面板。

☑ 【显示网格】复选框：选中该复选框可以在转换后的页面中显示网格线。

☑ 【靠齐到网格】复选框：选中该复选框可以在转换后的页面中将 AP Div 与网格线对齐。

第 6 步，在弹出的对话框中，选择所需的选项。

第 7 步，单击【确定】按钮，即可完成表格转换为 AP Div 元素，如图 9.32 所示。

图 9.32　转换表格为 AP Div 元素

空的表格不被转换，表格之外的内容也被置于 AP Div 元素中。在模板中或已经应用到模板的文件中，不能把 AP Div 元素转换为表格或把表格转换为 AP Div 元素。如果确需转换，可在存为模板之前先行转换。

第 8 步，切换到【代码】视图，即可以看到被转换后的代码，如图 9.33 所示。

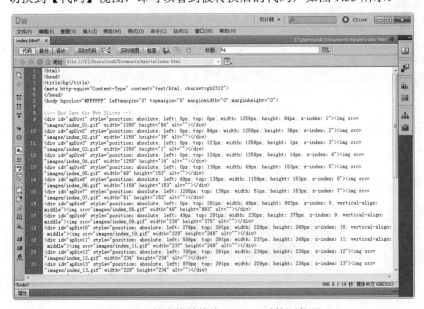

图 9.33　把表格转换为 AP Div 后的源代码

2. 把 AP Div 布局转换为表格布局

操作步骤：

第 1 步，启动 Dreamweaver，新建 index.html 网页文件，用 AP Div 定位好网页对象，如图 9.34

所示。生成的源代码如下。

```
<!DOCTYPE html PUBLIC "-//W3C//DTD XHTML 1.0 Transitional//EN" "http://www.w3.org/TR/xhtml1/DTD/
xhtml1-transitional.dtd">
<html xmlns="http://www.w3.org/1999/xhtml">
<head>
<meta http-equiv="Content-Type" content="text/html; charset=utf-8" />
<title>上机练习</title>
<style type="text/css">
#apDiv2 { position: absolute; left: 136px; top: 0px; width: 990px; height: 123px; }
#apDiv3 { position: absolute; left: 136px; top: 0px; width: 990px; height: 123px; }
#apDiv4 { position: absolute; left: 136px; top: 123px; width: 990px; height: 104px; }
#apDiv5 { position: absolute; left: 136px; top: 227px; width: 990px; height: 45px; }
#apDiv6 { position: absolute; left: 136px; top: 272px; width: 192px; height: 431px; }
#apDiv7 { position: absolute; left: 328px; top: 272px; width: 380px; height: 431px; }
#apDiv8 { position: absolute; left: 708px; top: 272px; width: 418px; height: 431px; }
#apDiv9 { position: absolute; left: 136px; top: 703px; width: 192px; height: 281px; }
#apDiv10 { position: absolute; left: 328px; top: 703px; width: 380px; height: 281px; }
#apDiv1 { position: absolute; left: 708px; top: 703px; width: 418px; height: 281px; }
</style>
</head>
<body>
<div id="apDiv2"><img src="images/index_02.gif"></div>
<div id="apDiv4"><img src="images/index_04.gif"></div>
<div id="apDiv5"><img src="images/index_05.gif"></div>
<div id="apDiv6"><img src="images/index_06.gif"></div>
<div id="apDiv7"><img src="images/index_07.gif"></div>
<div id="apDiv8"><img src="images/index_08.gif"></div>
<div id="apDiv9"><img src="images/index_09.gif"></div>
<div id="apDiv10"><img src="images/index_10.gif"></div>
<div id="apDiv1"><img src="images/index_11.gif"></div>
</body>
</html>
```

图 9.34　用 AP Div 定位好网页对象

第 2 步，在 Dreamweaver 编辑窗口中选中所有要转换为表格的 AP Div，如图 9.35 所示。

图 9.35　选中所有 AP Div 对象

第 3 步，选择【修改】|【转换】|【AP Div 到表格】命令，打开【将 AP Div 转换为表格】对话框，如图 9.36 所示。

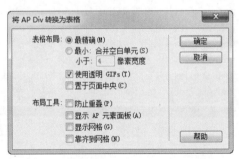

图 9.36　【将 AP Div 转换为表格】对话框

该对话框各个选项说明如下。

- ☑ 【最精确】单选按钮：选中该单选按钮会严格按照 AP Div 的排版布局生成表格，但表格的结构会非常复杂，一般会为每个 AP Div 创建一个单元格，同时为空白区域创建单元格，以保证布局固定为原状态。

- ☑ 【最小：合并空白单元】单选按钮：选中该单选按钮，将设置的 AP Div 定位在指定数目的像素内，则 AP Div 的边缘应对齐。如果选择该选项，结果表将包含较少的空行和空列，可能不与页面的布局精确匹配。

- ☑ 【使用透明 GIFs】复选框：选中该复选框，会在转化的空白单元格中插入透明的 GIF 格式图像，包括表格的最后一行，支撑表格的长宽，避免表格因无内容而缩小为最小状态。这将确保该表在所有浏览器中以相同的列宽显示。当启用此选项后，不能通过拖动表列来编辑结果表。当禁用此选项后，结果表将不包含透明 GIF 格式图像，但在不同的浏览器中可能会具有不同的列宽。

☑ 【置于页面中央】复选框：选中该复选框将结果表放置在页面的中央。如果禁用此选项，表将在页面的左边缘开始。

☑ 【布局工具】包括如下 4 个选项。

➤ 【防止重叠】：选择本项可防止 AP Div 重叠。

➤ 【显示 AP 元素面板】：选择本项，转换完成后显示【AP 元素】面板。

➤ 【显示网格】：选择本项，在转换完成后显示网格。

➤ 【靠齐到网格】：选择本项，启用靠齐到网格功能。

第 4 步，在【将 AP Div 转换为表格】对话框中选择想要的表格布局选项。

第 5 步，单击【确定】按钮，布局页面中的 AP Div 就被转换为表格形式的布局页面，如图 9.37 所示。

图 9.37 转换 AP Div 到表格后的效果

操作提示：

在进行 AP Div 元素转换为表格之前，有一个重要的前提，就是 AP Div 元素与 AP Div 元素之间不能重叠。用户可以在【AP 元素】面板中选中【防止重叠】复选框。在选中该复选框后，就不能在已经存在的 AP Div 元素上面创建新 AP Div 元素，不能在现有 AP Div 元素上移动 AP Div 元素或调整 AP Div 元素的大小，也不能将某个 AP Div 元素嵌套在另一个 AP Div 元素中。如果用户在创建嵌套 AP Div 元素后，再选择【防止重叠】复选框，则要分离嵌套 AP Div 元素，Dreamweaver 并不会自动修正页面上存在的嵌套 AP Div 元素。如果页面上存在嵌套 AP Div 元素，而又进行了转换操作，Dreamweaver 将弹出一个提示框，提示不能进行转换。

第10章

使用 JavaScript 行为创建特效网页

（📹 视频讲解：1 小时 23 分钟）

　　行为（Behavior）就是在特定时间或者某个事件被触发时所产生的动作，如鼠标单击、网页加载完毕、浏览器解析出现错误等。本章将讲解 Dreamweaver 所定义的一套行为功能，使用行为可以完成很多复杂的 JavaScript 代码才能实现的动作。借助 Dreamweaver 的行为，读者只需要简单的可视化操作，即可快速设计超眩动态页面效果。

学习重点：

▶▶　了解 JavaScript 行为。

▶▶　添加和编辑 JavaScript 行为。

▶▶　使用预定义行为。

▶▶　使用 Spry 特效。

10.1　认识 JavaScript 行为

行为是事件和动作的组合。在 Dreamweaver 中，行为实际上是插入到网页内的一段 JavaScript 代码，利用这些代码可以实现一些动态效果，允许浏览者与网页进行交互，以实现网页根据浏览者的操作而进行智能响应。下面分辨一下对象、事件、动作和行为这 4 个概念之间的内在关系。

- ☑ 对象：是产生行为的主体，大部分网页元素都可以成为对象，如图片、文本、多媒体等，甚至整个页面。
- ☑ 事件：是触发动作的原因，它可以被附加到各种页面元素上，也可以被附加到 HTML 标记中。一个事件总是针对页面元素或标记而言的，例如，将鼠标指针移到图片上、把鼠标指针放在图片之外、单击鼠标左键等。不同类型的浏览器支持的事件种类和数量可能是不一样的，通常高版本的浏览器支持更多的事件。
- ☑ 动作：通过动作来完成动态效果，如交换图像、弹出信息、打开浏览器、播放声音等都是动作。动作通常就是一段 JavaScript 代码，在 Dreamweaver 中内置了很多系统行为，运用这些代码会自动往页面中添加 JavaScript 代码，免除用户编写代码的麻烦。
- ☑ 行为：将事件和动作组合起来就构成了行为。例如，将 onClick 事件与一段 JavaScript 代码相关联，当在对象上单击时就可以执行这段关联代码。一个事件可以同多个动作相关联，即触发一个事件时可以执行多个动作。为了实现需要的效果，用户还可以指定和修改动作发生的顺序。动作的执行按照在【行为】面板列表中的顺序执行。

Dreamweaver 预置了很多行为，除了这些内置行为之外，读者也可以链接到 Adobe 官方网站以获取更多的行为库，下载并在 Dreamweaver 中安装行为库中的文件，可以获得更多的行为。如果熟悉 JavaScript 语言，用户还可以自己编写更为个性灵活的代码，作为一种行为增加到网页中。

10.2　添加与编辑 JavaScript 行为

在 Dreamweaver 中，向网页中添加行为和对行为进行控制主要是通过【行为】面板来实现的。选择【窗口】|【行为】命令，即可打开如图 10.1 所示的【行为】面板。如果打开的网页中已经附加了行为，那么这些行为将显示在列表框中。

图 10.1　【行为】面板

10.2.1 增加行为

在 Dreamweaver 中，可以为整个页面、表格、链接、图像、表单或其他任何 HTML 元素增加行为，最后由浏览器决定是否执行这些行为。在页面中增加行为的一般步骤如下。

第 1 步，在编辑窗口中，选择要增加行为的对象元素。在编辑窗口中选择元素，或者在编辑窗口底部的标签选择器中单击相应的页面元素标签。例如，选中<body>标记。

第 2 步，单击【行为】面板中的 ＋ 按钮，在打开的行为菜单中选择一种行为。

第 3 步，选择行为后，一般会打开一个参数设置对话框，根据需要完成设置。

第 4 步，单击【确定】按钮，这时在【行为】面板的列表中将显示添加的事件及对应的动作。

第 5 步，如果要设置其他触发事件，可单击事件列表右边的下拉箭头，打开事件下拉菜单，从中选择一个需要的事件。

注意，在 Dreamweaver 中纯文本是不能被增加行为的，因为使用<p>和<span>标记的文本不能在浏览器中产生事件，所以它们无法触发动作，但可以为具有链接属性的文本增加动作，方法是选中要加入链接的文本，在属性面板的【链接】文本框中输入"Javascript:;"，这里必须包含一个冒号（:）和一个分号（;），然后再次选中刚刚加入链接的文本，接着按照上面的步骤增加行为即可。

10.2.2 操作行为

不管是系统内置行为，还是用户自定义行为，都可以在【行为】面板中进行集中管理，包括增加、删除和更新行为，以及对行为进行排序等。

1. 增加行为

要在网页中增加行为，单击【行为】面板列表框上面的 ＋ 按钮，在打开的下拉菜单中选择系统内置的行为，如图 10.2 所示。

2. 删除行为

要删除网页中正在使用的某个行为，在【行为】面板的列表框中选中该行为，然后单击列表框上面的 － 按钮即可，或按 Delete 键即可实现删除。

3. 行为排序

如果在页面中有多个行为要设置到一个特定的事件上，动作之间的次序往往很重要。多个行为按事件以字母的顺序显示在面板上。如果同一个事件有多个动作，则以执行的顺序显示这些动作。若要更改给定事件的多个动作的顺序，用户可以选择某个动作后，单击【向上】 ▲ 或【向下】 ▼ 按钮进行排序，如图 10.3 所示。另一种方法是选择该动作后，剪切并粘贴到其他动作中所需的位置，也可以实现行为的排序。

调整行为顺序只能在同一事件的行为之间实现，也就是说调整同一事件下不同动作的执行顺序，如图 10.3 所示。

4. 设置事件

在【行为】面板的行为列表中选择一个行为，单击该项左侧的事件名称栏，会显示一个下拉菜单箭头，单击箭头按钮，即可弹出下拉菜单，如图 10.4 所示。菜单中列出了该行为所有可以使用的事件，用户可以根据实际需要进行设置（有关各种事件的详细内容在本章第 10.4 节中进行介绍）。

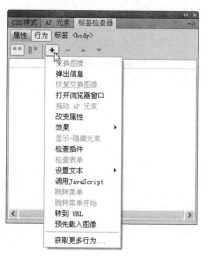

图 10.2 系统内置行为菜单

图 10.3 调整行为顺序

5. 切换面板视图

在【行为】面板中，用户还可以设置事件的显示方式。在面板的左上角有两个按钮▤和▦，分别表示显示设置事件和显示所有事件，如图 10.5 所示。

☑ 【显示设置事件】按钮▤：单击该按钮，仅显示当前网页中增加行为的事件，这种视图方便查看设置事件。

☑ 【显示所有事件】按钮▦：单击该按钮，显示当前网页中能够使用的全部事件，这种视图能够快速浏览全部可使用事件。

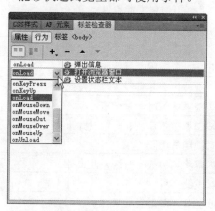

图 10.4 设置事件

图 10.5 显示所有事件

6. 更新行为

在【行为】面板中，用户可以更新触发动作的事件、添加或删除动作以及更改动作的参数。若要更新行为，操作步骤如下。

第 1 步，选中一个附加有行为的对象，打开【行为】面板。

第 2 步，双击要更改的动作，打开带有预先设置参数的对话框。

第 3 步，在对话框中对已有的设置进行修改。

第 4 步，设置完毕，单击【确定】按钮即可。

7. 获取第三方行为

Dreamweaver 最有用的功能之一就是它的扩展性，在【行为】面板中单击 ➕ 按钮，并从弹出的快捷菜单中选择【获取更多行为】选项，随后打开一个浏览器窗口，如果连在网上可以进入 Exchange 站点，在该站点中可以浏览、搜索、下载并且安装更多更新的行为。如果用户需要更多的行为，还可以到第三方开发人员的站点上进行搜索并下载。

10.2.3　浏览器事件介绍

事件是动态网页制作中一个非常重要的概念。当访问者与网页进行交互时，如单击=选中等，这些事件能触发客户端行为。没有用户交互也可以触发事件，例如，设置页面每 10 秒钟自动刷新一次，这也是一个事件。每个页面元素所能触发的事件不尽相同，例如，页面文件本身能触发 onLoad 和 onUnload 事件，onLoad 表示页面被打开的事件，onUnload 表示页面被关闭的事件，而超链接能触发 onMouseOver 事件，即被鼠标移动到其上的事件。

各类型的浏览器所支持的事件数量和种类并不相同，目前浏览器中主流是 IE 6.0 及其以上版本，因此建议用户选择 IE 6.0 为标准浏览器进行相应的设置。下面详细介绍各种事件，如表 10.1 所示。其中，IE 代表 Internet Explorer 浏览器，后面的数值为版本号。

表 10.1　事件列表

类别	事　　件	最低版本浏览器	说　　　明
一般事件	onClick	IE 3.0	鼠标单击左键时触发此事件
	onDblClick	IE 4.0	鼠标双击时触发此事件
	onMouseDown	IE 4.0	按下鼠标左键时触发此事件
	onMouseUp	IE 4.0	鼠标左键按下后松开时触发此事件
	onMouseOver	IE 3.0	鼠标指针移动到某对象范围内时触发此事件
	onMouseMove	IE 4.0	鼠标指针在某对象范围内移动时触发此事件
	onMouseOut	IE 4.0	鼠标指针离开某对象范围时触发此事件
	onKeyPress	IE 4.0	键盘上的某个键被按下并且释放时触发此事件
	onKeyDown	IE 4.0	键盘上某个按键被按下时触发此事件
	onKeyUp	IE 4.0	键盘上某个按键被按下后放开时触发此事件
页面事件	onAbort	IE 4.0	图片在下载时被用户中断
	onBeforeUnload	IE 4.0	当前页面的内容将要被改变时触发此事件
	onError	IE 4.0	出现错误时触发此事件
	onLoad	IE 3.0	页面内容完成被载入时触发此事件
	onMove	IE 4.0	浏览器窗口被移动时触发此事件
页面事件	onResize	IE 4.0	浏览器的窗口大小被改变时触发此事件事
	onScroll	IE 4.0	浏览器的滚动条位置发生变化时触发此事件
	onStop	IE 5.0	浏览器的【停止】按钮被按下时或者正在下载的文件被中断时触发此事件
	onUnload	IE 3.0	当前页面被关闭时触发此事件
表单事件	onBlur	IE 3.0	当前元素失去焦点时触发此事件
	onChange	IE 3.0	当前元素失去焦点并且元素的内容发生改变而触发此事件
	onFocus	IE 3.0	当某个元素获得焦点时触发此事件

续表

类别	事 件	最低版本浏览器	说 明
表单事件	onReset	IE 4.0	当表单中属性值被还原为默认值时触发此事件
	onSubmit	IE 3.0	当表单中属性值被提交时触发此事件
滚动字幕事件	onBounce	IE 4.0	在 Marquee 内的内容移动至 Marquee 显示范围之外时触发此事件
	onFinish	IE 4.0	当 Marquee 元素完成需要显示的内容后触发此事件
	onStart	IE 4.0	当 Marquee 元素开始显示内容时触发此事件
编辑事件	onBeforeCopy	IE 5.0	页面当前被选择的内容将要复制到浏览者系统的剪贴板前触发此事件
	onBeforeCut	IE 5.0	页面中的一部分或者全部的内容将被剪贴到浏览者的系统剪贴板时触发此事件
	onBeforEdditFocus	IE 5.0	当前元素将要进入编辑状态触发此事件
	onBeforePaste	IE 5.0	内容将要从浏览者的系统剪贴板粘贴到页面中时触发此事件
	onBeforeUpdate	IE 5.0	当浏览者粘贴系统剪贴板中的内容时通知目标对象
	onContextMenu	IE 5.0	当浏览者按下鼠标右键出现菜单时或者通过键盘的按键触发页面菜单时触发的事件
	OnCopy	IE 5.0	当前被选择内容被复制后触发此事件
	onCut	IE 5.0	当前被选择内容被剪切时触发此事件
	onDrag	IE 5.0	当某个对象被拖动时触发此事件
	onDragDrop	IE 5.0	一个外部对象被鼠标拖进当前窗口或者帧
	onDragEnd	IE 5.0	当鼠标拖动结束时触发此事件,即鼠标的按钮被释放了
	onDragEnter	IE 5.0	当对象被鼠标拖动时,对象进入其容器范围内时触发此事件
	onDragLeave	IE 5.0	当对象被鼠标拖动时,对象离开其容器范围内时触发此事件
编辑事件	onDragOver	IE 5.0	当某被拖动的对象在另一对象容器范围内拖动时触发此事件
	onDragStart	IE 4.0	当某对象将被拖动时触发此事件
	OnDrop	IE 5.0	在一个拖动过程中,释放鼠标键时触发此事件
	onLoseCapture	IE 5.0	当元素失去鼠标移动所形成的选择焦点时触发此事件
	onPaste	IE 5.0	当内容被粘贴时触发此事件
	onSelect	IE 4.0	当文本内容被选择时的事件
	onSelectStart	IE 4.0	当文本内容选择将开始发生时触发的事件
数据绑定事件	onAfierUpdate	IE 4.0	当数据完成由数据源到对象的传送时触发此事件
	onCellChange	IE 5.0	当数据来源发生变化时触发此事件
	onDataAvailable	IE 4.0	当数据接收完成时触发事件
	onDatasetChanged	IE 4.0	数据在数据源发生变化时触发的事件
	OnDatasetComplete	IE 4.0	当来自数据源的全部有效数据读取完毕时触发此事件
	onErrorUpdate	IE 4.0	当使用 onBeforeUpdate 事件触发取消了数据传送时,代替 onAfterUpdate 事件
	onRowEnter	IE 5.0	当前数据源的数据发生变化并且有新的有效数据时触发的事件
	onRowExit	IE 5.0	当前数据源的数据将要发生变化时触发的事件
	onRowsDelete	IE 5.0	当前数据记录将被删除时触发此事件
	onRowsInserted	IE 5.0	当前数据源将要插入新数据记录时触发此事件

类别	事　　件	最低版本浏览器	说　　明
其他 事件	onAfterPrint	IE 5.0	当文档被打印后触发此事件
	onBeforePrint	IE 5.0	当文档即将打印时触发此事件
	onFilterChange	IE 4.0	当某个对象的滤镜效果发生变化时触发的事件
	onHelp	IE 4.0	当浏览者按下 F1 键或者浏览器的帮助被选择时触发此事件
	onPropertyChange	IE 5.0	当对象的属性之一发生变化时触发此事件
	onReadyStateChange	IE 5.0	当对象的初始化属性值发生变化时触发此事件

10.3　使用预定义行为

简单了解了【行为】面板的使用和与行为相关的概念之后，本节中将结合具体的实例详细讲解 Dreamweaver 预定义行为。

10.3.1　实战演练：交换图像和恢复交换图像

"交换图像"行为就是当某个鼠标事件发生后，例如，鼠标移到图像上方时，图像变为另外一幅图像。"恢复交换图像"行为可以将变换图像还原为初始状态的图像，一般"交换图像"行为和"恢复交换图像"行为是成对使用的，当"交换图像"行为附加到对象时，"恢复交换图像"行为将自动增加而无需人工选择。例如，在下面这个示例中，当鼠标移到图像上时，会交换显示为其他图像，如图 10.6 所示。该行为的效果与图像轮换功能的效果相似。

图 10.6　应用"交换图像"和"恢复交换图像"行为后的演示效果

操作步骤：

第 1 步，首先，使用图像处理软件制作交换图片。制作交换图片时，应注意尺寸相同，这是因为"交换图像"行为通过更改<img>标签的 src 属性将一幅图像和另一幅图像进行交换。使用此动作创建鼠标经过图像和其他图像效果（包括一次交换多个图像）。插入鼠标经过图像会自动将一个"交换图像"添加到页中。因为只有 src 属性受此动作的影响，所以换入的图像应该与原图像具有相同的高度和宽度。否则，它为了适应原图像的尺寸，在显示时会被拉伸或压缩。

第 2 步，将原始图片插入到页面中，选中图像后，单击【行为】面板上的 ➕ 按钮，在弹出的快捷菜单中选择【交换图像】命令，打开【交换图像】对话框，如图 10.7 所示。

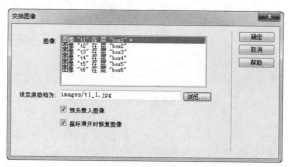

图 10.7 【交换图像】对话框

该对话框选项说明如下。

- ☑ 【图像】列表框：列出了网页上的所有图像。选中的图像没有命名，显示为默认名 Image 1。如果网页上图像很多，就必须用命名来区分不同的图像。需要特别注意的是，图像的命名不能与网页上其他对象重名。
- ☑ 【设定原始档为】文本框：设置替换图像的路径。单击【浏览】按钮，可以打开【选择图像源文件】对话框，从中寻找另外一张图像，作为鼠标放置于按钮上的替换图像。
- ☑ 【预先载入图像】复选框：选中该复选框，设置预先载入图像，以便及时响应浏览者的鼠标动作。因为替换图像在正常状态下不显示，浏览器默认情况下不会下载该图像。
- ☑ 【鼠标滑开时恢复图像】复选框：选中该复选框，设置鼠标离开按钮时恢复为原图像。如果不选择该项，要想恢复原始状态，用户还需要增加"恢复交换图像"行为恢复图像原始状态。

第 3 步，设置完毕后，选中图像，在【行为】面板中会出现两个行为，如图 10.8 所示。【动作】栏显示一个，为【恢复交换图像】，其事件为 onMouseOut（鼠标移出图像）。另一个为【交换图像】，事件为 onMouseOver（鼠标在图像上方）。

图 10.8 增加的行为

第 4 步，添加之后的行为还是可以编辑的，双击【交换图像】项，会打开【交换图像】对话框，可以对交换图像的效果进行重新设置。选中一个行为之后，可以单击面板上的 - 按钮删除行为。

第 5 步，完成交换图像的制作后，按 F12 键预览效果。当鼠标放置在图像上时，会出现另一张图像；鼠标移开，恢复为原来的图像，演示效果如图 10.6 所示。

第 6 步，切换到【代码】视图，可以看到新添加的脚本文件。

```html
<!DOCTYPE html PUBLIC "-//W3C//DTD XHTML 1.0 Transitional//EN" "http://www.w3.org/TR/xhtml1/DTD/
xhtml1-transitional.dtd">
<html xmlns="http://www.w3.org/1999/xhtml">
<head>
<meta http-equiv="Content-Type" content="text/html; charset=gb2312" />
<style type="text/css">
body {background: url(images/bg.jpg) left top no-repeat; margin:0; padding:0; width:598px; height:181px;}
#box1 { position:absolute; left:11px; top: 40px; width:187px; height: 52px; }
#box2 { position:absolute; left:206px; top: 40px; width:187px; height: 52px; }
#box3 { position:absolute; left:402px; top: 40px; width:187px; height: 52px; }
#box4 { position:absolute; left:11px; top: 109px; width:187px; height: 52px; }
#box5 { position:absolute; left:206px; top: 109px; width:187px; height: 52px; }
#box6 { position:absolute; left:402px; top: 109px; width:187px; height: 52px; }
</style>
<title>上机练习</title>
<script type="text/javascript">
function MM_preloadImages() { //v3.0
  var d=document; if(d.images){ if(!d.MM_p) d.MM_p=new Array();
    var i,j=d.MM_p.length,a=MM_preloadImages.arguments; for(i=0; i<a.length; i++)
    if (a[i].indexOf("#")!=0){ d.MM_p[j]=new Image; d.MM_p[j++].src=a[i];}}
}
function MM_swapImgRestore() { //v3.0
  var i,x,a=document.MM_sr; for(i=0;a&&i<a.length&&(x=a[i])&&x.oSrc;i++) x.src=x.oSrc;
}
function MM_findObj(n, d) { //v4.01
  var p,i,x;   if(!d) d=document; if((p=n.indexOf("?"))>0&&parent.frames.length) {
    d=parent.frames[n.substring(p+1)].document; n=n.substring(0,p);}
  if(!(x=d[n])&&d.all) x=d.all[n]; for (i=0;!x&&i<d.forms.length;i++) x=d.forms[i][n];
  for(i=0;!x&&d.layers&&i<d.layers.length;i++) x=MM_findObj(n,d.layers[i].document);
  if(!x && d.getElementById) x=d.getElementById(n); return x;
}
function MM_swapImage() { //v3.0
  var i,j=0,x,a=MM_swapImage.arguments; document.MM_sr=new Array; for(i=0;i<(a.length-2);i+=3)
    if ((x=MM_findObj(a[i]))!=null){document.MM_sr[j++]=x; if(!x.oSrc) x.oSrc=x.src; x.src=a[i+2];}
}
</script>
</head>
<body
onload="MM_preloadImages('images/t1_1.jpg','images/t2_1.jpg','images/t3_1.jpg','images/t4_1.jpg','images/t5_1.jpg','images/t6_1.jpg')">
  <div id="box1"><img src="images/t1_0.jpg" name="t1" id="t1" onmouseover="MM_swapImage('t1','','images/t1_1.jpg',1)" onmouseout="MM_swapImgRestore()" /></div>
  <div id="box2"><img src="images/t2_0.jpg" name="t2" id="t2" onmouseover="MM_swapImage('t2','','images/t2_1.jpg',1)" onmouseout="MM_swapImgRestore()" /></div>
  <div id="box3"><img src="images/t3_0.jpg" name="t3" id="t3" onmouseover="MM_swapImage('t3','','images/t3_1.jpg',1)" onmouseout="MM_swapImgRestore()" /></div>
  <div id="box4"><img src="images/t4_0.jpg" name="t4" id="t4" onmouseover="MM_swapImage('t4','','images/t4_1.jpg',1)" onmouseout="MM_swapImgRestore()" /></div>
  <div id="box5"><img src="images/t5_0.jpg" name="t5" id="t5" onmouseover="MM_swapImage('t5','','images/
```

t5_1.jpg',1)" onmouseout="MM_swapImgRestore()" /></div>
　　<div id="box6"><img src="images/t6_0.jpg" name="t6" id="t6" onmouseover="MM_swapImage('t6','','images/
t6_1.jpg',1)" onmouseout="MM_swapImgRestore()" /></div>
　　</body>
　　</html>

10.3.2　实战演练：弹出信息

　　"弹出信息"行为表示当特定事件发生时，将会弹出提示信息对话框，实际上该对话框只是一个
JavaScript 默认的提示框，只有一个【确定】按钮，所以使用该行为时可以提供给用户一些信息，而
不能为用户提供选择。

　　操作步骤：

　　第 1 步，在页面中选择一个对象，如<img>标记，然后单击【行为】面板中的 + 按钮，从中选择
【弹出信息】选项。

　　第 2 步，打开【弹出信息】对话框，输入要显示的信息。例如，输入"特大惊喜：现在注册将会
获得一份价值 1000 元的大礼包！"，如图 10.9 所示。

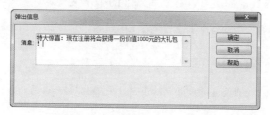

图 10.9　【弹出信息】对话框

　　第 3 步，单击【确定】按钮完成设置。在【行为】面板列表中会显示刚加入的动作，根据需要可
以设置事件响应类型，这里设置为鼠标经过的事件，如图 10.10 所示。

图 10.10　增加行为

　　第 4 步，保存并预览网页，当页面加载完毕之后，鼠标移到广告牌上时则会自动弹出提示对话框，
如图 10.11 所示。

图 10.11　弹出提示信息演示效果

第 5 步，切换到【代码】视图，可以看到新添加的脚本文件。

```
<!DOCTYPE html PUBLIC "-//W3C//DTD XHTML 1.0 Transitional//EN" "http://www.w3.org/TR/xhtml1/DTD/
xhtml1-transitional.dtd">
<html xmlns="http://www.w3.org/1999/xhtml">
<head>
<meta http-equiv="Content-Type" content="text/html; charset=gb2312" />
<style type="text/css">
body {background: url(images/bg.jpg) left top no-repeat; margin:0; padding:0; width:1259px;      height:1750px;}
#box { position:absolute; left:156px; top: 215px; width:250px; height: 244px; }
</style>
<title>上机练习</title>
<script type="text/javascript">
function MM_popupMsg(msg) { //v1.0
    alert(msg);
}
</script>
</head>
<body>
<div id="box"><img src="images/login.jpg" onmouseover="MM_popupMsg('特大惊喜：现在注册将会获得一份
价值 1000 元的大礼包！')"" /></div>
</body>
</html>
```

10.3.3　实战演练：打开新浏览器窗口

使用"打开浏览器窗口"行为可以在新窗口中打开一个 URL。用户可以指定新窗口的属性（包括其大小）、特性（它是否可以调整大小、是否具有菜单栏等）和名称。例如，可以使用此行为在访问者单击缩略图时在一个单独的窗口中打开一个较大的图像，或者在加载页面时弹出新的广告窗口。

操作步骤：

第 1 步，选择一个对象，打开【行为】面板。单击 按钮，从中选择【打开浏览器窗口】选项命令，打开【打开浏览器窗口】对话框，如图 10.12 所示。

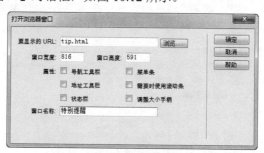

图 10.12 【打开浏览器窗口】对话框

该对话框各个选项具体说明如下。

☑ 【要显示的 URL】文本框：在新窗口中设置载入的目标 URL 地址（可以是网页也可以是图像），或者单击【浏览】按钮，用浏览的方式选择。这里选择了一个网页文件 tip.html。

☑ 【窗口宽度】文本框：指定新窗口的宽度（以像素为单位）。

☑ 【窗口高度】文本框：指定新窗口的高度（以像素为单位）。

☑ 【导航工具栏】复选框：是一组浏览器按钮，包括【后退】、【前进】、【主页】和【重新载入】。

☑ 【地址工具栏】复选框：是一组浏览器选项，包括地址文本框等。

☑ 【状态栏】复选框：是位于浏览器窗口底部的区域，在该区域中显示消息，如剩余的载入时间、与链接关联的 URL 等。

☑ 【菜单条】复选框：是浏览器窗口上显示的菜单，如【文件】、【编辑】、【查看】、【转到】和【帮助】的区域。如果要让访问者能够从新窗口导航，用户应该显式设置此选项。如果不设置此选项，则在新窗口中，用户只能关闭或最小化窗口。

☑ 【需要时使用滚动条】复选框：指定如果内容超出可视区域应该显示滚动条。如果不显示设置此选项，则不显示滚动条。如果【调整大小手柄】选项也关闭，则访问者将很难看到超出窗口原始大小以外的内容。

☑ 【调整大小手柄】复选框：指定用户应该能够调整窗口的大小，方法是拖动窗口的右下角或单击右上角的最大化按钮。如果未显式设置此选项，则调整大小控件将不可用，右下角也不能拖动。

☑ 【窗口名称】文本框：设置新窗口的名称。如果用户要通过 JavaScript 使用链接指向新窗口或控制新窗口，则应该对新窗口进行命名。此名称不能包含空格和特殊字符。

第 2 步，本例中设置窗口大小为 816×591 像素，其他选项可以保持默认值，单击【确定】按钮，则在【行为】面板中增加一个动作。

如果不指定浏览器窗口的任何属性，在打开时，图像的大小与打开它的窗口相同；如果指定窗口的任一属性，都将自动关闭所有其他未显式打开的属性。例如，设置浏览器窗口大为 640×480 像素，如果不为窗口设置任何属性，它将以 640×480 像素大小打开并具有导航条、地址工具栏、状态栏和菜单栏。如果将宽度显式设置为 640、将高度设置为 480，并不设置其他属性，则该窗口将以 640×480 像素大小打开，并且不具有导航条、地址工具栏、状态栏、菜单栏、调整大小手柄和滚动条。

第 3 步，然后在【行为】面板中调整事件为 onLoad，表示页面加载时打开新浏览器窗口时有效，如图 10.13 所示。

图 10.13　设置行为事件

第 4 步，保存并预览网页，当页面加载完毕之后，则会弹出一个提示窗口，如图 10.14 所示。

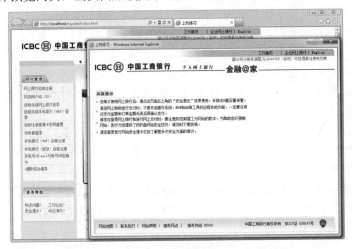

图 10.14　应用"打开浏览器窗口"行为效果

第 5 步，切换到【代码】视图，可以看到新添加的脚本文件。

```
<!DOCTYPE html PUBLIC "-//W3C//DTD XHTML 1.0 Transitional//EN" "http://www.w3.org/TR/xhtml1/DTD/
xhtml1-transitional.dtd">
<html xmlns="http://www.w3.org/1999/xhtml">
<head>
<meta http-equiv="Content-Type" content="text/html; charset=gb2312" />
<style type="text/css">
body { background: url(images/bg.jpg) left top no-repeat; margin:0; padding:0; width:855px; height:701px; }
</style>
<title>上机练习</title>
<script type="text/javascript">
function MM_openBrWindow(theURL,winName,features) { //v2.0
    window.open(theURL,winName,features);
}
</script>
</head>
```

```
<body onload="MM_openBrWindow('tip.html','特别提醒','width=816,height=591')">
</body>
</html>
```

10.3.4 实战演练：拖动 AP 元素

"拖动 AP 元素"行为就是在页面中应用拖放技术，该行为可以允许用户拖动 AP 元素。下面通过实例介绍"拖动 AP 元素"行为的具体应用。在本实例中，将制作一个简单的可拖动 AP 元素，在这个区域中按下鼠标并移动时，该 AP 元素将跟随鼠标指针移动。

操作步骤：

第 1 步，在 Dreamweaver 中，定义一个 AP Div 元素。在属性面板的【CSS-P 元素】文本框中设置该 AP 元素的名字为 drag。同时，在 AP 元素中插入一个对话框面板，如图 10.15 所示。

图 10.15 制作拖动 AP 元素

第 2 步，在编辑窗口中单击，使光标置于<body>标记中，即选中整个页面内容。打开【行为】面板，单击 按钮，从中选择【拖动 AP 元素】选项，打开【拖动 AP 元素】对话框，如图 10.16 所示。

图 10.16 【拖动 AP 元素】对话框基本选项卡

Note

该对话框各个选项具体说明如下。

☑ 【AP 元素】下拉列表：设置要拖动的 AP 元素。在该下拉列表中选择【div "drag"】选项。

☑ 【移动】下拉列表：设置移动区域。从中选择【不限制】选项，允许浏览者在网页中自由拖动 AP 元素。如果选择了【限制】选项，【拖动 AP 元素】对话框会多出设置限制区域大小的选项，如图 10.17 所示，这些设置用来选定拖动 AP 元素的区域，区域为矩形。计算方法是以 AP 元素当前所在的位置算起，向上、向下、向左、向右多少像素的距离。这里只需要填写数字，单位默认为像素。

☑ 【放下目标】选项：设置拖动 AP 元素的目标，在【左】文本框中填写距离网页左边界的像素值，在【上】文本框中填写距离网页顶端的像素值。可以选择【查看】|【标尺】|【显示】命令，显示标尺来确定目标点的位置。

☑ 【取得目前位置】按钮：单击该按钮可以将 AP 元素当前所在的点作为目标点，并自动将对应的值填写在【左】和【上】两个文本框之中。

☑ 【靠齐距离】文本框：设置一旦 AP 元素距离目标点小于规定的像素值时，释放鼠标后 AP 元素会自动吸附到目标点。

图 10.17　显示限制区域设置

第 3 步，如果想在被拖动的 AP 元素到达一个目标后，导致某种行为的产生，就需要设置【拖动 AP 元素】对话框中【高级】选项卡的内容，如图 10.18 所示。

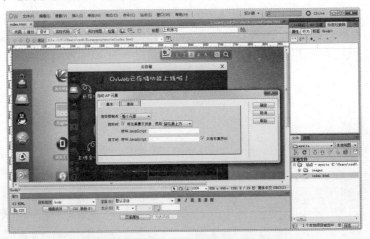

图 10.18　【拖动 AP 元素】对话框高级选项卡

该对话框各个选项具体说明如下。

☑ 【拖动控制点】下拉列表：设置 AP 元素上可拖动的区域。如果选择【整个元素】选项，则鼠标放在 AP 元素的任意位置都可以拖动 AP 元素；如果选择【AP 元素内区域】选项，则可以确定 AP 元素上的固定区域为拖动区域。本例选择【AP 元素内区域】选项，在后面出现的左、上、宽、高文本框中分别输入为 0、0、120、120，它们是设置 AP 元素可作用区域到 AP 元素左边的距离、可作用区域到 AP 元素顶部的距离、可作用区域的宽度和高度。120 和 120 两个值正是前面定义的 AP 元素的宽度和单元格的高度。

☑ 　【拖动时：将元素移至顶层】复选框：选中会使 AP 元素在被拖动的过程中，位于所有 AP 元素的最上方。

☑ 　【然后】下拉列表：设置拖动结束后 AP 元素是依旧留在各个 AP 元素的最上面还是恢复原来的 Z 轴位置。

☑ 　【呼叫 JavaScript】文本框：设置浏览者在拖动 AP 元素的过程中执行的 JavaScript 代码。

☑ 　【放下时：呼叫 JavaScript】文本框：设置浏览者释放鼠标后执行的 JavaScript 代码。

第 4 步，设置完成后，单击【确定】按钮，返回【行为】面板，会发现在行为列表中多了一条行为。在事件项下是 onLoad，动作项下是 "拖动 AP 元素"，如图 10.19 所示。这就是刚才为 AP 元素添加 "拖动 AP 元素" 行为。

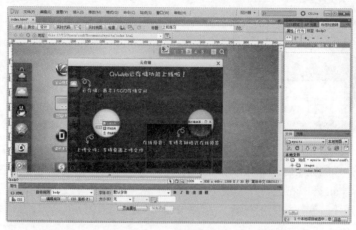

图 10.19　增加的动作

第 5 步，保存并预览网页，在网页中可以任意地拖动插入的对话框。

图 10.20　预览效果

10.3.5 实战演练：改变属性

使用"改变属性"行为可以动态改变对象的属性值。例如，当某个鼠标事件触发之后，可以改变表格的背景颜色或是改变图像的大小等，以获取相对动态的页面效果。这些改变实际上是改变对象对应标记的相应属性值。下面示例演示当鼠标经过小幅广告条时，会自动伸展广告条，显示宽幅广告条。

操作步骤：

第 1 步，首先在 Dreamweaver 中设计好页面初步效果，如图 10.21 所示。

图 10.21　页面初步设计效果

第 2 步，通过样式属性 style="display:none";隐藏宽幅广告条，仅显示窄幅广告条。

第 3 步，选中<span id="small">，单击【行为】面板中的 ➕ 按钮，从弹出的行为菜单中选择【改变属性】选项，打开【改变属性】对话框，如图 10.22 所示。

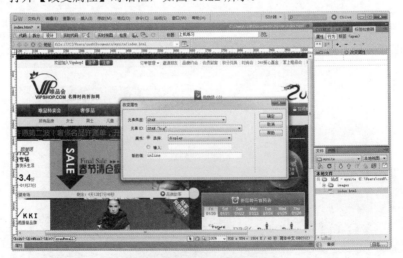

图 10.22　【改变属性】对话框

设置参数说明如下。

　　☑　【元素类型】下拉列表：设置要更改其属性的对象的类型。实例中要改变 AP 元素的属性，因此选择 SPAN。

☑　【元素 IP】下拉列表：该下拉列表中显示网页中所有该类对象的名称，如图中会列出网页中所有的 SPAN 元素的名称。可在其中选择要更改属性的 SPAN 元素的名称。

☑　【属性】选项：选择要更改的属性，因为要显示被隐藏的宽幅广告条，所以选择 display。如果要更改的属性没有出现在下拉菜单中，可以在【输入】项中手动输入属性。

☑　【新的值】文本框：设置属性新值。这里要改变 SPAN 元素的显示属性值，输入新的值为 inline。

第 4 步，设置完成后单击【确定】按钮。在【行为】面板中确认触发动作的事件是否正确，这里设置为 onMouseover，如果不正确，需要在事件菜单中选择正确的事件。

第 5 步，再次选中 <span id="small">，单击【行为】面板中的 ✚ 按钮，从弹出的行为菜单中选择【改变属性】选项，打开【改变属性】对话框，按如图 10.23 中所示进行设置。

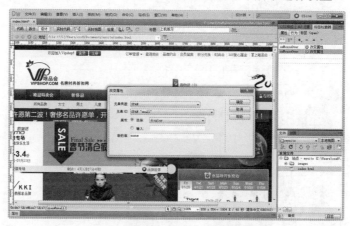

图 10.23　设置隐藏窄幅广告条

第 6 步，设置完成后单击【确定】按钮。在【行为】面板中确认触发动作的事件是否正确，这里设置为 onMouseover，如果不正确，需要在事件菜单中选择正确的事件。

第 7 步，保存并预览网页。当鼠标移到窄幅广告条上时，将会显示宽幅广告条，同时隐藏窄幅广告条，演示效果如图 10.24 所示。

图 10.24　动态显示效果

10.3.6 实战演练：显示-隐藏元素

使用"显示-隐藏元素"行为可以显示、隐藏或恢复一个或多个元素的可见性。例如，利用该行为可以制作 Tab 切换面板。

操作步骤：

第 1 步，新建页面，设计一个如下的结构，然后使用"显示-隐藏元素"行为把这两个 div 元素隐藏起来，如图 10.25 所示。

```
<p id="tab1">品牌导航</p>
<p id="tab2">品牌特卖</p>
<div id="board1"><img src="images/tao1.jpg"  /></div>
<div id="board2"><img src="images/tao2.jpg"  /></div> >
```

图 10.25　插入隐藏 AP 元素

第 2 步，选中"品牌导航"，然后在【行为】面板中单击 ➕ 按钮，在弹出的下拉列表中选择【显示-隐藏元素】选项，打开【显示-隐藏元素】对话框，如图 10.26 所示。

图 10.26　【显示-隐藏元素】对话框

第 3 步，选中相应的 AP 元素并设置元素的显示或隐藏属性，例如，选中"div "board2""元素，然后单击【隐藏】按钮，表示隐藏该 AP 元素；选中"div " board1""元素，单击【显示】按钮，表示显示该 AP 元素。而【默认】按钮表示使用属性面板上设置的 AP 元素的显示或隐藏属性。

第 4 步，设置完成后单击【确定】按钮。在【行为】面板上查看行为的事件是否正确。如果不正确，单击事件旁的向下按钮，在弹出的菜单中选择相应的事件。在本例中设置鼠标事件为 onMouseOver。

第 5 步，再次选中"菜单 2"，单击【行为】面板中的 按钮，从中选择【显示-隐藏元素】选项。在打开的【显示-隐藏元素】对话框中选中相应的 AP 元素并设置元素的显示或隐藏属性，例如，选中 "div " board2""元素，然后单击【显示】按钮，表示显示该 AP 元素；选中 "div " board1""元素，单击【隐藏】按钮，表示隐藏该 AP 元素。单击【确定】按钮后，在【行为】面板中将鼠标事件更改为 onMouseOver。

第 6 步，以同样的方式制作其他导航栏目的提示信息。本效果设置完成，保存为页面后，浏览效果如图 10.27 所示。

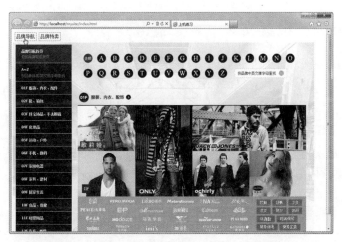

图 10.27　应用"显示-隐藏元素"行为效果

10.3.7　实战演练：检查插件

当在页面中使用各种插件时，如 Flash、Shockwave 和 QuickTime 等，需要浏览器安装相应插件才能正常浏览。使用"检查插件"行为会自动检测浏览器是否已安装相应的插件，然后转到不同的页面中去。

操作步骤：

第 1 步，在编辑窗口中选择要应用行为的对象。

第 2 步，打开【行为】面板，单击 按钮，在弹出的菜单中选择【检查插件】选项，打开【检查插件】对话框，如图 10.28 所示。

图 10.28　【检查插件】对话框

该对话框设置选项具体说明如下。

- ☑ 【插件】下拉列表：设置需要检查的插件，也可以选择【输入】单选按钮，在后面的文本框中输入要检查的插件准确名称。
- ☑ 【如果有，转到 URL】文本框：设置如果发现插件，跳转的网页地址。
- ☑ 【否则，转到 URL】文本框：设置如果没有发现插件，跳转的网页地址。
- ☑ 【如果无法检测，则始终转到第一个 URL】复选框：设置当该项功能无法在 Macintosh 系统中实现，或者可能因为其他原因无法实现检查插件的功能，在无法完成检查插件操作时，将网页引导到第一个 URL 地址。

第 3 步，设置完成后单击【确定】按钮，关闭对话框，然后在【行为】面板上检查触发动作的事件是否合适。如果不合适，可单击事件列表右边的下拉箭头，打开事件下拉菜单，从中选择一个需要的事件。

10.3.8 实战演练：设置文本

设置文本就是动态改变指定标记包含的文本信息或 HTML 源代码。在"设置文本"行为组中包含了 4 项针对不同类型文本的动作，包括设置容器的文本、设置文本域文字、设置框架文本和设置状态栏文本。

1. 设置容器的文本

使用"设置容器的文本"行为可以将指定网页容器内的内容替换为特定的内容，该内容可以包括任何有效的 HTML 源代码。

操作步骤：

第 1 步，新建一个页面，然后在文档中输入一个段落文本和一幅图像，要注意为每个标记定义 ID 属性。代码如下。

```
<p id="p1"><img src="images/enter.jpg" /></p>
```

第 2 步，在编辑窗口中选择要应用行为的段落。打开【行为】面板，单击 **+** 按钮，在弹出的菜单中选择【设置文本】|【设置容器的文本】命令，打开【设置容器的文本】对话框，如图 10.29 所示。

图 10.29 【设置容器的文本】对话框

该对话框选项设置具体说明如下。

☑　　【容器】下拉列表：该列表列出了页面中所有具备容器的对象，在其中选择要进行操作的元素，如图 10.29 所示。

☑　　【新建 HTML】文本框：输入要替换的内容的 HTML 代码，如"<img src="images/bg.jpg" />"。

第 3 步，单击【确定】按钮，然后在【行为】面板中将事件设置为 onClick。

第 4 步，保存并在浏览器中预览，效果如图 10.30 所示，单击段落文本，则该文本会自动替换为指定的图像。

图 10.30　应用"设置容器的文本"行为效果

2．设置文本域文字

使用"设置文本域文字"行为动态设置文本域内的输入文本信息。

操作步骤：

第 1 步，新建页面，插入一个简单的文本域，设置默认值为"输入您想搜索的关键词，如围巾"，以提示用户在此输入关键词，如图 10.31 所示。

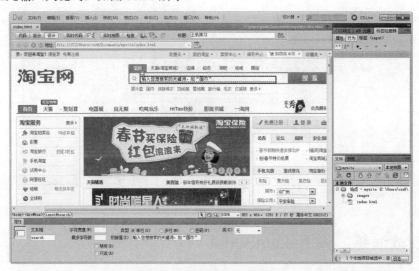

图 10.31　设置文本域的默认值

第 2 步，选择文本域，然后单击【行为】面板中的 按钮，从中选择【设置文本】|【设置文本域文字】命令，打开【设置文本域文字】对话框，如图 10.32 所示。

图 10.32　【设置文本域文字】对话框

　　第 3 步，在【文本域】中选择用户名文本域，然后在【新建文本】中不输入信息，表示清除用户名文本域内的默认值。

　　第 4 步，单击【确定】按钮后，在【行为】面板中将触发动作的事件改为 onClick，表示当该文本域获得焦点时，显示上面设置的默认文本，避免浏览者反复输入相同的文本。

　　第 5 步，保存好页面，在浏览器中浏览时，如果单击文本域，则文本域中显示文本会立即消失，如图 10.33 所示。

图 10.33　设置文本框默认显示文本

10.3.9　实战演练：调用 JavaScript

　　使用"调用 JavaScript"行为可以在触发某个事件时调用自定义函数或 JavaScript 代码。

Note

操作步骤：

第 1 步，新建页面，设置一个关闭按钮，如图 10.34 所示。

图 10.34 设计页面初步效果

第 2 步，选中关闭按钮，然后单击【行为】面板中的 **+** 按钮，从中选择【调用 JavaScript】选项，打开【调用 JavaScript】对话框。

第 3 步，在打开的【调用 JavaScript】对话框中输入要执行的 JavaScript 函数或者要调用的函数名称，如 window.close()，如图 10.35 所示。

图 10.35 【调用 JavaScript】对话框

第 4 步，单击【确定】按钮后，【行为】面板中就出现了所添加的动作，这时可以根据需要调整事件，例如，改为 onClick。

第 5 步，保存好页面，在浏览器中浏览时，当用鼠标单击"关闭窗口"文本时，会弹出一个提示对话框，如图 10.36 所示。

Note

图 10.36 应用"调用 JavaScript"行为效果

10.3.10 实战演练：跳转菜单

使用【行为】面板中【跳转菜单】动作，可以编辑和重新排列菜单项、更改要跳转到的文件以及编辑打开这些文件的窗口、设置触发事件等。实际上 Dreamweaver 所提供的跳转菜单就是利用【跳转菜单】行为来实现的。

操作步骤：

第 1 步，如果页面中尚无跳转菜单对象，则要创建一个跳转菜单对象。方法是选择【插入】|【表单】|【跳转菜单】命令，插入跳转菜单，如图 10.37 所示。

图 10.37 插入跳转菜单

第 2 步，选择该跳转菜单，选择【行为】面板中的【跳转菜单】选项，打开【跳转菜单】对话框，如图 10.38 所示，然后在该对话框中进行修改。

图 10.38 【跳转菜单】对话框

该对话框的选项设置说明如下。

☑ 【文本】文本框：设置项目的标题。

☑ 【选择时，转到 URL】文本框：设置链接网页的地址，或者直接单击【浏览】按钮找到链接的网页。

☑ 【打开 URL 于】下拉列表：设置打开链接的窗口。

☑ 【更改 URL 后选择第一个项目】复选框：设置在跳转菜单链接文件的地址发生错误时，自动转到菜单中第一个项目的网址。

第 3 步，设置完成后，单击面板上方的 ✚ 按钮，可以添加新的链接项目。选择【菜单项】列表框中的项目，然后单击面板上方的 ▬ 按钮，可以删除项目。

第 4 步，选择已经添加的项目，然后单击面板上方的【向上】▲ 或者【向下】▼ 按钮调整项目在跳转菜单中的位置。设置完毕，这时可以看到在【行为】中自动定义了"跳转菜单"行为。

第 5 步，保存网页，按 F12 键在浏览器中预览，显示效果如图 10.39 所示，当在下拉菜单中选择相应的项目时，可以自动跳转到相应的 URL 指定的页面。

图 10.39 跳转菜单预览效果

Note

拓展练习：

"跳转菜单开始"行为和"跳转菜单"行为关系比较密切，"跳转菜单开始"用一个按钮和一个跳转菜单关联在一起，当然，这个按钮可以是各种形式，如图片等。在一般的商业网站中，这种技术被广泛使用。当单击这个按钮时则打开在跳转菜单中选择的链接。实际上在普通页面中跳转菜单不需要这样一个按钮，直接在跳转菜单中选择就可以载入 URL，不需要其他操作。但是如果跳转菜单位于一个框架中，而跳转菜单项链接到其他框架中的网页，则通常需要使用这种按钮，以方便浏览者重新选择已在跳转菜单中选择的项。

操作步骤：

第 1 步，选中作为跳转按钮的对象，然后单击【行为】面板中的 ➕ 按钮，选择【跳转菜单开始】选项，打开【跳转菜单开始】对话框，如图 10.40 所示。

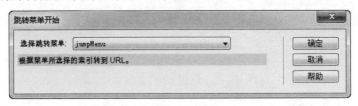

图 10.40 【跳转菜单开始】对话框

第 2 步，在【跳转菜单开始】对话框中，选定页面中存在的将被跳转按钮激活的下拉菜单。

第 3 步，单击【确定】按钮即可。

拓展练习：

使用"转到 URL"行为可以从当前页面跳转到其他页面中去。

操作步骤：

第 1 步，选择一个对象，然后单击【行为】面板中的 ➕ 按钮，选择【跳转菜单开始】选项，打开【跳转菜单开始】对话框。

第 2 步，在【跳转菜单开始】对话框中进行设置。

第 3 步，设置完成后，单击【确定】按钮。如果想在同一对象上打开多个链接，可以重复上面的操作，添加新的"转到 URL"行为。

10.3.11　隐藏弹出式菜单

使用"隐藏弹出式菜单"行为，可以将弹出式菜单在鼠标移开触发器时变为隐藏。一般来说，在设置"显示弹出式菜单"行为时，会自动添加"隐藏弹出式菜单"行为，这样当鼠标离开触发器时就会自动隐藏弹出式菜单。

如果在设置"显示弹出式菜单"行为时，没有选中【显示弹出式菜单】对话框【位置】选项卡中的【在发生 onMouseOut 事件时隐藏菜单】复选框，则仅为对象附加了"显示弹出式菜单"行为，而没有附加"隐藏弹出式菜单"行为，这时可以手动为对象设置"隐藏弹出式菜单"行为。

附加"隐藏弹出式菜单"行为的具体步骤如下。

第 1 步，选中页面中附加了"显示弹出式菜单"行为的对象。

第 2 步，单击【行为】面板中的 ➕ 按钮，在弹出的快捷菜单中选择【隐藏弹出式菜单】选项，打开【隐藏弹出式菜单】对话框。

第 3 步，该对话框不需要任何设置，单击【确定】按钮，即可为对象附加"隐藏弹出式菜单"行为。

第 4 步，最后在【行为】面板中设置需要的事件，如 onMouseOut。

10.3.12 预先载入图像

使用"预先载入图像"行为可以将网页中由于某种事件才能显示的图片预先载入到浏览器缓存中。这样就可以防止当图像显示时由于下载而导致延迟，使图像显示平滑。

操作步骤：

第 1 步，选择一个对象，然后单击【行为】面板中的 ➕ 按钮，从中选择【预先载入图像】选项，打开【预先载入图像】对话框。

第 2 步，单击【浏览】按钮，选择预载入的图像文件，然后单击 ➕ 按钮，增加到【预先载入图像】列表框中，以同样的方式增加其他图像。如果要删除增加的图像，单击 ➖ 按钮。

第 3 步，单击【确定】按钮后设置完成。最后在【行为】面板中设置事件。

10.4　上机练习：使用 Spry 效果

Dreamweaver 在 Spry 技术框架中还提供了 Spry 效果，Spry 效果可以对 HTML 页中的可视元素添加可视效果。这些效果包括动态过渡和内容的高亮显示。虽然 Spry 效果不及 Flash 动画效果，但是有时可以使用它指示应用状态。为了给用户较好的反馈，从一个状态到另一个状态的过渡可以巧妙地使用动态效果。

Spry 效果说明如下。

- ☑ 显示/渐隐：使元素显示或渐隐。
- ☑ 高亮颜色：更改元素的背景颜色。
- ☑ 向上遮帘/向下遮帘：模拟百叶窗，向上或向下滚动百叶窗来隐藏或显示元素。
- ☑ 上滑/下滑：上下移动元素。
- ☑ 增大/收缩：使元素变大或变小。
- ☑ 晃动：模拟从左向右晃动元素。
- ☑ 挤压：使元素从页面的左上角消失。

当用户增加 Spry 效果时，系统会在【代码】视图中将 JavaScript 代码添加到文件中。其中的一行代码用来标识 SpryEffects.js 文件，该文件是这些效果所必需的，因此不要从代码中删除该行，否则这些效果将不起作用。

10.4.1 添加显示/渐隐效果

操作步骤：

第 1 步，选择要应用效果的内容或布局元素（也可以不选，在打开的对话框中进行选择）。

第 2 步，选择【窗口】|【行为】命令，打开【行为】面板，单击面板中的加号按钮 ➕，从弹出的下拉菜单中选择【效果】|【显示/渐隐】命令，打开【显示/渐隐】对话框，如图 10.41 所示。

该对话框设置选项说明如下。

- ☑ 从【目标元素】下拉菜单中，选择某个对象的 ID。如果已经选择了一个对象，则会显示"<当前选定内容>"项。
- ☑ 在【效果持续时间】文本框中，定义效果持续的时间，用毫秒表示。
- ☑ 在【效果】下拉列表中选择要应用的效果，包括"渐隐"和"显示"。
- ☑ 在【渐隐自】文本框中，定义显示该效果所需的不透明度百分比。
- ☑ 在【渐隐到】文本框中，定义要渐隐到的不透明度百分比。
- ☑ 如果用户希望该效果是可逆的（即连续单击，可从"渐隐"转换为"显示"或从"显示"转换为"渐隐"），可以选中【切换效果】复选框。

注意，该效果适用于除 applet、body、iframe、object、tr、tbody 或 th 以外的所有 HTML 对象。

第 3 步，设置完毕后，单击【确定】按钮，即可应用显示/渐隐效果，演示效果如图 10.42 所示。用户还可以在【行为】面板中设置特效行为的事件，默认为 onClick，即当鼠标单击对象时触发演示效果。

图 10.41　【显示/渐隐】对话框

图 10.42　显示/渐隐效果

10.4.2　添加遮帘效果

操作步骤：

第 1 步，选择要应用效果的内容或布局元素（也可以不选，在打开的对话框中进行选择）。

第 2 步，选择【窗口】|【行为】命令，打开【行为】面板，单击面板中的加号按钮 **+.**，从弹出的下拉菜单中选择【效果】|【遮帘】命令，打开【遮帘】对话框，如图 10.43 所示。

该对话框设置选项说明如下。

- ☑ 从【目标元素】下拉菜单中选择某个对象的 ID。如果已经选择了一个对象，可以选择"<当前选定内容>"
- ☑ 在【效果持续时间】文本框中，定义此效果持续的时间，用毫秒表示。
- ☑ 在【效果】下拉列表中选择要应用的效果，包括"向上遮帘"或"向下遮帘"。
- ☑ 在【向上遮帘自】或【向下遮帘到】文本框中，以百分比或像素值形式定义遮帘的起始滚动点。这些值是从对象的顶部开始计算的。
- ☑ 如果希望该效果是可逆的（即连续单击即可上下滚动），可以选中【切换效果】复选框。

注意，该效果仅适用于 address、dd、div、dl、dt、form、h1、h2、h3、h4、h5、h6、p、ol、ul、 li、applet、center、dir、menu 或 pre 这些 HTML 对象。

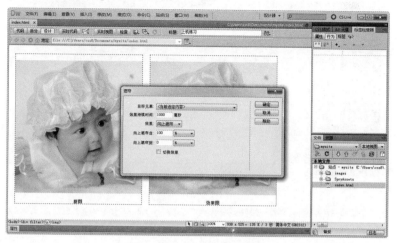

图 10.43 【遮帘】对话框

第 3 步，设置完毕后，单击【确定】按钮，即可应用遮帘效果，演示效果如图 10.44 所示。用户还可以在【行为】面板中设置特效行为的事件，默认为 onClick，即当鼠标单击对象时触发演示效果。

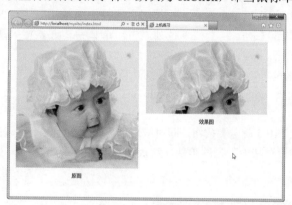

图 10.44 遮帘效果

10.4.3 添加增大/收缩效果

操作步骤：

第 1 步，选择要应用效果的内容或布局元素（也可以不选，在打开的对话框中进行选择）。

第 2 步，选择【窗口】|【行为】命令，打开【行为】面板，单击面板中的加号按钮 ，从弹出的下拉菜单中选择【效果】|【增大/收缩】命令，打开【增大/收缩】对话框，如图 10.45 所示。

该对话框设置选项说明如下。

☑ 从【目标元素】下拉菜单中，选择某个对象的 ID。如果已经选择了一个对象，可以选择"<当前选定内容>"。

☑ 在【效果持续时间】文本框中，定义出现此效果所需的时间，用毫秒表示。

☑ 在【效果】下拉列表中，选择要应用的效果，包括"增大"和"收缩"。

☑ 在【收缩自】（或【增大自】）文本框中，设置对象在效果开始时的大小。该值为百分比大小或像素值。

图 10.45 【增大/收缩】对话框

☑ 在【收缩到】（或【增大到了】）文本框中，定义对象在效果结束时的大小。该值为百分比大小或像素值。

☑ 如果为【收缩自】（或【增大自】）或【收缩到】（或【增大到】）文本框选择像素值，【宽/高】文本框就会可见。元素将根据用户选择的选项相应地增大或收缩。

☑ 在【收缩到】（或【增大到】）下拉列表中，选择希望元素增大或收缩到页面的左上角还是页面的中心。

☑ 如果希望该效果是可逆的，可以选中【切换效果】复选框。

注意，该效果仅适用于 address、dd、div、dl、dt、form、p、ol、ul、applet、center、dir、menu 或 pre 这些 HTML 对象。

第 3 步，设置完毕，单击【确定】按钮，即可应用增大/收缩效果，演示效果如图 10.46 所示。用户还可以在【行为】面板中设置特效行为的事件，默认为 onClick，即当鼠标单击对象时触发演示效果。

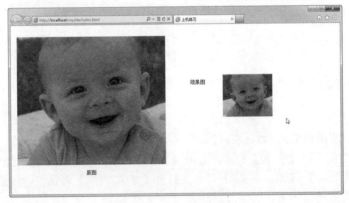

图 10.46　增大/收缩效果

10.4.4　添加高亮颜色效果

操作步骤：

第 1 步，选择要应用效果的内容或布局元素（也可以不选，在打开的对话框中进行选择）。

第 2 步，选择【窗口】|【行为】命令，打开【行为】面板，单击面板中的加号按钮 ，从弹出

的下拉菜单中选择【效果】|【高亮颜色】命令，打开【高亮颜色】对话框，如图 10.47 所示。

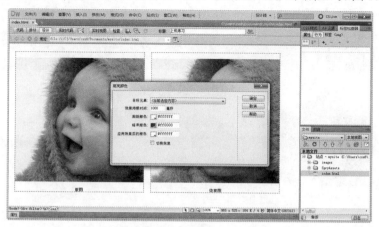

图 10.47　【高亮颜色】对话框

该对话框设置选项说明如下。

- ☑　从【目标元素】下拉菜单中选择某个对象的 ID。如果已经选择了一个对象，可以选择"< 当前选定内容>"。
- ☑　在【效果持续时间】文本框中，定义出现此效果所需的时间，用毫秒表示。
- ☑　在【起始颜色】中选择希望以哪种颜色开始高亮显示。
- ☑　在【结束颜色】中选择希望以哪种颜色结束高亮显示。此效果将持续的时间为在【效果持续时间】中定义的时间。
- ☑　在【应用效果后的颜色】中选择该对象在完成高亮显示之后的颜色。
- ☑　如果希望该效果是可逆的，可以选中【切换效果】复选框。

注意，该效果适用于 applet、body、frame、frameset 或 noframes 以外的所有 HTML 对象。

第 3 步，设置完毕，单击【确定】按钮，即可应用高亮颜色效果，演示效果如图 10.48 所示。用户还可以在【行为】面板中设置特效行为的事件，默认为 onClick，即当鼠标单击对象时触发演示效果。

图 10.48　高亮颜色效果

10.4.5　添加晃动效果

操作步骤：

第 1 步，选择要应用效果的内容或布局元素（也可以不选，在打开的对话框中进行选择）。

第2步，选择【窗口】|【行为】命令，打开【行为】面板，单击面板中的加号按钮，从弹出的下拉菜单中选择【效果】|【晃动】命令，打开【晃动】对话框，如图10.49所示。

图 10.49　【晃动】对话框

第3步，从【目标元素】下拉菜单中选择某个对象的 ID。如果已经选择了一个对象，可以选择"<当前选定内容>"。

注意，该效果适用于 address、blockquote、dd、div、dl、dt、fieldset、form、h1、h2、h3、h4、h5、h6、iframe、img、object、p、ol、ul、li、applet、dir、hr、menu、pre 或 table 这些 HTML 对象。

第4步，设置完毕，单击【确定】按钮，即可应用晃动效果，演示效果如图10.50所示。用户还可以在【行为】面板中设置特效行为的事件，默认为 onClick，即当鼠标单击对象时触发演示效果。

图 10.50　晃动效果

10.4.6　添加挤压效果

操作步骤：
第1步，选择要应用效果的内容或布局元素（也可以不选，在打开的对话框中进行选择）。
第2步，选择【窗口】|【行为】命令，打开【行为】面板，单击面板中的加号按钮，从弹出的下拉菜单中选择【效果】|【挤压】命令，打开【挤压】对话框，如图10.51所示。

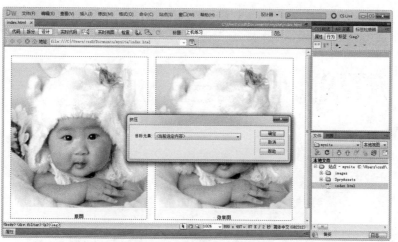

图 10.51   【挤压】对话框

第 3 步，从【目标元素】下拉菜单中，选择某个对象的 ID。如果已经选择了一个对象，可以选择 "<当前选定内容>"。

注意，该效果适用于 address、dd、div、dl、dt、form、img、p、ol、ul、applet、center、dir、menu 或 pre 这些 HTML 对象。

第 4 步，设置完毕，单击【确定】按钮，即可应用挤压效果，演示效果如图 10.52 所示。用户还可以在【行为】面板中设置特效行为的事件，默认为 onClick，即当鼠标单击对象时触发演示效果。

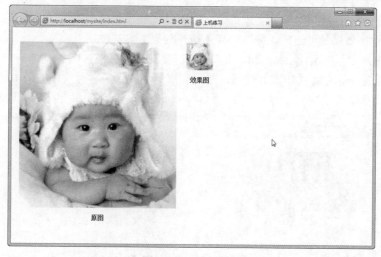

图 10.52   挤压效果

10.4.7   添加滑动效果

操作步骤：

第 1 步，选择要应用效果的内容或布局元素（也可以不选，在打开的对话框中进行选择）。

第 2 步，选择【窗口】|【行为】命令，打开【行为】面板，单击面板中的加号按钮 ，从弹出的下拉菜单中选择【效果】|【滑动】命令，打开【滑动】对话框，如图 10.53 所示。

Note

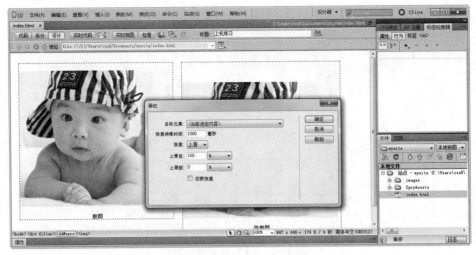

图 10.53 【滑动】对话框

该对话框设置选项说明如下。

☑ 从【目标元素】下拉菜单中，选择某个对象的 ID。如果已经选择了一个对象，可以选择"<当前选定内容>"。

☑ 在【效果持续时间】文本框中，定义出现此效果所需的时间，用毫秒表示。

☑ 在【效果】下拉列表中，选择要应用的效果，包括"上滑"或"下滑"

☑ 在【上滑自】或【下滑自】文本框中，以百分比或像素值形式定义起始滑动点。

☑ 在【上滑到】或【下滑到】文本框中，以百分比或像素值形式定义结束滑动点。

☑ 如果希望该效果是可逆的，可以选择【切换效果】复选框。

注意，该效果适用于 blockquote、dd、div、form 或 center 这些 HTML 对象。

第 3 步，设置完毕，单击【确定】按钮，即可应用滑动效果，演示效果如图 10.54 所示。用户还可以在【行为】面板中设置特效行为的事件，默认为 onClick，即当鼠标单击对象时触发演示效果。

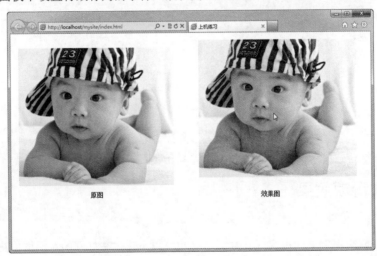

图 10.54 滑动效果

第11章

在网页中加入 Spry 应用

（ 视频讲解：1 小时 11 分钟 ）

　　Spry 框架是 Ajax（Asynchronous JavaScript And XML，中文翻译为异步 JavaScript 和 XML）技术的一种应用形式，它适合网页设计师进行 Web 动态设计和开发。Adobe 公司把 Spry 技术集成到 Dreamweaver 中后，用户就可以以可视化方式来使用 Spry 技术。当然在代码中进行部署也很容易，在 Spry 下载包中，Adobe 提供了大量的样例。本章将详细讲解 Dreamweaver 中包含的 Spry 技术框架可视化操作及其应用。

学习重点：

▶▶ 了解 Spry 框架。

▶▶ 添加和编辑 Spry 应用。

▶▶ 添加动态数据显示。

▶▶ 使用 Spry 应用组件。

11.1 认识 Spry 框架

Spry 是 Adobe 公司为了适应 Web 2.0 浪潮对 Ajax 应用概念需求而提出的一项具体实施技术。Spry 中文翻译为敏捷的意思，Adobe 公司希望用这个名称来体现新技术的特点。

Spry 技术框架实际上就是一套包含 JavaScript、CSS 和一些图片文件的客户端 JavaScript 库。它支持 XML 数据集、动态区域、组件和动画效果。虽然这些文件存放在服务器上，但实际上是被加载到浏览器中运行的。框架的用户将所有需要的文件链接到 HTML 文档中，以使用不同的组件来获得更丰富的用户体验。Spry 框架是和设计人员紧密相关的，因此框架中的每个元素都要遵循以下原则。

- ☑ 保持轻便。
- ☑ 保持简洁。
- ☑ 使用标准的技术，如 HTML、CSS 和 JavaScript。
- ☑ 保持私有属性和语法最少化。
- ☑ 尽可能减少脚本编程，降低使用门槛。

Adobe 公司开发 Spry 框架的目的是希望这能够成为实现 Ajax 的一种简单方式，对 HTML、CSS 和 JavaScript 具有入门级水平的设计人员应该能够发现 Spry 是一种整合内容的简单方法。

Spry 与 Ajax 框架是不同的，因为它是面向设计人员而不是开发人员。与其他一些 Ajax 框架相比，它的服务器端的技术不是很可靠。它依赖于 XML，XML 可以很容易被 Spry 组件接受，几乎没有什么大问题。Spry 可以从 Adobe 网站免费下载，其中包括大量演示、示例、技术文章和文档。文档还可以通过 Adobe's LiveDocs（http://livedocs.adobe.com/）下载，这里有一个 Spry 用户的开发中心，可以从中获得大量技术文章。

11.1.1 Ajax 概述

Ajax 不是一项新技术，它是多种流行技术的集合，具体内容下。

- ☑ 网页显示技术：使用 XHTML 和 CSS 实现网页框架和布局。
- ☑ 网页交互技术：利用 DOM（Document Object Model，文档对象模型）标准实现对网页元素的引用和操作。
- ☑ 数据交换和处理技术：利用 XML 和 XSLT 数据格式实现数据的交换。
- ☑ 异步通讯技术：使用 XMLHttpRequest 组件实现浏览器与服务器之间的请求与响应。
- ☑ 逻辑控制技术：使用 JavaScript 脚本整合以上所有的技术。

Ajax 提供了与服务器异步通信的能力，从而使用户从请求/响应的循环中解脱出来。借助于 Ajax 技术，可以在用户单击按钮时，使用 JavaScript 和 DHTML 立即更新页面部分或全部显示信息，并向服务器发出异步请求，以执行更新或查询数据库。当请求返回时，就可以使用 JavaScript 和 CSS 来进行相应地更新，而不是刷新整个页面。最重要的是，用户甚至不知道浏览器正在与服务器通信，Web 站点看起来是即时响应的。

事实上在 Ajax 被命名之前，已经有人综合使用这些技术，不过实现起来非常复杂。另外，一些工具也提供了相似的功能，如 Macromedia Flash 插件、Java Applets 和.NET 等，在应用上已经有了一段时间。

把一种可与服务器通话的脚本组件引入到浏览器中的思想早在 IE 5.0 中就已经存在。Firefox 和其他流行的浏览器一样也加入到浏览器大军中，并以一种内置对象形式支持 XMLHTTPRequest。随着跨平台浏览器的出现，这些技术得到了认可，2004 年 3 月一家称为 Adaptive Path 的公司正式提出了 Ajax。

通过 Ajax，可以使得客户端得到丰富的应用体验及交换操作，而用户不会感觉到有网页提交或刷新的过程，页面也不需要被重新加载，原理是利用 Ajax 技术把浏览器与服务器之间的数据交换都隐藏起来。在创建 Web 站点时，在客户端执行屏幕更新为用户提供了很大的灵活性。

下面是使用 Ajax 可以完成的功能。

- ☑ 在购物网站中，无需用户单击更新按钮，并等待服务器重新发送整个页面，浏览器会动态更新购物车的物品总数，这样用户能够及时、准确地查看自己选购的物品。
- ☑ 提升站点的性能，这是通过减少从服务器下载的数据量实现的。例如，在 Amazon 的购物车页面，当更新篮子中的一项物品的数量时，会重新载入整个页面，这必须下载 32K 的数据。如果使用 Ajax 计算新的总量，服务器只会返回新的总量值，因此所需的带宽仅为原来的百分之一。
- ☑ 消除了每次用户输入时的页面刷新。例如，在 Ajax 中，如果用户在分页列表上单击下一页超链接，则服务器数据只刷新列表而不是整个页面。
- ☑ 直接编辑表格数据，而不是要求用户导航到新的页面来编辑数据。应用 Ajax 技术，当用户单击【编辑】按钮时，可以将静态表格刷新为内容可编辑的表格。用户单击【执行】按钮之后，就可以发出一个 Ajax 请求来更新服务器，并刷新表格，使其包含静态、只读的数据。

Ajax 最典型的应用是 Google 的 Maps（http://maps.google.com/），是它把 Ajax 技术完美地展现在世人面前，并迅速轰动全球。Google 的 Maps 能够实时监视用户的操作，并提供实时页面更新，用户可以用鼠标任意拖动地图，快速找到希望查看的区域，也可以双击放大或缩小地图。另外国内的百度地图（http://map.baidu.com/#）也具有相同的功能，而且功能更为人性和完善，甚至还提供丰富的出行引导功能。读者不妨按提示地址亲身体验一下 Ajax 技术所带来的全新感觉。目前支持 Ajax 技术的浏览器包括 Mozilla、Firefox、Internet Explorer、Opera、Konqueror 及 Safari。但是 Opera 不支持 XSL格式对象，也不支持 XSLT。

11.1.2 Ajax 原理分解

Ajax 的核心是 JavaScript 对象 XmlHttpRequest。该对象在 Internet Explorer 5 中首次引入，它是一种支持异步请求的技术。简而言之，XmlHttpRequest 能够使用户使用 JavaScript 向服务器提出请求并处理响应，而不阻碍用户的其他操作。

传统的 Web 应用允许用户填写表单（form），当提交表单时就向 Web 服务器发送一个请求；服务器接收并处理传来的表单，然后返回一个新的网页。这个做法会浪费很多带宽，因为在前后两个页面中的大部分 HTML 代码往往是相同的。由于每次应用的交互都需要向服务器发送请求，应用的响应时间就得依赖于服务器的响应时间，这就导致了用户界面的响应比本地应用慢得多。传统 Web 应用同步交互模式如图 11.1 所示。

一个任务所需的步骤越多，用户需要等待的次数也越多，所以这种方式并没有给予用户很好的应用体验。当服务器在处理数据的时候，用户处于等待的状态，每一步操作都需要等待，太多的等待会使用户越来越没有耐心。

Ajax 则大不相同，它通过 Ajax 引擎，仅向服务器发送并取回必需的数据，并在客户端采用JavaScript 处理来自服务器的响应，因此，在服务器和浏览器之间交换的数据大量减少，结果我们就能看到响应更快的应用。同时，很多的处理工作可以在发出请求的客户端机器上完成，所以 Web 服务器的处理时间也减少了。

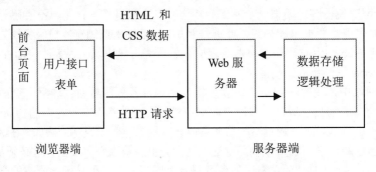

图 11.1　传统 Web 应用同步交互模式

Ajax 利用了一种中间的媒介（Ajax 引擎）消除了用户和服务器交互间的等待，这就像在传统的 Web 模型中间加入了一层，可以降低响应时间。替代页面下载的是在 Session 刚开始时，浏览器下载一个用 JavaScript 编写的 Ajax 引擎，通常放在一个隐藏的框架里，这个引擎代替用户和服务器进行通讯。Ajax 允许用户交互和服务器响应是异步的，如图 11.2 所示。

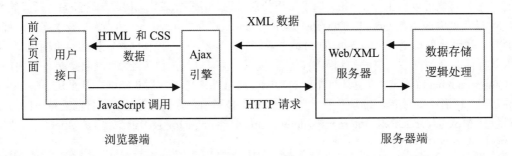

图 11.2　Ajax 应用异步交互模式

11.2　使用 Spry 显示动态数据

使用 Spry 技术框架可以插入数据对象，允许用户从浏览器窗口中以动态方式与页面快速交互。例如，插入一个可排序的表格之后，用户无需执行页面刷新，就可以重新排列该表格，或在表格中包括 Spry 动态表格对象来触发页面上其他位置的数据更新。

11.2.1　定义 Spry XML 数据集

要使用 Spry 技术框架显示数据，必须先定义数据源（如 XML 数据、网页数据），当定义数据源之后，就可以在 HTML 页面中添加 Spry 区域、表格或列表，从而实现动态数据的显示。

定义 Spry XML 数据集的操作步骤如下。

第 1 步，准备 XML 数据源。为了学习方便，读者不妨使用 Dreamweaver 快速新建一个简单的.xml 文件，输入 xml 数据。

```xml
<?xml version="1.0" encoding="utf-8"?>
<dw>
    <ver>
        <date>1997</date>
        <name>Dreamweaver 1.0</name>
    </ver>
    <ver>
        <date>1998</date>
        <name>Dreamweaver 2.0</name>
    </ver>
    <ver>
        <date>1999</date>
        <name>Dreamweaver 3.0</name>
    </ver>
    <ver>
        <date>1999</date>
        <name>Dreamweaver UltraDev 1.0</name>
    </ver>
    <ver>
        <date>2000</date>
        <name>Dreamweaver 4.0</name>
    </ver>
    <ver>
        <date>2000</date>
        <name>Dreamweaver UltraDev 4.0</name>
    </ver>
    <ver>
        <date>2002</date>
        <name>Dreamweaver MX</name>
    </ver>
    <ver>
        <date>2003</date>
        <name>Dreamweaver MX 2004</name>
    </ver>
    <ver>
        <date>2005</date>
        <name>Dreamweaver 8</name>
    </ver>
    <ver>
        <date>2007</date>
        <name>Dreamweaver CS4</name>
    </ver>
    <ver>
        <date>2008</date>
        <name>Dreamweaver CS4</name>
    </ver>
    <ver>
        <date>2010</date>
        <name>Dreamweaver CS5</name>
    </ver>
</dw>
```

注意，Dreamweaver 的 Spry 技术框架对于中文 XML 节点的数据源支持不是很好，因此，在定义 XML 数据源时需要使用拼音或英文字母代替节点中的名称，即在转换数据表格时，表格的标题不能使用中文。

第 2 步，新建 HTML 网页文件（可以不定义站点，所建立的文档也不必保存为 ASP 文件），然后保存文件，否则无法执行后面操作。

第 3 步，执行下面任意操作之一，打开【Spry XML 数据集】对话框。

☑ 选择【插入】|【Spry】|【Spry XML 数据集】命令。

☑ 在【插入】面板的【Spry】选项卡中单击【Spry XML 数据集】选项按钮。

☑ 在【插入】面板的【数据】选项卡中单击【Spry XML 数据集】选项按钮。

☑ 如果打开的文件位于站点内，则可以在【绑定】面板中单击 ➕ 按钮，在打开的下拉菜单中选择【Spry 数据集】选项，如图 11.3 所示。

图 11.3 【绑定】面板

第 4 步，打开【Spry 数据集】设置向导，按向导说明分 3 步进行设置。第 1 步是定义数据源，如图 11.4 所示。

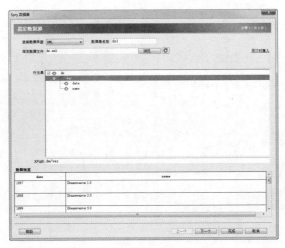

图 11.4 【Spry 数据集】向导第 1 步

该步向导选项设置说明如下。

☑ 【选择数据类型】下拉列表：可以选择数据源的格式，即指定要导入的文档类型，包括 HTML 和 XML。注意，选择不同的数据类型，则对话框的设置会不同，上图显示的是 XML 数据类型的选项设置。

☑ 【数据集名称】文本框：可以自定义数据集名称，该名称将在引用数据集时调用。

☑ 【行元素】列表框：在该列表框中，选择包含要显示的数据的元素。这通常是一个具有几个从属字段（如<code>、<name>、<province>、<class>、<date>、<price_u>等）的重复节点（如<publication>）。

☑ 【XPath】文本框：自动显示一个表达式，指示所选节点在 XML 源文件中的位置。Xpath（XML 路径语言）是一种语法，用于确定 XML 文档各部分的位置。大多数情况下，Xpath 用作 XML 数据的查询语言，这与 SQL 语言用于查询数据库一样。有关 XPath 的详细信息，请参阅 W3C 网站上的 XPath 语言规范（www.w3.org/TR/xpath）。

☑ 【数据预览】：可以查看 XML 数据在浏览器中的外观，一般将显示 XML 数据文件中的前 20 行，每一列对应一个元素。

第 5 步，单击【下一步】按钮，进入第 2 步，在此设置数据的显示格式，如每列数据类型、数据排序、行列设置、重复行处理和是否禁止数据缓存等选项设置，如图 11.5 所示。

第 6 步，单击【下一步】按钮，进入向导第 3 步，在此可以设置数据集的显示样式，例如，这里选择【插入表格】选项，如图 11.6 所示。

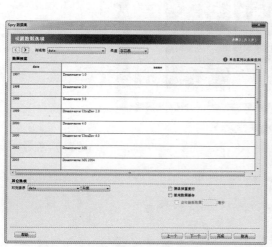

图 11.5 【Spry 数据集】向导第 2 步

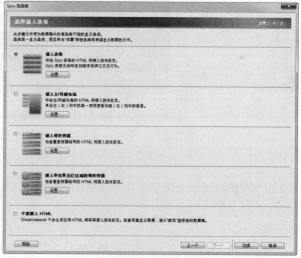

图 11.6 【Spry 数据集】向导第 3 步

第 7 步，选择【插入表格】选项后，单击【设置】按钮，打开【Spry 数据集—插入表格】对话框，如图 11.7 所示，分别设置数据表格的各种类样式，其中奇数行类为row1，偶数行类为row2，悬停类为 hover，选择类为 select。

第 8 步，单击【确定】按钮关闭【Spry 数据集—插入表格】对话框，最后单击【完成】按钮，Dreamweaver 将自动在当前文档中插入一个绑定的 xml 数据集，如图 11.8 所示。

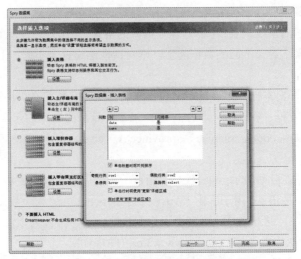

图 11.7　设置数据表格类样式

图 11.8　插入的 Spry 数据表格

第 9 步，切换到【代码】视图，可以看到新插入的 HTML 源代码。

```
<!DOCTYPE html PUBLIC "-//W3C//DTD XHTML 1.0 Transitional//EN" "http://www.w3.org/TR/xhtml1/DTD/xhtml1-transitional.dtd">
<html xmlns="http://www.w3.org/1999/xhtml" xmlns:spry="http://ns.adobe.com/spry">
<head>
<meta http-equiv="Content-Type" content="text/html; charset=gb2312" />
<style type="text/css">
body { background: url(images/bg.jpg) left top no-repeat; margin:0; padding:0; width:1211px; height:679px; }
#box { position:absolute; left:896px; top: 414px; width:192px; height:235px; }
</style>
<title>上机练习</title>
<script src="SpryAssets/xpath.js" type="text/javascript"></script>
<script src="SpryAssets/SpryData.js" type="text/javascript"></script>
<script type="text/javascript">
var ds1 = new Spry.Data.XMLDataSet("dw.xml", "dw/ver", {sortOnLoad: "date", sortOrderOnLoad: "ascending"});
</script>
```

```
</head>
<body>
<div id="box">
    <div spry:region="ds1">
        <table>
            <tr>
                <th spry:sort="date">Date</th>
                <th spry:sort="name">Name</th>
            </tr>
            <tr spry:repeat="ds1" spry:odd="row1" spry:even="row2" spry:hover="hover" spry:select="select">
                <td>{date}</td>
                <td>{name}</td>
            </tr>
        </table>
    </div>
</div>
</body>
</html>
```

第 10 步，保存文档， Dreamweaver 将该数据集与该页面关联在一起，同时会新建 SpryAssets 文件夹，在该文件夹中添加用来标识 Spry 资源的 JavaScript 代码（xpath.js 和 SpryData.js 文件），如图 11.9 所示。千万不要删除此代码，否则 Spry 数据集函数将无法运行。

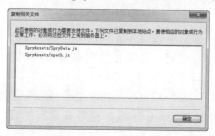

图 11.9　复制相关文件

第 11 步，定义完毕 Spry XML 数据集，用户可以在【绑定】面板中看见该数据集，如图 11.10 所示。双击数据集名称（如 ds1），会自动打开【Spry XML 数据集】对话框，重新编辑该数据集，这与数据库中的记录集操作很相似。

图 11.10　在【绑定】面板中查看数据集

第 12 步，保存文档，按 F12 键在浏览器中预览，则显示效果如图 11.11 所示。

图 11.11　在浏览器中预览效果

11.2.2　定义 Spry 区域

与记录集一样，定义的 Spry 数据集必须绑定到具体的 Spry 数据对象中才能够浏览。所有的 Spry 数据对象都必须包含在 Spry 区域中，这与建立表单要先插入表单域<form>标记相同。如果用户在添加 Spry 区域之前向页面中添加 Spry 数据对象，Dreamweaver 将提示添加 Spry 区域。

在默认情况下，Spry 区域位于<div>标记容器中。用户可以在添加表格之前添加 Spry 区域，在插入表格或重复列表时由系统自动添加 Spry 区域，或者在现有的表格对象或重复列表对象周围环绕 Spry 区域。

操作步骤：

第 1 步，首先，新建一个网页文件，并参考上一节讲解方法定义一个 Spry XML 数据集。

第 2 步，然后执行下面任意操作之一，打开【插入 Spry 区域】对话框，如图 11.12 所示。

☑　选择【插入】|【Spry】|【Spry 区域】命令。

☑　在【插入】面板的【Spry】选项卡中单击【Spry 区域】选项按钮。

☑　在【插入】面板的【数据】选项卡中单击【Spry 区域】选项按钮。

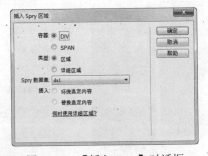

图 11.12　【插入 Spry】对话框

第 3 步，在【容器】选项中指定容器所使用的标记，包括"<div>"和"<span>"选项。默认值是使用<div>容器。

第 4 步，在【类型】选项中指定数据集的类型。如果要创建 Spry 区域，可以选择"区域"（这是默认值）作为要插入的区域类型；如果创建 Spry 详细区域，可以选择"详细区域"选项。只有当用户希望绑定动态数据时，才选择详细区域，当另一个 Spry 区域中的数据发生变化时，动态数据将随之更新。

第 5 步，在【Spry 数据集】下拉列表中选择在页面中定义的 Spry 数据集。如果要创建或更改为某个对象定义的区域，用户可以选择该对象并选择下列选项之一。

☑　环绕选定内容：将新区域放在对象周围。

☑　替换选定内容：替换对象的现有区域。

第 6 步，设置完毕，单击【确定】按钮，Dreamweaver 会在页面中插入一个区域占位符，并显示文本"此处为 Spry 区域的内容"，如图 11.13 所示。最后只需要将该占位符文本替换为 Spry 数据对象，例如，表格、重复列表，或者替换为【绑定】面板中的动态数据即可。

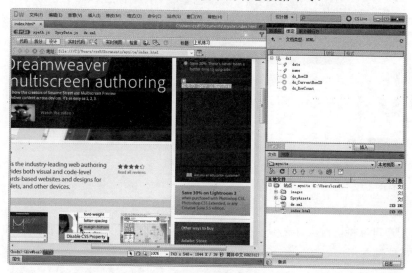

图 11.13　定义 Spry 区域

11.2.3　定义 Spry 重复项

当创建了 Spry 区域之后，还需要在该区域内指定要显示的数据项，即数据列。

操作步骤：

第 1 步，把光标置于已创建的 Spry 区域内。

第 2 步，选择【插入】|【Spry】|【Spry 重复项】命令，或者在【插入】面板的【Spry】选项卡中单击【Spry 重复项】选项按钮，打开【插入 Spry 重复项】对话框，如图 11.14 所示。

第 3 步，在【容器】选项区根据所需的标签类型选择【<DIV>】或【<SPAN>】选项。默认值是使用 <DIV> 容器。

第 4 步，在【类型】选项区选择【重复】单选按钮（默认选项）。如果用户希望提高灵活性，可以选择【重复子项】单选按钮，这将对子级别列表中的每

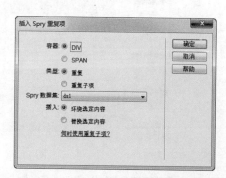

图 11.14　【插入 Spry 重复项】对话框

一行执行数据验证。例如，如果有一个<ul>列表，系统将在<li>级别检查数据。如果选择【重复】单选按钮，系统将在<ul>级别检查数据。如果在代码中使用条件表达式，【重复子项】单选按钮可能会非常有用。

第 5 步，在【Spry 数据集】下拉列表中选择 Spry 数据集，例如，选择定义的 Spry 数据集 ds1。

第 6 步，单击【确定】按钮，即可在页面上显示重复项，此时 Dreamweaver 会在页面中插入一个区域占位符，并显示文本"此处为 Spry 区域的内容"，如图 11.15 所示。如果在文档中已经选择了文本或元素，插入的 Spry 重复项标签会环绕或替换它们。

图 11.15　插入的 Spry 重复项框

第 7 步，用户可以将该占位符文本替换为 Spry 数据对象，可以直接在【绑定】面板中选择一个动态数据，拖动或插入到该区域，如图 11.16 所示。

图 11.16　绑定 Spry 数据对象

第 8 步，保存页面，在浏览器中预览插入的 Spry 重复项的效果，显示效果如图 11.17 所示。

图 11.17 重新显示 Spry 数据

11.2.4 定义 Spry 重复列表

Spry 重复列表与 Spry 重复项具有相同的功能，但它们的显示效果略有不同。Spry 重复列表可以将数据显示为经过排序的列表、未经排序的（项目符号）列表、定义列表或下拉列表。

操作步骤：

第 1 步，新建网页文件，保存为 data.html，设计一个数据表格，如图 11.18 所示。

第 2 步，新建 index.html，完成页面初始化设计，然后定义 Spry XML 数据集，其中数据集选择 HTML 类型，如图 11.19 所示。

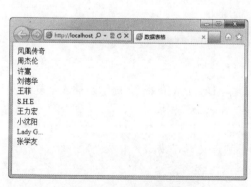

图 11.18 设计数据表格

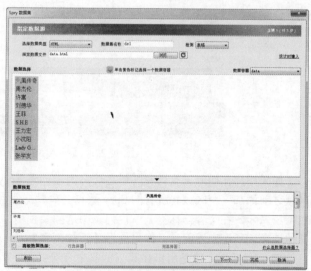

图 11.19 选择数据类型为 HTML

第 3 步，进入下一步，设置第一行不为标题，其他选项可以保持默认选项，如图 11.20 所示。

第 4 步，单击【下一个】按钮，在第 4 步设置中，选择【不要插入 HTML】选项，如图 11.21 所示。

Note

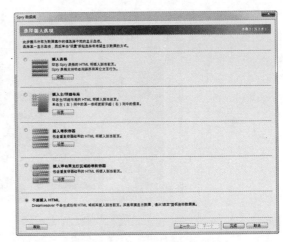

图 11.20　取消标题行设置　　　　　　　　图 11.21　不要插入 HTML

第 5 步，把光标置于页面中，选择【插入】|【Spry】|【Spry 区域】命令，在当前位置插入 Spry 区域。

第 6 步，选择【插入】|【Spry】|【Spry 重复列表】命令，或者在【插入】面板的【Spry】选项卡中单击【Spry 重复列表】选项按钮，打开【插入 Spry 重复列表】对话框，如图 11.22 所示。

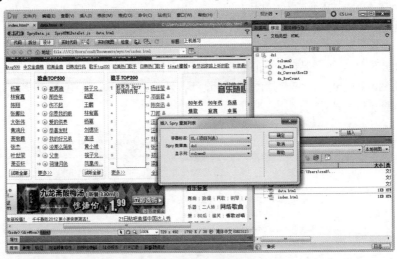

图 11.22　【插入 Spry 重复列表】对话框

如果用户在插入重复列表区域之前，尚未创建 Spry 区域，Dreamweaver 会提示在插入重复列表区域之前添加一个区域。所有的 Spry 数据对象都必须包含在 Spry 区域中。

第 7 步，在【容器标签】下拉列表中选择要使用的容器标签，例如，UL、OL、DL 或 SELECT。其他选项因所选容器而异。如果选择【下拉列表】项，则必须定义下列域。

☑　显示列：这是用户在其浏览器中查看页面时所看到的内容。

☑　值列：这是发送到后台服务器的实际值。

第 8 步，在【Spry 数据集】下拉列表中选择 Spry 数据集，例如，选择定义的 Spry 数据集 ds1。

第 9 步，单击【确定】按钮，即可在页面上显示重复列表区域。在【代码】视图中，会看到 HTML 的<ul>、<ol>、<dl> 或下拉列表标签已插入到文件中。

Note

第 10 步，保存页面，在浏览器中预览插入的 Spry 重复列表的效果，显示效果如图 11.23 所示。

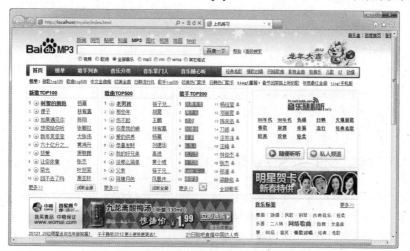

图 11.23 插入 Spry 重复列表效果

11.3 使用 Spry 构件

Spry 框架中另一个重要组成部分就是 Spry 构件，它是 HTML、CSS 和 JavaScript 代码结合在一起并添加到页面中的可视元素。Spry 构件为了提供更丰富的用户体验还在页面上添加了用户交互接口。大部分 Spry 构件都是 HTML 元素的增强版，同时还为一些额外的可视化元素提供了显示内容的菜单和其他替代方式。

11.3.1 认识 Spry 构件

Spry 构件是一个页面元素，通过启用用户交互来提供更丰富的用户体验。Spry 构件由以下几个部分组成。

☑ 构件结构：用来定义构件结构组成的 HTML 代码块。

☑ 构件行为：用来控制构件如何响应用户启动事件的 JavaScript。

☑ 构件样式：用来指定构件外观的 CSS。

Spry 框架支持一组用标准 HTML、CSS 和 JavaScript 编写的可重用构件。用户可以方便地插入这些构件，然后设置构件的样式。框架行为包括允许用户执行下列操作的功能：显示或隐藏页面上的内容、更改页面的外观（如颜色）、与菜单项交互等。

Spry 框架中的每个构件都与唯一的 CSS 和 JavaScript 文件相关联。CSS 文件中包含设置构件样式所需的全部信息，而 JavaScript 文件则赋予构件功能。当使用 Dreamweaver 界面插入构件时，Dreamweaver 会自动将这些文件链接到页面，以便构件中包含该页面的功能和样式。

与给定构件相关联的 CSS 和 JavaScript 文件根据该构件命名，因此，用户很容易判断哪些文件对应于哪些构件。当在已保存的页面中插入构件时，Dreamweaver 会在站点中创建一个 SpryAssets 目录，并将相应的 JavaScript 和 CSS 文件保存到其中。

Spry 构件能够扩展 HTML 元素，包括复选框、单选按钮、选择、文本区和文本域。

这些构件通过添加验证和用户反馈信息（包括入口提示和错误消息）扩展了普通表单功能。反馈信息通过使用 CSS 来改变窗体元素的背景色显示，或显示一个错误消息。大多数构件提供了大量事件，所以在用户交互期间的不同时刻都可以进行验证，例如，键入一个值，选择另外一个表单元素或提交表单。

还有大量的其他应用程序并非专用于表单元素，如 Accordion、移动面板、菜单条、滑动面板、标签面板。可以将菜单条放在一端，因为它直接就是一个多结点导航对象；其他的应用提供了各种各样的方式，在屏幕上显示额外数据而不用重新加载页面。还有同样操作方式的其他典型 Ajax 框架。它们的行为更像桌面应用用户控制而不像 HTML 提供的标准接口控制。在 Adobe 试验网站上下载的 Spry 中包含了这些应用如何工作的示例。

11.3.2　实战演练：定义 Spry 菜单栏

Spry 菜单栏构件是一组可导航的菜单按钮，通俗地说就是导航条。当用户将鼠标移到其中的某个按钮上时，将显示相应的子菜单。使用菜单栏可以在有限的空间显示大量导航信息，并使浏览者无需深入浏览站点，即可了解站点的结构和提供的内容。Spry 菜单栏构件包括垂直构件和水平构件。

操作步骤：

第 1 步，新建并保存文件，把光标置于要插入菜单栏的位置，如图 11.24 所示。

图 11.24　设计页面初步效果

第 2 步，选择【插入】|【Spry】|【Spry 菜单栏】命令，或者在【插入】面板的【Spry】选项卡中单击【Spry 菜单栏】选项按钮。

第 3 步，打开【Spry 菜单栏】对话框，如图 11.25 所示。

图 11.25　【Spry 菜单栏】对话框

第 4 步，从对话框中选择【水平】选项，单击【确定】按钮。插入的水平 Spry 菜单栏效果如图 11.26 所示。

操作提示：

Spry 菜单栏构件使用 HTML 层技术。如果页面中包含 Flash 内容，而 Flash 影片总是显示在所有其他 DHTML 层的上方，因此，Flash 内容可能会显示在子菜单的上方。为了避免此类问题的发生，可以更改 Flash 影片的参数，设置 wmode="transparent"。

图 11.26　插入的 Spry 菜单栏

第 5 步，利用属性面板来添加或删除菜单和子菜单。选中 Spry 菜单栏，此时的属性面板会详细显示当前构件的设置，如图 11.27 所示。

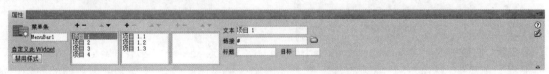

图 11.27　Spry 菜单栏属性面板

操作提示：

☑ 如果要添加主菜单项，单击第一列上方的加号按钮➕，系统会自动增加一个主菜单项。

☑ 如果要重命名新菜单项，可以选中菜单项，然后在【文本】文本框中输入新名称。同时在【链接】文本框中输入该菜单项要链接的 URL 地址，或者单击【浏览】按钮🗀快速浏览相应的文件；在【标题】文本框中设置菜单项提示信息；在【目标】文本框中设置打开页面的位置，可以包括 4 个选项值。

➢ _blank：在新浏览器窗口中打开所链接的页面。

➢ _self：在同一个浏览器窗口中加载所链接的页面，这是默认选项。如果页面位于框架或框架集中，该页面将在该框架中加载。

➢ _parent：在文档的直接父框架集中加载所链接的文档。

➢ _top：在框架集的顶层窗口中加载所链接的页面。

☑ 如果要增加子菜单的主菜单项的名称，可以单击第二列上方的加号按钮➕。设计子菜单项的属性与设置主菜单项方法相同。

☑ 如果要向子菜单中添加子菜单，可以选择要向其中添加另一个子菜单项的子菜单项的名称，然后单击第三列上方的加号按钮➕，增加下一级菜单项。Dreamweaver 在【设计】视图中仅支持 3 级子菜单，但是在【代码】视图中可以添加任意多个子菜单。

☑ 如果要删除某级菜单项，可以先选中要删除的主菜单项或子菜单项的名称，然后单击减号按钮➖即可。

☑ 如果要更改菜单项的显示顺序，可以选择要对其重新排序的菜单项的名称，然后单击向上箭头▲或向下箭头▼，可以向上或向下移动该菜单项的显示位置。

☑ 单击【禁止样式】按钮，可以禁止菜单栏构件的样式。如果要启动样式，只需要在属性面板中单击【启动样式】按钮即可。

第 6 步，在属性面板中修改每个菜单项，以及要包含的子菜单项，如图 11.28 所示。

图 11.28　插入的菜单栏

第 7 步，切换到 SpryAssets/SpryMenuBarHorizontal.css 样式表文件，根据代码注释修改菜单样式，主要根据当前页面风格设计菜单项的背景色、字体大小和字体颜色，以及菜单项之间的间距，如图 11.29 所示。

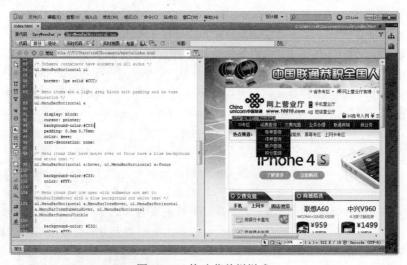

图 11.29　修改菜单栏样式

其中主要修改的样式代码如下。

```
/* Menu items are a light gray block with padding and no text decoration */
ul.MenuBarHorizontal a{
    display: block;
    cursor: pointer;
    background-color:#C03;
    padding: 0.3em 0.75em;
    color: #eee;
    text-decoration: none;
}
/* Menu items that have mouse over or focus have a blue background and white text */
ul.MenuBarHorizontal a:hover, ul.MenuBarHorizontal a:focus{
    background-color:#C33;
    color: #FFF;
}
/* Menu items that are open with submenus are set to MenuBarItemHover with a blue background and white text */
ul.MenuBarHorizontal a.MenuBarItemHover, ul.MenuBarHorizontal a.MenuBarItemSubmenuHover, ul.MenuBarHorizontal
a.MenuBarSubmenuVisible{
    background-color: #C33;
    color: #FFF;
}
/* HACK FOR IE: to stabilize appearance of menu items; the slash in float is to keep IE 5.0 from parsing */
@media screen, projection{
    ul.MenuBarHorizontal li.MenuBarItemIE     {
        display: inline;
        f\loat: left;
        background:#C03;
    }
}
```

第 8 步，保存页面，在浏览器中预览插入的 Spry 菜单栏效果，显示效果如图 11.30 所示。

图 11.30　Spry 菜单栏效果

Note

11.3.3 实战演练：定义 Spry 选项卡式面板

Spry 选项卡式面板构件就是 Tab 面板组，用于将内容分类存储在不同的子面板中，通过单击面板选项卡可以隐藏或显示存储在选项卡式面板中的内容。当单击不同的选项卡时，构件的面板会相应地打开，选项卡式面板构件中只有一个内容面板处于被打开状态。

操作步骤：

第 1 步，新建并保存文件，把光标置于要插入菜单栏的位置，如图 11.31 所示。

图 11.31　设计页面初步效果

第 2 步，选择【插入】|【Spry】|【Spry 选项卡式面板】命令，或者在【插入】面板的【Spry】选项卡中单击【Spry 选项卡式面板】选项按钮。在当前窗口中插入一个 Spry 选项卡式面板，如图 11.32 所示。

图 11.32　插入的 Spry 选项卡式面板

第 3 步，插入 Spry 选项卡式面板后，选中该构件，此时的属性面板会详细显示当前构件的设置，如图 11.33 所示。

图 11.33　Spry 选项卡式面板的属性面板

操作提示：

☑　与 Spry 菜单栏操作相似，单击加号按钮 ✚，系统会自动增加一个选项卡，在【面板】列表框中选中某个选项卡名称，然后单击减号按钮 ━，可以删除当前选中的选项卡。

☑　在【默认面板】下拉列表中可以定义默认显示的选项卡面板。

☑　如果要更改选项卡的显示顺序，可以选择要对其重新排序的选项卡的名称，然后单击向上箭头 ▲ 或向下箭头 ▼ 来向上或向下移动该选项卡的显示位置。

第 4 步，可以在编辑窗口中的"内容"区域插入任意元素和内容，在"标签"区域修改选项卡的名称。当移动鼠标指针到某个选项卡标签上时，系统会自动显示一个眼睛图标，单击该图标可以显示当前选项卡面板，如图 11.34 所示。

图 11.34　切换选项面板

第 5 步，切换到 SpryAssets/SpryTabbedPanels.css 样式表文件，根据代码注释修改菜单样式，主要根据当前页面风格设计选项卡的背景色、字体大小和边框样式，以及选项卡的位置，如图 11.35 所示。

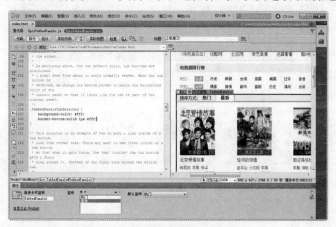

图 11.35　修改选项卡式面板样式

其中，主要修改的样式代码如下。

```
.TabbedPanelsTabGroup {
    margin: 0px;
    padding: 0px;
    position:relative;
    left:5.5em;
}
.TabbedPanelsTab {
    position: relative;
    top: 1px;
    float: left;
    padding: 4px 16px 4px 16px;
    margin: 0px 1px 0px 0px;
    font: bold 14px;
    background-color: #F1F5F6;
    list-style: none;
    border-bottom:solid 1px #D8D8D8;
    -moz-user-select: none;
    -khtml-user-select: none;
    cursor: pointer;
}
.TabbedPanelsTabHover {
    background-color: #fff;
    border-bottom:solid 1px #fff;
}
.TabbedPanelsTabSelected {
    background-color: #fff;
    border-bottom:solid 1px #fff;
}
.VTabbedPanels .TabbedPanelsTabGroup {
    float: left;
    width: 10em;
    height: 20em;
    position: relative;
}
```

第 6 步，保存页面，在浏览器中预览插入的 Spry 选项卡式面板效果，显示效果如图 11.36 所示。

图 11.36　Spry 选项卡式面板效果

11.3.4 实战演练：定义 Spry 折叠式

Spry 折叠式构件类似于 QQ 的控制窗口，它是一组可折叠的面板，可以将大量内容存储在一个紧凑的空间中。通过单击该面板上的选项卡来隐藏或显示存储在折叠构件中的内容，当单击不同的选项卡时，折叠构件的面板会相应地展开或收缩。在折叠构件中，每次只能有一个内容面板处于打开且可见的状态。

操作步骤：

第 1 步，新建并保存文件，把光标置于要插入折叠式的位置，如图 11.37 所示。

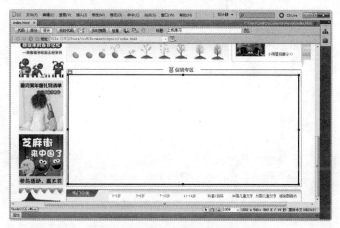

图 11.37 设计页面初步效果

第 2 步，选择【插入】|【Spry】|【Spry 折叠式】命令，或者在【插入】面板的【Spry】选项卡中单击【Spry 折叠式】选项按钮。在当前窗口中插入一个 Spry 折叠式构件，如图 11.38 所示。

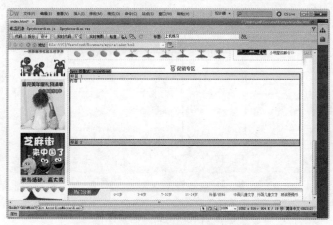

图 11.38 插入的 Spry 折叠式构件

第 3 步，插入 Spry 折叠式构件后，选中该构件，此时的属性面板会详细显示当前构件的设置，如图 11.39 所示。

图 11.39 Spry 折叠式的属性面板

Note

第 4 步，单击加号按钮，系统会自动增加一个折叠面板。在【面板】列表框中选中一个面板名称，然后单击减号按钮 ，可以删除当前选中的折叠面板。

第 5 步，如果要更改面板的名称，可以在【设计】视图中选择面板的标签文本并对其进行修改。在"内容"区域插入任意元素和内容。当移动鼠标到某个标签上时，系统会自动显示一个眼睛图标，单击该图标可以显示当前折叠面板，如图 11.40 所示。

图 11.40　折叠式面板

第 6 步，切换到 SpryAssets/SpryAccordion.css 样式表文件，根据代码注释修改菜单样式，主要根据当前页面风格设计折叠面板的背景色、字体大小和边框样式，如图 11.41 所示。

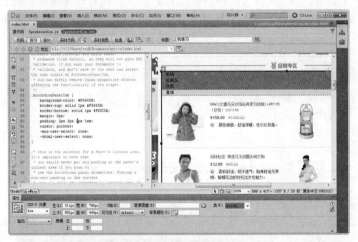

图 11.41　修改折叠面板样式

其中主要修改的样式代码如下。由于折叠面板的高度是固定的，因此必须在样式表文件中修改折叠面板的高度。

```
.Accordion {
    border-left: solid 1px #FEDCDA;
    border-right: solid 1px #FEDCDA;
    border-bottom: solid 1px #FEDCDA;
    overflow: hidden;
}
```

```
.AccordionPanelTab {
    background-color: #F6665B;
    border-top: solid 1px #F6665B;
    border-bottom: solid 1px #FEDCDA;
    margin: 0px;
    padding: 2px 2px 2px 1em;
    cursor: pointer;
    -moz-user-select: none;
    -khtml-user-select: none;
}
.AccordionPanelContent {
    overflow: auto;
    margin: 0px;
    padding: 0px;
    height: 356px;
}
.AccordionPanelOpen .AccordionPanelTab {
    background-color: #FEDCDA;
}
.AccordionFocused .AccordionPanelTab {
    background-color: #F6665B;
}
.AccordionFocused .AccordionPanelOpen .AccordionPanelTab {
    background-color: #FEDCDA;
}
.AccordionFocused .AccordionPanelTab {
    background-color: #F6665B;
}
.AccordionFocused .AccordionPanelOpen .AccordionPanelTab {
    background-color: #FEDCDA;
}
```

第 7 步，保存页面，在浏览器中预览插入的 Spry 选项卡式面板效果，显示效果如图 11.42 所示。

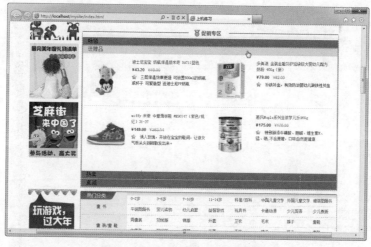

图 11.42　Spry 选项卡式面板效果

Note

11.3.5 实战演练：使用 Spry 验证文本域

Spry 验证文本域构件实际就是一个文本框，但它增加了 JavaScript 行为用来验证用户输入文本时显示文本的状态（有效或无效）。例如，定义一个验证文本域要求输入电子邮件地址，如果访问者输入非法的电子邮件格式（缺少"@"符号和句点），验证文本域构件会返回一条消息，提示用户输入的信息无效。

操作步骤：

第 1 步，新建并保存文件，把光标置于要插入折叠式的位置，如图 11.43 所示。

图 11.43　设计页面初步效果

第 2 步，选择【插入】|【Spry】|【Spry 验证文本域】命令，或者在【插入】面板的【Spry】选项卡中单击【Spry 验证文本域】选项按钮。

第 3 步，Dreamweaver 会打开【输入标签辅助功能属性】对话框，要求为验证文本域定义 ID 属性和添加标签文字。如果在插入 Spry 验证文本域之前，没有插入表单域，则系统会提示是否添加表单域（<form>标记），这与插入表单域的操作过程有点类似。

第 4 步，插入 Spry 验证文本域之后，选中该构件，可以在属性面板中对文本域的相关验证进行详细设置，如图 11.44 所示。

图 11.44　插入 Spry 验证文本域

Note

该 Spry 验证文本域的属性面板选项具体说明如下。

☑ 【类型】下拉列表：在该菜单中指定验证类型，用户可以为验证文本域构件指定不同的验证类型。例如，如果文本域将接收信用卡号，则可以指定信用卡验证类型。

☑ 【格式】下拉列表：当选择一种格式类型之后，大多数验证类型都会使文本域要求采用标准格式。例如，如果用户向文本域应用整数验证类型，那么，除非用户在该文本域中输入数字，否则，该文本域构件将无法通过验证。但是，某些验证类型允许选择文本域将接受的格式种类。下面详细说明验证文本域使用的验证类型和格式。

➢ 无：无需特殊格式。

➢ 整数：文本域仅接受数字。

➢ 电子邮件：验证文本域接受包含@和句点（.）的电子邮件地址，而且@和句点的前面和后面都必须至少有一个字母。

➢ 日期：格式可变。可以从【格式】下拉菜单中选择日期的格式。

➢ 时间：格式可变。可以从【格式】下拉菜单中进行选择，其中"tt"表示 am/pm 格式，"t"表示 a/p 格式。

➢ 信用卡：格式可变。可以从【格式】下拉菜单中进行选择。可以选择接受所有信用卡，或者指定特定种类的信用卡，文本域不接受包含空格的信用卡号，例如，4321 3456 4567 4567。

➢ 邮政编码：格式可变。可以从【格式】下拉菜单中进行选择。

➢ 电话号码：文本域接受美国和加拿大格式，例如，000-000-0000 或自定义格式的电话号码。

➢ 社会安全号码：文本域接受 000-00-0000 格式的社会安全号码。

➢ 货币：文本域接受 1,000,000.00 或 1.000.000,00 格式的货币。

➢ 实数/科学记数法：验证各种数字，例如，数字（如 3）、浮点值（如 12.123）、以科学记数法表示的浮点值（如 1.212e+12，其中 e 用作 10 的幂）。

➢ IP 地址：格式可变。可以从【格式】下拉菜单中进行选择。

➢ URL：文本域接受 http://xxx.xxx.xxx 或 ftp://xxx.xxx.xxx 格式的 URL。

➢ 自定义：可用于指定自定义验证类型和格式。

☑ 【预览状态】下拉列表框：设置要查看的状态。例如，如果要查看处于"有效"状态的构件，请选择"有效"。

☑ 【验证于】选项：设置验证何时发生。可以选择所有选项，也可以都不选。

➢ onBlur：当用户在文本域的外部单击时验证。

➢ onChange：当用户更改文本域中的文本时验证。

➢ onSubmit：当用户提交表单时验证。

☑ 【提示】文本框：设置验证文本域的提示信息。由于文本域有很多不同格式，因此，提示信息可以帮助用户输入正确格式。例如，验证类型设置为"电话号码"的文本域将只接受(000)00-0000 形式的电话号码。可以输入这些示例号码作为提示，以便用户在浏览器中加载页面时，文本域中将显示正确的格式。

☑ 【最小字符数】和【最大字符数】文本框：该选项仅适用于"无"、"整数"、"电子邮件地址"和"URL"验证类型。例如，如果用户在【最小字符数】文本框中输入 5，那么，只有当用户输入 5 个或更多个字符时，该构件才通过验证。

☑ 【最小值】和【最大值】文本框：该选项仅适用于"整数"、"时间"、"货币"和"实数/科学记数法"验证类型。例如，如果用户在【最小值】文本框中输入 5，那么，只有当用户在文本域中输入 5 或者更大的值时，该构件才能够通过验证。

☑ 【必需的】复选框：选中该复选框，可以要求用户必须输入信息。默认情况下 Dreamweaver 插入的所有验证文本域构件都要求用户在将构件发布到 Web 页之前输入内容。

☑ 【强制模式】复选框：选中该复选框，可以禁止用户在验证文本域构件中输入无效字符。例如，如果对具有"整数"验证类型的构件集选择此选项，那么，当用户尝试键入字母时，文本域中将不显示任何内容。

第 5 步，插入 Spry 验证文本域，然后在属性面板中定义验证类型和其他属性，例如，在页面中输入一个 Spry 验证文本域，设置为 Email 类型，验证事件为失去焦点，如图 11.45 所示。

图 11.45 定义电子邮件验证

第 6 步，切换到 SpryAssets/SpryValidationTextField.css 样式表文件，根据代码注释修改菜单样式，主要根据当前页面风格设计动态文本框的背景色、提示文本样式，如图 11.46 所示。

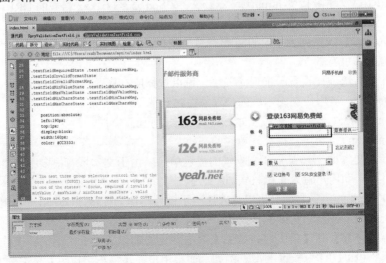

图 11.46 修改文本框验证样式

其中主要修改的样式代码如下。为了避免动态文本框背景色与原来网页文本框背景色发生冲突，这里设置所有动态文本框和提示框背景色为透明，并设置提示框包含框的边框为透明。

```
.textfieldRequiredState .textfieldRequiredMsg,
.textfieldInvalidFormatState .textfieldInvalidFormatMsg,
.textfieldMinValueState .textfieldMinValueMsg,
.textfieldMaxValueState .textfieldMaxValueMsg,
.textfieldMinCharsState .textfieldMinCharsMsg,
.textfieldMaxCharsState .textfieldMaxCharsMsg
{
    position:absolute;
    left:190px;
    top:1px;
    display:block;
    width:160        color: #CC3333;
}
.textfieldValidState input, input.textfieldValidState {
    background-color:transparent;
}
input.textfieldRequiredState, .textfieldRequiredState input,
input.textfieldInvalidFormatState, .textfieldInvalidFormatState input,
input.textfieldMinValueState, .textfieldMinValueState input,
input.textfieldMaxValueState, .textfieldMaxValueState input,
input.textfieldMinCharsState, .textfieldMinCharsState input,
input.textfieldMaxCharsState, .textfieldMaxCharsState input {
    background-color: :transparent;
}
.textfieldFocusState input, input.textfieldFocusState {
    background-color: :transparent;
}
```

第 7 步，保存页面，在浏览器中预览插入的 Spry 验证文本框的效果，显示效果如图 11.47 所示。

图 11.47 Spry 验证文本域效果

第12章

建立动态数据库网页

（ 视频讲解：1 小时 41 分钟）

　　动态数据库网页不是动态效果网页，它需要与服务器端进行数据交互，因此用户需要构建虚拟服务器运行环境，以及安装数据库管理系统等。动态网站一般都需要数据库的支持，数据库常用来存储和管理网站中的所有动态数据。目前比较流行的数据库包括微软公司的 SQL Server、IBM 公司的 DB2 和 Oracle 公司的 Oracle 等，简单的网站可选用简单、易用的 Access 数据库，它适合个人网站和学习使用。

　　本章以 ASP 为服务基础，结合 Access 数据库，使用 Dreamweaver 作为工具来实现动态网页。在 Dreamweaver 中制作动态网页一般需要 3 步。

　　第 1 步，定义数据源，为具体的网页提供动态数据。

　　第 2 步，查询数据，并把动态数据绑定到页面中。

　　第 3 步，利用 Dreamweaver 服务器行为，快速在网页中插入服务器端脚本，实现数据的多样化显示和操作。

学习重点：

▸▸　了解服务器技术。

▸▸　构建 ASP 虚拟服务器环境。

▸▸　建立数据库连接。

▸▸　读取数据库中的数据并实现显示。

▸▸　借助 Dreamweaver 实现各种复杂的数据库操作。

12.1　动态网站开发基础

网页可分为静态网页和动态网页两种类型。除了扩展名不同外（静态网页扩展名一般为.htm 或.html，而动态网页的扩展名可以为.asp 或.aspx 等），动态网页与静态网页都使用简单的 ASCⅡ 字符进行编码，能够用记事本打开和编辑，并且都可以放在服务器上，等待提交给网页浏览器。此外，这两种网页都可以使用 VBScript 或 JavaScript 脚本语言进行控制。不过，动态网页的脚本必须在服务器上被执行，而静态网页的脚本不能在服务器上被执行，而是在客户端浏览器中被执行。

严格地说，静态网页也可能动起来，在网页中插入脚本，并依靠客户端浏览器来执行这些脚本使静态网页动起来，这些客户端被执行的脚本被 Dreamweave 称为行为。但是，本书所指的动态网页脚本是指必须在服务器上被执行的代码。动态网页执行原理示意图如图 12.1 所示。

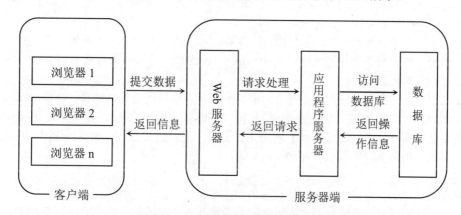

图 12.1　动态网页执行原理示意图

在上面的动态网页执行原理示意图中，客户端浏览器首先应向服务器提交表单或 URL 地址参数，提出服务请求。Web 服务器接到用户请求后，会把该请求交给具体处理该任务的应用程序服务器进行分析处理。至于对提交的信息如何处理，则由网站开发人员编写的网页应用程序来决定。

应用程序服务器接到任务后，便进行处理，如果需要访问数据库、查询数据，则需要提交查询语句给 DBMS 处理。如果需要对数据库进行访问，开发人员还可以利用应用程序服务器所提供的接口对其进行访问，然后从数据库中获取查询记录或操作信息。应用程序服务器把处理的结果生成静态网页源代码返回到 Web 服务器，最后由 Web 服务器将生成的结果网页反馈给客户端浏览器。

一般来说，在 Web 服务器上可以通过多种技术途径来实现动态网站，最常见的技术包括 CGI、JSP、ASP 和 PHP 等。能在服务器上运行的代码被称为服务器端脚本，服务器端脚本能够操作数据库，调用各种服务器端资源。例如，在一个网页提交给浏览器之前，服务器端脚本可以发出指令给服务器，让它提取数据库中的数据，并把这些数据返回到客户端的网页中。在 Dreamweaver 中，服务器端脚本被称作服务器行为。

12.1.1　动态网页制作方法

在 Dreamweave 中用可视化方法创建的所有动态网页都要以静态网页框架为基础。创建一个动态网页，首先要创建一个静态网页框架结构，然后把数据库中的数据绑定到静态网页页面内的元素上，实现数据的动态连接。在 Dreamweave 中用可视化方法创建动态网页的基本方法如下。

第 1 步，制作网页结构。制作动态网页的第一步就是创建静态网页页面结构，而静态网页页面的设计方法和技巧在前面已经详细介绍过了，这里不再赘述。

第 2 步，定义记录集。如果要在动态网页中调用数据库中的数据，就要建立数据库连接，定义记录集，以便从数据库中读取数据。网页本身不能直接调用数据库内数据，它必须利用 ADO 控件来实现数据库读写。在 ADO 组件中，记录集是一个最重要、最基本的对象，能够对数据库中的数据进行各种操作，例如，添加、删除或更新数据，排序、筛选和计算数据。

在 Dreamweave 中用可视化方法定义的记录集都被添加到【绑定】面板的【数据绑定】列表框中。利用【绑定】面板可以在网页中绑定数据。

第 3 步，绑定数据。定义了记录集或其他数据源之后，就可以向网页中添加动态内容，而不必考虑插入到网页中的服务器端脚本。用 Dreamweaver 绑定数据时，仅仅需要指明数据绑定的位置和字段，具体代码由 Dreamweaver 自动实现。

在 Dreamweaver 中，可以把动态内容插入到网页中任意位置，这些位置可能是放置在网页中的某个插入点、替换字符串或者作为 HTML 元素的属性值等。例如，动态内容可以被绑定到图片 img 元素的 src 属性或表单 form 的 value 属性中。

第 4 步，增加服务器行为。当绑定数据后，读者还可以向网页中添加服务器行为，例如，重复显示、条件显示等。所谓服务器行为就是用 VBScript、JavaScript 等脚本语言编写的运行在服务器上的能够实现特定功能的代码。

第 5 步，调试动态网页。制作动态网页的最后一步就是根据需要调试网页。Dreamweaver 提供了 3 种编辑环境：可视化编辑环境、实时编辑环境和源代码编辑环境。在添加动态内容之前，Dreamweaver 默认处于可视化编辑环境中，即【设计】视图文档窗口，显示的页面和在浏览器中显示的是一样的。这是一种理想的编辑静态内容的工作环境。

操作提示：

在浏览动态网页时，其显示的内容是动态的，在可视化编辑环境中是一个样子，在浏览器中浏览时是另一种样子。为了便于查看与浏览器中相同效果的页面，可以切换到实时编辑环境中，即在【文档】工具栏中单击【实时代码】按钮，切换到实时编辑环境中查看动态网页的实际显示效果。也可以按 F12 键直接在浏览器中查看动态网页效果。

12.1.2　定义服务器

利用 Dreamweaver 开发动态网站，首先需要为网站指定一种服务器技术，如 ASP、ASP.NET、JSP、PHP 等。只有指定了服务器技术，才能利用 Dreamweaver 向网页页面定义记录集，添加服务器行为。Dreamweaver 生成哪种语言的程序代码，取决于指定的服务器技术。

在 Dreamweaver 中指定服务器技术可以在【站点设置对象】对话框中进行，如图 12.2 所示。在【站点设置对象】对话框的【服务器】选项中单击 **+** 按钮可以添加。

目前实现动态网页的服务器技术主要有 CGI、ASP/ASP.NET、PHP 和 JSP 等。

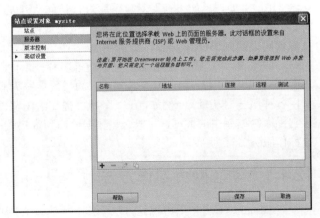

图 12.2　增加服务器技术

1. CGI

CGI（Common Gateway Interface）是一种通用的网关接口，是外部程序与网页服务器之间的标准编程接口。用户可以使用不同的语言编写 CGI 程序，例如，Visual Basic、Delphi 或 C/C++等。可以将已经写好的 CGI 代码放在网页服务器的计算机上运行，再将运行结果通过网页服务器传输到客户端的网页浏览器上。事实上，由于 CGI 技术比较低级，普通用户在编写代码时会比较困难而且效率低，并且每一次修改程序都必须将 CGI 程序编译成可执行文件，因此现在很少再有用户使用。

2. ASP

ASP（Active Server Pages）是在 CGI 技术的基础上由微软公司开发的一种快速、简便的服务器技术，由于它的学习门槛比较低，初学者很容易学习，且功能强大，一经推出就受到了众多专业人士的好评，凭借微软公司强有力的技术支持，可以说 ASP 是时下网站建设中最为流行的技术之一。

ASP 是一种类似 HTML、Script 与 CGI 的混合体，但是其运行效率却要比 CGI 高。ASP 与 CGI 最大的不同在于对象和组件的使用。ASP 除了内置的 Request 对象、Response 对象、Server 对象、Session 对象、Application 对象及 ObjectContext 对象等基本对象外，还允许用户以外挂的方式使用 ActiveX 控件。当然，ASP 本身也提供了多个 ActiveX 控件供使用，这些组件包括广告回转组件、文件存取组件、文件连接组件及数据库存取组件等，这些大量扩充且重复使用的组件使得 ASP 的功能远远强于 CGI。

3. ASP.NET

ASP.NET 是微软公司新推出的一种服务器技术，它是在 ASP 技术基础上进行的全新技术改造，全面采用效率较高的、面向对象的方法来创建动态 Web 应用程序。在原来的 ASP 技术中，服务器端代码和客户端 HTML 混合、交织在一起，常常导致页面的代码冗长而复杂，程序的逻辑难以理解，而 ASP.NET 就能很好地解决这个问题，而且能与浏览器独立，且可以支持 VB.NET、C#、VC++.NET、JS.NET 这 4 种编程语言。

4. PHP

PHP（Hypertext Preprocessor，超文本预处理器）是一种 HTML 内嵌式的语言，PHP 与微软的 ASP 很相似，都是一种在服务器端执行的嵌入 HTML 文档的脚本语言，语言的风格类似于 C 语言，现在被很多网站编程人员广泛运用。PHP 独特的语法混合了 C、Java、Perl 以及 PHP 自创新的语法，可以比 CGI 或者 Perl 更快地执行动态网页。PHP 具有非常强大的功能，所有的 CGI 或者 JavaScript 功能都能用 PHP 实现，而且支持几乎所有流行的数据库以及操作系统。

由于 PHP 源代码是开放的，所有的 PHP 源代码事实上都可以得到。同时 PHP 技术又是免费的，因此深受一些用户欢迎。

5. JSP

JSP（Java Server Pages）是 Sun 公司推出的网站开发技术，是将纯 Java 代码嵌入 HTML 中实现动态功能的一项技术。目前，JSP 已经成为 ASP 的有力竞争者。

JSP 与 ASP 技术非常相似，两者都是在 HTML 代码中嵌入某种脚本并由语言引擎解释执行程序代码，都是面向服务器的技术，客户端浏览器不需要任何附加软件的支持。两者最明显的区别在于 ASP 使用的编程语言是 VBScript，而 JSP 使用的是 Java。此外，ASP 中的 VBScript 代码被 ASP 引擎解释执行，而 JSP 中的脚本在第一次执行时被编译成 Servlet 并由 Java 虚拟机执行，这是 ASP 与 JSP 本质的区别。

12.2　搭建虚拟服务器环境

ASP 程序可以在 Windows 95/98/NT/2000/XP 等操作系统内运行，因此计算机的硬件配备至少要符合操作系统的需求；除了硬件之外，还必须正确安装和设置 TCP/IP 网络通信协议、网页服务器以及 ASP 组件。

在网络组件正确安装后，需要安装网页服务器。ASP 所需要的网页服务器版本至少要在 PWS（Personal Web Server）for Windows 95 或 IIS 3.0 以上。在 Windows NT/2000 操作系统中可以利用 Microsoft 公司提供的 IIS 安装和设置服务器环境，支持 ASP 的运行。在 Windows 98 中，Microsoft 公司提供了功能相对简单的 PWS（存放在系统安装盘内）安装和设置网页站点，也支持 ASP 的运行。

12.2.1　ASP 服务器概述

ASP（Active Server Pages，活动服务器网页）是服务器端脚本编写环境，可以创建和运行动态、交互的网页服务器应用程序。使用 ASP 可以组合 HTML 标记、脚本命令和 ActiveX 组件以创建动态网页和基于网页的功能强大的应用程序。HTML 由于自身的限制，无法直接存取数据库中的数据，因此也就无法实现动态网页功能。脚本（Script）是由一组可以在网页服务器端或客户浏览器端运行的命令组成，目前在网页制作中比较流行的脚本语言包括 VBScript 和 JavaScript。ASP 具有以下几个重要特性：

☑　ASP 是用服务器端脚本、对象和组件扩展了的标准 HTML 页，使用 ASP 可以用动态内容创建网站。

☑　ASP 可以包含服务器端脚本。将服务器端脚本包含在 ASP 中就可以用动态内容创建网页。

☑　ASP 提供了几种内置对象。在 ASP 中使用内置对象可以使脚本功能更强。另外，利用这些对象还可以从客户端浏览器中获得信息或者向客户端浏览器发送信息。

☑　使用附加组件可以扩展 ASP。ASP 可以同几个标准的服务器端 ActiveX 组件捆绑在一起，使用这些组件可以方便地处理数据库。

☑　ASP 可以与数据库（如 SQL Server、Microsoft Access 等）建立连接，通过对数据库的操作建立功能强大的动态网页应用程序。

总之，ASP 是目前网页开发技术中最容易学习、灵活性最大的开发工具之一。最重要的是 ASP 拥有非常好的可扩充性。ASP 是用附加特性扩展了的标准的 HTML 文件，像标准的 HTML 文件一样，ASP 包含可被网页浏览器显示并解释的 HTML 标记。通常放入 HTML 文件的 Java 小程序、用户端脚本、用户端 ActiveX 控件都可以放入 ASP 中。

ASP 采用 B/S 模型，但其工作原理与 HTML 网页有所不同。其执行过程如下。

第 1 步，用户在浏览器的地址栏中键入 ASP 文件，并回车触发这个 ASP 的申请。

第 2 步，浏览器将这个 ASP 的请求发送给网页服务器。

第 3 步，网页服务器接收这些申请并根据.asp 的后缀名判断这是 ASP 要求。网页服务器从硬盘或内存中读取正确的 ASP 文件。

第 4 步，网页服务器将这个文件发送到名为 ASP.DLL 的特定文件中。

第 5 步，ASP 文件将会从头至尾执行并根据命令要求生成相应的 HTML 文件。

第 6 步，HTML 文件被送回浏览器。

第 7 步，用户浏览器接受并解释这些 HTML 文件，然后将结果显示出来。

上述过程是一个简化的过程，但从中可以看出 ASP 与 HTML 有着本质的区别。对于网页服务器

Note

来说，HTML 不经过任何处理就被送到了客户端浏览器，而 ASP 中的每一个命令都先要在服务器端执行并根据执行结果生成相应的 HTML 页面，再将 HTML 页面送给客户端浏览器。利用 ASP 的这种特性可以根据实际情况定制网页，在用户浏览器中显示不同的内容，即 ASP 可以根据需要动态地向客户端浏览器显示内容（如用户登录、网络搜索引擎等），因此，ASP 被称做动态网页开发技术。

12.2.2 安装 IIS

IIS（Internet Information Server，Internet 信息服务）是 Microsoft 公司推出的基于 Windows 平台下提供网页站点服务的组件。下面以 Windows XP 操作系统为例讲解 IIS 5.1 的安装步骤。

第 1 步，选择【开始】|【控制面板】命令，在【控制面板】窗口中单击【添加或删除程序】图标，如图 12.3 所示。

第 2 步，打开【添加或删除程序】对话框，在【添加或删除程序】对话框的左侧项目栏中单击【添加或删除 Windows 组件】图标，如图 12.4 所示。

图 12.3 【控制面板】窗口　　　　　　　　　　图 12.4 【添加或删除程序】对话框

第 3 步，打开【Windows 组件向导】对话框，选中【Internet 信息服务（IIS）】复选框，单击【详细信息】按钮，如图 12.5 所示。

第 4 步，选择所需安装的组件（建议把所有组件都选中），如图 12.6 所示。然后按照向导提示操作即可，安装过程中还需要用到 Windows XP 安装盘。

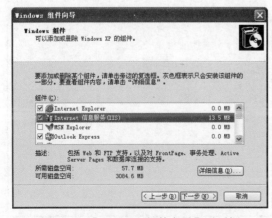
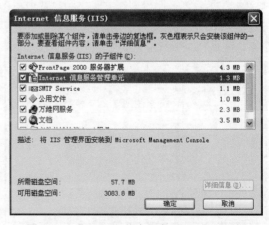

图 12.5 【Windows 组件向导】对话框　　　　　图 12.6 【Internet 信息服务（IIS）】对话框

第 5 步，安装完成后，选择【开始】|【控制面板】命令，在打开的【控制面板】窗口中双击【管理工具】图标，打开【管理工具】面板，如图 12.7 所示。

第 6 步，双击【Internet 服务管理器】图标，打开【Internet 信息服务】窗口，如图 12.8 所示。在【Internet 信息服务】窗口中可以建立站点和管理 IIS 5.1。

图 12.7 【管理工具】面板　　　　　　　　　图 12.8 【Internet 信息服务】窗口

12.2.3　定义站点

完成 IIS 5.1 的安装后，会自动在 IIS 服务器上建立一个默认站点。用户可以将自己的网页文件放在系统默认的 C:\inetpub\wwwroot 文件夹下，使用默认站点直接发布主页。在 Windows 2000 系统中还可以使用 IIS 创建用户站点。.

在 Windows XP 系统中，用户可以在默认站点下建立个人子站点（不建议使用，ASP 很多功能会受限制），方法是打开【Internet 信息服务】窗口（可以参考上面操作步骤），右键单击相应的服务器，在弹出的快捷菜单中选择【新建】|【Server Extensions Web（服务器扩展站点）】命令（系统版本不同，该命令也各不相同），在出现的网页站点创建向导中按照向导一步步完成子站点的创建工作。创建的子站点将以文件夹的形式显示在【默认网站】文件夹下面，如图 12.9 所示。

用户也可以在【Windows 资源管理器】窗口中直接找到 C:\Inetpub\wwwroot 文件夹，在该文件夹中建立一个文件夹，即可创建一个子站点（不建议使用，ASP 很多功能会受限制），如图 12.10 所示。

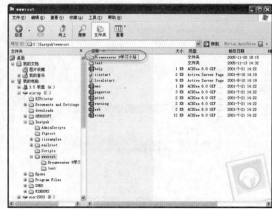

图 12.9　新建站点　　　　　　　　　　　　图 12.10　在资源管理器中建立站点

拓展练习：

当定义一个网站后，其默认的状态是正在运行，由于 Windows XP 只有一个系统默认站点，当用户单击主机名的【站点】时，便可在右边的窗口中看到站点的状态，如图 12.11 所示。如果在 Windows 2000 系统下用户可以建立更多独立站点，在右边的窗口中会看到更多的站点状态。

在【Internet 信息服务】窗口中用鼠标右键单击相应默认站点，在弹出的快捷菜单中选择【停止】或【暂停】命令，可以停止或暂停网页站点，也可以选中相应的网页站点，单击工具栏中的【启动】按钮▶、【停止】按钮■或【暂停】按钮∥，启动、停止或暂停该默认站点。

图 12.11　查看站点状态

12.2.4　设置站点属性

在【Internet 信息服务】窗口中用鼠标右键单击默认站点，在弹出的快捷菜单中选择【属性】命令，打开【默认网站属性】对话框，在该对话框中可以设置默认站点属性，如图 12.12 所示。

1. 站点设置

在【网站】选项卡中，主要设置网站必要的数据，如站点说明、IP 地址和连接端口等，如图 12.12 所示。在【连接超时】文本框中设置当客户端浏览器在发出一个需求之后，超过这个时间还无法接收到完整的网页数据，便发出【等待超时】信息，该项默认时间值是 900 秒。

2. 主目录设置

在【主目录】选项卡中的属性便是该网站所对应的目录路径，也就是所有网页文件或动态网页程序所存储的地方。在【本地路径】文本框中输入本地路径或是单击【浏览】按钮打开【浏览文件夹】对话框，从中选取文件目录，另外，也可在此选项卡中修改客户端浏览器对网站的使用权限，即读取、写入及浏览目录等，如图 12.13 所示。

除了可以让连接至本网站的用户读取本机目录外，也可读取域中其他计算机中的目录，只要从【连接到资源时的内容来源】3 个选项中选择【另一台计算机上的共享】单选按钮，此设置选项卡便会如图 12.14 所示。

原本的【本地路径】选项变成了【网络目录】，即表示管理者可以将用户要浏览的目录，导向同一个域中的其他计算机中的目录，而不是读取本地目录中的文件。

如果从【连接到资源时的内容来源】选项中选择【重定向到 URL】项，还可以将此网站导向另外一个网站，也就是说，用户在连接至本网站时，会自动转向其他网站，如图 12.15 所示。

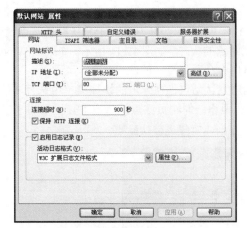

图 12.12　默认站点

图 12.13　【主目录】选项卡

图 12.14　设置网络目录

图 12.15　设置重定向到 URL

在图 12.15 中可以看到【主目录】选项卡发生了很大的改变，原本要输入目录路径选项变成了要输入 URL 地址的空白栏，用户只要在【重定向到】文本框中输入一个已存在的网址，如输入"http://www.sohu.com"，用户连接至本网站时，网页的链接就会自动指向搜狐首页，所以用户在浏览器上看到的网页即是搜狐首页。

3．文档设置

在【文档】选项卡中选中【启用默认文档】复选框。当客户端的浏览器对服务器发出请求（Request）后，若没有特别指定一个文件名称，即只输入网址，而省略文件名称，网站便会自动依次寻找列表中的文件在主机目录中是否存在，如果存在就将此文件发送给客户端，否则客户端的浏览器就会出现无法读取的错误信息，如图 12.16 所示。

在列表框中可以看到 4 个文件名称，分别是 Default.htm、Default.asp、index.htm 和 issstart.asp，若要在列表中新建一个文件名称，就单击列表右边的

图 12.16　设置文档

【添加】按钮，在打开的【增加默认文档】对话框中输入一个文件名称，再单击【确定】按钮，一个新的默认文件便创建完成。若要从列表中删除任一文件名称，只要先选择列表中的文件名称，再单击【删除】按钮即可。不过建议用户尽量设置此默认文件列表的使用，避免发生错误。

4. 目录安全性设置

一般来说，网站应该允许所有人的连接请求，但是，也有可能在某些特殊情况下，需要将用户的连接来源做一个限制。在【目录安全性】选项卡中所要设置的信息便是此种浏览权限上的限制，而且是对客户端来源加以限制，如图 12.17 所示。

由于在大多数情况下是允许所有用户的连接，不需要进行身份上的确认，所以每个连接至网站的客户端用户都是以匿名的方式登录的。在【匿名访问和身份验证控制】选项中，可以激活匿名存取权限，但匿名所代表的名称也可加以设置，单击【编辑】按钮，打开【身份验证方法】对话框，如图 12.18 所示。

图 12.17　设置目录安全性

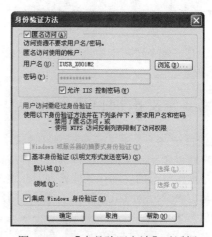
图 12.18　【身份验证方法】对话框

从图 12.18 中可以看到这里的默认值是一个名称为"IUSR_X801M2"的用户名称，这是一个系统自动产生的用户名称，若要更改为其他用户作为所有【匿名访问使用的账户】的代表名称，即可直接在【用户名】文本框中输入，或者是单击【浏览】按钮，在打开的【选择用户】对话框中的列表中选出一个用户名称作为匿名存取者的代表名称。由于 Windows XP 是一个多用户的操作系统，每个用户都拥有各自不同的权限，而连接进此网站的用户便拥有此用户名称的权限，因此，使用匿名登陆的用户都是给予最低的读取权限。

5. 其他属性设置

在【ISAPI 筛选器】选项卡中设置一个筛选器程序来编译网站中的某些程序，如 ASP 便是一种 ISAPI，如图 12.19 所示。

在【HTTP 头】选项卡中设置一个 "HTPP 头"，当用户在浏览此网站时，便会将此标题加在每一页面的标题之后，如图 12.20 所示。

当浏览网页时，常常会因为某些原因导致无法浏览某一网站，这时可以在【自定义错误】选项卡中设置错

图 12.19　设置 ISAPI 筛选器

误信息，其实这些错误信息也是一个网页，当网站在浏览器发生错误时会发送给用户，如图 12.21 所示。

图 12.20　设置 HTTP 头

图 12.21　设置自定义错误

　　不管是在哪个选项卡中进行设置，在设置完毕后，都必须单击【确定】按钮或者【应用】按钮，该设置才会有效。

12.2.5　定义虚拟目录

　　虚拟目录并不是真实存在的网页目录，但虚拟目录与实际站点文件的目录之间存在一种映射关系。用户通过浏览器访问虚拟目录的名称称为别名。从用户的角度看不出虚拟目录与实际子目录的区别，但是虚拟目录的实际存储位置可能在本地计算机的其他目录之中，也可能是在其他计算机的目录上，或者是网络上的 URL 地址。利用虚拟目录，可以将数据分散保存在多个目录或计算机上，方便站点的管理和维护。此外，因为用户不知道文件在服务器中的实际位置，不能用此信息修改文件，也在一定程度上保证了站点的安全。创建站点虚拟目录的操作步骤如下。

　　第 1 步，在【Internet 信息服务】窗口中，右键单击要添加虚拟目录的默认站点。

　　第 2 步，在弹出的快捷菜单中选择【新建】|【虚拟目录】命令。

　　第 3 步，打开【虚拟目录创建向导】，利用该虚拟目录向导，用户可快速地在此网站中建立一个虚拟目录，单击【下一步】按钮，如图 12.22 所示。

　　第 4 步，设置别名。在【别名】文本框中输入对此虚拟目录的叙述，以方便将来可以知道此虚拟目录的用途是什么，就如同建立新网站时，输入完毕后单击【下一步】按钮，如图 12.23 所示。

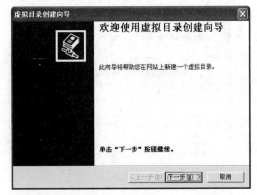
图 12.22　启动【虚拟目录创建向导】

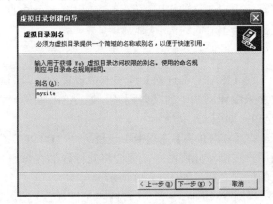
图 12.23　命名别名

第 5 步，设置虚拟目录路径。在如图 12.24 所示的对话框中输入目录，或单击【浏览】按钮，可以选择目录，输入完毕后，单击【下一步】按钮进入下一个步骤。

第 6 步，在如图 12.25 所示对话框中，用户可以对该网站中的行为做一些规范与设置，设置行为规范的方法与设置网站属性相同，在此不再重复说明，设置完毕后，单击【下一步】按钮将显示操作完毕提示对话框，最后单击【完成】按钮，该虚拟目录便已建立完毕。

Note

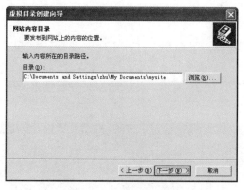

图 12.24　设置路径

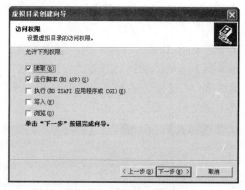

图 12.25　设置行为规范

第 7 步，返回【Internet 信息服务】窗口中，就可以看到在默认站点中，多了一个名叫 "website" 的虚拟目录，如图 12.26 所示。

虚拟目录建立完成后，就可以通过前面介绍的方法，浏览其对应目录中的网页属性，虚拟目录与网站相同，在建立完成之后，右键单击该虚拟目录的名称，在弹出的菜单中选择【属性】命令，打开【website 属性设置】对话框，如图 12.27 所示。从该对话框中也可看到多个可设置的选项卡，但项目没有新建网站时属性多，每个选项卡中的设置功能与方式，皆与在网站中的设置相同，就不再重复介绍了。

图 12.26　显示虚拟目录

图 12.27　设置 website 虚拟目录属性

如果要删除虚拟目录，右键单击虚拟目录文件夹名，从弹出的快捷菜单中选择【删除】命令即可。在弹出的提示对话框中，单击【是】按钮后，该网站或是虚拟目录就会被删除。由于虚拟目录依附在一个网站之下，当一个网站被删除后，其下的所有虚拟目录也就跟着被删除了。

12.2.6　实战演练：建立动态网站

本节将介绍如何建立一个 ASP 技术、VBscript 脚本的动态网站，本章实例都是在这样类型的动态网站上制作运行的。如果用户熟悉其他服务器技术或脚本语言，也可以按照这种方法建立其他类型的动态网站。操作步骤如下。

第 1 步，首先，用户应该根据前面章节介绍的方法建立一个站点虚拟目录，作为服务器端应用程序的根目录，然后在本地计算机的其他硬盘中建立一个文件夹作为本地站点目录。建议建立的两个文件夹名称最好相同。用户也可以在默认站点 C:\Inetpub\wwwroot\ 内建立一个文件夹作为一个站点的根目录，但这种方法有很多局限性，ASP 的很多功能无法实现，所以不建议使用这种简单方法建立服务器站点。

第 2 步，在 Dreamweaver 中，选择【站点】|【新建站点】命令，打开【站点设置】对话框，选择【服务器】选项，切换到服务器设置面板。

第 3 步，在【服务器】选项面板中单击 ✚ 按钮，如图 12.28 所示。显示增加服务器技术面板，在该面板中定义服务器技术，如图 12.29 所示。

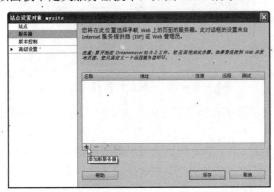

图 12.28　增加服务器技术　　　　　　　图 12.29　定义服务器技术

第 4 步，在【基本】选项卡中设置服务器基本信息，如图 12.30 所示。

☑ 在【服务器名称】文本框中输入站点名称，如 "mysite"。

☑ 在【连接方法】下拉列表框中选择【本地/网络】选项。实现在本地虚拟服务器中建立远程连接，即设置远程服务器类型为在本地计算机上运行网页服务器。其他几个选项说明如下。

　➢ FTP：使用 FTP 连接到 Web 服务器。该类型在实际网站开发中比较常用，其中涉及到很多方法和技巧。

　➢ WebDAV：该选项表示基于 Web 的分布式创作和版本控制，它使用 WebDAV 协议连接到网页服务器。对于这种访问方法，必须有支持该协议的服务器，如 Microsoft Internet Information Server（IIS）6.0 和 Apache Web 服务器。

　➢ RDS：该选项表示远程开发服务，使用 RDS 连接到网页服务器。对于这种访问方式，远程文件夹必须位于运行 ColdFusion 服务器环境的计算机上。

☑ 在【服务器文件夹】文本框中设置站点在服务器端的存放路径，可以直接输入，也可以用鼠标单击右侧的【选择文件】按钮 📁 选择相应的文件夹。为了方便管理，可以为本地文件夹和远程文件夹设置相同的路径。

☑ 在【Web URL】文本框中输入 HTTP 前缀地址，也可以先暂时不管，等设置测试服务器之后，Dreamweaver 会自动设置，其他选项可以保持默认值。

第 5 步，在【站点设置对象】对话框中选择【高级】选项，设置服务器的其他信息，如图 12.31 所示。

Note

图 12.30 定义基本信息

图 12.31 定义高级信息

在【服务器模型】下拉列表中选择 ASP VBScript 技术。服务器模型用来设置服务器支持的脚本模式，包括无、ASP JavaScript、ASP VBScript、ASP.NET C#、ASP.NET VB、ColdFusion、JSP 和 PHP MySQL。目前使用比较广泛的有 ASP、JSP 和 PHP 这 3 种服务器脚本模式。

在【远程服务器】选项区域，还可以设置各种协助功能，详细说明如下。

☑ 选中【维护同步信息】复选框，可以确保本地信息与远程信息同步更新。

☑ 选中【保存时自动将文件上传到服务器】复选框，可以确保在本地保存网站文件时，会自动把保存的文件上传到远程服务器。

☑ 选中【启用文件取出功能】复选框，则在编辑远程服务器上的文件时，Dreamweaver 会自动锁定服务器端该文件，禁止其他用户再编辑该文件，防止同步操作可能会引发的冲突。

然后在【取出名称】和【电子邮件地址】对话框中输入用户的名称和电子邮件地址，确保网站团队内部即时进行通信，相互沟通。

第 6 步，设置完毕，单击【保存】按钮，返回【站点设置对象】对话框，这样就可以建立一个动态网站，如图 12.32 所示。

第 7 步，选择【站点】|【管理站点】命令，打开【管理站点】对话框，用户就可以看见刚刚建立的动态站点，如图 12.33 所示。

第 8 步，选择【窗口】|【文件】命令，或者按 F8 键，打开【文件】面板。单击【文件】下拉列表右侧的向下三角按钮，在打开的下拉列表中选择刚建立的 mysite 动态网站，这时就可以打开 mysite 站点，如图 12.34 所示。

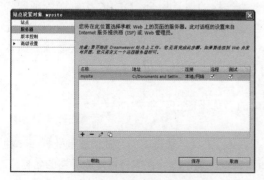

图 12.32 定义测试服务器信息

图 12.33 定义的站点

图 12.34 启动站点

这样，用户就可以在该站点下建立不同文件夹和各种类型的网页文件了。要注意 ASP 动态网页的扩展名为.asp。

Note

12.3　建立数据库连接

ASP 通过 ADO（ActiveX Data Obiects）组件或者 ODBC（Open Data Base Connectivity，开放式数据库连接）接口来访问数据库。本章所有相关数据库操作示例都以 Access 2000 及其以上版本数据库为主进行介绍，同时还会介绍 Access 2007 及其以上数据库的连接技巧。

12.3.1　认识 ODBC、ADO、DSN

ODBC（Open Database Connectivity，开放式数据库连接）是数据库服务器的一个标准协议，它是由微软主导的数据库连接标准，应用环境也以微软的操作系统最成熟。ODBC 向访问网络数据库的应用程序提供一种通用的语言。应用程序通过 ODBC 定义的接口与驱动程序管理器通信，驱动程序管理器选择相应的驱动程序与指定的数据库进行通信。只要系统中有相应的 ODBC 驱动程序，任何程序都可以通过 ODBC 操纵驱动程序的数据库。

可以对多种数据库安装 ODBC 驱动程序，用来连接数据库并访问数据库中的数据。ODBC 数据源是整个 ODBC 设计的一个重要组成部分，该部分含有允许 ODBC 驱动程序管理器及驱动程序链接到指定信息库的信息，其中包括该数据库的类型及位置、缓冲区大小、登录名及口令、超时值以及用于控制链接操作的其他标志。

ADO 是在 Microsoft 的 OLE DB（数据库应用开发接口）技术基础上实现的，这些技术都是基于 ODBC 驱动程序。随着 OLE DB 版本的升级，它将具备支持指定数据库（如 SQL Server）的专用接口的能力，这样，不需要通过 ODBC 驱动程序就可以直接访问数据库了。

每个 ODBC 数据源都被指定一个名字，即 DSN（Data Source Name）。ODBC 数据源分为机器数据源和文件数据源两种。

- ☑ 机器数据源把信息存储在登录信息中，因而只能被该计算机访问。机器数据源包括系统数据源和用户数据源。本地计算机的所有用户都是可见系统数据源的，而用户数据源是针对某个用户的，只对当前用户可见。
- ☑ 文件数据源把信息存储在后缀名为.dsn 的文件中，如果文件放在网络共享的驱动器中，就可以被所有安装了相同驱动程序的用户共享。

DSN（数据源名称）表示将应用程序和某个数据库建立连接的信息集合。ODBC 数据源管理器就是利用该信息来创建管理指向的数据库连接。通常 DSN 可以保存在文件或注册表中。建立 ODBC 连接，实际就是创建同数据源的连接，也就是创建 DSN。一旦建立了一个数据库的 ODBC 连接，那么同该数据库的连接信息将被保存在 DSN 中，程序的运行必须通过 DSN 来进行。

DSN 主要包含下列信息。

- ☑ 数据库名称：在 ODBC 数据源管理器中，DSN 的名称不能出现重名。
- ☑ 驱动信息：关于数据库驱动程序的信息。
- ☑ 数据库的存放位置：对于文件型的数据库（如 Access）来说，数据库的存放位置是数据库文件的路径，但对于非文件型的数据库（SQL Server）来说，数据库的存放位置是服务器的名称。

12.3.2　上机练习：启动 ODBC 连接服务

在动态网页中使用 ADO 对象来操作数据库，应先创建一个指向该数据库的连接。在 Windows 系统中，ODBC 的连接主要是通过 ODBC 数据库资源管理器来完成的。

操作步骤：

第 1 步，在 Windows XP 操作系统中，启动 Windows 控制面板（不同系统的启动方法有所不同，本书主要针对 Windows XP 进行介绍），然后切换到经典视图，双击【管理工具】图标，将会打开【管理工具】面板，如图 12.35 所示，再双击【数据源（ODBC）】图标，将打开【ODBC 数据源管理器】对话框。

拓展知识：

在该管理器中包含了许多选项卡，允许对该管理器进行多项 ODBC 操作。在默认状态下，ODBC 已经内置了多种数据驱动程序。单击【驱动程序】选项卡，查看当前要连接的数据类型是否位于其中。如果没有，需要下载并安装相应的驱动程序。

在【ODBC 数据源管理器】中可以看到【用户 DSN】、【系统 DSN】和【文件 DSN】，表明可通过【ODBC 数据源管理器】创建 3 种类型的 DSN。

☑　用户 DSN：是被用户使用的 DSN，ASP 是不能使用的。用户 DSN 通常保存在注册表中。

☑　系统 DSN：是由系统进程所使用的 DSN，系统 DSN 信息同用户 DSN 一样被存储在注册表中。

☑　文件 DSN：与系统 DSN 有所区别，是保存在文件中，而不是注册表中。

第 2 步，在【ODBC 数据源管理器】对话框中，单击【系统 DSN】选项卡，切换到【系统 DSN】对话框，如图 12.36 所示。

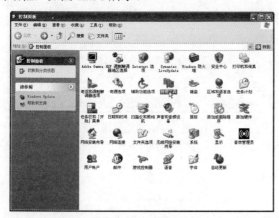

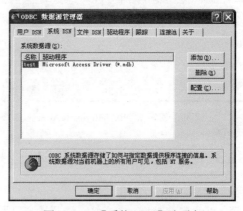

图 12.35　控制面板　　　　　　　图 12.36　【系统 DSN】选项卡

第 3 步，单击【添加】按钮，打开【创建新数据源】对话框，选择数据源类型。如果使用 Access 2007 版本以前的数据库软件，应在列表中选择 Microsoft Access Driver（*.mdb）；如果使用 Access 2007 版本，应在列表中选择 Microsoft Access Driver（*.mdb, *.accdb），然后单击【完成】按钮。

第 4 步，打开【ODBC Microsoft Access 安装】对话框，如图 12.37 所示。在【数据源名】文本框中输入数据源的名称（此名称用于调用打开数据库时使用），【说明】文本框可输入对该数据库的描述性文字来注释。

第 5 步，单击【选择】按钮，打开【选择数据库】对话框，选取要提供数据的 Access 数据库，如图 12.38 所示。

第 6 步，选取数据库的路径和数据库的名称后，单击【确定】按钮确定操作，返回到【ODBC Microsoft Access 安装】对话框时，将可以看到新增了一个 ODBC 数据源，如图 12.39 所示。

第 7 步，单击【确定】按钮，返回到【ODBC 数据源管理器】对话框，在【系统 DSN】选项卡中可以看见刚建立的数据库连接，如图 12.40 所示。至此与数据库的连接就建立好了。

图 12.37　【ODBC Microsoft Access 安装】对话框

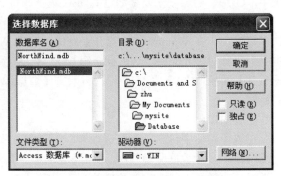

图 12.38　【选择数据库】对话框

图 12.39　安装 ODBC Microsoft Access

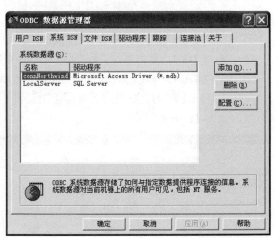

图 12.40　显示安装完毕的数据源

12.3.3　实战演练：定义 DSN 连接

操作步骤：

第 1 步，在 Dreamweaver 中，选择【窗口】|【数据库】命令，打开【数据库】面板，然后单击🔁
按钮，弹出下拉菜单。

操作提示：

在建立数据库连接之前，应该先建立一个拥有动态服务器技术的站点，并打开站点内要运用数据
库的网页文件，否则🔁按钮显示无效，如图 12.41 所示。

可按照列表框中提示的步骤新建站点，设置服务器文档类型，即该文档使用什么服务器技术和脚
本语言支持，同时还要设置测试服务器。当【数据库】面板中各项列表条件前边显示一个对号 ✔，
说明可以建立数据库连接，🔁按钮显示有效，如图 12.42 所示。

建立连接时必须选择一种合适的连接类型，如 ADO、ODBC 或 ColdFusion 等。如果 Web 服务器
和 Dreamweaver 都运行在同一个 Windows 系统上，也就是说用户的服务器和 Dreamweaver 都工作在
同一台计算机中，那么就可以使用系统 DSN（Data Source Name，数据源名称）来创建数据库连接，
DSN 是指向系统内数据库的一个快捷方式。否则就应该使用自定义连接字符串（Connection string）
建立一个连接。

图 12.41　无效状态

图 12.42　选择连接定义的方式

Note

第 2 步，在下拉菜单中选择【数据源名称（DSN）】选项，打开【数据源名称（DSN）】对话框，如图 12.43 所示。

图 12.43　【数据源名称（DSN）】对话框

第 3 步，在【连接名称】文本框处输入一个字符串作为连接名，添加 corn 前缀是一个很好的习惯，主要是为了和代码中的其他对象名称区分开来，这也是命名规范，遵守这个规范能使程序更容易读懂。

第 4 步，在【数据源名称（DSN）】下拉列表中选择所需的 DSN 选项，如果没有定义 DSN，用户可以单击后面的【定义】按钮，会打开【ODBC 数据源管理器】对话框，这时可以模仿上一节中介绍的方法定义一个 DSN，其余项目保持默认值即可。如果设置了数据库的用户名和密码，还需要设置【用户名】和【密码】文本框。

第 5 步，单击【测试】按钮，稍等一会，如果看到如图 12.44 所示的对话框，说明已经成功地建立了与数据库的连接。单击【确定】按钮关闭【数据源名称（DSN）】对话框。此时新建的连接出现在【数据库】面板中，如图 12.45 所示。

图 12.44　提示对话框

图 12.45　【数据库】面板

Note

12.3.4　实战演练：定义字符串连接

使用自定义连接字符串创建数据库连接，可以保证用户在本地计算机中定义的数据库连接上传到服务器上之后依然可以继续使用，具有更大的灵活性和实用性，因此被更多的用户选用。

操作步骤：

第 1 步，将数据库文件上传到远程服务器，记下它的虚拟路径，例如，/Database/feedback.mdb。

第 2 步，选择【窗口】|【数据库】命令，打开【数据库】面板。Dreamweaver 会显示站点内定义的所有数据库连接。

第 3 步，单击【数据库】面板上的 ➕ 按钮，从弹出的下拉菜单中选择【自定义连接字符串】项，如图 12.46 所示。

第 4 步，打开【自定义连接字符串】对话框，如图 12.47 所示。在【连接名称】文本框中输入数据库连接的名称，如 "conn"。

图 12.46　选择【自定义连接字符串】项

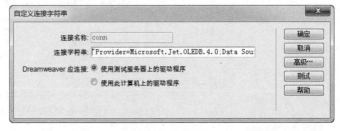

图 12.47　【自定义连接字符串】对话框

第 5 步，在【连接字符串】文本框中输入连接字符串，由于在本地计算机中无法确定站点在服务器上的物理路径，而服务器连接到数据库时需要程序提供系统物理路径，因此一般都使用 MapPath() 函数来获取数据库的准确物理路径。如果 Microsoft Access 数据库的虚拟路径为/data/feedback.mdb。用 VBScript 作为脚本撰写语言，连接字符串可表示如下。

```
"Driver={Microsoft Access Driver(*.mdb));DBQ="&Server.MapPath("Database/feedback.mdb")
```

或者

```
"Provider=Microsoft.Jet.OLEDB.4.0;Data Source="&Server.MapPath("Database/feedback.mdb ")
```

如果要连接到 Access 2007+数据库，则自定义连接字符串如下所示。

```
"Provider=Microsoft.ACE.OLEDB.12.0;Data Source="&Server.MapPath("罗斯文_2007.accdb ")
```

操作提示：

Server.MapPath(path)方法是 ASP 中 Server 对象的一个方法，该方法能够返回与 Web 服务器上的指定文件的虚拟路径相对应的物理路径。例如，Server.MapPath("/")可以返回应用程序根目录所在的位置，如 C:\Inetpub\wwwroot\；Server.MapPath("./")可以返回所在页面的当前目录，且与 Server.MapPath("") 相同，都可以返回所在页面的物理文件路径，Server.MapPath("../")表示上一级目录，Server.MapPath("~/")表示当前应用及程序的目录，如果是根目录，就是根目录所在的位置；如果是虚拟目录，就是虚拟目录所在的位置，如 C:\Inetpub\wwwroot\mysite\。

第 6 步，选中【使用测试服务器上的驱动程序】单选按钮，单击【测试】按钮，Dreamweaver 尝试连接到数据库。如果连接失败，请复查连接字符串；如果连接成功，则会显示连接成功的提示对话框。

操作提示：

如果连接仍然失败，请与用户的 ISP 联系，确保远程服务器上已经安装用户在连接字符串中指定的数据库驱动程序。另外还需要检查 ISP 是否具有驱动程序的最新版本。例如，在 Microsoft Access 2002 中创建的数据库将无法与 Microsoft Access Driver 3.5 一起工作，需要使用 IE 4.0 以上版本。

对于初次使用自定义字符串连接数据库时，Dreamweaver 会提示如下错误信息，如图 12.48 所示。这是因为 Dreamweaver 在建立数据库连接时，会在站点根目录下自动生成_mmServerScripts 目录，该目录下有 3 个文件：adojavas.inc、MMHTTPDB.asp 和 MMHTTPDB.js。这些文件主要用来调试程序，但是如果用自定义连接字符串连接数据库时，使用上面的方法，系统会提示在_mmServerScripts 目录下找不到数据库。对于这个 Bug，目前还没有很好的解决方法，不过用户可以把数据库按照已存在的相对路径复制一份放在_mmServerScripts 目录下，这样就可以测试连接成功了，等到程序开发完成后再把_mmServerScripts 目录下的数据库删除即可。

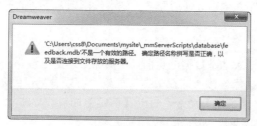

图 12.48 错误提示信息

此外，Dreamweaver 和 Windows XP SP2 操作系统存在细小的兼容问题，可能会影响用户的数据库连接，具体信息可以参阅 http://www.adobe.com/cn/support/dreamweaver/ts/documents/ dw_xp_ sp2.htm #aspnet_db。

第 7 步，使用 Dreamweaver 可视化工具建立的数据库连接，系统会自动在站点根目录下生成一个 Connections 目录，在该目录中存放着用户定义的数据库连接文件，数据库连接文件的名称就是数据库连接时定义的名称，例如，conn.asp，如果打开该文件，则可以看到数据库连接代码。

```
<%
' FileName="Connection_ado_conn_string.htm"
' Type="ADO"
' DesigntimeType="ADO"
' HTTP="true"
' Catalog=""
' Schema=""
Dim MM_conn_STRING
MM_conn_STRING = "Provider=Microsoft.Jet.OLEDB.4.0;Data Source="&Server.MapPath("Database /Feedback. mdb")
%>
```

如果是连接到 Access 2007 数据库，则最后一行代码如下所示。

```
MM_conn2007_STRING  =  "Provider=Microsoft.ACE.OLEDB.12.0;Data  Source="&Server.MapPath("Database/
罗斯文_2007.accdb")
```

通过源代码，会发现数据库的连接其实非常简单，只需为数据库连接变量提供数据库驱动程序和数据库路径即可。因此读者完全可以在此基础上进行修改，以实现更灵活的数据库连接操作。

12.4 定义记录集

记录集（Recordset）是通过查询从数据库中提取的一个数据子集，也就是一个临时的数据表，保存在服务器所在计算机的内存中。查询结果可以包括数据库中一个数据表，或者多个数据表，以及表中部分数据，例如，仅查询数据表中某些字段，或者不包括某些记录。记录集也可以包含数据表中所有记录和字段。如果网页页面只需要数据库表的某几个字段或符合某个条件的记录，则可以定义记录集，查询指定字段或者符合条件的记录。

12.4.1 实战演练：定义简单记录集

定义简单记录集（查询）一般不需要编写 SQL 语句，只需要进行简单可视化操作。在执行下面的操作之前，应先建立数据库连接，否则后面将无法继续学习，下面的操作都是在前面讲解的数据库连接示例基础上进行介绍的。

操作步骤：

第 1 步，首先打开需要插入动态数据的页面，该页面必须是已经指定了某种服务器技术，并且该页面所在站点已经建立了数据库连接，即在数据库面板中可以看见已经建立好的数据库连接名称。

第 2 步，选择【窗口】|【绑定】命令，打开【绑定】面板。单击该面板下的█按钮，在弹出的菜单中选择【记录集（查询）】项，如图 12.49 所示。

第 3 步，打开【记录集】对话框，如图 12.50 所示。如果在【记录集】对话框的右边有一个【简单】按钮，那么当前【记录集】对话框处在高级状态，单击【简单】按钮切换到简单的【记录集】对话框。

图 12.49 选择【记录集（查询）】项

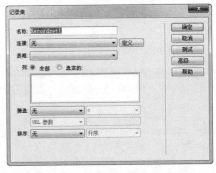

图 12.50 【记录集】对话框

该对话框各个选项栏具体说明如下。

☑ 【名称】文本框：输入记录集（查询）的名称。对于记录集（查询）的名称，一般约定名称前面加前缀 rs，以便与其他对象名称区别开来。记录集（查询）的名称不能使用空格或者特殊字符。

☑ 【连接】下拉列表：设置指定一个已经建立好的数据库连接名称。如果在下拉列表中没有出现可用的连接，说明还没有建立。可以单击【定义】按钮重复前面章节介绍的方法建立一个新的连接。实际上如果用户没有定义连接，【绑定】面板中的█按钮会处于无效状态。

☑ 【表格】下拉列表：选择所需要的表。该列表框显示建立连接的数据库中的所有表。该表中列出的是选择的数据库连接中的表。如果用户在设计和运行时指定了不同的数据库连接，那么这时显示的就是设计时的数据库中的表。

☑　【列】选项：如果用户要使用表中的所有字段作为一个记录集（查询），可以单击【全部】单选按钮，否则单击【选定的】单选按钮。然后在下面的列表框中选择所需要的字段。在窗口中，如果选中多个不连续的字段，则需要按住 Ctrl 键然后进行选择；如果选中多个连续字段，则先选中第一个字段，再按下 Shift 键，用鼠标单击最后一个字段即可。

☑　【筛选】选项：用于设置所需字段筛选。如果仅包括表中的部分记录，可完成如下筛选设置。只有符合过滤条件的指定的记录值才会出现在记录集中。

　　➤　从第一个下拉列表中选择用于过滤记录的条件字段。

　　➤　从第二个下拉列表中选择一个条件表达式符号。用来使每条记录的值与后边指定的值进行比较。

　　➤　从第三个下拉表中选择一个参数类型，可以是 URL 参数、窗体变量、Cookie、会话变量、应用程序变量或者输入的值。关于这些名词的详细解释，我们会在后面不断介绍。

　　➤　在第四个文本框中输入值。

☑　【排序】下拉列表：如果要想设置记录的显示顺序，可以在该下拉列表中选择按哪个字段排序，并设置是升序或者降序。

第 4 步，按照如图 12.51 所示设置好【记录集】对话框，然后单击【测试】按钮测试记录集定义是否正确，如果定义正确，则会显示如图 12.52 所示记录集。

图 12.51　设置好的【记录集】对话框

图 12.52　显示定义的记录集

第 5 步，最后单击【确定】按钮。Dreamweaver 就会把记录集添加到【绑定】面板中的可用数据源列表中。单击记录集最左边的加号可以展开记录集，查看定义的字段，如图 12.53 所示。这时就可以使用其中的任何字段作为网页的动态数据源了。

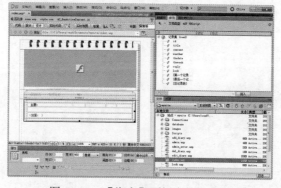

图 12.53　【绑定】面板中的记录集

12.4.2　实战演练：定义高级记录集

在【记录集】对话框中单击右边的【高级】按钮，可以切换到【记录集】对话框的高级状态，如图 12.54 所示。在高级【记录集】对话框中定义记录集，需要手动编写 SQL 语句，因此要求用户了解 SQL 查询语言，对于初级用户难度可能大些，但使用高级【记录集】对话框可以定义一些复杂的查询条件，定义记录集也比较灵活。

操作步骤：

第 1 步，打开需要插入动态数据的页面，该页面必须是已经指定了某种服务器技术，并且该页面所在站点已经建立了数据库连接。

第 2 步，选择【窗口】|【绑定】命令，打开【绑定】面板，再单击该面板下的 ➕ 按钮，在弹出的菜单中选择【记录集（查询）】选项。

第 3 步，打开【记录集】对话框，然后单击【高级】按钮可以切换到【记录集】对话框的高级状态，如图 12.54 所示。

该对话框各个选项栏具体说明如下。

☑　【名称】文本框：输入记录集的名称。

☑　【连接】下拉列表：设置指定一个已经建立好的数据库连接。

☑　【SQL】文本框：输入 SQL 语句。为了降低输入强度和减少输入错误，可以借用【记录集】对话框底部的【数据库项】列表框。方法是展开列表树状分支，找到需要的数据库对象，然后单击对话框右边的【SELECT】、【WHERE】和【ORDER BY】3 个按钮之一，将自动增加 SQL 语句到上面的文本框中。每个按钮在 SQL 语句中将增加一个 SQL 子句。

例如，在【SQL】文本框中输入下面 SQL 语句，如图 12.55 所示。

```
SELECT *
FROM feedback
WHERE [lock] <> MMColParam
ORDER BY thedate DESC;
```

☑　【参数】列表：如果在 SQL 语句中使用了变量，单击【参数】列表框上面的 ➕ 按钮，在下面列表框中输入变量的名称、默认值（如果没有运行值返回时变量应取的值）和运行值（通常由服务器对象获取浏览器发送过来的值，如使用 ASP 的 Response 对象获取）。

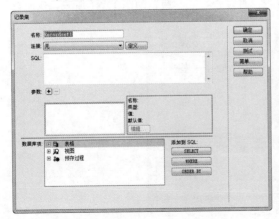

图 12.54　【记录集】对话框高级状态

图 12.55　自动输入 SQL 子句

第 4 步，按照图 12.55 中所示输入 SQL 语句，单击【测试】按钮，测试高级记录集（查询）的查询结果，如图 12.56 所示。

图 12.56 用高级对话框查询的一个记录集

12.4.3 操作记录集

对已经建立好的数据源，可以进行编辑、删除和复制等操作。

1. 编辑数据源

操作步骤：

第 1 步，选择【服务器行为】面板，双击要编辑的记录集名称。

第 2 步，在打开的【记录集】对话框中修改记录集设置，然后单击【确定】按钮即可；也可以使用属性面板来编辑记录集。打开属性面板，选择在【服务器行为】面板的记录集，然后在属性面板中进行编辑。其他对象的编辑方式与记录集操作相同。

2. 复制记录集

记录集是依附于某个页面的。在一个页面中可以定义一个记录集，也可以定义多个记录集，但不能定义一个属于多个页面的记录集。如果多个页面都使用了相同的记录集，则可以复制记录集。

操作步骤：

第 1 步，在【服务器行为】面板中选择记录集。

第 2 步，单击面板右上角的菜单按钮，然后从弹出的菜单中选择【拷贝】命令。也可以右键单击记录集名称，在弹出的快捷菜单中选择【拷贝】命令，如图 12.57 所示。

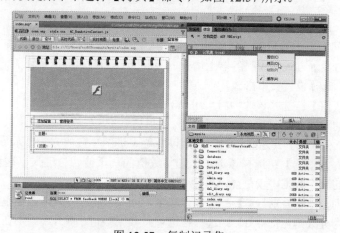

图 12.57 复制记录集

第 3 步，打开另一页，单击右上角的菜单按钮，然后从弹出的菜单中选择【粘贴】命令，这样就可以把另外一个网页上的记录集复制过来。

3. 删除数据源

在【服务器行为】面板中选择数据源，单击【绑定】面板或【服务器行为】面板上的 按钮，即可删除选中数据源，也可以使用菜单中的【剪切】命令删除数据源。

4. 设置数据源格式

Dreamweaver 可以设置绑定数据源的格式。这些格式一般只是对动态内容进行了转换，并把转换后的结果返回到浏览器中，而数据库中的数据并没有改变。只要数据绑定在了页面上，就可以设置数据源的数据格式。

操作步骤：

第 1 步，由于只有插入到页面上的字段变量才可以进行数据源的数据格式设置，首先需要插入字段变量。

第 2 步，在编辑窗口选中要改变数据源数据格式的字段变量。

第 3 步，在【绑定】面板中，单击选中字段右面的小三角按钮 ，打开数据源格式下拉菜单，如图 12.58 所示。

第 4 步，从中选择适当的选项格式即可完成对绑定数据格式的设置。

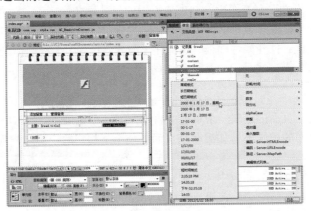

图 12.58　数据源格式下拉菜单

该下拉菜单命令说明如下。

☑　【日期/时间】：设置日期和时间的格式。其中，【常规格式】、【长日期格式】、【短日期格式】的显示方式是和服务器上运行的 Windows NT 本身设置相关的。

☑　【货币】：选择设置货币格式。

➤　【默认值】：选择该选项将采用 Windows 的【区域设置属性】对话框的【货币】选项卡中的设置。

➤　【2 个小数位】：选择该选项，则以两位十进制小数的方式显示货币。

➤　【舍入为整数】：选择该选项，则将数值的货币值四舍五入。这种取整并不影响数据库中的真实数据，仅是显示发生了变化。

➤　【若为分数则有前导 0】：选择该选项，如果数值小于 1，则在小数点显示前置 0。

➤　【若为分数则无前导 0】：选择该选项，如果数值小于 1，则不在小数点显示前置 0。

➤　【若为负数则使用 0】：选择该选项，如果货币值为负，则将数值放在圆括号内。

> 【若为负数则使用减号】：选择该选项，如果货币值为负，则将在数值前添加负号。
> 【将位分组】：选择该选项，则采用分隔符分隔数字。默认使用逗号形式的千位分隔符。
> 【不将位分组】：选择该选项，则不采用分隔符分隔数字。

☑ 【数字】：选择设置数字格式。
> 【默认值】：十进制实数，取两位有效数字。
> 【2 个小数位】：十进制实数，取两位有效数字。
> 【舍入为整数】：四舍五入取整。
> 【若为分数则有前导 0】：选择该选项，如果数值小于 1，则在小数点前置 0。
> 【若为分数则无前导 0】：选择该选项，如果数值小于 1，则不在小数点前置 0。
> 【若为负数则使用 0】：选择该选项，如果数值为负，则将数值放在圆括号内。
> 【若为负数则使用减号】：选择该选项，如果数值为负，则将在数值前添加负号。
> 【将位分组】：选择该选项，则采用分隔符分隔数字。默认使用逗号形式的千位分隔符。
> 【不将位分组】：选择该选项，则不采用分隔符分隔数字。

☑ 【百分比】：选择设置百分比格式。
☑ 【AlphaCase】：选择设置字母大小格式。
> 【大写】：如果选择该选项，则将动态内容的所有字母转换为大写。
> 【小写】：如果选择该选项，则将动态内容的所有字母转换为小写。
☑ 【修整】：返回头、尾或两侧都没有空白的字符串。
☑ 【绝对值】：选择该选项，则可以获取动态内容对应的绝对值。
☑ 【舍入整数】：选择该选项，则可以为动态内容进行四舍五入的取整。
☑ 【编码-Server.HTMLEncode】：选择该选项，则为动态内容进行 HTML 编码。
☑ 【编码-Server.URLEncode】：选择该选项，则为动态内容进行 URL 编码。
☑ 【路径-Server.MapPath】：选择该选项，则获取动态内容对应的绝对路径。
☑ 【编辑格式列表】：Dreamweaver 允许用户自行定制对动态内容进行数字、货币和分比类型格式化的方式。选择【编辑格式列表】选项，可以打开【编辑格式列表】对话框进行格式定制，如图 12.59 所示。

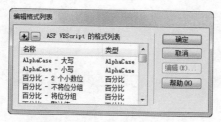

图 12.59　【编辑格式列表】对话框

12.5　实战演练：在网页中显示动态数据

在 Dreamweaver 中制作动态网页的第 2 步就是把定义好的数据源绑定到页面上。绑定位置可以是页面的任何位置，也可以为元素的属性绑定记录集，实现动态控制和显示。用户可以利用【绑定】面板快速绑定记录集。

12.5.1　插入动态文本

　　动态文本就是在段落文本中动态显示的数据。可以将网页中现有的文本替换为动态文本，也可把动态文本插入网页内某一位置，动态文本将沿用已存在的文本或插入点的格式。

　　例如，如果选择的文本被定义 CSS 样式，替换它的动态内容也会根据 CSS 样式进行显示。当然，也可以使用 Dreamweaver 提供的各种格式化工具增加或者改变动态内容的文本格式。

　　操作步骤：

　　第 1 步，打开要插入动态文本的页面，确保页面类型为 ASP 文件（扩展名为.asp）。

　　第 2 步，在绑定动态文本之前，应先搭建好服务器运行环境，并建立一个站点（本例以前面介绍的示例站点为基础进行介绍），然后定义站点与数据库之间的连接，再定义一个记录集。

　　第 3 步，在页面或者活动的数据窗口中选择网页中的文本，或者把光标置于需要增加动态文本的位置。打开【绑定】面板，在【绑定】面板中选择需要绑定的记录集字段，如图 12.60 所示。

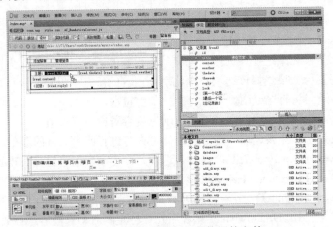

图 12.60　打开要绑定动态数据的文件

　　第 4 步，单击【绑定】面板底部的【插入】按钮，把选中的动态数据插入到指定的位置，也可通过鼠标拖放操作向页面添加动态文本，这时在编辑窗口中会出现占位符。

　　第 5 步，如果单击【文档】工具栏中的【实时视图】按钮 ，可以立即看到动态数据显示效果，也可以按 F12 键在系统默认浏览器中预览效果，如图 12.61 所示。

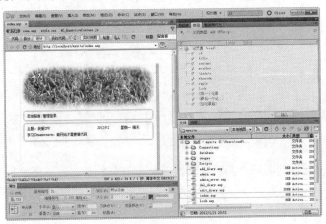

图 12.61　显示动态数据

12.5.2 插入动态图像

图像在数据库中可以用以下两种方式来保存。

☑ 将图像直接作为 OLE 对象保存在数据库中的表内，即以二进制数据流的形式保存在数据表中。

☑ 将图像保存在服务器上的指定目录中，然后在数据表中保存图像文件的 URL 字符串。

目前使用最为广泛的是第二种方式。所谓动态图像就是把图像作为动态数据绑定到页面中，或者替换现有的图像为动态图像。实际上图像在 HTML 代码中只是插入一个<img>标记，并由 src 属性指定该图像的 URL 地址。

操作步骤：

第 1 步，打开要绑定动态图像的页面。首先定义一个记录集，本例选用 NorthWind.mdb 数据库，在该数据库中查询“雇员 ID”表中的所有数据，该表中有一个“照片”字段，我们将要利用该字段数据动态显示照片图像。然后选择要插入的位置，如图 12.62 所示。为了方便操作，这里修改了数据库中的数据，以确保与 pic 文件夹中保存图像的名称相一致。

第 2 步，选择【插入】|【图像】命令，打开【选择图像源文件】对话框，在对话框上部选择【数据源】单选按钮，如图 12.63 所示。

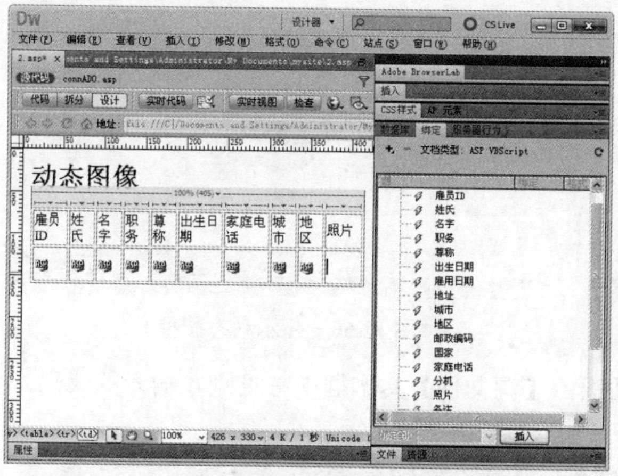

图 12.62 打开网页文件

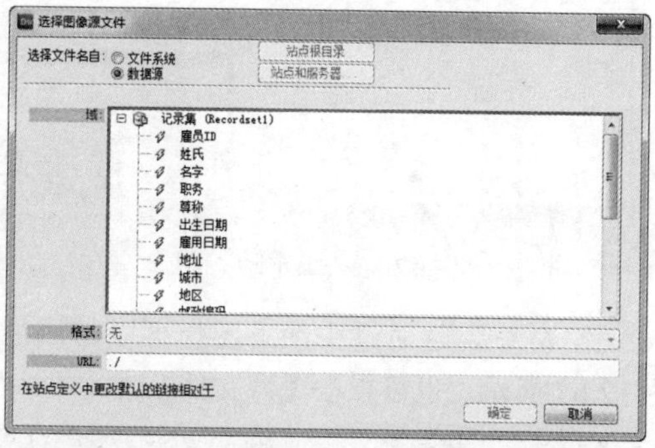

图 12.63 【选择图像源文件】对话框

第 3 步，从对话框列表中选择数据源，数据源应该是包含图像文件的路径字符串，本例选择“雇员 ID”表的“照片”字段。图像路径可以是绝对路径，也可以是相对路径，这主要看数据表的数据设置。如果记录集不是一个完整的 URL 字符串，读者应该根据需要在【URL】文本框中补充完整的路径信息。

第 4 步，例如，在“雇员 ID”表的“照片”字段中仅提供了照片的文件名称，没有提供具体的 URL 信息，在本例中所有大图像保存在 pic 文件夹中，所以在【URL】文本框中补充的信息为“pic/<%=(rs.Fields.Item("照片").Value)%>”，指明具体路径，如图 12.64 所示。如果用户在数据表中包含了前面的路径字符串，就不需要再加入了。

第 5 步，单击【确定】按钮，即可插入动态图像，如图 12.65 所示。如果单击【文档】工具栏中的【实时视图】按钮，可以立即看到动态数据显示效果，也可以按 F12 键在浏览器中预览效果，如图 12.66 所示。

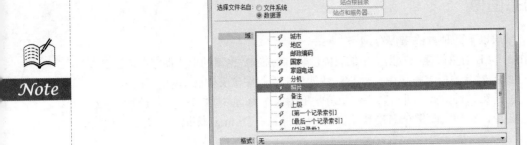

图 12.64　设置动态图像的 URL 路径

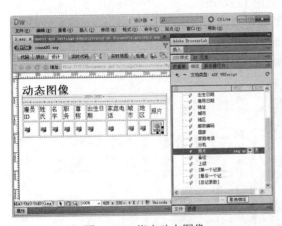

图 12.65　绑定动态图像

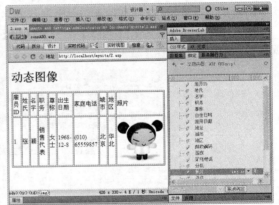

图 12.66　显示动态图像

第 6 步，这时选中动态图像可以在属性面板的【源文件】文本框中看见刚才输入的代码，如图 12.67 所示。也可以在【源文件】文本框中直接输入源代码进行绑定。

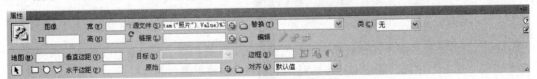

图 12.67　动态图像属性面板

12.5.3　设计动态下拉列表

动态下拉列表可以用来组织一系列的数据，而组织和管理数据之间的复杂关系正是数据库的强项。

操作步骤：

第 1 步，新建动态页面，定义一个记录集，查询雇员表中所有数据。同时在页面中插入一个空的下拉列表框。

第 2 步，选中该页面内的下拉列表表单对象，选择【窗口】|【服务器行为】命令，打开【服务器行为】面板，单击【服务器行为】面板中的 ➕ 按钮，在打开的下拉菜单中选择【动态表单元素】|【动态列表/菜单】命令，或者选择【插入】|【数据对象】|【动态数据】|【动态选择列表】命令，打

开【动态列表/菜单】对话框，如图 12.68 所示。

第 3 步，在【动态列表/菜单】对话框的【来自记录集的选项】下拉列表中选择一个记录集，如果没有事先定义记录集，用户应首先定义记录集。

第 4 步，在【标签】下拉列表中选择下拉列表中显示的项目内容，然后在【值】下拉列表中选择要提交的内容。

第 5 步，如果想设置下拉列表的默认显示项目，则可以在【选取值等于】文本框中输入一个静态值，或者单击 按钮，然后在打开的【动态数据】对话框中指定一个变量。

第 6 步，设置完成后单击【确定】按钮，关闭对话框并保存网页，按 F12 键在浏览器中预览效果，如图 12.69 所示。

图 12.68　绑定动态列表数据

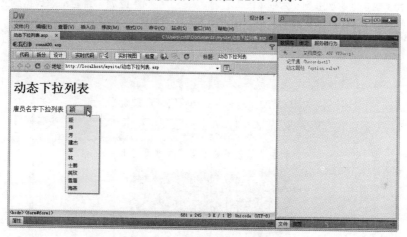

图 12.69　显示动态下拉列表数据

12.5.4　设计动态文本框

动态文本框就是把记录集中的动态项目绑定到文本框中，从而实现在文本框中显示动态数据，这样可以对动态数据进行编辑，然后可以把这些数据再写入到数据库，从而实现数据更新的目的。

操作步骤：

第 1 步，新建动态页面，定义记录集查询所有雇员信息，然后在页面中插入一个文本框，并在文本框前面插入雇员姓氏和名字字段的动态数据。

第 2 步，选中文本框，单击属性面板中【初始值】文本框右侧的【绑定到动态源】按钮 ，打开【动态数据】对话框，在对话框中选择记录集中的"地址"字段，如图 12.70 所示。当然，读者也可以在【服务器行为】面板中单击【服务器行为】面板中的 按钮，在打开的下拉菜单中选择【动态表单元素】|【动态文本字段】命令，或者选择【插入】|【数据对象】|【动态数据】|【动态文本字段】命令，打开【动态文本字段】对话框进行设置，如图 12.71 所示。

第 3 步，在属性面板的【初始值】文本框中输入代码<%=(Recordset1.Fields.Item("地址").Value)%>，如图 12.72 所示。

第 4 步，保存文件，按 F12 键在浏览器中预览，效果如图 12.73 所示。

图 12.70　绑定动态数据到文本框

图 12.71　绑定动态数据到文本框

图 12.72　为文本框初始值绑定数据源

图 12.73　绑定动态数据的文本框效果

12.5.5　设计动态复选框

复选框的主要用途在于可以实现多选，以获取多种准确信息。所谓动态复选框，就是把数据库中的信息绑定到复选框上，以实现信息的动态显示。

操作步骤：

第 1 步，在页面中选中一个复选框。

第 2 步，选择【窗口】|【服务器行为】命令，打开【服务器行为】面板，单击【服务器行为】

面板中的 按钮，在弹出的下拉菜单中选择【动态表单元素】|【动态复选框】命令，或者选择【插入】|【数据对象】|【动态数据】|【动态复选框】命令，打开【动态复选框】对话框，如图 12.74 所示。

图 12.74　【动态复选框】对话框

第 3 步，当记录中的一个域等于某一个值时，如果想让复选框被选中，可单击【选取，如果】文本框右侧的 按钮，然后从打开的【动态数据】对话框的数据源列表中选择一个字段或一个变量。一般来说，数据源都是布尔型的数据，例如，YES 或 NO、TRUE 或 FALSE、1 或 0 等。

第 4 步，在【等于】文本框中，输入复选框被选中时所选数据源必须具备的值。例如，想让记录中的所选数据源等于 YES，那么应在【等于】文本框中输入"YES"。

第 5 步，设置完毕，单击【确定】按钮即可。

第 6 步，当在浏览器中浏览表单时，复选框既可以被选中也可以不被选中，这取决于绑定复选框的动态数据源取值。如果用户单击表单中的【提交】按钮，这个值也将被提交至服务器，演示效果如图 12.75 所示。

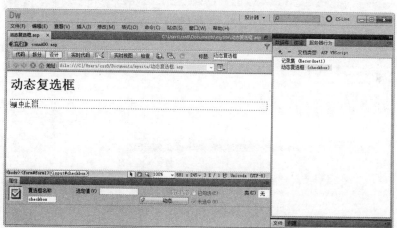

图 12.75　动态复选框的实时演示效果

12.5.6　设计动态单选按钮

动态单选按钮是指其提交的值，以及其中的一个是否被选中。

操作步骤：

第 1 步，在网页上插入一组单选按钮。如果是几个独立的单选按钮，可为几个单选按钮取相同的名称，使它们成为一组。

第 2 步，选择【窗口】|【服务器行为】命令，打开【服务器行为】面板，单击【服务器行为】面板中的 按钮，在打开的下拉菜单中选择【动态表单元素】|【动态单选按钮】命令，或者选择【插入】|【数据对象】|【动态数据】|【动态单选按钮】命令，打开【动态单选按钮】对话框，如图 12.76

所示。

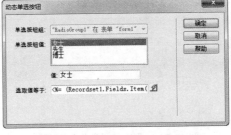

图 12.76 【动态单选按钮】对话框

第 3 步，在【单选按钮组】下拉列表中选择网页中的一组单选按钮。

第 4 步，可以指定单选按钮组中每一个单选按钮的值。首先在【单选按钮值】列表框中选择一个单选按钮，然后在【值】文本框中输入单选按钮的值。

第 5 步，如果想在记录中某一域的值等于单选按钮的值时让单选按钮被选中，则单击【选取值等于】文本框右侧的 按钮，然后从打开的【动态数据】对话框的数据源列表中选择一个域。被选中的域应该包含与单选按钮的值相匹配的数据，即包含出现在【单选按钮值】列表中的数据。

第 6 步，设置完毕，单击【确定】按钮即可，演示效果如图 12.77 所示。

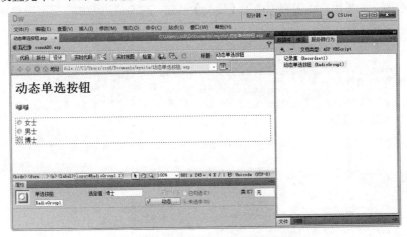

图 12.77 动态单选按钮实时演示效果

12.5.7 设计动态 HTML 属性

动态 HTML 属性主要是动态设置网页对象的属性，如背景颜色以及宽高等。建立 HTML 属性和数据源的关联后，就可以动态地修改页面的样式了。例如，把记录集的某个字段绑定到表格的 width 属性上，就可以动态改变表格的宽度。

1. 在属性面板中绑定动态数据

操作步骤：

第 1 步，在文档窗口中选定一个 HTML 对象，打开属性面板。

第 2 步，单击属性面板中属性设置框旁边的【选择文件】按钮 ，在打开的【选择文件】对话框中选择【数据源】单选按钮（选中不同的对象，以及对象的不同属性，该对话框的名称也略有区别），然后在【域】列表框中选择记录集数据源，如图 12.78 所示。

第 3 步，也可以单击属性面板中设置属性右侧的 图标，打开【动态数据】对话框，在该对话框中列出本页中所有定义的数据源，可以从中选择一个数据源进行绑定，如图 12.79 所示。

图 12.78 【选择文件】对话框

图 12.79 【动态数据】对话框

2. 在【绑定】面板中绑定动态数据

在【绑定】面板中绑定动态数据的操作步骤如下。

第 1 步，在文档窗口中选定一个 HTML 对象，打开【绑定】面板。

第 2 步，在【绑定】面板中选择要绑定的数据源，然后单击【绑定】面板底部的【绑定到】下拉列表右边的箭头 。

第 3 步，在弹出的下拉列表中选择 HTML 对象的属性，如图 12.80 所示。

第 4 步，选定 HTML 对象的属性后，单击【绑定】按钮即可。

3. 在【标签检查器】面板中绑定动态数据

在标签检查器属性面板中绑定动态数据的操作步骤如下。

第 1 步，在文档窗口中选定一个 HTML 对象，打开【标签检查器】面板。

第 2 步，选择【属性】选项卡，切换到属性面板，在属性列表中选择某个属性，在右边将出现一个 图标，如图 12.81 所示。

图 12.80 选择 HTML 对象的属性

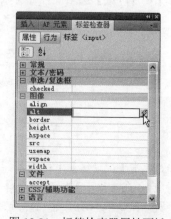

图 12.81 标签检查器属性面板

第 3 步，单击该图标，可以打开【动态数据】对话框，从【动态数据】对话框中选择一个适合做标签属性的动态数据。

第 4 步，利用该方法可以设置 HTML 标签的几乎所有属性的动态数据。

12.5.8 设计重复区域

"重复区域"服务器行为可以定义在页面中显示记录集中的多条记录。任何被选择的动态数据及各种对象都可以转变成重复的区域。最常见的区域是表格、表格行或一系列表格行。添加"重复区域"服务器行为之前，选中需要重复显示的动态数据区，然后再增加"重复区域"服务器行为。

操作步骤：

第 1 步，打开需要重复显示动态数据的页面。

第 2 步，选中要重复的数据源行，如图 12.82 所示。可以选定任意内容，包括表格、表格行甚至一段文本。若要精确选择页面上的区域，则可以使用状态栏中的标签选择器。例如，如果重复区域为表格的一行，那么在页面上的该行内单击，然后单击标签选择器最右侧的<table>标签以选择该<td>标签内的完整表格。

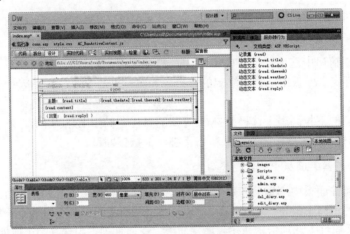

图 12.82 选中要重复的区域

第 3 步，选择【窗口】|【服务器行为】命令，打开【服务器行为】面板，单击 按钮，在下拉菜单中选择【重复区域】选项，打开【重复区域】对话框，如图 12.83 所示。

图 12.83 【重复区域】对话框

第 4 步，单击【记录集】下拉列表，选中要使用的记录集（该记录集应该与重复区域内的数据源的记录集对应）。在【显示】选项中设置每页要显示的记录数，在【显示】文本框中可以输入每页要显示的记录数，默认值为 10，也可以选择【所有记录】单选按钮显示全部记录。

第 5 步，单击【确定】按钮，在编辑窗口中，重复区域周围会显示灰色细轮廓，如图 12.84 所示。

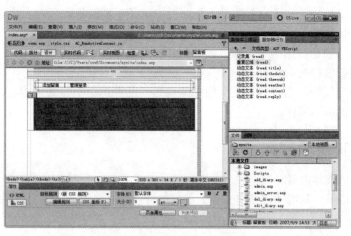

图 12.84　定义重复区域效果

第 6 步，保存页面，按 F12 键在浏览器预览，显示效果如图 12.85 所示。

图 12.85　在浏览器中浏览重复区域效果

拓展知识：

服务器行为实质上就是一段在服务器端运行的脚本代码。这些代码完全可以在 HTML 代码视图中进行编写。当插入一个服务器行为后，在【代码】视图下会发现新增加的控制代码。如果熟悉 VBScript、JavaScfipt、Java 或 ColdFusion 脚本，使用代码进行控制会更加方便快捷，但对于初学者来说，学习使用服务器行为可以快速控制动态数据的显示。

新建或打开一个动态网页后，选择【插入】|【数据对象】命令，在打开的子菜单中可以选择更多服务器行为。Dreamweaver 内置了很多服务器行为，例如，重复区域、显示区域、记录集分页、转到详细页面、转到相关页面、插入记录、更新记录、删除记录和用户验证等，灵活使用这些服务器行为可以提高 Web 开发效率和增强网页功能。

在【服务器行为】面板中可以执行增加、删除、修改服务器行为等操作。

☑　增加服务器行为：单击【服务器行为】面板中的 按钮，在打开的下拉菜单中可以选择增加服务器行为。

☑ 删除服务器行为：在【服务器行为】面板中选择一个服务器行为，单击 ☐ 按钮可以删除选中的服务器行为。

☑ 修改服务器参数：选中某个服务器行为，然后双击该行为可以在打开的服务器行为对话框中修改服务器行为的参数。

☑ 编辑服务器行为：右键单击某个服务器行为，在弹出的下拉菜单中选择一种命令可以实现对该行为的编辑操作。

12.5.9 设计记录集分页

当数据源中的记录非常多时，无法在一页中显示，或者在一页中显示会非常长，不利于浏览，这时就需要进行分页显示。利用【记录集分页】子菜单可以建立多种形式的分页显示。

1. 定义记录集导航条

记录集导航链接可以让用户从一个记录移到下一个，或者从一组记录移到下一组。例如，在设计了每次显示 5 条记录的页面后，用户可能想要添加如【下一页】或【上一页】这类可以显示后 5 条或前 5 条记录的链接。使用"记录集导航条"服务器行为，只需一次操作就可以创建记录集导航条。在将导航条放到页面上之前，确保页面包含要导航的记录集和用于显示记录的页面布局。

操作步骤：

第 1 步，打开上一节设计的重复区域的实例，在浏览器中预览效果会发现仅显示 5 条记录，实际上还有很多记录并没有显示。如果设计重复区域为显示全部记录，由于数据记录比较多，在一页显示会非常长，这不利于信息的快速浏览，且会占用更多的内存资源，这时可以使用记录集分页服务器行为进行分页显示。

第 2 步，将插入点放在页面上要显示导航条的位置，选择【插入】|【数据对象】|【记录集分页】|【记录集导航条】命令，打开【记录集导航条】对话框，如图 12.86 所示。

图 12.86 【记录集导航条】对话框

该对话框选项设置说明如下。

☑ 【记录集】下拉列表：选择要导航的记录集。

☑ 【显示方式】选项：选择用以在页面上显示导航链接的格式。选中【文本】单选按钮则可以在页面上插入文本链接，选中【图像】单选按钮则可以使用图形图像作为链接。

操作提示：

在定义记录集导航条之前，应确保修改重复区域为有限显示个数，这样记录集导航条才会起作用。方法是在【服务器行为】面板的服务器行为列表中双击"重复区域"行为，打开【重复区域】对话框，修改重复区域。

第 3 步，单击【确定】按钮，则在编辑窗口中插入导航条，如图 12.87 所示。

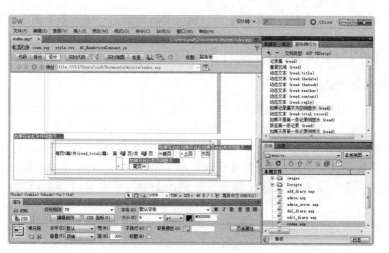

图 12.87　插入导航条的效果

第 4 步，保存页面，按 F12 键在浏览器中预览，则显示效果如图 12.88 所示。

图 12.88　导航条浏览效果

将导航条增加到页面上之后，可以按照个人喜好使用 Dreamweaver 的设计工具进行自定义导航条。还可以编辑"移到"和"显示区域"服务器行为，方法是在【服务器行为】面板中双击这些服务器行为，在打开的对话框中可以进行修改。

2. 定义普通导航

除了使用上面的"记录集导航条"服务器行为外，用户也可以增加普通导航。在【服务器行为】面板中单击 按钮，在下拉菜单中选择【记录集分页】选项，从打开的子菜单中可以进行选择，如图 12.89 所示。

该子菜单命令说明如下。

☑ 【移至第一条记录】：在页面中可以创建跳转到第一条记录页面上的链接。

☑ 【移至前一条记录】：在页面中可以创建跳转到前一条记录页面上的链接。

☑ 【移至下一条记录】：在页面中可以创建跳转到下一条记录页面上的链接。

☑ 【移至最后一条记录】：在页面中可以创建跳转到最后一条记录页面上的链接。

☑ 【移至特定记录】：在页面中可以创建直接跳转到特定记录页面上的链接。

在该菜单项中任意选择一个命令，都会打开一个设置对话框，提示用户选择链接的目标和记录集。

3．定义特定记录导航

"移至特定记录"服务器行为的作用是移动当前记录集中的记录指针到合适的位置，具体位置由 URL 参数决定。应用"移至特定记录"服务器行为，首先在当前页面上应存在一个包含多条记录的记录集。如果把该记录集中字段绑定到页面上，那么在默认的情况下应该显示的是该记录集中的第一条记录。如果在该页面上添加了"移至特定记录"服务器行为，则显示的有可能不是第一条记录。

在【记录集分页】子菜单中选择【移至特定记录】命令，打开【移至特定记录】对话框，如图 12.90 所示。

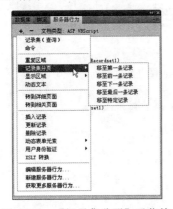

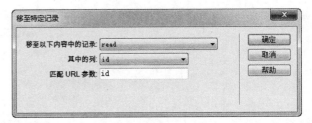

图 12.89　【记录集分页】子菜单　　　　　图 12.90　【移至特定记录】对话框

该对话框选项设置说明如下。

☑ 【移至以下内容中的记录】：选择当前使用的记录集。

☑ 【其中的列】：选择包含 URL 参数的字段。

☑ 【匹配 URL 参数】：设置所传递的 URL 参数。

12.5.10　设计显示区域

所谓设计显示区域就是通过脚本控制页面中部分区域是否显示，以及在什么条件下隐藏或显示。例如，当插入记录集导航条后，当页面显示为第一页时，"第一页"和"前一页"超链接就被隐藏起来，而当页面显示为最后一页时，则"下一页"和"最后一页"超链接就被隐藏起来。当然我们也可以在其他环境中利用 Dreamweaver 提供的显示区域服务器行为来控制特定内容的显示或隐藏条件。

首先选择需要显示的区域，然后选择【窗口】|【服务器行为】命令，打开【服务器行为】面板，单击 🔳 按钮，在弹出的菜单中选择【显示区域】，如图 12.91 所示。在【显示区域】的子菜单中选择显示条件。

☑ 【如果记录集为空则显示区域】：当记录集空时，显示选中区域。

☑ 【如果记录集不为空则显示区域】：当记录集中包含记录时，显示选中区域。

☑ 【如果为第一条记录则显示区域】：当处于记录集中的第一条记录时，显示选中区域。

☑ 【如果不是第一条记录则显示区域】：当没有处于记录集中的第一条记录时，显示选中区域。

☑ 【如果为最后一条记录则显示区域】：当处于记录集中的最后一条记录时，显示选中区域。

☑　**【如果不是最后一条记录则显示区域】**：当没有处于记录集中的最后一条记录时，显示选中区域。

在定义记录集导航条时，在【服务器行为】面板中自动增加"显示区域"服务器行为，如图 12.92 所示。

图 12.91　【显示区域】子菜单

图 12.92　"显示区域"服务器行为

12.5.11　设计转到详细页面

详细页面是与列表页面相对而言，如果在列表页面中单击某条列表项后，将会打开详细页显示该列表项对应的详细信息。例如，如果 URL 参数的名称为 id，详细页的名称为 lock.asp，则当用户单击该链接时，URL 看起来应该像下面这样。

http://www.mysite.com/ lock.asp?id=3

URL 的第一部分 http://www.mysite.com/ lock.asp 用于打开详细页，第二部分?id=3 是 URL 参数，告诉详细页所要查找和显示的记录。其中，id 是 URL 参数的名称，3 是它的值。在本例中，URL 参数包含记录的 ID 编号，即 3。下面结合一个示例进行详细介绍，该示例在列表页面中显示所有日记列表，当单击某条日记记录的"审核"链接时，会自动跳转到审核页面，并显示该条日记的详细信息，演示效果如图 12.93 所示。

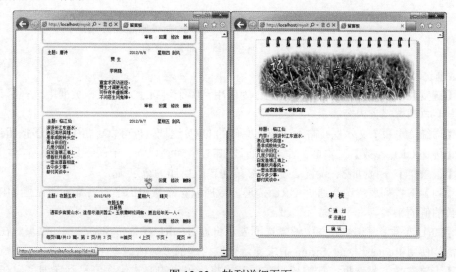

图 12.93　转到详细页面

操作步骤：

第 1 步，设计列表页（edit_diary.asp），该页面将显示所有日记列表。先定义一个记录集，查询日记数据表中所有记录，并把日记标题和内容绑定到页面中，同时利用重复区域服务器行为重复显示所有记录，如图 12.94 所示。

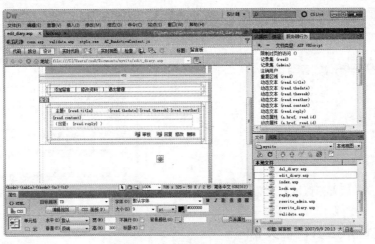

图 12.94　显示所有日记列表

第 2 步，选中"审核"文本，然后在【服务器行为】面板中单击 ➕ 按钮，在弹出的菜单中选择【转到详细页面】选项，打开【转到详细页面】对话框，如图 12.95 所示。

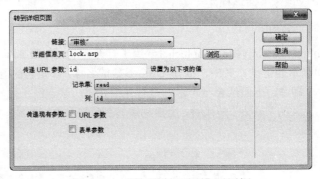

图 12.95　【转到详细页面】对话框

该对话框选项设置说明如下。

- ☑　【链接】下拉列表：可以选择要把行为应用到哪个链接上，如果在页面中选择了动态文本，则会自动选择该内容。
- ☑　【详细信息页】文本框：输入详细页文件的 URL 地址，也可以单击【浏览】按钮进行选择。
- ☑　【传递 URL 参数】文本框：输入要通过 URL 传递到详细页中的参数名称。
- ☑　【记录集】下拉列表：设置通过 URL 传递参数所属的记录集。
- ☑　【列】下拉列表：选择通过 URL 传递参数所属记录集中的字段名称，即设置 URL 传递参数的值的来源。
- ☑　【URL 参数】复选框：选中该复选框表示将通过 URL 参数传递信息到详细页。在详细页上需要使用 Request.QueryString 请求变量获取传递的参数值。
- ☑　【表单参数】复选框：选中该复选框表示将表单值的方式传递信息到详细页。在详细页上需要使用 Request.Form 请求变量获取传递的参数值。

第 3 步，打开详细页面（lock.asp），在该页面中定义记录集为筛选条件的记录集，详细设置如图 12.96 所示。查询雇员数据表，筛选条件为雇员 ID 值等于查询字符串中"雇员 ID"变量的值。

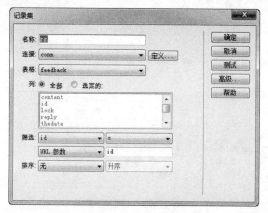

图 12.96　定义记录集

第 4 步，根据前面介绍的方法把记录集绑定到页面中，如图 12.97 所示。

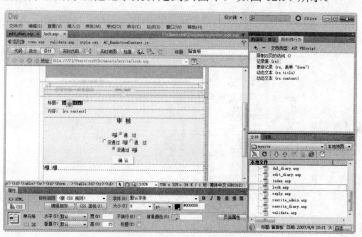

图 12.97　绑定记录集

第 5 步，保存文件，按 F12 键预览首页文件，显示效果如图 12.93 所示。如果分别单击不同记录的日记，则会分别打开不同日记，并对该条日记进行审核操作。

12.5.12　操作记录

Dreamweaver 提供了 3 个有关操作数据表中记录的服务器行为，分别用来向数据库中插入记录、修改和删除数据库中指定的记录。对应的 3 个服务器行为分别为"插入记录"、"更新记录"和"删除记录"。

1. 插入记录

使用"插入记录"服务器行为可以将记录写入到数据库中。

操作步骤：

第 1 步，新建动态页面，在页面中设计一个简单的表单，该表单包含两个文本框，允许用户输入日记标记和内容，同时设计两个下拉菜单，用来选择天气和星期，如图 12.98 所示。

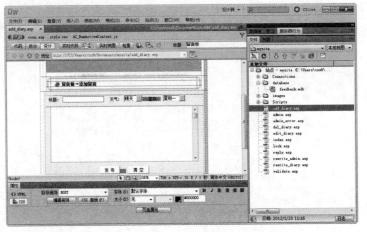

图 12.98　设计表单

第 2 步，在【服务器行为】面板中，单击![]按钮，在弹出的菜单中选择【插入】选项，打开【插入记录】对话框，如图 12.99 所示。

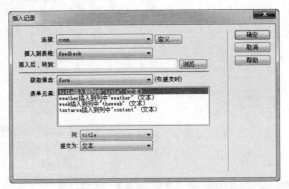

图 12.99　【插入记录】对话框

该对话框选项设置说明如下。

☑　【连接】下拉列表：选择指定连接的数据库，如果没有指定连接，可以单击右侧的【定义】按钮定义数据库连接。

☑　【插入到表格】下拉列表：选择要插入的表的名称。

☑　【插入后，转到】文本框：输入一个文件名，或者单击其右侧的按钮指定文件，以便执行完插入操作后跳转到该页面。

☑　【获取值自】下拉列表：指定 HTML 表单以便提交输入数据。

☑　【表单元素】列表框：设置指定数据库中要更新的表单域对象。用户应先选择表单域对象，然后从【列】下拉列表中选择数据表中的字段。如果字段仅接受数字值，那么选择【数据】项。如果表单对象的名称和被设置字段的名称一致，Dreamweaver 则会自动地为之建立对应关系。

第 3 步，设置完毕，单击【确定】按钮即可。保存文件，按 F12 键运行文件，在页面表单中输入新的客户信息，如图 12.100 所示。

图 12.100　输入表单信息

第 4 步，单击【发布】按钮，输入的信息会自动被插入到数据库中，此时如果浏览最新的日记列表，可以看到新插入的日记信息，如图 12.101 所示。

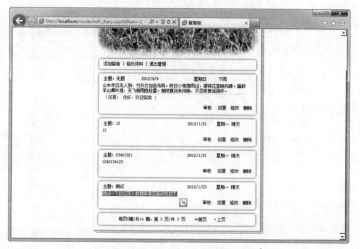

图 12.101　新插入的数据

2. 更新记录

更新记录是对数据库中指定的记录进行修改，然后将修改后的数据重新写入数据库的过程。动态网页应用中有时包含让用户在数据库中更新记录的页面，一般利用"更新记录"服务器行为可以完成此类任务。这类更新记录的操作通常需要主页面和详细页面。

操作步骤：

第 1 步，在主页面中选择要更新的记录，然后在详细页面中更新记录，并把更新保存到数据库中。设计在 edit_diary.asp 页面中显示所有的日记记录，并通过"修改"超链接设计一个转到详细页行为，如图 12.102 所示。

第 2 步，在详细页面中定义一个记录集，通过 edit_diary.asp 页面传递过来的 id 值查询记录集，查询一条要更新的记录，如图 12.103 所示。

第 3 步，在【服务器行为】面板中，单击 按钮，在弹出的菜单中选择【更新记录】选项，打开【更新记录】对话框，如图 12.104 所示。要注意，实现一个更新记录服务器行为就应该相应地提供一个供用户修改数据的界面，这个界面通常由包含着记录内容的文本域组成。该对话框的操作与【插入】对话框的操作基本相同，这里就不再重复说明。

图 12.102　设计列表页面的转到详细页行为

图 12.103　设计详细页的记录集查询行为

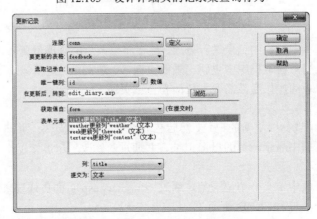

图 12.104　【更新记录】对话框

第4步，设置完毕单击【确定】按钮，这时用户会发现表单区域内对象显示为浅绿色，如图 12.105 所示。

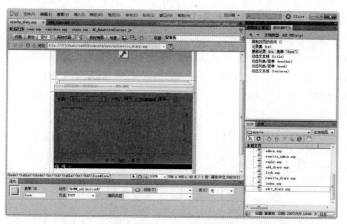

图 12.105　插入"更新记录"服务器行为后的效果

第5步，保存文件，按 F12 键运行文件，然后在文本框中修改记录显示的数据，如图 12.106 所示。

图 12.106　更新页面记录

第6步，单击【修改】按钮，修改后的信息会自动被提交到数据库中并对数据库原数据进行更新，此时在列表中会显示被更新的记录，如图 12.107 所示。

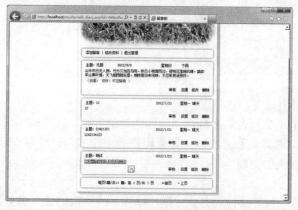

图 12.107　更新后的数据库中记录

Note

3. 删除记录

在后台管理中，网站经常需要管理员或者允许用户从浏览器中操作删除数据库中的记录。这种删除记录行为与更新记录行为一样需要主页面和详细页面。主页面允许用户选择要删除的记录，然后把选择删除的 ID 信息传递给详细页面，由详细页面执行删除操作。利用"删除记录"服务器行为可以轻松删除指定的记录。但是用户在使用"删除记录"服务器行为之前，必须建立一个表单。

在【服务器行为】面板中，单击 按钮，在弹出的菜单中选择【删除记录】命令，打开【删除记录】对话框，本例设置如图 12.108 所示。单击【确定】按钮即可在当前文档中插入"删除记录"服务器行为。

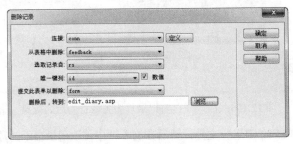

图 12.108 【删除记录】对话框

12.5.13 设计用户管理

为了有效管理访问共享资源的用户，需要规范化访问共享资源的行为。一般采用注册（新用户取得访问权）—登录（验证用户是否合法并分配资源）—访问（授权的资源）—退出（释放资源）这一行为模式来实施管理。Dreamweaver 提供一组与用户身份验证有关的服务器行为，来实现这些功能的设置。

1. 检查新用户名

"检查新用户名"服务器行为是限制"插入记录"服务器行为的行为，用来验证欲插入记录的指定字段的值在记录集中是否唯一，一般用来验证注册用户名是否已存在。

单击【服务器行为】面板上的 按钮，在弹出的菜单中选择【用户身份验证】|【检查新用户名】命令，打开【检查新用户名】对话框，如图 12.109 所示。

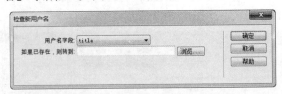

图 12.109 【检查新用户名】对话框

该对话框选项设置说明如下。

- ☑ 【用户名字段】下拉列表：选择需要验证的记录字段，验证该字段在记录集中是否唯一。
- ☑ 【如果已存在，则转到】文本框：如果用户名字段的值已经存在，那么可以在该文本框中指定引导用户所去的页面。

操作提示：

使用"检查新用户名"服务器行为之前，用户插入了"插入记录"服务器行为。

2. 登录用户

单击【服务器行为】面板上的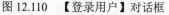按钮，在弹出的菜单中选择【用户身份验证】|【登录用户】命令，打开【登录用户】对话框，如图 12.110 所示。在【登录用户】对话框中可以完整地定义用户登录行为。

该对话框选项设置说明如下。

- ☑ 【从表单获取输入】下拉列表：选择接受哪一个表单的提交。
- ☑ 【用户名字段】下拉列表：选择用户名所对应的文本框。
- ☑ 【密码字段】下拉列表：选择用户密码所对应的文本框。
- ☑ 【使用连接验证】下拉列表：设置所使用的数据库连接。
- ☑ 【表格】下拉列表：设置使用数据库中的哪一个表格。
- ☑ 【用户名列】下拉列表：选择用户名对应的字段。
- ☑ 【密码列】下拉列表：选择用户密码对应的字段。
- ☑ 【如果登录成功，转到】文本框：设置如果登录成功（验证通过），那么就将用户引导至该文本框所指定的页面。
- ☑ 【转到前一个 URL】复选框：如果存在一个需要通过当前定义的登录行为验证才能访问页面，则选中该复选框。
- ☑ 【如果登录失败，转到】文本框：设置如果登录不成功（验证没有通过），那么就将用户引导至文本框所指定的页面。
- ☑ 【基于以下项限制访问】选项：设置选择是否包含级别验证。

3. 限制对页的访问

"限制对页的访问"服务器行为可以设置某一页面需要通过登录验证才能被访问。单击【服务器行为】面板上的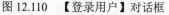按钮，在弹出的菜单中选择【用户身份验证】|【限制对页的访问】命令，打开【限制对页的访问】对话框，如图 12.111 所示。在该对话框中可以定义当前页面的访问限制。

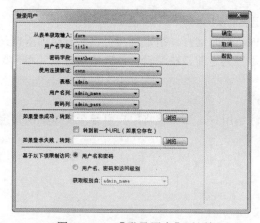

图 12.110　【登录用户】对话框

图 12.111　【限制对页的访问】对话框

该对话框选项设置说明如下。

- ☑ 【基于以下内容进行限制】选项：在该单选按钮组中，选择是否包含级别验证。
- ☑ 【如果访问被拒绝，则转到】文本框：如果没有经过验证，那么就将用户引导至该文本框所指定的页面。如果需要级别验证，单击【定义】按钮，打开【定义访问级别】对话框，如图 12.112 所示。

图 12.112 【定义访问级别】对话框

> 【加号】按钮 ⊞：用来添加级别。
> 【减号】按钮 ⊟：用来删除级别。
> 【名称】文本框：指定级别的名称。级别的名称应该与数据库中相关记录集对应字段的值相同。

4. 注销用户

使用"注销用户"服务器行为可以实现在网页应用服务中用户退出行为，即结束会话行为（终止 Session 变量）。单击【服务器行为】面板上的 ⊞ 按钮，在弹出的菜单中选择【用户身份验证】|【注销用户】命令，打开【注销用户】对话框，如图 12.113 所示。

图 12.113 【注销用户】对话框

该对话框选项设置说明如下。

☑ 【在以下情况下注销】选项：选择何时运行退出行为。
> 【单击链接】：指的是当用户单击指定的链接时运行。指定链接可以在右面的下拉列表框中进行选择，其中的选项包括定义本行为之前，在编辑窗口选中的对象（不包括表单对象）。
> 【页面载入】：指的是加载本页面时运行。
☑ 【在完成后，转到】文本框：设置如果完成注销用户，那么就将用户引导至文本框所指定的页面。

第13章

Photoshop 网页界面设计基础

（ 📷 视频讲解：1 小时 57 分钟 ）

Photoshop 是图像处理专业工具，被广泛应用于平面设计、媒体广告和网页设计等诸多领域。Photoshop 支持多种图像格式和颜色模式，能同时进行多图层操作。它的绘画功能与选取功能能够使图像编辑变得非常方便。在网页图像设计中，经常需要用 Photoshop 完成前期设计和处理工作，如针对图像特定区域进行处理，就需要精确选取范围，为此，Photoshop 提供了众多选取工具和命令，灵活使用这些工具和命令可以轻松设计网页元素。绘图也是网页设计中很重要的工作，Photoshop 提供的绘图工具，基本可以完成各种矢量绘图，强大的功能可以媲美专业矢量绘图软件。通过本章的学习，将帮助读者快速掌握 Photoshop 的基本操作，并且能够快速建立选区，绘制网页元素。

学习重点：

▸▸ 了解 Photoshop 界面构成。

▸▸ 能够借助 Photoshop 完成各种选取操作。

▸▸ 通过对选区的操作实现复杂的图像处理。

▸▸ 能够借助 Photoshop 绘制简单的网页元素。

13.1　熟悉 Photoshop 主界面

在启动 Photoshop 之前，读者应该确定在系统中安装了 Photoshop，如果没有安装，则首先需要进行安装。因为 Photoshop 的安装操作比较简单，这里就不再介绍。

启动 Photoshop 之后，会显示一个主界面，如图 13.1 所示。

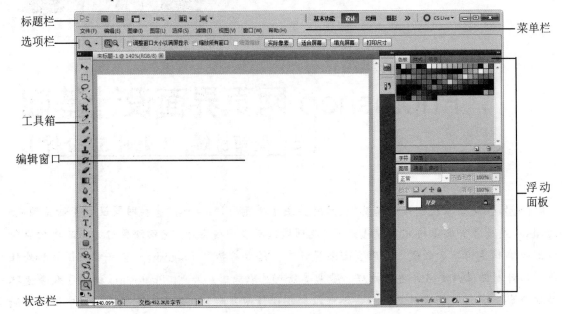

图 13.1　Photoshop 主界面

Photoshop 主界面由标题栏、菜单栏、编辑窗口、工具箱、选项栏、浮动面板和状态栏组成。其中图像窗口在打开一个图像文件后即会出现。各部分的功能介绍如下。

☑　标题栏：显示 Photoshop 图标和常用命令。右边显示 3 个按钮，从左到右分别为最小化、最大化和关闭按钮。

☑　菜单栏：显示 Photoshop 的菜单命令，包括【文件】、【编辑】、【图像】、【图层】、【选择】、【滤镜】、【视图】、【窗口】和【帮助】，共 9 个菜单。

☑　选项栏：用于设置工具箱中各个工具的参数。此工具栏具有很大的可变性，随着用户所选择的工具的不同而变化。

☑　工具箱：列出常用工具。单击每个工具的图标即可使用该工具。在图标上右击或者按住鼠标左键不放，可以显示该组工具。

☑　浮动面板：列出许多操作的功能设置和参数设置。利用这些设置可以进行各种操作。

☑　状态栏：状态栏显示当前打开图像的信息和当前操作的提示信息。

13.1.1　菜单和命令

Photoshop 的命令菜单比较完善，使用某个菜单，只需将鼠标指针移到菜单名上单击即可弹出该菜单，从中可选择要使用的命令，如图 13.2 所示，把鼠标指针移到【图像】菜单上单击，即可打开菜单。

除了屏幕顶部的菜单外，每个面板也有与其相关的面板菜单，单击在各个面板右上角的三角形图标，即可打开相应面板的面板菜单，如图13.3所示即为打开的【通道】面板菜单。

图 13.2　打开【图像】菜单

图 13.3　【通道】面板菜单

另外，将鼠标指针放在图像上或面板中的一个项目上，右键单击可以弹出快捷菜单，如图 13.4 所示。快捷菜单使 Photoshop 中的操作变得既方便又轻松，对于图像处理中的大部分工作，用户都可以在相关的位置找到其快捷菜单。

除了以上介绍的几个菜单外，还可以在图像窗口中打开菜单，方法是将鼠标指针移到正在编辑的图像上，单击鼠标右键即可，如图 13.5 所示。注意，在图像窗口中使用不同的工具，单击鼠标右键后打开的快捷菜单也不同。

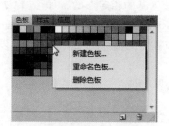

图 13.4　打开色板快捷菜单

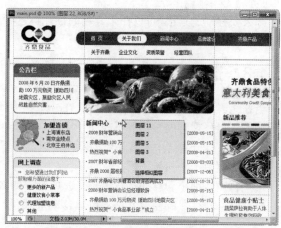

图 13.5　打开所编辑图像的快捷菜单

13.1.2　工具箱

Photoshop 工具箱是一个集合了多种绘图工具及制作工具的百宝箱，用户可以利用这些工具对图形进行各种各样的修改和编辑。

在默认情况下，当打开 Photoshop 的时候，这个工具箱是打开的，也可以通过选择【窗口】|【工

具】命令打开和关闭工具箱。打开后的工具箱如图 13.6 所示，其中包含 40 多种工具。要选择使用这些工具，只要单击工具图标或者按下工具快捷键即可。例如，要选择【移动工具】，单击此工具图标或在键盘上按下 V 键即可。

图 13.6　Photoshop 工具箱

提示：将鼠标指针移到工具箱中的工具图标上稍等片刻，即可显示关于该工具的名称及快捷键的提示。工具箱中没有显示出全部工具，有些工具被隐藏了起来。例如，套索工具中有 3 种套索工具，要打开它，只要将鼠标指针移至含有多个工具的图标上右击，或者单击后按住鼠标左键不放，就可以打开一个菜单，然后移动鼠标指针选取即可。如果用户按下 Alt 键不放，再单击工具箱中的工具图标，则可以在多个工具之间切换。

如果要移动工具箱，可以在工具箱的顶端标题栏上按住鼠标左键拖动。如果要显示或隐藏工具箱，可以按下 Tab 键。

13.1.3　选项栏

当在工具箱中选中一个工具之后，在选项栏中就会显示该工具的相应参数，如图 13.7 所示。并且不同的工具所拥有的参数各不相同，因此，学会使用 Photoshop 选项栏，是掌握 Photoshop 功能的基础。用户可以分别选中工具箱中的不同工具，查看一下选择各个工具时的工具栏参数，以便对各工具的参数设置有一个初步了解。

选项栏可以缩小和移动，方法是在选项栏左侧双击，就可以将选项栏缩小，将鼠标指针放在选项栏的最左端，按住鼠标左键并拖动可以移动选项栏。

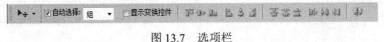

图 13.7　选项栏

13.1.4　浮动面板

浮动面板最大的优点就是可以通过它对图像进行一些简单快捷的操作，而且还可以在需要时打开它，不需要时则可以将其隐藏，以免因面板遮住图像而给图像处理带来不便。要显示这些面板，可以单击【窗口】菜单，从打开的下拉菜单中选择相应的命令即可打开相应的面板。

按下 Shift+Tab 组合键可以在保留显示工具箱的情况下，显示或隐藏所有的面板。如果双击面板标题栏空白区域，可以缩小或者展开面板，以便以最大的屏幕空间来进行图像处理，同时又省去频繁地进行显示/隐藏操作的麻烦。下面将对常用面板的基本功能进行一些介绍。

- ☑　【导航器】：用于显示图像的缩览图，可用来缩放显示比例，迅速移动图像显示内容。
- ☑　【信息】：用于显示鼠标指针所在位置的坐标值，以及鼠标指针当前位置的像素的色彩数值。当在图像中选取范围或进行图像旋转变形时，还会显示出所选取的范围大小和旋转角度等信息。
- ☑　【颜色】：用于选取或设置颜色，以便用于绘图和填充等操作。
- ☑　【色板】：功能类似于【颜色】面板，用于选择颜色。
- ☑　【样式】：用于将预设的效果应用到图像中。
- ☑　【图层】：用于控制图层的操作，可以进行新建层或合并层等操作。
- ☑　【通道】：用于记录图像的颜色数据和保存蒙版内容。用户可以在通道中进行各种通道操作，如切换显示通道内容，安装、保存和编辑蒙版等。
- ☑　【路径】：用于建立矢量式的图像路径。
- ☑　【历史记录】：用于恢复图像或指定恢复到某一步操作。
- ☑　【动作】：用于录制一连串的编辑操作，以实现操作自动化。
- ☑　【工具】：用于设置画笔、文本等各种工具的预设参数。
- ☑　【画笔】：用于选取绘图工具的画笔大小和型号。
- ☑　【字符】：用于控制文字的字符格式。
- ☑　【段落】：用于控制文本的段落格式。
- ☑　【图层复合】：创建、应用和修改图层复合。
- ☑　【直方图】：用来监视图像的更改操作。

13.1.5　状态栏

状态栏位于窗口最底部，主要用于显示图像处理的各种信息。如果窗口中未显示状态栏，可以选择【窗口】|【状态栏】命令先显示它。状态栏由以下 3 部分组成。

- ☑　最左边的是一个文本框，它用于控制图像窗口的显示比例。可以直接在文本框中输入一个数值，然后按 Enter 键就可以改变图像窗口的显示比例。
- ☑　中间部分是显示图像文件信息的区域。在其右边的小三角按钮上按住鼠标左键不放，可以查看更多的信息，如文档大小、暂存盘大小和效率等。
- ☑　状态栏最右边的区域显示 Photoshop 当前工作状态和操作时的提示信息。

13.2　选 取 范 围

Photoshop 主要是使用选框工具、套索工具、魔棒工具等工具来创建选区，也可以使用色彩范围命令、通道、路径等方式创建不规则选区，以实现对图像的灵活处理。

13.2.1　选取规则区域

规则形状范围的选取主要通过工具箱中的【选框工具】来完成。使用工具箱中的矩形选框工具可

Note

以选取一个矩形范围，使用椭圆形选框工具可以直接拉出圆形和椭圆形范围。

它们是最常用、最基本的选取方法。按下 Shift 键，可以选取一个正方形或者圆形范围。按下 Alt 键拖动鼠标可以选取一个以起点为中心的矩形。按下 Alt+Shift 键拖动则可以选取一个以起点为中心的正方形或者圆形。

如果要取消选取范围，可以在图像窗口中单击，或者选择【选择】|【取消选择】命令或按 Ctrl+D 组合键即可。选取范围可以隐藏，方法是选择【视图】|【显示】|【选区边缘】命令或按下 Ctrl+H 组合键。隐藏选区的作用是便于查看图像的实际效果，如执行滤镜或完成填充后的效果。当选取范围被隐藏后，如果又选取了新的范围，则原有的隐藏选取范围将不再存在。

在选框工具选项栏中一般都提供各种设置按钮命令或者设置参数，如图 13.8 所示，简单说明如下。

图 13.8　选框工具选项栏

☑　【新选区】按钮■：选中任一种选取工具后的默认状态，此时即可选取新的范围。

☑　【添加到选区】按钮■：当选中此按钮后，新选中的区域和以前的选取范围合并为一个选取范围。

☑　【从选区减去】按钮■：选中此按钮后进行选取操作时，不会选取新的范围。这将发生两种情况，要选择的新区域跟以前的选取范围没有重叠部分，则图像不发生任何变化；新选中的区域若与以前的选取范围有重叠，重叠的部分将从以前的选取范围中减掉。

☑　【与选区交叉】按钮■：选中此按钮后进行选取操作时，会在新选取范围与原选取范围的重叠部分（即相交的区域），产生一个新的选取范围，而两者不重叠的范围则被删减；如果选取时在原有选取范围之外的区域选取，则会出现一个警告对话框，单击【确定】按钮后，将取消所有选取范围。

☑　【羽化】：在文本框中输入数值，可以设置选取范围的羽化功能。设置了羽化功能后，在选取范围的边缘部分，会产生渐变晕开的柔和效果，羽化的取值范围在 0~250 像素之间。

☑　【消除锯齿】：选中此复选框后，选取的范围就具有了消除锯齿功能，这时进行填充或删除选取范围中的图像，都不会出现锯齿，从而使边缘较为平顺。这是因为 Photoshop 的图像是由像素组合而成的，而像素实际上是正方形的色块。因此在图像中有斜线或圆弧的部分就容易产生锯齿状的边缘，当分辨率越低时其锯齿就越明显。而选中【消除锯齿】复选框后，Photoshop 会在锯齿之间填入介于边缘与背景的中间色调的色彩，使锯齿的硬边变得较为平滑。因此，用户用肉眼就不易看出锯齿，从而使画面看起来更为平顺。

13.2.2　选取不规则区域

利用 Photoshop 处理和编辑图像，更多的时候是选择不规则区域，此时就需要使用【套索工具】和【魔棒工具】等工具来选定不规则形状的选取范围。

1. 使用套索工具

使用套索工具可以选取不规则形状的曲线区域。

操作步骤：

第 1 步，在工具箱中选择【套索工具】■。

第 2 步，在【套索工具】的工具栏中设置【羽化】和【消除锯齿】选项。

第 3 步，移动鼠标指针到图像窗口中，然后拖动鼠标选取需要选定的范围，当鼠标指针回到选取的起点位置时释放鼠标，这样就可以选择一个不规则的选取范围，如图 13.9 所示。

图 13.9　使用【套索工具】选取

第 4 步，如果选取的曲线终点未回到起点，Photoshop 会自动封闭未完成的选取区域。

在用【套索工具】拖动选取时，如果按下 Delete 键不放，可以使曲线逐渐变直，直到最后删除当前所选内容，但要注意按下 Delete 键时最好停止用鼠标拖动。在未放开鼠标左键之前，若按一下 Esc 键，则可以直接取消刚才的选取内容。

2. 选取多边形套索工具

使用【多边形套索工具】可以选择不规则形状的多边形，如三角形、梯形和五角星等。

操作步骤：

第 1 步，在工具箱中选择【多边形套索工具】，在工具栏中设置【羽化】和【消除锯齿】选项。

第 2 步，将鼠标指针移到图像窗口中单击以确定开始点。

第 3 步，移动鼠标指针至想改变选取范围方向的转折点单击鼠标。

第 4 步，确定好全部的选取范围并回到开始点时，光标右下角会出现一个小圆圈，表示可以封闭此选取范围，然后单击，即可完成选取操作。如果选取的线段的终点没有回到起点，那么双击后，Photoshop 就会自动连接终点和起点，形成一个封闭的选取范围，如图 13.10 所示。

图 13.10　用【多边形套索工具】选取

若在选取时按下 Shift 键，则可按水平、垂直或 45°角的方向选取线段；若按一下 Delete 键，则可删除最近选取的线段；若按住 Delete 键不放，则可删除选取的所有线段；若按下 Esc 键，则取消当前选取范围。

3. 使用磁性套索工具

【磁性套索工具】是一个方便、准确、快速的选取工具，使用此工具可以根据选取边缘在指定宽度内的不同像素的颜色值的反差来确定选取范围。

操作步骤：

第 1 步，在工具箱中选择【磁性套索工具】。

第 2 步，移动鼠标指针至图像窗口中，单击指定选取的起点，然后沿着要选取的物体边缘（如图 13.11 中的人物边缘）移动鼠标指针（注意，不需要按下鼠标拖动），当选取终点位置回到起点位置时鼠标指针右下角会出现一个小圆圈，此时单击即可准确完成选取。

第 3 步，在选取过程中，按一下 Delete 键可以删除一个节点，如果按下 Esc 键或 Ctrl+·组合键，则可取消当前选取操作。

【磁性套索工具】的工具选项栏提供了许多参数供用户设置，如图 13.11 所示。通过这些参数的设置，用户可以更准确、更好地选取范围。

图 13.11　【磁性套索工具】的工具栏

☑ 【羽化】和【消除锯齿】：这两项功能与选框工具的工具栏中的功能一样，这里不再重复。

☑ 【宽度】：这个选项用于设置磁性套索工具在选取时，指定检测的边缘宽度，其值在 1~40 像素之间，值越小检测越精确。

☑ 【频率】：用于设置选取时的节点数。在选取路径中产生很多节点，这些节点起到定位选择的作用。在选取时单击一下就可产生一个节点，便于指定当前选定的位置。在【频率】文本框中输入数值，范围在 0~100 之间，该值越高所产生的节点越多。

☑ 【对比度】：用于设置选取时的边缘反差，范围在 1%~100%之间。值越大反差越大，选取的范围越精确。

☑ 【钢笔压力】：用于设置绘图板的钢笔压力。该选项只有安装了绘图板（一种类似鼠标的外接硬件设备）及其驱动程序时才有效。

4. 使用魔棒工具

使用【魔棒工具】可以选取出颜色相同或相近的区域。如图 13.12 所示，要将图像中的网页元素都抠出来，逐一选中是非常麻烦的，而使用【魔棒工具】就很简单。

操作步骤：

第 1 步，在工具箱中选择【魔棒工具】。

第 2 步，在工具栏中设置以下参数。

☑　【容差】：此文本框用来确定选取范围的容差，数值范围在 0～255 之间，其默认值为 32。输入的值越小，则选取的颜色范围越相近，选取范围也就越小。

☑　【消除锯齿】：设置选取范围是否具备消除锯齿的功能。

☑　【连续】：选中该复选框，表示只能选中与单击处邻近区域中的相近像素；而取消选中该复选框，则可以选中整个图像中符合像素要求的所有区域。在默认情况下，该复选框总是被选中的。

☑　【对所有图层取样】：该复选框用于具有多个图层的图像。未选中它时，魔棒只对当前选中的层起作用，若选中，则对所有层起作用，即可以选取所有层中相近的颜色区域。

第 3 步，移动鼠标指针到图像的上半部白色背景处单击选中白色的背景，如图 13.12 所示。

第 4 步，由于在选取时选中了【连续】复选框，因此，只选中上半部分白色区域，用户可以继续进行选取，按下 Shift 键再单击其他未选取的白色部分。当然，也可以取消选中工具栏中的【连续】复选框，再次单击选取。

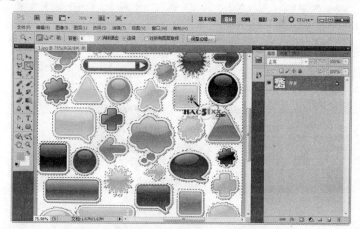

图 13.12　用【魔棒工具】选取

第 5 步，如果想选中图中的网页元素，此时可以将选取范围反选，方法是选择【选择】|【反选】命令，或者按下 Ctrl+Shift+I 组合键，此时就可以得到如图 13.13 所示的选取效果。

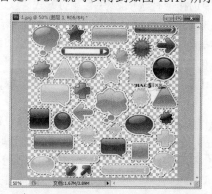

图 13.13　用魔棒快速抠出的网页元素效果

Note

操作提示：

在实际选取过程中，都不是使用一个选取工具来完成的，如上面介绍的【魔棒工具】也经常需要结合【选择】菜单中的命令来完成，下面介绍一下这几个命令的功能和操作。

☑　　【全选】：选择此命令可以将图像全部选中。对应组合键为 Ctrl+A。

☑　　【取消选择】：选择此命令可以取消已选取的范围。对应组合键为 Ctrl+D。

☑　　【重新选择】：选择此命令可以重复上一次的范围选取。对应组合键为 Ctrl+ Shift+D。

☑　　【反选】：选择此命令可将当前选取范围反转，即以相反的范围进行选定。对应组合键为 Ctrl+Shift+I。

5. 使用色彩范围命令

魔棒工具虽然是很好的选择工具，但也有其局限性，当用户对所选区域不满意时，就只能重新选择了。其实 Photoshop 提供了一个很好的选取范围命令，即【色彩范围】命令，使用该命令可以选取特定的颜色范围。用此命令选取不但可以一面预览一面调整，还可以随心所欲地完善选取的范围。

操作步骤：

第 1 步，打开欲抠取的图像。

第 2 步，选择【选择】|【色彩范围】命令，打开【色彩范围】对话框，如图 13.14 所示。

图 13.14　使用色彩范围命令

第 3 步，在【色彩范围】对话框的中间有一个预览框，用来显示图像当前选取范围的效果。该框下面的两个单选按钮用来显示不同的预览方式。选中【选择范围】单选按钮时，在预览框中只显示出被选取的范围；选中【图像】单选按钮时，在预览框中显示整个图像。这里选中【选择范围】单选按钮。

第 4 步，在【选择】列表框中选择一种选取颜色范围的方式。默认设置下选择【取样颜色】选项，选择此选项时，用户可以用吸管来吸取颜色确定选取范围，方法是移动鼠标指针到图像窗口或者是对话框中的预览框中单击，就可将与当前单击处相同的颜色选取出来。同时还可以配合【颜色容差】滑杆进行使用，此滑杆可以调整颜色选取范围，值越大，所包含的近似颜色越多，选取的范围越大。如果用户在【选择】列表框中选择【取样颜色】之外的选项，将只选取图像中相对应的颜色，此时【颜色容差】滑杆不起作用。

第 5 步，如果经过上面的操作还未将选取范围很好地选取出来，可以使用对话框右侧的【添加到取样】按钮🖊和【从取样中减去】按钮🖊进行选取，选择【添加到取样】按钮🖊在图像中单击可添加选取范围；而选择【从取样中减去】按钮🖊在图像中单击可以减少选取范围。

第 6 步，打开【选区预览】下拉列表框，从中选择一种选取范围在图像窗口中显示的方式。

☑　　【无】：表示在图像窗口中不显示预览。

☑　【灰度】：表示在图像窗口中以灰色显示未被选取的区域。

☑　【黑色杂边】：表示在图像窗口中以黑色显示未被选取的区域。

☑　【白色杂边】：表示在图像窗口中以白色显示未被选取的区域。

☑　【快速蒙板】：表示在图像窗口中以默认的蒙版颜色显示未被选取的区域。

操作提示：

选中【反相】复选框可在选取范围与非选取范围之间互换，与选择【选择】|【反选】命令的功能相同。

第 7 步，当一切设置完毕后，单击【确定】按钮即可完成范围选取，选取效果如图 13.15 所示。

图 13.15　色彩范围选取的效果

13.3　操作选区

当选取了一个图像区域后，可能因它的位置、大小不合适需要移动和改变，也可能需要增加或删减选取范围，以及对选取范围进行旋转、翻转和自由变换等。

13.3.1　移动选区

初学者在学习时，首先要区分移动选取范围与移动图像，移动选取范围针对的只是在图像中的选取范围，而移动图像则是将选取范围中的图像移动位置。我们可以在 Photoshop 中任意移动选取范围，而不会影响图像内容。移动的方法有两种。

1. 使用鼠标移动

在工具箱中选择一个选取工具（包括【选框工具】、【套索工具】和【魔棒工具】），再将鼠标指针移到选取范围内，此时指针形状会变成▷⋯，然后按下鼠标左键并拖动就可以移动选取范围。

2. 使用键盘移动

用鼠标移动选区的缺点是很难准确地移动到指定的位置，所以要非常准确地移动选取范围时，要用键盘来移动。方法是按下键盘的上、下、左和右 4 个方向键，即可移动选取范围，每按一下可以移动一个像素点的距离。

提示：不管是用鼠标移动，还是用键盘上的方向键移动，如果在移动时按下 Shift 键，则会按垂直、水平和 45° 角的方向移动；若按下 Ctrl 键拖动则可以移动选取范围中的图像。

13.3.2 编辑选区

创建选区之后，还可以继续修改，如添加选区、删减选区，或者制作交叉选区等。

1. 增加选取范围

操作步骤：

第 1 步，用【矩形选框工具】（或者是【椭圆选框工具】和其他选取工具）选取一个范围。

第 2 步，按住 Shift 键不放，或者在工具栏中单击【添加到选区】按钮 。

第 3 步，移动鼠标指针到窗口中按下鼠标拖动，此时光标中有一个"+"号，表示将要在原来的基础上增加选取范围。

注意，在选择多个区域时，可以使用不同的工具选取不同形状的范围，例如，可以先选取一个矩形范围，再用椭圆选框工具选取一个椭圆，也可以使用【套索工具】或【魔棒工具】增加选取范围。

2. 删减选取范围

操作步骤：

第 1 步，用【矩形选框工具】（或者是【椭圆选框工具】以及其他选取工具）选取一个范围。

第 2 步，按住 Alt 键不放，或者在工具栏中单击【从选区减去】按钮 。

第 3 步，在矩形选取范围的一角上按下鼠标拖动，此时光标中有一个"-"号，表示将要在原来的基础上删减选取范围。

3. 交叉选区

在选取范围时，除了会出现上面介绍的增加和删减选取范围的情况外，还有一种情况，即与原有的选区交叉，方法如下。

先选择一种选取工具，然后在工具栏中单击【与选区交叉】按钮 ，接着移动鼠标指针到图像窗口中拖动选取。此时新选取范围与原选取范围的重叠部分（即相交的区域），将产生一个新的选取范围，而两者不重叠的范围则被删减。【与选区交叉】按钮 的快捷键是 Shift+Alt。

13.3.3 修改选区

同变换图像一样，选区也可以被放大、缩小或者旋转。总之，只要图像允许的操作，都可以用在选区上。

1. 放大选区

选择【选择】|【修改】|【扩展】命令，在打开的【扩展选区】对话框中输入数值，单击【确定】按钮就可以扩展选区。

放大选取范围也可以使用【选择】菜单中的【扩大选取】和【选取相似】这两个命令，但它们与【扩展】命令的用法不同。

- ☑ 【扩大选取】：选择此命令可以扩大原有的选取范围，所扩大的范围是原有的选取范围相邻和颜色相近的区域。颜色的近似程度由【魔棒工具】的工具栏中的容差值来决定。
- ☑ 【选取相似】：选择此命令也可扩大原有的选取范围，类似于【扩大选取】命令，但是它所扩大的选择范围不限于相邻的区域，只要是图像中有近似颜色的区域都会被涵盖。同样，颜色的近似程度也由【魔棒工具】的工具栏中的容差值来决定。

2．缩小选区

选择【选择】|【修改】|【收缩】命令，打开【收缩选区】对话框，在对话框中设置【收缩量】的值后，单击【确定】按钮即可缩小选取范围。

3．扩边

选择【选择】|【修改】|【边界】命令，打开【边界选区】对话框，在对话框的【宽度】文本框中输入 1～64 之间的数值来确定宽度，单击【确定】按钮即可，扩边后的选区将出现一个带状边框，如图 13.16 所示。

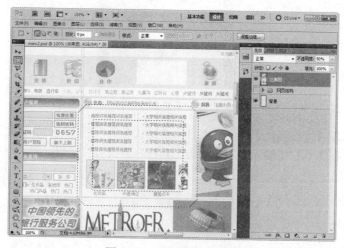

图 13.16 扩展选区的边界

4．平滑选取

选取范围后，选择【选择】|【修改】|【平滑】命令可以将选取范围变得较连续而且平滑。执行此命令后打开【平滑选区】对话框，在【取样半径】文本框中输入数值，单击【确定】按钮即可。

【平滑】命令一般用于修正使用【魔棒工具】选取的范围。用【魔棒工具】选择时，选取范围很不连续，而且会选中一些主颜色区域之外的零星的像素，用【平滑】命令就可以解决这一问题。

13.3.4 变换选区

如果无法准确选取范围，可以使用 Photoshop 提供的自由变换的功能对选取范围进行自由缩放，而且还可以进行任意的旋转和翻转。下面就介绍其操作方法。

进行选取范围的自由变换时，可以自由变换选取范围，选取一个范围后，选择【选择】|【变换选区】命令，此时进入选取范围自由变换状态，如图 13.17 所示，用户可以任意改变选取范围的大小、位置和角度，方法如下。

移动位置，将鼠标指针移到选取范围，鼠标指针变为 时拖动即可。改变大小，将鼠标指针移到选取范围的控制柄上，鼠标指针变为 、 、 、 的形状时拖动即可，如图 13.17 所示。

当进入选取范围自由变换状态后，可以选择【编辑】|【变换】命令，打开【变换】子菜单，其中有许多用于变换选取范围的命令，如【缩放】、【扭曲】、【旋转】、【斜切】和【透视】命令。

选择【编辑】|【变换】|【再次】命令，可以重复上一次进行的变换操作，确定选取范围的大小、方向和位置后，在选取范围内双击或按下 Enter 键，确认刚才的设置而完成操作。此外，也可以在工具箱中单击鼠标确认设置。

图 13.17　旋转选区

当选择了【选择】|【变换选区】命令进入自由变换状态后，工具栏上的参数将变为如图 13.18 所示状态。此时，通过在工具栏中输入数值并单击工具栏右侧的对号按钮 √ 就可以完成变换操作。

图 13.18　变换选取范围时的工具栏

工具栏中的各项参数的意义如下。

☑ 　：用于控制选取范围的变换中心点的位置。这里提供了 9 个方位，即变换框架上的 8 个控制柄和一个中心的位置。想将选取范围的变换中心点设在其中的哪个位置，只需要在此按钮的相应位置上单击即可。

☑ X: 472.2 ：用于控制选取范围的变换中心点的水平位置。

☑ Y: 8.2 px ：用于控制选取范围的变换中心点的垂直位置。

☑ W: 100.0% ：用于控制水平缩放选取范围的比例。

☑ H: 100.0% ：用于控制垂直缩放选取范围的比例。

☑ -19.5 ：用于控制选取范围旋转的角度。

☑ H: 0.0 ：用于控制选取范围水平倾斜的角度。

☑ V: 0.0 ：用于控制选取范围垂直倾斜的角度。

13.3.5　羽化选区

在精确选取时，选区越复杂，选区的边缘就变得越来越不光滑，尤其对不规则区域的选择。使用羽化功能，可以使选取范围的边缘部分产生渐变晕开的柔和效果。下面就以一个实例来介绍羽化的作用。

操作步骤：

第 1 步，打开一个图像，接着在工具箱中选择【椭圆选框工具】，在其工具栏中的【羽化】文本框中输入一个羽化数值，如 30 个像素。

第 2 步，在图像窗口选取一个椭圆形范围，如图 13.19 所示，然后选择【选择】|【反选】命令或按下 Ctrl+Shift+I 组合键反选。

第 3 步，按下 Delete 键删除选取范围内的图像，将得到如图 13.20 所示的效果。

图 13.19　选取一个要羽化效果的区域

图 13.20　羽化效果

第 4 步，如果在选取范围时，未设置羽化值，可以利用菜单中的命令来设置选取范围的羽化效果。方法是在选取范围后，选择【选择】|【羽化】命令，打开【羽化选区】对话框，在【羽化】文本框中设置羽化值（范围在 0.2~250.0 像素之间），单击【确定】按钮。

操作提示：

精确的选区范围往往是来之不易的，需要花费很多的时间才能完成。因此，在使用完之后，应将它保存起来，以备日后重复使用。要保存一个选区范围，选择【选择】|【存储选区】命令打开【存储选区】对话框，然后保存即可。选择【选择】|【载入选区】命令，可以载入选区。

13.3.6　案例实战：快速抠字

如图 13.21 所示是一幅比较复杂的网页图像，现在需要抠出其中的"大视野" 3 个字，如果简单使用【魔棒工具】选取会比较麻烦，而灵活使用多种选取方法配合，就会非常快速。

操作步骤：

第 1 步，打开网页图像，如图 13.21 所示。

第 2 步，使用矩形选框工具框选取"大视野" 3 个字的大致范围，以缩小选取的范围。

第 3 步，选择【选择】|【色彩范围】命令，打开【色彩范围】对话框，选中 ✐ 按钮，然后在图像窗口的文字上单击，将【颜色容差】设为 46。当然，在实际操作中，用户可根据自己的需要来设置。一直到使【色彩范围】对话框的预览框中显示出白色的"大视野" 3 个文字，如图 13.22 所示。

图 13.21　先进行局部选取

图 13.22　【色彩范围】对话框

第 4 步，单击【确定】按钮就可以将文字选取出来。

13.4 使用绘图工具

Photoshop 不仅在图像处理方面功能强大，而且在图形绘制方面也很优秀，图像编辑功能和绘图功能是 Photoshop 的两大优势功能。本节将介绍 Photoshop 的绘图工具，熟练掌握和应用该工具组，对以后的绘图非常重要。

13.4.1 使用画笔工具

画笔是绘图工具及编辑工具中一个非常重要的工具，画笔的设定会影响到各种绘图和编辑工具的形状和大小（如喷枪、画笔、历史画笔、橡皮工具、图案图章、橡皮擦、铅笔、模糊、锐化、涂抹、加深、减淡和海绵工具等），所以可以这样说，画笔是绘图和编辑工具中的基础性工具。

【画笔工具】 可以绘制出比较柔和的线条，其效果如同用毛笔画出的线条。要使用画笔工具绘制图形，可按如下操作步骤进行。

第 1 步，在工具箱上选择【画笔工具】 ，然后选取一种前景色。

第 2 步，在工具栏中设置画笔的形状、大小、模式、不透明度和流量等参数，如图 13.23 所示。画笔形状、大小、特性设置都可以在【画笔】面板中进行，按 F5 键可以快速打开。

第 3 步，将鼠标指针移至绘画区，待其变为相应的形状时便可开始绘画。

操作提示：

在【画笔工具】工具栏中单击 按钮，可以使用【喷枪工具】。

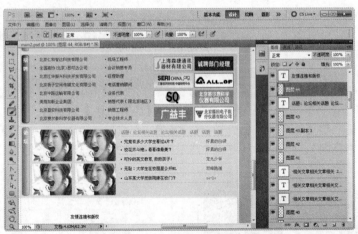

图 13.23 使用画笔工具画线

【画笔工具】的选项栏设置说明如下。

☑ 【模式】下拉列表框用于设置绘图时的颜色混合模式，这是 Photoshop 的一项较为突出的功能。通过对色彩的混合获得出乎意料的效果，完成高难度的操作。色彩混合是指用当前绘画或编辑工具应用的颜色与图像原有的底色进行混合，从而产生一种结果颜色。选中【画笔工具】，在其工具栏中打开【模式】下拉列表。

☑ 【不透明度】下拉列表框中可以设置画笔的不透明程度，在其后的文本框中输入数值，或单击旁边的三角按钮，打开标尺，通过拖动标尺上的不透明度滑块进行调节。

☑ 【流量】下拉列表框可设置绘图颜色的浓度比率。在【流量】下拉列表框中输入 1~100 的整数，或者单击下拉列表框右侧的小三角按钮，在打开的下拉列表中用鼠标拖动滑杆即可进行调整。浓度值越小，颜色越浅。当浓度值取 100%时，颜色的各像素参数就是调色板中设置的数值。

13.4.2 使用铅笔工具

【铅笔工具】 可以在当前图层或所选择的区域内模拟铅笔的效果进行描绘，画出的线条硬、有棱角，就像实际生活当中使用铅笔绘制的图形一样。其工作方式与【画笔工具】相同，所不同的是，使用【铅笔工具】绘图时，所选择的画笔都是硬边的。

在【铅笔工具】工具栏中有一个【自动抹掉】复选框。选中此复选框可以实现自动擦除的功能，即可以在前景色上绘制背景色，也就是说，当从与前景色颜色相同的区域开始用铅笔工具绘图时，会自动擦除前景色的颜色而以背景色代替。这有些类似橡皮擦工具的效果，但在擦除掉的同时，又画出新的色彩。

注意，选中【自动抹掉】复选框状态下，当开始拖动鼠标时，如果光标的中心在前景色上，则拖动区域用背景颜色涂抹；如果光标的中心不包含前景颜色，则拖动区域用前景颜色涂抹。

13.4.3 使用橡皮擦工具

在创作时，有时会因为操作失误或者要绘制特殊效果，而需要用到橡皮擦工具（用橡皮擦工具可擦除各种效果），它是 Photoshop 最为常用的工具之一。Photoshop 提供了 3 种橡皮擦工具：【橡皮擦工具】 、【背景色橡皮擦工具】 和【魔术橡皮擦工具】 。

☑ 【橡皮擦工具】 用于擦除图像颜色。使用【橡皮擦工具】的方法很简单，只需移动鼠标指针至要擦除的位置按下鼠标左键来回拖动即可。当图像中的像素被擦除后，在擦除位置上将填入背景色。如果擦除内容是一个透明的图层，那么擦除后将变为透明。

☑ 【背景色橡皮擦工具】 可以擦除图像中的像素，但它与【橡皮擦工具】的擦除效果有所不同。使用【背景色橡皮擦工具】擦除图像时，凡是鼠标移动的路径区域，背景色橡皮擦工具都会以中心点颜色为准，将在橡皮擦触及范围内的相同或相近颜色区域擦除至透明。

☑ 【魔术橡皮擦工具】 可以用来擦除图像中的颜色，它的奇妙之处就在于，只要将鼠标指针放在将要擦除的范围内，单击一下鼠标，则整个图像中凡是相同或相似的色彩区域都会被擦除，并将擦除的地方变为透明。所以说，【魔术橡皮擦工具】的作用就相当于【魔棒工具】再加上【背景色橡皮擦工具】的功能。

13.4.4 案例实战：绘制球形

利用 Photoshop 的渐变功能可以制作出具有立体感的圆形和椭圆形按钮。

操作步骤：

第 1 步，启动 Photoshop，打开半成品图像，在图像中拉出一个圆形的选取范围，如图 13.24 所示。

第 2 步，在【颜色】面板中设置前景色为 R=255、G=36、B=36，背景色为白色。

第 3 步，选择【渐变工具】 ，在工具栏中选中【径向渐变工具】 ，工具选项设置如图 13.25 所示，注意选中【反向】复选框。

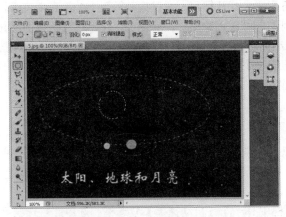

图 13.24　绘制选区

图 13.25　设置渐变属性

第 4 步，在【图层】面板中新建"图层 1"，移动鼠标指针至圆形选取范围中拖动填充渐变颜色。

第 5 步，按 Ctrl+D 组合键取消范围选取，即可得到如图 13.26 所示的按钮效果。如果在拖动填充时，起点的位置从选取范围的中心拉出，则效果将如图 13.27 所示。

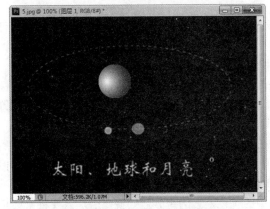

图 13.26　球状的按钮效果

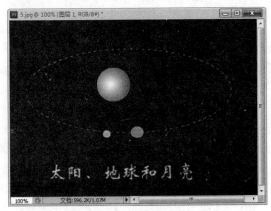

图 13.27　以不同的距离填充

13.5　绘制矢量图

在设计网页图像元素时，经常会用到各种图标、图形等部件，绘制这些图像的最佳选择是使用钢笔工具。钢笔工具拥有矢量绘图的强大功能，能够随心所欲进行绘制和设计，后期编辑和修改也很方便。同时由于路径与选区可以相互转换，这更加增强了钢笔工具的实用价值。

13.5.1　使用钢笔工具

【钢笔工具】是建立路径的基本工具，使用该工具可创建直线路径和曲线路径。下面先介绍如何绘制一个多边形的直线路径，使用【钢笔工具】建立选取范围，获得图中的矩形。

操作步骤：

第 1 步，单击工具箱中的【钢笔工具组】，选择其中的【钢笔工具】，移动鼠标至图中矩形的边缘单击，定出路径的开始点，即第一个锚点，如图 13.28 所示。

第 2 步，移动鼠标到要建立第二个锚点的位置上单击，Photoshop 自动将第一个和第二个锚点连接起来，如图 13.29 所示。

第 3 步，按照第 2 步中的方法依次创建其他锚点，当绘制的锚点回到开始点时，在鼠标的右下方会出现一个小圆圈，表示终点已经连接开始点，此时单击可以完成一个封闭式的路径。

　　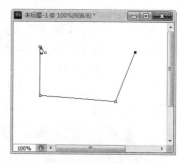

图 13.28　绘制开始点　　　　图 13.29　绘制第 2 个锚点　　　　图 13.30　封闭路径

操作提示：

此图绘制的是一个封闭式的路径，当锚点的终点和起点重合时，Photoshop 自动结束绘制操作。如需结束一个开放路径的绘制，则在绘制完成后需要单击选择钢笔工具组，然后单击路径外的任何位置即可。

在绘制路径之前，若未在【路径】面板中新建路径，则会自动出现一个工作路径，如图 13.31 所示，工作路径是一种暂时性的路径，一旦有新的路径建立，则马上被新的工作路径覆盖，原来创建的路径将会丢失。用户可以单击【路径】面板右上角的按钮，在打开的菜单中选择【存储路径】命令将其保存为普通路径。

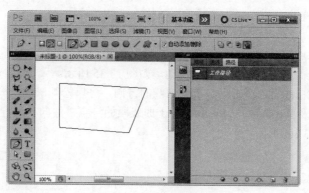

图 13.31　绘制的路径

选择【钢笔工具】绘制路径时，在工具选项栏上将显示有关钢笔工具的属性，如图 13.32 所示。

图 13.32　【钢笔工具】的工具选项栏

☑　【形状图层】：选择此按钮创建路径时，会在绘制出路径的同时，建立一个形状图层，即路径内的区域将被填入前景色。

☑ 　【路径】 ：选择此按钮创建路径时，只能绘制出工作路径，而不会同时创建一个形状图层。

☑ 　【填充像素】 □：选择此按钮时，直接在路径内的区域填入前景色。

☑ 　【自动添加/删除】复选框：移动钢笔工具鼠标指针到已有路径上单击，可以增加一个锚点，而移动钢笔工具鼠标指针到路径的锚点上单击则可删除锚点。反之，若不选中此复选框，则移动钢笔工具鼠标指针到路径上不能实现增加/删除锚点的功能。

☑ 　 按钮：这 4 个按钮的功能与选框工具中的 4 种选取方式相同。

钢笔工具除了可以绘制直线路径以外，还可以绘制曲线，绘制曲线路径要比绘制直线路径复杂一些，用户可以通过沿曲线伸展的方向拖动钢笔工具来创建曲线。

操作步骤：

第 1 步，选择【钢笔工具】，并在图像编辑窗口中单击，定义第一个锚点，不要松开鼠标并向任意方向拖动，指针将变成箭头状，如图 13.33 所示。

第 2 步，松开鼠标，从第一个锚点处移开，定义下一个锚点，如图 13.34 所示。向绘制曲线段的方向拖动指针，指针将引导其中一个方向点的移动。如果按住 Shift 键，则可限制该工具沿着 45°角的倍数方向移动。

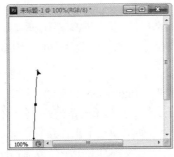

图 13.33　设置第一个锚点

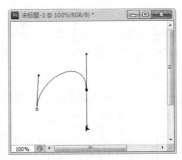

图 13.34　绘制出曲线段

操作提示：

图 13.33 为第一次单击和拖动操作的结果，从锚点延伸的直线为方向线，箭头表明鼠标拖动的方向，即为方向点。

第 3 步，随着新锚点的增加，路径的新部分也随之变化。如果要绘制平滑曲线的下一段，可以将鼠标指针定位于下一段的终点，并向曲线外拖动，如图 13.35 所示。

第 4 步，如果希望曲线有一个转折以改变曲线的方向，可以松开鼠标，按住 Alt 键沿曲线方向拖动方向点。松开 Alt 键及鼠标，将指针重新定位于曲线段的终点，并向相反方向拖动就可绘制出改变方向的曲线段，如图 13.36 所示。

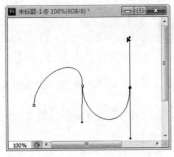

图 13.35　绘制平滑曲线

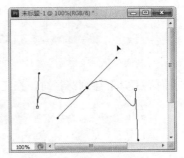

图 13.36　改变平滑曲线的方向

13.5.2　转换点类型

路径由直线路径和曲线路径构成，而直线路径和曲线路径又分别是由直线锚点和曲线锚点连接而成，有时为了满足路径编辑的要求，需要在直线锚点和曲线锚点之间互相转换，为了达到此目的，需要使用工具箱中的【转换点工具】。

转换点工具可以转换路径上的锚点类型。例如，将平滑点转换成角点，将角点转换成平滑点等。转换点工具在编辑路径的过程中扮演着重要的角色，使路径编辑工作更具灵活性。

- ☑ 如果要把曲线锚点转换为直线锚点，可以在工具箱中选择【转换点工具】，移动鼠标至图像中的路径锚点上单击，即可将一个曲线锚点转换为一个直线锚点，如图 13.37 所示。
- ☑ 如果要把直线锚点转换为曲线锚点，可以在工具箱中选择【转换点工具】，单击需要转换的锚点并拖动调整弯曲形状，如图 13.38 所示为将中间的直线锚点转换为曲线锚点后的效果。

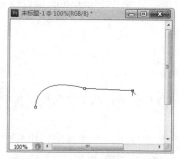

图 13.37　转换为一个直线锚点

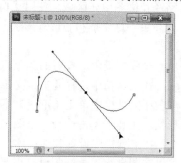

图 13.38　转换为曲线锚点

使用【转换点工具】还可以调整曲线的方向。如图 13.39 所示中间的曲线锚点有两条方向线，用按钮单击其中一条方向线的一端并进行拖动，可以单独调整这一端方向线所控制的曲线形状。如图 13.40 所示是将该端点拖动至窗口右上角时路径的效果图。

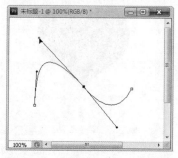

图 13.39　用转换点工具调整曲线

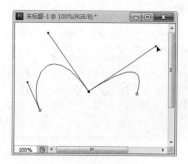

图 13.40　调整后的曲线

操作提示：

在选中【钢笔工具】的情况下，移动鼠标指针至曲线的方向线上时按下 Alt 键，则指针会变为转换点工具。

13.5.3　绘制形状

在 Photoshop 中，使用形状工具可以很方便地绘制出矩形、圆角矩形、椭圆形、多边形、直线和其他 Photoshop 自带的形状，而这些形状可以被用作创建新的形状图层、新的工作路径及填充区域。

这样就更加有利于用户对图形图像的编辑。

形状工具组主要由 6 个工具组成，如图 13.41 所示。每个形状工具都提供了特定的选项，各个工具的功能如下。

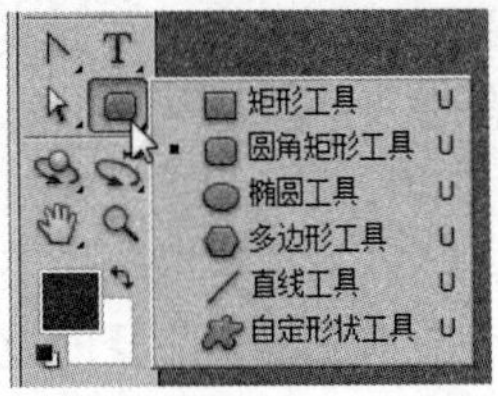

- ☑ 【矩形工具】：可以绘制出矩形、正方形的路径或形状。
- ☑ 【圆角矩形工具】：可以绘制出圆角矩形。
- ☑ 【椭圆工具】：可绘制出圆形和椭圆形的路径或形状。
- ☑ 【多边形工具】：可以绘制等边多边形，如等边三角形、
  五角星和星形等。
- ☑ 【直线工具】：可以绘制出直线、箭头的形状和路径。

图 13.41　形状工具组

- ☑ 【自定义形状工具】：可以绘制出各种预设的形状。其
  中，【自定义形状工具】提供的是一些不规则的图样，用户可以在这里选择套用矢量图、路径和位图填充区域。使用【自定义形状工具】可以绘制出 Photoshop 预设的各种形状，如箭头、月牙形和心形等形状。

操作步骤：

第 1 步，设置前景色，设置的颜色将会填入所绘制的图形中。

第 2 步，在工具箱中选择【自定义形状工具】。

第 3 步，在工具栏中单击【形状】下拉列表框，打开如图 13.42 所示的下拉面板。其中显示了许多预设的形状，在其中单击选择一个图形。

第 4 步，在工具栏中设置其他选项，比如样式等。设置完各选项后，在图像窗口中按住鼠标左键拖动，就可以在图像窗口中绘制自己想要的图形形状了。绘制完成后的效果如图 13.43 所示。

第 5 步，单击【形状】面板右上角的小三角形按钮，可以打开一个面板菜单，从中可以载入、保存、替换和重置面板预设的形状，以及改变面板中形状的显示方式。

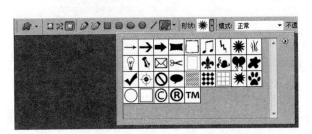

图 13.42　【形状】下拉列表框

图 13.43　绘制好的自定义形状

第14章

使用图层和文本

(📷 视频讲解：1 小时 30 分钟)

图层处理功能是 Photoshop 最大特色之一，使用图层功能可以很方便地修改图像，简化图像编辑操作，使图像编辑更具有弹性。使用图层功能，可以创建各种图层特效，实现充满创意的平面设计，使用图层功能，可以完成栩栩如生的动画。因此，图层是 Photoshop 图像处理的基础，只有牢牢掌握这些操作，才能掌握 Photoshop 中其他更深入的功能。

Photoshop 在文本处理方面的功能也很强大，用户可以对文字设置各种格式，如斜体、上标、下标、下划线和删除线等，还可以对字体进行变形，将文字转换为矢量路径，轻松地把矢量文本与图像完美结合，随图像数据一起输出。

学习重点：

▶▶ 了解 Photoshop 图层类型。

▶▶ 掌握图层的基本使用。

▶▶ 能够输入、设置和编辑文本。

▶▶ 利用图层功能和文本工具设计网页文字特效和动画等网页元素。

Note

14.1 Photoshop 图层概述

图层这个概念来自动画制作领域。为了减少不必要的工作量，动画制作人员使用透明纸来绘图，将动画中的变动部分和背景图分别画在不同的透明纸上。这样背景图就不必重复绘制了，需要时叠放在一起即可。Photoshop 参照了用透明纸进行绘图的思想，使用图层将图像分层。用户可以将每个图层理解为一张透明的纸，将图像的各部分绘制在不同的图层上。透过这层纸，可以看到纸后面的东西，如图 14.1 所示。而且无论在这层纸上如何涂画，都不会影响到其他图层中的图像。也就是说，每个图层可以进行独立的编辑或修改。同时，Photoshop 提供了多种图层混合模式和透明度的功能，可以将两个图层的图像通过各种形式很好地融合在一起，从而产生出许多特殊效果。比如常见的建筑效果图，主要就是通过图层混合的技术来实现的。

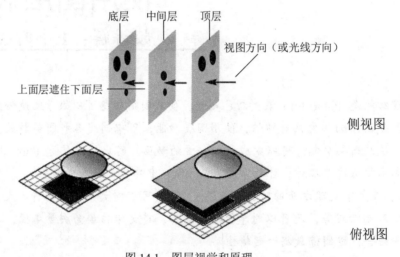

图 14.1 图层视觉和原理

图层面板是进行图层编辑操作时必不可少的工具，显示了当前图像的图层信息，用户从中可以调节图层叠放顺序、图层不透明度以及图层混合模式等参数。几乎所有的图层操作都通过图层面板来实现。所以，要使用图层功能，首先要熟悉图层面板。

要显示图层面板，先打开图像，然后在主界面中选择【窗口】|【图层】命令或者按下 F7 键，此时出现如图 14.2 所示的图层面板。由图可以看出，各个图层在面板中依次自下而上排列，并且在图像窗口中也按照该顺序叠放。也就是说，在面板中最底层（即背景图层）的图像，就是在图像窗口中显示在最底层的图像（即叠放在其他层的最后面）；而在面板中最顶层的图像，就是在图像窗口中被叠放在最前面的图像。因此，最顶层图像不会被任何层所遮盖，而最底层的图像将被其上面的图层所遮盖。

对图层操作时，一些较常用的控制，如新建、复制和删除图层等，可以通过图层菜单中的命令来完成。这样可以大大提高工作效率。除了可以使用图层菜单和图层面板菜单之外，还可以使用快捷菜单完成图层操作。当右击图层面板中的不同图层或不同位置时，会发现能够打开许多个含有不同命令的快捷菜单，如图 14.3 所示。利用这些快捷菜单，可以快速、准确地完成图层操作。这些操作的功能和前面所述的图层菜单和图层面板菜单的功能是一致的。

图 14.2　图层面板

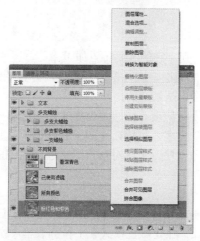

图 14.3　使用快捷菜单完成图层操作

14.2　创　建　图　层

从应用的场合和功能上来看，Photoshop 中的图层可以被分成多种类型，如文本图层、调整图层、背景图层等。不同的图层，其应用场合和实现的功能也有所差别，操作和使用方法也各不相同。下面介绍各种类型的图层的创建及应用方法。

14.2.1　新建普通图层

在图像处理过程中，经常要在图像上绘制和添加新的图像元素，但又不能立即把它的效果确定下来，在图像的创作过程中还必须对它进行修改，这样就要在这个图像文件上建立一个新的普通图层。在这个图层上进行任意修改、绘制和调整，而不会影响到原来图像的效果。在普通图层中，还可以进行各种图层操作，可以设置不透明度和混合模式等选项。

在【图层】面板上单击【创建新的图层】按钮 ，就可以新建一个空白图层，如图 14.4 所示。

选择【图层】|【新建】|【图层】命令或者按下 Shift+Ctrl+N 组合键，也可以建立新图层，此时会打开【新建图层】对话框，如图 14.5 所示。在对话框中设置图层的名称、不透明度和颜色等参数，然后单击【确定】按钮即可。在【图层】面板上双击要重新命名的图层，直接输入新名称即可更改图层名称，如图 14.6 所示。

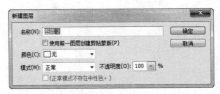

图 14.4　建立新图层　　　　　图 14.5　【新建图层】对话框　　　　　图 14.6　重命名图层

14.2.2　新建背景图层

背景图层与普通图层有很大区别，它的主要特点如下。

☑　背景图层是一个不透明的图层，以背景色为底色，并且始终被锁定。在背景图层右侧有一个锁图标 🔒，表示当前图层是锁定的。

☑　背景图层不能进行图层不透明度、图层混合模式和图层填充颜色的调整。

☑　背景图层始终以"背景"为名，位置在【图层】面板的最底层。

☑　无法移动背景图层的叠放次序，无法对背景图层进行锁定操作。

操作步骤：

第 1 步，先在工具箱中选择背景颜色，如绿色。

第 2 步，选择【文件】|【新建】命令，打开如图 14.7 所示的【新建】对话框。在【背景内容】下拉列表框中选择【背景色】选项，在【颜色模式】下拉列表框中选择【RGB 颜色】选项。

第 3 步，单击【确定】按钮就可以建立一个背景色为绿色的新图像，如图 14.8 所示。也可以把选定的图层转换为背景图层，选择【图层】|【新建】|【背景图层】命令，会把当前图层转换为背景图层，并使用图像背景色填充当前图层，如果已经存在背景图层，则该背景图层被转换为普通图层。

图 14.7　【新建】对话框　　　　　　　　　　　图 14.8　新建的背景图像

14.2.3 新建调整图层

调整图层是一种比较特殊的图层，主要用来调用下面图层图像的色调和色彩。

操作步骤：

第 1 步，选择【图层】|【新建调整图层】命令打开调整图层子菜单，在其中选择一个子命令，如选择【曲线】命令。

第 2 步，此时将打开如图 14.9 所示的【新建图层】对话框，在对话框中设置图层的名称、颜色、模式和不透明度，单击【确定】按钮。

第 3 步，打开相应的【调整】面板，如图 14.10 所示，在该对话框中设置相应的参数。这样用户就可以对调整图层下方的图层进行色彩和色调调整，并不会影响原图像。

图 14.9 【新建图层】对话框

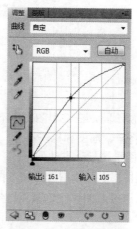

图 14.10 【调整】面板

第 4 步，在【图层】面板底部单击【创建新的填充和调整图层】按钮 ，在打开的下拉菜单中也可以选择对应的命令，即可在图像上建立一个新的调整图层。使用此方法创建图层时不会打开【新建图层】对话框。新建的曲线调整图层如图 14.11 所示。

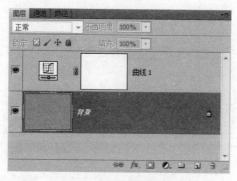

图 14.11 新建的调整图层

操作提示：

如果对设置效果不满意，可以重新进行调整。只要双击调整图层中的缩览图，即可重新打开相应的【调整】面板进行设置。

14.2.4　新建文本图层

在图像中输入文字后，Photoshop 就会自动建立一个文本图层，如图 14.12 所示。文本图层与普通图层一样被单独保存在 Photoshop 图像文件中，可以设置不透明度和模式等参数，这样可以方便编辑和修改。

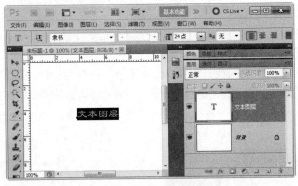

图 14.12　建立一个文本图层

与普通图层不同，在文本图层上不能使用 Photoshop 的许多工具来编辑和绘图，如喷枪、画笔、铅笔、直线、图章、渐变和橡皮擦等，所以，如果要在文本图层上应用上述这些工具，必须将文本图层转换为普通图层。具体方法如下。

☑　在【图层】面板中选中文本图层，然后选择【图层】|【栅格化】|【文字】命令。

☑　在【图层】面板中的文本图层上单击鼠标右键，在弹出的快捷菜单中选择【光栅化图层】命令。

注意，如果要直接在文本图层上使用滤镜功能，需要先将文本图层转换为普通图层。

14.2.5　新建填充图层

填充图层可以在当前图层中填入一种颜色（纯色或渐变色）或图案，并结合图层蒙版的功能，从而产生一种遮盖特效。

操作步骤：

第 1 步，新建图像，然后在图像中使用文本工具建立一个文字选取范围，如"填充"，如图 14.13 所示。

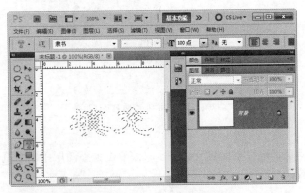

图 14.13　建立文字选取范围

第2步，选择【图层】|【新填充图层】命令，在其子菜单中可以选择 3 种填充方式，简单说明如下，也可以在【图层】面板底部单击 按钮，打开弹出菜单，在其中选择一种填充图层的类型。

☑ 　如果选择【纯色】命令，则可以在填充图层中填入一种纯色。设置完图层属性后，会打开 【拾色器】对话框，要求用户从中选择一种单一颜色进行填充。

☑ 　如果选择【渐变】命令，则可以在填充图层中填入一种渐变颜色。

☑ 　如果选择【图案】命令，则可以在填充图层中填入图案。

第3步，选择【渐变】命令，此时会打开一个【新建图层】对话框，在这个对话框中用户可以进行为填充的图层命名以及设置颜色等操作。

第4步，设置完毕后单击【确定】按钮，接着会打开如图 14.14 所示的【渐变填充】对话框，在打开的【渐变填充】对话框中设置渐变颜色、样式和角度等选项。

第 5 步，单击【确定】按钮，即可得到渐变文字效果，右侧的方框为图层蒙版预览缩图，如图 14.15 所示。

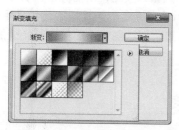

图 14.14　【渐变填充】对话框

图 14.15　填充渐变颜色后的文字效果

在【图层】面板的填充图层中，图层左侧方框为预览缩图，中间的是链接符号 ，出现此符号时，表示移动填充图层中的图像内容时将同时移动图层蒙版，如果单击取消显示此符号，表示移动填充图层中的图像内容时不会同时移动图层蒙版。

使用填充图层可以产生纯色、渐变或图案填充效果，比使用【描边】命令产生的填充效果更有弹性，因为使用填充图层可以随意更改填充效果，只要双击填充图层中的预览缩图 ，或者选择【图层】|【图层内容选项】命令就可以打开相应的对话框更改参数。如果选择【图层】|【栅格化】|【填充内容】命令，可将填充图层转换成普通图层，但此后就失去反复修改的弹性。

14.2.6　新建形状图层

当使用【矩形工具】 、【圆角矩形工具】 、【椭圆工具】 、【多边形工具】 、【直线工具】 或【自定形状工具】 等形状工具在图像中绘制图形时，就会在【图层】面板中自动产生一个相应的形状图层，如图 14.16 所示。

形状图层与填充图层很相似，在【图层】面板中都有一个图层预览缩略图和一个链接符号，而在链接符号 的右侧则有一个剪辑路径预览缩略图。该缩略图中显示的是一个矢量式的剪辑路径，而不是图层蒙版，但也具有类似蒙版的功能，即在路径之内的区域显示图层预览缩略图中的颜色，而在路径之外的区域则好像是被蒙版遮盖住一样，不显示填充颜色，而显示为透明。

创建一个形状图层后，可以在【路径】面板中看到路径内容，如图 14.17 所示，这个路径是临时存在的，一旦切换到其他图层，这个路径就会消失。

Note

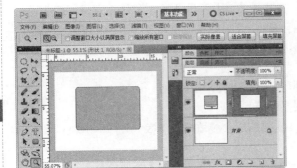

图 14.16　形状图层

图 14.17　形状图层中的路径

形状图层也具有可以反复修改和编辑的弹性。在【图层】面板中单击选中剪辑路径预览缩图，Photoshop 就会在【路径】面板中自动选中当前路径，随后用户即可开始利用各种路径编辑工具进行编辑。与此同时，用户也可以更改形状图层中的填充颜色，只要双击图层预览缩图就可以打开对话框重新设置填充颜色。

形状图层不能直接应用众多的 Photoshop 功能，如色调和色彩调整以及滤镜功能等，所以必须先转换成普通图层。方法是选中要转换成普通图层的形状图层，然后选择【图层】|【栅格化】|【形状】命令即可。如果选择【图层】|【栅格化】|【矢量蒙版】命令，则可将形状图层中的剪辑路径变成一个图层蒙版，从而使形状图层变成填充图层。

14.3　操 作 图 层

一个好的平面设计作品，总要经过许多操作步骤才能完成，特别是图层的相关操作尤其重要。这是因为一个综合性的设计，都由多个图层组成，并且需要对这些图层进行多次编辑后，才能得到理想的设计效果。

14.3.1　图层基本操作

图层基本操作包括：新建、复制、删除、移动等图层操作。由于新建图层在上面已经讲解，这里主要讲解图层的移动、复制、删除等操作。

1. 移动图层

操作步骤：

第 1 步，在【图层】面板中将要移动的图像的图层设置为当前作用层，即选中该层，如图 14.18 所示。

第 2 步，在工具箱中选择【移动工具】，将鼠标指针指向图像文件，然后直接拖动，即可移动图层中的图像，如图 14.19 所示。

第 3 步，这样就可以移动图层中图像的位置了。如果是要移动整个图层内容，则不需要先选取范围再进行移动，只需要先将要移动的图层设为作用图层，然后用【移动工具】或按住 Ctrl 键拖动就可以移动图层；如果是要移动图层中的某一块区域，则必须先选取范围后，再使用移动工具进行移动。

图 14.18 选中要移动图像的图层

图 14.19 移动图层中的图像

2. 复制图层

复制图层是较为常用的操作，可以在同一图像中复制任何图层（包括背景）或任何图层组，还可以将任何图层或图层组复制到另一幅图像中。

☑ 在同一图像中复制图层。

方法 1，用鼠标拖放复制。在【图层】面板中选中要复制的图层，然后将图层拖动至【创建新的图层】按钮 上。

方法 2，用菜单命令复制。先选中要复制的图层，然后选择【图层】菜单或【图层】面板菜单中的【复制图层】命令，打开【复制图层】对话框，如图 14.20 所示。在【为】文本框中可以输入复制后的图层名称，在【目标】选项组中可以为复制后的图层指定一个目标文件，在【文档】下拉列表框中列出当前已经打开的所有图像文件，从中可以选择一个文件以便在复制后的图层上存放；如果选择【新建】选项，则表示复制图层到一个新建的图像文件中，此时【名称】文本框将被激活，用户可在其中为新文件指定一个文件名，单击【确定】按钮即可将图层复制到指定的新建图像中。

复制图层后，新复制的图层出现在原图层的上方，并且其文件名以原图层名为基底并加上"副本"

两个字，如图 14.21 所示。

图 14.20 【复制图层】对话框

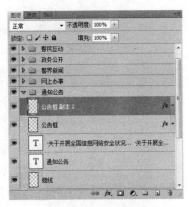

图 14.21 复制后的图层

☑ 在不同图像之间复制图层。

在两个不同的图像之间复制图层，其操作方法有以下两种。

方法 1，使用鼠标拖放复制。先打开要进行复制和被复制的图像，使它们同时显示在屏幕上，如图 14.22 所示，并显示【图层】面板，接着在【图层】面板中选择要进行复制的图层并拖动至另一图像窗口中即可。

图 14.22 在不同图像之间复制图层

方法 2，使用菜单命令复制。先打开两幅图像，再按前面介绍的方法打开【复制图层】对话框，然后在【文档】列表框中选择要复制的文档名称，最后单击【确定】按钮即可。

☑ 复制整个图像到新文件。

打开一个含有多个图层的文件，然后选择【图像】|【复制】命令，打开如图 14.23 所示的【复制图像】对话框，在【为】文本框中输入新文件的名称，单击【确定】按钮，可以将原图像复制到一个新建的图像中。

如果选中【复制图像】中的【仅复制合并的图层】复选框，则复制后的图像将合并原图像中的所有图层，新图像文件中只显示一个图层。

3. 剪切和拷贝图层

Photoshop 在【图层】|【新建】子菜单中提供了【通过拷贝的图层】和【通过剪切的图层】命令，使用【通过拷贝的图层】命令，可以将选取范围中的图像复制后，粘贴到新建立的图层中，而使用【通

过剪切的图层】命令，则可将选取范围中的图像剪切后粘贴到新建立的图层中。注意，使用【通过拷贝的图层】和【通过剪切的图层】命令之前要选取一个范围。

4. 锁定图层

Photoshop 提供了锁定图层的功能，可以锁定某一个图层和图层组，使它在编辑图像时不受影响，从而可以给编辑图像带来方便。锁定功能主要通过【图层】面板中的【锁定】选项组中的 4 个选项来控制，如图 14.24 所示，其功能如下。

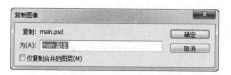

图 14.23　复制整个图像

图 14.24　锁定图层内容

- ☑　【锁定透明像素】 ：会将透明区域保护起来，因此在使用绘图工具绘图（以及填充和描边）时，只对不透明的部分（即有颜色的像素）起作用。
- ☑　【锁定图像像素】 ：可以将当前图层保护起来，不受任何填充、描边及其他绘图操作的影响。因此，此时在这一图层上无法使用绘图工具。绘图工具在图像窗口中将显示为 图标。
- ☑　【锁定位置】 ：单击此图标，不能对锁定的图层进行移动、旋转、翻转和自由变换等编辑操作。但可以对当前图层进行填充、描边和其他绘图的操作。
- ☑　【锁定全部】 ：将完全锁定这一图层，此时任何绘图操作、编辑操作（包括删除图像、图层混合模式、不透明度、滤镜功能及色彩和色调调整等功能）都不能在这一图层上使用，而只能在【图层】面板中调整这一层的叠放次序。锁定图层后，在当前图层右侧会出现一个锁定图层的图标 。

5. 删除图层

为了缩小图像文件的大小，可以将不用的图层或图层组删除。有以下几种方法。

- ☑　选中要删除的图层，单击【图层】面板上的【删除图层】按钮 。
- ☑　选中要删除的图层，选择【图层】面板菜单中的【删除图层】命令。
- ☑　直接用鼠标拖动图层到【删除图层】按钮 上。
- ☑　如果所选图层是隐藏的，则可以选择【图层】|【删除】|【隐藏图层】命令来删除。

6. 旋转和翻转图层

在 Photoshop 中创作作品时，为了构图需要，经常会对图像进行旋转和翻转的操作，用户可以对整个图像进行旋转和翻转，也可以针对某一图层进行旋转和翻转。

- ☑　旋转和翻转整个图像。

打开图像后，选择【图像】|【旋转画布】命令，执行该子菜单中的命令就可以进行旋转和翻转。在对整个图像进行旋转和翻转时，用户不需要事先选取范围，即使在图像中选取了范围，旋转或翻转的操作仍对整个图像起作用。

- ☑　旋转和翻转选定的图层。

要对局部的图像进行旋转和翻转，首先应选取一个范围或选中一个图层，然后选择【编辑】|【变

换】子菜单中的【旋转】和【翻转】命令。旋转和翻转局部图像时，只对当前作用图层有效。若对单个图层（除背景图层以外）进行旋转与翻转，只需将该图层设为作用图层，然后选择【编辑】|【变换】子菜单中的命令即可。

14.3.2　多图层操作

在 Photoshop 中，有时需要把多个图层作为一个整体来操作（如进行移动操作），可以先将要移动的图层设为链接的图层，这样就可以很方便地进行移动、合并或设置图层样式等操作。

1. 调整图层叠放次序

Photoshop 中的图层是按层叠的方式排列的，一般来说，最底层是背景图层，然后从下到上排列图层，排列在上面的图层将遮盖住下方的图层。

在实际设计中，可以通过更改图层在列表中的次序，来更改它们在图像中的垂直次序，相应的，每个图层的内容也会随之移动，这样就可以通过调整图层的层叠次序来调整图像的效果。调整图层次序有两种方法。

☑　鼠标拖动

打开一个有多个图层的图像，在【图层】面板中选中要调整次序的图层和图层组，拖动图层名称在【图层】面板中上下移动，当拖动至所需的位置时，松开鼠标即可。当完成图层次序调整后，图像中的显示效果也将发生改变。

☑　使用命令

选择【图层】|【排列】命令打开子菜单，其中有 4 个命令可以更改图层的叠放次序，具体介绍如下。注意不能调整背景图层的次序。

> ➤ 【置为顶层】：选择该命令可将选择的图层放置在所有图层的最上面，按 Shift＋Ctrl＋]组合键可快速执行该命令。
> ➤ 【前移一层】：选择该命令可将选择的图层在叠放次序中上移一层，按 Ctrl＋]组合键可快速执行该命令。
> ➤ 【后移一层】：选择该命令可将选择的图层在叠放次序中下移一层，按 Ctrl＋[组合键可快速执行该命令。
> ➤ 【置为底层】：该命令可将选择的图层放置于图像的最底层，但背景除外，按 Shift＋Ctrl＋[组合键可快速执行该命令。

2. 选择多图层

☑　选择多个连续的图层：按住 Shift 键，同时单击首尾两个图层。

☑　选择多个不连续的图层：按住 Ctrl 键，同时单击这些图层。

注意，按住 Ctrl 键单击时不要单击图层的缩略图，而要单击图层的名称，否则就会载入图层中的选区，而不是选中该图层。

☑　选择所有图层：选择【选择】|【所有图层】命令，或者按 Ctrl+Alt+A 组合键。

☑　选择所有相似图层：例如有多个文本图层时，先选中一个文本图层，然后选择【选择】|【相似图层】命令，就会选中所有的文本图层。

3. 链接多图层

用户可以对多个图层和图层组进行操作。

☑　建立图层链接

操作步骤：

第 1 步，在【图层】面板中选中多个图层，作为当前作用图层。

第 2 步，单击【图层】面板底部的【链接图层】图标 ，就可以将选中的图层链接起来，如图 14.25 所示。这时每个选中图层右侧就会显示一个链接图标 ，表示选中图层已建立链接关系。

图 14.25　链接图层

第 3 步，当图层建立链接后，就可以选择工具箱中的【移动工具】，在图像窗口中同时移动这些图层。

第 4 步，如果要取消链接图层的链接，则只需再次单击【链接图层】图标 即可。

☑　建立图层组链接

也可以对图层组建立链接：先选中多个图层组，然后单击【图层】面板底部的【链接图层】图标 ，就可以将选中的图层组链接起来。当图层组建立链接后，当前图层组下方的图层都将被设置为链接的图层，如图 14.26 所示。

图 14.26　建立图层组链接

在建立图层组链接时，用户也可以将某一图层组与另一图层组中的某一图层建立链接。

4. 对齐图层

当选择多个图层后，不但可以很方便地移动整体，而且还可以将链接的图层进行自动排列。

要排列多个图层，可选择【图层】|【对齐】命令（注意，使用此命令之前请先选择两个或两个以上的图层），在其下拉菜单中选择相关的命令。

- ☑ 【顶边】：将所有链接图层最顶端的像素与作用图层最上边的像素对齐。
- ☑ 【垂直居中】：将所有链接图层垂直方向的中心像素与作用图层垂直方向的中心像素对齐。
- ☑ 【底边】：将所有链接图层的最底端像素与作用图层的最底端像素对齐。
- ☑ 【左边】：将所有链接图层最左端的像素与作用图层最左端的像素对齐。
- ☑ 【水平居中】：将所有链接图层水平方向的中心像素与作用图层水平方向的中心像素对齐。
- ☑ 【右边】：将所有链接图层最右端的像素与作用图层最右端的像素对齐。

在对齐图层时，如果图像中有选取范围，则此时的【图层】|【对齐】命令会变为【将图层与选区对齐】命令，此时的对齐将以选区为对齐中心。

5. 分布图层

有时为了版面设置的需要，可以在 Photoshop 中分布 3 个或更多的图层。要分布图层，先选中两个或两个以上的图层，然后选择【图层】|【分布】命令。执行子菜单中的各个命令就可以分布多个链接的图层。这几个命令的作用如下。

- ☑ 【顶边】：从每个图层最顶端的像素开始，均匀分布各链接图层的位置，使它们最顶端的像素间隔相同的距离。
- ☑ 【垂直居中】：从每个图层垂直居中的像素开始，均匀分布各链接图层的位置，使它们垂直方向的中心像素间隔相同的距离。
- ☑ 【底边】：从每个图层最底端的像素开始，均匀分布各链接图层的位置，使它们最底端的像素间隔相同的距离。
- ☑ 【左边】：从每个图层最左端的像素开始，均匀分布各链接图层的位置，使它们最左端的像素间隔相同的距离。
- ☑ 【水平居中】：从每个图层水平居中的像素开始，均匀分布各链接图层的位置，使它们水平方向的中心像素间隔相同的距离。
- ☑ 【右边】：从每个图层最右端的像素开始，均匀分布各链接图层的位置，使它们最右端的像素间隔相同的距离。

【对齐】和【分布】子菜单中的各个命令，与【移动工具】 的选项栏选项中的按钮功能相同，如图 14.27 所示。

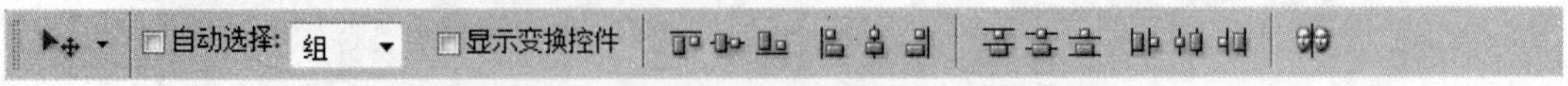

图 14.27 【移动工具】选项栏中用于对齐和分布链接的按钮

14.3.3 合并图层

在 Photoshop 中可以分层处理图像，但是当图像中的图层过多时，会感到计算机处理图像的速度明显减慢，甚至执行一个滤镜都需花很长的时间。同时，保存后的文件所占用的磁盘空间越来越大。因此，为了减少文件存储空间，加快计算机运行速度，有必要将一些已编辑完成又没必要再独立的图层进行合并。并且，在完成图像编辑操作后准备输出时，也要对图层进行合并。图层合并有很多种方式，它们都有着各自的用途。

1. 向下合并

操作步骤：

第1步，先在【图层】面板中选中一个图层，注意，选中上方的图层，如图 14.28 中的"图层 74 副本"，以便与在其下方的"图层 67 副本 5"进行合并。

图 14.28　向下合并图层

第2步，在【图层】面板菜单中选择【向下合并】命令或按 Ctrl＋E 组合键，也可以选择【图层】菜单中的【向下合并】命令进行向下合并。

第3步，如上操作就可将当前作用图层与下一个图层合并，其他图层则保持不变，如图 14.29 所示，合并后图层名称将以下方的图层名称来命名。

图 14.29　合并后的效果

注意，用这种方式合并图层时，一定要将当前作用图层的下一个图层设为显示状态，如果是隐藏状态，则不能进行合并。

2. 合并图层和图层组

在进行图层合并操作时，如果要合并不相邻的图层，可以先将想要合并的图层选中，然后再进行合并。

操作步骤：

第 1 步，先选定这些图层中的任一图层作为当前作用层（合并以后的图层以这个作用图层来命名）。

第 2 步，在【图层】面板菜单中选择【合并图层】命令。

第 3 步，如果用户在【图层】面板中选中了图层组，那么【图层】菜单和【图层】面板菜单中的【向下合并】命令将变为【合并图层组】命令，选择此命令可以将当前所选图层组合并为一个图层，合并后的图层名称以图层组名称来命名。

3．合并可见图层和图层组

合并可见的图层可将图像中所有正在显示的图层合并，而隐藏的图层则不会被合并。

在【图层】面板菜单中选择【合并可见图层】命令，或在【图层】菜单中选择【合并可见图层】命令，可以将所有当前显示的图层合并，而隐藏的图层则不会被合并，并仍然保留。

4．拼合图层

如果用户要对整个图像进行合并，可以在【图层】面板菜单中选择【拼合图层】命令，就可以将所有的图层合并。使用此方法合并图层时，系统会从图像文件中删去所有的隐藏图层，并显示警告消息框，单击【确定】按钮就可完成合并。

一般在未完成图像的编辑之前不要拼合图层，以免造成以后修改和调整的不便，即使要进行拼合，也应事先做一个备份再进行拼合。

14.3.4　使用图层蒙版

图层蒙板就是在图案图像前用一块黑色的遮色片进行遮饰。被黑色遮色片所遮到的图案图像将无法显示，而没有被黑色遮色片遮盖的图案图像部分（也就是蒙板的白色部分）则清晰可见。也就是说，蒙版可以用来遮盖部分不需要的图像。下面通过一个案例演示图层蒙版的应用。

操作步骤：

第 1 步，打开一个图像文件，在图像中用【套索工具】选取一个不规则的区域，如图 14.30 所示。

图 14.30　选取范围

第 2 步，选择【选择】|【羽化】命令，打开【羽化选区】对话框，输入【羽化半径】为 4 像素（用户可以自己定义一个值），单击【确定】按钮。

第 3 步，在【图层】面板上单击【添加图层蒙版】按钮 或者选择【图层】|【图层蒙版】|【显示全部】命令。

第 4 步，此时将出现一个如图 14.26 所示的效果。从图中可以看出，原选取范围之外的区域已被遮盖，而在【图层】面板的当前图层缩览图右侧，则出现一个图层蒙版缩览图，其中黑色区域将遮盖住当前图层中的图像，白色的区域则透出原图层中的图像内容。

从上面的例子中可知，图层蒙版的作用是将选取范围之外的区域隐藏遮盖起来，仅显示蒙版轮廓的范围。在图层缩览图和图层蒙版缩览图中间有一个链接符号⑧，该符号用于链接图层中图像和图层蒙版。当有此符号出现时，可以同时移动图层中图像与图层蒙版；若无此符号，则只能移动其中之一。单击链接符号⑧，可以显示或隐藏此链接符号。

第 5 步，单击图层蒙版缩览图可以选中图层蒙版，表示用户对图层蒙版进行编辑操作，所有操作将只对图层蒙版起作用，而不会影响图像内容；如果在图 14.31 中单击图层预览缩览图，则可以选中图层内容，表示用户可以对当前图层中的图像进行编辑操作，而不会影响图层蒙版内容。

图 14.31　产生图层蒙版后的图像

可以对图层蒙版进行以下操作。

1. 删除图层蒙版

当用户不需要图层蒙版时，可以将它删除。

操作步骤：

第 1 步，选中要删除图层蒙版的图层。

第 2 步，选择【图层】|【图层蒙版】|【删除】命令，或将鼠标指针移到图层蒙版缩览图上，按住鼠标左键并拖动至【图层】面板的删除图层按钮 上均可删除图层蒙版，但使用第二种方法删除时会提示一个对话框，单击【不应用】按钮即可删除。

2. 显示和隐藏蒙版

用户可以将图层蒙版关闭或隐藏图像内容。

操作步骤：

第 1 步，关闭蒙版。选中建有图层蒙版的图层，再选择【图层】|【图层蒙版】|【禁用】命令，

或按住 Shift 键单击图层蒙版缩览图即可。这样，图层蒙版将被关闭，而只显示图像内容。关闭蒙版时，在蒙版缩览图上将显示红色的×号。

第 2 步，要显示蒙版时，可重新按住 Shift 键单击图层蒙版的图层缩览图。

第 3 步，关闭图像内容。选中建有图层蒙版的图层，然后在【图层】面板中按住 Alt 键单击图层蒙版缩览图，就可以在图像窗口只显示图层蒙版的内容。

3. 图层蒙版的其他操作

下面顺便介绍一下关于使用图层蒙版时的其他几个相关命令。先在图像中选取一个范围，然后选择【图层】|【图层蒙版】命令打开子菜单。这些命令功能如下。

- ☑ 【显示全部】：将整个图层中的图像显示出来，即相当于全白的蒙版。【图像】菜单中的【显示全部】命令与该命令的功能相同。
- ☑ 【隐藏全部】：将整个图层中的图像隐藏起来，即相当于黑色的蒙版。
- ☑ 【显示选区】：将选取范围内的图像显示出来，并隐藏其以外的区域。
- ☑ 【隐藏选区】：与【显示选区】命令相反，将选取范围遮盖起来。

14.3.5 使用剪贴组图层

使用剪贴组图层的功能，可以在两个图层之间合成一个特殊的效果，使用此功能可以用基底图层（即剪贴组中的最底层）透明部分盖住上一图层的内容，而不透明部分则显示为上一图层的内容。此功能与上一节介绍的蒙版功能类似，基底图层图像等于是一个蒙版，用于遮盖与之编组上一图层的图像，而基底图层之外的图层则会透过基底图层上的形状显示出来，且使用的是基底层的不透明度。

操作步骤：

第 1 步，打开设计的网页成品，新建图层，使用【椭圆工具】拖选一个选区，并进行羽化，然后用黑色进行填充，如图 14.32 所示。

图 14.32 设计剪切选区

第 2 步，打开照片素材，并复制到当前网页设计图中，移动到"图层 200"图层上面，并适当调整大小尺寸，如图 14.33 所示。

图 14.33　导入素材

第 3 步，选中其中一个图层，接着移动鼠标指针至两个图层中间的交界线上，并按下 Alt 键，此时光标显示为 ，单击鼠标就可以将两个图层建立剪贴组。用户也可以在选中图层后，选择【图层】|【与前一图层编组】命令来建立剪贴组。当所选图层是一个链接的图层时，可以选择【图层】|【创建裁切蒙板】命令，将所有链接的图层进行编组。

第 4 步，如上操作就可以建立剪贴组，图 14.34 所示是建立剪贴组图层后的图像效果。可以看到，在【图层】面板中被编组的图层上有一个向下箭头，此箭头表示这是一个剪辑编组的图层。建立剪贴组后，底层的透明部分的内容将遮盖住上一图层中的内容，而只显示出底层不透明部分的内容。

图 14.34　建立剪贴组图层后的效果

第 5 步，如果要取消剪贴组图层，只要按住 Alt 键，在剪贴组图层的两个图层之间单击，或者选中要取消剪贴组图层的图层，选择【图层】|【释放裁切蒙板】命令。

14.4 操 作 文 本

使用 Photoshop 制作广告、海报和封面等作品时，常常需要输入文字，在 Photoshop 中输入文本是通过文字工具来实现的。用户可使用文字工具在图像中的任何位置创建横排或竖排文字。

14.4.1 输入文本

在 Photoshop 中有两种文字输入方式，分别是"点文字"和"段落文字"。

☑ "点文字"输入方式是指在图像中输入单独的文本行（如标题文本），行的长度随着编辑增加或缩短，但不换行。

操作步骤：

第 1 步，单击工具箱中的【文字工具】T或按 T 键，右击或按住工具箱内的【文字工具】按钮T，在下拉菜单中选择某一文字工具，如果选择【文字蒙版工具】，则可以在图像中建立文字选取范围。

第 2 步，此时工具栏显示为文字工具工具栏。在其中设置字体、字号、消除锯齿方法、对齐方式以及字体颜色。

第 3 步，移动鼠标指针到图像窗口中单击，以定位光标输入位置，此时图像窗口中显示一个闪烁光标，接着输入文字内容。

第 4 步，输入文字后，单击工具栏中的【提交所有当前编辑】按钮☑就可以完成输入。如果用户单击【取消所有当前编辑】按钮⊘则将取消输入操作。

注意，当文字工具处于编辑模式时，可以输入并编辑字符。但是，如果要执行其他的操作，则必须提交对文字图层的更改后才能进行。

第 5 步，输入文字后，【图层】面板中会自动产生一个新的文字图层，如图 14.35 所示。

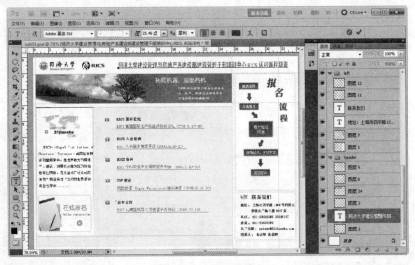

图 14.35 输入文字

当需要在图像中输入大块文字时，则可使用"段落文字"。输入段落文字时，文字会基于文字框的尺寸自动换行。用户可以根据需要自由调整定界框大小，使文字在调整后的矩形框中重新排列。也可以在输入文字时或创建文字图层后调整定界框，甚至还可以使用定界框旋转、缩放和斜切文字。

操作步骤：

第 1 步，在工具箱中选择【文字工具】 T 。

第 2 步，用鼠标在想要输入文本的图像区域内沿对角线方向拖曳出一个文本定界框。

第 3 步，在文本定界框内输入文本，可以发现不用按 Enter 键就可以进行换行输入，当然，用户可以根据段落的文字内容进行分段，与在其他文本处理软件中一样，按 Enter 键就可以换行输入。

第 4 步，完成输入后，单击工具栏中的【提交所有当前编辑】按钮☑确认输入。

第 5 步，若要移动文本定界框，可以按住 Ctrl 键不放，然后将光标置于文本框内（光标会变成 ▶ 形状），拖动鼠标即可移动该定界框。如果移动鼠标指针到定界框四周的控制点上按下鼠标并拖动，可以对定界框进行缩放或变形，输入的段落文本如图 14.36 所示。

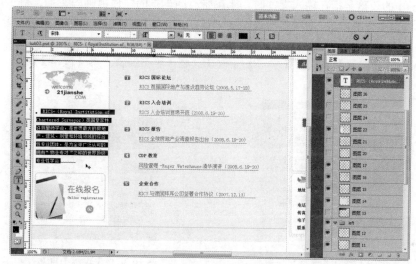

图 14.36 输入段落文本

14.4.2 设置文本格式

在 Photoshop 中，不管输入点文字还是段落文字，都可以使用格式编排选项来指定字体类型、粗细、大小、颜色、字距微调、字距调整、基线移动及对齐等字符属性。用户可以在输入字符之前就将文字属性设置好，也可以对文字图层中选择的字符重新设置属性，更改它们的外观。

【字符】面板是用来设置所输入的文字字体、字号、字间距与行间距的。在默认设置下，Photoshop 工作区内不显示【字符】面板，要对文字格式进行设置时，可以选择【窗口】|【字符】命令，打开该面板，如图 14.37 所示。

其各选项的含义如下。

☑ 【设置字体系列】下拉列表框 隶书 ▼ ：用于设置文本字体。

☑ 【设置字形】下拉列表框 - ▼ ：专用于设置英文和数字字体的字形形式，如斜体、粗体等。

☑ 【设置字体大小】下拉列表框 T 33.95点 ▼ ：用于设置文本的字号大小，可以从下拉列表框中选取字号的大小，也可以直接在此文本框中输入一个数值来设置文本字号的大小。

☑ 【设置行距】下拉列表框 ᴬᴬ (自动) ▼ ：用于设置多行文本行与行之间的距离。

☑ 【垂直缩放】下拉列表框 IT 100% ：用于调整文字的高度百分比，取值范围为 0%~100%。

☑ 【水平缩放】下拉列表框 ：用于调整文字的宽度百分比，取值范围为 0%~100%。

☑ 【设置所选字符的比例间距】下拉列表框：用于调整所选取的文本字符之间的间距；成比例地缩小。比例值越小，字符之间的间距就越大；比例值越大，字符之间的间距就越小。取值范围为 0%~100%。

☑ 【设置所选字符的间距】下拉列表框：用于调整所选取的文本字符之间的间距，此间距可以随意设置，不用成比例。

☑ 【度量标】微调框：用于精确调整两个字符间的距离，范围在-100~200 之间。

☑ 【设置基线偏移】文本框：用于设置文本所在基线的位置。

☑ 【设置文本颜色】按钮：用于设置所选文本的字体颜色。

Photoshop 中的段落是指在输入文本时，末尾带有回车符的任何范围的文字。对于点文字来说，也许一行就是一个单独的段落；而对于段落文字来说，一段可能有多行。段落格式的设置主要通过【段落】面板来实现。

在默认情况下，【段落】面板与【字符】面板在一起，单击面板上的【段落】标签，打开【段落】面板，如图 14.38 所示。

图 14.37　【字符】面板

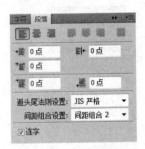

图 14.38　【段落】面板

【段落】面板的各个选项含义如下。

☑ 设置对齐方式按钮：此选项中包括了【左对齐】、【居中对齐】、【右对齐】、【最后一行左对齐】、【最后一行居中对齐】、【最后一行右对齐】和【全部对齐】7 种对齐方式。

☑ 设置文本缩进文本框：此选项包括了【左缩进】、【首行缩进】、【右缩进】、【段前添加空格】和【段后添加空格】5 种缩进方式。

☑ 【避头尾法则】下拉列表框：即将所选取的文本中的标点符号禁排在段落前，其选项中包括【无】、【JIS 宽松】和【JIS 严格】，提供了基于"日本行业标准"(JIS) X 4051-1995 规则和最大的避头尾集。

☑ 【间距组合】下拉列表框：此选项的下拉列表框中包括了系统自带的几个用于设置段落间距的组合，日常工作中可以用来调整段落间的间距。

☑ 【连字】复选框：用于将要调整的文本连接到段落，以便作为一个整体对象进行相应的对齐操作。

14.5　案例实战：制作双环

本例将学习制作一个环环相扣的图像，来说明图层操作技巧。

操作步骤：

第 1 步，新建一幅大小为 300×200 像素的 RGB 模式的图像，单击【图层】面板中的【创建新的图层】按钮创建一个新图层，再用【椭圆选取工具】在图像中选取一个圆形范围，如图 14.39 所示。

第 2 步，选择【编辑】|【描边】命令，打开【描边】对话框，如图 14.40 所示，设置描边宽度为 16 像素，描边颜色为蓝色，位置为居中，单击【确定】按钮。

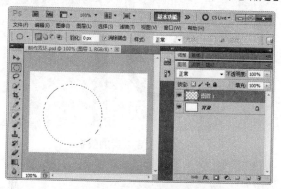

图 14.39　选取圆形选取范围

图 14.40　对选取范围描边

第 3 步，按下 Ctrl+D 组合键取消选取范围，在【图层】面板中用鼠标拖动"图层 1"到【创建新的图层】按钮复制图层。

第 4 步，出现"图层 1 副本"图层，接着选择【移动工具】，在图像窗口将新复制的图像移到窗口右侧，如图 14.41 所示。再选中"图层 1 副本"图层，并单击【图层】面板中的【锁定透明像素】按钮。

第 5 步，在工具箱中单击前景色按钮，选择前景色为红色，接着按下 Alt+Delete 组合键填充圆环颜色，此时圆环变成红色。

第 6 步，选择【矩形选框工具】，在图像窗口中的"红色"圆环上选取半个圆环，如图 14.42 所示。

图 14.41　移动图像

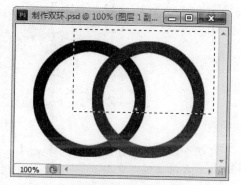

图 14.42　选取范围

第 7 步，在选取范围中单击鼠标右键，在弹出的快捷菜单中选择【通过剪切的图层】命令。也可以在选取范围后，选择【图层】|【新建】|【通过剪切的图层】命令或按 Ctrl+ Shift+J 组合键。

第 8 步，此时，在【图层】面板中将出现一个新图层，接着调整剪切后新增图层的图层次序，方法如图 14.43 所示，在图层上按住鼠标左键，拖动图层至指定位置即可。

第 9 步，调整图层次序后，就可以得到如图 14.44 所示的效果。可以看到两个圆环之间的关系已不再是层叠关系，而是环环相套的关系。

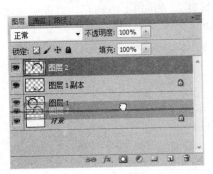

图 14.43　调整图层次序

图 14.44　完成后的效果

14.6　案例实战：设计倒影文字

本例将通过制作文字的倒影，来练习旋转和翻转的功能。

操作步骤：

第 1 步，打开设计好的网页半成品，然后在图像中输入标题文字"工具大全"，如图 14.45 所示，并调整文字图层到合适的位置。

图 14.45　在新图像中输入文字

第 2 步，在【图层】面板中单击【创建新的图层】按钮创建一个新图层，选中新建的图层，然后按下 Ctrl 键并单击文本图层，载入文字选取范围。

第 3 步，按下 Alt+Delete 组合键填充前景色，前景色为黑色。

第 4 步，按下 Ctrl+T 组合键对图层中的图像进行自由变换，此时显示一个定界框，移动鼠标指针到定界框中心点上按下鼠标左键并将其拖曳到定界框下边的中心点上，选择【编辑】|【变换】|【垂直翻转】命令，对图像进行垂直翻转，如图 14.46 所示。

图 14.46 拖动中心点位置

第 5 步，在定界框中单击鼠标右键，并在弹出的快捷菜单中依次选择【缩放】和【斜切】命令，将图像变形为如图 14.47 所示的效果。

图 14.47 对文字变形

第 6 步，在定界框内双击或者按下 Enter 键确认刚才的变形操作，就可以得到一个倒影文字的效果。由于倒影的颜色与原文字的颜色相同，效果不太理想，接着可以通过【图层】面板中的【填充】或【不透明度】列表框的功能进行图层混合，例如，将【不透明度】改为 10%，就可以得到如图 14.48 所示的效果。

图 14.48 将不透明度设为 10%后的效果

第15章

设计网页元素

（ 📹 视频讲解：1小时26分钟）

图像是网页中不可或缺的组成成份，恰当地使用图像，可以使网站充满生命力与说服力，吸引更多的浏览者，加深欣赏网站的意愿。另一方面，网页的容量大小是网站成功与否的一大关键因素。由于网络传输方面的限制，导致了下载的速度不可能太快，因此，网页就不能太大，其中关键就在于图像的大小了，否则浏览者会失去等待的耐心，无论网站多么精彩也无济于事了。所以，网页容量大小的问题一定要重视。本章将在前两章的基础上，详细介绍各种网页元素的设计技巧。

学习重点：

▶▶ 了解主图和标题文字的制作。

▶▶ 能够根据网页需要制作按钮和导航图像。

▶▶ 能够设计网页背景图像。

▶▶ 能够设计网站 Logo 和 Banner。

15.1 制 作 主 图

主图是一个网页的门面，能体现出这个网页的整体风格。如图 15.1 所示即是一个电子商务网络的主页，其中标题行部分就是一个主题图形，这个图形在很大程度上决定了整个网页的主体色彩及风格。因此，在网页设计时，首先要设计的就是主题图形。

图 15.1 电子商务网站首页的主图

设计主题图形是比较关键的环节，主题图形制作得好坏，将直接关系到能否吸引浏览者的注意力。一个优秀的主题图形寥寥几笔就能生动地体现网站的特点。一般来说，主题图形的颜色必须与网页完美融合、有独特的创意，这是制作主题图形时必须注意的。另外，网页中的主题图形不仅要好看，在网页中的位置与大小也要合适、能够体现出网页主题思想，图像文件的大小和格式应符合要求。

主题图形是多种多样的，可以是一幅极具创意的特效图像，也可以是一个特别精致的小图，或者整个网页就使用一幅大图。设计主图需要通过 Logo、Banner、导航条、按钮等网页元素来体现，所以不要空洞地谈主图设计。

15.2 制作标题文字

一篇文章或是一条新闻都需要有一个醒目的标题。在报纸上如此，在网页中也是如此，并且在网页设计中，标题文字更为重要，因为标题文字设计得是否吸引人，将直接关系到网页的访问量。而在设计标题文字时，除了名字好听、易懂、富有情趣之外，还要在文字效果的创意上下一番功夫，这样才能引起浏览者的注意。

究竟什么样的文字才算标题文字？没有严格标准，总之，只要能够体现主题内容，具有一定的特效和创意，并能区别于正文内容就可以了。当然，如果是一个广告标题，就需要精心设计，因为它将直接影响广告效益。如图 15.2 左侧广告条中的文字就是比较有创意的标题文字。

Note

图 15.2　以图形方式显示的标题文字

在制作网页标题文字时，要做到简单、醒目，所以需要对标题文字进行一些简单的特效处理，如添加阴影、发光及渐变颜色等效果。但并不是将标题文字搞得越复杂就越漂亮，往往简单明了的效果更让人喜欢。如图 15.3 所示是一些常见的标题文字效果。

　　　阴影文字　　　　　　　　　发光文字　　　　　　　有背景图像的文字

　　　　合理规划的文字　　　　　　　　　图标加文字的标题

图 15.3　一些常见的标题文字效果

阴影文字是万能的特效文字，可适用于任何页面。只要给文字添加阴影效果，就可以立竿见影地收到奇效。制作阴影文字的方法很简单，所以在制作标题文字时应用阴影效果非常多。制作阴影文字时，一般可按如下步骤操作。

第 1 步，在 Photoshop 中输入文字，并设置好文本格式。

第 2 步，选择【图层】|【图层样式】|【投影】命令，在打开的【图层样式】对话框中为文字添加投影效果，结合【内阴影】、【外发光】和【内发光】等样式类型，可以设置各种效果的阴影效果。

发光文字的效果不亚于阴影文字，其制作方法与制作阴影文字相同，只要在输入文字后，选择【图层】|【图层样式】|【外发光】命令，或者【内发光】命令，在打开的【图层样式】对话框中设置相关参数即可。但要注意的是，制作发光文字时，文字颜色与发光的颜色一定要有较大反差。如果文字为白色，则发光的颜色就必须是深颜色；反之，若文字为黑色，发光颜色就应为淡颜色。此外，还要考虑背景颜色，即背景颜色与发光颜色之间也要有较大的反差，只有做到这一点，才能使文字发光效果明显。

给标题文字加入背景图像，也是在制作标题文字时常用的手法，这样可以更容易地突出标题内容，使其在网页中一目了然。例如，可以加入一些漂亮的小图标，或者有渐变颜色的色块等。但要记住，前景文字与背景图像的颜色及大小要搭配得当，否则就会画蛇添足。

此外，在设计标题文字时，要合理安排文字内容。特别是当标题中文字较多或者有副标题时，更需要合理地规划文字，如文字的内容、字体、大小、颜色及排列方式等。只有做到这些，才能使标题内容重点突出、主题鲜明。

标题文字的制作没有固定的标准，是否成功，取决于设计者的创意和设计思想。至于该如何制作，要看用户对 Photoshop 软件的熟悉程度了。注意，熟练掌握【图层样式】对话框的功能，以便更快速有效地设计出标题文字。

15.3 制作网页按钮

如图 15.4 所示是一些网页按钮，看上去很漂亮。制作出这些按钮的方法很多，用 Photoshop 可以轻松实现。

图 15.4　各种形状的网页按钮

要在 Photoshop 中制作网页按钮，一般要经过以下操作步骤。

第 1 步，在 Photoshop 中绘制出按钮形状，如矩形、圆形、椭圆或多边形。绘制按钮形状，可以使用 Photoshop 提供的形状工具；如果是绘制不规则的形状，则可使用钢笔工具、刷子工具和铅笔工具，再用自由变形工具和更改区域形状工具进行调整。

第 2 步，利用【图层样式】对话框对按钮对象进行处理。例如，给按钮填充渐变颜色，或者填入一些底纹效果等。

第 3 步，给按钮添加立体效果，使其一看就是一个按钮，此时可以使用【样式】面板为按钮添加一些样式效果，使按钮具有立体感。当然也可以使用其他效果。

第 4 步，进行按钮形状的编辑，最后给按钮命名，这样就完成了网页按钮的制作。

悬停按钮是一组按钮的组合，它在网页中有多种显示状态，如图 15.5 所示。在正常状态下，按钮中的书图标是关着的，文字显示为白色；当鼠标指针移到该按钮上时变成了第 2 种状态，即鼠标移过的状态，此时书被翻开一半，而文字会变成蓝色；而当在按钮上按下鼠标时，按钮变成了第 3 种状态，即鼠标按下状态，此时书完全被翻开，文字颜色又变成红色。

正常　　　　　　　　　　鼠标移过　　　　　　　　　鼠标按下

图 15.5　悬停按钮的 3 种状态

要在 Photoshop 中制作悬停按钮的操作步骤如下。

第 1 步，新建文档，在【图层】面板中新建"图层 1"，使用图形工具绘制一个圆角矩形，指定填充颜色，如图 15.6 所示。

第 2 步，选择【窗口】|【样式】命令，打开【样式】面板，从中选择一款样式，单击为当前背景图层进行应用，如图 15.7 所示，也可以利用【图层样式】对话框自定义设计。

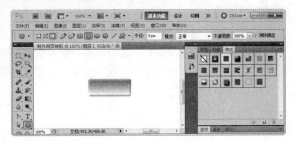

图 15.6　设计悬停按钮背景　　　　　　　图 15.7　为按钮应用样式

第 3 步，重命名"图层 1"为"正常"，然后按 Ctrl+J 组合键复制该图层，命名为"移过"。为该图层应用"投影"效果，设置保持默认值即可，设置"不透明度"为 50%，降低阴影度，效果如图 15.8 所示。

图 15.8　设计鼠标经过样式

第 4 步，复制"移过"图层，并命名为"按下"，双击图层缩微图，在打开的【图层样式】中修改浮雕设置参数，如图 15.9 所示，完成鼠标按下时按钮的效果。

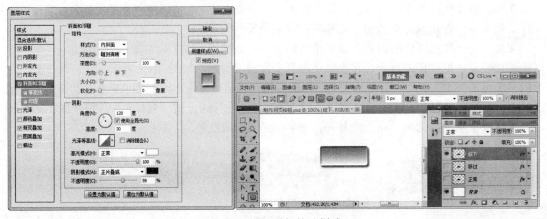

图 15.9　设计鼠标按下样式

要让制作出来的悬停按钮富有更多的变化，用户应具有丰富的想象力。例如，可以将鼠标指针移过状态设计成一个文字发光效果。这样，当鼠标指针移到按钮上时，就会出现文字发光的效果。总之，只要能够制作出悬停按钮的 3 种状态，悬停按钮就算制作成功了，即使只是一个简单的颜色变换或是位置的移动也可以。

第 5 步，完成 3 种不同状态的背景样式，最后使用文本工具输入按钮文本，选择【图像】|【裁

切】命令，打开【裁切】对话框，裁切掉多余的区域，如图 15.10 所示。

图 15.10　输入按钮文本

第 6 步，隐藏"背景"图层，仅显示"正常"图层和"面对面"文字图层，选择【文件】|【存储为 Web 和设备所用格式】命令，在打开的【存储为 Web 和设备所用格式】对话框中，单击【存储】按钮即可，如图 15.11 所示。

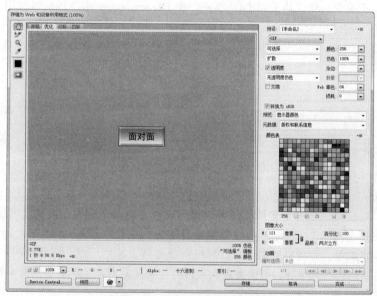

图 15.11　输出悬停按钮状态图

第 7 步，以同样的方式输出鼠标经过和鼠标按下时的按钮状态图，最后效果如图 15.12 所示。

正常　　　　　鼠标移过　　　　　鼠标按下

图 15.12　设计的悬停按钮

15.4　制作导航条图像

导航条图像与悬停按钮很相似，不同的只是比悬停按钮多了一种状态变化，即除了与悬停按钮共有的"正常"、"鼠标经过"和"鼠标按下"3种状态之外，还有一种"鼠标按下时滑过"状态。

在网页中使用导航条，可以使网站的结构层次更加分明，同时也可方便浏览者在网站的各页面之间畅游。

制作导航条图像的操作与制作悬停按钮的方法基本相同，所不同的只是需要多做一种状态的变化图像，以用于"按下时滑过"状态下显示。所以，用户可以按照上节中介绍制作悬停按钮的方法来制作导航图像。

15.5　制作网页背景图像

在一个网页中，网页背景既可以用简单的颜色来填充，也可以用一个背景图像来填充。如果是使用背景颜色填充，直接在 Dreamweaver 中设置即可；如果是使用背景图像填充，则必须使用图像处理软件制作一个背景图像，才可以载入到 Dreamweaver 中使用。

一般来说，背景图像的格式均采用 GIF 格式。在 Dreamweaver 中，还可以使用 GIF 动画格式作为网页背景。注意，使用动画作为背景会占用很多内存。此外，背景图像的尺寸不宜过大，否则在网络上传输速度太慢。所以，实际应用中经常是使用如图 15.13 所示的一小块有渐变效果的图像或一小块底纹。

图 15.13　各种网页背景图像

使用 Photoshop 制作背景图像时，应该考虑背景图像的无缝拼接问题。所谓无缝拼接，就是整幅网页背景图像可以看做是由若干个矩形小图像拼接而成，并且各个矩形小图像之间没有接缝的痕迹，各个小图像之间也完全吻合。这种无缝拼接图像在日常生活中也很常见，如地面上铺的地板革、墙纸、花纹布料、礼品包装纸等，无缝拼接图像在计算机图像处理上应用广泛，特别是在一些平面设计和网页背景方面，对主题内容进行烘托，不仅美观别致，而且简便易行，又不至于浪费大量的时间和空间。下面以制作花布纹理图案为例来说明。

操作步骤：

第 1 步，新建一个大小为 80×60 像素、分辨率为 72 像素/英寸、背景色为白色的 RGB 文件。

第 2 步，将前景色设置为天蓝色。从工具箱中选择画笔工具，选择一种预设的枫叶图形，在属性选项栏中设置大小为 28 像素（可以小于 30 像素，但是不要大于或者等于 30 像素），如图 15.14 所示。

第 3 步，在【图层】面板中新建"图层 1"，使用画笔在图像中间点位置单击，生成一个图案，如果图案不居中，可以按住 Ctrl 键，选中背景图层和图层 1，然后在工具箱中选择【移动工具】，在属性选项栏中单击【垂直居中对齐】和【水平居中对齐】按钮，让图案居中显示，如图 15.15 所示。

第 4 步，在【图层】面板中复制"图层 1"为"图层 1 副本"，选择【滤镜】|【其他】|【位移】命令，在【位移】对话框中设置水平为 40 像素，垂直为 30 像素，未定义区域为折回，如图 15.16 所示。

第 5 步，单击【确定】按钮，得到如图 15.17 所示的图案效果。

图 15.14　选择枫叶

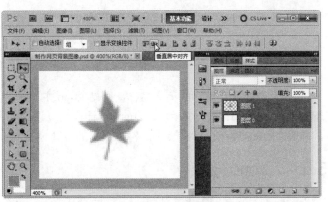

图 15.15　绘制图案

图 15.16　【位移】对话框

图 15.17　设计的图案效果

第 6 步，隐藏背景图层，选择【文件】|【存储为 Web 和设备所用格式】命令，在打开的【存储为 Web 和设备所用格式】对话框中，单击【存储】按钮即可，然后在网页中应用，则效果如图 15.18 所示。

图 15.18　应用背景图像效果

　　注意，背景图像的整体色调不宜过深，应选用淡色，以便突出前景文字的内容。不得已使用深色背景时，前景内容（如文字）就应选用淡色调。在真正的网页应用中，选用渐变背景图像作为网页背景时，应尽量选用最小的图像，还可缩小图像尺寸。选择【图像】|【图像大小】命令，进行相关设置。这样，该背景图像就会非常小，但应用到网页中却不会影响效果。

15.6 设计网页 Logo

Logo 是徽标或者商标的英文名称，网站 Logo 主要是各个网站用来与其他网站链接的图形标志，代表一个网站或网站的一个板块。Logo 设计在网页设计中占据了很重要的地位，起到画龙点睛的作用，同时，Logo 设计风格将会决定整个网页的设计风格。

15.6.1 Logo 规格

为了便于在互联网上进行传播，Logo 的设计需要一个统一的国际标准。网站的 Logo 目前有以下 4 种规格（单位为像素）。

- ☑ 88×31：互联网上最普遍的 Logo 规格，主要用于友情链接。
- ☑ 120×60：用于一般大小的 Logo 规格，主要用在首页的 Logo 广告上。
- ☑ 120×90：用于大型的 Logo 规格。
- ☑ 200×70：这种规格 Logo 比较少用，但是也已经出现。

15.6.2 Logo 表现形式

网站 Logo 表现形式的组合方式一般分为特示图案、特示文字、合成文字。

- ☑ 特示图案：属于表象符号。独特、醒目，图案本身易被区分、记忆，通过隐寓、联想、概括、抽象等绘画表现方法表现被标识体，对其理念的表达概括而形象。
- ☑ 特示文字：属于表意符号。在沟通与传播活动中，反复使用的被标识体的名称或是其产品名，用一种文字形态加以统一。特示文字一般作为特示图案的补充，要求选择的字体应与整体风格一致，应尽可能做出全新的区别性创作。设计网站 Logo 时一般应考虑至少有中英文双语的形式，要考虑中英文字的比例、搭配，一般要有图案中文、图案英文、图案中英文及单独的图案、中文、英文的组合形式。
- ☑ 合成文字：是一种表象表意的综合，指文字与图案结合的设计，兼具文字与图案的属性，其综合功能是能够直接将被标识体的印象，透过文字造型让读者理解，造型后的文字，较易于使读者留下深刻印象与记忆。

15.6.3 Logo 定位

可以从 6 个方面定位网站 Logo 设计思路。

- ☑ 性质定位：以网站性质作为定位点。如中国人民银行和中国农业银行标志，分别以古钱币、"人"字和麦穗、人民币符号"￥"突出了金融机构性质。
- ☑ 内容定位：与网站名称或者内容相一致。如永久牌自行车用"永久"两字组成自行车形，白天鹅宾馆采用天鹅图形。
- ☑ 艺术化定位：多用于各类与文化、艺术有关的网站，如文化馆、美术馆、文化交流协会等。特点是强调艺术性，有幽默感。
- ☑ 民族化定位：多用于具有较久历史的网站，如中国茶叶出口商标，用"中"字组成极具中国特色的连续纹样。

Note

☑　国际化定位：多用于国际化网站，特点是多用字母型，如可口可乐、柯达商标等。
☑　理念定位：广泛应用于各企业或机构。

15.6.4　Logo 设计技巧

Logo 的设计技巧很多，概括说来要注意以下几点。
☑　保持视觉平衡、讲究线条的流畅，使整体形状美观。
☑　用反差、对比或边框等强调主题。
☑　选择恰当的字体。
☑　注意留白，给人想象空间。
☑　运用色彩。因为人们对色彩的反映比对形状的反映更为敏锐和直接，更能激发情感，色彩运用应该注意：基色要相对稳定；强调色彩的形式感，如重色块、线条的组合；强调色彩的记忆感和感情规律，如橙红给人温暖、热烈感，蓝色、紫色、绿色使人凉爽、沉静，茶色、熟褐色令人联想到浓郁的香味；合理使用色彩的对比关系能产生强烈的视觉效果，而色彩的调和则构成空间层次；重视色彩的注目性。

15.6.5　案例实战：制作 Google 标志

下面的示例将模拟 Google 标志来演示如何设计特示文字 Logo。
操作步骤：
第 1 步，启动 Photoshop，新建文档，设置大小为 500×300 像素，分辨率为 300 像素/英寸，保存为"制作 Google 标志.psd"。在工具箱中选择【横排文字工具】，在文档中输入"Google"，如图 15.19 所示。

图 15.19　输入"Google"

第 2 步，设置字体类型和大小。Google 的 Logo 使用的是"CATULL"字体，这是一个商业字体，需要付费购买。如果没有该字体，可以使用免费的字体 Book Anitqua，该字体可以从网上免费下载。如果这两种字体都没有，可以使用 Windwos 内置的 New Times Roman。这里选用 Book Anitqua，字体大小是 36，可以按自己需要选择大小。如图 15.20 所示。
第 3 步，为每个字母单独设置 Logo 字体的色彩，从左到右的字体颜色分别为 1851ce、c61800、efba00、1851ce、1ba823 和 c61800，如图 15.21 所示。
第 4 步，如果希望 Logo 有商标的话，在右下角添加"TM"标识。"TM"字体颜色使用 606060、大小为 5 点、使用相同的字体，如图 15.22 所示。

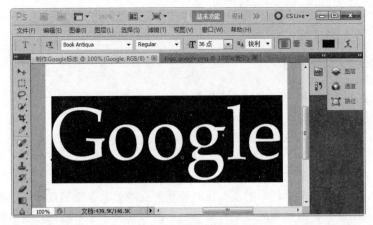

图 15.20　设置字体样式

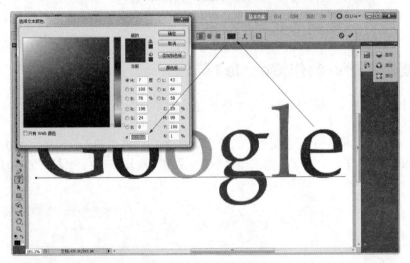

图 15.21　设置字母颜色

图 15.22　添加商标标识符

第 5 步，在【图层】面板中选中"Google"图层，在主菜单栏中选择【图层】|【图层样式】|【斜面和浮雕】命令，添加浮雕样式，参数设置如图 15.23 所示。

第 6 步，单击【确定】按钮，关闭【图层样式】对话框，在主菜单栏中选择【图层】|【图层样式】|【投影】命令，添加投影样式，参数设置如图 15.24 所示。

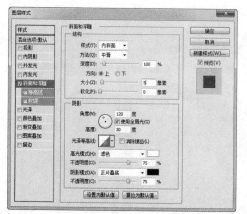

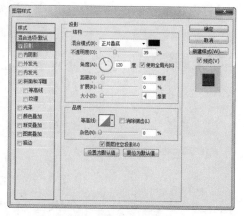

图 15.23　添加浮雕样式

图 15.24　添加投影样式

第 7 步，单击【确定】按钮，设计出 Google 图标，效果如图 15.25 所示。

图 15.25　最后设计效果

15.6.6　案例实战：制作迅雷标志

下面的示例将模拟迅雷标志来演示如何设计特示图案 Logo。

操作步骤：

第 1 步，启动 Photoshop，新建文档，设置大小为 600×600 像素，分辨率为 300 像素/英寸的 RGB 图像，保存为"制作迅雷标志.psd"。使用【钢笔工具】绘制迅雷图标的一部分，如图 15.26 所示。

图 15.26　使用钢笔工具绘制路径

第 2 步，按下 Ctrl+Enter 组合键将路径转化为选区，在【图层】面板中新建"图层 1"。在工具箱中选择【渐变填充工具】，设置左侧渐变色为 6edeec，右侧渐变色为 2562df，然后使用【渐变填充工具】在选区内从左下角向右上角斜拉，填充渐变色，如图 15.27 所示。

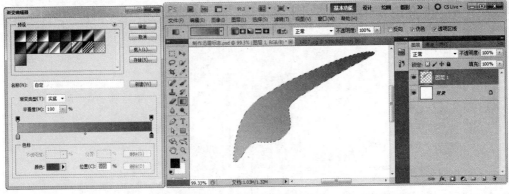

图 15.27　给选区填充渐变色

第 3 步，在主菜单栏中选择【图层】|【图层样式】|【投影】命令，参数设置如图 15.28 所示。

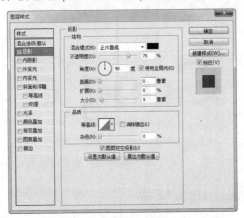

图 15.28　添加投影样式

第 4 步，在【图层样式】对话框左侧【样式】列表中选择【内阴影】选项，然后在右侧设置"图层 1"的内阴影样式，参数设置和效果如图 15.29 所示。

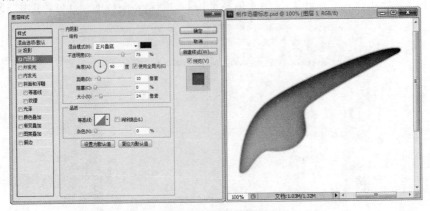

图 15.29　设置内阴影效果

第 5 步，在【图层样式】对话框左侧【样式】列表中选择【描边】选项，然后在右侧设置"图层1"的描边样式，设置如图 15.30 所示。

第 6 步，使用【钢笔工具】绘制图形中的高光部分，如图 15.31 所示。

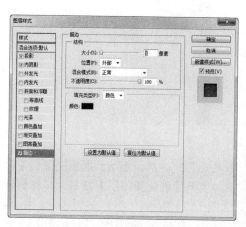

图 15.30　设置描边效果

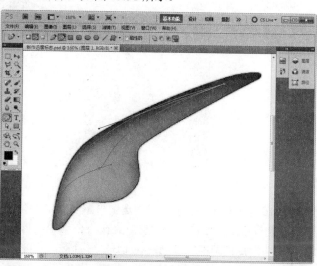

图 15.31　绘制高光区域

第 7 步，按下 Ctrl+Enter 组合键将路径转化为选区，选择【选择】|【修改】|【羽化】命令，在打开的【羽化】对话框中设置羽化半径为 1 像素，羽化选区 1 个像素。

第 8 步，在【图层】面板中新建"图层 2"，选择【编辑】|【填充】命令，使用白色填充选区。在【图层】面板中为"图层 2"添加图层蒙版，然后使用渐变填充工具渐变隐藏下面的白色区域，如图 15.32 所示。

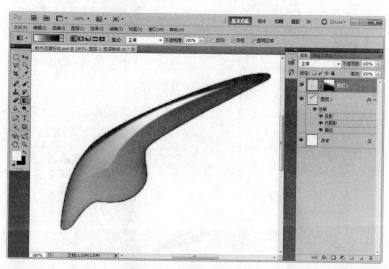

图 15.32　设置高亮区域

第 9 步，使用【钢笔工具】勾勒出底部反光区域，然后把路径转换为选区，羽化选区 1 个像素，新建"图层 3"，使用白色大笔刷，设置硬度为 0%，不透明度为 25%，轻轻擦拭选区，适当增亮反光区，如图 15.33 所示。

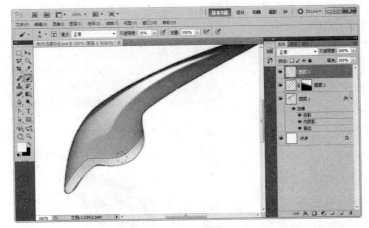

图 15.33　绘制反光区域

第 10 步，在【图层】面板中选中"图层 1"、"图层 2"和"图层 3"，然后拖动到面板底部的【创建新组】按钮上，把这 3 个图层放置在一个组中，再拖曳"组 1"到【创建新图层】按钮上，复制该组，得到"组 1 副本"，然后按 Ctrl+E 组合键，合并该组，如图 15.34 所示。

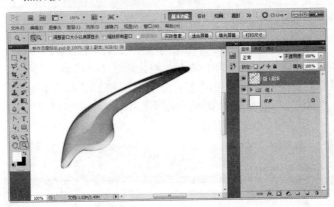

图 15.34　合并并复制图层组

第 11 步，按下 Ctrl+T 组合键自由变换"组 1 副本"图层，效果如图 15.35 所示。

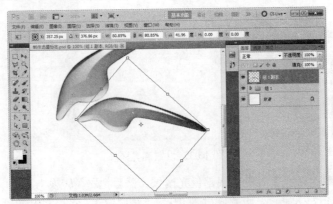

图 15.35　自由变换图形

第 12 步，按 Ctrl+J 组合键，复制"组 1 副本"图层为"组 1 副本 2"图层，然后缩小图形，并放置在最下方，最后设计效果如图 15.36 所示。

图 15.36 最终设计效果

15.7 设计网页 Banner

Banner 是网站页面的横幅广告，一般使用 GIF 格式的图像文件，可以用静态图像，也可用多帧图像拼接为动画图像。Banner 的大小不固定，根据具体页面而定，在网页中比较常见，多位于头部区域。当然，一个页面可以包含多幅 Banner。

与 Logo 一样，Banner 是网页中重要的元素，除了起到广告的作用，还具有页面装饰效果，因此在制作 Banner 的时候要注意突出主题，使浏览者能够很容易地把握广告内容的主旨，同时要注意广告的视觉效果，要能够给浏览者留下深刻的印象。

15.7.1 网页 Banner 设计策划

在网页中最醒目、最吸引用户的应该是 Banner 了，尤其是 Web 2.0 平台 Banner 显得更突出，Banner 应该形象鲜明地展示所要表达的内容。因此网页 Banner 设计至关重要，特别是首页的 Banner，直接决定了用户的停留时间。

1. 定位

在设计之前，读者应该顾及需求方的频道定位。因为包含内容不同，门户网站各个频道有着不同的风格，所以在做设计的时候也要考虑到这个因素，如体育频道的运动感、财经频道的国际和高端等，如图 15.37 所示。

图 15.37 定位频道风格

应该考虑好 Banner 用色基调，也就是读者应该考虑到色彩的情感联想。色彩的情感联想，主要从具体联想和抽象联想两个维度划分。具体划分如下。

☑ 红色：红色象征热情、热烈、喜庆、吉祥、兴奋、革命、火热、性感、权威、自信，是个能量充沛的色彩——全然的自我、全然的自信、全然的要别人注意你。不过有时候会给人血腥、暴力、忌妒、控制的印象，容易造成心理压力。

☑ 粉红色：粉红象征温柔、甜美、浪漫、没有压力，可以软化攻击、安抚浮躁。比粉红色更深一点的桃红色则象征着女性化的热情，比起粉红色的浪漫，桃红色是更为洒脱、大方的色彩。

☑ 橙色：橙色象征着温暖、体现富于母爱或大姐姐的热心特质，给人亲切、坦率、开朗、健康的感觉；介于橙色和粉红色之间的粉橘色，则是浪漫中带着成熟的色彩，让人感到安适、放心。

☑ 黄色：黄色是明度极高的颜色，能刺激大脑中与焦虑有关的区域，具有警告的效果，所以雨具、雨衣多半是黄色。艳黄色象征信心、聪明、希望；淡黄色显得天真、浪漫、娇嫩。注意，艳黄色有不稳定、招摇，甚至挑衅的味道。

☑ 蓝色：蓝色是让人感到幽远、深邃、宁静、理智的颜色，略带几许忧郁和伤感。

☑ 绿色：绿色是中性色，象征着和平、生命、青春和希望。

☑ 紫色：紫色象征着神秘；暗紫色代表迷信；亮紫色象征着高贵典雅等。

☑ 黑色：黑色象征着稳重、严肃、庄严肃穆等。

☑ 白色：白色象征着纯洁、和平、单纯等。

大部分用户在浏览网页的时候都是按从上到下、从左到右的顺序浏览。为了使 Banner 更容易被用户浏览，应该顺应用户这样的浏览习惯，糟糕的设计会让用户无所适从，焦点到处都是，如图 15.38 所示。

例如，下面的设计效果是在实际环境中的成功案例，如图 15.39 所示。

图 15.38　考虑用户的浏览习惯　　　　图 15.39　成功的 Banner 设计效果

2．文字

俗话说得好，"话不在多，精辟就行"，第一要抓住用户的心理，了解用户的想法很重要；第二是要明确我们要推荐给用户什么，用户对什么感兴趣。

从构成上讲，一个 Banner 分为两个部分：文字和辅助图。辅助图虽然占据大多数的面积，但如果不加以文字的说明，很难让用户知道这个 Banner 要说明什么。在一个 Banner 里面，文字是整个图像的主角。所以对于文字的处理，显得尤为重要。

如果主标太长，且需求方不舍得删文字，就要对主标中重要关键字进行权重，突出主要的信息，弱化信息量不大的词，如图 15.40 所示。

如果需求方整体文字太短，画面太空，可以加入一些辅助信息丰富画面，如英文、域名、频道名等，如图 15.41 所示。

图 15.40 突出显示主要文字

图 15.41 添加辅助信息

3. 结构

当文字和辅助图进行搭配时，读者应该考虑整个 Banner 结构的视觉效果。

☑ 文字与背景陪衬。

以文字为主，背景陪衬为辅，形成两段式。特点是突出文字，视觉集中文字，报道感强，如图 15.42 所示。

图 15.42 文字与背景陪衬

☑ 文字与主体物。

文字和主体物同时出现，形成两段式，文字图案相辅相成，起到文字言事、图案帮助理解的效果。这样的 Banner 适合于介绍类或者产品类，如图 15.43 所示。

图 15.43 文字与主体物

☑ 文字、背景与主体物。

文字、背景和主体物同时出现，形成三段式，特点是虚实结合，主次关系明显，也是效果最好、使用得最广泛的一种形式，如图 15.44 所示。

图 15.44 文字、背景与主体物

4. 主题

主题在 Banner 中非常重要，创造力对主题的艺术化表现很关键，轻松话题可以做出幽默感。在做一些带有轻松感、娱乐感的专题时，可以根据主题进行艺术化的创意，如图 15.45 所示。

图 15.45　艺术化创意

15.7.2　网页 Banner 设计技巧

Banner 规格尺寸大小不一，文件大小也有一定的限制，这就在设计上增加了许多障碍。Banner 的颜色不能太丰富，否则会在文件大小的限制下失真；软文不能太多，否则会没有重点，得不偿失。怎么在方寸间把握平衡，变得十分重要。

1. 配色

Banner 与网页环境对比。如果在一个以浅色调为基准的网站上投放 Banner，从明度上拉开对比会很好地吸引用户的注意力，相反亦然，如图 15.46 所示。

如果在一个颜色基调确定的网站上投放补色或者对比色的 Banner，效果就会变得更好，如图 15.47 所示。

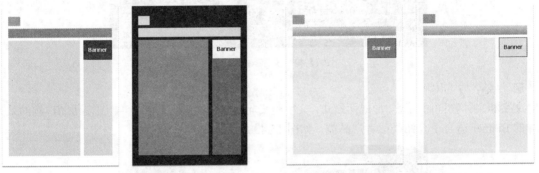

图 15.46　Banner 与环境对比（1）　　　　　图 15.47　Banner 与环境对比（2）

因此，在配色时应该追求 Banner 颜色简单至上。试想，如果一个 Banner 五颜六色，是不是就能够吸引眼球了呢，配色繁简的对比效果如图 15.48 所示。

图 15.48　Banne 配色繁简对比

在图 15.48 中，右侧的 Banner 给用户带来的视觉传达力更强，简洁明确、朴素有力，给人一种重量感和力量感，而左侧的 Banner 颜色虽多，却没有带来更好的视觉传达效果。因为颜色过度使用会打乱色彩节奏，并且，减弱了颜色间的对比，使整体效果变弱。

　　同时，使用颜色越多，最后保存时文件的体积越大，加载起来越慢，如果靠降低品质来达到 Banner 的上传要求，那展现给用户的会是低质量的 Banner，影响视觉效果。例如，针对图 15.48 两个 Banner 的用色，左图要比右图大 7 倍左右，如图 15.49 所示。

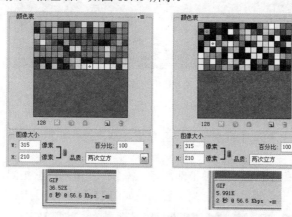

图 15.49　Banne 大小对比

　　颜色简单有力、加载清晰快速，对于 Banner 的视觉传达很重要，只要让用户产生点击欲望，推广的目的就达到了。

　　2．构图

　　构图其实就是布局。如果能在构图的引导下吸引用户点击、了解内容，那说明构图成功了。构图的基本规则是：均衡、对比和视点。

　　☑　均衡：均衡不是对称，是一种力量上的平衡感，使画面具有稳定性，如图 15.50 所示。

图 15.50　Banner 均衡

　　☑　对比：在构图上来说就是大小对比、粗细对比、方圆对比、曲线与直线对比等，如图 15.51 所示，白色线条的对比产生了空间感。

　　☑　视点：就是如何将用户的目光集中在画面的中心点上，可以用构图去引导用户的视点，如图 15.52 所示。

图 15.51　Banner 疏密对比　　　　　　　　图 15.52　将视点集中引导到 slogan 上

例如，在图 15.53 所示的 Banner 设计中，人物排布既平衡又不对称，人物大小不一，产生出对比，突出了部分剧中人物。Banner 正中一个大大的 X，把视点集中到了画面的最中心，很好地利用基本构图规则进行 Banner 设计。

图 15.53　X-MEN 的宣传 Banner

3. 样式

Banner 构图大致分以下几种：垂直水平式、三角形、渐次式、辐射式、框架式和对角线等。

☑　**垂直水平式构图**

平行排列每一个产品，每个产品展示效果都很好，各个产品所占比重相同，秩序感强。此类构图给用户留下的印象是产品规矩正式，高大、安全感强，如图 15.54 所示。

图 15.54　垂直水平式构图

☑　**正三角形和倒三角构图**

多个产品进行正三角构图，产品立体感强，各个产品所占比重有轻有重，构图稳定自然，空间感强。此类构图给用户留下的印象是安全感极强、稳定可靠，如图 15.55 所示。

图 15.55　正三角形构图

多个产品进行倒三角构图，产品立体感极强，各个产品所占比重有轻有重，构图动感活泼失衡，运动感、空间感强。此类构图给用户留下的印象是不稳定感激发用户心情，给用户运动的感觉，如图 15.56 所示。

图 15.56　倒三角构图

☑　**对角线构图**

一个产品或两个产品进行组合对角线构图，产品的空间感强，各个产品所占比重相对平衡，构图动感活泼稳定，运动感、空间感强。此类构图给用户留下的印象是动感十足且稳定，如图 15.57 所示。

图 15.57 对角线构图

☑ 渐次式构图

多个产品进行渐次式排列，产品展示空间感强，各个产品所占比重不同，由大及小，构图稳定，次序感强，利用透视引导指向 slogan。此类构图给用户留下的印象是稳定自然，产品丰富可靠，如图 15.58 所示。

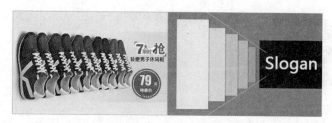

图 15.58 渐次式构图

☑ 辐射式构图

多个产品进行辐射式构图，产品空间感强，各个产品所占比重不同，由大及小。构图动感活泼，次序感强，利用透视指向 slogan，此类构图给用户留下的印象是活泼动感，产品丰富可靠，如图 15.59 所示。

图 15.59 辐射式构图

☑ 框架式构图

单个或多个产品框架式构图，产品展示效果好，有画中画的感觉。构图规整平衡，稳定坚固。此类构图给用户留下的印象是稳定可信赖，产品可靠，如图 15.60 所示。

图 15.60 框架式构图

15.7.3　案例实战：设计产品促销广告

操作步骤：

第 1 步，启动 Photoshop，新建一个文档，设置尺寸是 500×300 像素，白色背景。新建"图层 1"，在工具箱中选择【圆角矩形】工具，圆角半径设为 5 像素，在该图层中画出一个圆角矩形，填充绿色 #6d9e1e，如图 15.61 所示。

第 2 步，在【图层】面板中双击"图层 1"的缩略图，打开【图层样式】对话框，设置渐变叠加，参数设置如图 15.62 所示。

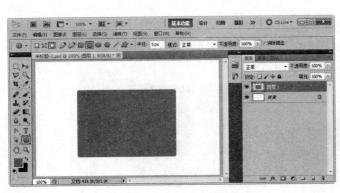

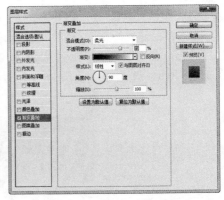

图 15.61　设计底图　　　　　　　　图 15.62　【图层样式】对话框

第 3 步，单击【确定】按钮，关闭【图层样式】对话框，然后开始制作 Banner 头部区域。按住 Ctrl 键单击图层缩略图，载入图层选区。选择【矩形选区】工具，按住 Alt 键拖曳减去下面一部分选区，如图 15.63 所示。

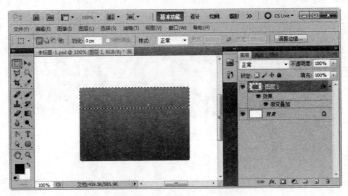

图 15.63　选取头部区域

第 4 步，在【图层】面板中新建"图层 2"，选择【编辑】|【填充】命令，在打开的【填充】对话框中，使用白色填充选区，然后按 Ctrl+D 组合键取消选区。在【图层】面板中设置图层混合模式为"叠加"，填充设置为 20%，如图 15.64 所示。

第 5 步，打开小钟表图片，并复制到文件中，按住 Ctrl+T 组合键把图形变小一些，如图 15.65 所示。

第 6 步，选择【图像】|【调整】|【匹配颜色】命令，打开【匹配颜色】对话框，参数设置如图 15.66 所示，使用背景色匹配时钟颜色，效果如图 15.66 所示。

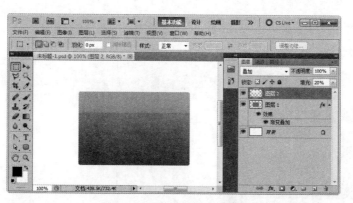

图 15.64　设计头部区域背景

图 15.65　复制并变换时钟

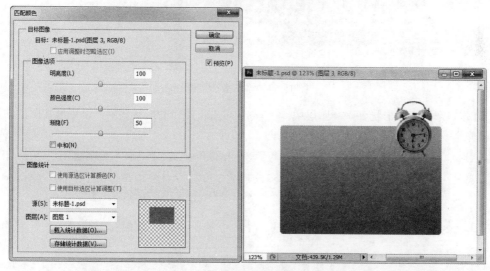

图 15.66　匹配颜色

第 7 步，使用文字工具输入标题文本 "SPECIAL OFFER!"，设置字体为 Comic Sans MS，字体颜色为白色，大小适中，效果如图 15.67 所示。

第 8 步，选择【图层】|【图层样式】|【投影】命令，打开【图层样式】对话框，设置投影效果，具体设置如图 15.68 所示。

图 15.67　设置标题文本

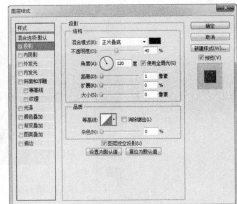

图 15.68　设置投影效果

第 9 步，为 Banner 添加更多的设计元素。选择自定义形状，选择 Photoshop 里面自带的一个形状，分别新建图层，在 Banner 上面添加两个白色的形状，如图 15.69 所示。

图 15.69　添加图形效果

第 10 步，合并两个形状到一个图层中，接着把 Banner 外面的形状删除，设置形状图层的混合模式为"柔光"，不透明度为 20%，设计效果如图 15.70 所示。

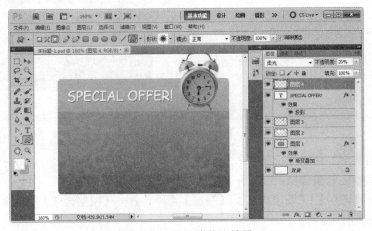

图 15.70　设计暗花纹效果

第 11 步，继续添加说明文字和按钮文字，其中利用圆角矩形工具，设置圆角半径为 5 像素，拖曳出一个颜色为#40720b 的圆角矩形作为按钮背景，最后设计效果如图 15.71 所示。

图 15.71　Banner 最后设计效果

15.8　制作其他网页元素

在网页中，除了网页主图、标题文字、网页按钮、悬停按钮、导航条图像以及背景图像之外，还需要用到一些其他元素，如项目符号、分隔线和一些富有代表性的小图标。虽然在 Dreamweaver 中可以直接插入分隔线和项目符号，但是其艺术效果太差，无法使网页生动活泼。因此，用户可以自行制作一些富有特效的分隔线、项目符号和图标，使网页更富情趣。制作分隔线、项目符号和图标等元素需要一定的创意和想象力。如果所有这些元素都是自己来制作，会花很大的功夫。

当然，这些网页元素都可以在 Photoshop 中轻松实现，只要读者掌握 Photoshop 基本操作。完成制作之后，根据 Photoshop 向导提示完成网页元素的编辑、图像最优化、导出 GIF 图像，最终将其应用到 Dreamweaver 中。由于这些细小的网页元素制作简单，本节就不再展开介绍。

第16章

设计宣传展示网站

（🎥 视频讲解：1 小时 03 分钟）

　　本章网站主要以信息展示和宣传为主，如企业宣传类型网站、政府资讯类型网站等，这类网站多不以盈利为目的，网站策划强调宣传性，设计风格以简单明了为主。根据网站用途，这类网站的内容会比较多而复杂，所以清晰的网站结构也是非常有必要的。

　　宣传展示类网站一般都会采用三列多行的形式布局，如图 16.1 所示。当然，针对网站的具体功能定位，有些也会采用两列多行的形式，如图 16.2 所示。

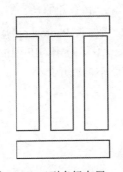

图 16.1　三列多行布局

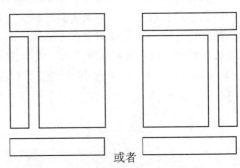

或者

图 16.2　两列多行布局

16.1 网 站 配 色

在网站设计中，首先需要确定首页页面的整体风格，本例中的网页主题与政务公开相关，因此用色上相对简单、洁净、进步。当然，具体的风格则要根据多种因素综合考虑，如研究同类网站的网页风格以寻找差异性，了解客户的宗旨以体现企业文化等。确定了网页的整体风格后再思考用什么样的色彩搭配手法和选用什么样的主色，以及辅助色。

很多时候，设计和色彩的灵感很多是来源于图像的。上海崇明区是上海都市北翼的海上花园，西太平洋沿岸的生态岛，根据该区域特色确定网页配色的原始采用图像，如图 16.3 所示。

图 16.3　配色源图像

嫩黄绿色的树叶代表着生气、水灵和希望，符合生态岛理念，下面从这幅图片中分析趋势色彩，启发灵感，并以此进行创意，如图 16.4 所示。

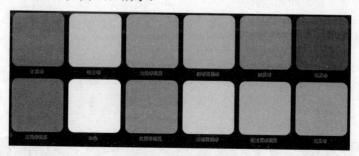

图 16.4　分析趋势色彩

该图包含主色调：浓黄绿、极淡绿、浅黄绿偏黄、鲜绿黄偏绿、鲜黄绿、深黄绿、浓黄绿偏黄、白色、亮黄绿偏黄、淡绿黄偏绿、极浅黄绿偏黄、亮黄绿。概括说，该图是以黄绿色系为主旨进行设计的。

当然，在具体配色时还要注意各个元素之间的关系。例如，页面分为首页导航、左侧导航、页面说明、正文等部分，配色时要先为这些部分进行排序，排序的依据是通过不同配色就能引导浏览者的视觉流程。这需要细致周全的考虑，包括每部分的文字、装饰图片和隔离线的处理，并不断调整部分和整体的色彩关系。其中，网站 Logo 使用了红橙色系，以避免整个页面全部是黄绿色调的单调。确定网页主色调的效果如图 16.5 所示。

图 16.5　网页主色调

主要色调包括如下，其中黄绿色所占比重最大，其他色调适当搭配为辅。

- ☑ 白色：用于网页背景。
- ☑ 鲜黄绿（#8DB623）：用于栏目标题栏背景或者标题文字。
- ☑ 浅黄绿（#BED184）：用于栏目标题栏背景或者标题文字。
- ☑ 浓红橙偏红（#CC5447）：用于 Logo 文字。
- ☑ 浅黄绿偏黄（#D8DCB9）：用于标题栏或者 Logo 背景。
- ☑ 中度灰色（#999795）：用于次要信息文字，或者颜色搭配。
- ☑ 鲜橙黄（#F4A508）：用于按钮背景色，以增强醒目度。
- ☑ 黄白偏黄（#EDEEDB）：用于点缀、搭配色。
- ☑ 浅橙黄（#F2C280）：用于部分栏目文字色。
- ☑ 浅紫灰偏紫（#CACAC9）：用于点缀、搭配色。
- ☑ 暗黄粉偏黄（#D08F86）：用于图标点缀色。
- ☑ 亮黄绿（#AEC84A）：栏目背景、边框色。

在实际设计中，网站主色调往往会根据需要适当进行调整，当然不是调整色系，而是调整色彩纯度对比。纯度对比是由不同纯度的色彩放置一起而产生的色彩间鲜艳程度的对比。改变色彩的纯度有 4 种方法：加白、加黑、加灰和加互补色。

常用加黑、加白或加互补色的办法来降低色彩的纯度。而使用不同明度的灰色，能保证色彩处在同一画面中，不破坏画面秩序。

如果将色调的纯度分为 9 个阶段，则 1~3 为低纯度，4~6 为中纯度，7~9 为高纯度，如图 16.6 所示。相差 5 个阶段以上为纯度的强对比，相差 4 个阶段左右为纯度的中等对比，相差 3 个阶段以内为纯度的弱对比。

图 16.6　色调纯度

高纯度色彩在画面面积中占 60%左右时，构成高纯度基调，即鲜调；中纯度色彩在画面面积中占 60%左右时，构成中纯度基调，即中调；低纯度色彩在画面面积中占 60%左右时，构成低纯度基调，即灰调。

一般来说，纯色明亮、艳丽，容易引起视觉的兴奋；含灰色的中纯度基调丰满、柔和、沉静，能使视觉持久注视；低纯度基调单调耐看，容易使人产生联想。纯度对比过强时，则会出现生硬、杂乱、刺激等感觉；纯度对比不足，则会造成粉、脏、灰、闷、含混、单调等感觉，效果比较如图16.7所示。

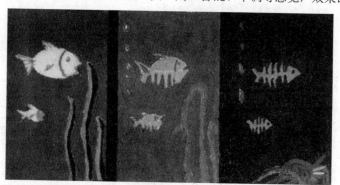

图16.7 色调纯度对比效果图

总之，本实例中，网站的主色调运用了黄绿色系，而且跟网站结构配合得恰到好处。重点的地方（如导航栏、一些重要的标题）都运用了浓绿色，这些色块图片都是有纹理和质感的，而字体采用白色，既精致细腻又美观大方，其他一些地方（如背景等）运用了淡淡的偏白的浅绿色，这种颜色给人的感觉很舒服，又不像白色那样苍白无力。其次，网站在一些地方也用到了黄色或者红橙色，这样所做的一点点缀很好地加强了网站美观程度，从而避免了呆板和单一。整个网站的最终效果如图16.8所示。

16.2 网站结构设计

网站结构设计要求如下。

结构紧凑并恰到好处，既不浪费空间也不显得拥挤、压抑。每一个版块的细节设计要到位，不拖泥带水，浏览者一看就知道是属于哪个部分、展示了什么内容。网站首页内容应把握得恰到好处，不长不短，能够体现地方性政务展示网站这一特点。

根据策划的基本思路，设计效果图时，应该坚持以简洁清晰、准确表达内容为基本原则，整个网站结构包括：Logo、Banner、导航栏、民意通道、生态崇明、公务邮箱、网站综合新闻区域、信息公开、网上办事、便民提示、友情链接、版权信息等版块内容。

依据上面的设计要求和模块构成，初步在稿纸上画出页面布局的草图，如图16.9所示。

通过草图对将要做的页面进行初步分析，整个页面大体有了一个轮廓。现在就可以通过Photoshop设计效果图了。

操作步骤：

第1步，启动Photoshop，新建文档，设置文档大小为1002像素×1500像素，分辨率为96像素/英寸，然后保存为"设计图.psd"。借助辅助线设计出网站的基本轮廓，如图16.10所示。

第2步，在Photoshop中新建"线框图"图层，使用绘图工具绘制页面的基本相框和背景样式，如图16.11所示。

第3步，在线框的基础上进一步细化栏目形态，明确栏目样式和内容，特别是重要内容的显示形式，最后效果如图16.12所示。这里其实是要花很多的心血和时间去设计制作的，建议读者还是有耐心地把整个效果图都设计出来，特别是一些有纹理质感的图片，此处不再详细讲解。

图 16.8 网站效果图

图 16.9 设计草图

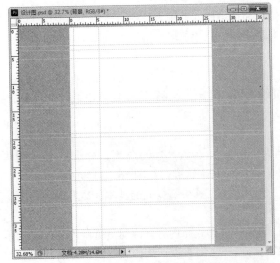

图 16.10 设置辅助线

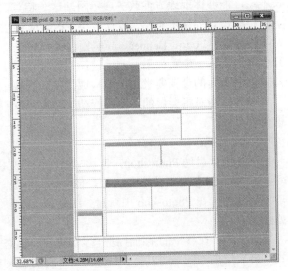

图 16.11 绘制页面线框

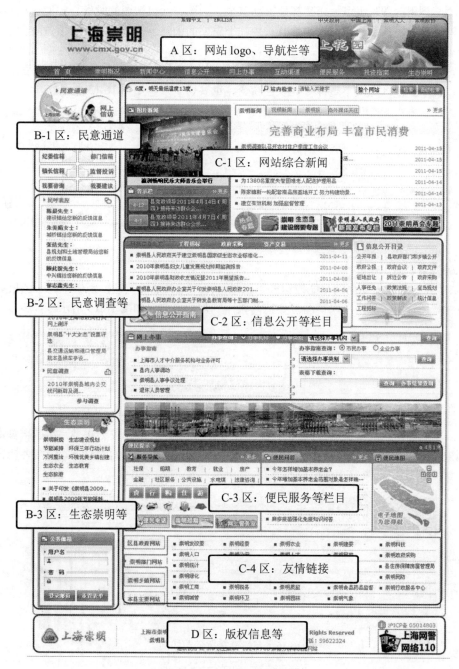

图 16.12　版块划分图

16.3　输出设计图

完成效果图设计工作之后，接下来的就是切图了。纵观全图，看看哪些是要切下来做图片或做背景的，做背景要怎么切等，做到心里有数，然后就可以切图了。

注意，本案例用的图片很多，而且都是很细节很小的图，所以切图的时候一定要有耐心和细心，才能把整个网站所需要的图片切下来。本节只挑几个重要的大致分析一下，其余由读者自己完成。

操作步骤：

第 1 步，首先是网站的主体内容区域，4 个圆角单独切下来，因为侧栏跟右边的主栏目间的背景是有区别的；由于整个区域向下延伸时有颜色渐变，也要切下来，如图 16.13 所示。

图 16.13　4 个圆角的切割分析

切图后的效果如图 16.14 所示。

第 2 步，"民意通道"下面的功能按钮和"信息公开"等其他的按钮，都做了一个当鼠标移过来的时候变换背景图片的效果，所以切图时要把两张图一起画出来，如图 16.15 所示。

图 16.14　4 个圆角的切割效果图　　　　　图 16.15　切割网站导航

第 3 步，下面是网站的友情链接，因为链接的网站比较多，这里分成了 4 类，然后用脚本语言做了一个切换效果，背景自然也就分成了一般的状态和鼠标移过来的时候两种情况，这两种情况读者都要考虑好。切图效果如图 16.16 所示。

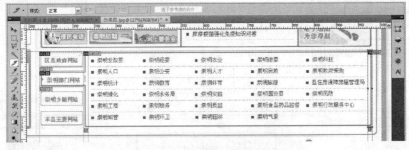

图 16.16　友情链接背景图切割

下面是整个区域需要的切割完成后的图片，如图 16.17 所示。

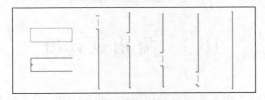

图 16.17　友情链接背景切割后效果图

第 4 步，选择【文件|存储为 Web 和设备所用格式】菜单命令，打开【存储为 Web 和设备所用格式】对话框，保持默认设置，单击【存储】按钮，打开【将优化结果存储为】对话框，其中【切片】一项选择【所有用户切片】，格式为"仅限图像"。

第 5 步，在 images 文件夹中看到所需要的背景图像，然后根据需要重命名即可。

16.4　网站结构重构

网站结构重构的目标就是把使用 Photoshop 设计的效果图，在 Dreamweaver 中还原成为 HTML 结构代码，具体操作步骤如下。

第 1 步，根据设计版块划分图的区域划分，启动 Dreamweaver，执行【文件】|【新建】命令，打开【新建文档】对话框，新建一个空白的 HTML 文档页面，并保存为 index.html。

第 2 步，然后编写 HTML 基本结构。在编写结构时，读者应该注意结构的嵌套关系，以及每级结构的类名和 ID 编号，详细代码如下。

```
<html xmlns="http://www.w16.org/1999/xhtml">
<head>
<title>上海崇明政府网</title>
<meta content="text/html; charset=utf-8" http-equiv=content-type>
</head><body>
<div style="position:relative; margin:0px auto; min-height:65px; padding-left:10px; width:980px; height: auto">
  <div id=channel>
    <table border=0 cellspacing=0 cellpadding=0 width="100%">
      <tr><td valign=top><!-- 导航条 开始 -->
        <table id=nav border=0 cellspacing=0 cellpadding=0 width="100%">
          <tr> <td valign=top width=15> </td></tr>
        </table><!-- 导航条 结束 -->
      </td></tr> </table></div><!--channel 结束 -->
<table border=0 cellspacing=0 cellpadding=0 width=1000 align=center>
  <tr><td height=125 align=middle></td></tr>
</table><!--banner 结束 -->
<table border=0 cellspacing=0 cellpadding=0 width=1000>
  <tr><td class=main_cbg valign=top></td>
    <td valign=top><table border=0 cellspacing=0 cellpadding=0 width="100%">
      <tr>
        <td valign=top width=202><div></div>
          <table id=mytdbtn border=0 cellspacing=0 cellpadding=0>
            <tr> <td> </td></tr>
          </table>
          <table border=0 cellspacing=0 cellpadding=0 width=180>
            <tr><td width=3> </td> </tr>
          </table>
          <table border=0 cellspacing=0 cellpadding=0 width=180>
            <tr><td class=stcm_bg> </td></tr>
```

Note

```
            </table><!--公务邮箱 开始-->
            <table border=0 cellspacing=0 cellpadding=0 width=180>
              <tr><td height=10> </td></tr>
            </table> <!--公务邮箱 结束-->
          </td>
          <td class=mian_ubg valign=top><table border=0 cellspacing=0 cellpadding=0 width="100%">
            <tr><td width=22> </td></tr>
          </table>
          <table border=0 cellspacing=0 cellpadding=0 width="100%">
           <tr>
           <td valign=top width=250><table border=0 cellspacing=0 cellpadding=0 width="100%">
              <tr><td></td> <td width=51> </td> </tr>
            </table><!-- 图片新闻列表 开始 -->
            <table border=0 cellspacing=0 cellpadding=0 width="100%">
              <tr><td>  </td></tr>
            </table> <!-- 图片新闻列表 结束 -->
            <table border=0 cellspacing=0 cellpadding=0 width="100%">
              <tr><td></td><td valign=top></td> </tr>
            </table>
            <table border=0 cellspacing=0 cellpadding=0 width="100%">
              <tr><td valign=top></td><td valign=top width=218></td> </tr>
            </table>
            <table border=0 cellspacing=0 cellpadding=0 width="100%" >
              <tr> <td width=206></td></tr>
            </table>
            <table border=0 cellspacing=0 cellpadding=0 width="100%">
              <tr><td valign=top width=3></td>
                <td class=wsbslist_bg valign=top width=388></td>
              </tr></table></td>
            <td class=main_cbg valign=top></td>
          </tr>
        </table>
        <!--版权信息 开始-->
        <table border=0 cellspacing=0 cellpadding=0 width=990 align=center>
          <tr><td></td></tr>
        </table><!--版权信息 结束-->
      </td></tr></table></td></tr>
  </table>
</div>
</body></html>
```

第 3 步，简化一下代码，这样可以更清晰地把握整个网站的总体结构，制作的时候能更加心中有数，如图 16.18 所示。

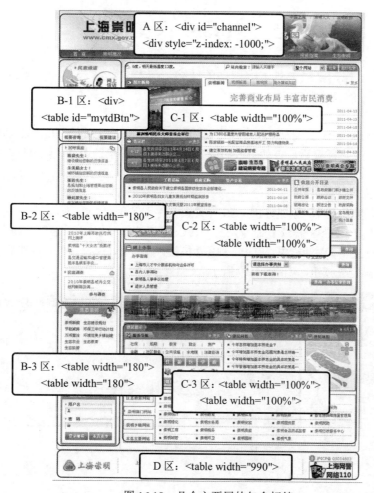

图 16.18　几个主要层的包含标签

下面是相应的结构代码。

```
<div>
  <div id="channel"></div><table width="1000"></table>
  <table width="1000">
    <tr><td width="202">
        <div></div><table width="180"></table><table width="180"></table>
        <table width="180"></table><table width="180"></table>
    </td>
    <td class="mian_ubg">
        <table width="100%"></table><table width="100%"></table>
        <table width="100%"></table><table width="100%"></table>
        <table width="100%"></table>
    </td></tr>
  </table>
  <table width="990"></table>
</div>
```

Note

16.5 网站效果重现

通过上面的结构重构，已经大致了解网站的脉络，清楚总体结构了，下面就来一步步使用 DIV+CSS 实现整个网站的设计效果。

操作步骤：

第 1 步，启动 Dreamweaver，打开 16.4 节中重构的网页结构文档 index.htm，然后逐步添加页面的微结构和图文信息，对于需要后台自动生成的内容，可以填充简单的图文，以方便在设计时预览和测试，等设计完毕后，再进行清理，留待程序员添加后台代码。

第 2 步，新建样式表文档。

选择【文件】|【新建】命令，创建外部 CSS 样式表文件，保存为 style.css 文件，并存储在 images 文件夹中。选择【窗口】|【CSS 样式】命令，打开【CSS 样式】面板，单击【附加样式表】按钮，在打开的【链接外部样式表】对话框中，单击【浏览】按钮，找到 style.css 文件，将其链接到 index.htm 文档中，最后单击【确定】按钮，如图 16.19 所示。

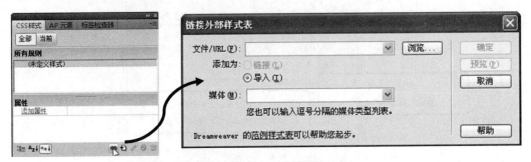

图 16.19　链接外部样式表

链接外部样式表的代码显示如下。

```
<link rel=stylesheet type=text/css href="images/style.css" media=all>
```

第 3 步，初始化标签样式。

将所有要用到以及即将用到的元素初始化，去除默认的样式，因为对于默认的样式不同的浏览器会有不同的解释。表现到页面就会不一致。代码如下所示，具体代码请查看源样式文件头部初始化。

```
* { font-family: verdana, "微软雅黑", "宋体" }
form { padding: 0px; list-style-type: none; margin: 0px; }
input { padding: 0px; list-style-type: none; margin: 0px; }
select { padding: 0px; list-style-type: none; margin: 0px; }
ul { padding: 0px; list-style-type: none; margin: 0px; }
li { padding: 0px; list-style-type: none; margin: 0px; }
p { padding: 0px; list-style-type: none; margin: 0px; }
img { border: medium none;}
body { margin: 0px; background: url(body_bg.jpg) #fdfff5 repeat-x }
……
```

第 4 步，分析 A 区<div id="channel">导航栏区域的结构和样式代码。

最外面的包含框<divid="channel">绝对定位，堆叠顺序设为 2000，从而保证在最前面显示，居中对齐，设置距离顶部 125 像素，这样网站顶部的 banner 动画就有足够的空间显示。

在里面设两个框体，\<table width="100%" id="nav">和\<div id="submenu">。前者是一般情况下就能看到的导航栏，也是网站的总导航，设置背景图片水平平铺。后者是导航栏下的二级导航，设置背景图片、字体颜色等相关样式，里面用\<ul>无序列表标签完成相关的二级导航布局，整个二级导航默认情况下是隐藏起来的，通过 JS 脚本语言的控制当鼠标移到某一级导航的时候，其相对应的二级导航才会显示，如图 16.20 所示。

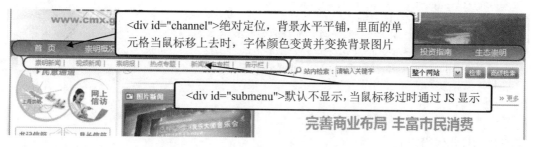

图 16.20 \<div class="topbar">区域分析

下面是一级导航的结构代码。

```
<table id=nav border=0 cellspacing=0 cellpadding=0 width="100%">
    <tr style="padding-top: 5px">
        <td valign=top width=15> </td>
        <td id=nav_1 class=nav_over width=73><a>首  页</a> </td>
        <td id=nav_2 class=nav_def onmouseover=navover(2);
            onmouseout=navout(2); width=109><a>崇明概况</a> </td>
        <td id=nav_4 class=nav_def onmouseover=navover(4);
            onmouseout=navout(4); width=109><>新闻中心</a> </td>
        <td id=nav_5 class=nav_def onmouseover=navover(5);
            onmouseout=navout(5); width=109><a>信息公开</a> </td>
        <td id=nav_6 class=nav_def onmouseover=navover(6);
            onmouseout=navout(6); width=109><a>网上办事</a> </td>
        <td id=nav_7 class=nav_def onmouseover=navover(7);
            onmouseout=navout(7); width=109><a>互动渠道</a> </td>
        <td id=nav_8 class=nav_def onmouseover=navover(8);
            onmouseout=navout(8); width=109><a>便民服务</a> </td>
        <td id=nav_9 class=nav_def onmouseover=navover(9);
            onmouseout=navout(9); width=109><a>投资指南</a> </td>
        <td id=nav_10 class=nav_def onmouseover=navover(10);
            onmouseout=navout(10); width=109><a>生态崇明</a> </td>
        <td valign=top width=15> </td>
    </tr>
</table>
```

下面是相对应的样式代码。

```
#nav { background-image: url(nav_bg.jpg); background-repeat: repeat-x }
#nav .nav_def { text-align: center; line-height: 28px; width: 106px }
#nav .nav_def a { line-height:28px; width:106px; display: block; color: #ffffff; font-size: 15px; text-decoration: none }
#nav .nav_over { background-image: url(nav_over_bg.gif); text-align: center; line-height: 28px; width: 106px;
background-repeat: no-repeat; background-position: 50% 10%; height: 28px; font-weight: bold }
```

```
#nav .nav_over a { width: 106px; display: block; color: #ffea00; font-size: 15px; font-weight: bold; text-decoration:
none }
```

下面是一个二级导航（新闻中心的二级导航）的结构代码。

```
<div style="display: none" id=submenu>
<ul><li id=sub_4 class=sub_def onmouseover=navover(4); onmouseout=navout(4);>
    <table border=0 cellspacing=0 cellpadding=0>
        <tr><td valign=top width=25><img> </td>
            <td id=submenulink><nobr>
            <a>崇明新闻 |</a> <a>视频新闻 |</a> <a>崇明报 |</a>
            <a>热点专题 |</a> <a> 新闻发布专栏 |</a> <a>告示栏 |</a> <img></nobr> </td>
            <td valign=top width=25 align=right><img> </td></tr>
    </table>
</li></ul>
</div>
```

相对应的样式代码如下。

```
#submenu { padding-bottom: 0px; margin: auto; padding-left: 0px; width: 950px; padding-right: 0px; height: 25px;
padding-top: 0px }
#submenu .sub_def { text-align: center; display: none; height: 25px }
#submenu .sub_over { text-align: center; display: block; height: 25px }
#submenulink { background: url(submenu_bg.gif) repeat-x; color: #59a212; font-size: 11px }
#submenulink a { margin: 0px 8px; color: #59a212; font-size: 12px; text-decoration: none }
#submenulink a:hover { color: #000000; text-decoration: none }
```

第 5 步，分析网站主体内容区域总包含框的结构和样式代码。

在这里要结合前面的切图进行分析，整个主题内容区域是包含在一个<table>表格里面的，其分为
3 行 3 列 9 个单元格，中间的放网站的内容，4 个角上的单元格则放 4 个圆角图片，剩下的 4 条边用
背景重复就可以实现布局。这里要提一下就是网站的侧栏背景和右边主要内容区域的背景是有区分
的。从前面的切图可以知道，整个主体内容区域从上到下背景也是有渐变色的，这些细节要处理好，
如图 16.21 所示。

图 16.21 A 区导航栏的结构

具体结构代码如下。

```
<table width="1000" align="center" background="images/main_bg.jpg" border="0" cellSpacing="0" cellPadding
="0">
    <tr><td width="22"><img /></td>
        <td background="images/main_ubg.jpg"></td>
        <td width="22"><img /></td></tr>
    <tr><td class="main_cbg" background="images/main_cl_b.jpg" vAlign="top"></td>
        <td vAlign="top"><!--放网站的主体内容--></td>
```

```
     <td class="main_cbg" background="images/main_cr_b.jpg" vAlign="top"></td></tr>
   <tr><td><img /></td>
     <td background="images/main_bbg.jpg"></td>
     <td><img /></td></tr>
</table>
```

这里主要分析其结构代码，所以简化了所有的样式代码，具体代码读者可以参考本书光盘。

第 6 步，分析 B-1 区 <table id="mytdBtn"> 的结构和样式代码。

在 <table id="mytdBtn"> 表格里面，先设置 8 个单元格，对应如图 16.22 所示的内容。这里的单元格设置有一定的技巧，希望读者领会后能应用在以后的工作中，每个单元格链接一张实际上长和宽都只有 1 像素的透明的 GIF 图片，但通过样式对其宽度和高度的设置，这张图片在页面中是跟单元格一样大小的，所以可以做到当鼠标移上去的时候，响应范围不会只有一个像素，而是整个单元格。另外，因为图片是透明的，单元格的背景图就可以显示在页面上，而通过相关样式的设置，鼠标移上去的时候，变换背景图，如图 16.22 所示。

图 16.22　<div class="w timeAxis pos_r" id="timeAxis"> 的结构

相应的结构代码如下，blank.gif 图片实际上只有一个像素大小，而且是透明的。

```
<table id=mytdBtn border=0 cellspacing=0 cellpadding=0>
    <tr>
       <td><a style="background-image: url(images/mytd_btn1.jpg)">
       <img border=0 alt=书记信箱  src="images/blank.gif" width=88 height=30></a></td>
       <td><a style="background-image: url(images/mytd_btn2.jpg)">
       <img border=0 alt=县长信箱  src="images/blank.gif" width=88 height=30></a></td>
    </tr><tr>
       <td><a style="background-image: url(images/mytd_btn16.jpg)">
       <img border=0 alt=纪委信箱  src="images/blank.gif" width=88 height=30></a></td>
       <td><a style="background-image: url(images/mytd_btn4.jpg)">
       <img border=0 alt=部门信箱  src="images/blank.gif" width=88 height=30></a></td>
    </tr><tr>
       <td><a style="background-image: url(images/mytd_btn5.jpg)">
       <img border=0 alt=镇长信箱  src="images/blank.gif" width=88 height=30></a></td>
       <td><a style="background-image: url(images/mytd_btn6.jpg)">
       <img border=0 alt=监督投诉  src="images/blank.gif" width=88 height=30></a></td>
    </tr><tr>
       <td><a style="background-image: url(images/mytd_btn16.jpg)">
       <img border=0 alt=我要咨询  src="images/blank.gif" width=88 height=30></a></td>
       <td><a style="background-image: url(images/mytd_btn8.jpg)">
       <img border=0 alt=我要建议  src="images/blank.gif" width=88 height=30></a></td>
    </tr>
</table>
```

下面是样式代码。

```
#mytdBtn A { margin: 0px 4px 4px 0px; width: 88px; display: block; background: no-repeat 0px 0px; height: 30px }
#mytdBtn A:hover { background-position: 0px -30px }
```

注意，这里背景图的设置办法，先是在结构里面具体每个单元格设置一张背景图，然后才在样式代码里面设置背景图是否重复等相关样式，和鼠标移过来时背景图的位置。

第 7 步，分析 B-2 区中<table width=180>里面"民呼我应"的代码。

这里整个区域也是圆角背景图，其背景的实现方式与第 4 步是一样的，也是把 4 个圆角切下来单独在 4 个单元格里面设为不重复的背景，剩下的 4 条边的背景通过重复就可以实现。

这里主要分析一下"民呼我应"这一小滚动区域是怎么实现的。这里的标题写在<table id=hdTitle>里面，内容<div id=mhwy>处则嵌套的是一个<iframe>标签，并设置相关代码使其内容上下滚动显示，如图 16.23 所示。

下面是相应的结构代码。

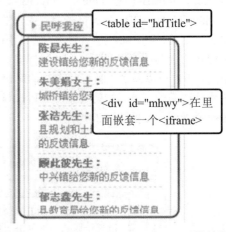

图 16.23 <div class="dMain dMain_1">的结构

```
<table id=hdTitle border=0 cellSpacing=0 cellPadding=0 width="100%">
    <tr>
        <td height=16><a style="background-image: url(images/left_hd_title_icon1.gif)" >
        <img border=0 align=absmiddle src="">民呼我应</a></td>
    </tr>
</table>
<div id=mhwy>
    <table border=0 cellspacing=0 cellpadding=0>
      <tr><td>
<iframe height=220 src="" frameborder=0 width="100%" scrolling=no></iframe>
</td></tr>
    </table>
</div>
```

样式代码如下。

```
#hdTitle A { line-height: 16px; display: block; background-repeat: no-repeat; background-position: 100% 0%; height: 16px; color: #ff9600; font-size: 12px; font-weight: bold; text-decoration: none }
#hdTitle A:hover { background-position: 100% 100%; text-decoration: none }
#mhwy { border: #d6dfaf 0px solid; padding: 0px; background-color: #ffffff; margin: -2px -10px 7px; }
```

第 8 步，分析 B-3 区中"公务邮箱"<table width=180>的框体结构。

该区域"公务邮箱"包含在一个表格<table width=180>里面，表格分为 5 行，第一行设高为 10 像素，用于与前面的元素间隔开来。

第二行直接连接图片<img src=" mailForm_title.jpg"/>，如图 16.24 所示。在第三行里面设置表单<form name="mailForm">，表单里再设置一个表格<table>，表格设置 5 行，第一行放"用户名"的输入控件<input>并设置相关样式，第二行放"密码"图片，第三行放"密码"的输入控件<input>并设置相关样式，第四行设置高为 10 像素，第五行放"登录"和"重置"按钮并设置相关样式，到此表单就设置完成了。

图 16.24　<div class="w mgt10">框体结构

回到前面的<table width=180>的最后一行，直接连接图片<img src="images/mailForm_b.jpg"/>便完成了整个"公务邮箱"的布局。

具体结构代码如下。

```
<table border=0 cellspacing=0 cellpadding=0 width=180>
    <tr><td height=10></td></tr>
    <tr><td><img src="images/mailform_title.jpg" width=180 height=56></td></tr>
    <tr><td background=images/mailform_bg.jpg><form>
        <table border=0 cellspacing=0 cellpadding=0 width=150 align=center>
            <tr><td class=input_l colspan=2><p>
            <input style="background-image: url(images/mailform_icon1.gif)" id=user class=mail_inp>
                </p></td></tr><tr>
                <td colspan=2><img src="images/mailform_title_pw.jpg" width=150 height=26></td>
        </tr><tr>
            <td class=input_l colspan=2><p>
            <input style="background-image: url(images/mailform_icon2.gif)" id=password class=mail_inp>
                </p></td></tr>
            <tr><td height=10 colspan=2></td></tr>
            <tr><td><input alt=登录邮箱 src="images/mailform_btn1.jpg" name=submit></td>
                <td align=right><a><img alt=重置表单 src="images/mailform_btn2.jpg"></a></td>
            </tr>
        </table></form>
    </td></tr>
<tr><td><img src="images/mailform_b.jpg" width=180 height=15></td></tr>
</table>
```

下面是 css 样式代码。

```
.input_l { z-index: 255; padding-left: 2px; background: url(input_l.gif) no-repeat; height: 21px }
.input_l p { background: url(input_r.gif) no-repeat 100% 0% }
.input_l .inp_text { border: medium none; padding: 0px; line-height: 19px; background-color: transparent; margin:
0px; width: 99%; height: 19px; color: #686868; font-size: 12px; }
```

```
.input_l .mail_inp { border:medium none; padding:0px 0px 0px 20px; line-height: 18px; background-color:
transparent; margin: 0px; width: 99%; background-repeat: no-repeat; background-position: 5px 50%; height: 19px; color:
#686868; font-size: 12px; }
```

第 9 步，分析 C-1 区中<td width="250">幻灯片切换的框体结构。

这一区域是包含在一个<td>单元格里面的，动用了 5 个表格<table>，第一个表格设置 1 行 2 列 2 个单元格，分别放置相关图片和设置相关背景图片样式。

第二个表格则放置幻灯片切换相关代码，幻灯片不是本书阐述的内容对象，所以这里用一张图片替换了，对幻灯片感兴趣的读者可以查看相关书籍。

第三个表格设置 1 行 2 列 2 个单元格，分别放置"告示栏"和"更多"相关图片并设置相关代码。

第四个表格先设置 1 行 3 列 3 个单元格，第一和第三个单元格放置图片，中间的单元格再设置一个表格<table>，这个表格设置相关的单元格，并在这些单元格里面设置相关标签元素和样式代码即可完成里面的布局，读者可参考下面的代码，这里就不一一列出来了。

最后一个表格直接连接图片<img src="images/gsl_b.jpg"/>。分析如图 16.25 所示。

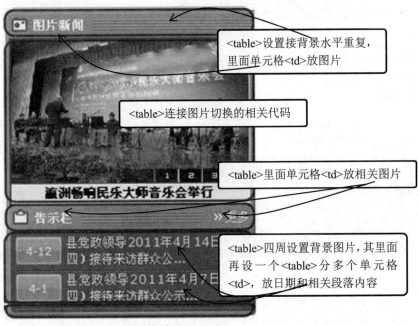

图 16.25　<div class="b1b h222 of_h">框体结构

该区域代码比较长，下面只列了第四个表格里面的代码。

```
<table border=0 cellspacing=0 cellpadding=0 width="100%">
  <tr>
    <td background=images/gsl_cl.jpg width=5>
<img src="images/gsl_cl.jpg" width=5 height=1></td>
    <td style="padding:0px 4px;" bgcolor=#458e0d>
    <table id=gslist border=0 cellspacing=0 cellpadding=0 width="100%">
      <tr><td><span>4-12</span></td>
        <td><a>县党政领导 2011 年 4 月 14 日（周四）接待来访群众公...</a></td>
      </tr><tr>
        <td colspan=2><img src="images/blank.gif" height=2></td>
      </tr><tr>
```

```
<td background=images/gsl_line.jpg colspan=2><img src="images/gsl_line.jpg" width=1 height=2></td>
    </tr><tr>
        <td><span>4-1</span></td>
        <td><a>县党政领导 2011 年 4 月 7 日（周四）接待来访群众公示...</a></td>
    </tr><tr>
        <td colspan=2><img src="images/blank.gif" height=2></td>
    </tr><tr>
        <td background=images/gsl_line.jpg colspan=2>
        <img src="images/gsl_line.jpg" width=1 height=2></td>
    </tr></table>
    <!-- 告示列表 结束 --></td>
<td background=images/gsl_cr.jpg width=5><img src="images/gsl_cr.jpg" width=5 height=1></td>
</tr></table>
```

样式代码如下：

```
#gsList span { text-align: center; line-height: 27px; width: 46px; display: block; background: url(gsl_time_bg.gif)
no-repeat; height: 27px; color: #ffffff; font-size: 11px; margin-right: 5px }
#gsList a { text-justify: inter-ideograph; text-align: justify; line-height: 16px; width: 100%; display: block; color:
#e0f9c7; font-size: 12px; text-decoration: none }
#gsList a:hover { color: #ffffff; text-decoration: none }
```

第 10 步，编写 C-1 区右边网站综合内容区域<td vAlign="top">的样式。

这一区域也是包含在一个<td vAlign="top">单元格里面的，这里面分成了 4 个小区域，如图 16.26 所示。

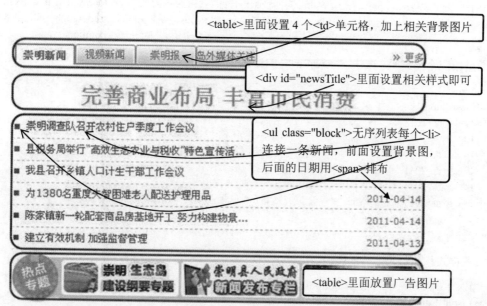

图 16.26　C-1 区的结构

第一个标题小区域是一个表格<table width="100%">，分为 1 行 2 列 2 个单元格，其中左边里面再嵌套一个表格<table>，表格分 4 个单元格安置 4 个小标题，设置背景图片等相关样式代码即可。退回前一个表格右边的单元格则放一张"更多"图片。

第二个小区域是一个层<div id="newsTitle">，里面是一个连接标签<a>，设置相关字体样式即可。

第三个小区域也是一个层<div id="newsList">，里面嵌套一个无序列表<ul>。<ul>带上 6 个<li>子标签，对应 6 条新闻，要注意的是新闻前面的黑色方块是把图片设为背景实现的，新闻后面的日期则用<span>标签挂起来，这样设置相关样式即可。

最后一个广告区域是一个表格<table width="100%">，里面放广告图片就可以了。

下面是第一个标题小区域的结构代码。

```
<table border=0 cellspacing=0 cellpadding=0 width="100%" background=images/newstab_bg.jpg>
<tr><td>
   <table id=newstab border=0 cellspacing=0 cellpadding=0>
      <tr>
         <td class=tabdef valign=bottom><a class=tabsel>崇明新闻</a></td>
         <td class=tabdef valign=bottom><a>视频新闻</a></td>
         <td class=tabdef valign=bottom><a>崇明报</a></td>
         <td class=tabdef valign=bottom><a>岛外媒体关注</a></td>
      </tr>
   </table></td>
   <td width=36><a><img border=0 alt=更多新闻  src="" width=36 height=16></a></td>
</tr>
</table>
```

相关样式代码如下。

```
#newsTab a { line-height: 22px; width: 73px; display: block; color: #59a212; font-size: 12px; text-decoration: none }
#newsTab .tabdef { text-align: center; width: 73px; background: url(newstab.jpg) no-repeat; height: 24px }
#newsTab .tabsel { text-align: center; line-height: 30px; width: 73px; background: url(newstab_sel.jpg) no-repeat; height: 24px; color: #5ea818; font-size: 12px; overflow: hidden; font-weight: bold; text-decoration: none }
```

下面是第三个小区域<div id="newsList">的结构代码。

```
<div id=newslist>
   <ul class=block>
      <li><span>2011-04-15</span><a>崇明调查队召开农村住户季度工作会议</a> </li>
      <li><span>2011-04-15</span><a>县税务局举行"高效生态农业与税收"特色宣传活...</a> </li>
      <li><span>2011-04-15</span><a>我县召开乡镇人口计生干部工作会议</a> </li>
      <li><span>2011-04-14</span><a>为 1380 名重度失智困难老人配送护理用品</a> </li>
      <li><span>2011-04-14</span><a>陈家镇新一轮配套商品房基地开工 努力构建物景...</a> </li>
      <li><span>2011-04-13</span><a>建立有效机制 加强监督管理</a> </li>
   </ul>
</div>
```

相关的样式代码如下。

```
#newsList { width: 493px; margin-bottom: 1px }
#newsList ul { display: none }
#newsList .block { display: block }
#newsList li { border-bottom: #ccc 1px dashed; width: 493px }
#newsList span { line-height: 25px; white-space: nowrap; float: right; color: #888888; font-size: 11px }
#newsList li a { line-height: 25px; padding-left: 15px; width: 390px; text-overflow: ellipsis; display: block; white-space: nowrap; background: url(left_stcmlist_dot.gif) no-repeat 0% 50%; color: #686868; font-size: 12px; overflow: hidden; text-decoration: none }
#newsList li a:hover { background-image: url(left_stcmlist_dot_over.gif); color: #ff9900; text-decoration: none }
```

第 11 步，编写 C-3 区域的模块代码。

这一区域由 4 个表格<table>组成，第一个表格设置"便民提示"相关，里面设置 1 行 3 列，中间的一列放置滚动新闻。

第二个表格分成 3 块，分别为服务导航、便民问答和便民地图。

第三个表格跟第二个表格相对应，其内容则由相关代码去完成，这里就不再一一分析下去了，读者可以查看本书的光盘。需要注意的是，那一排蓝色的按钮，当鼠标移上去的时候变成了橙色的，也是通过背景图片变换实现的。

最后一个表格放置底部的边框图片就可以了，如图 16.27 所示。

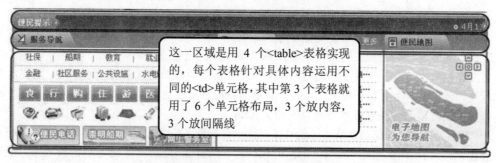

图 16.27　C-3 区里面图文新闻模块

整个区域的总体结构代码如下。

```
<table width="100%" border="0" cellSpacing="0" cellPadding="0">
  <tr>
    <td width="5" vAlign="top"><img src=""/></td>
    <td> <table id="fwdhList"></table>
    <table id="bmdh_btn"></table>
    <table></table> </td>
    <td><img src=""/></td>
    <td><div id="bmFAQ"></div></td>
    <td><img src=""/></td>
    <td><a href=""></a></td>
  </tr>
</table>
```

下面是"服务导航"内容的结构代码。

```
<table id=fwdhList width="100%">
  <tr><td>
    <table><tr><td><table><tr>
    <td width=100><table><tr><td><a>社保</a> </td><td>| </td></tr></table></td>
    <td width=100><table><tr><td><a>船期</a> </td><td>| </td></tr></table></td>
    <td width=100><table><tr><td><a>教育</a> </td><td>| </td></tr></table></td>
    <td width=100><table><tr><td><a>就业</a> </td><td>| </td></tr></table></td>
    <td width=100><table><tr><td><a>房产</a> </td><td>| </td></tr></table></td>
  </tr></table></td></tr><tr>
    <td background=images/wsbsList_line.gif><img src="" width=3 height=1></td>
  </tr><tr><td><table><tr>
    <td width=100><table><tr><td><a>金融</a> </td><td>| </td></tr></table></td>
```

```
<td width=100><table><tr><td><a>社区服务</a> </td><td>| </td></tr></table></td>
<td width=100><table><tr><td><a>公共设施</a> </td><td>| </td></tr></table></td>
<td width=100><table><tr><td><a>水电煤</a> </td><td>| </td></tr></table></td>
<td width=100><table><tr><td><a>法律咨询</a> </td><td>| </td></tr></table></td>
</tr></table></td></tr><tr>
<td background=images/wsbsList_line.gif><img src="" width=3 height=1></td>
</tr><tr><td><table></table>
</td></tr></table>
</td></tr>
</table>
```

第 12 步，编写 C-4 区友情链接<table width="100%">的框体代码。

考虑到链接的网址比较多，这里还做了分类，并用 JS 脚本语言做了切换的效果，当鼠标单击某一类的时候，显示这一类的相关链接，同时隐藏其他类型的链接。

这里的表格分为 1 行 3 列 3 个单元格，第一个单元格放置友情链接的各类小标题，这里要写上两套样式代码，一套是平常状态下显示的，另一套是当鼠标移过去时显示的，至于如何切换，则是用 JS 脚本语言实现的，读者可以查看本书光盘的相关代码。

第二个单元格放置分好类的友情链接的具体名称，首先是在其里面设置一个层<div id="linkList">，在这个层里面再设置 4 个无序列表<ul>，再用<ul>的子标签<li>排版具体的友情链接名称。能看到的只有一个无序列表所排版的名称，那是因为通过 JS 脚本语言把其他 3 个都隐藏起来了。这里还要注意，每个链接的名称前面的黑色小方块是通过设置背景光图片来实现的。最后一个单元格放置一张图片，效果如图 16.28 所示。

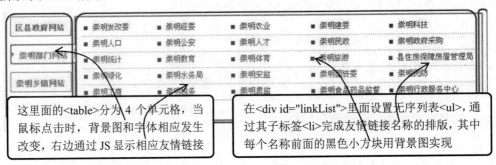

图 16.28　<div class="dBox_1 dBox_1_1">结构分析

结构代码如下。

```
<div class="w mgt10">
  <div class=b1g>
    <h2 class="f14 b bb1g lh2 td1e bgg_8">
    <a class=reply></a>                                    <!--申请友情链接友情链接-->
    <a class="r gray mgr10 f12 fw_n mgt5">更多</a>友情链接 </h2>
    <div class="pd10 lh2">
    <a class="gray mglr5"></a>
    <a class="gray mglr5"></a>                             <!--友情链接的具体名称-->
    ……
    </div>
  </div>
</div>
```

下面是相应的样式代码。

```
.w {width: 970px; margin-left: auto; clear: both; margin-right: auto}
.mgt10 {margin-top: 10px}
.b1g {border: #e3e2e2 1px solid;}
.f14 {font-size: 14px !important}
.b {font-weight: bold !important}
.bb1g {border-bottom: #e3e2e2 1px solid}
.lh2 {line-height: 2}
.td1e {text-indent: 1em}
.bgg_8 {background-color: #f8f8f8}
<!--上面是标题的样式-->
.reply {background: url(com_ico.gif) no-repeat; width: 104px; background-position: -35px -55px; float: right;
height: 26px}
.r {float: right; _display: inline}
.gray {color: #656565 !important}
.mgr10 {margin-right: 10px}
.f12 {font-size: 12px !important}
.fw_n {font-weight: normal !important}
.mgt5 {margin-top: 5px}
.pd10 {paddingm: 10px;}
.mglr5 {margin-left: 5px; margin-right: 5px}
```

介绍到这里，有必要提一下，从上面的标题样式和"更多"链接的样式，还有前面很多的地方，都不止是写一个类，而是写了很多个类，像"更多"的链接就用了 6 个类，而这 6 个类里面样式都很少，有的甚至只写了一条。为什么不用一个类来全部规定这些样式而要分开来这么多呢？这就是样式的更高一个层次了——样式的模块化，一个类规定一些经常配合用在一起的样式，然后在网站哪个地方需要用到的直接引用就可以，而不用重新再写一遍，这在一些大网站例如门户网站就经常用到，而且网站越大，其效果和作用就越明显。读者也可以朝着这个方向慢慢地培养自己，水平自然也就会有所提高。

关于 C 区的页脚版权信息样式比较简单，这里就不详细分析了。

第**17**章

设计娱乐时尚网站

（ 🎥 视频讲解：45 分钟 ）

　　网站风格是指网站整体形象带给浏览者的综合感受，这个整体形象包括站点的 CI（标志、色彩、字体、标语）、版面布局、浏览方式、交互性、文字、语气、内容价值、存在意义、站点荣誉等诸多因素。例如，网易的风格是平易近人的，迪斯尼是生动活泼的，IBM 是专业严肃的。本章的网站类型主要以娱乐网站为主，受众群体主要是都市女性，因此，网站的风格要求时尚、有气质、有品味。

　　此类网站属于专业门户网站。文字信息会占相当大的比例，再加上图片展示和各种广告信息，故内容会相当多，且复杂。类似网站结构一般都会采用三列多行的形式布局，如图 17.1 所示。当然，针对网站的内容承载量，有些可能也会采用两列多行或四列多行的形式，如图 17.2 所示。

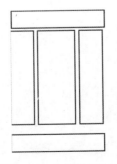

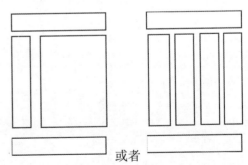

或者

图 17.1　三列多行布局　　　　　　　　　图 17.2　两列多行和四列多行布局

17.1 网站配色

策划正确的配色方案时必须要有一个判断标准。网页设计师策划一个网站需要经过反复多次的思考，而在决定网页配色方案时同样需要经过再三的思量。为了得到更好的策划意见，组织者既应该与合作人员反复进行集体讨论，还应该找一些风格类似的成功站点进行技术分析。一个大型站点是由几层甚至数十层的链接和上百上千种不同风格的网页所构成的，所以在需要的时候应该绘制一个合理的层级图。

如果在一个网站配色方案的策划中只凭设计师的感觉来决定最终的配色方案，成功的机会会很少，而且即使成功一次，也保证不了下一次同样能够成功。何况在没有任何根据的情况下，一个设计师的好的建议也不一定能说服团队中的其他合作成员。萝卜白菜各有所好，如果团队中的每一个成员都执意主张自己的观点，那么这个团队就会一事无成。

当然，感觉是设计师的灵魂，没有感觉的设计师就如同一个没有灵魂的躯壳。但光凭感觉也不能够得到最好的结果。如果说好的设计等于感觉加上一个未知数，那么这个未知数应该就是可以说服其他人的科学合理的理论体系。

黑色永远是最时尚、最酷的色彩，"瑞丽女性"是以服务于都市女性、追求时尚生活的网站，根据该区域特色确定网页配色的原始采用图像，如图 17.3 所示。

黑色与白色表现出了两个极端的亮度，而这两种颜色的搭配通常可以表现出都市化的感觉。只要能够合理地搭配使用黑色与白色，甚至可以做到比那些彩色的搭配更生动的效果。黑色与白色的搭配通常用于现代派网站中，通过合理地添加一些彩色还可以得到突出彩色的效果。在黑白世界中适当添加女性色（如紫粉色、玫瑰红等），就能够营造出回味、女性化、优雅的情调。下面从这幅图片中分析趋势色彩，启发灵感，并以此进行创意，如图 17.4 所示。

图 17.3 配色源图像

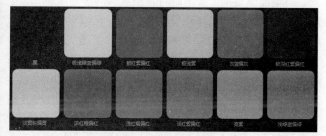

图 17.4 分析趋势色彩

该图包含的主色调有黑、极浅绿蓝偏绿、鲜红紫偏红、极浅紫、灰蓝偏灰、极深红紫偏红、淡黄粉偏黄、浓红橙偏红、浅红褐偏红、淡红紫偏红、亮紫、浅绿蓝偏绿。概括地说，该图是以黑色系为主，紫红、蓝绿色为辅助进行设计的。

吸收上图设计色彩元素，适当进行色彩纯度调试，最后确定本案例的主色调，效果如图 17.5 所示。

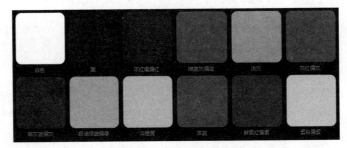

图 17.5 网站主色调

主要色调包括以下颜色，其中深灰色所占比重最大，其他色调（如紫红和蓝绿色）适当搭配。

☑ 白色和黑色，用于网页背景。

☑ 深灰色，用于部分标题栏背景。

☑ 浅灰色，用于部分栏目的内容背景。

☑ 浓红褐偏红（#7C1C1C），用于 Logo 和部分标题文字。

☑ 灰红偏灰（#965C5F），用于网页渐变背景。

☑ 极浅绿蓝偏绿（#84D1E8），少量标题行背景。

☑ 浅橙黄（#E5C99D），少量标题文字。

☑ 浓蓝（#008AD0），少量标题背景。

☑ 鲜紫红偏紫（#BA3C86），用于部分导航和标题文字。

就页面的设计风格来说，网站的每一个细节都看到了设计的力量所在。为了表现其时尚、实用的特点，网站头部及每一个版块的导航区域和网站的末尾，都很大胆地用上了非黑色的深灰色。实际也证明深灰色比纯黑色或者其他浓度的灰色更强烈有力地表达了网站的主旨，也间接显示了本网站的设计造诣，整个网站的最终效果图如图 17.6 所示。

17.2 网站结构设计

网站结构设计要求如下。

"瑞丽女性网"是瑞丽品牌在互联网平台上的成功拓展，现已成为服务于中国大陆及全球华人社群的出色在线媒体与增值资讯提供商。它以服务女性用户为核心，倡导女性网络化生存，通过整合信息服务、功能服务和商务服务，为女性营造美丽生活空间。

本站属于专业门户类型的网站，但网站的区块划分必须清晰可见。网站的主体内容区域背景颜色是白色，区块划分的导航区域都需要用到强烈的深灰色做背景。就是版块里面每一个栏目之间都是泾渭分明的，设计师必须深谙一个资讯类型的网站要做到内容清晰明了的道理。

根据策划的基本思路，设计效果图时，应该坚持以含蓄美、丽质表达内容为基本原则，整个网站结构包括：网站 Logo、导航栏、网站头条图片和文字新闻，服饰下面的幻灯片、头条新闻、潮人街拍、时尚话题，美容下面的幻灯片、新闻列表、人气产品、化妆品库，家居下面的幻灯片、新闻列表、设计师在线和家装案例，还有生活版块、模特版块、男人风尚、新娘版块、电子杂志、友情链接、版权信息等版块内容。

根据内容，初步在稿纸上画出页面布局的草图，如图 17.7 所示。

图 17.6　网站效果图

图 17.7　设计草图

通过草图对将要做的页面进行初步分析，整个页面大体有了一个轮廓。现在就可以通过 Photoshop 设计效果图了。

操作步骤：

第 1 步，启动 Photoshop，新建文档，设置文档大小为 1002 像素×1500 像素，分辨率为 96 像素/英寸，然后保存为"设计图.psd"。借助辅助线设计出网站的基本轮廓，如图 17.8 所示。

第 2 步，在 Photoshop 中新建"线框图"图层，使用绘图工具绘制页面的基本相框和背景样式，如图 17.9 所示。

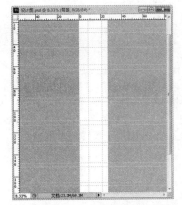

图 17.8 设置辅助线

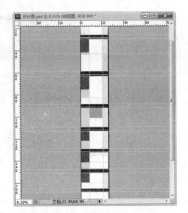

图 17.9 绘制页面线框

第 3 步，在线框的基础上进一步细化栏目形态，明确栏目样式和内容，特别是重要内容的显示形式，最后效果如图 17.10 所示。建议读者把整个效果图都设计出来，特别是一些有纹理质感的图片。

图 17.10 完成效果图

17.3 输出设计图

完成上面的工作之后，接下来的就是切图了，纵观全图，看看哪些是要切下来做图片或做背景的，做背景要怎么切等。这里只挑几个重要的大致分析一下，剩下的就由读者自己完成了。

操作步骤：

第 1 步，制作网站的导航栏，这里用的字体是微软雅黑，很多计算机里面默认还是没有这种字体的，故这里只能作为一整张图片切割下来，如图 17.11 所示。

图 17.11 网站导航栏切割

下面是切图后的效果，如图 17.12 所示。

图 17.12 网站导航栏效果

第 2 步，制作模块的标题，文字本身加了很多修饰效果，用 CSS 更是没办法实现，故要作为一张图片切割下来。如图 17.13 所示即为 "服饰" 的切割效果。

图 17.13 版块标题切割

下面是 3 个模块标题切图后的效果，如图 17.14 所示。

图 17.14 版块标题效果

第 3 步，制作网站的背景图，图片本身用了比较复杂的渐变效果，通过重复等操作没办法实现，故只能作为一张大图切割下来，切图效果如图 17.15 所示。

图 17.15 背景图切割完成后的效果

第 4 步，制作版块中标题的图片也切下来，如图 17.16 所示。

图 17.16 栏目标题切割

切图后的效果如图 17.17 所示。

图 17.17 栏目标题效果

第 5 步，选择【文件】|【存储为 Web 和设备所用格式】命令，打开【存储为 Web 和设备所用格式】对话框，保持默认设置，单击【存储】按钮，保存好图片。具体操作可以参考前面的章节。

第 6 步，在 images 文件夹中看到所需要的背景图像，然后根据需要重命名即可。

17.4 网站结构重构

网站结构重构的目标就是把使用 Photoshop 设计的效果图，在 Dreamweaver 中还原成为 HTML 结构代码，具体操作步骤如下。

第 1 步，根据设计版块进行图的区域划分，启动 Dreamweaver，选择【文件】|【新建】命令，打开【新建文档】对话框，新建一个空白的 HTML 文档页面，并保存文件为 index.html。

第 2 步，编写 HTML 基本结构。在编写结构时，读者应该注意结构的嵌套关系，以及每级结构的类名和 ID 编号，详细代码如下。

```html
<html xmlns="http://www.w3.org/1999/xhtml">
<head>
<title>瑞丽女性网</title>
<meta content="text/html; charset=gb2312" http-equiv=content-type>
</head>
<body id=body>                                          <!--header_w 开始-->
<div id=header_w class=header_w>
  <div id=header>
    <div class=nav></div><div class=logo></div>
  </div>
  <div id=subnav class=subnav></div>
</div>                                                  <!--header_w 结束-->
<div id=wrap class=wrap>
  <div class=w960>
    <div class="main firstscreen">
      <div class=main_left>
        <div class=focus_player></div>
        <div class=top10>
          <div class=tab_menu></div><div class=tab_box></div>
        </div>
      </div>                                           <!--main_left 结束-->
      <div class=main_center>
        <div class="news"></div>
        <p id=localtime class=time></p>
        <div class=news_box></div><div class=news_box></div>
        <div class=focus_list></div>
        <div class="tagats lh28 border_g"></div>
        <div class=topics></div>
      </div>                                           <!--main_center 结束-->
      <div class=search></div><div class=main_right></div>
    </div>                                             <!--main firstscreen 结束-->
    <div class="main fashion">
      <div class=fashion_title></div>
      <div style="height: 750px" class=main_right></div>
      <div class=main_left></div>
      <div class=main_center>
```

```
        <div class=news_box></div>
        <div class=fashion_center></div>
        <div class=fashion_center></div>
      </div>
      <div class=scroll></div>
    </div>                                                <!--main fashion 结束-->
    <div class="street_style">
      <div class=street_style_box01></div>
      <div class=street_style_box02></div>
      <div class=street_style_box03></div>
    </div>                                                <!--street style 结束-->
    <div id=tl002 class=banner_960_2></div>               <!--beauty  结束-->
    <div class="main beauty">
      <div class=fashion_title></div>
      <div class=main_right></div>
      <div class=main_left></div>
      <div class=main_center></div>
      <div class=cosmetic></div>
    </div>                                                <!--main beauty 结束-->
    <div id=tl003 class=banner_960></div>
    <div class="main deco">
      <div class=fashion_title></div>
<div class=main_right></div><div class=main_left></div><div class=main_center_deco>
      <div class=focus_player></div>
      <div class="fashion_center clear"></div>
      <div class=fashion_center></div>
    </div>
  </div>                                                  <!--main deco 结束-->
    <div id=tl004 class=banner_960></div>
    <div class="main life">
      <div class=life_title></div>
      <div class=main_right></div><div class=main_left></div><div class=main_center>
      <div class=news_box></div>
      <div class=fashion_center></div><div class=fashion_center></div>
      <div class=fashion_center></div>
    </div>
  </div>                                                  <!--main life 结束-->
    <div id=tl005 class=banner_960></div>
    <div class="main life model">
      <div class=life_title></div><div class=main_left></div><div class=main_model></div>
    </div>                                                <!--main life model 结束-->
    <div id=tl006 class=banner_960></div>
    <div class="main men">
      <div class=life_title></div><div class=main_right></div><div class=main_left></div>
      <div class=main_center>
        <div class=fashion_center></div><div class=fashion_center></div>
      </div>
      <div class=scroll01></div>
    </div>                                                <!--main men 结束-->
    <div id=tl007 class=banner_960></div>
```

```
    <div class="main threescreen">
      <div class=main_box01></div>
      <div class="main_box01 spec_box01"></div><div class="main_box01 spec_box01"></div>
      <div class=main_box02></div>
      <div class="main_box02 spec_box01"></div><div class="main_box02 spec_box01"></div>
      <div id=tl008 class=banner_960></div><div class=magazine></div>
    </div>                                                    <!--main threescreen 结束-->
  </div></div>
<div id=footer>
    <dl class=subnav2></dl><dl></dl><dl></dl>
</div>                                                        <!--footer 结束 -->
</body>
</html>
```

第 3 步，简化一下代码，这样可以更清晰地把握整个网站的总体结构。最后效果如图 17.18 所示。

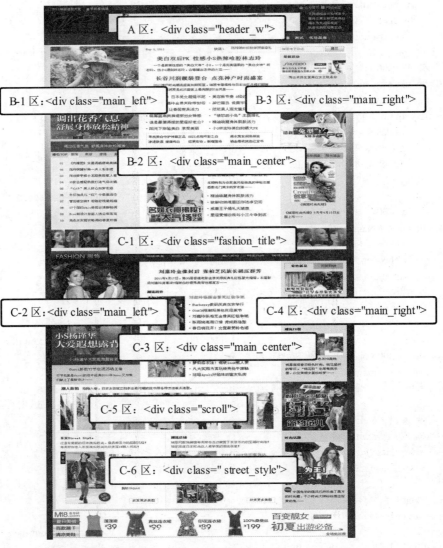

图 17.18　几个主要层的包含标签

17.5 网站效果重现

通过上面的结构重构，大致摸清了网站的脉络，熟悉了总体结构，下面使用 DIV+CSS 一步步实现整个网站的设计效果。

操作步骤：

第 1 步，启动 Dreamweaver，打开上一节中重构的网页结构文档 index.htm，然后逐步添加页面的微结构和图文信息，对于需要后台自动生成的内容，可以填充简单的图文，以方便在设计时预览和测试，等设计完毕后，再进行清理，留待程序员添加后台代码。

第 2 步，新建样式表文档。

选择【文件】|【新建】命令，创建外部 CSS 样式表文件，保存为 style.css 文件，并存储在 images 文件夹中。选择【窗口】|【CSS 样式】命令，打开【CSS 样式】面板，单击【附加样式表】按钮，在打开的【链接外部样式表】对话框中，选择【浏览】按钮，找到 style.css 文件，将其链接到 index.htm 文档中，最后单击【确定】按钮，如图 17.19 所示。

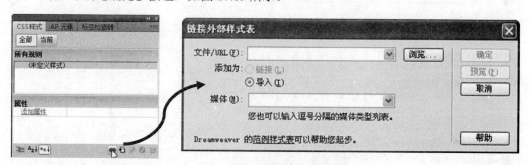

图 17.19 链接外部样式表

链接外部样式表的代码显示如下。

```
<link rel=stylesheet type=text/css href="images/style.css" media=all>
```

第 3 步，初始化标签样式。

将所有要用到以及即将用到的元素初始化，去除默认样式，因为对于默认样式，不同的浏览器会有不同的解释，表现到页面就会不一致。代码如下所示，具体代码请查看源样式文件头部初始化。

```
* { padding: 0px; margin: 0px; }
html { color: #000 }
table { border-spacing: 0; border-collapse: collapse }
body { text-align: center; font-family: "宋体", arial, helvetica, sans-serif; background: #fff; font-size: 82px }
div { text-align: left }
img { border-width: 0px; }
……
```

第 4 步，分析<div class="subnav" id="subnav">导航栏的结构和样式代码。

在分析之前先说明一下，因为篇幅有限，而本案例页面很长，内容十分的丰富，故只能分析页面前面的一部分，在这里实在感到抱歉，其余部分，读者可以接着本案例继续去完成。

制作网站的导航栏时，难点是整个导航栏显示的是一张背景图，要先隐藏掉导航的文字，然后定义背景图，不同的区域做不同的连接。

　　首先最外面的包含层为<div class="subnav" id="subnav">，高为 50 像素，背景颜色为深灰色。然后里面再写一个无序列表<ul>，宽为 950 像素，高为 50 像素，清除两边的浮动，居中对齐。

　　算一下这里总共有 18 个具体的导航文字连接，故在其里面先写 18 个<li>子标签。设置宽为 45 像素，高为 50 像素，溢出来隐藏，最后向左浮动。这样所有<li>就可以并排在一条直线上。

　　然后在每个<li>里面都写上一个<a>标签，设置宽为 45 像素，高为 50 像素，以块状的方式显示，里面的文字缩进-999 像素。这一步很关键，这样所有的导航文字便都在页面上"隐藏"了起来。接着连接一张背景图，即在前面切割的图 17.11 网站导航图。最后，还要为每一个<a>标签写一个类，通过这个类为<a>设定其背景要显示的坐标值，即可得到想要的导航效果，具体效果如图 17.20 所示。

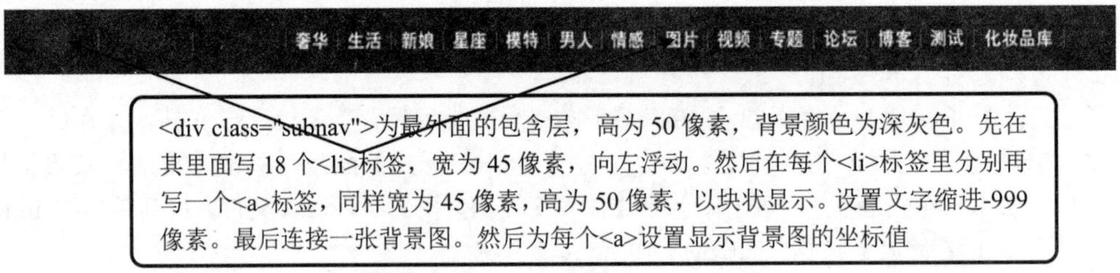

<div style="text-align:center">

奢华　生活　新娘　星座　模特　男人　情感　图片　视频　专题　论坛　博客　测试　化妆品库

<div class="subnav">为最外面的包含层，高为 50 像素，背景颜色为深灰色。先在其里面写 18 个<li>标签，宽为 45 像素，向左浮动。然后在每个<li>标签里分别再写一个<a>标签，同样宽为 45 像素，高为 50 像素，以块状显示。设置文字缩进-999 像素。最后连接一张背景图。然后为每个<a>设置显示背景图的坐标值

</div>

图 17.20　网站导航栏代码分析

下面是一级导航的结构代码。

```
<div id=subnav class=subnav><ul>
    <li class=w88><a class=sub_fashion>服饰</a> </li>
    <li class=w88><a class=sub_beauty>美容</a> </li>
    <li class=w88><a class=sub_deco>家居</a> </li>
    <li><a class=sub_trends>奢华</a> </li>
    <li><a class=sub_life>生活</a> </li>
    <li><a class=sub_bride>新娘</a> </li>
    <li><a class=sub_astro>星座</a> </li>
    <li><a class=sub_model>模特</a> </li>
    <li><a class=sub_male>男人</a> </li>
    <li><a class=sub_emotion>情感</a> </li>
    <li><a class=sub_image>图片</a> </li>
    <li><a class=sub_video>视频</a> </li>
    <li><a class=sub_topics>专题</a> </li>
    <li><a class=sub_bbs>论坛</a> </li>
    <li><a class=sub_blog>博客</a> </li>
    <li><a class=sub_test>测试</a> </li>
    <li class=w77><a class=sub_product>化妆品库</a> </li>
    <li><a class=sub_vblog>微博</a> </li>
</ul></div>
```

下面是相对应的样式代码。

```
.subnav { background: #2b2e38; height: 50px }
.subnav ul { margin: 0px auto; width: 950px; height: 50px }
.subnav li { width: 45px; float: left; height: 50px; overflow: hidden }
.subnav li a { background-image: url(sub_nav2.gif); text-indent: -999px; width: 45px; display: block; height:
50px }/*连接一张背景图，文字缩进-999 像素，以块状的方式显示*/
```

```
.subnav li.w88 { width: 88px }
.subnav li.w88 a { width: 88px }
.subnav li.w77 { width: 77px }
.subnav li.w77 a { width: 77px }
```

下面为具体的每个<a>设置相应的背景图要显示的坐标值。

```
.sub_fashion { background-position: 0px 0px }
.sub_beauty { background-position: -88px 0px }
.sub_deco { background-position: -862px 0px }
.sub_trends { background-position: -243px 0px }
.sub_life { background-position: -288px 0px }
......
```

第 5 步，分析 B 区<div class="main firstscreen">大体的结构代码。

在分析里面的具体模块之前，先看看这一区域一个整体的大框架。首先最外面的包含框为<div class="main firstscreen">，宽 960 像素，页面居中对齐，背景颜色为白色。里面主要分为 3 个部分，<div class="main_left">为最左边的部分，宽 290 像素，向左浮动，右边框为 8 像素灰色实线，用于与右边的内容间隔开来。里面再分两个层：<div class="focus_player">和<div class="top80">来实现这里的布局。

然后中间的部分为<div class="main_center">，宽 434 像素，同样向左浮动。里面按照页面布局的需要，再用 6 个层来实现。<div class="news">放最上面相关的文字连接，两个同样的<div class="news_box">放这里的网站头条新闻，<div class="focus_list">为列表新闻，<div class="tagats lh28 border_g">为周边相关的文章连接入口，<div class="topics">为网站精彩专题。

右边部分为<div class="main_right">（需要注意的一点是，这里把站内搜索的相关控件单独作为一个层<div class="search">），这一部分设为右浮动，宽 288 像素。里面的最新活动放在<div class="main_right_box">中，剩下的放在<div class="height288 tab_box_size08 tab_box2">层并设置相关的样式，如图 17.21 所示。

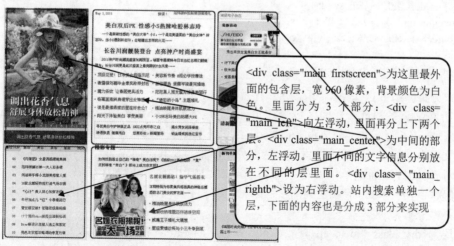

<div class="main firstscreen">为这里最外面的包含层，宽 960 像素，背景颜色为白色。里面分为 3 个部分：<div class="main_left">向左浮动，里面再分上下两个层。<div class="main_center">为中间的部分，左浮动。里面不同的文字信息分别放在不同的层里面。<div class="main_rightb">设为右浮动。站内搜索单独一个层，下面的内容也是分成 3 部分来实现

图 17.21　<div class="main firstscreen">的结构分析

相应的结构代码如下（blank.gif 图片实际上只有 1 像素大小，而且是透明的）。

```
<div class="main firstscreen">
  <div class="main_left">
    <div class="focus_player"></div>
```

```
            <div class="top80"></div>                              <!--左边的部分 结束-->
        </div>
        <div class="main_center">
            <div class="news"></div>
            <p class="time" id="localtime"></p>
            <div class="news_box"></div>
            <div class="news_box"></div>
            <div class="focus_list"></div>
            <div class="tagats lh28 border_g"></div>
            <div class="topics"></div>                              <!--中间的部分 结束-->
        </div>
        <div class="search"></div>
        <div class="main_right">
            <div class="main_right_box"></div>
            <div class="martop20 tab_menu_size03 tab_menu2"></div>
            <div class="height288 tab_box_size08 tab_box2"></div>
        </div>                                                      <!--右边的部分 结束-->
    </div>                                                          <!--整个大的区域包含框 结束-->
</div>
```

下面是样式代码。

```
.main { margin: auto; width: 960px; background: #fff; overflow: hidden; padding-top: 7px }
.main_left { width: 290px; background: #e2e2e2; float: left; border-right: #e0e0e0 8px solid }
.main_center { padding-left: 24px; width: 434px; float: left }
.main_right { border-left: #e0e0e0 8px solid; width: 280px; background: #ededed; float: right }
/*左边框为 8 像素灰色实线，宽 280 像素，背景颜色为灰色，右浮动*/
.focus_player { width: 290px; float: left; height: 464px }
.news_box { margin-top: 86px; width: 406px }
.focus_list { margin-top: 80px; width: 406px; height: 860px; overflow: hidden }
.border_g { border: #e0e0e0 8px solid; }
.topics { margin-top: 20px; width: 406px; overflow: hidden }
.search { border-style: none; width: 280px; background: #fff; float: left; height: 30px; padding-top: 6px }
/*边框样式为无，背景颜色为白色，向左浮动，宽 280 像素，高 30 像素*/
.main_right { border-left: #e0e0e0 8px solid; width: 280px; background: #ededed; float: right }
```

第 6 步，分析网站 B 区头条新闻区域的结构和样式代码。

下面分析网站头条和最新新闻区域，这里面分 4 个层来分别实现。第 1 个层为<div class="news_box">，宽 406 像素，上外边距 86 像素。当然还承继了作为一个<div>层本身的一些样式，例如，里面的文字内容居左对齐等，这里不再全部列举出来。在其里面先写一个<h2>，文字大小为 86 像素，居中对齐（因为上面继承了居左，所以这里重设为居中），颜色为深红色。然后再写一个<p>，行高为 20 像素，缩进 24 像素，颜色为深灰色即可。第 2 个层同样为<div class="news_box">，样式结构同上，故不再分析。

第 3 个层为<div class="focus_list">，宽 406 像素，高 860 像素，上外边距为 80 像素，内容溢出来的隐藏。里面写两个<ul class="list">无序列表，宽为 203 像素，向左浮动。因为两个<ul>结构一样，故只分析其中一个即可。先在其里面写 6 个<li>子标签，设置其行高为 24 像素，高为 28 像素，字体大小为 84 像素。另外为了保证其在每个浏览器里面都有一样的效果，先把<li>文字前面默认的小圆点去掉，然后各自连接一张用图画出来的小圆点背景图片即可。

第 4 个层为<div class="tagats lh28 border_g">，宽 406 像素，高 50 像素，清除两边的浮动，4 边

边框为 8 像素宽度灰色实线。然后具体里面的每一段文字则写在一个<div class="w838 fl">里面。宽 835 像素，向左浮动。至于字体的颜色则另外设置，最后分析如图 17.22 所示。

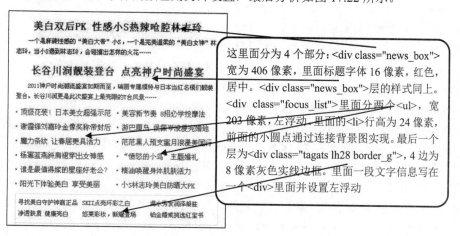

图 17.22　网站 B 区头条新闻区域代码分析

具体结构代码如下。

```
<div class=news_box><h2><a></a></h2><p><a></a></p> </div>          <!--第 8 条头条新闻-->
<div class=news_box><h2><a></a></h2><p><a></a></p> </div>          <!--第 2 条头条新闻-->
<div class=focus_list><ul class=list
     <li><a></a ></li><li><a></a ></li><li><a></a></li>
     <li><a></a> </li><li><a></a> </li><li><a></a> </li>            <!--第 8 条列表新闻-->
   </ul><ul class=list
     <li><a></a></li><li><a></a></li><li><a></a></li>
     <li><a></a></li><li><a></a></li><li><a></a></li>             <!--第 2 条列表新闻-->
</ul></div>
<div class="tagats lh28 border_g">
     <div class="w838 fl"> <a></a></div>
     <div class="w838 fl"> <a></a></div>
     <div class="w838 fl"> <a></a></div>
     <div class="w838 fl"> <a></a></div>
     <div class="w838 fl"> <a></a></div>
</div>
```

下面是相应的样式代码。

```
.news_box { margin-top: 86px; width: 406px }
.news_box h2 { text-align: center; font-family: "微软雅黑", ""; font-size: 20px }
.news_box h2 a { color: #b80482 }
.news_box p { line-height: 20px; margin-top: 8px; text-indent: 24px }
.focus_list { margin-top: 80px; width: 406px; height: 860px; overflow: hidden }
/*上外边距为 80 像素，宽 406 像素，高 860 像素，溢出来隐藏*/
.focus_list ul { width: 203px; float: left }
.focus_list li { line-height: 24px; height: 28px; font-size: 84px }
ul.list li { padding-left: 80px; background: url(columnbg.gif) no-repeat 0px -86px }
.tagats { line-height: 22px; margin-top: 80px; width: 406px; height: 50px; clear: both; overflow: hidden;
padding-top: 6px }/*行高为 22 像素，清除两边的浮动，溢出来隐藏*/
```

```
.lh28 { line-height: 28px }
.border_g { border: #e0e0e0 8px solid; }
.w838 { width: 835px }
.fl { float: left }
```

第 7 步，分析 B-8 区中<div class="top80">"排行 TOP80"的代码。

在分析之前，先说一下这里有一个选项卡式的栏目切换效果，当鼠标移到某一文字上面时，下面则显示相应的内容层，其他的层则隐藏起来。这样的行为事件是通过 JavaScript 脚本语言实现的，这一行为不是本书阐述的范围，有兴趣的读者可以查看相关的资料，这里只要实现其结构和样式代码即可。

首先最外面的包含层为<div class="top80">，里面主要是分为两个部分来实现的，第 1 部分为<div class="tab_menu">，行高和高都设为 25 像素，宽 290 像素，背景颜色为灰色。里面先写一个<strong class="fl">放这里的标题"排行 TOP80"并加粗显示。然后再写一个<ul>，对应效果图的 7 个切换标题，其里面写 7 个<li>，居中对齐，宽 37 像素，行高和高同为 25 像素，鼠标以手型的方式显示，如果是当前的状态则宽加到 46 像素并连接一张背景图。

第 2 部分最外面的层为<div class="tab_box">，宽 260 像素，高 272 像素，左内边距 30 像素，溢出来的隐藏，同样里面写 7 个<dl>标签，然后其里面再写一个<ul>标签，具体的一行行文字信息就通过放在其子标签<li>里面并设置相关样式来实现，最终分析如图 17.23 所示。

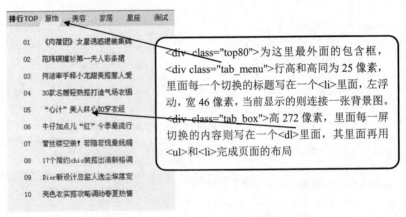

图 17.23　"排行 TOP80"的结构分析

相应的结构代码如下。

```
<div class=top80>
  <div class=tab_menu><strong class=fl>排行 top</strong>
    <ul>
      <li class=selected><a>服饰</a> </li>
      <li><a>美容</a> </li><li><a>家居</a> </li>
      <li><a>星座</a> </li><li><a>测试</a> </li>
    </ul>
  </div>
  <div class=tab_box>
    <dl><ul>
      <li>08<a></a> </li><li>02<a></a> </li><li>03<a></a> </li>
      <li>04<a></a> </li><li>05<a></a> </li><li>06<a></a> </li>
      <li>07<a></a> </li><li>08<a></a> </li>
      <li>09<a></a> </li><li>80<a></a> </li>
    </ul></dl>                              <!-- "服饰"对应的内容层-->
```

```
<dl><ul></ul></dl><dl><ul></ul></dl>
<dl><ul></ul></dl><dl><ul></ul></dl>    <!--其结构同"服饰"内容层一样，故不再列出来-->
  </div>
</div>
```

样式代码如下。

```
.tab_menu { line-height: 25px; width: 290px; height: 25px; color: #383838 }
.tab_menu a { color: #383838 }
.tab_menu a:hover { text-decoration: none }
.tab_menu strong { padding-left: 5px; font-family: arial }
.tab_menu li { line-height: 26px; padding-left: 83px; width: 34px; float: left; height: 25px; overflow: hidden; cursor:
pointer }/*行高为 26 像素，左内边距为 83 像素，向左浮动，溢出来的隐藏*/
.tab_menu .selected { background: url(top_select.jpg) no-repeat left top }
.tab_box { padding-left: 30px; width: 260px; background: #f5f5f5; height: 292px; overflow: hidden; padding-top:
20px }/*上左内边距为 30 像素和 20 像素，内容溢出来的隐藏*/
.tab_box dl { width: 260px; height: 292px; overflow: hidden }
.tab_box li { height: 28px }
.tab_box a { margin-left: 20px }
```

第 8 步，分析 B-2 区中<div class="topics">"精彩专题"的框体结构。

这里"精彩专题"最外面的包含层为<div class="topics">，上外边距为 88 像素，宽 409 像素，隐藏溢出的内容。在包含层包含 3 部分，第 1 部分为<h3>，高 26 像素，里面先写一个<span>，宽 86 像素，向左浮动，高 20 像素，连接一张背景图。即从下面的分析图可以看到"精彩专题"图片，因为这样的字体用 CSS 样式没法实现，故这里用图片代替文字。然后再写一个<div class="redline">，设置高为 8 像素，向左浮动，背景颜色为深红色，即得到一条分割线。

第 2 部分为<div class="guide_topics">，背景颜色为浅灰色并设置相关的内边距值。里面再写一个<p>，字体大小为 82 像素，深灰色。

第 3 部分为<div class="topics_box">，上外边距为 3 像素，宽 406 像素，高 284 像素，溢出来隐藏。里面左边为一张图片，向左浮动，4 边边框为 8 像素灰色实线。右边为一个层<div class="topics_right fl">，宽 206 像素，同样向左浮动。标题写在<h4>里面，84 像素，金黄色。文字说明写在<p>里面，行高 20 像素，上外边距 84 像素。列表文字则写在<ul class="list">的子标签里面，行高 24 像素，高 28 像素。分析如图 17.24 所示。

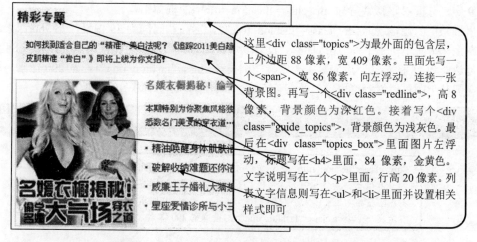

图 17.24 <div class="topics">精彩专题框体结构

这里面代码比较长，下面只列了第 4 个表格里面的代码。

```
<div class=topics>
    <h3><span></span><div class=redline></div></h3>          <!--"精彩专题"标题-->
    <div class=guide_topics>
        <p><a></a></p>                                       <!--段落文字说明-->
    </div>
    <div class=topics_box>
        <a><img class="fl border_g pad8" src=""></a>
        <div class="topics_right fl">
            <h4><a></a></h4>
            <p><a></a></p>                                   <!--段落文字说明-->
            <ul class=list>
                <li><a></a> </li><li><a></a> </li>
                <li><a></a> </li><li><a></a> </li>
            </ul>                                            <!--列表文字信息-->
        </div></div>
</div>
```

样式代码如下。

```
.topics { margin-top: 20px; width: 406px; overflow: hidden }
.topics h3 { height: 26px; color: #b80482; font-size: 88px; overflow: hidden }
.topics h3 span { width: 86px; background: url(jczt.gif) no-repeat left top; float: left; height: 20px }
/*宽 86 像素，连接一张背景图并设置其在左上角显示，向左浮动，高 20 像素*/
.topics .redline { line-height: 8px; margin-top: 86px; width: 320px; background: #e6a3aa; float: left; height: 8px;
overflow: hidden }
/*行高和高均为 8 像素，上外边距 86 像素，背景颜色为深红色，向左浮动，溢出来隐藏*/
.topics_box { margin-top: 80px; width: 406px; height: 284px; overflow: hidden }
.border_g { border: #e0e0e0 8px solid; }
.topics_right { width: 206px; display: inline; float: left; margin-left: 82px }
.topics_right h4 { font-size: 84px }
.topics_right h4 a { color: #d8840b }
.topics_right p { line-height: 20px; margin-top: 86px }
.topics_right ul { margin-top: 86px; height: 806px; overflow: hidden }
.topics_right li { line-height: 24px; height: 28px; font-size: 84px }
```

第 9 步，分析 C 区版块导航<div class="fashion_title">的框体结构。

这里最外面的包含层为<div class="fashion_title">，行高和高同为 49 像素，宽 960 像素，背景颜色为深灰色。里面先写 7 个<a>连接标签，设置以块状的方式显示，向左浮动，字体大小 84 像素，白色。右外边距为 25 像素。然后为第 1 个定义一个类<a class="fashion_img">，宽 290 像素，连接一张背景图，即从下图可以看到"服饰"及其英文这一张图片，分析如图 17.25 所示。

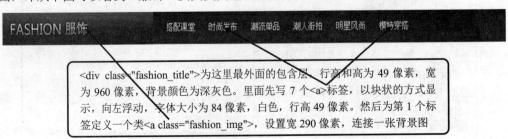

图 17.25　版块导航<div class="fashion_title">框体结构

具体结构代码如下。

```
<div class=fashion_title>
    <a class=fashion_img></a>
    <a>搭配课堂</a> <a>时尚发布</a>
    <a>潮流单品</a> <a>潮人街拍</a>
    <a>明星风尚</a> <a>模特穿搭</a>
</div>
```

下面是 css 样式代码。

```
.fashion_title { line-height: 49px; width: 960px; background: #2b2e38; height: 49px }
/*行高和高同为 49 像素，宽 960 像素，背景颜色为深灰色*/
.fashion_title a { display: block; float: left; color: #fff; font-size: 84px; margin-right: 25px }
/*以块状的方式显示，向左浮动，右外边距为 25 像素*/
.fashion_img { width: 290px; background: url(fashion.jpg) no-repeat; height: 49px }
/*宽 290 像素，背景图不重复，高 49 像素*/
```

第 10 步，编写 C-5 区<div class="scroll">潮人街拍的样式。

在分析之前先说一下，这里有一个行为事件，当页面加载的时候，这里的图片是由右向左缓缓滚动的，当我们点击左或右边的小三角图标时，图片也会跟着向左或向右快速移动。这样的效果是通过 JavaScript 脚本语言实现的，只要分析清楚其结构和样式代码即可。

首先最外面的包含层为<div class="scroll">，宽 739 像素，高 282 像素，上左内边距分别为 9 像素和 80 像素，向左浮动。里面分为两个部分，第 1 部分为<h3>，行高和高都为 38 像素。里面的标题写在<a>连接标签里面并加粗显示。后面的文字说明则写在<span class="f82">里面，字体大小 82 像素。

第 2 部分为<div class="scroll_box08">，同样宽 739 像素，高 875 像素，溢出来隐藏。里面先写一个<div id="gol8">，宽 88 像素，高 30 像素，向左浮动，鼠标以手型的方式显示，上外边距 68 像素，里面连接一张背景图，即我们从下面的分析图看到的最左边的小三角图标。同理，右边的小三角图标则是通过<div id="gor8">实现，其他样式不变，但要连接一张方向相反的背景图。

然后中间的层为<div id="marquee8">，宽 694 像素，里面的内容溢出来的隐藏，这一步非常重要，正是因为多出来的隐藏才有后面的图片滚动。接着里面写一个<ul class="tab_menu4">，宽为 8526 像素。最后每一张图片就写在一个<li>子标签里面，宽 809 像素，高 864 像素，向左浮动，这样图片便可以在一条直线上显示。这样通过 JS 脚本就可以让图片滚动了，最后分析如图 17.26 所示。

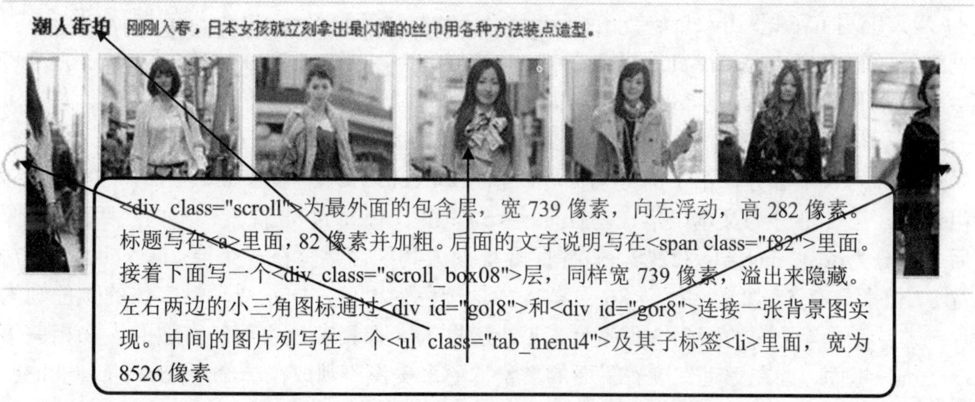

图 17.26　<div class="scroll">潮人街拍的结构

第 1 个标题小区域的结构代码如下。

```
<div class=scroll>
    <h3><a></a><span class=f82></span></h3>
    <div class=scroll_box08>
        <div id=gol8 class="goleft arrow_top08"></div>
        <div id=marquee8 class="marquee scroll_size08 tab_box4">
            <ul class=tab_menu4>
                <li><a><img src="" width=805 height=860></a> </li>
                <li><a><img src="" width=805 height=860></a> </li>
                <li><a><img src="" width=805 height=860></a> </li>
            ......
            </ul>
        </div>
        <div id=gor8 class="goright arrow_top08"></div>
    </div>
</div>
```

对应的样式代码如下。

```
.scroll { padding-left: 80px; width: 739px; background: #e2e2e2; float: left; height: 282px; padding-top: 9px }/*上
左内边距为 9 像素和 80 像素，向左浮动，高 282 像素，宽 739 像素*/
.scroll h3 { line-height: 38px; padding-left: 22px; background: #fff; height: 38px }
.scroll h3 span { margin-left: 82px; font-size: 82px; font-weight: normal }
.scroll_box08 { width: 739px; background: #fff; height: 875px; overflow: hidden }
/*宽 739 像素，背景颜色为白色，高 875 像素，内容溢出来的隐藏*/
.f82 { font-size: 82px }
.goleft { width: 88px; background: url(arrow.jpg) no-repeat left top; float: left; height: 30px; cursor: pointer }
/*背景图片不重复并在左上角显示，宽 88 像素，高 30 像素，鼠标以块状的方式显示*/
.arrow_top08 { margin-top: 68px }
.marquee { float: left; overflow: hidden }
.marquee li { display: inline; float: left }
.marquee li img { border: #e0e0e0 8px solid; padding: 8px; }
.scroll_size08 { width: 694px; height: 864px }
.scroll_size08 li { width: 809px; height: 864px; margin-right: 8px }
.goright{width: 88px; background:url(arrow.jpg) no-repeatright top; float: left; height: 30px; cursor: pointer }
```

第 11 步，编写 C-6 区<div class="street_style_box08"> "东京 StreetStyle" 的框体代码。

这里最外面的包含层为<div class="street_style_box08">，上右下左 4 边的内边距分别为 87 像素，82 像素，0 像素和 88 像素。宽 338 像素，高 389 像素，背景颜色为白色，向左浮动，内容溢出来的隐藏，另外为了与周边的内容区分开，再设上、右两边的边框为 8 像素灰色实线。

然后里面分为 3 个部分，第 1 部分为标题 "东京 StreetStyle"，写在<h3>里面，字体大小为 82 像素并加粗显示。第 2 部分为文本段落，写在一个<p>里面。行高为 88 像素，下内边距为 80 像素。

最后一部分为<div class="w322">，首先图片里面人物的名字写在一个层<div class="w87 white">里面，宽 87 像素，高 58 像素，行高 86 像素，背景颜色为黑色，向左浮动，字体的颜色则为白色。然后图片向左浮动，4 边内边距为 8 像素宽，4 边边框为 8 像素灰色实线。右边的人物相关信息列表则写在一个<ul>里面，向左浮动。接着下面的 "欣赏更多美图" 则放在一个层<div class=" h32">里面，4 边边框同样为 8 像素灰色实线，高和行高则都为 28 像素，宽 90 像素。

"本周最新" 这张图片是通过一个层<div class=" h32">，然后设置其背景图实现的，当然这里还设了其堆叠顺序为 8888，保证其在页面的最前面，绝对定位要显示的相应位置即可，最后显示效果如图 17.27 所示。

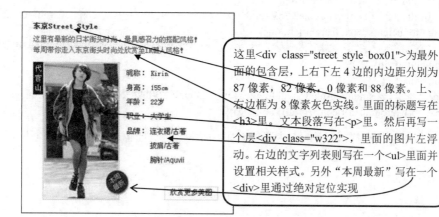

这里<div class="street_style_box01">为最外面的包含层，上右下左 4 边的内边距分别为 87 像素，82 像素，0 像素和 88 像素。上、右边框为 8 像素灰色实线。里面的标题写在<h3>里，文本段落写在<p>里。然后再写一个层<div class="w322">，里面的图片左浮动。右边的文字列表则写在一个<ul>里面并设置相关样式。另外"本周最新"写在一个<div>里通过绝对定位实现

图 17.27　C-6 区"东京 StreetStyle"结构分析

结构代码如下。

```
<div class=street_style_box08>
  <h3><a>东京 street style</a></h3><p></p>
  <div class=w322>
    <div class="w87 white">
      <table border=0 cellspacing=0 cellpadding=0 width=87>
        <tr><td height=58 width=87>代官山</td></tr>
      </table>
    </div>
    <a><img src="" width=827 height=226></a>
    <ul>
      <li></li><li></li><li></li><li></li>
      <div class="pdt83 h80">
        <div class=" fl lh26">品牌：</div><div class=" fl pdf5 lh24 fize"></div>
      </div>
      <div class=" h32"><a>欣赏更多美图</a></div>
    </ul>
  </div>
</div>
```

下面是相应的样式代码。

```
.street_style_box08 { z-index: 0; padding:87px 82px 0px 88px; width: 338px; background: #fff; float: left; height:
389px; overflow: hidden; border-top: #e2e2e2 8px solid; border-right: #e2e2e2 8px solid; }
    /*堆叠顺序为 0，向左浮动，溢出来隐藏，上右边框为 8 像素灰色实线*/
.street_style_box08 h3 { padding-bottom: 6px; font-size: 82px; font-weight: bold }
.street_style_box08 p { padding-bottom: 80px; line-height: 88px; color: #666666 }
.street_style_box08 p a { color: #666666; text-decoration: none }
.street_style_box08 p a:hover { color: #666666; text-decoration: underline }
.street_style_box08 .w322 .w87 { text-align: center; line-height: 86px; width: 87px; background: #000; float: left;
height: 58px; color: #fff; padding-top: 3px }
.street_style_box08 .w322 img { border: #ccc 8px solid; bpadding: 8px; float: left; }
```

.street_style_box08 .w322 ul { padding-left: 82px; width: 862px; float: left; height: 220px; padding-top: 2px }/*上左内边距为 2 像素和 82 像素，宽 862 像素，向左浮动，高 220 像素*/

.street_style_box08 .w322 ul li { padding-top: 80px }

.street_style_box08 .h32 { border: #e2e2e2 8px solid; text-align: center; line-height: 28px; margin-top: 20px; width: 90px; background: #fff; height: 28px; margin-left: 66px; clear: both; }

/*4 边边框为 8 像素灰色实线，行高 28 像素，背景颜色为白色，上左外边距为 20 像素和 66 像素*/

.pdt83 { padding-top: 5px }

.h80 { height: 84px }

.new { z-index: 8888; position: absolute; width: 42px; background: url(lhka_06.png) no-repeat; height: 48px; top: 265px; left: 843px; _background: url(icon_017.gif) no-repeat; }

关于其他区域的结构和样式代码，因为篇幅有限，而本案例页面也比较长，这里就不详细分析了。

第18章

Flash 动画设计基础

（ ▣◀ 视频讲解：42分钟 ）

目前世界上 97% 左右的台式机都安装有 Flash Player（Flash 动画播放器），利用包含 Flash 创作工具、渲染引擎和已建立的超过 200 万的设计者和开发者群体的 Flash 平台生态系统，用户可以制作出各式各样的 Flash 动画。这种动画尺寸要比位图动画文件（如 GLF 动画）尺寸小得多，用户不但可以在动画中加入声音、视频和位图图像，还可以制作交互式的影片或者具有完备功能的网站。在网站制作过程中，可以与 Dreamweaver、Fireworks、Potoshop、Illustrator 等系列软件有效配合，简化工作流程，高效地制作完成具有更丰富、更强交互性的网站。

学习重点：

▶▶ Flash 基本概念。

▶▶ Flash 新功能。

▶▶ Flash 文档操作。

▶▶ Flash 基本设置。

18.1　Flash 网页动画设计概述

　　Flash 最早是美国 Macromedia 公司推出的矢量动画和多媒体创作专业软件，用于网页设计和多媒体创作等领域，功能异常强大。自从 Adobe 公司收购了 Macromedia 公司的全线产品以后，Adobe 公司推出了 Flash 的最新版本 Flash CS5，Flash CS5 是 Flash 的第 11 个版本。使用 Flash，可以轻松创建网页动态、交互的多媒体内容。

18.1.1　Flash 在网站设计中的应用

　　Flash 软件推出伊始，其主要的应用方向就是网络矢量图形的显示和动画处理。Flash 不仅动画制作功能强大，还支持声音控制和丰富的交互功能。由于它制作出的动画文件大小远远小于其他软件制作的动画文件的大小，并且采用了网络流式播放技术，这样使得在较慢的网络上也能快速地播放。因此，Flash 动画技术在网络中逐渐占据了主导地位，越来越多的网络应用使用了 Flash 动画技术，下面介绍一些常见的 Flash 网页动画应用方向。

- ☑　娱乐短片：这是当前国内最火爆，也是广大 Flash 爱好者最热衷应用的一个领域，就是利用 Flash 制作动画短片，以供用户娱乐。这是一个发展潜力很大的领域，如图 18.1 所示。
- ☑　网站片头：网站以片头作为过渡页面，在片头中播放一段简短精美的动画，就如电视的栏目片头一样，可以在很短的时间内把自己的整体信息传播给访问者，增强访问者的印象。同时，也能给访问者建立良好形象，如图 18.2 所示。

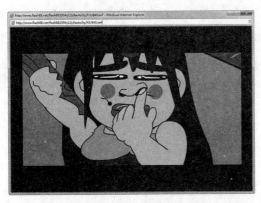

图 18.1　Flash 娱乐短片

图 18.2　Flash 网站片头

- ☑　网络广告：这是最近两年开始流行的一种形式。有了 Flash，广告在网络上发布才成为了可能。而且根据调查资料显示，国外的很多企业愿意采用 Flash 制作广告，因为既可以在网络上发布，同时也可以存成视频格式在传统的电视台播放。一次制作，多平台发布，所以必将会越来越得到更多企业的青睐，如图 18.3 所示。
- ☑　MTV：这也是一种应用比较广泛的形式。在一些 Flash 制作网站，如"闪客帝国"等，几乎每周都有新的 MTV 作品产生。在国内，用 Flash 制作 MTV 也开始有了商业应用，如图 18.4 所示。
- ☑　Flash 导航条：Flash 按钮功能非常强大，是制作菜单的首选。通过鼠标的各种动作，可以实现动画、声音等多媒体效果，如图 18.5 所示。
- ☑　Flash 小游戏：利用 Flash 技术开发"迷你"小游戏，现在在国内是非常流行的，包括很多大家耳熟能详的经典小游戏，如打企鹅、抓金块、雷电等，让受众参与其中，有很大的娱乐性和休闲性，如图 18.6 所示。

图 18.3　网络广告

图 18.4　Flash MTV

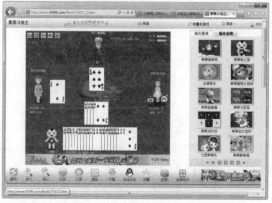

图 18.5　Flash 导航条

图 18.6　Flash 小游戏

☑　应用展示：由于 Flash 有强大的交互功能，所以一些大公司，如 Dell、三星等，都喜欢利用它来展示产品。可以通过方向键选择产品，控制观看产品的功能、外观等，互动的展示方式比传统的展示方式更胜一筹，还可以利用 Flash 开发一些 Web 应用，如图 18.7 所示。

图 18.7　Web 应用

18.1.2 Flash 网页动画设计特性

Flash 保留了传统关键帧动画和补间动画类型，新增的基于对象的动画形式可以直接将动画补间效果应用于对象本身，而对象的移动轨迹可以很方便地运用贝塞尔曲线细微的调整，这一点和同期被 Adobe 纳入旗下的多媒体软件 Director 有着异曲同工之妙，移动轨迹的加入简化了引导层的操作，提高了工作效率，如图 18.8 所示。

图 18.8 基于对象的动画

1.【动画编辑器】和【动画预设】面板

【动画编辑器】面板无论是看起来还是使用起来都像是 After Effects 的【合成】面板，通过【动画编辑器】面板，可以查看所有补间属性及其属性关键帧。它还提供了向补间添加精度和详细信息的工具。动画编辑器显示当前选定的补间的属性。在时间轴中创建补间后，动画编辑器可以以多种不同的方式来控制补间，如图 18.9 所示。使用动画编辑器可以进行以下操作。

- ☑ 设置各属性关键帧的值。
- ☑ 添加或删除各个属性的属性关键帧。
- ☑ 将属性关键帧移动到补间内的其他帧。
- ☑ 将属性曲线从一个属性复制并粘贴到另一个属性。
- ☑ 翻转各属性的关键帧。
- ☑ 重置各属性或属性类别。
- ☑ 使用贝赛尔控件对大多数单个属性的补间曲线的形状进行微调（X、Y 和 Z 属性没有贝赛尔控件）。
- ☑ 添加或删除滤镜或色彩效果并调整其设置。
- ☑ 向各个属性和属性类别添加不同的预设缓动。
- ☑ 创建自定义缓动曲线。
- ☑ 将自定义缓动添加到各个补间属性和属性组中。
- ☑ 对 X、Y 和 Z 属性的各个属性关键帧启用浮动。通过浮动，可以将属性关键帧移动到不同的帧或在各个帧之间移动以创建流畅的动画。

【动画预设】面板是作为动画编辑窗口的辅助出现的，看起来就像是 After Effects 的特效面板，就连功能也都类似：可以使用动画预设来完成动画的编辑与修改，同样也可以将动画编辑窗口所编辑完成的各种动画效果在动画预设里保存下来以便以后使用，如图 18.10 所示。

Note

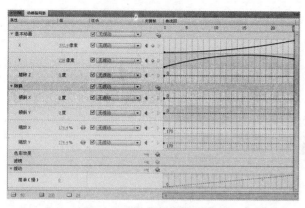

图 18.9　【动画编辑器】面板

图 18.10　【动画预设】面板

2. 骨骼动画

骨骼动画工具的引入对 Flash 系列软件而言绝对是场革命，骨骼动画工具将会大大地提高动画制作的效率。骨骼工具不但可以控制原件的联动，更可以控制单个形状的扭曲及变化。与以骨骼动画出名的 2D 动画软件 Anime Studio Pro 相比，Flash 还有相当多的地方需要改进，如目前骨骼工具还不能直接作用于位图，如图 18.11 所示。在【属性】面板中，还可以对骨骼动画进行更为细微的调整，如图 18.12 所示。

图 18.11　骨骼动画

图 18.12　在【属性】面板中对骨骼动画进行设置

3. 3D 变形

基于 ActionScript 3.0 的 3D 旋转及移动工具的引入是一项创新的举动，现在用户可以通过【3D旋转】工具和【3D 平移】工具为原本 2D 的影片剪辑原件添加具有空间感的补间动画。可以沿 x、y、z 轴任意旋转和移动对象从而产生极具透视效果的动画。遗憾的是视角不能发生改变，即视觉的焦点为画布的中心位置，如图 18.13 所示。

4. 【喷涂刷】工具和【Deco】工具

可以将任何元件转变为设计元素并应用于【喷涂刷】工具和【Deco】工具。或使用【喷涂刷】工具在指定区域随机喷涂元件，特别适合添加一些特殊效果，如星光、雪花、落叶等画面元素，极大地拓展了 Flash

的表现力，如图 18.14 所示。使用【Deco】工具可以快速创建类似于万花筒的效果，如图 18.15 所示。

图 18.13　3D 变形

图 18.14　【喷涂刷】工具

图 18.15　【Deco】工具

5．扩展组件

在 Flash 的安装包中，除了主程序以外还包含了 Adobe Media Encoder、Adobe Device Central、Adobe Pixel Bender Toolkit、Adobe Bridge、Adobe Drive、Adobe Extension Manager、Adobe ExtendScript Toolkit、Adobe Media Player 这 8 个组件。

☑　Adobe Media Encoder

作为视频转换组件，Media Encoder 变得更为易用，通常的转码设置无需进入下一级菜单，即可直接选择格式转换，如图 18.16 所示。

而详细的转码设置菜单也与 Premiere 等后期软件的输出菜单看齐，使得转码设置更为直观和专业，而且支持 Alpha 通道，如图 18.17 所示。

图 18.16　Adobe Media Encoder

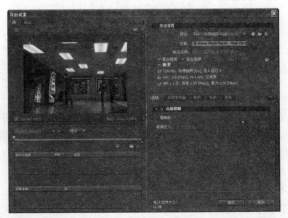

图 18.17　导出设置

☑ Adobe Device Central

Device Central 与之前版本相比并无明显变化，仍旧支持各种型号的手机设备以检测 Flash 动画的运行情况，如图 18.18 所示。

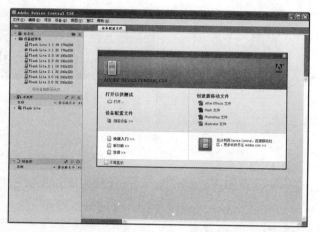

图 18.18 Adobe Device Central

☑ Adobe Pixel Bender Toolkit

Pixel Bender Toolkit 是新加入的组件，它类似 C 语言的图形处理语言，基于 GLSL。使用 Pixel Bender，可以编写自己的滤镜在 Flash 中使用，如图 18.19 所示。

☑ Adobe Bidge

Adobe Bidge 是一款类似于 ACDSee 的看图软件，但是其功能要强大得多，CS5 版本的 Bidge 并没有太大的改进，只有菜单栏下有些小的调整，如图 18.20 所示。

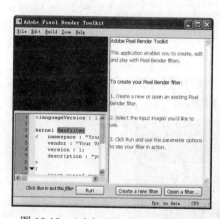

图 18.19 Adobe Pixel Bender Toolkit

图 18.20 Adobe Bidge

☑ Adobe Drive

Drive 是款新加入的组件，主要用于团队基于网络的协同作业，从而快速高效地完成设计项目。为方便使用，Drive 被直接加入了右键菜单序，如图 18.21 所示。

☑ Adobe Extension Manager

Extension Manager 的界面跟之前大为不同，同样将部分工具栏合并到了窗口栏里，而窗口栏的划分使得操作变得更为简洁方便，如图 18.22 所示。

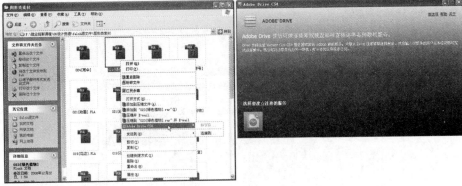

图 18.21　Adobe Drive

☑　Adobe ExtendScript Toolkit

ExtendScript Toolkit 是 Adobe 的脚本编写工具，可以通过编写 JavaScript 脚本程序为 CS5 套装里的软件（如 Photoshop 或者 Flash）编写脚本，如图 18.23 所示。

图 18.22　Adobe Extension Manager

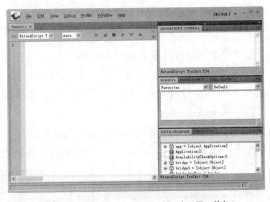

图 18.23　Adobe ExtendScript Toolkit

☑　Adobe Media Player

一直处于试验阶段的 Adobe Media Player，这次作为 CS5 的组件闪亮登场了。与之前的版本相比，这个版本确实比较出色，合作的频道也越来越多，如图 18.24 所示。

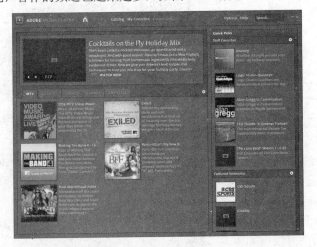

图 18.24　Adobe Media Player

在 CS5 之前，FLV 文件的默认打开方式为 Flash Player，而现在 FLV 和 F4V 的默认打开方式变成了 Adobe Media Player，播放效果相当不错，还可以看到视频的缩略图。

18.2 熟悉 Flash 工作环境

Flash、Dreamweaver 和 Photoshop 工作环境比较相近，如果熟悉其中一个软件的操作，那么也能够很快熟悉另一个软件的工作环境。当然，由于软件任务不同，功能和操作方式也会略有不同，下面将重点熟悉 Flash 工作环境。

18.2.1 认识 Flash 主界面

启动 Flash 后，进入主界面，该界面和 Flash 以往的版本比较起来有了一些变化，这样可以使之与其他 Adobe Creative Suite 组件共享公共界面。所有 Adobe 软件都具有一致的外观，可以帮助用户更容易地使用多个应用程序，如图 18.25 所示。

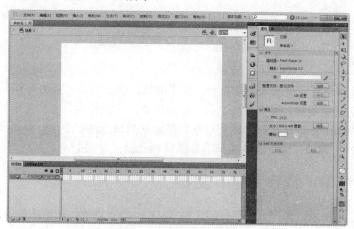

图 18.25　Flash 工作界面

1. 编辑区

编辑区是 Flash 提供的编辑制作动画内容的区域，Flash 动画的内容将完全被显示在这个区域中。在这里，用户可充分发挥自己的想象力，制作和显示充满动感和生机的动画作品。编辑区根据工作的情况和状态被分为两个完全不同的部分：舞台和工作区。

编辑区正中间的矩形区域就是舞台（Stage），在编辑时，可以在其中绘制或者向其中放置素材或其他电影内容，舞台区域中显示的内容也就是最终生成动画后访问者能看到的全部内容，当前舞台的背景也就是生成的影片背景。

舞台周围灰色的区域就是工作区。在编辑时，工作区里不管放置了多少内容，最终的影片中都不会显示出来，因此可以将工作区看成是舞台的后台，是动画的开始点和结束点，即角色进场和出场的地方，为进行全局性的编辑提供了条件。

如果不想在舞台后面显示工作区，可以单击【视图】菜单，取消对【粘贴板】（快捷键为 Ctrl+Shift+W）选项的选择。需要注意的是，虽然工作区的内容不显示，但是生成影片的时候，工作区中的内容并不会被删除，它仍旧存在。在 Flash 程序设计中经常会在工作区放置一些元件来添加函数。

2．菜单栏

Flash 的界面把菜单栏与窗口栏合在一起，使得界面整体看上去更为人性化，工作区域进一步扩大。菜单栏提供了几乎所有的 Flash 命令。用户可以根据不同的功能类型，在相应的菜单下找到需要的各项功能。

3．工具箱

工具箱位于界面的右侧，包括绘图工具、查看工具、颜色工具以及选项工具。这里集中了一些编辑过程中最常用的命令，如图形的绘制、修改、移动、缩放等操作，都可以在这里找到合适的工具来完成，直接提高了编辑工具的效率。

4．时间轴

时间轴位于工具箱右侧，编辑区的上方。时间轴中除了时间线外，还有一个图层管理器。两者配合使用，可以在每一个图层中控制动画的帧数和每帧的效果。时间轴对于 Flash 来说是至关重要的，所有的动画效果都是在这里设定的，可以说是 Flash 动画的灵魂。只有熟悉了时间轴的操作和使用方法，才可以在动画制作中游刃有余。

5．浮动面板

在编辑区的右侧是各项功能面板，所有的面板都可以根据用户的需要进行任意的排列组合。当需要打开某个功能面板时，只需在【窗口】菜单下进行查找就可以了。

6．属性面板

在 Flash 中，属性面板现更改为垂直显示，位于编辑区的右侧，可以更好地利用更宽的屏幕来提供更多的舞台空间。严格来说，属性面板也是浮动面板之一，但是因为它的使用频率较高，作用比较重要，用法也比较特别，所以在软件中单列出来。在动画的制作过程中，所有的素材（包括工具箱及舞台的各种相关属性）都可以通过属性面板进行编辑和修改，使用起来非常方便。

18.2.2　上机练习：操作 Flash 文档

在开始制作 Flash 动画之前，必须了解如何在 Flash 中对文档进行相应的操作。Flash 提供了非常便捷的文档操作方式。

操作步骤：

第 1 步，启动 Flash 软件。

第 2 步，选择【文件】|【新建】（快捷键为 Ctrl+N）命令，创建一个新的 Flash 文档。在打开的【新建文档】对话框中选择【常规】|【类型】|【ActionScript 3.0】选项，如图 18.26 所示。

图 18.26　新建 Flash 文档

操作提示：

选择 ActionScript 3.0 和 ActionScript 2.0 版本的文件，所创建出来的文件对 ActionScript 的支持是不一样的，ActionScript 3.0 支持更多的新功能。

第 3 步，选择 ActionScript 3.0 后，单击【确定】按钮即可。

第 4 步，选择【文件】菜单下的【保存】（快捷键 Ctrl+S）命令保存当前文档。Flash 保存的源文件扩展名为.fla 的格式，在计算机中的显示如图 18.27 所示。

图 18.27 Flash 源文件图标

第 5 步，在打开的对话框中设置好保存的路径位置和文件名称，单击【确定】按钮保存。在保存 Flash 源文件的时候，可以选择不同的保存类型，但是不同的 Flash 软件版本只能打开特定类型的文件，如果保存成 Flash 动画格式，那么就不能在 Flash 中打开。

第 6 步，选择【文件】|【打开】（快捷键为 Ctrl+O）命令，找到刚刚保存好的 Flash 文件，单击【打开】按钮打开文档。

操作提示：

Flash 可以打开的文件格式很多，但是一般来说打开的都是.fla 格式的影片源文件，如果打开：swf 格式的影片文件，Flash 将会在 Flash 播放器中打开影片，而不是用 Flash 软件打开。

第 7 步，选择【文件】|【关闭】（快捷键为 Ctrl+W）命令来关闭当前文档，退出 Flash 影片的编辑状态。

18.2.3 Flash 绘图工具与动画场景设置

所谓"工欲善其事，必先利其器"，想要能顺畅自如地进行动画设计，必须详细了解 Flash 的基本设置，这样有助于设计者提高工作效率。

1. 绘图工具栏

Flash 的绘图工具栏中包含了用户进行矢量图形绘制和图形处理时所需的大部分工具，用户可以利用它们来进行图形设计。Flash 的绘图工具栏按它们的具体用途分为 4 个区域，分别为工具、查看、颜色和选项区域。

☑ 工具区：工具区内包含的是 Flash 强大的矢量绘图工具，包括图形和文本编辑的各种工具。可以单列也可双列显示，如图 18.28 所示为双列显示。在任意变形工具的折叠菜单里还有渐变变形工具，如图 18.29 所示。

图 18.28 Flash 的工具区域

图 18.29 【渐变变形工具】

在【3D 旋转工具】的折叠菜单里还有【3D 平移工具】，如图 18.30 所示。在【钢笔工具】的折叠菜单里还有转换路径点的工具，如图 18.31 所示。

在【矩形工具】的折叠菜单里还有多边形工具，如图 18.32 所示。在【刷子工具】的折叠菜单里还有【喷涂刷工具】，如图 18.33 所示。

图 18.30　【3D 平移工具】　　　　图 18.31　【转换路经点工具】　　　　

图 18.32　【多边形工具】

在【骨骼工具】的折叠菜单里还有【绑定工具】，如图 18.34 所示。在【颜料桶工具】的折叠菜单里还有【墨水瓶工具】，如图 18.35 所示。

图 18.33　【喷涂刷工具】　　　　图 18.34　【绑定工具】　　　　图 18.35　【墨水瓶工具】

☑　查看区：包括对工作区的对象进行缩放和移动的工具，如图 18.36 所示。
☑　颜色区：包括描边工具和填充工具，如图 18.37 所示。
☑　选项区：显示选定工具的功能设置按钮，如图 18.38 所示。

图 18.36　Flash 的查看区域　　　　图 18.37　Flash 的颜色区域　　　　图 18.38　Flash 的选项区域

2. 设置舞台

Flash 中的舞台好比现实生活中剧场的舞台，这个概念在前面已经介绍过。真正的舞台是缤纷多彩的，Flash 中的舞台也不例外。用户可以根据需要对舞台的效果进行任意设置。

操作步骤：

第 1 步，启动 Flash 软件。

第 2 步，选择【文件】|【新建】（快捷键为 Ctrl+N）命令，创建一个新的 Flash 文档。

第 3 步，选择【修改】|【文档】（快捷键为 Ctrl+J）命令，打开 Flash 的【文档属性】对话框，如图 18.39 所示。

图 18.39　Flash 的文档属性对话框

第 4 步，在【尺寸】对话框中输入文档的宽度和高度。尺寸的单位和"标尺单位"保持一致，一般选择像素单位。

第 5 步，单击【背景颜色】的颜色选取框，在打开的颜色拾取器中为当前 Flash 文档选择一种背景颜色。

操作提示：

Flash 的背景颜色拾取器中只能选择单色作为舞台的背景颜色，如果需要使用渐变色作为舞台的背景，可以在舞台上方绘制一个和舞台同样尺寸的矩形，然后填充渐变色。

第 6 步，在【帧频】中设置当前影片文件的播放速率，FPS 的含义是每秒钟播放的帧数，Flash 默认的帧频率为 12。

注意，并不是所有 Flash 影片的帧频率都设置为 12，而是根据实际的影片发布需要来设置，如果制作的影片是要在多媒体设备上播放的，如电视、计算机，那么帧频率可以设置为 24，如果是在互联网上进行播放，帧频率一般设置为 12。

第 7 步，在【标尺单位】中选择相应的单位，一般选择为像素。

18.2.4　使用标尺、辅助线、网格

由于舞台是展示动画的集中区域，因此对象在舞台上的位置非常重要，有时甚至需要很精确地予以把握。Flash 提供了 3 种辅助工具用于对象的精确定位，分别是标尺、网格和辅助线。

1. 使用标尺

标尺能够帮助用户测量、组织和计划作品的布局。因为 Flash 图形旨在用于网页，而网页中的图形以像素为单位进行度量，所以大部分情况下都是以像素为标尺的单位，如果需要更改标尺的单位，可以在【文档属性】中进行设置。

如果显示和隐藏标尺可以选择【视图】|【标尺】（快捷键为 Ctrl+Alt+Shift+R）命令，垂直和水平标尺出现在文档窗口的边缘，如图 18.40 所示。

图 18.40　Flash 标尺

2. 使用辅助线

辅助线是用户从标尺拖到舞台上的线条，可作为帮助放置和对齐对象的辅助绘制工具。可以使用辅助线来标记舞台的重要部分，如边距、舞台中心点和要在其中精确地进行工作的区域。

操作步骤：

第 1 步，先打开标尺。

第 2 步，单击并从相应的标尺拖动。

第 3 步，在画布上定位辅助线并释放鼠标，如图 18.41 所示。

第 4 步，对于不需要的辅助线，可以继续拖曳到工作区取消，或者选择【视图】|【辅助线】|【显

示辅助线】（快捷键为 Ctrl+;）命令来显示或隐藏。

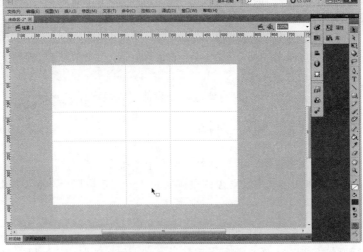

图 18.41　Flash 辅助线

操作提示：

用户可以通过重新拖动来重新定位辅助线。Flash 允许用户将对象与辅助线对齐，也可以锁定辅助线以防止它们意外移动。辅助线最终不会随文档导出。

3．使用网格

Flash 网格在舞台上显示一个由横线和竖线构成的体系。网格对于精确放置对象很有用。此外，可以查看和编辑网格、调整网格大小以及更改网格的颜色。

☑　选择【视图】|【网格】|【显示网格】（快捷键为 Ctrl+'）命令来显示和隐藏网格。

☑　选择【视图】|【网格】|【编辑网格】（快捷键为 Ctrl+Alt+G）命令来更改网格颜色或网格尺寸，如图 18.42 所示。

图 18.42　编辑网格

☑　选择【视图】|【对齐】|【对齐网格】（快捷键为 Ctrl+Shitf+'）命令来使对象与网格对齐。注意，网格最终不会随文档导出，它只是一种设计工具。

18.2.5　使用场景

与电影里的分镜头十分相像，场景就是复杂的 Flash 动画中的几个相互联系，而又性质不同的分镜头。不同的场景之间的组合和互换构成了一个精彩的多镜头动画。一般比较大型的动画和复杂的动画中经常使用到多场景。在 Flash 中通过场景面板来对影片的场景进行控制。

选择【窗口】|【其他面板】|【场景】（快捷键为 Shift+F2）命令打开场景面板，如图 18.43 所示。

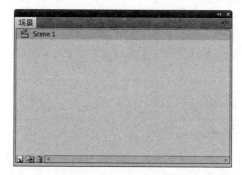

图 18.43 场景编辑面板

☑ 单击【复制场景】按钮 ，可以复制当前场景。
☑ 单击【新建场景】按钮 ，可以添加一个新的场景。
☑ 单击【删除场景】按钮 ，可以删除当前场景。

18.3 实战演练：设计第一个 Flash 动画

在开始使用 Flash 创作动画之前，先来制作一个简单的动画，让大家对动画制作的整个流程有一个大概的认识，这个动画的制作流程和其他复杂的动画都是一样的。

18.3.1 设定舞台场景

不设置好 Flash 的舞台属性是没有办法制作动画的，就好比没有纸张没法画画一样。

操作步骤：

第 1 步，启动 Flash 软件。

第 2 步，选择【文件】|【新建】命令，打开【新建文档】（快捷键为 Ctrl+N）对话框，如图 18.44 所示。选择【新建文档】对话框中的【Action Script 3.0】命令，然后单击【确定】按钮。

第 3 步，设置影片文件的大小、背景色和播放速率等参数。选择【修改】|【文档】（快捷键为 Ctrl+J）命令，打开【文档设置】对话框，如图 18.45 所示。

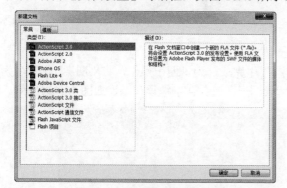

图 18.44 【新建文档】对话框

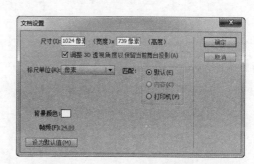

图 18.45 Flash 的【文档设置】对话框

第 4 步，在【文档设置】对话框中设置背景尺寸宽度为 400 像素，高度为 300 像素，舞台背景颜色为白色。设置完毕，单击【确定】按钮。

第 5 步，按 Ctrl+S 组合键，打开【保存文档】对话框，保存当前文档为"我的第一个 Flash 动画.fla"。

第 6 步，选择【文件】|【导入】|【导入到舞台】（快捷键为 Ctrl+R）命令，打开【导入】对话框，选择背景图像，如图 18.46 所示。

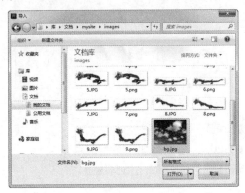

图 18.46　选择导入背景图像

第 7 步，单击【确定】按钮，关闭【导入】对话框，在当前文档编辑窗口中可以看到导入的背景图像，同时在【时间轴】面板中新建了一个关键帧，在【库】面板中可以看到导入的图像文件，如图 18.47 所示。

图 18.47　导入背景图像

第 8 步，到此为止，所有的操作都是在"图层 1"中完成，为了便于操作，将"图层 1"更名为"背景"，并单击上面的锁定图标按钮，锁定当前背景图层，避免背景被误移动，如图 18.48 所示。

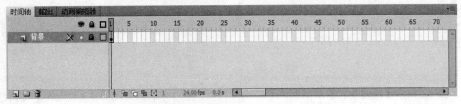

图 18.48　更改图层名称并锁定图层

18.3.2 创建动画效果

操作步骤:

第 1 步,单击时间轴面板左下角的【新建图层】按钮 ,创建图层"图层 2",如图 18.49 所示,接下来的操作将在"图层 2"中完成。

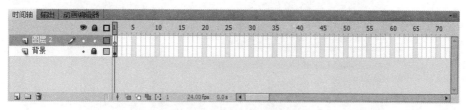

图 18.49 新建"图层 2"

第 2 步,选择【文件】|【导入】|【导入到舞台】(快捷键为 Ctrl+R)命令,在打开的【导入】对话框中寻找需要导入的素材文件,然后单击【打开】按钮,如图 18.50 所示。

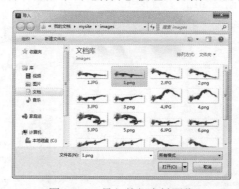

图 18.50 导入外部素材图像

第 3 步,此时导入的素材会出现在工具区中的舞台上。选择舞台中的图片素材,选择【修改】|【转换为元件】命令,在打开的【转换为元件】对话框中进行设置,把图片转换为一个图形元件,如图 18.51 所示。

图 18.51 转换为图形元件

第 4 步,使用【选择工具】把转换好的图形元件拖曳到舞台的最右边,如图 18.52 所示。

图 18.52　移动元件的位置

第 5 步，在"图层 2"中第 30 帧的位置按快捷键 F6，插入关键帧，然后把第 30 帧中的图形元件"龙"水平移动到舞台的最左侧，如图 18.53 所示。

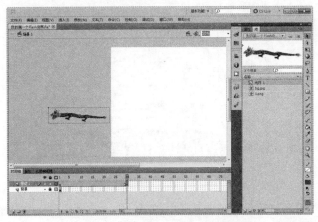

图 18.53　设置第 30 帧的元件的位置

第 6 步，为了能在整个动画的播放过程中看到刚刚制作的背景，在"背景"图层的第 30 帧的位置按快捷键 F5，插入静态延长帧，延长"背景"图层的播放时间，如图 18.54 所示。

图 18.54　延长背景图层的播放时间

第 7 步，把光标停在"图层 2"的第 1 帧和第 29 帧之间，然后单击鼠标右键，在打开的快捷菜单中选择【创建传统补间】命令。在时间轴上会看到紫色的区域和由左向右的箭头，这就是动作补间动画，如图 18.55 所示。这样，整个动画就制作完毕了。

图 18.55　动作补间创建完成

18.3.3　测试动画

可以在舞台中直接按 Enter 键来预览动画效果，会看到飞龙快速地从舞台的右边移动到舞台的左边。也可以按 Ctrl+Enter 组合键在 Flash 播放器中测试动画，如图 18.56 所示，测试的过程一般是用来检验交互功能的过程。

测试的另一种方法就是利用菜单命令，选择【控制】|【测试影片】（快捷键为 Ctrl+Enter）命令。

图 18.56　在 Flash 播放器中测试动画

18.3.4　保存、导出和发布影片

影片制作完毕后要进行保存，选择【文件】|【保存】（快捷键为 Ctrl+S）命令可以将影片保存为".fla"的 Flash 源文件格式。也可以选择【另存为】（快捷键为 Ctrl+Shift+S）命令，选择【保存类型】为"Flash 文档"，扩展名为".fla"。

其实所有 Flash 制作的影片，默认源文件都是".fla"的格式，但是如果一旦导出，则可能是任何 Flash 支持的格式。默认的动画格式为".swf"。

动画的导出和发布的过程很简单，选择【文件】|【发布设置】（快捷键为 Ctrl+Shift+F12）命令，

打开如图 18.57 所示的对话框，设定输出文件的类型，如 Flash、GIF 和 JPEG 的图片以及 QuickTime 影片等。默认选中的是"Flash"和"HTML"两项，然后直接单击【发布】按钮输出动画。

为了使 Flash 动画在网上能够正常播放，在输出时要对影片的下载性能进行测试。当影片播放下一帧内容时，如果所需要的数据还没有下载完，影片就会出现暂时的停顿，等待数据传送完毕。如果在影片播放中出现这样的情况，可以使用带宽检视器来判断这种情况可能会发生在影片的什么位置。按 Ctrl+Enter 组合键来测试动画，然后在打开的 Flash 播放器窗口中选择【视图】|【带宽设置】（快捷键为 Ctrl+B），可以看到下载测试性能的图表，如图 18.58 所示。

图 18.57 【发布设置】对话框

图 18.58 带宽检视器

带宽检视器可以根据所定义的不同调制解调器的速率，以图表的形式直观地表现出影片每帧所传送的数据。设置不同调制解调器的速率方法是：按 Ctrl+Enter 组合键来测试动画，然后在打开的 Flash 播放器窗口中选择【视图】|【下载设置】中的速率即可，如图 18.59 所示。

另外一种导出影片的方法。选择【文件】|【导出】|【导出影片】（快捷键为 Ctrl+Alt+Shitf+S）命令，在打开的【导出影片】对话框中可以选择多种导出格式，如图 18.60 所示。

图 18.59 选择需要的速率

图 18.60 导出影片对话框

到此为止，整个动画制作完毕。在以后的制作中，不管制作什么样的动画效果，其制作的流程和方式都是一样的。

第**19**章

使用元件、实例和库

(视频讲解：52分钟)

元件是 Flash 中非常重要的概念，它使得 Flash 功能更加强大。在 Flash 中如果一个对象被频繁调用，就可以将它转换为元件，这样可以有效地降低动画的文件量。影片中的所有元件都保存在元件库中，元件库可以理解为一个仓库，专门存放动画中的素材。把元件从【库】面板中拖曳到舞台上，即可创建当前元件的实例，可以拖曳很多实例到舞台中，重复应用元件。

学习重点：

▶▶ Flash 中的元件、实例和库。

▶▶ Flash 中的元件类型。

▶▶ Flash 中的元件创建。

▶▶ Flash 中元件的编辑。

19.1 使 用 元 件

在日常生活中，通常所说的元件，如电器元件等，有标准化、通用化的属性，可以在任何资料中进行引用，在 Flash 中的元件也有此意。所谓元件就是在元件库中存放的各种图形、动画、按钮或者引入的声音和视频文件。

在 Flash 中创建元件有很多好处：

☑ 可以简化影片的编辑，在影片制作过程中可以把多次重复使用的素材转换成元件，不仅可以反复调用，而且修改元件的时候所有的实例都会随之更新，而不必逐一修改。

☑ 使用元件还可以大大减小文件的体积，反复调用相同的元件不会增加文件量。如在制作下雪效果的时候，雪花只需要制作一次就够了。

☑ 将多个分离的图形素材合并成一个元件后，需要的存储空间远远小于单独存储时占用的空间。

19.1.1 元件类型

Flash 元件被分为 3 种类型：图形元件、按钮元件和影片剪辑元件。不同的元件适合不同的应用情况，在创建元件时首先要选择元件的类型。

1. 图形元件

通常用于静态的图像或简单的动画，可以是矢量图形、图像、动画或声音。图形元件的时间轴和影片场景的时间轴同步运行，交互函数和声音将不会在图形元件的动画序列中起作用。

2. 按钮元件

可以在影片中创建交互按钮，通过事件来激发它的动作。按钮元件有 4 种状态：弹起、指针经过、按下和点击。每种状态都可以通过图形、元件及声音来定义。当创建按钮元件时， 在按钮编辑区域中提供了这 4 种状态帧。当用户创建了按钮后，就可以给按钮实例分配动作。

3. 影片剪辑元件

与图形元件的主要区别在于，影片剪辑元件支持 ActionScript 和声音，具有交互性，是用途和功能最多的元件。影片剪辑元件本身就是一段小动画，可以包含交互控制、声音以及其他的影片剪辑的实例，也可以将它放置在按钮元件的时间轴内来制作动画按钮。影片剪辑元件的时间不随创建时间轴同步运行。

19.1.2 创建图形元件

在动画设计的过程中，有两种方法可以创建元件，一种是创建一个空白元件，然后在元件的编辑窗口中编辑元件；另一种是将当前工作区中的对象选中，然后将其转换为元件。

1. 新建图形元件

创建一个空白图形元件的操作步骤如下。

第 1 步，新建一个 Flash 文件。

第 2 步，选择【插入】|【新建元件】（快捷键为 Ctrl+F8）命令，打开【创建新元件】对话框，如图 19.1 所示。

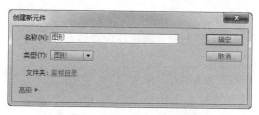

图 19.1　【创建新元件】对话框

第 3 步，在打开的对话框中输入新元件的名称，并且选择元件的类型为"图形"。

第 4 步，如果需要把生成的元件保存到【库】面板的不同目录中，可以单击【库根目录】按钮，选择现有的目录或者是创建一个新的目录。

第 5 步，单击【确定】按钮，这时 Flash 会自动进入到当前按钮元件的编辑状态。可以在此绘制图形、输入文本或者导入图像等，如图 19.2 所示。

第 6 步，元件创建完毕，单击"舞台"左上角场景名称，即可返回到场景的编辑状态。

第 7 步，在返回到场景的编辑状态后，选择【窗口】|【库】（快捷键为 Ctrl+L）命令，在打开的【库】面板中即可找到刚刚制作好的元件，如图 19.3 所示。

图 19.2　进入到元件的编辑状态

图 19.3　【库】面板中的图形元件

第 8 步，要将创建好的元件应用到舞台中，只需要从【库】面板中拖曳这个元件到舞台即可，如图 19.4 所示。

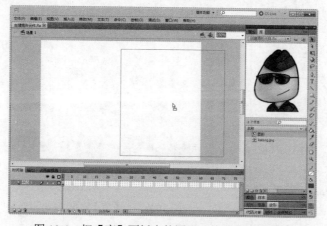

图 19.4　把【库】面板中的图形元件拖曳到舞台中

Note

2. 转换为图形元件

将舞台中已经存在的对象转换为图形元件的操作步骤如下。

第 1 步，新建一个 Flash 文件。

第 2 步，在舞台中选择一个已经编辑好的图形对象，如图 19.5 所示。

第 3 步，选择【修改】|【转换为元件】（快捷键为 F8）命令，打开【转换为元件】对话框，如图 19.6 所示。

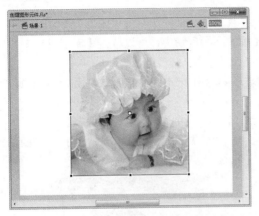

图 19.5　选择舞台中已经编辑好的对象　　　　图 19.6　【转换为元件】对话框

第 4 步，在打开的对话框中输入新元件的名称，并且选择元件的类型为"图形"。

第 5 步，在【对齐】选项中调整元件的中心点位置。

第 6 步，如果需要把生成的元件保存到【库】面板的不同目录中，可以单击【库根目录】按钮，选择现有的目录或者是创建一个新的目录。

第 7 步，单击【确定】按钮，即可完成元件的转换操作。

第 8 步，选择【窗口】|【库】（快捷键为 Ctrl+L）命令，在打开的【库】面板中即可找到刚刚转换的元件，如图 19.7 所示。

第 9 步，和新建图形元件不同的是，转换后的元件实例已经在舞台中存在了，如果需要继续在舞台中添加元件的实例，可以从【库】面板中拖曳这个元件到舞台，如图 19.8 所示。

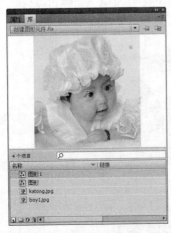

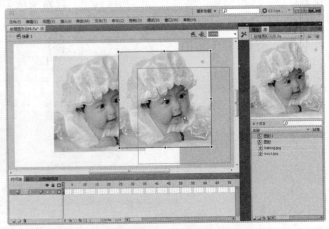

图 19.7　【库】面板中的图形元件　　　　图 19.8　把【库】面板中的图形元件拖曳到舞台中

19.1.3   创建按钮元件

按钮元件是 Flash 中一种特殊的元件，不同于图形元件，因为按钮元件在影片的播放过程中，是默认静止播放的，但是按钮元件可以响应鼠标的移动或单击操作激发相应的动作。

1. 创建按钮元件

创建一个空白按钮元件的操作步骤如下。

第 1 步，新建一个 Flash 文件。

第 2 步，选择【插入】|【新建元件】（快捷键为 Ctrl+F8）命令，打开【创建新元件】对话框，如图 19.9 所示。

第 3 步，在打开的对话框中输入新元件的名称，并且选择元件的类型为"按钮"。

第 4 步，单击【确定】按钮，这时 Flash 会自动进入到当前按钮元件的编辑状态。可以在此绘制图形、输入文本或者导入图像等，如图 19.10 所示。

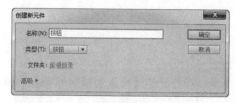

图 19.9   【创建新元件】对话框

图 19.10   进入到按钮元件的编辑状态

第 5 步，元件创建完毕，单击"舞台"左上角场景名称，即可返回到场景的编辑状态。

第 6 步，在返回到场景的编辑状态后，选择【窗口】|【库】（快捷键为 Ctrl+L）命令，在打开的【库】面板中即可找到刚刚制作好的元件，如图 19.11 所示。

第 7 步，要将创建好的元件应用到舞台中，只需要从【库】面板中拖曳这个元件到舞台即可，如图 19.12 所示。

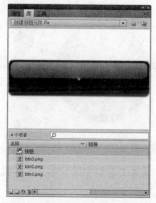

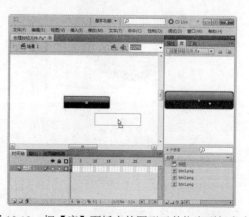

图 19.11   【库】面板中的图形元件

图 19.12   把【库】面板中的图形元件拖曳到舞台中

2. 转换为按钮元件

将舞台中已经存在的对象转换为按钮元件的操作步骤如下。

第 1 步，新建一个 Flash 文件。

第 2 步，在舞台中选择一个已经编辑好的图形对象，如图 19.13 所示。

第 3 步，选择【修改】|【转换为元件】（快捷键为 F8）命令，打开【转换为元件】对话框，如图 19.14 所示。

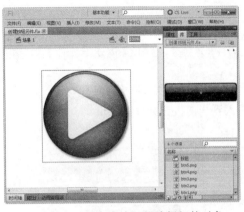

图 19.13　选择舞台中已经编辑好的对象

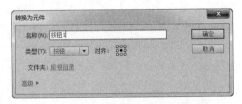

图 19.14　【转换为元件】对话框

第 4 步，在打开的对话框中输入新元件的名称，并且选择元件的类型为"按钮"。

第 5 步，在【对齐】选项中调整元件的对齐中心点位置。

第 6 步，单击【确定】按钮，即可完成元件的转换操作。

第 7 步，选择【窗口】|【库】（快捷键为 Ctrl+L）命令，在打开的【库】面板中即可找到刚刚转换的元件，如图 19.15 所示。

第 8 步，要将创建好的元件应用到舞台中，只需要从【库】面板中拖曳这个元件到舞台即可，如图 19.16 所示。

图 19.15　【库】面板中的图形元件

图 19.16　把【库】面板中的图形元件拖曳到舞台中

3. 按钮元件的 4 种状态

在 Flash 中，按钮元件的时间轴和其他的元件都不一样，共有 4 种状态，每种状态都有特定的名称与之对应，可以在时间轴面板中进行定义，如图 19.17 所示。

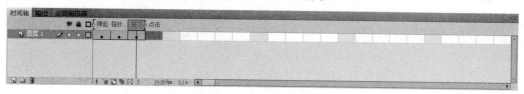

图 19.17　按钮元件的时间轴

按钮元件的时间轴并不会随着时间播放，而是根据鼠标事件选择播放这 4 帧中的一帧，这 4 帧分别响应 4 种不同的按钮事件，包括弹起、指针经过、按下和点击。

☑ 弹起：当鼠标指针不接触按钮时，该按钮处于弹起状态。该状态为按钮的初始状态，其中包括一个默认的关键帧，可以在该帧中绘制各种图形或者插入影片剪辑元件。

☑ 指针经过：当鼠标移动到该按钮的上面，但没有按下鼠标时的状态。如果希望在鼠标移动到该按钮上时能够出现一些内容，便可以在此状态中添加内容。在指针经过的关键帧中也可以绘制图形，或放置影片剪辑元件。

☑ 按下：当鼠标移动到按钮上面并且按下了鼠标左键时的状态。如果希望在按钮按下时同样发生变化，也可以绘制图形或是放置影片剪辑元件。

☑ 点击：点击状态定义了鼠标有效的单击区域。在 Flash 的按钮元件中，这一帧尤为重要，当需要制作隐藏按钮时，就需要专门使用按钮元件的点击状态来制作。

19.1.4　实战演练：设计 Apple 按钮

Apple 按钮给人一种晶莹剔透的立体感，水晶按钮效果在 Mac 的系统里比较常见，现在的设计中，水晶效果也给人一种非常时尚的感觉。下面是在 Flash 中制作好的水晶按钮效果，如图 19.18 所示。

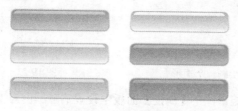

图 19.18　水晶按钮效果

操作提示：

水晶按钮之所以会有立体感，主要是因为使用了渐变色。而且同样的按钮效果在 Flash 中只需要制作成元件即可反复的调用。

操作步骤：

第 1 步，新建一个 Flash 文件（ActionScript 3.0 或 ActionScript 2.0）。

第 2 步，选择【插入】|【新建元件】（快捷键为 Ctrl+F8）命令，打开【创建新元件】对话框，如图 19.19 所示。

第 3 步，在打开的对话框中输入新元件的名称，并且选择元件的类型为"按钮"。单击【确定】按钮，这时将会进入到按钮元件的编辑状态，如图 19.20 所示。

第 4 步，选择工具箱中的【基本矩形】工具，在时间轴面板中的"弹起"状态所对应的舞台中绘制一个矩形，如图 19.21 所示。

第 5 步，在【属性】面板中，设置这个矩形的边角半径为"10"，这样就可以得到一个圆角矩形，如图 19.22 所示。

图 19.19　【创建新元件】对话框

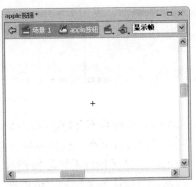

图 19.20　进入到按钮元件的编辑状态

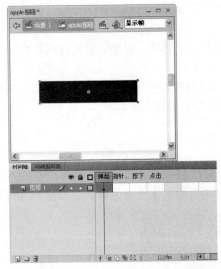

图 19.21　在舞台中绘制一个矩形

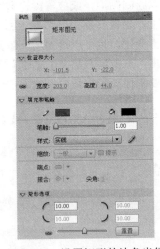

图 19.22　设置矩形的边角半经

第 6 步，选择这个圆角矩形，在【属性】面板中设置笔触颜色为"没有颜色"，填充为白色到黑色的线性渐变色，如图 19.23 所示。

第 7 步，打开【颜色】面板，把线性渐变色由白到黑调整为白到浅灰，如图 19.24 所示。

图 19.23　设置圆角矩形的属性

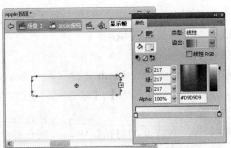

图 19.24　使用【颜色】面板调整渐变色

第 8 步，选择工具箱中的【渐变变形】工具，把线性渐变的方向由从左到右调整为从上到下，如图 19.25 所示。

第 9 步，单击【时间轴】面板中的【新建图层】按钮，创建一个新的图层"图层 2"，如图 19.26 所示。

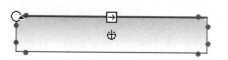

图 19.25 使用【渐变变形】工具调整渐变色方向

图 19.26 创建"图层 2"

第 10 步，把前面绘制好的圆角矩形复制到"图层 2"中，并且对齐到相同的位置，如图 19.27 所示。

第 11 步，在【时间轴】面板中"图层 2"的【显示/隐藏所有图层】按钮上单击，隐藏"图层 2"，目的是为了便于编辑"图层 1"中的圆角矩形，如图 19.28 所示。

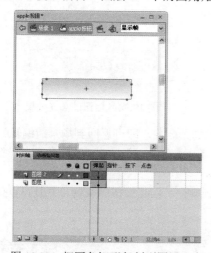

图 19.27 把圆角矩形复制到图层 2 中

图 19.28 隐藏图层 2

第 12 步，选中"图层 1"中的圆角矩形，选择【修改】|【变形】|【垂直翻转】命令，改变圆角矩形的渐变方向，如图 19.29 所示。

第 13 步，选中"图层 1"中的圆角矩形，选择【修改】|【形状】|【柔化填充边缘】命令，打开【柔化填充边缘】对话框，如图 19.30 所示。

图 19.29 把"图层 1"中的圆角矩形垂直翻转

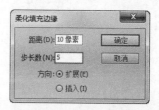

图 19.30 【柔化填充边缘】对话框

第 14 步，为了使"图层 1"中的圆角矩形边缘模糊，在【距离】文本框中设置柔化范围为"10 像素"；在【步长数】文本框中设置柔化步骤为"5"；柔化【方向】为"扩展"。得到的效果如图 19.31 所示。

第 15 步，在【时间轴】面板中，"图层 2"的【显示/隐藏所有图层】按钮上单击，把刚刚隐藏的

"图层 2"显示出来，按钮的雏形完成，如图 19.32 所示。

图 19.31　设置柔化填充边缘后的效果　　　　　　　图 19.32　按钮效果

第 16 步，最后来制作按钮的高光效果，目的是为了让立体水晶的效果更加明显。使用同样的操作，继续把"图层 1"隐藏起来。

第 17 步，使用工具箱中的【选择】工具，在舞台中拖曳选取"图层 2"圆角矩形的下半部分区域，并且复制，如图 19.33 所示。如果使用了"对象绘制"模式，在选取前一定要进行"分离"操作，否则不能选取。

第 18 步，把复制得到的区域垂直翻转变形，放置到按钮的上方。这样按钮的高光效果就制作完毕了，如图 19.34 所示。

图 19.33　选择并复制"图层 2"中圆角矩形下半部分区域　　　图 19.34　按钮的高光效果

第 19 步，按钮元件创建完毕，单击"舞台"左上角的场景名称，即可返回到场景的编辑状态。

第 20 步，返回到场景的编辑状态后，选择【窗口】|【库】（快捷键为 Ctrl+L）命令，在打开的【库】面板中即可找到刚刚制作好的元件，如图 19.35 所示。

第 21 步，接下来可以从【库】面板中拖曳这个元件到舞台，创建按钮的实例，并且可以拖曳出多个，如图 19.36 所示。

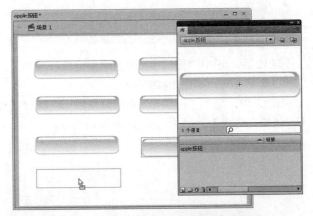

图 19.35　【库】面板中的按钮元件　　　　　　　图 19.36　从【库】面板中拖曳按钮元件到舞台

第 22 步，选择舞台中的按钮元件实例，在【属性】面板的【颜色】下拉列表中选择【高级】选项。

第 23 步，在打开的【高级效果】对话框中分别设置每个按钮的红、绿、蓝的颜色值，这样就可以制作出五颜六色的水晶按钮效果。

第 24 步，上面的步骤已经完成了整个水晶按钮的制作过程。选择【文件】|【保存】（快捷键为 Ctrl+S）命令，把刚刚制作好的按钮效果保存。

第 25 步，选择【控制】|【测试影片】（快捷键为 Ctrl+Enter）命令，在 Flash 播放器中预览按钮

效果，如图 19.18 所示。

19.1.5 实战演练：设计交互式按钮

在 Flash 中可以制作结合函数的交互动画，但是很多时候，不需要函数同样可以实现简单的交互效果。下面是在 Flash 中制作好的交互式按钮，当鼠标指针移动到图形的不同区域时，按钮的边框也会随之发生改变，如图 19.37 所示。

操作提示：

要实现按钮边框随鼠标移动，实际上可以在舞台中放置多个按钮，而且每个按钮的效果都是相同的，只是尺寸不一样。可以在元件内制作按钮，从而快速地生成动画。

图 19.37　交互式按钮效果

操作步骤：

第 1 步，新建一个 Flash 文件。

第 2 步，选择【插入】|【新建元件】（快捷键为 Ctrl+F8）命令，打开【创建新元件】对话框，如图 19.38 所示。

第 3 步，在打开的对话框中输入新元件的名称，并且选择元件的类型为"按钮"。

第 4 步，单击【确定】按钮，这时将会进入到按钮元件的编辑状态，如图 19.39 所示。

图 19.38　【创建新元件】对话框

图 19.39　进入到按钮元件的编辑状态

第 5 步，在按钮元件的编辑状态中，选择时间轴面板中的"指针经过"状态。按 F6 键，插入关键帧，如图 19.40 所示。

第 6 步，选择工具箱中的【椭圆工具】，在【椭圆工具】的【属性】面板中进行相应的设置。笔触颜色为"绿色"，笔触高度为"8"，填充为透明，如图 19.41 所示。

图 19.40　在按钮元件的指针经过状态插入关键帧

图 19.41　【椭圆工具】的属性设置

第 7 步，在按钮元件的"指针经过"状态所对应的舞台中绘制一个椭圆，如图 19.42 所示。

第 8 步，选择【时间轴】面板的"点击"状态帧，按 F6 键，插入关键帧，如图 19.43 所示。

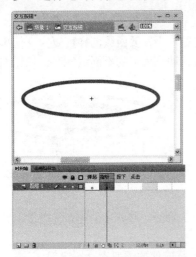

图 19.42　在舞台中绘制一个椭圆　　　　　图 19.43　在"点击"状态插入关键帧

第 9 步，单击"舞台"左上角的场景名称，即可返回到场景的编辑状态。

第 10 步，返回到场景的编辑状态后，选择【窗口】|【库】（快捷键为 Ctrl+L）命令，在打开的【库】面板中即可找到刚刚制作好的按钮元件，如图 19.44 所示。

第 11 步，把【库】面板中的按钮元件拖曳到舞台的中心，如图 19.45 所示。

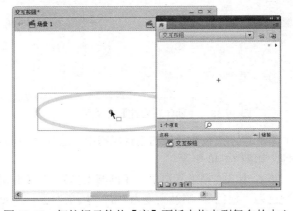

图 19.44　【库】面板中的按钮元件　　　图 19.45　把按钮元件从【库】面板中拖曳到舞台的中心

操作提示：

因为在按钮元件的内部，"弹起"状态并没有制作任何的内容，所以在舞台中的按钮元件一开始是不可见的。

第 12 步，选择【窗口】|【变形】（快捷键为 Ctrl+T）命令，打开对齐面板。

第 13 步，单击【复制并应用变形】按钮，在把按钮以 95％等比例缩小的同时复制。得到的效果如图 19.46 所示。

第 14 步，选择工具箱中的椭圆工具，根据缩小后最小椭圆的尺寸，绘制一个椭圆，放置到按钮元件的正中心，如图 19.47 所示。

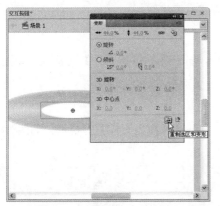

图 19.46　使用对齐面板复制并且缩小椭圆按钮　　　图 19.47　在按钮的中心绘制一个新的椭圆

第 15 步，选择【修改】|【转换为元件】（快捷键为 F8）命令，把这个椭圆转换为一个按钮元件。

第 16 步，在这个按钮元件上快速双击鼠标左键，进入到按钮元件的编辑状态，如图 19.48 所示。

第 17 步，在按钮元件的"指针经过"状态按 F6 键，插入关键帧。

第 18 步，适当更改"指针经过"状态中的椭圆颜色，如图 19.49 所示。

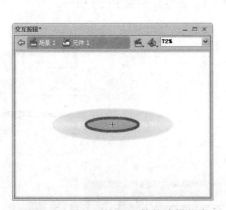

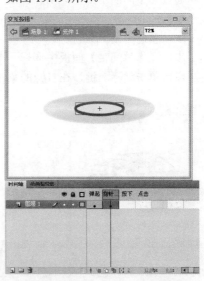

图 19.48　进入到按钮元件的编辑状态　　　　图 19.49　更改指针经过状态椭圆的颜色

第 19 步，单击"舞台"左上角场景名称，即可返回到场景的编辑状态。

第 20 步，上面的步骤已经完成了整个动画的制作过程。选择【文件】|【保存】（快捷键为 Ctrl+S）命令，把刚刚制作好的按钮效果保存。

第 21 步，选择【控制】|【测试影片】（快捷键为 Ctrl+Enter）命令，在 Flash 播放器中预览按钮效果，如图 19.37 所示。

19.1.6　创建影片剪辑元件

影片剪辑元件是一种极为重要的元件类型，在动画制作的过程中，需要重复使用一个已经创建的动画片段时，最好的办法就是将该动画转换为影片剪辑元件，或者是新建影片剪辑元件。转换和新建

Note

影片剪辑元件的方法和图形元件几乎是一样的，编辑的方式也很相似。

1. 新建影片剪辑元件

选择【插入】|【新建元件】命令（快捷键为 Ctrl+F8），打开【创建新元件】对话框，如图 19.50 所示。

2. 转换为影片剪辑元件

选择【修改】|【转换为元件】命令（快捷键为 F8），打开【转换为元件】对话框，如图 19.51 所示。其余的操作和图形元件一样，这里就不再复述。

图 19.50　【创建新元件】对话框　　　　　　图 19.51　【转换为元件】对话框

下面通过一案例演示如何把动画转换为影片剪辑元件。

操作步骤：

第 1 步，新建一个 Flash 文件。

第 2 步，在【时间轴】面板中选择一个已经制作好的动画的多个帧序列，如图 19.52 所示。

第 3 步，单击鼠标右键，在打开的菜单中选择【复制帧】命令，如图 19.53 所示。

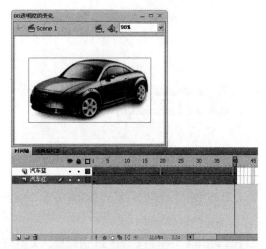
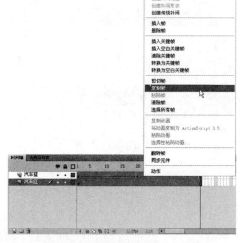

图 19.52　选择已经制作好的动画的多个帧序列　　　　图 19.53　选择【复制帧】命令

第 4 步，选择【插入】|【新建元件】命令（快捷键为 Ctrl+F8），打开【创建新元件】对话框，如图 19.54 所示。

第 5 步，在打开的对话框中输入新元件的名称，并且选择元件的类型为"影片剪辑"。

第 6 步，单击【确定】按钮，这时将会进入到影片剪辑元件的编辑状态，如图 19.55 所示。

第 7 步，选择时间轴面板的第一帧，单击鼠标右键，选择【粘贴帧】命令，如图 19.56 所示。这样，即可把舞台中的动画粘贴到影片剪辑元件内，如图 19.57 所示。

图 19.54 【创建新元件】对话框

图 19.55 进入到影片剪辑元件的编辑状态

Note

图 19.56 在影片剪辑元件的编辑状态中粘贴帧

图 19.57 把舞台中的动画粘贴到影片剪辑元件中

第 8 步，影片剪辑元件创建完毕，单击"舞台"左上角的场景名称，即可返回到场景的编辑状态。返回到场景的编辑状态后，选择【窗口】|【库】命令（快捷键为 Ctrl+L），在打开的【库】面板中即可找到刚刚制作好的影片剪辑元件，如图 19.58 所示。

第 9 步，新建图层，将创建好的元件应用到舞台中，可以从【库】面板中拖曳这个元件到舞台，如图 19.59 所示。

图 19.58 【库】面板中的影片剪辑元件

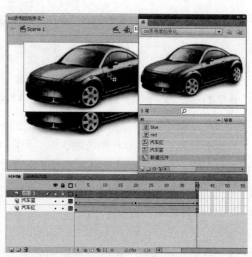

图 19.59 把【库】面板中的影片剪辑元件拖曳到舞台中

把舞台中的动画转换为影片剪辑元件，实际上就是把舞台中的动画复制到影片剪辑元件中去，复制动画时复制的是整个动画的帧序列，而不是单个帧中的对象。

19.1.7 编辑元件

当元件创建完成后，如果不满意的话，就要对元件进行修改编辑。在编辑元件后，Flash 会自动更新当前影片中应用了该元件的所有实例。Flash 提供了 3 种方式来编辑创建好的元件，具体说明如下。

1．在当前位置编辑元件

操作步骤：

第 1 步，在舞台中选择一个需要编辑的元件实例。

第 2 步，单击鼠标右键，在打开的菜单中选择【在当前位置编辑】命令，如图 19.60 所示。这时，其他对象将以灰色的方式显示，正在编辑的元件名称会显示在时间轴面板左上角的信息栏中，如图 19.61 所示。也可以直接在元件的实例上快速双击鼠标左键，同样执行【在当前位置编辑】命令。

第 3 步，元件编辑完毕，单击"舞台"左上角场景名称，即可返回到场景的编辑状态。

2．在新窗口中编辑元件

操作步骤：

第 1 步，在舞台中选择一个需要编辑的元件实例。

第 2 步，单击鼠标右键，在打开的菜单中选择【在新窗口中编辑】命令，如图 19.62 所示。

图 19.60　选择【在当前位置编辑】命令　　图 19.61　在当前位置编辑元件　　图 19.62　选择【在新窗口中编辑】命令

第 3 步，选择命令后，会进入到单独元件的编辑窗口，可以看到元件自己的时间轴。正在编辑的元件的名称也会显示在窗口上方的选项卡中，如图 19.63 所示。也可以直接在【库】面板中的元件上快速双击鼠标左键，同样执行【在新窗口中编辑】命令。元件编辑完毕，单击"舞台"左上角的场景名称，即可返回到场景的编辑状态。

3．使用编辑模式编辑元件

操作步骤：

第 1 步，在舞台中选择一个需要编辑的元件实例。

第 2 步，单击鼠标右键，在打开的菜单中选择【编辑】命令，如图 19.64 所示。其余操作步骤与

【在新窗口中编辑】相同，这里就不再复述。

图 19.63 在新窗口中编辑元件

图 19.64 选择编辑命令

第3步，元件编辑完毕，单击"舞台"左上角的场景名称，即可返回到场景的编辑状态。

19.2 使用实例

元件一旦创建完成，在影片中的任何位置，甚至在其他元件中，都可以创建元件的实例。用户可以对这些实例进行编辑，改变它们的颜色或者放大缩小它们。这些变化只会存在于实例上，而不会对原始的元件产生任何影响。

19.2.1 创建元件实例

创建元件实例的具体操作步骤如下。

第1步，在当前场景中选择放置实例的图层。Flash 只能把实例放在当前层的关键帧中。

第2步，选择【窗口】|【库】命令（快捷键为 Ctrl+L），在打开的【库】面板中可以看到所有的元件，如图 19.65 所示。

第3步，选择【库】面板中需要应用的元件，将元件从【库】面板中拖曳到舞台中，创建元件的实例，如图 19.66 所示。

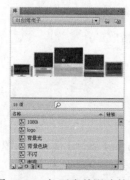

图 19.65 打开当前影片的库

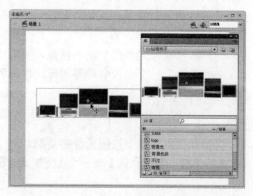

图 19.66 把库中的元件拖曳到舞台上

第 4 步，实例创建完成后就可以对实例进行修改了。Flash 只会将修改的步骤和参数等数据记录到动画文件中，而不会像存储元件一样将每个实例都存储下来。因此 Flash 动画的体积都很小，非常适合于在网上传输和播放，并且在体积小的基础上还能做出相当复杂的动画效果。

19.2.2　修改元件实例

　　实例创建完成后，可以随时修改元件实例的属性。这些修改设置都可以在【属性】面板中完成。要对实例的属性进行设置，首先要选择舞台中的一个实例。不同类型的元件属性设置会有所不同。

　　1. 修改图形元件实例

　　操作步骤：

　　第 1 步，选择舞台中的一个图形元件的实例。

　　第 2 步，选择【窗口】|【属性】命令（快捷键为 Ctrl+F3），打开 Flash 的【属性】面板，如图 19.67 所示。

　　第 3 步，单击【交换】按钮，会打开【交换元件】对话框，可以把当前的实例更改为其他元件的实例，如图 19.68 所示。

图 19.67　图形元件实例的属性设置面板　　　　　图 19.68　【交换元件】对话框

　　第 4 步，在【图形选项】的下拉列表中可以设置图形元件的播放方式，如图 19.69 所示。其中几个选项说明如下。

　　☑　循环：表示重复播放。

　　☑　播放一次：表示只播放一次。

　　☑　单帧：表示只显示第一帧。

　　第 5 步，在"第一帧"文本框中输入帧数，指定动画从哪一帧开始播放。

　　第 6 步，在"颜色"下拉列表中设置图形元件的色彩属性。

　　2. 修改按钮元件实例

　　操作步骤：

　　第 1 步，选择舞台中的一个按钮元件的实例。

　　第 2 步，选择【窗口】|【属性】命令（快捷键为 Ctrl+F3），打开 Flash 的【属性】面板，如图 19.70 所示。

　　第 3 步，在【实例名称】文本框中可以对按钮元件的实例进行变量的命名操作。

第4步，单击【交换】按钮，会打开【交换元件】对话框，可以把当前的实例更改为其他元件的实例。

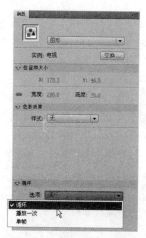

图 19.69 图形选项下拉列表

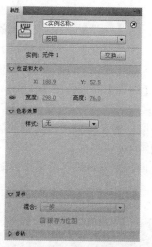

图 19.70 按钮元件实例属性面板

第5步，在【样式】下拉列表中设置按钮元件的色彩属性，如图 19.71 所示。

第6步，在【混合】下拉列表中设置按钮元件的混合模式。

3. 修改影片剪辑元件实例

操作步骤：

第1步，选择舞台中的一个影片剪辑元件的实例。

第2步，选择【窗口】|【属性】命令（快捷键为 Ctrl+F3），打开 Flash 的【属性】面板，如图 19.72 所示。

图 19.71 设置色彩属性

图 19.72 影片剪辑元件实例属性面板

Note

第3步，在【实例名称】文本框中可以对影片剪辑元件的实例进行变量的命名操作。

第4步，单击【交换】按钮，会打开【交换元件】对话框，可以把当前的实例更改为其他元件的实例。

第5步，在【样式】下拉列表中设置按钮元件的色彩属性。

第6步，在【混合】下拉列表中设置按钮元件的混合模式。

第7步，在【滤镜】面板中添加滤镜。

通过在【属性】面板中的【样式】下拉列表中进行设置，可以改变元件实例的颜色效果，从而快速创建丰富多彩的动画效果。【样式】下拉列表中的各个选项含义如下。

☑ 亮度：表示可以更改实例的明暗程度。在【亮度数量】文本框中输入不同程度的亮度值，如图 19.73 所示。

☑ 色调：表示可以更改实例的颜色，如图 19.74 所示。

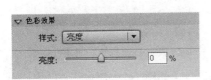

图 19.73　颜色中的亮度设置

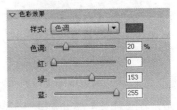

图 19.74　颜色中的色调设置

☑ Alpha（透明度）：表示可以更改实例的透明程度。在【Alpha 数量】文本框中输入不同程度的透明度值，如图 19.75 所示。

☑ 高级：可以更改实例的整体色调。在打开的面板中，通过调整红、绿、蓝的颜色值，可以直接调整实例的整体色调。并且同时还可以设置透明度的效果，如图 19.76 所示。

图 19.75　颜色中的透明度设置

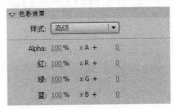

图 19.76　颜色中的高级设置

样式设置只能对元件的实例有效，普通的图形是不能够设置【样式】选项的。

19.3　操作元件库

Flash 的元件都存储在【库】面板中，用户可以在【库】面板中对元件进行编辑和管理，也可以直接从【库】面板中拖曳元件到场景中制作动画。

19.3.1　使用元件库

下面通过一个简单的案例来说明【库】面板的操作，具体操作步骤如下。

第1步，新建一个 Flash 文件。

第 2 步，选择【窗口】|【库】命令（快捷键为 Ctrl+L）。此时，在打开的【库】面板中是没有任何元件的，如图 19.77 所示。

第 3 步，单击【新建元件】按钮，会打开【创建新元件】对话框，如图 19.78 所示。

图 19.77   空白的【库】面板

图 19.78   【创建新元件】对话框

第 4 步，在【创建新元件】对话框中输入元件的名称并且选择元件的类型。在这里分别创建了图形元件、按钮元件和影片剪辑元件，如图 19.79 所示。

第 5 步，单击【库】面板中【新建文件夹】按钮，可以在【库】面板中创建不同的文件夹，便于元件的分类管理，如图 19.80 所示。

图 19.79   【库】面板中不同类型的元件

图 19.80   新建库文件夹

第 6 步，使用鼠标左键选择【库】面板中的 3 个元件，拖曳到库的文件夹中，如图 19.81 所示。

第 7 步，选择库中的一个元件，单击【属性】按钮，会打开【元件属性】对话框，在【元件属性】对话框中可以更改元件的名称和类型，如图 19.82 所示。

图 19.81   将元件拖曳到库文件夹中

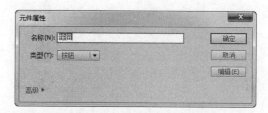

图 19.82   【元件属性】对话框

第 8 步，单击【删除】按钮 🗑，即可直接删除库中的元件。需要对【库】面板中元件重新命名时，可以在【库】面板中元件的名称上快速双击鼠标左键，直接更改。

第 9 步，在【库】面板中可以详细显示各个元件实例的属性，如图 19.83 所示。

第 10 步，单击【库】面板右上角的小三角按钮，会打开选项菜单，在菜单中可以对库中的元件进行更加详细的管理，如图 19.84 所示。

图 19.83　元件实例的属性设置

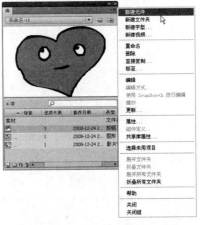

图 19.84　【库】面板的选项菜单

19.3.2　调用动画库

在 Flash 动画制作中，可以调用其他影片文件的【库】面板中的元件，这样同样的素材就不需要制作多次，可以大大地加快动画的制作效率。下面通过一个简单的案例来说明调用动画库的操作。

操作步骤：

第 1 步，新建一个 Flash 文件。

第 2 步，选择【窗口】|【库】命令（快捷键为 Ctrl+L）。此时，在打开的【库】面板中是没有任何元件的，如图 19.85 所示。

第 3 步，选择【文件】|【导入】|【打开外部库】命令（快捷键为 Ctrl+Shift+O），打开另外一个影片的【库】面板，如图 19.86 所示。不是当前影片的【库】面板呈灰色。

图 19.85　空白的【库】面板

图 19.86　其他影片的【库】面板

第 4 步，直接把其他影片【库】面板中的元件拖曳到当前影片中来，如图 19.87 所示。同时也会自动把这个元件添加到当前的元件库中。

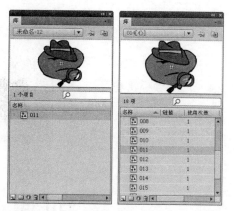

图 19.87 把其他影片【库】面板中的元件拖曳到当前影片中

19.3.3 公用库

Flash 自带了很多元件，分别存放在 3 个不同的库中，可以提供给用户直接使用。选择【窗口】|【公用库】命令，就可以打开 Flash 所提供的公用库，其中包含"按钮"、"类"和"声音"，如图 19.88 所示。公用库的使用方式和普通的【库】面板没有任何区别，这里就不再复述。

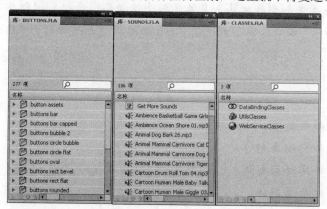

图 19.88 Flash 的公用库

第20章

创建 Flash 动画

（■ 视频讲解：2 小时 05 分钟）

Flash 动画原理与 GIF 动画的原理是一样的，有关动画设计原理本章将不再复述。Flash 提供了 5 种类型的动画效果和制作方法，具体包括逐帧动画、运动补间动画、形状补间动画、引导线动画和遮罩层动画。本章将分别对这些 Flash 动画类型进行讲解，并结合实例演示如何进行应用。

学习重点：

▶▶ Flash 逐帧动画制作。

▶▶ Flash 运动补间动画制作。

▶▶ Flash 形状补间动画制作。

▶▶ Flash 引导线动画制作。

▶▶ Flash 遮罩动画制作。

▶▶ Flash 复合动画制作。

20.1 Flash 帧基础

帧是 Flash 动画的构成基础，在整个动画制作的过程中，对于舞台中对象的时间控制，主要就是通过更改时间轴面板中的帧来完成的。

20.1.1 操作帧

Flash 中的帧可以分为关键帧、空白关键帧和静态延长帧等类型。空白关键帧加入对象后即可转换为关键帧。

☑ 关键帧：用来描述动画中关键画面的帧，每个关键帧的画面内容都是不同的。当前关键帧所对应的舞台可以编辑，同时舞台中有内容。关键帧在时间轴面板中显示为实心小圆点，如图 20.1 所示。

☑ 空白关键帧：和关键帧的概念一样，不同的是当前空白关键帧所对应的舞台中没有内容。空白关键帧在时间轴面板中显示为空心小圆点，如图 20.2 所示。

☑ 静态延长帧：用来延长上一个关键帧的播放状态和时间，当前静态延长帧所对应的舞台不可编辑。静态延长帧在时间轴面板中显示为灰色区域，如图 20.3 所示。

图 20.1 Flash 中的关键帧

图 20.2 Flash 中的空白关键帧

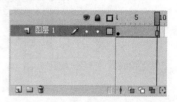
图 20.3 Flash 中的静态延长帧

1. 创建帧

对帧的操作，基本上都是通过【时间轴】面板来完成的，在【时间轴】面板的上方标有帧的序号，用户可以在不同的帧里添加不同的内容，连续播放这些帧就生成动画了。

☑ 添加静态延长帧

方法 1，在【时间轴】面板中需要插入帧的地方按 F5 键可以快速插入静态延长帧。

方法 2，在【时间轴】面板中需要插入帧的地方单击鼠标右键，选择快捷菜单中的【插入帧】命令。

方法 3，单击【时间轴】面板中需要插入帧的位置，选择【插入】|【时间轴】|【帧】命令。

☑ 添加关键帧

方法 1，在【时间轴】面板中需要插入帧的地方按 F6 键可以快速插入关键帧。

方法 2，在【时间轴】面板中需要插入帧的地方单击鼠标右键，选择快捷菜单中的【插入关键帧】命令。

方法 3，单击【时间轴】面板中需要插入帧的位置，选择【插入】|【时间轴】|【关键帧】命令。

☑ 添加空白关键帧

方法 1，在【时间轴】面板中需要插入帧的地方按 F7 键可以快速插入空白关键帧。

方法 2，在【时间轴】面板中需要插入帧的地方单击鼠标右键，选择快捷菜单中的【插入空白关键帧】命令。

方法 3，单击【时间轴】面板中需要插入帧的位置，选择【插入】|【时间轴】|【空白关键帧】命令。

2. 删除和修改帧

要删除或修改动画的帧，同样也可以从右键的快捷菜单中选择相应的命令，但是最快的方法还是使用快捷键。

- ☑ 按 Shift+F5 组合键删除静态延长帧。
- ☑ 按 Shift+F6 组合键删除关键帧。

3. 选择帧

选择帧的目的是为了编辑当前选中帧中的对象，或者改变这一帧在时间轴面板中的位置。选择单帧，可以直接在时间轴面板上单击要选择的帧。这样可以选中这一帧所对应的舞台中的所有对象，如图 20.4 所示。

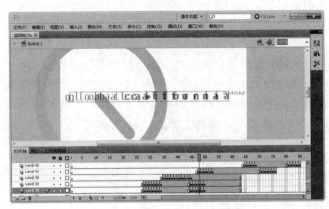

图 20.4　选择时间轴面板中的单帧

4. 选择帧序列

选择多个帧的方法有两种，一是直接在时间轴面板上拖曳鼠标指针进行选择，二是在按住 Shift 键的同时选择多帧，如图 20.5 所示。

可以改变某帧在时间轴面板中的位置，连同帧的内容一起改变，实现这个操作最快捷的方法就是利用鼠标。选中要移动的帧或者帧序列，单击鼠标并拖曳到时间轴面板中新的位置，如图 20.6 所示。

图 20.5　选择时间轴面板中的帧序列

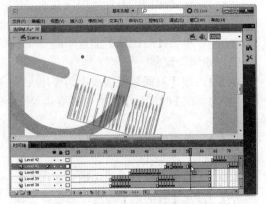

图 20.6　移动时间轴面板中的帧

20.1.2 编辑帧

1. 复制和粘贴帧

操作步骤：

第 1 步，选择要复制的帧或帧序列。

第 2 步，单击鼠标右键，选择快捷菜单中的【复制帧】命令，如图 20.7 所示。

图 20.7 选择【复制帧】命令

第 3 步，选择【时间轴】面板中需要粘贴帧的位置，单击鼠标右键，选择快捷菜单中的【粘贴帧】命令即可。

2. 翻转帧

利用翻转帧的功能可以使一段连续的关键帧序列进行逆转排列，最终的效果是倒着播放动画。

操作步骤：

第 1 步，选择要翻转的帧序列。

第 2 步，单击鼠标右键，选择快捷菜单中的【翻转帧】命令，如图 20.8 所示。

图 20.8 选择【翻转帧】命令

Note

第 3 步，翻转帧后的效果如图 20.9 所示。

图 20.9　翻转帧后对比效果

3．清除关键帧

清除关键帧的操作只能用于关键帧，因为这并不是删除帧，而是将关键帧转换为静态延长帧。如果这个关键帧所在的帧序列只有 1 帧，清除关键帧后它将转换为空白关键帧。

操作步骤：

第 1 步，选择要清除的关键帧。

第 2 步，单击鼠标右键，选择快捷菜单中的【清除关键帧】命令，如图 20.10 所示。

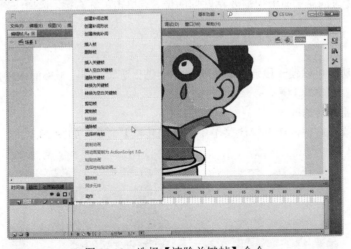

图 20.10　选择【清除关键帧】命令

20.1.3　使用洋葱皮

在编辑区域内看到的所有内容都在同一帧里，这只是一般情况。如果使用了洋葱皮技术就可以同时看到多个帧中的内容。这样便于比较多个帧内容的位置，使用户能更容易地安排动画、给对象定位等。

1．洋葱皮模式

单击【时间轴】面板下方的【洋葱皮模式】按钮，会看到当前帧以外的其他帧以不同的透明度显示，但是不能选择，如图 20.11 所示。

这时，【时间轴】面板的帧数上会多出一对大括号，这是洋葱皮的显示范围，只需要拖曳两边的大括号，就可以改变当前洋葱皮工具的显示范围了。

2. 洋葱皮外框模式

单击【时间轴】面板下方的【洋葱皮外框模式】按钮□，这时舞台中的对象会只显示边框轮廓，而不显示填充，如图 20.12 所示。

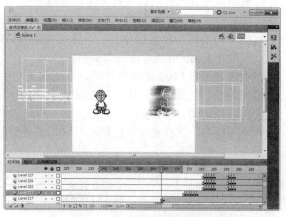

图 20.11　使用【洋葱皮模式】　　　　　　图 20.12　使用【洋葱皮外框模式】

3. 多个帧编辑模式

单击【时间轴】面板下方的【多个帧编辑模式】按钮□，这时舞台中只会显示关键帧中的内容，而不显示补间的内容。并且可以对关键帧中的内容进行修改，如图 20.13 所示。

图 20.13　使用【多个帧编辑模式】

4. 修改洋葱皮标记

单击【时间轴】面板下方的【修改洋葱皮标记】按钮□，就可以对洋葱皮的显示范围进行控制。

- ☑　总是显示标记：选中后，不论是否启用洋葱皮模式，都会显示标记。
- ☑　锚定洋葱皮：在正常的情况下，启用洋葱皮范围，是以目前所在的帧为标准，当前帧改变，洋葱皮的范围也跟着变化。
- ☑　洋葱皮 2 帧、洋葱皮 5 帧、洋葱皮全部：快速地将洋葱皮的范围设置为 2 帧、5 帧以及全部的帧。

20.2　Flash 层基础

图层是时间轴的一部分，采用综合透视原理，如同透明的玻璃，一层一层地相互叠加在一起。可以在不同的图层中放置对象，这样在对象编辑和动画制作的时候就不会互相影响了。而且所有的图层在时间轴面板上都是默认从第一帧开始播放的。

图层提供了一个相对独立的创作空间。当图形越来越复杂，素材越来越多时，可以利用图层很清楚地将不同的图形和素材分类，这样在编辑修改时就可以避免修改部分与非修改部分之间的相互干扰。图层在 Flash 中起着相当重要的作用。

当新建一个 Flash 影片文件时，默认的是一个层。在动画的制作过程中，可以通过增加新的图层来组织动画。在图层中，除了普通图层外，还可以创建引导层和遮罩层。引导层可以用来让对象按照特定的路径运动；遮罩层可以用来制作一些复杂的特殊效果。用户还可以将声音和帧函数放置在单独的一个图层中，这样就可以方便地对它们进行查找和管理。

20.2.1　操作层

除了基本图层操作外，Flash 还提供了有其自身特点的图层锁定、线框显示等操作。图层的大部分操作都在时间轴面板中完成。

1. 创建和删除图层

Flash 中的所有图层都是按建立的先后顺序由下到上统一放置在时间轴面板中的，最先建立的图层放置在最下面，当然图层的顺序也是可以拖曳调整的。当用户创建一个新的影片文件的时候，Flash 默认只有一个"图层 1"。如果用户要创建新的图层可以通过下面的 3 种操作来完成。

- ☑ 选择【插入】|【时间轴】|【图层】命令。
- ☑ 在【时间轴】面板中用户需要添加图层的位置单击鼠标右键，在弹出的快捷菜单中选择【插入图层】命令。
- ☑ 在【时间轴】面板中单击【新建图层】按钮。

执行上述 3 种方法中的任何一种都可以创建一个新的图层，如图 20.14 所示。对于不需要的图层，可以删除掉，Flash 中有两种操作可以删除图层。

- ☑ 选中需要删除的图层，单击鼠标右键，在弹出的快捷菜单中选择【删除图层】命令。
- ☑ 选中需要删除的图层，在【时间轴】面板中单击【删除图层】按钮。

2. 更改图层名称

在创建新的图层时，Flash 会按照系统默认的名称"图层 1"、"图层 2"等依次命名。在制作一个复杂的动画效果时，用户要建立十几个甚至是几十个图层，如果沿用默认的图层名称，将很难区分或记忆每一个图层的内容，因此，需要对图层进行重命名。双击想要重命名的图层名称，然后输入新的名称即可，如图 20.15 所示。

图 20.14　创建一个新的图层

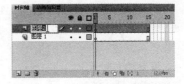

图 20.15　更改图层的名称

3. 选择图层

在 Flash 中有多种方法选取一个图层，较常用的有以下 3 种。

☑　直接在【时间轴】面板上单击所要选取的图层名称。

☑　在【时间轴】面板上单击所要选择的图层所包含的帧，则该图层被选中。

☑　在编辑舞台中的内容时单击要编辑的图形，则包含该图形的图层被选中。

但有时为了编辑的需要，可能要同时选择多个图层。这时可以按 Shift 键来连续地选取多个图层，也可以按 Ctrl 键来选取多个不连续的图层，如图 20.16 所示。

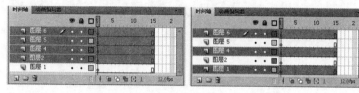

图 20.16　不同的选择方式的对比效果

4. 改变图层的排列顺序

图层的排列顺序会直接影响到图形的重叠形式，即排列在上面的图层会遮挡下面的图层。用户可以根据需要任意地改变图层的排列顺序。

改变图层排列顺序的操作很简单，只需要在时间轴面板中按住鼠标左键拖曳图层到相应的位置即可。如图 20.17 所示是更改两个图层排列顺序的对比效果。

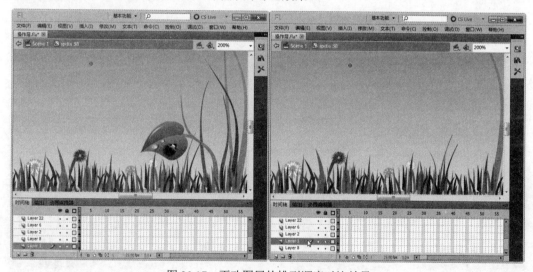

图 20.17　更改图层的排列顺序对比效果

5. 锁定图层

当在某些图层上已经完成了操作，而这些内容在一段时间内不需要编辑，那么就可以将这些图层锁定，以免对这些内容误操作。

操作步骤：

第 1 步，选择需要锁定的图层。

第 2 步，单击【时间轴】面板中的【锁定图层】按钮，将当前图层锁定，如图 20.18 所示。再次单击【锁定图层】按钮，即可解除图层锁定状态。

图 20.18　锁定图层

操作提示：

图层锁定以后不能编辑图层中的内容，但是可以对图层进行复制、删除等操作。

6. 显示和隐藏图层

如果对对象进行详细的编辑，一些图层中的内容可能会影响操作，那么这时可以把影响操作的图层先隐藏起来。

操作步骤：

第 1 步，选择需要隐藏的图层。

第 2 步，单击【时间轴】面板中的【显示/隐藏图层】按钮　，当前图层隐藏，如图 20.19 所示。再次单击【显示/隐藏图层】按钮　，即可显示图层，如图 20.20 所示。

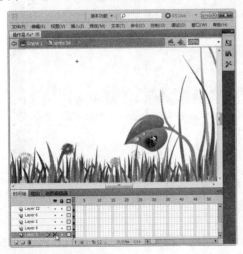

图 20.19　隐藏图层

图 20.20　显示图层

7. 显示图层轮廓

在一个复杂的影片中查找一个对象是很麻烦的事情。可以利用 Flash 显示轮廓的功能识别需要编辑的特点层。每一层显示的轮廓颜色是不同的，这更有利于用户分清图层中的内容。

操作步骤：

第 1 步，选择需要显示轮廓的图层。

第 2 步，单击【时间轴】面板中的【显示图层轮廓】按钮□，当前图层以轮廓来显示，如图 20.21 所示。再次单击【显示图层轮廓】按钮□，即可取消图层轮廓显示状态，如图 20.22 所示。

图 20.21　显示图层轮廓

图 20.22　取消图层轮廓显示

8. 使用图层文件夹

通过创建图层文件夹，可以将图层放入文件夹来组织和管理这些图层。在【时间轴】面板中展开和折叠图层不会影响在舞台中看到的内容。对于把不同类型的图层分别放置到图层文件夹中进行管理是一个不错的方法。

操作步骤：

第 1 步，单击【时间轴】面板中的【新建文件夹】按钮□，创建图层文件夹，如图 20.23 所示。

第 2 步，选中【时间轴】面板中的普通图层，按住鼠标左键拖动，移动到图层文件夹中，如图 20.24 所示。如果需要删除图层文件夹，可以单击【时间轴】面板中的【删除图层】按钮□。

图 20.23　插入图层文件夹

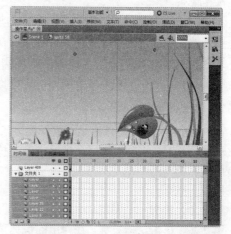

图 20.24　把图形移动到图层文件夹中

操作提示：

在删除图层文件夹的时候，如果图层文件夹中有图层存在，则会一同删除。

20.2.2　引导层

引导层是 Flash 中一种特殊的图层，在影片中起辅助的作用，可以分为普通引导层和运动引导层。普通引导层起辅助定位的作用，而运动引导层在制作动画时起引导运动路径的作用。

1. 定义普通引导层

普通引导层是在普通图层的基础上建立的，其中的所有内容只是在绘制动画时作为参考，不会出现在最后的作品中。

操作步骤：

第 1 步，选择一个图层，然后单击鼠标右键，在弹出的快捷菜单中选择【引导层】命令，如图 20.25 所示。

第 2 步，这时，普通的图层转换为普通引导层，如图 20.26 所示。如果再次选择【引导层】命令，即可把普通引导层转换回普通图层。

图 20.25　选择引导层命令

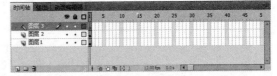
图 20.26　普通图层转换为普通引导层

操作提示：

在实际的使用过程中，最好将普通引导层放置在所有图层的下方，这样就可以避免将一个普通图层拖曳到普通引导层的下方，使该引导层转换为运动引导层。

第 3 步，如图 20.27 所示，在舞台的编辑窗口中，"图层 3"是普通引导层，所有的内容都是可见的，但是发布动画以后，只有普通图层中的内容可见，而普通引导层的内容将不会显示。

2. 定义运动引导层

在 Flash 中，用户可以用运动引导层来绘制物体的运动路径。在制作以元件为对象并沿着特定路径移动的动画时，运动引导层是应用最多的技巧。和普通引导层相同的是，运动引导层中绘制的路径在最后发布的动画中也是不可见的。

操作步骤：

第 1 步，选择一个图层。

第 2 步，单击鼠标右键，在弹出的快捷菜单中选择【添加运动引导层】命令。可以在当前图层的上方创建一个运动引导层，如图 20.28 所示。如果需要删除运动引导层，可以单击时间轴面板中的【删除图层】按钮。

第 3 步，运动引导层总是与至少一个图层相连，与它相连的层是被引导层。将层与运动引导层相连可以使运动引导层中的物体沿着运动引导层中设置的路径移动。创建运动引导层时，被选中的层都会与该引导层相连。被引导层在引导层的下方，这也表明了一种层次或从属关系。

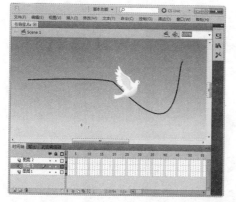

图 20.27 引导层中的内容在发布后的动画中不显示

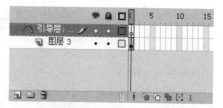

图 20.28 创建运动引导层

20.2.3 遮罩层

遮罩层的作用就是可以在当前图层的形状内部显示与其他图层重叠部分的颜色和内容，而不重叠的部分则不会显示。在遮罩层中绘制一般单色图形、渐变图形、线条和文本等，都会成为挖空区域。利用遮罩层，可以遮罩出一些特殊效果，如图像的动态切换、探照灯和百叶窗效果等。

定义遮罩层的操作步骤如下。

第 1 步，新建一个 Flash 文件。

第 2 步，选择【文件】|【导入】|【导入到舞台】命令，向舞台中导入一张图片素材。

第 3 步，在时间轴面板中单击【新建图层】按钮，创建"图层 2"，如图 20.29 所示。

第 4 步，使用工具箱中的【多角星形工具】，在"图层 2"所对应的舞台中绘制一个五角星。

第 5 步，五角星的颜色任意，"图层 2"中的五角星和"图层 1"中的图片素材重叠在一起，如图 20.30 所示。

图 20.29 新建"图层 2"

图 20.30 在"图层 2"中绘制五角星

第 6 步，在"图层 2"上单击鼠标右键，从弹出的快捷菜单中选择【遮罩层】命令，如图 20.31 所示。

第 7 步，效果完成，图片显示在五角星的形状中。如果需要取消遮罩效果，可以继续选择【遮罩层】命令。注意，一旦选择【遮罩层】命令，相应的图层会自动锁定。如果要对遮罩层中的内容进行编辑，必须先取消图层的锁定状态。

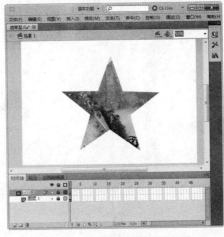

图 20.31　选择【遮罩层】命令

20.3　设计逐帧动画

只要连续播放多个画面就可以创造出动画效果。逐帧动画实际上每一帧的内容都不同，当制作完成一幅一幅的画面并连续播放，就可以看到运动的画面了。创建逐帧动画，每帧都定义为关键帧，然后在每帧中创建不同的画面。

20.3.1　导入逐帧动画

导入素材并生成逐帧动画的操作步骤如下。

第 1 步，新建一个 Flash 文件。选择【文件】|【导入】|【导入到舞台】命令（快捷键为 Ctrl+R），打开【导入】对话框，如图 20.32 所示。

第 2 步，选择第一个文件，单击【打开】按钮，这时会打开导入对话框，询问是否导入所有图片，这是因为所有图片的文件名是连续的，如图 20.33 所示。

图 20.32　【导入】对话框

图 20.33　系统询问

第 3 步，单击【是】按钮，这时 Flash 会把所有图片导入到舞台中，并且在时间轴面板中按顺序排列到不同的帧上，如图 20.34 所示。

图 20.34　时间轴面板

第 4 步，按 Ctrl+Enter 组合键即可预览动画效果。

20.3.2　制作逐帧动画

下面通过一个具体案例来讲解逐帧动画的逐帧制作过程。

操作步骤：

第 1 步，新建一个 Flash 文件。

第 2 步，选择工具箱中的【文本工具】，在舞台中输入"欢迎您学习 Flash 动画设计"。

第 3 步，选择舞台中的文本，在【属性】面板中设置文本的属性，字体为"微软雅黑"；字体大小为"40"；样式为"Bold"；对齐方式为"左对齐"，文本颜色为"黑色"，如图 20.35 所示。

第 4 步，在【时间轴】面板中按 F6 键插入关键帧，一共插入 14 个关键帧，因为一共有 14 个字，如图 20.36 所示。

图 20.35　在舞台中输入文本

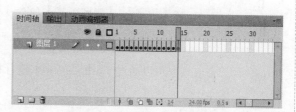

图 20.36　插入 14 个关键帧

第 5 步，选择第 1 帧，把舞台中的"迎您学习 Flash 动画设计"文本都删除掉，只保留第一个"欢"字，如图 20.37 所示。

第 6 步，选择第 2 帧，把舞台中的"您学习 Flash 动画设计"文本都删除掉，只保留前两个字"欢迎"，如图 20.38 所示。

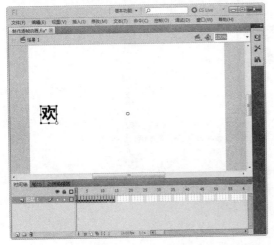
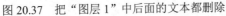

图 20.37　把"图层 1"中后面的文本都删除

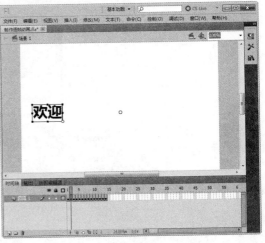

图 20.38　保留"图层 2"中前两个字

第 7 步，使用同样的方法，依次把每一帧中的文本删除。每一帧只保留和当前帧数相同的文本。最后一帧应该保留所有的文本。

第 8 步，选择【控制】|【测试影片】命令（快捷键为 Ctrl+Enter），在 Flash 播放器中预览动画效果，如图 20.39 所示。

第 9 步，此时动画播放速度很快，需要适当调整播放速度。选择【修改】|【文档】命令（快捷键为 Ctrl+J），会打开 Flash【文档设置】对话框。更改【文档设置】中【帧频】的值为"1"，如图 20.40 所示。

图 20.39　完成的动画效果

图 20.40　设置文档属性中的帧频为 1

第 10 步，选择【控制】|【测试影片】命令（快捷键为 Ctrl+Enter），在 Flash 播放器中预览动画效果。

操作提示：

动画的播放频率可以通过 Flash 的帧频来进行控制。把帧频更改为每秒钟播放一帧，播放速度就会减慢。反之，播放速度就会变快。

20.3.3 实战演练：设计网络广告

在本例中，要能够根据客户提供的广告素材插图，把"样机"各个部分展示出来，并说明产品名称。要求画面简洁明了，特点突出，开篇点题，演示效果如图 20.41 所示。

操作技巧：

本案例实现图片闪烁效果，这主要是通过关键帧和空白关键帧之间的快速切换来完成的，是帧动画的应用。

操作步骤：

第 1 步，新建一个 Flash 文件。

第 2 步，选择【修改】|【文档】（快捷键为 Ctrl+J）命令，打开 Flash【文档设置】对话框。

第 3 步，设置舞台的背景颜色为"白色"。宽度为"140 像素"，高度为"60 像素"。其他选项保持默认状态，如图 20.42 所示。设置完毕，单击【确定】按钮。

图 20.41 设计网络广告动画效果

图 20.42 设置文档属性

第 4 步，选择【文件】|【导入】|【导入到舞台】（快捷键为 Ctrl+R）命令，在当前的动画中导入数码相机图片素材，如图 20.43 所示。

第 5 步，按 F8 键，把图片转换为一个图形元件。

第 6 步，单击【时间轴】面板中的【插入图层】按钮，创建新的"图层 2"。

第 7 步，选择工具箱中的【矩形】工具，在"图层 2"所对应的舞台中绘制一个只有黑色边框，填充为透明的矩形，如图 20.44 所示。

图 20.43 往舞台中导入一张图片素材

图 20.44 在"图层 2"中绘制一个矩形

第 8 步，选择【窗口】|【对齐】（快捷键为 Ctrl+K）命令，打开 Flash 的对齐面板，使矩形的宽度和高度匹配舞台，并且对齐到舞台的中心位置，如图 20.45 所示。

第 9 步，矩形的作用是为了给动画添加边框，同时确定图片在舞台中的位置，所以不需要制作动画，为了避免误编辑，把"图层 2"锁定。

第 10 步，把第 1 帧中的图形元件和矩形对齐到相应的位置，首先要显示数码相机的标志，所以对齐到镜头上方，如图 20.46 所示。

图 20.45　使用对齐面板，把矩形对齐到舞台中心

图 20.46　把图片和矩形对齐位置

第 11 步，在"图层 1"【时间轴】面板中的第 16 帧和第 18 帧处按 F6 键，插入关键帧。在"图层 1"【时间轴】面板中的第 15 帧和第 17 帧处按 F7 键，插入空白关键帧，如图 20.47 所示。

第 12 步，通过关键帧和空白关键帧的快速切换，就可以实现动画的闪烁效果了。使用同样的方法，以 4 帧为一组，在第 31～34 帧的时间轴上插入关键帧和空白关键帧，如图 20.48 所示。

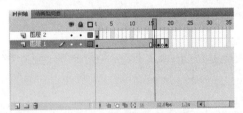
图 20.47　在"图层 1"的时间轴面板中插入关键帧

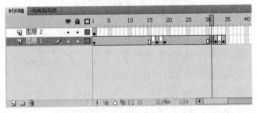
图 20.48　第 31～34 帧的时间轴上插入关键帧和空白关键帧

第 13 步，选择第 34 帧中的图形元件，调整图片素材的位置，如图 20.49 所示。

第 14 步，使用同样的方法，在第 51～54 帧的时间轴上插入关键帧和空白关键帧。选择第 54 帧中的图形元件，调整图片素材的位置，如图 20.50 所示。

图 20.49　调整第 34 帧图片素材的位置

图 20.50　调整第 54 帧图片素材的位置

第 15 步，使用同样的方法，在第 71～74 帧的时间轴上插入关键帧和空白关键帧。选择第 74 帧中的图形元件，在【属性】面板中调整元件的透明度为 "40"，如图 20.51 所示。

图 20.51　调整第 74 帧图形元件的透明度

第 16 步，使用同样的方法，在第 101～104 帧的时间轴上插入关键帧和空白关键帧。选择第 104 帧中的图形元件，在【属性】面板中取消元件的透明度设置，并且调整元件的位置和第 1 帧一样，如图 20.52 所示。

第 17 步，在 "图层 2" 的第 104 帧处按 F5 键插入静态延长帧。单击【时间轴】面板中的【插入图层】按钮，创建 "图层 3"。在 "图层 3" 的第 74 帧处按 F7 键插入空白关键帧。

第 18 步，选择工具箱中的【文本工具】，在 "图层 3" 的第 74 帧中输入文本 "数码相机"。在【属性】面板中设置文本属性，文本类型为 "静态文本"；文本填充为 "黑色"，字体为 "黑体"，字体大小为 "20"，字体样式为 "粗体"，如图 20.53 所示。

图 20.52　取消第 104 帧图形元件的透明度

图 20.53　在舞台中输入文本

第 19 步，把 "图层 3" 中第 74 帧处的文本选中，选择【属性】面板中【颜色】下拉列表的【Alpha透明度】选项。设置文本元件的透明度为 "0"，如图 20.54 所示。

第 20 步，选择 "图层 3" 中的文本，按 F8 键转换为图形元件。在 "图层 3" 的第 84 帧处按 F6 键插入空白关键帧。在 "图层 3" 的第 74 帧中单击鼠标右键，在打开的快捷菜单中选择【创建传统补间】命令。

图 20.54　设置"图层 3"第 74 帧中的元件透明度为 0

第 21 步，动画制作完毕。选择【控制】|【测试影片】（快捷键为 Ctrl+Enter）命令，在 Flash 播放器中预览动画效果。

20.4　设计补间动画

在传统的动画制作中，动画设计的主创人员并不需要一帧一帧地绘制动画中的内容，通常设计人员只需要绘制动画中的关键帧，而由助手来绘制关键帧之间的变化内容。在 Flash 动画中应用最多的一种动画制作模式就是补间动画，设计师只需要绘制出关键帧，软件就能自动生成中间的补间过程。Flash 提供了 3 种补间动画的制作方法：补间动画、补间形状和传统补间。

20.4.1　制作传统补间动画

在 Flash 中的传统补间能够给元件的实例添加动画效果，使用传统补间，可以轻松地创建移动、旋转、改变大小和属性的动画效果。

操作步骤：

第 1 步，新建一个 Flash 文件。

第 2 步，选择【修改】|【文档】命令（快捷键为 Ctrl+J），会打开 Flash【文档设置】对话框。设置舞台的背景颜色为"黑色"，其他选项保持默认状态，如图 20.55 所示。设置完毕，单击【确定】按钮。

第 3 步，选择工具箱中的【文本工具】，在舞台中输入"欢迎您学习 Flash 动画设计"。选择舞台中的文本，在【属性】面板中设置文本的属性，字体为"微软雅黑"；字体大小为"40"；文本颜色为"白色"，如图 20.56 所示。

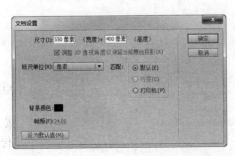

图 20.55　设置舞台的背景颜色为"黑色"

图 20.56　在舞台中输入文本并设置文本属性

第 4 步，选择【修改】|【转换为元件】命令（快捷键为 F8），把舞台中的文本转换为图形元件，如图 20.57 所示。

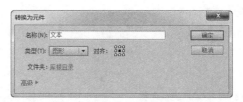

图 20.57　【转换为元件】对话框

第 5 步，选择【窗口】|【对齐】命令（快捷键为 Ctrl+K），打开 Flash 的对齐面板，把转换好的图形元件对齐到舞台的中心位置，如图 20.58 所示。

第 6 步，在【时间轴】面板第 20 帧处按 F6 键插入关键帧。用选择工具选中第 20 帧所对应的舞台中的元件。选择【窗口】|【变形】命令（快捷键为 Ctrl+T），打开 Flash 的变形面板，把图形元件的高度缩小为原来的 10%，宽度不变，如图 20.59 所示。

图 20.58　使用对齐面板，把元件对齐到舞台中心　　图 20.59　使用变形面板，把元件的高度缩小为原来的 10%

第 7 步，在【属性】面板的【样式】下拉列表中选择【Alaph】选项，设置第 20 帧中的元件透明度为 "0"，如图 20.60 所示。

图 20.60　把第 20 帧中的元件透明度调整为 "0"

第8步，在"图层1"的两个关键帧中单击鼠标右键，在弹出的快捷菜单中选择【创建传统补间】命令。

第9步，选择【视图】|【标尺】命令（快捷键为 Ctrl+Alt+Shift+R），打开舞台中的标尺。从标尺中拖曳出辅助线，对齐第1帧中文本的下方，如图 20.61 所示。选中第 20 帧中的文本，同样把文本的下方对齐到辅助线上，如图 20.62 所示。

 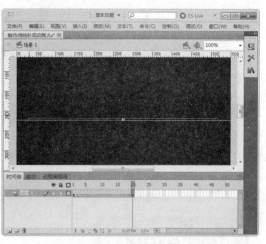

图 20.61　把辅助线对齐第1帧的文本的下方　　　　图 20.62　把第 20 帧的文本下方对齐辅助线

第10步，单击【时间轴】面板中的【插入图层】按钮，创建新的"图层2"。选择"图层1"中的所有帧，单击鼠标右键，在打开的快捷菜单中选择【复制帧】命令。选择"图层2"的第1帧，单击鼠标右键，在打开的快捷菜单中选择【粘贴帧】命令。这样就把"图层1"中的动画效果直接复制到"图层2"中来，如图 20.63 所示。复制帧以后，Flash 会在"图层2"中自动生成一些多余的帧，删除掉即可。

第11步，选择图层2中的所有帧，单击鼠标右键，在弹出的快捷菜单中选择"翻转帧"命令。从标尺中拖曳出辅助线，对齐第1帧中文本的上方，如图 20.64 所示。把"图层2"中第20帧中的文本对齐辅助线的上方，如图 20.65 所示。

图 20.63　把"图层1"中的动画效果直接复制　　　　图 20.64　把辅助线对齐第1帧的文本的上方
　　　　　　　　到"图层2"中

Note

第 12 步，动画制作完毕。选择【控制】|【测试影片】命令（快捷键为 Ctrl+Enter），在 Flash 播放器中预览动画效果，如图 20.66 所示。

图 20.65 把"图层 2"中第 20 帧的文本对齐辅助线的上方

图 20.66 动画完成效果

20.4.2 制作补间形状动画

Flash 中的运动补间动画只能够给分离后的可编辑对象或者是对象绘制模式下生成的对象来添加动画效果，使用补间形状，可以轻松地创建几何变形和渐变色改变的动画效果。

设计简单的补间形状动画的操作步骤如下。

第 1 步，新建一个 Flash 文件。

第 2 步，选择工具箱中的【文本工具】，在【属性】面板中设置路径和填充样式，如图 20.67 所示。文本类型为"静态文本"，文本填充为黑色，字体体为"黑体"，字体大小为"200"。

第 3 步，使用【文本】工具在舞台中输入文本"动"字。按 F7 键分别在时间轴的第 10、20 和 30 帧插入空白关键帧。使用【文本】工具，分别在第 10 帧的舞台中输入文本"画"字，在第 20 帧的舞台中输入文本"设"字，在第 30 帧的舞台中输入文本"计"字。现在这 4 个关键帧中的内容如图 20.68 所示。

图 20.67 【文本】工具属性设置

图 20.68 每个关键帧中的文本内容

第 4 步，依次选择每个关键帧中的文本。选择【修改】|【分离】命令（快捷键为 Ctrl+B）把文本分离成可编辑的网格状。

第 5 步，依次选择每个关键帧中的文本。在【属性】面板中设置文本的填充颜色为渐变色。每个文本的渐变色都不同。如图 20.69 所示。

图 20.69　给每个关键帧中的文本添加渐变色

第 6 步，选择"图层 1"中的所有帧，在"图层 1"上单击鼠标右键，在打开的选项菜单中选择【创建补间形状】命令。这时【时间轴】面板如图 20.70 所示。

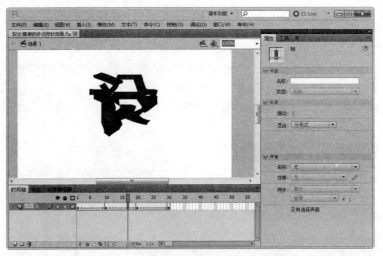

图 20.70　添加形状补间后的时间轴面板

第 7 步，动画制作完毕。选择【控制】|【测试影片】命令（快捷键为 Ctrl+Enter），在 Flash 播放器中预览动画效果。要使用文本来制作形状补间动画，必须先把文本分离到可编辑的状态。

20.4.3　控制形状变化

在 Flash 中的形状补间过程中，关键帧之间的变形过程是由 Flash 软件随机生成的。如果要控制几何变形的变化过程，可以给动画添加形状提示。

操作提示：

形状提示就是一个有颜色的实心小圆点，上面标示的是小写的英文字母。当形状提示位于图形的内部时，显示为红色；位于图形的边缘时，起始帧会显示为黄色，结束帧会显示为绿色。

操作步骤：

第 1 步，新建一个 Flash 文件。

第 2 步，选择工具箱中的【文本工具】，在【属性】面板中设置路径和填充样式，如图 20.71 所示。文本类型为"静态文本"；文本填充为黑色，字体为"Arial"，样式为"Black"，字体大小为"150"。

第 3 步，使用【文本工具】在舞台中输入数字"1"。按 F7 键在时间轴的第 20 帧插入空白关键帧。使用【文本工具】，在第 20 帧的舞台中输入数字"2"。

第 4 步，依次选择每个关键帧中的文本。选择【修改】|【分散】命令（快捷键为 Ctrl+B）把文本分离成可编辑的网格状。选择"图层 1"中的任意一帧，单击鼠标右键，在打开的选项菜单中选择【创建补间形状】命令。这时【时间轴】面板如图 20.72 所示。

图 20.71 【文本】工具属性设置

图 20.72 添加形状补间后的时间轴面板

第 5 步，按 Enter 键，在当前编辑状态中预览动画效果。这时 Flash 软件会随机生成数字"1"变化到数字"2"的变形过程，如图 20.73 所示。

第 6 步，选择第 1 帧，选择【修改】|【形状】|【添加形状提示】命令（快捷键为 Ctrl+Shift+H），给动画添加形状提示。这时在舞台中的数字"1"上会增加一个红色的 a 点，同样在第 20 帧的数字"2"上也会生成同样的 a 点，如图 20.74 所示。

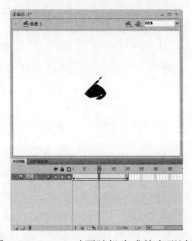
图 20.73 Flash 动画随机生成的变形过程

图 20.74 给动画添加形状提示

第 7 步，分别把数字"1"和数字"2"上的形状提示点 a 移动到相应的位置，如图 20.75 所示。可以给动画添加多个形状提示点，在这里继续添加形状提示点 b。并且移动到相应的位置，如图 20.76 所示。

第 8 步，此时，使用形状提示的形状补间动画完成了。选择【控制】|【测试影片】命令（快捷键为 Ctrl+Enter），在 Flash 播放器中预览动画效果，演示效果如图 20.77 所示。

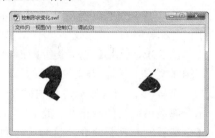

图 20.75　移动形状提示点的位置　　图 20.76　继续添加形状提示点　　图 20.77　动画演示效果比较

20.4.4　制作补间动画

补间动画是 Flash 新增的一种动画制作功能，本质上来说和前面介绍的传统补间没有任何区别，但是新的补间动画功能提供了更加直观的操作方式，使动画的创建变得更简单。

操作步骤：

第 1 步，新建一个 Flash 文件。

第 2 步，选择【修改】|【文档】命令（快捷键为 Ctrl+J），会打开 Flash【文档属性】对话框。设置舞台的背景颜色为"绿色"，其他选项保持默认状态，如图 20.78 所示。设置完毕，单击【确定】按钮。在舞台中绘制背景效果，如图 20.79 所示。

图 20.78　设置舞台的背景颜色为"绿色"

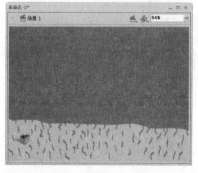

图 20.79　绘制背景

第 3 步，新建"图层 2"，从制作好案例的【库】面板中，把影片剪辑元件"鱼"拖曳到舞台中，并且放置到如图 20.80 所示的位置。

第 4 步，选择"图层 2"的第 1 帧，单击鼠标右键，在弹出的菜单中选择【创建补间动画】命令，这时 Flash 会自动生成一定数量的补间帧，如图 20.81 所示。

第 5 步，选择"图层 2"的第 10 帧，单击鼠标右键，在打开的菜单中选择【插入关键帧】|【位置】命令，如图 20.82 所示。在右键菜单中插入的关键帧在 Flash 中称之为"属性关键帧"，可以为这些属性关键帧设置相关的属性，详细的参数也可以在【动画编辑器】面板中进行设置。一个属性关键帧也可以同时设置多种不同的属性。

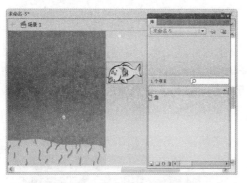

图 20.80　在舞台中放置元件

图 20.81　Flash 自动生成的补间帧

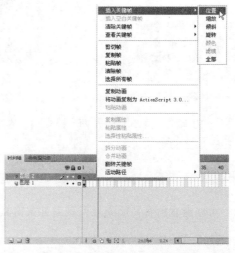

图 20.82　在第 5 帧插入关键帧

第 6 步，把第 10 帧中的元件"鱼"移动到如图 20.83 所示的位置。除了在鼠标右键菜单中选择，也可以直接按 F6 键，在第 20 帧和第 30 帧插入属性关键帧，并且依次调整位置，如图 20.84 所示。

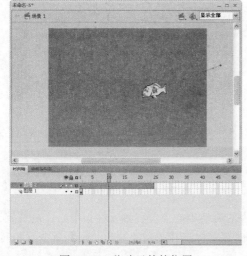

图 20.83　移动元件的位置

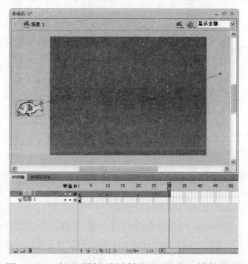

图 20.84　插入属性关键帧并且移动元件的位置

这样，鱼移动的效果就制作出来了，但是这时播放动画，会发现鱼是以直线的方式进行移动的，可以通过调整把移动的路径更改为曲线。

第 7 步，使用【选择工具】，把鼠标移动到补间动画生成的路径上，这时鼠标的右下角会出现一个弧线的图标，按住鼠标左键不放，拖曳补间动画的路径，即可把直线调整为曲线，如图 20.85 所示。

第 8 步，可以修改任意关键帧的补间路径，如果需要精确调整，可以使用【部分选取工具】，调整路径上的属性关键帧的控制手柄，调整的方法和调整路径点类似，如图 20.86 所示。

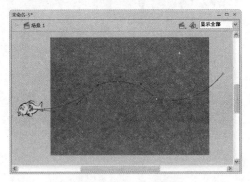

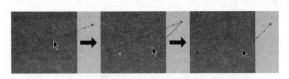

图 20.85　修改补间路径　　　　　　　　　　　图 20.86·调整补间路径

第 9 步，选择"图层 1"的第 30 帧，按 F5 键插入帧。选择【控制】|【测试影片】命令（快捷键为 Ctrl+Enter），在 Flash 播放器中预览动画效果。

20.4.5　巧用动画编辑器

使用【动画编辑器】面板，可以查看所有补间属性及其属性关键帧，并且可以通过设置精确参数来控制补间动画的效果。

操作步骤：

第 1 步，新建一个 Flash 文件（ActionScript 3.0）。

第 2 步，导入素材文件"logo.png"，在打开的【导入 Fireworks 文档】对话框中进行相应设置，如图 20.87 所示。导入到舞台的素材会自动转换为影片剪辑元件，如图 20.88 所示。

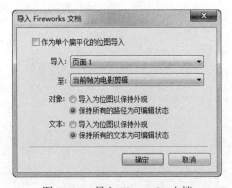

图 20.87　导入 Fireworks 文档　　　　　　　　图 20.88　导入素材到舞台

第 3 步，使用【任意变形】工具，更改影片剪辑元件的旋转中心点位置到元件正中心，如图 20.89 所示。在"图层 1"的第 1 帧处单击鼠标右键，在弹出的菜单中选择【创建补间动画】命令，并同时选中【3D 补间】命令，如图 20.90 所示。

图 20.89　修改旋转中心点的位置

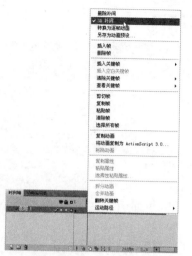

图 20.90　创建 3D 补间

第 4 步，按 F6 键，在第 15 帧和第 30 帧处分别插入关键帧，如图 20.91 所示。

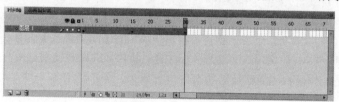

图 20.91　插入关键帧

第 5 步，打开【动画编辑器】面板，选中第 15 帧，在左侧的"基本动画"折叠菜单中，修改"旋转 Y"的值为 180°，效果如图 20.92 所示。

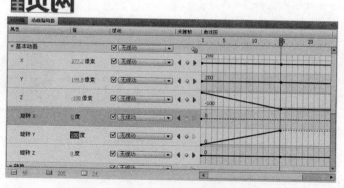

图 20.92　修改第 15 帧"旋转 Y"的值

第 6 步，在【动画编辑器】面板中选中第 30 帧，修改"旋转 Y"的值为 360°，效果如图 20.93 所示。

第 7 步，动画制作完毕。选择【控制】|【测试影片】命令（快捷键为 Ctrl+Enter），在 Flash 播放器中预览动画效果，如图 20.94 所示。

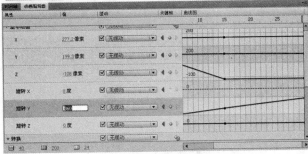

图 20.93 修改第 30 帧 "旋转 Y" 的值

图 20.94 动画完成效果

20.4.6 使用动画预设

动画预设是 Flash 新增的一个功能，使用动画预设，可以把经常使用的动画效果保存成一个预设，便于以后的调用或者共享此效果给团队中的其他人。

操作提示：

选择【窗口】|【动画预设】命令，就可以打开 Flash 的【动画预设】面板，如图 20.95 所示。在【动画预设】面板中，Flash 已经内置了 29 种不同的动画效果供用户使用，用户也可以添加自定义的效果。需要注意的是，如果希望能够使用所有的内置效果，添加的对象必须是影片剪辑元件。

操作步骤：

第 1 步，新建一个 Flash 文件。

第 2 步，导入外部素材，并且转换为影片剪辑元件，如图 20.96 所示。

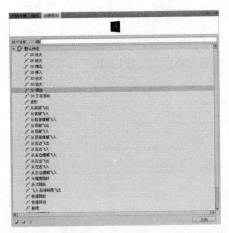

图 20.95 【动画预设】面板

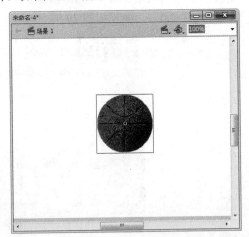

图 20.96 导入外部素材

第 3 步，打开【动画预设】面板，选择需要的动画效果，然后单击面板右下角的【应用】按钮，就可以把动画效果应用到影片剪辑元件上了，如图 20.97 所示。如果需要把自己制作的动画效果进行保存，可以先使用补间动画的方式制作所需要的效果，逐帧动画、传统补间和补间形状都是无法保存成动画预设的。

第 4 步，选中补间动画的所有帧，然后单击【动画预设】面板左下角的【将预设另存为】按钮，在打开的【将预设另存为】对话框中，输入预设名称，最后单击【确定】按钮，如图 20.98 所示。

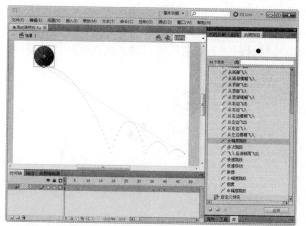

图 20.97 应用动画预设后的效果   图 20.98 【将预设另存为】对话框

第 5 步，此时，用户自定义的预设就会自动保存到【动画预设】面板中"我的动画预设"子目录下，如图 20.99 所示。如果需要把自定义的动画预设提供给其他人使用，可单击【动画预设】面板右上角的小三角形箭头，打开【动画预设】面板的选项菜单，选择【导出】命令，如图 20.100 所示。

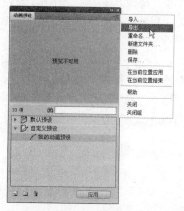

图 20.99 用户自定义的动画预设   图 20.100 导出动画预设

第 6 步，在打开的【另存为】对话框中，选择需要保存的位置。Flash 会生成 XML 格式的动画预设文件，如果需要添加其他人的动画预设效果，在【动画预设】面板的选项菜单中选择【导入】命令即可。

20.4.7 实战演练：设计跳动的小球

利用影片剪辑元件和图形元件来制作动画的局部，可以实现复合动画的效果。复合的概念很简单，就是在元件的内部有一个动画效果，然后把这个元件拿到场景里再制作另一个动画效果，在预览动画的时候两种效果可以重叠在一起。所有复合动画制作技巧，都可以用来轻松地制作场景复杂的动画效果。下面制作一个跳动的小球动画。

操作步骤：

第 1 步，新建一个 Flash 文件，保存为"复合动画制作.fla"。

第 2 步，选择工具箱中的【椭圆工具】，在舞台中绘制一个正圆。给正圆填充放射状渐变色，并且使用【填充变形工具】，把渐变色的中心点调整到椭圆的左上角，如图 20.101 所示。

　　第 3 步，选择舞台中的椭圆，按 F8 键转换为一个图形元件。选择刚刚转换好的图形元件，继续按 F8 键转换为一个影片剪辑元件。在舞台中的影片剪辑元件上双击鼠标左键，进入到元件的编辑状态，如图 20.102 所示。

图 20.101　调整小球的渐变色

图 20.102　进入到影片剪辑元件的编辑状态

　　第 4 步，分别在"图层 1"的第 15 帧和第 30 帧处按 F6 键，插入关键帧，并且创建补间动画。把第 15 帧中的小球垂直向下移动，如图 20.103 所示。

　　第 5 步，选择"图层 1"的第 1 帧，设置【属性】面板中的"缓动"值为"-100"；选择第 15 帧，设置【属性】面板中的"缓动"值为"100"；单击【时间轴】面板中的【新建图层】按钮，创建"图层 2"。

　　第 6 步，使用【选择工具】把"图层 2"拖曳到"图层 1"的下方。选择工具箱中的【椭圆工具】，在舞台中绘制一个椭圆。填充为深灰色，用来制作小球的阴影。

　　第 7 步，选择"图层 2"中的椭圆，按 F8 键转换为一个图形元件，把椭圆和第 15 帧中的小球对齐，如图 20.104 所示。

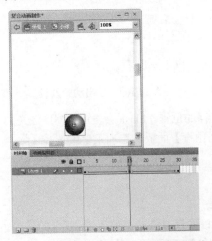

图 20.103　把第 15 帧中的小球垂直往下移动

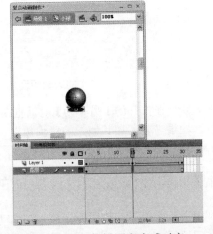

图 20.104　把椭圆和小球对齐

　　第 8 步，分别在"图层 2"的第 15 帧和第 30 帧处按 F6 键，插入关键帧，并且创建补间动画。把"图层 2"第 1 帧和第 30 帧中的椭圆适当缩小。

　　第 9 步，选择"图层 2"的第 1 帧，设置【属性】面板中的【缓动】的值为"-100"；选择第 15 帧，设置【属性】面板中的【缓动】的值为"100"。

第 10 步，单击【时间轴】面板左上角的【场景 1】按钮，返回场景的编辑状态，把场景中的影片剪辑元件对齐到舞台的左侧。在场景中"图层 1"的第 30 帧处按 F6 键，插入关键帧，并且创建补间动画，如图 20.105 所示。

第 11 步，把场景中第 30 帧的影片剪辑元件移动到舞台的右侧。动画制作完毕，选择【控制】|【测试影片】（快捷键为 Ctrl+Enter）命令，在 Flash 播放器中预览动画效果，如图 20.106 所示。这时小球只会弹跳一次，如果需要小球弹跳多次，可以把场景中的帧数延长，为影片剪辑元件帧数的整数倍数即可。

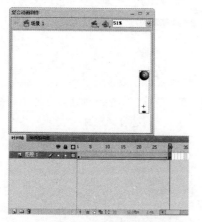
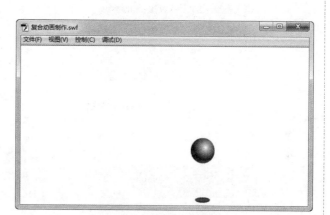

图 20.105 在场景中给影片剪辑元件制作动画 　　　　图 20.106 预览动画效果

20.5 设计引导线动画

在一些动画制作中，要对一些对象的移动轨迹进行控制，这时可以使用引导线动画来完成。虽然使用补间动画也可以制作对象按某一路径移动的效果，但是如果需要对路径进行精确控制，引导线动画是最好的选择。

20.5.1 制作引导线动画

下面通过一个简单的动物跳跃行走的动画来演示引导线动画的制作方法。

操作步骤：

第 1 步，新建一个 Flash 文件。

第 2 步，使用 Flash 的绘图工具，在"图层 1"中绘制动画的背景；在"图层 2"中绘制小白兔；在"图层 3"中绘制胡萝卜，如图 20.107 所示。

第 3 步，依次把这 3 个图形转换为图形元件，并在舞台中排列好位置。在"图层 2"的第 20 帧处按 F6 键，插入关键帧，并且创建补间动画，如图 20.108 所示。

第 4 步，分别在"图层 1"、"图层 2"和"图层 3"的第 30 帧处按 F5 键，插入静态延长帧，如图 20.109 所示。选择"图层 2"，单击鼠标右键，在打开的菜单中选择【添加传统运动引导层】命令，如图 20.110 所示。

第 5 步，使用 Flash 的绘图工具，在运动引导层中绘制曲线，如图 20.111 所示。选择"图层 2"的第 1 帧，把小白兔的元件注册中心点对齐曲线的起始位置，如图 20.112 所示。

图 20.107　在舞台中绘制动画的素材

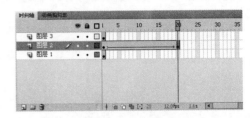

图 20.108　在"图层 2"第 20 帧插入关键帧，并且创建补间动画

图 20.109　在所有图层的第 30 帧插入静态延长帧

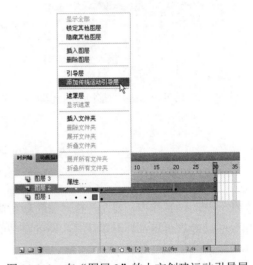

图 20.110　在"图层 2"的上方创建运动引导层

图 20.111　在运动引导层中绘制曲线

图 20.112　把第 1 帧的小白兔对齐曲线起始点

第 6 步，选择"图层 2"的第 20 帧，把小白兔的元件注册中心点对齐曲线的结束位置，并在第 1 帧和第 20 帧之间创建补间动画，如图 20.113 所示。在"图层 3"的第 15 帧和 25 帧处按 F6 键，插入关键帧，并且创建运动补间动画，如图 20.114 所示。

图 20.113　把第 20 帧的小白兔对齐曲线结束点

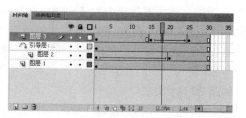

图 20.114　在"图层 3"第 15 帧、第 25 帧插入关键帧，并创建补间动画

第 7 步，选择第 25 帧中的胡萝卜，移动到舞台的右侧，如图 20.115 所示。

图 20.115　把"图层 3"中第 25 帧中的胡萝卜移动到舞台的右侧

第 8 步，动画制作完毕。选择【控制】|【测试影片】（快捷键为 Ctrl+Enter）命令，在 Flash 播放器中预览动画效果。

20.5.2　实战演练：设计科技动画

本案例通过制作引导线动画来实现小球围绕椭圆移动的效果。动画中的 3 个小球移动的效果相同，可以把动画制作在影片剪辑元件中，以便反复调用。演示效果如图 20.116 所示。

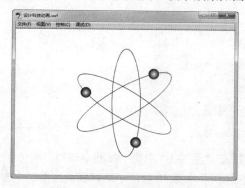

图 20.116　设计科技动画

Note

操作提示：

同样的动画效果可以制作在影片剪辑元件中，以便重复调用。在制作引导层动画的时候，引导层中的路径一般都是不闭合的。最终预览动画，引导层是不可见的，所以必须新建一个普通的图层来绘制一个同样的椭圆边框。

操作步骤：

第 1 步，新建一个 Flash 文件。

第 2 步，选择工具箱中的【椭圆工具】，在舞台中绘制一个正圆。给正圆填充放射状渐变色，并且使用【填充变形工具】，把渐变色的中心点调整到椭圆的左上角，如图 20.117 所示。

第 3 步，选择舞台中的椭圆，按 F8 键转换为一个图形元件。选择刚刚转换好的图形元件，继续按 F8 键转换为一个影片剪辑元件。在舞台中的影片剪辑元件上双击鼠标左键，进入到元件的编辑状态，如图 20.118 所示。

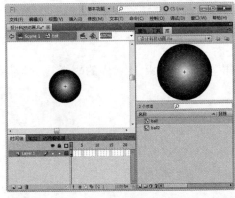

图 20.117 调整小球的渐变色

图 20.118 进入到影片剪辑元件的编辑状态

第 4 步，在"图层 1"的第 30 帧处按 F6 键，插入关键帧，并且创建补间动画。单击【时间轴】面板中的【添加传统运动引导层】按钮，添加传统运动引导层，如图 20.119 所示。

第 5 步，使用【椭圆工具】，在运动引导层中绘制一个只有边框，没有填充色的椭圆。放大视图的显示比例，使用【选择工具】，删除椭圆的一小部分，如图 20.120 所示。

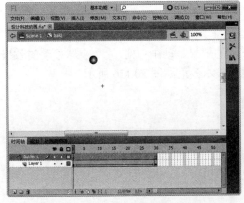

图 20.119 添加传统运动引导层

图 20.120 删除椭圆的一小部分

第 6 步，使用【选择工具】，把"图层 1"中第 1 帧的小球和椭圆边框的上边缺口对齐，如图 20.121 所示。使用【选择工具】，把"图层 1"中第 30 帧的小球和椭圆边框的下边缺口对齐，如图 20.122 所示。

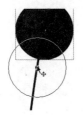

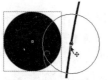

图 20.121　把小球对齐到椭圆边框的上缺口　　　　图 20.122　把小球对齐到椭圆边框的上缺口

　　第 7 步，单击【时间轴】面板中的【新建图层】按钮，在运动引导层的上方创建"图层 3"。在"图层 3"中绘制一个和引导层中同样尺寸的椭圆边框，对齐到相同的位置，如图 20.123 所示。

　　第 8 步，单击【时间轴】面板左上角的【场景 1】按钮，返回场景的编辑状态。选择【窗口】|【变形】（快捷键为 Ctrl+T）命令，打开 Flash 的变形面板。

　　第 9 步，选择舞台中的影片剪辑元件，在变形面板中的旋转文本框中输入"120"，单击变形面板中的【复制并应用变形】按钮。选择舞台中影片剪辑元件，在变形面板中的旋转文本框中输入"-120"，单击变形面板中的【复制并应用变形】按钮，如图 20.124 所示。

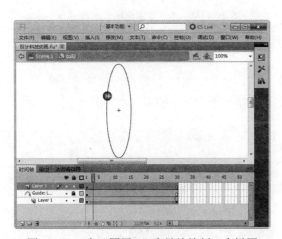

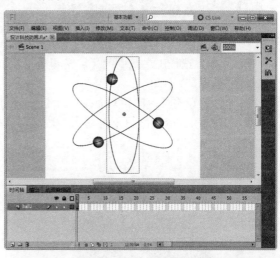

图 20.123　在"图层 3"中继续绘制一个椭圆　　　　图 20.124　对场景中的影片剪辑元件复制并旋转

　　第 10 步，动画制作完毕。选择【控制】|【测试影片】（快捷键为 Ctrl+Enter）命令，在 Flash 播放器中预览动画效果，如图 20.116 所示。

20.6　设计遮罩动画

　　遮罩是将某层作为遮罩，遮罩层下的一层是被遮罩层，而只有遮罩层上的填充色块下的内容可见，色块本身是不可见的。遮罩的项目可以是填充的形状、文本对象、图形元件实例和影片剪辑元件。一个遮罩层下方可以包含多个被遮罩层，按钮不能用来制作遮罩。

20.6.1　制作遮罩层动画

　　位于遮罩层上方的图层称之为"遮罩层"，可以给遮罩层来制作动画，从而实现遮罩形状改变的动画效果。

操作步骤：

第 1 步，新建一个 Flash 文件。选择工具箱中的【矩形工具】，在"图层 1"中绘制一个矩形。

第 2 步，选择【窗口】|【对齐】（快捷键为 Ctrl+K）命令，打开 Flash 的对齐面板，令矩形匹配舞台的尺寸，并且对齐舞台的中心位置，如图 20.125 所示。给矩形填充线性渐变色，两端为白色，中间为黑色，如图 20.126 所示。

图 20.125　使用对齐面板，把矩形对齐到舞台中心

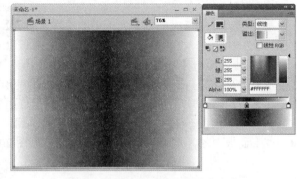

图 20.126　给矩形填充线性渐变色

第 3 步，选择工具箱中的【填充变形工具】，把矩形的渐变色由左右方向调整为上下方向，如图 20.127 所示。

第 4 步，单击【时间轴】面板中的【新建图层】按钮，创建"图层 2"。使用工具箱中的【文本工具】，在"图层 2"的第 1 帧中输入一段文本，并且把文本对齐到舞台的下方，如图 20.128 所示。

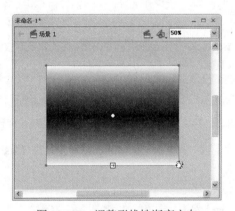

图 20.127　调整形线性渐变方向

图 20.128　在舞台中添加文本

第 5 步，选择文本，按 F8 键，转换为图形元件。在"图层 2"的第 30 帧按 F6 键，插入关键帧，并且创建补间动画。在"图层 1"的第 30 帧按 F5 键，插入静态延长帧。把"图层 2"的第 30 帧中的文本对齐到舞台的上方，并创建传统补间，如图 20.129 所示。在"图层 2"上单击鼠标右键，在打开的快捷菜单中选择【遮罩层】命令，如图 20.130 所示。

第 6 步，动画制作完毕。选择【控制】|【测试影片】（快捷键为 Ctrl+Enter）命令，在 Flash 播放器中预览动画效果，如图 20.131 所示。在这里，下方的被遮罩层的渐变色最终显示在文本的形状内，遮罩层中的文本颜色不会显示。然后让文本由下往上进行移动，实现逐步淡入淡出的效果。

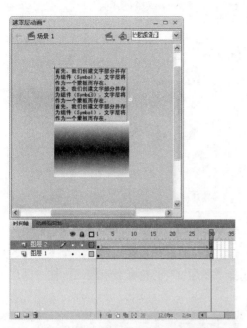

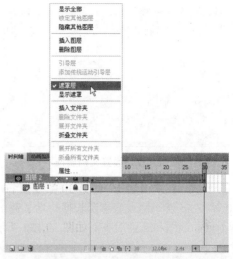

图 20.129　把第 30 帧中的文本对齐到舞台上方　　　　　　　图 20.130　选择【遮罩层】命令

图 20.131　最终动画效果

20.6.2　实战演练：制作旋转的地球

位于遮罩层下方的图层称之为"被遮罩层"，可以在被遮罩层中制作动画，从而实现遮罩内容改变的动画效果。

操作步骤：

第 1 步，新建一个 Flash 文件。

第 2 步，选择【修改】|【文档】（快捷键为 Ctrl+J）命令，会打开 Flash【文档设置】对话框。设置舞台的背景颜色为"白色"，宽度为"200 像素"，高度为"200 像素"，其他选项保持默认状态，如图 20.132 所示。设置完毕，单击【确定】按钮。

第 3 步，选择【文件】|【导入】|【导入到舞台】（快捷键为 Ctrl+R）命令，往当前的动画中导入世界地图图片素材，如图 20.133 所示。

第 4 步，按 F8 键，把图片转换为一个图形元件。单击【时间轴】面板中的【新建图层】按钮，创建"图层 2"。选择工具箱中的【椭圆工具】，在"图层 2"所对应的舞台中绘制一个没有边框的椭圆。给"图层 2"中的椭圆填充放射状渐变，如图 20.134 所示。

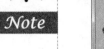

图 20.132　设置文档属性

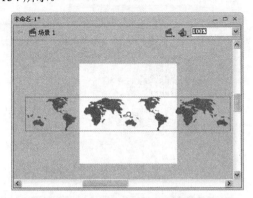

图 20.133　往舞台中导入一张图片素材

第 5 步，在"图层 1"的第 30 帧处按 F6 键，插入关键帧，并且创建补间动画。在"图层 2"的第 30 帧按 F5 键，插入静态延长帧。为了便于对齐，选择"图层 2"的轮廓显示模式。把"图层 1"中第 1 帧的地图和椭圆对齐到如图 20.135 所示的位置。

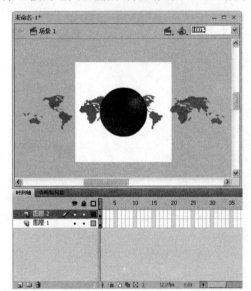

图 20.134　在"图层 2"中绘制一个椭圆，并填充
放射状渐变

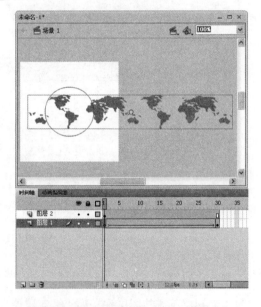

图 20.135　把第 1 帧的地图和椭圆对齐

第 6 步，把"图层 2"中第 30 帧的地图和椭圆对齐到如图 20.136 所示的位置。在"图层 2"上单击鼠标右键，在打开的快捷菜单中选择【遮罩层】命令。

第 7 步，单击【时间轴】面板中的【新建图层】按钮，在"图层 2"的上方创建新的"图层 3"。按 Ctrl+L 组合键，打开当前影片的库面板，把图形元件椭圆拖曳到"图层 3"的舞台中。使用对齐面板，把"图层 3"中的椭圆对齐到舞台的中心位置，如图 20.137 所示。

第 8 步，选择"图层 3"中的图形元件，在【属性】面板中设置透明度为"70"，如图 20.138 所示。

第 9 步，按 Shift 键，选择"图层 1"和"图层 2"中的所有帧。单击鼠标右键，在打开的快捷菜单中选择【复制帧】命令。单击【时间轴】面板中的【新建图层】按钮，在图层 3 的上方创建"图层 4"。

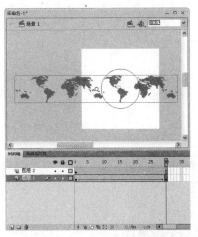

图 20.136 把"图层 2"中第 30 帧的地图和椭圆对齐　　图 20.137 把库中的椭圆拖曳到图层 3 中

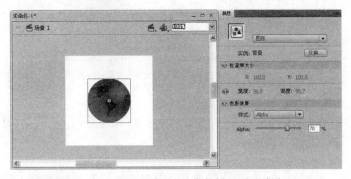

图 20.138 设置"图层 3"中的椭圆透明度为 70

第 10 步，在"图层 4"的第 1 帧上单击鼠标右键，在打开的快捷菜单中选择【粘贴帧】命令。这样可以把"图层 1"和"图层 2"中的所有内容粘贴到"图层 4"中，如图 20.139 所示。

第 11 步，选择"图层 5"中的所有帧，单击鼠标右键，在打开的快捷菜单中选择【翻转帧】命令。动画制作完毕。选择【控制】|【测试影片】（快捷键为 Ctrl+Enter）命令，在 Flash 播放器中预览动画效果，如图 20.140 所示。

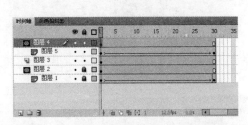

图 20.139 把"图层 1"和"图层 2"的内容复制
到"图层 4"和"图层 5"中

图 20.140 最终动画效果

操作提示：

动画的内容都显示在一个椭圆的形状内，能够出现自转的效果，是因为有两个遮罩动画，但是这两个动画的移动方向相反。在"图层 3"中添加透明度为 70 的椭圆的目的是为了遮盖住下方的遮罩动画，使其颜色加深，看起来像是阴影。

20.6.3　实战演练：设计探照灯效果

　　本案例通过制作遮罩层动画来实现探照灯效果。文本的颜色不同是因为文本有两个不同的图层，每个图层中文本的颜色效果不一样。在舞台中会有一个圆形的探照灯来回移动，当移动到文本上时可以改变文本的颜色，如图 20.141 所示。

图 20.141　探照灯动画效果

　　操作提示：

　　通过使用复制帧命令可以快速地复制关键帧中的内容。文本有两个图层，而且两个图层中的文本效果不一样。遮罩只遮其中上方的图层。

　　操作步骤：

　　第 1 步，新建一个 Flash 文件。选择工具箱中的【矩形工具】，在"图层 1"中绘制一个矩形。

　　第 2 步，选择【窗口】|【对齐】（快捷键为 Ctrl+K）命令，打开 Flash 的对齐面板，令矩形匹配舞台的尺寸，并且对齐舞台的中心位置，如图 20.142 所示。给矩形填充线性渐变色，由浅灰到深灰，如图 20.143 所示。

图 20.142　使用对齐面板，把矩形对齐到舞台中心

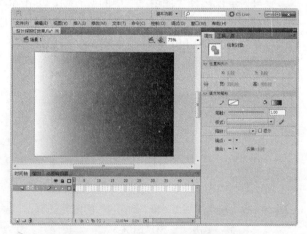

图 20.143　给矩形填充线性渐变色

　　第 3 步，选择工具箱中的【渐变变形工具】，把矩形的渐变色由左右方向调整为上下方向，如图 20.144 所示。

第 4 步，选择工具箱中的【文本工具】，在舞台中输入文本"动画设计欢迎学习 Flash 动画"。在【属性】面板中设置文本的属性，文本填充颜色为灰色。打开【滤镜】面板，给文本添加"投影"滤镜，滤镜设置保持默认即可，如图 20.145 所示。

图 20.144　调整形线性渐变方向

图 20.145　给文本添加投影

第 5 步，单击【时间轴】面板中的【新建图层】按钮，创建"图层 2"。在"图层 1"中的第 1 帧上单击鼠标右键，在打开的快捷菜单中选择【复制帧】命令。在"图层 2"的第 1 帧上单击鼠标右键，在打开的快捷菜单中选择【粘贴帧】命令。这样可以把"图层 1"中的所有内容粘贴到"图层 2"中。

第 6 步，使用【混色器】面板，把"图层 2"中的矩形颜色更改为较浅的灰色渐变。把"图层 2"中文本的滤镜删除，把文本的颜色填充为白色，如图 20.146 所示。

第 7 步，分别在"图层 1"和"图层 2"的第 30 帧处按 F5 键，插入静态延长帧。单击【时间轴】面板中的【新建图层】按钮，在"图层 2"的上方创建"图层 3"。使用工具箱中的【椭圆工具】，在舞台中绘制一个正圆。并且对齐到舞台的最左侧，如图 20.147 所示。

图 20.146　调整"图层 2"中矩形和文本的颜色

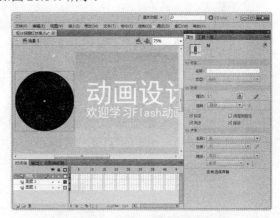

图 20.147　在"图层 3"所对应的舞台中绘制一个正圆

第 8 步，选择舞台中的正圆，按 F8 键，转换为图形元件。在"图层 3"的第 15 帧和第 30 帧处按 F6 键，插入关键帧，并且创建运动补间动画把第 15 帧的正圆移动到舞台的最右侧，如图 20.148 所示。

第 9 步，在"图层 3"上单击鼠标右键，在打开的快捷菜单中选择【遮罩层】命令，如图 20.149 所示。动画制作完毕。选择【控制】|【测试影片】（快捷键为 Ctrl+Enter）命令，在 Flash 播放器中预览动画效果即可。

图 20.148　调整"图层 3"第 15 帧的正圆位置　　　　　图 20.149　设计遮罩效果

20.7　设计骨骼动画

骨骼动画是一种使用骨骼的有关节结构对一个对象或彼此相关的一组对象进行动画处理的方法。使用骨骼，元件实例和形状对象可以按复杂而自然的方式移动，只需做很少的设计工作。例如，通过反向运动可以更加轻松地创建人物动画，如胳膊、腿和面部表情。在一个骨骼移动时，与启动运动的骨骼相关的其他连接骨骼也会移动。使用反向运动进行动画处理时，只需指定对象的开始位置和结束位置即可。通过反向运动，可以更加轻松地创建自然的运动。

20.7.1　为元件添加骨骼

使用【骨骼工具】，可以向元件的实例内部添加骨骼，但是每个元件的实例只能具有一个骨骼。下面通过一个简单的实例来说明使用【骨骼工具】为元件创建骨骼动画的技巧。

操作步骤：

第 1 步，新建一个 Flash 文档，文档类型必须选择 ActionScript 3.0，只有 ActionScript 3.0 才支持骨骼动画。

第 2 步，打开光盘中提供的案例源文件，从【库】面板中把影片剪辑元件"身体"拖曳到舞台中来，如图 20.150 所示。适当缩小影片剪辑元件"身体"，然后复制多个，排列成如图 20.151 所示的效果。

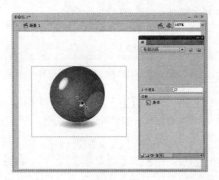
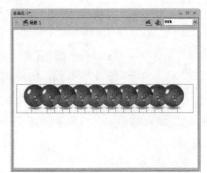

图 20.150　添加影片剪辑元件到舞台　　　　　　　图 20.151　排列影片剪辑元件

第 3 步，然后把光盘案例【库】面板中的影片剪辑元件"头"拖曳到舞台中来，放置到如图 20.152 所示的位置。

第 4 步，选择工具栏中的【骨骼工具】，从最右侧的身体开始，按住鼠标左键不放，往左侧的身体上进行拖曳，创建关联骨骼，如图 20.153 所示。

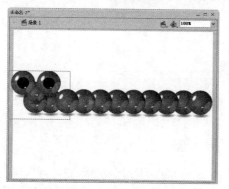

图 20.152　添加影片剪辑元件到舞台

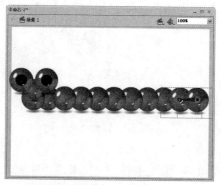

图 20.153　创建骨骼

第 5 步，使用同样的方法，在所有的身体部分都创建骨骼的关联，如图 20.154 所示。这个时候最右侧的第一个"身体"的部分把身体的其他部分给覆盖住了，可以单独选中这个元件，然后选择【修改】|【排列】|【移置底层】命令进行调整，如图 20.155 所示。

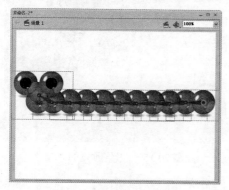

图 20.154　创建身体骨骼关联

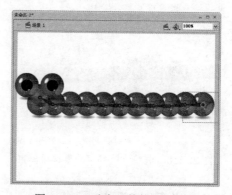

图 20.155　改变元件的叠加顺序

第 6 步，创建骨骼后，所有被骨骼关联的元件都会移动到 Flash 的"骨架"图层中，选中"骨架_1"图层的第 1 帧，然后在【属性】面板中的【类型】下拉列表中选择【运行时】，这样就可以在预览后任意拖曳动画中的影片剪辑元件了，如图 20.156 所示。注意，这种拖曳的控制只对影片剪辑元件有效。

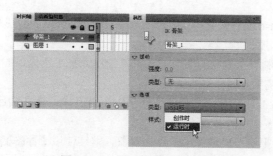

图 20.156　更改骨骼动画类型

第7步，使用【指针】工具，选择对象上的骨骼，这样就可以在【属性】面板中对每个骨骼进行详细的设置了，如图 20.157 所示。

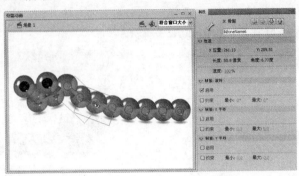

图 20.157　对任意骨骼进行设置

第8步，创建骨骼后，如果需要对某个元件中骨骼绑定的形状点的位置进行调整，可以使用【任意变形工具】，调整元件的形状点位置即可，如图 20.158 所示。动画制作完毕。选择【控制】|【测试影片】命令（快捷键为 Ctrl+Enter），在 Flash 播放器中预览动画效果，如图 20.159 所示。

图 20.158　调整骨骼绑定的形状点位置

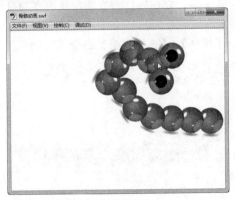

图 20.159　最终预览的效果

20.7.2　为形状添加骨骼

使用【骨骼工具】，还可以向单个形状的内部添加多个骨骼，这不同于元件的实例（每个实例只能具有一个骨骼）；也可以向在"对象绘制"模式下创建的形状添加骨骼。下面通过一个简单的实例来说明使用【骨骼工具】为形状创建骨骼动画的技巧。

操作步骤：

第1步，新建一个 Flash 文档，文档类型必须选择 ActionScript 3.0，只有 ActionScript 3.0 才支持骨骼动画。

第2步，在舞台中绘制一个植物的图形，也可以使用光盘中所提供的素材，如图 20.160 所示。需要注意的是，这里并不需要把对象转换为元件。

第3步，使用【骨骼工具】 ，从最下方的植物底部开始，按住鼠标左键不放，往植物的上方进行拖曳，创建骨骼，如图 20.161 所示。

第4步，Flash 会自动把这个矢量图形转换为对象，继续使用【骨骼工具】，按照植物的形状创建多个连续的骨骼，如图 20.162 所示。

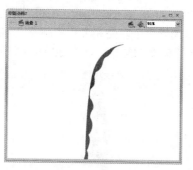

图 20.160　绘制矢量图形

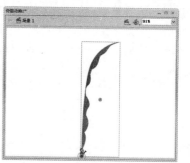

图 20.161　创建连续骨骼

第 5 步，创建骨骼之后，所有被骨骼关联的元件都会移动到 Flash 的"骨架_1"图层中，如图 20.163 所示。

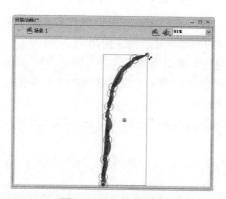

图 20.162　创建骨骼

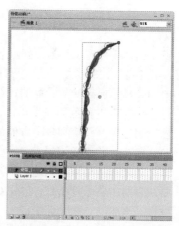

图 20.163　"骨架_1"图层

第 6 步，分别选中图层"骨架_1"的第 10 帧、第 20 帧和第 30 帧，单击鼠标右键，在弹出的菜单中选择【插入姿势】命令，如图 20.164 所示。使用【指针工具】，选择第 10 帧，修改第 10 帧中植物骨架的位置，如图 20.165 所示。

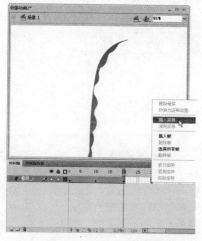

图 20.164　插入姿势关键帧

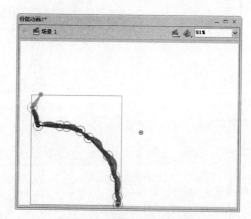

图 20.165　修改植物的姿势

Note

第 7 步，选择第 20 帧，修改第 20 帧中植物骨架的位置，如图 20.166 所示。如果对某个骨骼的形状不满意，可以使用【绑定工具】选中这个骨骼，这时可以编辑单个骨骼和形状控制点之间的连接。这样，就可以控制在每个骨骼移动时笔触扭曲的方式以获得更满意的结果，如图 20.167 所示。

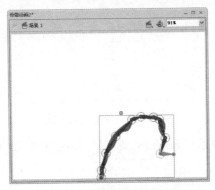

图 20.166　修改植物的姿势

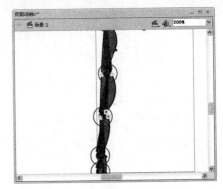

图 20.167　使用【绑定】工具

第 8 步，选择【绑定工具】，这时已连接的点以黄色加亮显示，而选定的骨骼以红色加亮显示。仅连接到一个骨骼的控制点显示为方形；连接到多个骨骼的控制点显示为三角形。

☑　要加亮显示已连接到骨骼的控制点，请使用绑定工具单击该骨骼。

☑　已连接的点以黄色加亮显示，而选定的骨骼以红色加亮显示。仅连接到一个骨骼的控制点显示为方形；连接到多个骨骼的控制点显示为三角形。

☑　向选定的骨骼添加控制点，按住 Shift 键，单击未加亮显示的控制点。也可以通过按住 Shift 键拖动来选择要添加到选定骨骼的多个控制点。

☑　要从骨骼中删除控制点，按住 Ctrl 键，单击以黄色加亮显示的控制点。也可以通过按住 Ctrl 键拖动来删除选定骨骼中的多个控制点。

☑　要加亮显示已连接到控制点的骨骼，使用【绑定工具】单击该控制点。已连接的骨骼以黄色加亮显示，而选定的控制点以红色加亮显示。

☑　要向选定的控制点添加其他骨骼，按住 Shift 键单击骨骼。

☑　要从选定的控制点中删除骨骼，按住 Ctrl 键单击以黄色加亮显示的骨骼。

第 9 步，动画制作完毕。选择【控制】|【测试影片】命令（快捷键为 Ctrl+Enter），在 Flash 播放器中预览动画效果，如图 20.168 所示。

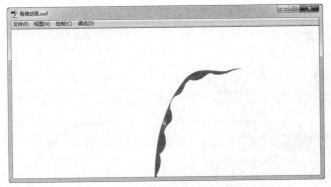

图 20.168　最终预览的效果

第 21 章

用 Flash 制作动画元素

（ 📹 视频讲解：1 小时 26 分钟 ）

　　图形和文本是动画制作的基础，它们构成了 Flash 动画基本元素。每个精彩的 Flash 动画都少不了精美的图形素材，以及必要的文字说明。Flash 具有强大的绘图和文本工具，可以利用绘图工具绘制图形、上色和修饰等。只要会使用鼠标，就可以在 Flash 中创建图形，进而制作出丰富多彩的动画效果。可以说在 Flash 动画制作过程中，动画元素的制作占有重要地位。熟练地掌握 Flash 的绘图技巧，将为制作精彩的 Flash 动画奠定坚实的基础。文本工具是 Flash 中不可缺少的重要工具，一个完整精美的动画不可缺少文本的修饰。Flash 的文本编辑功能非常强大，除了可以通过 Flash 输入文本外，还可以制作出各种很酷的字体效果，以及利用文本进行交互输入等。

学习重点：

▶▶ 绘制 Flash 路径、图形等。

▶▶ 熟练使用 Flash 基本绘图工具。

▶▶ 熟练使用 Flash 颜色工具。

▶▶ 能够编辑和管理颜色。

▶▶ 熟练使用文本工具。

▶▶ 能够设计 Flash 文本特效。

▶▶ 能够编辑和操作图形对象。

21.1 绘制图形

Flash 图形包括路径和形状，同时文本和图像都可以被转换为图形。用 Flash 直接绘制出来的图形有两种不同的属性，即 Lines（路径形式）和 Fills（填充形式）。使用基本形状工具可以同时绘制出边框路径和填充颜色，这就是两种不同属性的具体表现。在同一图层内，图形还可以叠加在一起，互相裁切。

21.1.1 绘制路径

在 Flash 中绘制路径的工具多为线条工具、钢笔工具和铅笔工具。使用这些工具在需要的位置单击鼠标左键，然后拖动鼠标即可绘制路径。而绘制路径要根据实际的需要来选择不同的工具，绘制路径的最主要目的是为了得到各种形状。

1. 线条工具

选择【线条工具】，拖动鼠标可以在舞台中绘制直线路径。结合【属性】面板中的相应直线设置还可以绘制各种样式、粗细不同的直线路径。按住 Shift 键可以使绘制出来的直线路径围绕 45°角来进行旋转，这样就很容易绘制出水平和垂直的直线。

选择需要设置的线条，这时【属性】面板会显示当前选中的直线路径属性，如图 21.1 所示。单击【属性】面板中【笔触高度】文本框，设置直线路径的宽度，可以在文本框中手动输入数值，也可以通过拖动滑块设置直线路径的宽度。同时在【笔触样式】下拉列表中可以选择绘制直线路径的样式效果，如图 21.2 所示。

图 21.1 直线路径属性

图 21.2 直线路径宽度和样式

单击【自定义】按钮会打开【笔触样式】面板，在该面板中可以对直线路径的属性进行详细的设置，如图 21.3 所示。

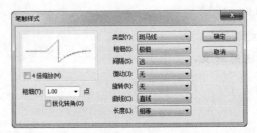

图 21.3 在【笔触样式】面板中设置直线路径属性

在 Flash 的属性面板中可以对绘制出来的路径端点形状进行设置，如图 21.4 所示。分别选择【圆角】和【方型】的效果如图 21.5 所示。

图 21.4 直线路径端点设置   图 21.5 【圆角】和【方型】端点设置效果

接合是指两条线段相接处，也就是拐角的端点形状。如图 21.6 所示，可以看到 Flash 提供的 3 种接合点的形状：【尖角】、【圆角】和【斜角】，其中【斜角】是指被"削平"的方形端点。

尖角   圆角   斜角

图 21.6 直线路径三种接合点形状

2．铅笔工具

【铅笔工具】 是一种手绘工具，使用【铅笔工具】可以直接在 Flash 中随意绘制路径及各种形状。绘制完成后，Flash 还能够帮助用户把不是直线的路径变直或者把路径变得更加平滑。

在工具箱的选项中单击【铅笔模式】按钮 后，在打开的对话框中选择不同的铅笔模式类型。其中包括"伸直"、"平滑"和"墨水"3 种。

☑ 伸直模式：选择该模式，可以将所绘制路径自动调整为平直（或圆弧形）的路径。例如，在绘制近似矩形或椭圆时，Flash 将根据它的判断调整成规则的几何形状。

☑ 平滑模式：选择该模式，可以平滑曲线、减少抖动，对有锯齿的路径进行平滑处理。

☑ 墨水模式：选择该模式，可以随意绘制各类路径，而不对得到的路径进行任何修改。

要得到最接近于手绘的效果，最好选择"墨水"模式。

3．钢笔工具

【钢笔工具】 的主要作用是绘制贝塞尔曲线，这是一种由路径点调节路径形状的曲线。要绘制精确的路径，可以使用【钢笔工具】创建直线和曲线段、调整直线段的角度和长度以及曲线段的斜率，不但可以绘制普通的开放路径，还可以创建闭合的路径。使用【钢笔工具】绘制直线路径的操作步骤如下。

第 1 步，在工具箱中单击【钢笔工具】按钮（快捷键为 P）。按 Caps Lock 键可以改变钢笔光标样式。

第 2 步，在【属性】面板中设置好笔触和填充的属性。

第 3 步，回到工作区，在舞台上单击，确定第一个路径点。

第 4 步，再次单击舞台上的其他位置绘制一条直线路径，继续单击可以添加连接的直线路径，如图 21.7 所示。

第 5 步，如果要结束路径绘制，可以按 Ctrl 键，在路径外单击。如果要闭合路径，可以将鼠标指针移动到第一个路径点上单击，如图 21.8 所示。

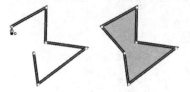

图 21.7　使用钢笔工具绘制直线路径　　　　　　图 21.8　结束路径绘制

使用【钢笔工具】绘制曲线路径的操作步骤如下。

第 1 步，在工具箱中单击【钢笔工具】按钮（快捷键为 P）。

第 2 步，在【属性】面板中设置好笔触和填充的属性。

第 3 步，回到工作区，在舞台上单击，确定第一个路径点。

第 4 步，拖曳出曲线的方向，拖曳时，路径点两端会出现曲线的切线手柄。

第 5 步，释放鼠标，将指针放置在希望曲线结束的位置单击，然后向相同或相反的方向拖曳，如图 21.9 所示。

第 6 步，如果要结束路径绘制，可以按 Ctrl 键，在路径外单击。如果要闭合路径，可以将鼠标指针移到第一个路径点上单击。只有曲线点才会有切线手柄。

操作提示：

路径点分为直线点和曲线点，将曲线点转换为直线点，需选择路径，使用【转换锚点】工具单击所选路径上已存在的曲线路径点，即可将曲线点转换为直线点，如图 21.10 所示。

图 21.9　曲线路径的绘制　　　　图 21.10　使用【转换锚点】工具将曲线点转换为直线点

可以使用 Flash 中的【添加锚点工具】和【删除锚点工具】为路径添加或删除路径点来得到满意的图形。选择路径，使用【添加锚点工具】在路径边缘没有路径点的位置单击即可完成添加操作。选择路径，使用【删除锚点】工具单击所选路径上已存在的路径点，即可完成删除操作。

4. 选择工具

【选择工具】可用于抓取、选择、移动和改变图形形状，是 Flash 中使用得最多的工具。选中【选择工具】后，在工具箱的下方工具选项中会出现 3 个附属工具，如图 21.11 所示。

- ☑ 对齐对象，单击该按钮，使用【选择工具】拖曳某一对象时，光标将出现一个圆圈，将它向其他对象移动的时候，会自动吸附上去，有助于将两个对象连接在一起。另外此按钮还可以使对象对齐辅助线或网格。

- ☑ 平滑按钮，对路径和形状进行平滑处理，消除多余的锯齿。可以柔化曲线，减少整体凹凸等不规则变化，形成轻微的弯曲。

- ☑ 伸直按钮，对路径和形状进行平直处理，消除路径上多余的弧度。

平滑和伸直工具只适用于形状对象（就是直接用工具在舞台上绘制的填充和路径），而对群组、文本、实例和位图不起作用。

为了说明【选择工具】中平滑工具的作用，最好的方法就是通过实例看一下操作的结果。在图 21.12 中，左侧的曲线是使用【铅笔工具】绘制的，显然是凹凸不平而且带有毛刺，通常使用鼠标徒手绘制的结果大多如此。图中间及右侧的曲线是经过 3 次平滑操作得到的，可以看出曲线变得非常光滑。

图 21.11 【选择工具】的选项

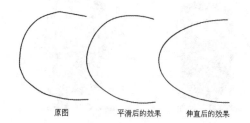

原图　　　平滑后的效果　　　伸直后的效果

图 21.12 平滑选项的效果

如果选择的是一条直线，一组对象或文本，只需要在该对象上单击就可以选择对象。如果所选的对象是图形，单击一条边线并不能选择整个图形，而需要在某条边线上双击鼠标左键，方可选中整个轮廓。如图 21.13 所示，左侧是单击选择一条边线的效果，右侧是双击一条边线后选择所有边线的效果。

有两种方式可以选择多个对象：使用选择工具框选或者是按住 Shift 键进行复选，如图 21.14 所示。

图 21.13 不同的选择效果

图 21.14 框选多个对象

在框选对象的时候如果只是框选了对象的一部分，那么将会对对象进行裁剪的操作，如图 21.15 所示。利用选择工具移动对象的拐角，当鼠标指针移动到对象的拐角点时，鼠标指针会发生变化，如图 21.16 所示。

图 21.15 裁剪对象

图 21.16 选择拐点，鼠标指针的变化

这时按住鼠标左键并拖动鼠标，即可改变前拐点的位置，移动到指定位置后释放左键。移动拐点的前后效果如图 21.17 所示。

将鼠标移动到对象的边缘，鼠标指针会发生变化，如图 21.18 所示。这时按住鼠标左键并拖动鼠标，移动到指定位置后释放，直线变曲线的前后效果如图 21.19 所示。

图 21.17　拐点移动的过程　　　　　　　　　图 21.18　选择对象边缘，鼠标指针的变化

可以在一条线段上增加一个新的拐点，当鼠标指针下方出现一个折线的标志时，按住 Ctrl 键并拖动，到适当位置释放鼠标，就可以增加一个拐点，如图 21.20 所示。

图 21.19　从直线到曲线的变化过程　　　　　　　图 21.20　添加拐点的操作

使用【选择工具】可以直接在工作区中复制对象。首先选择需要复制的对象，然后按 Ctrl 键或者 Alt 键，再拖动对象至工作区上的任意位置，放开鼠标左键时就生成了复本对象。

5．部分选取工具

【部分选取工具】 可以像【选择工具】那样选择并移动对象，还可以对图形进行变形等处理。使用【部分选取工具】选择对象，对象上将会出现很多的路径点，表示该对象已经被选中，如图 21.21 所示。此时图形周围会出现一些路径点，把鼠标指针移动到这些路径点上，鼠标的右下角会出现一个白色的正方形，拖曳路径点可以改变对象的形状，如图 21.22 所示。

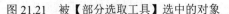

图 21.21　被【部分选取工具】选中的对象　　　　　　图 21.22　移动路径点

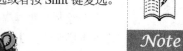

在选择路径点来进行移动的过程中，在路径点的两端会出现调节路径弧度的控制手柄，此时选中的路径点将变为实心，拖曳路径点两边的控制手柄，可以改变曲线弧度，如图 21.23 所示。

使用【部分选取工具】选中对象上的任意路径点后，按下 Delete 键可以删除当前选中的路径点，删除路径点也可以改变当前对象的形状，如图 21.24 所示。选择多个路径点时，同样可以框选或者按 Shift 键复选。

图 21.23 调整路径点两端的控制手柄

图 21.24 删除路径点

21.1.2 绘制图形

使用 Flash 中的基本形状工具，可用快速地得到想要的图形，下面来进行相应的介绍。

1. 椭圆工具

Flash 中的【椭圆工具】可以用来绘制椭圆和正圆，可以根据需要任意设置绘制出来的椭圆的路径颜色、样式和填充色。当选择工具箱中的【椭圆工具】时，Flash 界面中的属性面板就会出现与【椭圆工具】相关的属性设置，如图 21.25 所示。

在工具箱中选择【椭圆工具】，然后在工具箱底部的【选项】区中选择【对象绘制】模式。在【属性】面板中设置椭圆的路径和填充属性。在舞台中拖动鼠标指针，绘制图形。在绘制的过程中按 Shift 键，即可绘制正圆。

2. 矩形工具

【矩形工具】用于创建矩形和正方形。矩形工具的使用方法和椭圆工具一样，所不同的是矩形工具包括一个控制矩形圆角度数的属性，在【属性】面板中输入一个圆角的半径像素点数值，就能绘制出相应的圆角矩形，如图 21.26 所示。

图 21.25 【椭圆工具】对应的【属性】面板

图 21.26 【矩形工具】对应的【属性】面板

在【矩形边角半径】文本框中可以输入 0～999 的数值。数值越小，绘制出来的圆角弧度就越小，默认值为"0"，即直角矩形。如果在对话框中输入"999"，绘制出来的圆角弧度就最大，得到的是两端为半圆的圆角矩形，如图 21.27 所示。

在绘制的过程中按 Shift 键，即可绘制正方形。与【基本椭圆工具】一样，Flash 也新增加了【基本矩形工具】，使用这个工具，在舞台中绘制矩形以后，如果对矩形圆角的度数不满意，可以随时进行修改。

图 21.27　边角半径为"999"的圆角矩形

3．多角星形工具

【多角星形工具】用于创建星形和多边形，其使用方法和矩形工具一样，所不同的是【多角星形工具】的【属性】面板中多了【选项】设置按钮，如图 21.28 所示。在打开的【工具设置】对话框中，可以设置多角星形工具的详细参数，如图 21.29 所示。

图 21.28　【多角星形工具】对应的【属性】面板　　　图 21.29　【多角星形工具】的【工具设置】对话框

4．刷子工具

【刷子工具】的绘制效果与日常生活中使用的刷子类似，是为影片进行大面积上色时使用的。使用【刷子工具】可以为任意区域和图形填充颜色，比较适合制作填充精度要求不高的效果。通过更改刷子的大小和形状，可以绘制各种样式的填充线条。当改变舞台的显示比例时，对刷子绘制出来的线条大小会有影响。

选择【刷子工具】时，Flash 界面中的【属性】面板中会出现【刷子工具】的相关属性，如图 21.30 所示。同时，【刷子工具】的选项中也会出现一些刷子的附加功能，如图 21.31 所示。

图 21.30　【刷子工具】对应的【属性】面板设置　　　图 21.31　【刷子工具】选项设置

刷子模式可以用来设置使用刷子绘图时对舞台中其他对象的影响方式，但是在绘制的时候不能使用对象绘制模式。其中各个选项的功能如下。

☑　标准绘画：在这种模式下，新绘制的线条覆盖同一层中原有的图形，但是不会影响文本对象和导入的对象。效果如图 21.32 所示。

☑　颜料填充：在这种模式下，只能在空白区域和已有的矢量色块填充区域内绘制，并且不会影响矢量路径的颜色。效果如图 21.33 所示。

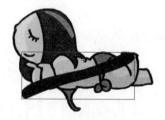

图 21.32　使用标准绘画模式得到的效果　　　图 21.33　使用颜料填充模式得到的效果

☑　后面绘画：在这种模式下，只能在空白区绘制，不会影响原有图形的颜色，绘制出来的色块全部在原有图形下方。效果如图 21.34 所示。

☑　颜料选择：在这种模式下只能在选择的区域中绘制，也就是说必须先选择一个区域后才能在被选区域中绘图。效果如图 21.35 所示。

图 21.34　使用后面绘画模式得到的效果　　　图 21.35　使用颜料选择模式得到的效果

☑　内部绘画：在这种模式下，只能在起始点所在的封闭区域中绘制，如果起始点在空白区域，只能在空白区域内绘制；如果起始点在图形内部，则只能在图形内部进行绘制。效果如图 21.36 所示。

　　利用刷子大小选项，可以设置刷子的大小，有 10 种不同的尺寸可供选择，如图 21.37 所示。利用刷子形状选项，可以设置刷子的不同形状，有 10 种形状的刷子样式可供选择，如图 21.38 所示。

图 21.36　使用内部绘画模式得到的效果　　图 21.37　刷子大小设置　　图 21.38　刷子的形状设置

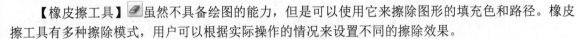

Note

　　锁定填充选项用来切换在使用渐变色进行填充时的参照点。当使用渐变色填充时，单击【锁定填充】按钮，将上一笔触的颜色变化规律锁定，作为该区域的色彩变化规范。

　　5. 橡皮擦工具

　　【橡皮擦工具】虽然不具备绘图的能力，但是可以使用它来擦除图形的填充色和路径。橡皮擦工具有多种擦除模式，用户可以根据实际操作的情况来设置不同的擦除效果。

　　选择【橡皮擦工具】时，Flash 界面中的【属性】面板中并没有相关设置，但是在工具箱的选项面板中会出现【橡皮擦工具】的一些附加选项，如图 21.39 所示。

　　在【橡皮擦工具】的选项栏中单击橡皮擦模式，会打开擦除模式选项。可以设置 5 种不同的擦除模式，其中各个选项的功能如下。

　　☑　标准擦除：在这种模式下，将擦除同一层中的矢量图形、路径、分离后的位图和文本，如图 21.40 所示。
　　☑　擦除填色：在这种模式下，只擦除图形内部的填充色，而不擦除路径，如图 21.41 所示。

图 21.39　【橡皮擦工具】的　　图 21.40　使用标准擦除模式　　图 21.41　使用擦除填色模式
　　　　　附加选项　　　　　　　　　得到的效果　　　　　　　　得到的效果

　　☑　擦除线条：在这种模式下，只擦除路径而不擦除填充色，如图 21.42 所示。
　　☑　擦除所选填充：在这种模式下，只擦除事先被选择的区域，但是不管路径是否被选择，都不会受到影响，如图 21.43 所示。

图 21.42　使用擦除线条模式得到的效果　　　　图 21.43　使用擦除所选填充模式得到的效果

　　☑　内部擦除：在这种模式下，只可以擦除连续地、不能分割地填充色块，如图 21.44 所示。
　　☑　水龙头：使用水龙头模式的【橡皮擦工具】可以单击删除整个路径和填充区域。它被看做是油漆桶和墨水瓶工具的反作用，也就是将图形的填充色整体去除，或者将路径全部擦除，只需要在擦除的填充色或路径上单击鼠标左键即可，如图 21.45 所示。

图 21.44 使用内部擦除模式得到的效果

图 21.45 使用水龙头模式得到的效果

打开橡皮擦形状下拉列表框，可以看到 Flash 提供了 10 种形状大小不同的橡皮擦形状选项，此处不再详细列举。

21.1.3 实战演练：绘制头像

使用 Flash 的绘图工具创建一个美人头像，在这里并不需要复杂的细节绘制，只需绘制出一个轮廓图，就已经能够展示美人的风采了，如图 21.46 所示。美人头像由直线和曲线组成，对于这种复杂的路径绘制，可以使用钢笔工具来完成，再搭配不同的颜色，突出整体效果。

操作提示：

对于多个对象叠加的效果，可以使用"对象绘制"模式。在路径上添加路径点的时候，一定要事先选中被编辑的路径。单独编辑路径点一端的控制手柄时，可以按 Alt 键。

操作步骤：

第 1 步，新建一个 Flash 文件。

第 2 步，选择工具箱中的【钢笔工具】 ，在【属性】面板中设置路径和填充样式，如图 21.47 所示。路径为"黑色"，路径宽度为"4"，填充颜色为"#CCEBC6"。选择工具选项中的"对象绘制"模式 。在舞台的任意位置单击，创建第一个路径点，如图 21.48 所示。

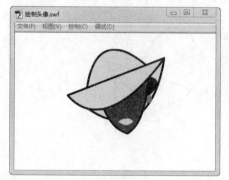

图 21.46 美人头像效果

图 21.47 钢笔工具属性设置

图 21.48 创建第一个路径点

第 3 步，在第一个路径点右边偏上的位置继续单击，创建第二个路径点，两个路径点间将会连接一条直线路径。如图 21.49 所示。

第 4 步，把鼠标指针移动回到第一个路径点，单击并且拖曳，这样就可以在直线的下方拖曳一条曲线出来，得到帽沿的形状。如图 21.50 所示。

图 21.49　绘制直线　　　　　　　　　　　图 21.50　绘制美人帽子

第 5 步，对于得到的帽沿形状如果不满意，可以选择【部分选取工具】　对路径点进行调整，从而达到最佳效果。如图 21.51 所示。

第 6 步，复制这个图形，选择【编辑】|【粘贴到当前位置】（快捷键为 Ctrl+Shift+V）命令进行复制，这样可以在相同的位置复制出一个新的图形。选择【部分选取工具】　，调整复制出图形的左侧路径点，调整的效果如图 21.52 所示。

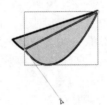

图 21.51　使用【部分选取】工具调整路径点　　　图 21.52　调整复制出来的图形路径点位置及控制手柄

第 7 步，选择【修改】|【排列】|【下移一层】（快捷键为 Ctrl+下箭头）命令，把新复制出来的图形移动到原来图形的下方，得到帽子的整体效果，如图 21.53 所示。如果对帽子的尺寸及帽沿的弧度不满意，还可以继续调整图形的路径点。

第 8 步，选择工具箱中的【钢笔工具】　，继续在得到的帽子图形上方绘制帽子的顶部区域，和上面一样，绘制一个弧形区域即可，如图 21.54 所示。

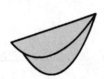
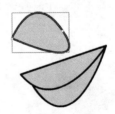

图 21.53　帽子的整体效果　　　　　　　　图 21.54　绘制帽子顶部区域

第 9 步，选择【部分选取工具】　，调整绘制出图形的右侧路径点的位置及控制手柄，调整的效果如图 21.55 所示。使用【部分选取工具】调整路径点两端的控制手柄时，按 Alt 键可以只调整路径点一边的控制手柄。

第 10 步，调整好帽子顶部和帽沿的位置，选择【修改】|【排列】|【移至底层】（快捷键：Ctrl+Shift+下箭头）命令，把帽子顶部移动到最下方，如图 21.56 所示。

图 21.55   调整路径点两端的控制手柄   图 21.56   绘制好的帽子效果

第 11 步，绘制美人的脸。这个绘制过程非常的重要，因为最终的效果如何，取决于脸的形状。例如方脸给人老实稳重的感觉，圆脸给人圆滑的感觉，如图 21.57 所示。

第 12 步，选择工具箱中的【钢笔工具】，在【属性】面板中设置路径和填充样式，路径样式不变，填充颜色为 "#663300"。使用钢笔工具在舞台中绘制一个 "U" 字形，由 3 个路径点构成。如图 21.58 所示。

图 21.57   不同脸型对比   图 21.58   绘制美人脸

第 13 步，把绘制出来的美人脸移动到帽子的下方，选择【修改】|【排列】|【下移一层】（快捷键为 Ctrl+下箭头）命令，把美人脸移动到前后帽沿之间。如图 21.59 所示。

第 14 步，选择【部分选取工具】，调整脸部最下方的路径点，首先要把脸调正。调整的效果如图 21.60 所示。

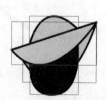

图 21.59   调整美人脸的位置   图 21.60   调整脸部最下方的路径点的位置及控制手柄

第 15 步，按 Alt 键分别调整脸部下方路径点两端的控制手柄，把圆下巴调整成美人的尖下巴。如图 21.62 所示。

第 16 步，绘制美人性感的嘴唇。选择工具箱中的【钢笔工具】，在【属性】面板中设置路径和填充样式，路径样式不变，填充颜色为 "#FFCCCC"。在任意位置单击创建第一个路径点，在水平向右的位置单击创建第二个路径点并拖曳，然后回到起始路径点单击闭合路径，得到的形状如图 21.62 所示。

图 21.61 调整脸部最下方的路径点的控制手柄

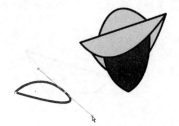

图 21.62 绘制嘴唇

第 17 步，选择【部分选取工具】 ，按 Alt 键调整右侧的路径点，调整的效果如图 21.63 所示。

第 18 步，选择工具箱中的【放大镜工具】 ，适当放大视图的显示比例，如图 21.64 所示。

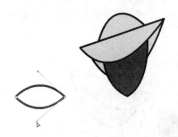

图 21.63 调整嘴唇路径点

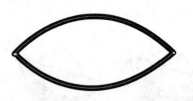

图 21.64 放大视图显示比例，便于细节的编辑

第 19 步，选择工具箱中的【钢笔工具】 ，在嘴唇上方的路径上添加 3 个路径点，如图 21.65 所示。

第 20 步，选择【部分选取工具】 ，把中间的路径点适当往下移动，调整出嘴唇的形状，调整的效果如图 21.66 所示。

图 21.65 添加路径点

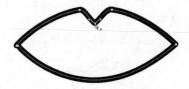

图 21.66 调整路径点位置

第 21 步，去掉嘴唇路径的黑色，填充前面设置好的填充色。如图 21.67 所示。

第 22 步，调整嘴唇和美人头的大小和位置，如图 21.68 所示。

图 21.67 给嘴唇填充颜色

图 21.68 脸和嘴唇的效果

第 23 步，选择工具箱中的【钢笔工具】 ，给美人绘制黑色的头发，效果如图 21.69 所示。

第 24 步，选择工具箱中的【椭圆工具】 ，给美人绘制一个耳环，填充颜色为 "#FF33CC"，如图 21.70 所示。最后适当调整各个部分的尺寸和位置，绘制完成。

图 21.69　绘制头发

图 21.70　绘制耳环

21.1.4　实战演练：绘制 Logo 标识

中国工商银行整体标志是以一个隐性的方孔圆币，体现金融业的行业特征，标志的中心是经过变形的 "工" 字，中间断开，使工字更加突出，表达了深层含义。两边对称，体现出银行与客户之间平等互信的依存关系。以 "断" 强化 "续"，以 "分" 形成 "合"，是银行与客户的共存基础。设计手法的巧妙应用，强化了标志的语言表达力，中国汉字与古钱币形的运用充分体现了现代气息，绘图效果如图 21.71 所示。

操作提示：

有时候，看上去很复杂的图形实际上可以分解为一些简单的基本的图形，可以使用 Flash 中的基本形状工具来绘制不同大小的椭圆、不同大小的矩形。通过这些椭圆和矩形的叠加就可以最终得到工商银行的标志。可以在选择图形后，直接在属性面板中更改图形尺寸。在对齐多个对象时可以使用【对齐】（快捷键为 Ctrl+K）面板。当需要以百分比为单位调整图形大小的时候可以打开【变形】（快捷键为 Ctrl+T）面板。

操作步骤：

第 1 步，新建一个 Flash 文件。

第 2 步，选择工具箱中的【椭圆工具】 ，在【属性】面板中设置路径和填充样式，如图 21.72 所示。路径没有颜色，填充颜色为 "红色"。选择工具选项中的 "对象绘制" 模式 。

图 21.71　工商银行标志

图 21.72　设置椭圆工具属性

第 3 步，在舞台中绘制一个宽度和高度都为 200 像素的正圆，圆的尺寸可以直接在【属性】面板中进行设置。如图 21.73 所示。

第 4 步，选择【窗口】|【对齐】（快捷键为 Ctrl+K）命令，打开【对齐】面板，单击【对齐】面板中的【相对于舞台】按钮，把椭圆对齐到舞台的正中心位置，如图 21.74 所示。

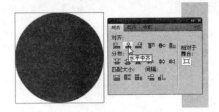

图 21.73 绘制一个正圆   图 21.74 对齐椭圆到舞台正中心

第 5 步，选择【窗口】|【变形】（快捷键为 Ctrl+T）命令，打开变形面板，把椭圆等比例缩小到原来的 80%，然后单击【重制选区和变形】按钮，这样可以一边缩小一边复制。如图 21.75 所示。

第 6 步，同时选择两个椭圆，选择【修改】|【合并对象】|【打孔】命令，对两个椭圆进行路径运算，得到的效果如图 21.76 所示。

图 21.75 使用变形面板缩小并复制当前椭圆   图 21.76 选择打孔命令后得到的图形

第 7 步，选择工具箱中的【矩形工具】 ，【属性】面板中的设置同上。在舞台中绘制一个边长为 100 像素的正方形。如图 21.77 所示。

第 8 步，选择【窗口】|【对齐】（快捷键为 Ctrl+K）命令，打开【对齐】面板，单击【对齐】面板中的【相对于舞台】按钮，把正方形和圆环都对齐到舞台的正中心位置。如图 21.78 所示。

图 21.77 绘制一个正方形   图 21.78 使用【对齐】面板对齐矩形和圆形

第 9 步，选择工具箱中的【矩形工具】 ，设置填充色为白色。在舞台中绘制两个宽度为 30 像素，高度为 10 像素的矩形，对齐到如图 21.79 所示的位置。

第 10 步，选择工具箱中的【矩形工具】 ，【属性】面板中的设置同上。在舞台中绘制两个宽度为 60 像素，高度为 10 像素的矩形，对齐到如图 21.80 所示的位置。

图 21.79　绘制两个矩形并放置到相应位置　　图 21.80　绘制两个矩形并放置到相应位置

第 11 步，选择工具箱中的【矩形工具】，【属性】面板中的设置同上。在舞台中绘制一个宽度为 5 像素，高度为 110 像素的矩形，对齐到如图 21.81 所示的位置。

第 12 步，选择工具箱中的【矩形工具】，【属性】面板中的设置同上。在舞台中绘制一个宽度为 10 像素，高度为 60 像素的矩形，对齐到如图 21.82 所示的位置。

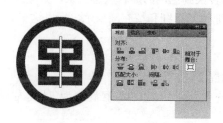

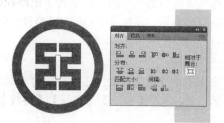

图 21.81　绘制中心的矩形　　　　　　图 21.82　绘制中心矩形

21.1.5　修饰图形

路径和色块是 Flash 中经常要使用的对象，很多时候都需要利用它们来实现各种动画效果。除了可以使用前面介绍过的工具进行调整以外，还可以使用 Flash 所提供的一些修饰命令来进行调整。

1. 优化路径

优化路径的作用就是通过减少定义路径形状的路径点数量来改变路径和填充的轮廓，达到减少 Flash 文件大小的目的。

操作步骤：

第 1 步，选择舞台中需要优化的图形对象。

第 2 步，选择【修改】|【形状】|【优化】（快捷键为 Ctrl+Alt+Shift+C）命令，可以打开 Flash 的【优化曲线】面板，如图 21.83 所示。

第 3 步，拖动"优化强度"滑块可以调整路径平滑的程度，当然也可填写数字。选择"显示总计消息"，将显示提示窗口，指示平滑完成时优化的效果，如图 21.84 所示。

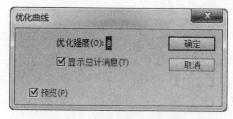

图 21.83　Flash 的优化曲线面板　　　　图 21.84　显示总计消息的提示窗口

第 4 步，不同的优化对比效果如图 21.85 所示。

原图 优化后 重复优化后

图 21.85 不同的优化对比效果

2. 将线条转换为填充

将线条转换为填充的目的是为了把路径的编辑状态转换到色块的编辑状态上来，如填充渐变色、进行路径运算等。但在是 Flash 中，路径已经可以任意地改变粗细和填充渐变色，所以这个命令使用的相对较少。

操作步骤：

第 1 步，使用基本绘图工具在舞台中绘制路径，如图 21.86 所示。

第 2 步，选择【修改】|【形状】|【将线条转换为填充】命令，可以将路径转换为色块，如图 21.87 所示。

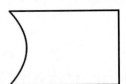

图 21.86 在舞台中绘制路径

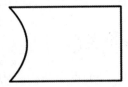

图 21.87 将线条转换为填充

第 3 步，转换后对线条和填充进行变形的对比效果如图 21.88 所示。

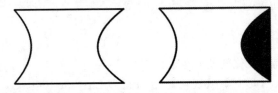

图 21.88 转换以后变形的对比效果

3. 扩展填充

使用扩展填充可以改变填充的大小范围。

操作步骤：

第 1 步，选择舞台中的填充对象。

第 2 步，选择【修改】|【形状】|【扩展填充】命令，打开【扩展填充】对话框，如图 21.89 所示。

第 3 步，在【距离】文本框中输入改变范围的尺寸。在【方向】选项中选择"扩展"或者"插入"。"扩展"表示扩大一个填充；"插入"表示缩小一个填充。设置完毕，单击【确定】按钮。转换前后的对比效果如图 21.90 所示。

原图　　　　　　　"距离"为 10　　　　　　"距离"为 10

图 21.89　【扩展填充】对话框　　　　图 21.90　使用【扩展填充】命令的前后对比效果

4．柔化填充边缘

使用【柔化填充边缘】命令可以对对象边缘进行模糊，如果图形边缘过于尖锐，可以使用这个命令来适当调整。

操作步骤：

第 1 步，选择舞台中的填充对象。

第 2 步，选择【修改】|【形状】|【柔化填充边缘】命令，打开【柔化填充边缘】对话框，如图 21.91 所示。

第 3 步，在【距离】文本框中输入柔化边缘的宽度。在【步长数】文本框中输入用于控制柔化边缘效果的曲线数值。在【方向】选项中选择"扩展"或者"插入"。"扩展"表示扩大一个填充；"插入"表示缩小一个填充。设置完毕，单击【确定】按钮。转换前后的对比效果如图 21.92 所示。

原图　　　　选择"扩展"选项效果　　选择"插入"选项效果

图 21.91　【柔化填充边缘】对话框　　图 21.92　使用【柔化填充边缘】命令的前后对比效果

21.2　动 画 上 色

一个动画效果的好坏，不仅取决于动画的声光效果，颜色的合理搭配也是非常重要的。Flash 中的色彩工具提供了对图形路径和填充色的编辑和调整功能，用户可以轻松地创建各种颜色效果应用到动画中。

21.2.1　使用墨水瓶

【墨水瓶工具】 的作用是改变已经存在的路径颜色、样式和粗细。它可以改变一条路径的粗细、颜色、线型等，并且可以给分离后的文本或图形添加路径轮廓，但【墨水瓶工具】本身是不能绘制图形的。选择【墨水瓶工具】时，Flash 界面中的【属性】面板中会出现【墨水瓶工具】的相关属性，如图 21.93 所示。

很多时候，在操作的过程中需要给图形对象添加边框路径，使用【墨水瓶工具】可以快速地完成效果。下面通过一个具体的案例来说明。

操作步骤：

第 1 步，新建一个 Flash 文件。

第 2 步，选择【文件】|【导入】|【导入到舞台】（快捷键为 Ctrl+R）命令，导入素材图片，如图 21.94 所示。这张图片的不足之处是没有边框路径，给人的感觉很空洞。下面使用【墨水瓶工具】来给"小兔子"描边。

图 21.93　【墨水瓶工具】的【属性】面板

图 21.94　没有边框路径的原图

第 3 步，选择工具箱中的【墨水瓶工具】，设置笔触颜色为彩虹渐变色，填充不必理会，因为【墨水瓶工具】不会对填充进行任何的修改。同时在属性面板中把笔触的高度设置为"2"，线型选择"实线"，如图 21.95 所示。

第 4 步，设置完毕后，把鼠标移动到图形上，鼠标指针会显示为倾倒的墨水瓶形状，如图 21.96 所示。在图形上单击鼠标左键，"小兔子"的身体周围就描绘出了边框路径。使用同样的方法给整个图形添加边框路径，如图 21.97 所示。

图 21.95　【墨水瓶工具】的【属性】面板

图 21.96　【墨水瓶工具】的鼠标指针

图 21.97　使用【墨水瓶工具】给图形描边

操作提示：

对图形使用【墨水瓶工具】描边时，不仅可以选择单色描边，还可以使用渐变色来进行描边。对于已经有了边框路径的图形，同样也可以使用【墨水瓶工具】来重新描边。所有被描边的图形必须是网格状的可编辑状态。

21.2.2　使用颜料桶

【颜料桶工具】用于填充单色、渐变色以及位图到封闭的区域，同时也可以更改已填充的区域颜色。在填充时，如果被填充的区域不是闭合的，可以通过设置【颜料桶工具】的"空隙大小"来进行填充。选择【颜料桶工具】时，Flash 界面中的【属性】面板中会出现颜料桶工具的相关属性，如图 21.98 所示。同时【颜料桶工具】的选项中也会出现一些刷子的附加功能，如图 21.99 所示。

　　空隙大小是【颜料桶工具】特有的选项，单击此按钮会出现一个下拉菜单，有 4 个选项，如图 21.100 所示。

图 21.98　【颜料桶工具】的【属性】面板　　图 21.99　【颜料桶工具】的选项　　图 21.100　空隙大小选项

　　用户在进行填充颜色操作的时候可能会遇到填充不了颜色的问题，原因是鼠标所单击的区域不是完全的闭合区域。解决的方法有两种：闭合路径，或者使用空隙大小选项。其中各个选项的功能如下。

　　☑　不封闭空隙：填充时不允许空隙存在。

　　☑　封闭小空隙：如果空隙很小，Flash 将会近似地将其判断为完全封闭空隙而进行填充。

　　☑　封闭中等空隙：如果空隙中等，Flash 将会近似地将其判断为完全封闭空隙而进行填充。

　　☑　封闭大空隙：如果空隙很大，Flash 将会近似地将其判断为完全封闭空隙而进行填充。

　　选中【颜料桶工具】选项中"锁定填充"功能，在绘图的过程中，位图或者渐变填充将扩展覆盖在舞台中涂色的图形对象上。它和刷子工具的锁定功能类似。

　　操作步骤：

　　第 1 步，选择工具箱中的【颜料桶工具】。

　　第 2 步，选择一个填充的颜色。

　　第 3 步，选择【颜料桶工具】的一种模式。

　　第 4 步，单击需要填充颜色的区域，如图 21.101 所示的是填充前后的对比。

图 21.101　使用【颜料桶工具】的前后对比

21.2.3　使用滴管

　　【滴管工具】 可以从 Flash 中的各种对象上获得颜色和类型的信息，从而快速地得到颜色。Flash 中的滴管工具和其他绘图软件的滴管工具在功能上有很大的区别。如果滴管工具吸取的是路径颜色，则会自动转换为墨水瓶工具，如图 21.102 所示。如果滴管工具吸取的是填充颜色，则会自动转换为颜料桶工具，如图 21.103 所示。

　　滴管工具没有自己的【属性】面板，在工具箱的信息面板中也没有相应的信息设置，它的功能就是对颜色的特征进行采集。如果在原来绘图时使用某种颜色，现在希望再次利用相同的颜色，那么可以使用滴管工具快速地得到相同的颜色。下面通过一个具体的案例来说明。

图 21.102　吸取路径颜色

图 21.103　吸取填充颜色

操作步骤：

第 1 步，新建一个 Flash 文件。

第 2 步，选择【文件】|【导入】|【导入到舞台】（快捷键为 Ctrl+R）命令，导入素材图片，如图 21.104 所示。

第 3 步，下图中，左边的图形是已经上好颜色的效果，现在需要把左边图形的颜色吸取过来，填充到右边没有颜色的图形上。选择工具箱中的【滴管工具】，这时鼠标指针会显示为滴管状，把鼠标移动到需要吸取颜色的图形上，如图 21.105 所示。

图 21.104　导入的图片素材　　　　　　　图 21.105　使用滴管工具选择吸取颜色区域

第 4 步，在图形上单击吸取颜色，这时鼠标指针会根据当前选择的颜色类型自动转换为相应的填充工具，如图 21.106 所示，单击填充颜色。重复刚才的操作，把所有的颜色都填充到右边的图形上，完成效果如图 21.107 所示。

图 21.106　把颜色填充到右边的图形上　　　　图 21.107　颜色填充完成效果

21.2.4　使用渐变变形

渐变变形工具用于调整渐变的颜色、填充对象和位图的尺寸、角度和中心点。使用渐变变形工具调整填充内容时，在调整对象的周围会出现一些控制手柄，根据填充内容的不同，显示的手柄也会有所区别。

1. 使用【渐变变形工具】调整线性渐变

使用【渐变变形工具】单击需要调整的对象，这时在被调整对象周围会出现一些控制手柄，如图 21.108 所示。使用鼠标拖曳中间的空心圆点可以改变渐变中心点的位置，如图 21.109 所示。

图 21.108　选择填充对象

图 21.109　调整渐变中心点位置

使用鼠标拖曳右上角的空心圆点可以改变渐变的方向，如图 21.110 所示。使用鼠标拖曳右边的空心方点可以改变渐变的范围，如图 21.111 所示。

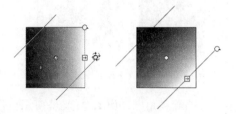

图 21.110　调整渐变色方向

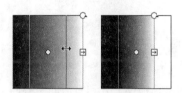

图 21.111　调整渐变色范围

2. 使用【渐变变形工具】调整放射状渐变

使用【渐变变形工具】单击需要调整的对象，这时在被调整对象周围会出现一些控制手柄，如图 21.112 所示。使用鼠标拖曳中间的空心圆点可以改变渐变中心点的位置，如图 21.113 所示。

图 21.112　选择填充对象

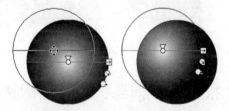

图 21.113　调整渐变中心点位置

使用鼠标拖曳中间的空心倒三角可以改变渐变中心的方向，如图 21.114 所示。使用鼠标拖曳右边的空心方点可以改变渐变的宽度，如图 21.115 所示。

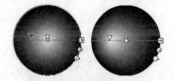

图 21.114　调整渐变中心方向

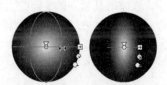

图 21.115　调整渐变宽度

使用鼠标拖曳右边中间的空心圆点可以改变渐变的范围，如图 21.116 所示。使用鼠标拖曳右边下方的空心圆点可以改变渐变的旋转角度，如图 21.117 所示。

图 21.116　调整渐变范围

图 21.117　调整渐变旋转角度

3．使用【渐变变形工具】调整位图填充

使用【渐变变形工具】单击需要调整的对象，这时在被调整对象周围会出现一些控制手柄，如图 21.118 所示。使用鼠标拖曳中间的空心圆点可以改变位图填充中心点的位置，如图 21.119 所示。

图 21.118　选择填充对象

图 21.119　调整位图填充中心点位置

使用鼠标拖曳上方和右边的空心四边形可以改变位图填充的倾斜角度，如图 21.120 所示。使用鼠标拖曳左边和下方的空心方点可以分别调整位图填充的宽度和高度，而右下角的空心圆点则是同时调整位图填充的宽高，如图 21.121 所示。

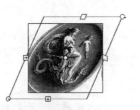

图 21.120　调整位图填充倾斜角度

图 21.121　调整位图填充的大小

21.2.5　实战演练：设计立体按钮

在 Flash 中通过调整渐变色，可以很轻松地实现立体按钮的效果。

操作步骤：

第 1 步，新建一个 Flash 文件。

第 2 步，选择工具箱中的【椭圆工具】，选择对象绘制模式，在舞台中绘制一个正圆，如图 21.122 所示。选中这个正圆，在【属性】面板的填充颜色中选择一种放射状渐变，如图 21.123 所示。

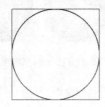

图 21.122　在舞台中绘制一个正圆

图 21.123　调整正圆的颜色为放射状渐变

第 3 步，在【属性】面板的笔触颜色中选择无色，去掉椭圆的边框路径。选择工具箱中的【渐变变形工具】，调整放射状渐变的中心点位置和渐变范围，调整后的效果如图 21.124 所示。

第 4 步，选择【窗口】|【变形】（快捷键为 Ctrl+T）命令，打开【变形】面板。把当前的正圆等比例缩小为原来的 60%，并且同时旋转 180°，如图 21.125 所示。

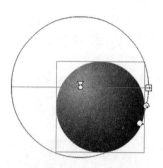

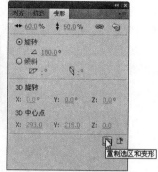

图 21.124 使用渐变变形工具调整渐变色   图 21.125   使用【变形】面板对正圆变形

第 5 步，单击【变形】面板中【重制选区和变形】按钮，按照上面的变形设置复制一个新的正圆，如图 21.126 所示。选中刚刚复制出来的正圆，在【变形】面板中继续等比例缩小为原来 57%，并同时旋转 0°，如图 21.127 所示。

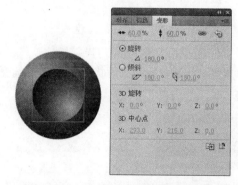

图 21.126   复制并且变形以后得到的效果   图 21.127   使用【变形】面板对正圆变形

第 6 步，继续单击【变形】面板中【重制选区和变形】按钮，得到最终的效果，如图 21.128 所示。选择工具箱中的【文本工具】，在得到的按钮上书写文本，如图 21.129 所示。

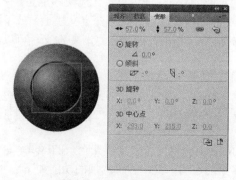

图 21.128   得到的按钮效果   图 21.129   最终得到的按钮效果

21.2.6　使用混色器

混色器面板的主要作用是创建颜色，而且提供了很多不同的颜色创建方式。可以选择【窗口】|【颜色】（快捷键为 Shift+F9）命令，打开【颜色】面板，如图 21.130 所示。

在【颜色】面板中可以设置颜色，也可以对现有的颜色进行编辑。在"红（R）"、"绿（G）"、"蓝（B）"3 个文本框中输入数值就可以得到新的颜色。在"透明度（Alpha）"文本框中输入不同的百分比，就可以得到不同的透明度效果，如图 21.131 所示。在【颜色】面板中选择一种基色后，调节右边的黑色小三角箭头的上下位置，就可以得到不同明暗的色彩。

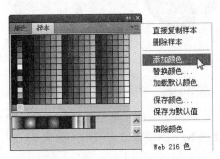

图 21.130　添加自定义颜色

图 21.131　颜色面板

1．设置渐变色

渐变色，简单来说就是从一种颜色过渡到另一种颜色。利用这种填充方式，可以轻松地表现出光线、立体及金属等效果。Flash 中提供的渐变色一共有两种类型：线性渐变和放射状渐变。"线性渐变"的颜色变化方式是从左到右沿直线进行的，如图 21.132 所示。

图 21.132　线性渐变

"放射状渐变"的颜色变化是以圆形的方式，从中心向周围扩散，如图 21.133 所示。选择一种渐变色以后，就可以在【颜色】面板中对颜色进行调整。要更改渐变中的颜色，可以单击渐变定义栏下面的某个指针，然后在出现于展开的混色器中的渐变栏下面的颜色空间中单击。拖动"亮度"控件来调整颜色的亮度，如图 21.134 所示。如果需要向渐变中添加指针，可以在渐变定义栏上面或下面单击；要重新放置渐变上的指针，则沿着渐变定义栏拖动指针；将指针向下拖离渐变定义栏可以删除它。

2．设置渐变溢出

Flash 提供了 3 种溢出样式："扩充"、"映射"和"重复"，只能在"线性"和"放射状"两种渐变状态下使用，如图 21.135 所示。

所谓的溢出，是指当应用的颜色超出了这两种渐变的限制，会以何种方式填充空余的区域。也就是当一段渐变结束，还不够填满某个区域时，如何处理多余的空间。其中各个选项的功能如下。

Note

图 21.133　放射状渐变

图 21.134　调整渐变色

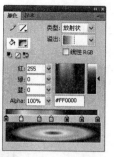

图 21.135　渐变溢出设置

☑ 扩充模式：使用【渐变变形工具】，缩小渐变的宽度，如图 21.136 所示。可以看到，缩窄后渐变居于中间，渐变的起始色和结束色一直向边缘蔓延开来，填充了空出来的部分，这就是所谓的扩充模式。

☑ 映射模式：这个模式是指把现有这一小部分渐变进行对称翻转，合为一体、头尾相接，然后作为图案平铺在空余的区域，并且根据形状大小的伸缩，一直把此段儿渐变绵延重复下去，直到填充满整个形状为止，如图 21.137 所示。

图 21.136　扩充模式的效果

图 21.137　映射模式的效果

☑ 重复模式：这个模式比较容易理解，可以想像此段渐变有无数个副本。像排队一样，一个接一个地连在一起，来填充溢出后空余的区域，可以在图 21.138 中，明显看出和映射模式之间的区别。

3. 设置位图填充

在 Flash 中可以把位图填充到矢量图形中，如图 21.139 所示。

图 21.138　重复模式的效果

图 21.139　填充位图到矢量图形

21.2.7　实战演练：给衣服上色

如果在动画设计中仅仅使用矢量图形，给人的感觉就比较单调，而且不真实。可以通过在矢量图形中填充位图图像来解决这个问题。

操作步骤：

第 1 步，新建一个 Flash 文件。

第 2 步，选择【文件】|【导入】|【导入到舞台】（快捷键为 Ctrl+R）命令，导入矢量素材图片，如图 21.140 所示。

第 3 步，选择【窗口】|【颜色】（快捷键为 Shift+F9）命令，打开【颜色】面板。在【颜色】面板中选择【位图填充】选项。单击【导入】按钮，查找需要填充的位图素材，如图 21.141 所示。

图 21.140　导入的矢量素材

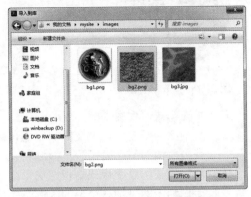

图 21.141　查找填充的位图素材

第 4 步，这时选中的素材会出现在【颜色】面板的下方，如图 21.142 所示。选择舞台中矢量图形"美女"的衣服区域，在【颜色】面板下方的位图素材上单击。把位图填充到矢量图形中，如图 21.143 所示。选择工具箱中的【渐变变形工具】，调整位图的填充范围，如图 21.144 所示。

图 21.142　混色器面板中的位图素材

图 21.143　把位图填充到矢量图形中

第 5 步，继续调整其他的衣服区域，最终效果如图 21.145 所示。

图 21.144　使用【渐变变形工具】调整位图填充范围

图 21.145　最终完成效果

21.3　使　用　文　本

在 Flash 中，大部分信息需要用文本传递，几乎所有的动画都使用了文本。Flash 文本被分为 3 种类型：静态文本、动态文本和输入文本。在一般的动画制作中主要使用的是静态文本，在动画的播放过程中，静态文本区域中的文字是不可编辑和改变的。动态文本和输入文本都是在 Flash 中和函数进行交互控制的，如游戏的积分、动画的部分时间等。

21.3.1　输入静态文本

静态文本是在动画设计中应用的最多的一种文本类型，也是 Flash 软件所默认的一种文本类型。在工作区中输入文本后，在文本的【属性】面板中会显示文本的类型和状态，如图 21.146 所示。

【使用设备字体】选项的作用是减少 Flash 文件中的数据量。Flash 中有 3 种设备字体："_sans"、"_serif"和"_typewrite"。当选择该命令的时候，Flash 播放器就会自动选择当前浏览者机器上与这 3 种字体最相近的字体来替换动画中的字体。如果选择"可选"命令 ，在播放动画的过程中，可以使用鼠标拖曳选择这些文本，并且可以进行复制和粘贴。

选择工具箱中的【文本工具】 T ，这时鼠标指针就会显示为一个十字文本。然后就可以在舞台中输入文本了，Flash 中的文本的输入方式有两种。

1．创建可伸缩文本框

操作步骤：
第 1 步，选择工具箱中的【文本工具】。
第 2 步，在工作区的空白位置单击。

图 21.146　静态文本的【属性】面板

第 3 步，这时舞台中会出现文本框，文本框的右上角显示为空心的圆，表示此文本框为可伸缩文本框，如图 21.147 所示。在文本框中输入文本，文本框会跟随文本自动改变宽度，如图 21.148 所示。

图 21.147　舞台中的可伸缩文本框状态

http://www.baidu.com/

图 21.148　输入文本

2．创建固定文本框

操作步骤：
第 1 步，选择工具箱中的【文本工具】。
第 2 步，在工作区的空白位置单击，并拖曳出一个区域。

第 3 步，这时舞台中会出现文本框，文本框的右上角显示为空心的方形，表示此文本框为固定文本框，如图 21.149 所示。在文本框中输入文本，文本会根据文本框的宽度自动改变，如图 21.150 所示。

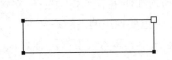

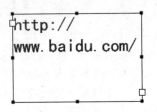

图 21.149　舞台中的固定文本框状态　　　图 21.150　舞台中的可伸缩文本框状态

21.3.2　修改文本

在 Flash 中添加完文本以后可以继续使用文本工具来进行修改，Flash 中修改文本的方式有两种。

1．文本框外部修改

直接选择文本框调整文本属性，可以对当前文本框中的所有文本同时设置。选择工具箱中的选择工具，单击选择需要调整的文本框，如图 21.151 所示，然后直接在【属性】面板调整相应的文本属性，所有文本效果同时更改。

2．文本框内部修改

进入到文本框的内部，可以对同一个文本框中的不同文本分别进行设置。

操作步骤：

第 1 步，选择工具箱中的【文本工具】，单击选择需要调整的文本框，进入到文本框内部，如图 21.152 所示。

http://www.baidu.com/　　　http://www.baidu.com/

图 21.151　选择舞台中的文本框　　　　　图 21.152　进入文本框内部

第 2 步，拖曳鼠标，选择需要调整的文本，如图 21.153 所示。

第 3 步，直接在【属性】面板调整相应的文本属性。所选文本效果即可更改，如图 21.154 所示。

http://www.baidu.com/　　　http://www.baidu.com/

图 21.153　选择需要修改的文本　　　　　图 21.154　修改选择的文本属性

21.3.3　设置文本属性

选择工具箱中的【文本工具】，Flash 界面中的【属性】面板即会出现相应的文本属性设置，在【文本工具】的【属性】面板中可以设置文本的字体、大小和颜色等文本属性。

1．设置文本样式

在文本字体的下拉列表中，可以调整文本的字体样式，如图 21.155 所示。可以拖曳字体【大小】文本框右侧的滑块来改变文本的字体大小，也可以在文本框中直接输入数值。文本的填充颜色可以设置当前文本的颜色，可以在调色板中选择颜色，如图 21.156 所示。

图 21.155　文本字体样式属性

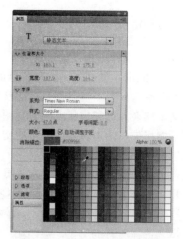

图 21.156　文本填充颜色属性设置

在文本样式和对齐方式中可以设置文本加粗、倾斜和对齐方式。在"字母间距"和"字符位置"中可以设置文本的字母之间的距离和基线对齐方式。

2. 设置文本渲染

Flash 允许用户使用 FlashType 字体渲染引擎对字体进行更多的控制。FlashType 允许设计者对字体拥有与 Flash 项目中其他元素同样多的控制，如图 21.157 所示。

Flash 包含字体渲染的预置，为动画文本提供等同于静态文本的高质量优化。新的渲染引擎使得文本即使使用较小的字体看上去也会更加清晰，这一功能是 Flash 的一大重要改进。

3. 设置文本链接

在 Dreamewaver 中，用户可以很轻易地为文本添加超链接，这在 Flash 中同样可以做到。当选择工作区中的文本时，相应的【属性】面板中的【URl 链接】文本框中输入完整的链接地址即可，如图 21.158 所示。

图 21.157　文本渲染属性设置

图 21.158　文本的链接设置

当用户输入链接地址后，该文本框后面的【目标】下拉列表框就会变成激活状态，用户可以从中选择不同的选项，控制浏览器窗口的打开方式。

21.3.4 分离文本

在 Flash 动画设计过程中，常常需要对文本进行修改，如把文本转换为矢量图形，或者给文本添加渐变色等。Flash 中的文本是比较特殊的矢量对象，不能直接进行渐变色填充、绘制边框路径等针对矢量图形的操作，也不能制作形状改变的动画，所以首先要对文本进行"分离"操作。"分离"的作用是把文本转换为可编辑状态的矢量图形。虽然可以将文本转换为矢量图形，但是这个过程是不可逆转的，不能将矢量图形转换成单个的文本。

操作步骤：

第 1 步，选择工具箱中的【文本工具】，在舞台中输入文字，如图 21.159 所示。

第 2 步，选择【修改】|【分离】（快捷键为 Ctrl+B）命令，原来的单个文本框会拆分成数个文本框，每个字符各占一个，如图 21.160 所示。此时，每一个字符都可以单独使用【文本工具】进行编辑。

第 3 步，选择所有的文本，继续使用【修改】|【分离】（快捷键为 Ctrl+B）命令，这时所有的文本将会转换为网格装的可编辑状态，如图 21.161 所示。

动画设计	动画设计	动画设计
图 21.159 使用文本工具在舞台中输入文字	图 21.160 第一次分离后的文本状态	图 21.161 第二次分离后的文本状态

文本转换为矢量图形后，就可以对其进行路径编辑、填充渐变色、添加边框路径等操作。

☑ 给文本添加渐变色

首先把文本转换为矢量图形，然后就可以在【颜色】面板中给文本设置渐变色效果了，如图 21.162 所示。

☑ 编辑文本路径

首先把文本转换为矢量图形，然后就可以使用工具箱中的【部分选取】工具对文本的路径点进行编辑，改变文本的形状，如图 21.163 所示。

动画设计	动画设计
图 21.162 设置文本渐变色	图 21.163 编辑文本路径点

☑ 给文本添加边框路径

首先把文本转换为矢量图形，然后就可以使用工具箱中的【墨水瓶工具】给文本添加边框路径，如图 21.164 所示。

☑ 编辑文本形状

首先把文本转换为矢量图形，然后就可以使用工具箱中的【任意变形工具】对文本进行变形操作，如图 21.165 所示。

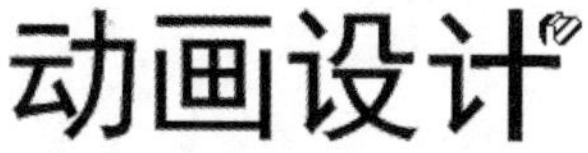

动画设计

图 21.164　给文本添加边框路径

动画设计

图 21.165　编辑文本形状

Note

21.3.5　动态文本

　　动态文本在结合函数的 Flash 动画中应用得很多，可以在文本【属性】面板中选择"动态文本"类型，如图 21.166 所示。

　　选择动态文本，表示在工作区中创建了可以随时更新的信息，它提供了一种实时跟踪和显示文本的方法。可以在动态文本的【变量】文本框中为该文本命名，文本框将接收这个变量的值，从而动态地改变文本框所显示的内容。

　　为了与静态文本相区别，动态文本的控制手柄出现在文本框右下角，如图 21.167 所示。和静态文本一样，空心的圆点表示单行文本，空心的方点表示多行文本。

21.3.6　输入文本

　　输入文本主要也是为了和函数交互而应用到 Flash 动画中的，可以在文本【属性】面板中选择"输入文本"类型，如图 21.168 所示。

图 21.166　动态文本【属性】面板　　图 21.167　动态文本框的控制手柄　　图 21.168　输入文本【属性】面板

　　输入文本与动态文本的用法一样，但是可以作为一个输入文本框来使用，在 Flash 动画播放时，可以通过这种输入文本框输入文本，实现用户与动画的交互。

　　如果在输入文本所对应的【属性】面板中选择了【将文本呈现为 HTML】命令 ，则文本框支持输入的 HTML 格式。如果在输入文本所对应的【属性】面板中选择了【在文本周围显示边框】命令 ，则会显示文本区域的边界及背景。

21.3.7　实战演练：设计左进右出文字

　　在 Flash 中，可以使用动态文本和输入文本结合函数来实现交互的动画效果，实际上就是把函数的值和文本框进行数据的传递，下面通过一个具体的案例来说明数据的传递过程。

操作步骤：

第 1 步，新建一个 Flash 文件。

第 2 步，选择工具箱中的文本工具，在文本的【属性】面板中选择"输入文本"。然后选择属性面板中【在文本周围显示边框】命令▣。在【属性】面板中设置文本的相应属性，如图 21.169 所示。

第 3 步，在舞台的左侧拖曳出一个输入文本框，如图 21.170 所示。

图 21.169　输入文本框的属性设置　　　　　图 21.170　在舞台中创建一个输入文本框

第 4 步，继续选择工具箱的【文本工具】，在舞台中创建一个动态文本框，基本设置和刚刚的输入文本框一样，如图 21.171 所示。同时在输入文本框和动态文本框"变量"中进行命名操作，都命名为"here"，如图 21.172 所示。在 Flash 中变量的命名规则是只能以字母和下划线开头，不能以数字开头，但是中间可以包含数字。

图 21.171　继续在舞台中创建一个动态文本框　　　图 21.172　同时给两个文本框命名为"here"

第 5 步，选择【控制】|【测试影片】（快捷键为 Ctrl+Enter）命令，在 Flash 播放器中预览动画效果，如图 21.173 所示。在舞台左侧的输入文本框中输入的文字，可以在右侧的动态文本框中输出，如图 21.174 所示。

上面的这个例子很直观地说明了数据传递的过程，在输入文本框中输入的文字作为变量"here"的值直接传递到动态文本框中。其实可以在这两个文本框中间写一个"＝"号，因为这两个文本框的变量名是相同的。

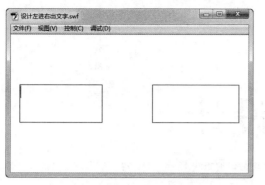

图 21.173 在 Flash 播放器中预览的效果

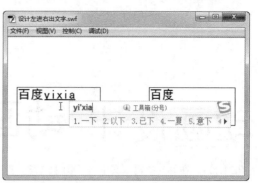

图 21.174 在文本框中输入文字效果

21.3.8 实战演练：设计空心文字

所谓的空心字就是没有填充色，只有边框路径的文字，所以要对文字进行路径的编辑。空心字的效果很多地方都可以用到，制作空心字的方法很多，下面是在 Flash 中制作好的空心字效果，如图 21.175 所示。

操作提示：

需要给文本添加边框路径，一定要事先分离。分离多个文字的文本时，一定要分离两次才能分离到可编辑状态。

操作步骤：

第 1 步，新建一个 Flash 文件。

第 2 步，选择工具箱中的【文本工具】，在【属性】面板中设置路径和填充样式，如图 21.176 所示。文本类型为"静态文本"；文本填充为蓝色，字体为"黑体"，字体大小为"96"。

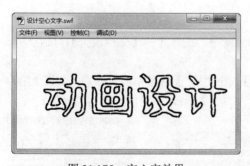

图 21.175 空心字效果

图 21.176 文本工具属性设置

第 3 步，使用【文本工具】在舞台中输入"动画设计"4 个字，如图 21.177 所示。选择【修改】|【分离】（快捷键为 Ctrl+B）命令把文本分离，对于多个文字的文本框需要分离两次才可以分离成可编辑的网格状，如图 21.178 所示。

第 4 步，选择工具箱中的【墨水瓶工具】，设置【属性】面板中笔触颜色为黑色，笔触高度为"3"，笔触样式为"锯齿线"，如图 21.179 所示。

动画设计　动画设计

图 21.177　在舞台中输入文本　　图 21.178　把文本分离成可编辑状态　图 21.179　墨水瓶工具的属性设置

第 5 步，使用【墨水瓶工具】在舞台中的文本上单击，给文本添加边框路径，如图 21.180 所示。选择工具箱中的【指针工具】，选择文本的蓝色填充，按 Delete 键删除，只保留边框路径，最终效果如图 21.181 所示。

动画设计　　　　　动画设计

图 21.180　给文本添加边框路径　　　　　图 21.181　完成的空心文字效果

21.3.9　实战演练：设计披雪文字

每逢隆冬季节，使用披雪文字进行广告宣传是很合适的，它能轻松明了地表现出雪天的气氛。要实现文字的披雪效果，需要对文字的上下部分填充不同的颜色。所以要对文字进行路径的编辑，完成效果如图 21.182 所示。

操作提示：

需要给文本添加渐变色，一定要事先分离。分离多个文字的文本时，一定要分离两次才能分离到可编辑状态。使用【橡皮擦工具】的时候要根据实际的情况选择不同的擦除模式。

操作步骤：

第 1 步，新建一个 Flash 文件。

第 2 步，选择【修改】|【文档】（快捷键为 Ctrl+J）命令，在打开的【文档设置】对话框中设置舞台的背景颜色为黑色，如图 21.183 所示。

第 3 步，选择工具箱中的【文本工具】，在【属性】面板中设置路径和填充样式，如图 21.184 所示。文本类型为"静态文本"，文本填充为黄色，字体为"华文彩云"，字体大小为"96"。

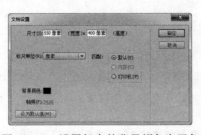

图 21.182　披雪字效果　　　　　图 21.183　设置舞台的背景颜色为黑色　　图 21.184　文本工具属性设置

第 4 步，使用【文本工具】在舞台中输入"动画设计" 4 个字，如图 21.185 所示。选择【修改】|【分离】（快捷键为 Ctrl+B）命令把文本分离，对于多个文字的文本框需要分离两次才可以分离成可编辑的网格状，如图 21.186 所示。

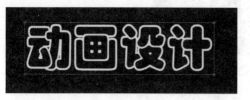

图 21.185　在舞台中输入文本

图 21.186　把文本分离成可编辑状态

第 5 步，选择工具箱中的【墨水瓶工具】，设置【属性】面板中笔触颜色为红色，笔触高度为"1"，笔触样式为"实线"，如图 21.187 所示。使用【墨水瓶工具】在舞台中的文本上单击，给文本添加边框路径，如图 21.188 所示。

图 21.187　【墨水瓶工具】的属性设置

图 21.188　给文本添加边框路径

第 6 步，选择工具箱中的【橡皮擦工具】，在工具箱的选项中选择【擦除填色】模式和橡皮擦的大小，如图 21.189 所示。使用【橡皮擦工具】擦除舞台中文本上方的区域，注意擦除的时候尽量让擦除的边缘为椭圆，如图 21.190 所示。

图 21.189　设置橡皮擦工具选项

图 21.190　使用【橡皮擦工具】擦除文本上方区域

第 7 步，选择工具箱中的【油漆桶工具】，在【属性】面板中设置填充色为白色，在刚刚擦除的区域上单击，填充白色，如图 21.191 所示。选择工具箱中的【选择工具】，把文本的所有边框路径都选中并且删除，如图 21.192 所示。

图 21.191　使用【油漆桶工具】在擦除的区域填充白色

图 21.192　删除文本的边框路径

第 8 步，最后选择工具箱中的【墨水瓶工具】，给白色填充的边缘添加白色的路径，目的是让白色的区域看起来更厚重一些，如图 21.193 所示。

图 21.193 使用【墨水瓶工具】给白色填充的边缘添加白色的路径

21.3.10 实战演练：设计立体文字

立体的对象不再是二维的，而是三维的，这就需要设计者有一定的空间思维能力，然后结合 Flash 中的绘图工具实现立体的效果。在 Flash 中，使用【文本工具】结合【绘图工具】，可以轻松创建立体文字效果。完成效果如图 21.194 所示。

图 21.194 立体文字效果

操作提示：

需要给文本添加渐变色，一定要事先分离。分离多个文字的文本时，一定要分离两次才能分离到可编辑状态。

操作步骤：

第 1 步，新建一个 Flash 文件。

第 2 步，选择工具箱中的【文本工具】，在【属性】面板中设置路径和填充样式，如图 21.195 所示。文本类型为"静态文本"；文本填充为绿色，字体为"Arial"，字体样式为"Black"，字体大小为"96"。使用文本工具在舞台中输入大写的"AEF"3 个字母，如图 21.196 所示。

图 21.195 文本工具属性设置

图 21.196 在舞台中输入文本

第 3 步，按 Alt 键的同时使用工具箱中的【选择工具】拖曳这个文本，可以复制出一个新的文本，如图 21.197 所示。把复制出来的文本更改为红色，并且和当前的绿色文本对齐位置，如图 21.198 所示。

图 21.197 按 Alt 键拖曳并且复制文本

图 21.198 调整复制出来的文本位置

Note

第 4 步，同时选中两个文本。选择【修改】|【分离】（快捷键为 Ctrl+B）命令把文本分离，对于多个文字的文本框需要分离两次才可以分离成可编辑的网格状，如图 21.199 所示。

图 21.199 把文本分离成可编辑状态

第 5 步，选择工具箱中的【墨水瓶工具】，设置【属性】面板中笔触颜色为黑色，笔触高度为"1"，笔触样式为"实线"，如图 21.200 所示。使用【墨水瓶工具】在舞台中的文本上单击，给文本添加边框路径，如图 21.201 所示。

图 21.200 【墨水瓶工具】的属性设置

图 21.201 使用【墨水瓶工具】给文本添加边框路径

第 6 步，选择工具箱中的【直线工具】，把文本的各个顶点都连接起来。注意，在【直线工具】的选项中不要选择"对象绘制"模式，同时要把【直线工具】的"对齐对象"模式打开，如图 21.202 所示。选择工具箱中的【选择工具】，把所有文本的填充都删除，只保留边框路径，如图 21.203 所示。

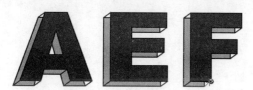

图 21.202 使用【直线工具】把文本的各个顶点连接起来

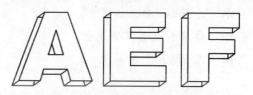

图 21.203 删除文本的填充色块

第 7 步，选择工具箱中的【选择工具】，把最后多余的一些线条删除，效果完成。

第 22 章

用 Flash 导入外部素材

（ 视频讲解：1 小时 ）

使用 Flash 中提供的绘图工具可以直接绘制矢量图形，并且可以使用这些绘制出来的图形生成简单的动画效果，但是这还无法满足 Flash 动画设计需求，用户需要大量导入外部素材，如图像、声音、视频等。在进行动画本身的编辑之前，设计者首先要根据脑中形成的动画场景将相应的对象绘制出来或者从外部导入，这些对象也就是动画素材。设计者还需要利用 Flash 对这些对象进行编辑，如对象位置、大小、形状、特效等各方面，使其符合动画的要求，这也是动画制作必要的前期工作。

学习重点：

▶▶ 了解 Flash 素材类型和来源。

▶▶ 正确导入外部素材。

▶▶ 使用 Flash 编辑图片素材。

▶▶ 在 Flash 中添加声音。

▶▶ 编辑和设置声音属性。

▶▶ 在 Flash 中添加视频。

22.1　导入外部素材

"巧妇难为无米之炊"，要想将巧妙的构思生成精彩的动画作品，首先必须有丰富的、高品质的可选的操作对象，而产生这些对象有两种途径，即使用 Flash 提供的绘图工具自行绘制和从外部导入素材。实际上，对于大部分非美术专业的设计者来说，大部分素材是需要从外部导入的，然后适当进行编辑加工。

22.1.1　外部素材概述

外部素材不仅仅指的是图片，同时也包括动画中所需要的声音、视频素材。灵活地综合使用各种素材，才能够制作出更有创意的动画效果。

1．图片素材

使用 Flash 绘图之前必须要了解一些与图片素材相关的概念。Flash 动画最大的特点就是支持矢量绘图。计算机中图片的显示方式有两种：矢量格式和位图格式。

☑　矢量图

矢量图俗称图形，它使用被称作矢量的直线和曲线描述图像，矢量也包括颜色和位置属性。矢量图比较适合用来设计较为精密的图形。采用矢量的方式绘制图形时，可以对矢量图形进行移动、调整大小、重定形状以及更改颜色的操作而不更改其外观品质。矢量图形与分辨率无关，这意味着它们可以显示在各种分辨率的输出设备上，而丝毫不影响品质，如图 22.1 所示。

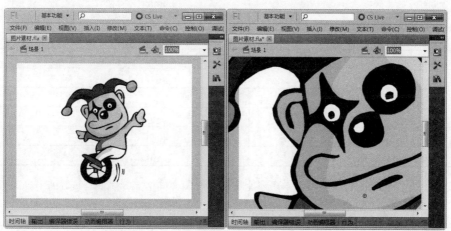

图 22.1　改变矢量图形大小后的对比效果

矢量图是 Flash 动画的基础，由于以上的优点，在动画制作的时候为了尽可能使动画文件变小，在一般的情况下使用矢量图，当然，一些对图象要求比较高的地方也可以有限制地使用位图。

☑　位图

位图俗称图像，是把图像上的每一个像素加以存储的图像类型，经过扫描仪或数码相机得到的图片都是位图，位图更适合表现自然真实的图像，因为存储的方式是以像素为单位，而且颜色更加丰富。

在编辑位图图形时，修改的是像素点，而不是直线和曲线。位图图形跟分辨率有关，因为描述图像的数据是固定到特定尺寸的网格上的。编辑位图图形可以更改其外观品质，特别是调整位图图形的大小会使图像的边缘出现锯齿，因为网格内的像素重新进行了分布，如图 22.2 所示。

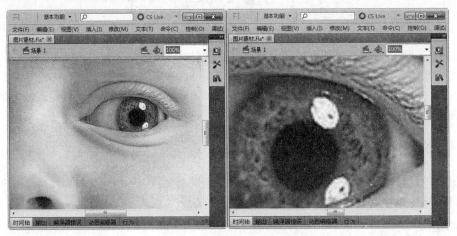

图 22.2　位图放大前后对比

Flash 几乎支持现在计算机系统中的所有主流的图片文件格式，如表 22.1 所示。

表 22.1　Flash 支持的图片文件格式

软 件 名 称	所 属 格 式
Adobe Illustrator	.eps、.ai、.pdf
AutoCAD	.dxf
位图	.bmp
增强的 Windows 元文件	.emf
FreeHand	.fh7、.fh8、.fh9、.fh10、.fh11
FutureSplash 播放文件	.spl
GIF 和 GIF 动画	.gif
JPEG	.jpg
PNG	.png
Flash Player 6/7	.swf
Windows 元文件	.wmf

只有安装了 QuickTime 4 或更高版本，才能将以下位图文件格式导入到 Flash 中，如表 22.2 所示。

表 22.2　安装了 QuickTime 4 或更高版本后支持的图片文件格式

软 件 名 称	所 属 格 式
MacPaint	.pntg
Photoshop	.psd
PICT	.pct、.pic
QuickTime 图像	.qtif
Silicon 图形图像	.sgi
TGA	.tga
TIFF	.tif

2．声音素材

为动画配音堪称点睛之笔，大部分时候，使用声音往往可以实现动画所表达不出的效果。所以 Flash 中的声音添加也是非常重要的。Flash 几乎支持现在计算机系统中的所有主流的声音文件格式，如下所示。

- ☑ WAV（仅限 Windows）。
- ☑ AIFF（仅限 Macintosh）。
- ☑ MP3（Windows 或 Macintosh）。

所有导入到 Flash 中的声音文件会自动保存到当前 Flash 影片的库中。

3．视频素材

Flash 的新功能较以往版本有了很大改进，其中许多都与视频功能有关。Flash 支持一种新的编码格式——On2 的 VP6，这种编码格式较 Flash 7 的视频编码格式有很大提高。Flash 还支持 α 透明功能，使设计人员可在 Flash 视频中整合文本、矢量图像和其他 Flash 元素。支持导入的视频文件格式如下。

- ☑ .avi（音频视频交叉）。
- ☑ .dv（数字视频）。
- ☑ .mpg、.mpeg（运动图像专家组）。
- ☑ .mov （QuickTime 影片）。
- ☑ .wmv、.asf（Windows 媒体文件）。

如果系统上安装了 QuickTime 4 或更高版本（Windows 或 Macintosh）或 DirectX 7 或更高版本（仅限 Windows），则可以导入各种文件格式的嵌入视频剪辑，格式包括 MOV（QuickTime 影片）、AVI（音频视频交叉文件）和 MPG/MPEG（运动图像专家组文件）。可以导入 MOV 格式的链接视频剪辑。

如果试图导入的视频文件的格式不被 Flash 支持，则会显示一个提示信息，说明不能完成导入。对于某些视频文件，Flash 只能导入其中的视频部分而无法导入其中的音频。

22.1.2 导入外部素材基本方法

动画的制作往往是复杂而富于针对性的，很多情况下不可能用手工绘制的方法得到所有对象，所以可以从其他的地方将对象导入到动画中来。导入后的位置有 3 种：导入到舞台、导入到库和打开外部库。

1．导入到舞台

可以把外部的图片素材直接导入到当前的动画舞台中来。

操作步骤：

第 1 步，新建一个 Flash 文件。

第 2 步，选择【文件】|【导入】|【导入到舞台】（快捷键为 Ctrl+R）命令，在打开的导入对话框中查找需要导入的素材，如图 22.3 所示。

第 3 步，单击【打开】按钮，素材将会直接导入到当前舞台中来，如图 22.4 所示。

如果要导入的文件名称以数字结尾，并且在同一文件夹中还有其他按顺序编号的文件，Flash 会自动提示选择是否导入文件序列，如图 22.5 所示。单击【是】按钮导入所有的序列文件；单击【否】按钮只导入指定的文件。

图 22.3　查找素材　　　　　　　　　　　　　图 22.4　导入到舞台的图片

图 22.5　选择是否导入所有的素材

2.　导入到库

导入到库的操作过程和导入到舞台一样，只不过导入到动画中的对象会自动保存到库中，而不在舞台出现。

操作步骤：

第 1 步，新建一个 Flash 文件。

第 2 步，选择【文件】|【导入】|【导入到库】命令，在打开的导入对话框中查找需要导入的素材，如图 22.6 所示。

第 3 步，单击【打开】按钮，素材将会直接导入到当前动画的库中，如图 22.7 所示。

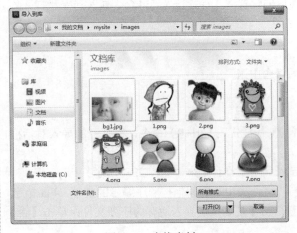

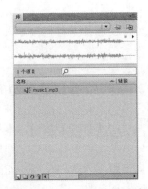

图 22.6　查找素材　　　　　　　　　　　　　图 22.7　导入到库中的声音

第 4 步，选择【窗口】|【库】（快捷键为 Ctrl+L）命令，打开【库】面板。选择需要调用的素材，按鼠标左键将其直接拖曳到舞台中的相应位置，如图 22.8 所示。

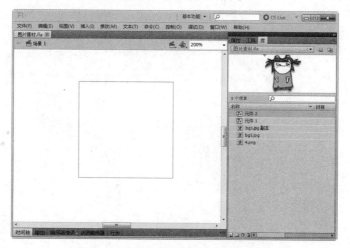

图 22.8　把库中的素材添加到舞台中来

3．打开外部库

打开外部库的作用是只打开其他动画文件的库面板而不打开舞台，这样做的好处是可以方便地在多个动画中互相调用不同库中的素材。

操作步骤：

第 1 步，新建一个 Flash 文件。

第 2 步，选择【文件】|【导入】|【打开外部库】（快捷键为 Ctrl+Shift+O）命令，在打开的导入对话框中查找需要打开的动画源文件，如图 22.9 所示。

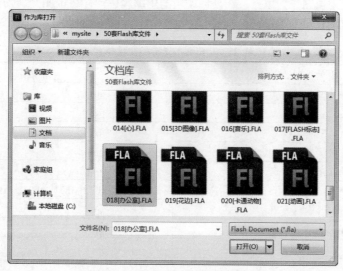

图 22.9　查找需要打开的动画源文件

第 3 步，单击【打开】按钮，这时只会打开选择的动画源文件的库面板，如图 22.10 所示。

第 4 步，打开的动画库面板呈灰色显示，但是同样可以直接用鼠标拖曳其中的素材到当前动画中来，从而实现不同动画素材的互相调用。

作为一个应用软件，Flash 最主要的功能还是动画的制作，在对象编辑方面自然不具备专业编辑软件的强大功能，如图形编辑软件、声音编辑软件等。所以在对所需对象要求较高，而对相关软件又有一些了解时，可以先在该软件中编辑相应的对象，满意之后再将其导入到 Flash 中进行下一步的动画制作。

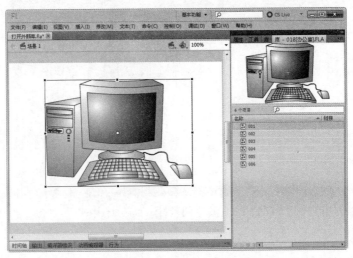

图 22.10　打开其他动画的库面板

22.1.3　导入外部图像素材

在 Flash 中，对其他应用程序中创建的插图素材提供了更好的支持，可以直接导入这些素材并将这些资源用在 Flash 动画中。在导入位图时，可以应用压缩和消除锯齿功能，将位图直接放置在 Flash 动画中，并且可以使用位图作为填充；在外部编辑器中编辑位图；将位图分离为像素并在 Flash 中对其进行编辑；或将位图转换为矢量图。Flash 支持更多的文件格式的支持，如表 22.3 所示。

表 22.3　Flash 支持的文件格式

文件类型	扩展名
Adobe Illustrator（版本 10 或更低版本）	.ai
Adobe Photoshop	.psd
AutoCAD® DXF	.dxf
位图	.bmp
增强的 Windows 元文件	.emf
FreeHand	.fh7、.fh8、.fh9、.fh10、.fh11
FutureSplash Player	.spl
GIF 和 GIF 动画	.gif
JPEG	.jpg
PNG	.png
Flash Player 6/7	.swf
Windows 元文件	.wmf

只有安装了 QuickTime 4 或更高版本，才能将以下位图文件格式导入 Flash，如表 22.4 所示。

表 22.4　安装了 QuickTime 4 或更高版本后支持的格式

文件类型	扩展名
MacPaint	.pntg
PICT	.pct、.pic
QuickTime　图像	.qtif
Silicon Graphics　图像	.sgi
TGA	.tga
TIFF	.tif

　　需要导入外部图像素材，可以选择【文件】|【导入】|【导入到舞台】或【文件】|【导入到库】命令，这时会打开【导入】对话框。从计算机中选择需要导入的素材，单击【打开】按钮即可。

22.2　编　辑　图　像

　　虽然 Flash 是一个矢量绘图软件，所提供的工具也都是矢量绘图工具，但是在 Flash 中还是可以简单地编辑位图的，同时也可以结合位图在 Flash 中制作动画效果。

22.2.1　设置位图属性

　　在 Flash 中，所有导入到动画中的位图会自动保存到当前影片的【库】面板中，可以在【库】面板中对位图的属性进行设置，从而对位图进行优化，加快下载速度。

　　操作步骤：

　　第 1 步，把位图素材导入到当前的影片中。选择【窗口】|【库】（快捷键为 Ctrl+L）命令，打开当前影片的【库】面板，如图 22.11 所示。

　　第 2 步，选择【库】面板中需要编辑的位图素材，然后双击，在打开的【位图属性】对话框中对所选位图进行设置，如图 22.12 所示。

图 22.11　【库】面板

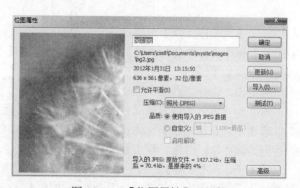

图 22.12　【位图属性】对话框

第 3 步，选中【允许平滑】复选框，可以平滑位图素材的边缘。选择【压缩】的下拉列表会打开如图 22.13 所示的列表框。选择【照片】选项表示用 JPEG 格式输出图像，选择【无损】选项表示以压缩的格式输出文件，但不牺牲任何的图像数据。

第 4 步，选择【使用导入的 JPEG 数据】选项表示使用位图素材的默认质量。可以选择"自定义"并在文本框中输入新的品质值，如图 22.14 所示。

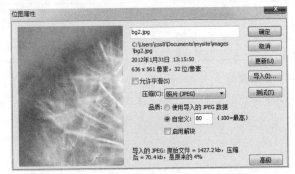

图 22.13　【压缩】选项的下拉列表　　　　图 22.14　取消选择【使用导入的 JPEG 数据】选项

第 5 步，单击【更新】按钮表示更新导入的位图素材。单击【导入】按钮可以导入一张新的位图素材。单击【测试】按钮可以显示文件压缩的结果，可以与未压缩的文件尺寸进行比较。

22.2.2　使用套索工具

【套索工具】 可以用来选择图像的任意形状的区域，选中后的区域可以作为单一对象进行编辑。它也常常用于分割图像中的某一部分。单击工具箱中的【套索工具】，可以在工具箱的选项区域中看到套索工具的附加功能，如图 22.15 所示，包含【魔术棒工具】和【多边形套索工具】。

使用【套索工具】可以在图形中选择一个任意的鼠标绘制区域，具体操作步骤如下。

第 1 步，选择工具箱中的【套索工具】。

第 2 步，沿着对象区域的轮廓拖曳鼠标绘制。

第 3 步，在起始的位置附近结束拖曳，形成一个封闭的环。被【套索工具】选中的图形将自动融合在一起。

使用【多边形套索工具】可以在图形中选择一个多边形区域，每条边都是直线，具体操作步骤如下。

第 1 步，选择工具箱中的【多边形套索工具】。

第 2 步，使用鼠标在图形上依次单击，绘制一个封闭区域，被套索工具选中的图形将自动融合在一起。

使用【魔术棒工具】可以在图形中选择一片颜色相同的区域，它和前面工具的不同之处是，【套索工具】和【多边形套索工具】选择的是形状，而【魔术棒工具】选择的是一片颜色相同的区域。具体操作步骤如下。

第 1 步，选择工具箱中的【魔术棒工具】。

第 2 步，单击【魔术棒属性】按钮，会打开【魔术棒设置】面板，如图 22.16 所示。

第 3 步，在【阈值】文本框中输入 0～200 之间的整数。可以用来设定相邻像素在所选区域内必须达到的颜色接近程度。数值越高，可以选择的范围就越大。

第 4 步，在【平滑】下拉列表中设置所选区域的边缘平滑程度。如果需要选择导入到舞台中的位图素材，必须要事先选择【分离】命令（快捷键为 Ctrl+B）转换为可编辑的状态。

图 22.15　套索工具的选项区域

图 22.16　【魔术棒设置】面板

Note

22.2.3　实战演练：制作贺卡

在 Flash 动画中结合视频将能实现更加丰富的动画效果，下面通过一个具体的案例来说明。

操作步骤：

第 1 步，新建一个 Flash 文件。

第 2 步，选择【文件】|【导入】|【导入到舞台】（快捷键为 Ctrl+R）命令，把图片素材"背景.jpg"导入到当前动画的舞台中，如图 22.17 所示。

第 3 步，选择【修改】|【分离】（快捷键为 Ctrl+B）命令，把导入的位图素材"背景.jpg"转换到可编辑的网格状，如图 22.18 所示。

图 22.17　在舞台中导入图片素材

图 22.18　使用【分离】命令把位图转换为可编辑状态

第 4 步，取消当前图片的选择状态，选择工具箱中的【套索工具】。使用【套索工具】在当前图片上拖曳鼠标，绘制一个任意的区域，如图 22.19 所示。

第 5 步，选择工具箱中的【选择工具】，把选取区域以外的部分全部删除，如图 22.20 所示。

图 22.19　使用【套索工具】选择图片的任意区域

图 22.20　使用【选择工具】删除多余的区域

第 6 步，选择【修改】|【组合】（快捷键为 Ctrl+G）命令，将得到的图形区域组合起来，避免和其他的图形裁切，如图 22.21 所示。

第 7 步，选择工具箱中的【任意变形工具】，按 Shift 键在 4 个顶点拖曳，把得到的图形适当缩小，以符合舞台尺寸，如图 22.22 所示。

图 22.21　使用组合命令把得到的图形区域组合起来　　　图 22.22　使用【任意变形工具】缩小图形

第 8 步，选择【窗口】|【对齐】（快捷键为 Ctrl+K）命令，打开【对齐】面板。把缩小后的图形对齐到舞台中心位置，如图 22.23 所示。

第 9 步，选择【文件】|【导入】|【导入到舞台】（快捷键为 Ctrl+R）命令，把图片素材"树叶.jpg"导入到当前动画的舞台中，如图 22.24 所示。

图 22.23　使用【对齐】面板把图形对齐到舞台中心位置　　　图 22.24　继续导入位图素材"树叶"到舞台

第 10 步，选择【修改】|【分离】（快捷键为 Ctrl+B）命令，把导入的位图素材"树叶.jpg"转换到可编辑的网格状，如图 22.25 所示。

第 11 步，取消当前图片的选择状态，选择工具箱中的【魔术棒工具】。使用【魔术棒工具】在当前图片上的空白区域单击，选择并且删除素材树叶的白色背景，如图 22.26 所示。

图 22.25　使用【分离】命令把位图转换为　　　图 22.26　使用【魔术棒工具】选择并且删除
　　　　　可编辑状态　　　　　　　　　　　　　　　　图片的白色背景

第 12 步，同样地，选择【修改】|【组合】（快捷键为 Ctrl+G）命令，把树叶组合起来，避免和其他的图形裁切。选择【窗口】|【变形】（快捷键为 Ctrl+K）命令，打开【变形】面板。把树叶缩小为原来的 20%，并单击【重置选区和变形】按钮复制一个新的对象，如图 22.27 所示。

第 13 步，使用同样的方法，分别得到 20%、30% 和 40% 大小的树叶。并且对齐到舞台中合适的位置，如图 22.28 所示。

图 22.27　使用【变形】面板缩小并且复制树叶素材

图 22.28　把得到的 3 片叶子对齐到舞台中

第 14 步，选择【文件】|【导入】|【导入到舞台】（快捷键为 Ctrl+R）命令，把图片素材 "美女.ai" 导入到当前动画的舞台中，如图 22.29 所示。

第 15 步，导入进来的素材 "美女.ai" 默认就是组合的状态，可以在当前图形上双击进入到组合对象内部进行编辑。而其他的对象都呈半透明状显示，如图 22.30 所示。

图 22.29　在舞台中导入图片素材

图 22.30　在组合对象双击进入到组合对象内部进行编辑

这时的【时间轴】面板如图 22.31 所示，表示进入到组合对象内部。

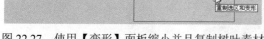

图 22.31　进入到组合对象内部时时间轴面板的状态

第 16 步，最终填充完毕，效果如图 22.32 所示。在组合内部对当前的图形进行位图填充，具体操作前面已经介绍过，这里就不再复述。

第 17 步，单击【时间轴】面板上的【场景 1】按钮，返回到场景的编辑状态。调整好各个图形的位置，如图 22.33 所示。

图 22.32　对图形进行位图填充

图 22.33　在场景的编辑状态下调整各个图形的位置

Note

第 18 步，选择工具箱的【文本工具】，在位图中输入文字，并调整好位置。最终完成效果，如图 22.34 所示。

图 22.34 最终完成效果

操作提示：

Flash 的绘图工具不仅可以支持矢量绘图和编辑，同样可以编辑位图，但是在编辑位图之前一定要事先分离位图。

22.2.4 转换位图为矢量图

从前面的讲解中，了解到了可以通过把位图分离来对位图进行编辑，但是分离后的位图是否就转换成了矢量图形呢？当然不会这么简单。位图是由像素点构成的，而矢量图是由路径和色块构成的，它们在本质上有着很大的区别。

并不是所有的图像软件都能够把位图转换成矢量图，但是 Flash 却提供了一个非常有用的命令，"转换位图为矢量图"，这样在动画制作中，获得素材的方式就更多了。

操作步骤：

第 1 步，新建一个 Flash 文件。

第 2 步，选择【文件】|【导入】|【导入到舞台】（快捷键为 Ctrl+R）命令，把图片素材导入到当前动画的舞台中，如图 22.35 所示。

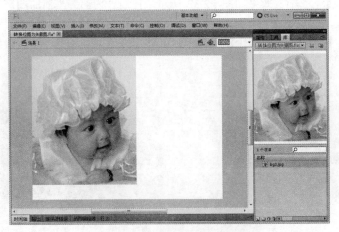

图 22.35 在舞台中导入图片素材

第 3 步，选择【修改】|【位图】|【转换位图为矢量图】命令，会打开【转换位图为矢量图】对话框，如图 22.36 所示。各个选项功能说明如下。

☑ 颜色阈值：在这个文本框中输入的数值范围是 1～500。当两个像素进行比较后，如果在 RGB 颜色值上的差异低于该颜色阈值，则两个像素被认为是颜色相同。如果增大了该阈值，则意味着降低了颜色的数量。

☑ 最小区域：在这个文本框中输入的数值范围是 1～1000，用于设置在指定像素颜色时要考虑的周围像素的数量。

☑ 曲线拟合：用于确定绘制的轮廓的平滑程度，如图 22.37 所示。

图 22.36　转换位图为矢量图对话框　　　　　图 22.37　曲线拟合选项

其中，选择"像素"，最接近于原图；选择"非常紧密"，图像不失真；选择"紧密"，图像几乎不失真；选择"一般"，是推荐使用的选项；选择"平滑"，图像相对失真；选择"非常平滑"，图像严重失真。

☑ 角阈值：用于确定是保留锐边还是进行平滑处理。

其中，选择"较多转角"，表示转角很多，图像将失真；选择"一般"，是推荐使用的选项；选择"较少转角"，图像不失真，如图 22.38 是使用不同设置的位图转换后的效果。

颜色阈值：200，最小区域：10　　　　　　颜色阈值：40，最小区域：4

图 22.38　使用不同设置的位图转换后的效果

如果导入位图包含复杂的形状和许多颜色，则转换后的矢量图形的文件大小会比原来的位图文件大。

22.3 编 辑 图 形

在动画制作的过程中，设计者需要根据设计的动画流程，对相关的对象进行移动、换位、变形等编辑操作，并根据生成动画的预览效果反复对对象相应的属性进行修改。所以，针对对象的编辑可以说是使用 Flash 制作动画的基本的、主体的工作。

22.3.1 变形

变形工具是 Flash 提供的一项基本编辑功能，对象的变形不仅包括缩放、旋转、倾斜、翻转等基本的变形形式，还包括扭曲、封套等特殊的变形形式。

选择工具箱中的【任意变形工具】，在舞台中选择需要进行变形的图像。这时候在工具箱的选项栏内将出现如图 22.39 所示的附加功能。

图 22.39　【任意变形工具】的附加选项

1.　旋转与倾斜

旋转对象会使对象围绕其中心点进行旋转。一般中心点都会在对象的物理中心，通过调整中心点的位置，可以得到不同的旋转效果。而倾斜的作用是对图形对象倾斜。

操作步骤：

第 1 步，选择舞台中的对象。

第 2 步，单击工具箱中的【任意变形工具】附加选项中的【旋转与倾斜】按钮。

第 3 步，这时舞台中的图形对象周围会出现一个可以调整的矩形框。在这个矩形框上一共有 8 个控制点，如图 22.40 所示。

第 4 步，将鼠标指针放置在矩形框的中间 4 个控制点上，可以对对象进行倾斜操作，如图 22.41 所示。

图 22.40　使用【旋转与倾斜】工具选择舞台中的对象

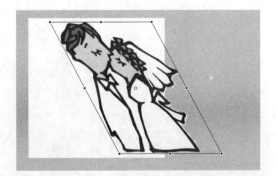

图 22.41　对图形对象进行倾斜操作

第 5 步，将鼠标指针放置在矩形框的 4 个顶点上，可以对对象进行旋转操作。这时是围绕图形对象默认的物理中心点进行旋转的，如图 22.42 所示。也可以通过鼠标指针拖曳，改变默认中心点的位置。这时，图形对象将围绕调整后的中心点来进行旋转，如图 22.43 所示。如果希望重置中心点，可以在调整后的中心点上双击鼠标。

图 22.42　对图形对象进行旋转操作

图 22.43　改变对象旋转的中心点

2．缩放

可以通过调整图形对象的宽度和高度来调整对象的尺寸，这是在设计中使用非常频繁的操作。

操作步骤：

第 1 步，选择舞台中的对象。

第 2 步，单击工具箱中的【任意变形工具】附加选项中的【缩放】按钮。这时舞台中的图形对象周围会出现一个可以调整的矩形框，在这个矩形框上一共有 8 个控制点，如图 22.44 所示。

第 3 步，将鼠标指针放置在矩形框的中间 4 个控制点上，可以分别改变图形对象的宽度和高度，如图 22.45 所示。

图 22.44　使用【缩放】工具选择舞台中的对象

图 22.45　分别改变图形对象的宽度和高度

第 4 步，将鼠标指针放置在矩形框的 4 个顶点上，可以同时改变当前图形对象的宽度和高度，如图 22.46 所示。如果希望等比例改变当前对象的尺寸，可以在缩放的过程中按 Shift 键。

3．扭曲

扭曲也可以称作对称调整，对称调整就是在对象的一个方向上进行调整时，反方向也会自动调整。

操作步骤：

第 1 步，选择舞台中的对象。

第 2 步，单击工具箱中的【任意变形工具】附

图 22.46　同时改变当前图形对象的宽度和高度

加选项中的【扭曲】按钮■。这时舞台中的图形对象周围会出现一个可以调整的矩形框。在这个矩形框上一共有 8 个控制点，如图 22.47 所示。

第 3 步，将鼠标指针放置在矩形框的中间 4 个控制点上，可以单独改变 4 条边的位置，如图 22.48 所示。

图 22.47　使用【扭曲】工具选择舞台中的对象　　　图 22.48　使用【扭曲】工具拖曳 4 个中间点

第 4 步，将鼠标指针放置在矩形框的 4 个顶点上，可以单独调整图形对象的一个角，如图 22.49 所示。在拖曳 4 个顶点的过程中，按 Shift 键即可以锥化该对象，将该角和相邻角沿彼此的相反方向移动相同距离，如图 22.50 所示。

图 22.49　使用【扭曲】工具拖曳 4 个顶点　　　　图 22.50　拖曳过程中按 Shift 键锥化图形对象

4. 封套

封套选项的功能有些类似于部分选取工具的功能，它允许使用切线调整曲线，从而调整对象的形状。

操作步骤：

第 1 步，选择舞台中的对象。

第 2 步，单击工具箱中的【任意变形工具】附加选项中的【封套】按钮■。这时舞台中的图形对象周围会出现一个可以调整的矩形框。在这个矩形框上一共有 8 个方形控制点，每个方形控制点两边都会有两个圆形的调整点，如图 22.51 所示。

第 3 步，将鼠标指针放置在矩形框的 8 个方形控制点上，改变图形对象的形状，如图 22.52 所示。

第 4 步，将鼠标指针放置在矩形框的圆形点上，可以对每条边的边缘进行曲线变形，如图 22.53 所示。【扭曲】和【封套】工具不能修改元件、位图、视频对象、声音、渐变、对象组或文本。如果所选的多种内容包含以上任意内容，则只能扭曲形状对象。要修改文本，首先要将文本分离。

5. 使用变形命令

对图形对象进行形状的编辑也可以在 Flash 的变形命令里完成，它不仅提供了前面所说的任意变形工具，还提供了一些更加方便快捷的变形命令。选择【修改】|【变形】命令，可以找到 Flash 中的所有变形命令，使用这些命令可以对对象进行顺时针或逆时针 90° 的旋转，也可以直接旋转 180°。

同时也可以对对象进行垂直和水平的翻转。只需要事先选择舞台中的对象，然后选择相应的命令即可实现变形效果。

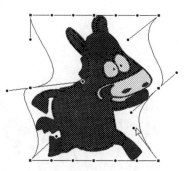

图 22.51　使用【封套】工具选择　　　图 22.52　对图形对象进行　　　图 22.53　对图形对象进行
　　　　　　舞台中的对象　　　　　　　　　　　　变形操作　　　　　　　　　　　　曲线编辑

22.3.2　实战演练：设计倒影效果

倒影的完成效果如图 22.54 所示，它是一个有倒影的 Logo，整体给人一种立体的感觉。

操作步骤：

第 1 步，新建一个 Flash 文件。

第 2 步，选择【文件】|【导入】|【导入到舞台】（快捷键为 Ctrl+R）命令，把图片素材"Avivah.png"导入到当前动画的舞台中，如图 22.55 所示。

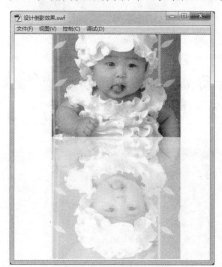

图 22.54　倒影效果　　　　　　　　　图 22.55　在舞台中导入图片素材

第 3 步，选择【修改】|【转换为元件】（快捷键为 F8）命令，会打开【转换为元件】对话框，如图 22.56 所示。选择"图形"元件类型，单击【确定】按钮，把导入的位图素材转换为图形元件，如图 22.57 所示。

第 4 步，按 Alt 键拖曳并且复制当前的图形元件，如图 22.58 所示。

第 5 步，选择【修改】|【变形】|【垂直翻转】命令，把舞台中复制出来的图形元件垂直翻转，如图 22.59 所示。

图 22.56 【转换为元件】对话框　　　　　图 22.57 把图形素材转换为图形元件

图 22.58 按 Alt 键拖曳并且复制当前的图形元件　　图 22.59 垂直翻转复制出来的图形元件

第 6 步，调整好这两个图形元件在舞台中的位置，如图 22.60 所示。选择下方的图形元件，在属性面板中的【样式】下拉列表中选择【透明度（Alpha）】选项，如图 22.61 所示。

图 22.60 调整两个图形元件在舞台中的位置　　　图 22.61 在属性面板中的【样式】下拉列表中选择
【透明度】选项

第 7 步，设置下方图形元件的透明度为"30％"。最终效果完成，如图 22.54 所示。

22.3.3 组合与分散到图层

1. 组合对象

组合对象的操作会涉及到对象的组合与解组两部分操作。组合后的各个对象可以被一起移动、复制、缩放和旋转等，这样会减少编辑中不必要的麻烦。当需要对组合对象中的某个对象进行单独编辑时，可以解组后再进行编辑。不仅可以在对象和对象之间组合，也可以在组合和组合对象间组合。

操作步骤：

第 1 步，选择舞台中需要组合的多个对象，可以按 Shift 键，同时选择多个对象，如图 22.62 所示。

第 2 步，选择【修改】|【组合】（快捷键为 Ctrl+G）命令，所选对象组合成一个整体，如图 22.63 所示。

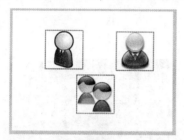
图 22.62 同时选择舞台中的多个对象

图 22.63 组合后的对象

第 3 步，如果需要对舞台中已经组合的对象进行解组，可以选择【修改】|【取消组合】（快捷键为 Ctrl+Shift+G）命令，把组合的对象解组，也可以在组合后的对象上双击鼠标左键，进入到组合的内部，这样也可以单独的编辑组合内的对象，如图 22.64 所示。

第 4 步，完成单独对象编辑后，只需要单击时间轴面板左上角的【场景 1】按钮，从当前的"组合"编辑状态返回到场景的编辑状态就可以了。

2. 分散到图层

在 Flash 动画制作中，可以把不同的对象放置到不同的图层中，以便制作动画时操作方便。Flash 中提供了非常方便的命令，有助于快速地把同一图层中的多个对象分别放置到不同的图层中去。

操作步骤：

第 1 步，在一个图层中选择多个对象，如图 22.65 所示。

图 22.64 进入到组合的内部编辑单独的对象

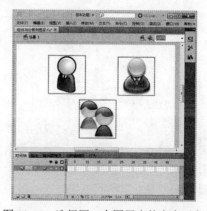
图 22.65 选择同一个图层中的多个对象

第 2 步，选择【修改】|【时间轴】|【分散到图层】（快捷键为 Ctrl+Shift+D）命令，可以把舞台中的不同对象放置到不同的图层中，如图 22.66 所示。

22.3.4　对齐图形

　　虽然可以借助一些辅助工具，如标尺、网格等将舞台中的对象对齐，但是不够精确。通过使用【对齐】面板，可以实现对象的精确定位。选择【窗口】|【对齐】（快捷键为 Ctrl+K）命令，可以打开 Flash 的【对齐】面板，如图 22.67 所示。

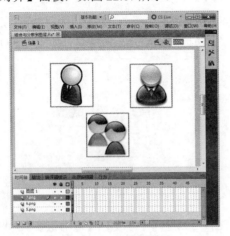

图 22.66　分散到图层

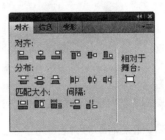

图 22.67　【对齐】面板

　　在【对齐】面板中，包含"对齐"、"分布"、"匹配大小"、"间隔"和"相对于舞台"5 个选项。下面通过一些具体的操作来说明。

　　1．对齐

　　对齐中的 6 个按钮可以用来进行多个对象的左对齐、垂直对齐、右对齐、上对齐、水平中齐和底对齐操作。

　　☑　左对齐：以所有被选对象的最左侧为基准，向左对齐，如图 22.68 所示。

　　☑　垂直对齐：以所有被选对象的中心进行垂直方向的对齐，如图 22.69 所示。

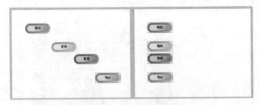

图 22.68　左对齐前后对比

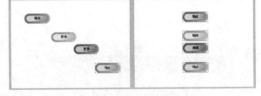

图 22.69　垂直对齐前后对比

　　☑　右对齐：以所有被选对象的最右侧为基准，向右对齐，如图 22.70 所示。

　　☑　上对齐：以所有被选对象的最上方为基准，向上对齐，如图 22.71 所示。

　　☑　水平中齐：以所有被选对象的中心进行水平方向的对齐，如图 22.72 所示。

　　☑　底对齐：以所有被选对象的最下方为基准，向下对齐，如图 22.73 所示。

　　2．分布

　　分布中的 6 个按钮可以使所选对象按照中心间距或边缘间距相等的方式进行分布，包括顶部分布、垂直中间分布、底部分布、左侧分布、水平中间分布、右侧分布。

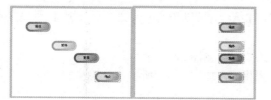

图 22.70　右对齐前后对比

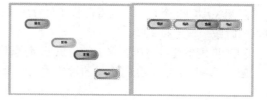

图 22.71　上对齐前后对比

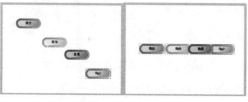

图 22.72　水平中齐前后对比

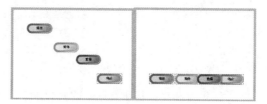

图 22.73　底对齐前后对比

- ☑　顶部分布：上下相邻的多个对象的上边缘等间距，如图 22.74 所示。
- ☑　垂直中间分布：上下相邻的多个对象的垂直中心等间距，如图 22.75 所示。

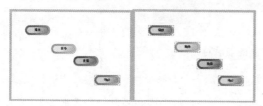

图 22.74　顶部分布的前后对比

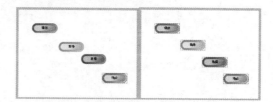

图 22.75　垂直中间分布的前后对比

- ☑　底部分布：上下相邻的多个对象的下边缘等间距，如图 22.76 所示。
- ☑　左侧分布：左右相邻的多个对象的左边缘等间距，如图 22.77 所示。

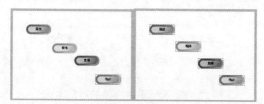

图 22.76　底部分布的前后对比

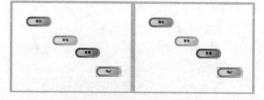

图 22.77　左侧分布的前后对比

- ☑　水平中间分布：左右相邻的多个对象的中心等间距，如图 22.78 所示。
- ☑　右侧分布：左右相邻的两个对象的右边缘等间距，如图 22.79 所示。

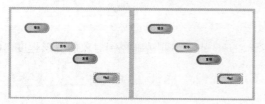

图 22.78　水平中间分布的前后对比

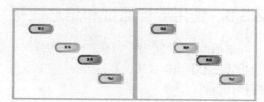

图 22.79　右侧分布的前后对比

3. 匹配大小

匹配大小的 3 个按钮可以将形状和尺寸各异的对象统一，可以在高度或宽度上分别统一尺寸，也可以同时统一宽度和高度。

 ☑ 匹配宽度：将所有选中的对象的宽度调整为相等，如图 22.80 所示。

 ☑ 匹配高度：将所有选中的对象的高度调整为相等，如图 22.81 所示。

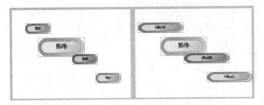 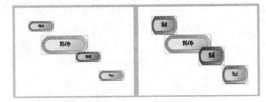

  图 22.80 匹配宽度的前后对比   图 22.81 匹配高度的前后对比

 ☑ 匹配宽和高：将所有选中的对象的宽度和高度同时调整为相等，如图 22.82 所示。

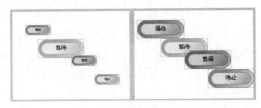

图 22.82 匹配宽和高的前后对比

4. 间隔

间隔中有两个按钮，可以使对象之间的间距保持相等，一个是垂直平均间隔，一个是水平平均间隔。

 ☑ 垂直平均间隔：上下相邻的多个对象的间距相等，如图 22.83 所示。

 ☑ 水平平均间隔：左右相邻的多个对象的间距相等，如图 22.84 所示。

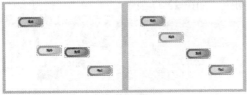 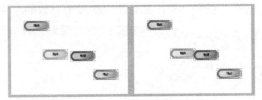

  图 22.83 垂直平均间隔的前后对比   图 22.84 水平平均间隔的前后对比

5. 相对于舞台

相对于舞台是以整个舞台为参考对象来进行对齐。

22.3.5 使用变形面板和信息面板

在前面的变形过程中，只能粗略地改变对象的形状，但是如果需要精确控制对象的变形程度，可以使用【变形】面板和【信息】面板来完成。

操作步骤：

第 1 步，选择舞台中的对象。

第 2 步，选择【窗口】|【对齐】（快捷键为 Ctrl+I）命令，可以打开 Flash【信息】面板，如图 22.85

所示。在【信息】面板中可以以像素为单位改变当前对象的宽度和高度，也可以调整对象在舞台中的位置。在【信息】面板的下方还会出现当前选择对象的颜色信息。

第3步，选择【窗口】|【变形】（快捷键为 Ctrl+T）命令，打开 Flash 的【变形】面板，如图 22.86 所示。在【变形】面板中可以以百分比为单位改变当前对象的宽度和高度。也可以调整对象的旋转角度和倾斜程度。通过单击【重置选区和变形】按钮，在对象进行变形的同时也可以复制对象。

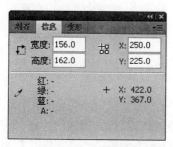

图 22.85　Flash 的【信息】面板

图 22.86　Flash 的【变形】面板

22.3.6　实战演练：制作折扇

折扇的结构很特别，它由很多根扇骨和扇面构成。每一根扇骨的形状一致，两根扇骨之间的角度也是固定的，因此，可以根据一根扇骨的旋转变形来获得所有的扇骨，从而和扇面一起构成一把折扇。

操作步骤：

第1步，新建一个 Flash 文件。

第2步，选择工具箱中的【矩形工具】绘制"扇骨"，在【矩形工具】选项中选择对象绘制模式，并调整好矩形的颜色和尺寸。

第3步，选择工具箱中的【任意变形工具】，把当前矩形的中心点调整到矩形的下方，如图 22.87 所示。选择【窗口】|【变形】（快捷键为 Ctrl+T）命令，可以打开 Flash 8 的变形面板，如图 22.88 所示。

图 22.87　使用【任意变形工具】调整矩形的中心点位置

图 22.88　Flash 的变形面板

第4步，在变形面板的旋转文本框中输入旋转的角度为"15"。然后单击【重置选区和变形】按钮，一边旋转一边复制多个矩形，如图 22.89 所示。

第 5 步，单击【时间轴】面板中的【新建图层】按钮，创建一个新的图层"图层 2"，如图 22.90 所示。选择工具箱中的【线条工具】，在扇骨的两边绘制两条直线，由于此时直线是绘制在"图层 2"中，所以是独立的，如图 22.91 所示。

图 22.89　使用【变形】面板旋转并且复制当前的矩形　　　　图 22.90　创建一个新的图层

第 6 步，使用【选择工具】，将两条直线拉成和扇面弧度一样的圆弧，如图 22.92 所示。选择工具箱中的【线条工具】，把两条直线的两端连接起来，变成一个闭合的路径，同时使用【油漆桶工具】填充一种颜色，如图 22.93 所示。

图 22.91　在新的图层中绘制两条直线　　　　　　　图 22.92　使用选择工具对直线变形

第 7 步，选择【混色器】面板中的类型下拉列表，选择【位图填充】选项，在打开的【导入到库】对话框中找到扇面的图片素材。这样，选择的图片将会填充到"扇面"中，如图 22.94 所示。

图 22.93　给得到的形状填充颜色　　　　　　　图 22.94　把图片填充到扇面中

第 8 步，选择工具箱中的【填充变形工具】调整填充到扇面中的图片素材。使图片和"扇面"更加吻合，如图 22.95 所示。

第 9 步，最终效果完成，如图 22.96 所示。

图 22.95　使用【填充变形工具】调整填充到扇面中的图片素材　　　图 22.96　最终完成的折扇效果

22.4　添 加 声 音

Flash 支持各种声音格式，可以根据动画的需要添加任意的声音文件。在 Flash 中，声音可以添加到时间轴的帧上，或者是按钮元件的内部。可以使声音独立于时间轴连续播放，或使动画和一个音轨同步播放。给按钮元件添加声音可以使按钮具有更好的交互效果，通过声音的淡入淡出还可以使声音更加自然。

22.4.1　导入声音文件

可以将下列格式的声音文件导入到 Flash 中。

☑　WAV（仅限 Windows）。

☑　AIFF（仅限 Macintosh）。

☑　MP3（Windows 或 Macintosh）。

如果系统上安装了 QuickTime 4 或更高版本，则可以导入以下附加格式的声音文件。

☑　AIFF（Windows 或 Macintosh）。

☑　Sound Designer II（仅限 Macintosh）。

☑　只有声音的 QuickTime 影片（Windows 或 Macintosh）。

☑　Sun AU（Windows 或 Macintosh）。

☑　System 7 声音（仅限 Macintosh）。

☑　WAV（Windows 或 Macintosh）。

当用户需要把声音文件导入到 Flash 中时，可以按下面的操作步骤来完成。

第 1 步，选择【文件】|【导入】|【导入到舞台】（快捷键为 Ctrl+R）命令，打开【导入】对话框，如图 22.97 所示。选择需要导入的声音文件，然后单击【打开】按钮，导入的声音文件会自动出现在当前影片的【库】面板中，如图 22.97 所示。

第 2 步，在【库】面板的预览窗口中，如果显

图 22.97　选择要导入的声音文件

示的是一条波形，则导入的是单声道的声音文件，如图 22.98 所示；如果显示的是两条波形，则导入的是双声道的声音文件，如图 22.99 所示。

图 22.98　【库】面板中的单声道声音文件

图 22.99　双声道的声音文件

22.4.2　为关键帧添加声音

为了给 Flash 动画添加声音，可以把声音添加到影片的时间轴上。通常会建立一个新的图层用来放置声音，而且在一个影片文件中可以有任意数量的声音图层，Flash 会对这些声音进行混合。但是太多的图层会增加影片文件的大小，而且太多的图层也会影响动画的播放速度，因此可以将声音添加到关键帧上。

操作步骤：

新建一个 Flash 文件。

第 1 步，从外部导入一个声音文件。单击【时间轴】面板中的【新建图层】按钮，创建"图层 2"。

第 2 步，选择【窗口】|【库】（快捷键为 Ctrl+L）命令，打开 Flash 的【库】面板。把【库】面板中的声音文件拖曳到"图层 2"所对应的舞台中。注意，声音文件只能拖曳到舞台中，不能拖曳到图层上。这时在图层的时间轴上会出现声音的波形，但是现在只有一帧，所以看不见，如图 22.100 所示。

第 3 步，如果要将声音的波形显示出来，在"图层 2"中靠后位置的任意一帧处插入一个静态延长帧即可，如图 22.101 所示。

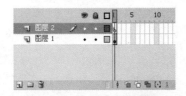

图 22.100　添加声音后的时间轴

图 22.101　在时间轴面板中显示声音的波形

第 4 步，如果要使声音和动画播放相同的时间，就需要计算声音总帧数。用声音文件的总时间（单位秒）×12 即可得出声音文件的总帧数。声音文件只能够添加到时间轴面板的关键帧上，和动画一样，也可以设置不同的起始帧数。

22.4.3　为按钮添加声音

在 Flash 中，可以很方便地为按钮元件添加声音效果，从而增强交互性。按钮元件的 4 种状态都可以添加声音。这样，在鼠标经过、按下、弹起和移开的过程中都可以设置不同的声音效果。

操作步骤：

第 1 步，新建一个 Flash 文件，从外部导入一个声音文件。

第 2 步，选择舞台中需要添加声音的按钮元件，双击鼠标进入到按钮元件的编辑状态，如图 22.102 所示。

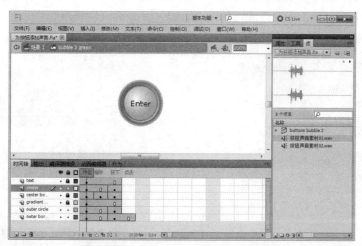

图 22.102 进入到按钮元件的编辑窗口

第 3 步，单击【时间轴】面板中的【新建图层】按钮，创建"图层 2"。选择【时间轴】面板中的"按下"状态，按 F7 键，插入空白关键帧，如图 22.103 所示。

第 4 步，选择【窗口】|【库】（快捷键为 Ctrl+L）命令，打开 Flash 的【库】面板。把【库】面板中的声音文件拖曳到"图层 2"，"按下"状态所对应的舞台中，如图 22.104 所示。

图 22.103 在按下状态插入空白关键帧

图 22.104 在按下状态添加声音

第 5 步，单击时间轴面板左上角的【场景 1】按钮，返回场景的编辑状态。选择【控制】|【测试影片】（快捷键为 Ctrl+Enter）命令，在 Flash 播放器中预览动画效果。需要按钮在不同的状态下有声音效果，直接把声音添加到相应的状态中即可。

22.4.4 编辑声音

对于 Flash 软件来说，最主要的作用并不是处理声音，所以并不具备专业的声音编辑软件功能。但是如果只是为了给动画配音，那么 Flash 还是完全可以胜任的。在 Flash 中，可以通过【属性】面板来完成声音的设定。

1. 在属性面板中编辑声音

操作步骤：

第 1 步，新建一个 Flash 文件，并从外部导入一个声音文件。选择【窗口】|【库】（快捷键为 Ctrl+L）

命令，打开 Flash 的【库】面板。把【库】面板中的声音文件拖曳到"图层 1"所对应的舞台中。

第 2 步，选择图层中的声音文件，这时的【属性】面板如图 22.105 所示。在【属性】面板的左下角会显示当前声音文件的取样率和长度，如果这时不需要声音，那么可以在【属性】面板中的【声音】下拉列表中选择"无"，如图 22.106 所示。如果需要把短音效重复地播放，在【属性】面板中的"重复"文本框中输入需要重复的次数即可，如图 22.107 所示。在【属性】面板中的【同步】下拉列表中可以选择声音和动画的配合方式，如图 22.108 所示。

图 22.105　声音的【属性】面板

图 22.106　删除声音的操作

图 22.107　设置声音的循环次数

图 22.108　声音的同步模式

☑　事件：该选项会将声音和一个事件的发生过程同步起来。事件声音在它的起始关键帧开始显示时播放，并独立于时间轴播放完整个声音，即使 Flash 文件停止也继续播放。当播放发布的 Flash 文件时，事件声音混合在一起。

☑　开始：该选项与【事件】选项的功能相近，但如果声音正在播放，使用【开始】选项则不会播放新的声音实例。

☑　停止：即停止声音的播放。

☑　数据流：该选项将使声音同步，以便在网络上同步播放。所谓的流的概念，简单来说就是一边下载一边播放，下载了多少就播放多少。但是它也有一个弊端，就是如果动画下载进度比声音快，没有播放的声音就会直接跳过，接着播放当前帧中的声音。

第 3 步，可以在【属性】面板中的【效果】下拉列表中选择声音的各种变化效果。Flash 可以制作音量大小的改变和左右声道的改变效果，如图 22.109 所示。

图 22.109　选择声音的效果

☑ 无：不对声音文件应用效果。选择此选项可以删除以前应用过的效果。

☑ 左声道/右声道：只在左声道或右声道中播放声音。

☑ 向右淡出/向左淡出：会将声音从一个声道切换到另一个声道。

☑ 淡入：会在声音的持续时间内逐渐增加音量。

☑ 淡出：会在声音的持续时间内逐渐减小音量。

☑ 自定义：可以通过使用"编辑封套"创建自己的声音淡入和淡出效果。

第 4 步，声音编辑完毕，选择【控制】|【测试影片】（快捷键为 Ctrl+Enter）命令，在 Flash 播放器中预览动画声音效果。

2. 在编辑封套对话框中编辑声音

如果觉得 Flash 中所提供的默认声音效果不足以达到要求的话，可以单击【属性】面板中的【编辑】按钮 来自定义声音的效果。这时 Flash 会打开声音的【编辑封套】对话框，如图 22.110 所示，其中上方区域表示声音的左声道，下方区域表示声音的右声道。下面通过一个简单的实例来说明如何在【属性】面板中编辑声音。

操作步骤：

第 1 步，新建一个 Flash 文件，从外部导入一个声音文件。

第 2 步，选择【窗口】|【库】（快捷键为 Ctrl+L）命令，打开 Flash 的【库】面板。把【库】面板中的声音文件拖曳到"图层 1"所对应的舞台中。

第 3 步，打开【编辑封套】对话框，如图 22.110 所示。要在秒和帧之间切换时间单位，可以单击【秒】或【帧】按钮，如图 22.111 所示。

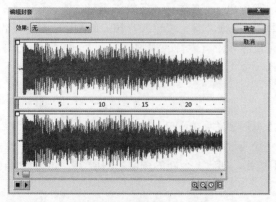

图 22.110　声音的编辑封套

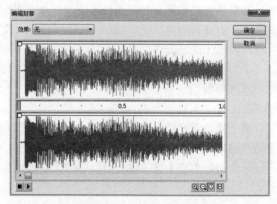

图 22.111　切换时间单位

第 4 步，要改变声音的起始点和终止点，可以拖曳"编辑封套"中的"开始时间"和"停止时间"控件，如图 22.112 所示。要更改声音封套，可以拖曳封套手柄来改变声音中不同点处的音量。封套线显示声音播放时的音量。

第 5 步，单击封套线可以创建其他封套手柄（最多可以创建 8 个）。要删除封套手柄，直接拖曳到窗口外即可，如图 22.113 所示。

第 6 步，声音编辑完毕，选择【控制】|【测试影片】（快捷键为 Ctrl+Enter）命令，在 Flash 播放器中预览动画声音效果。

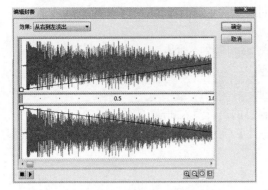

图 22.112　选择声音的效果

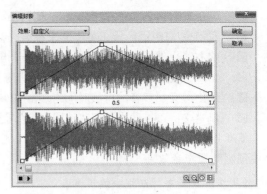

图 22.113　更改声音封套

22.5　实战演练：添加视频

在 Flash 动画中结合视频将能实现更加丰富的动画效果。Flash 支持的视频格式会因计算机所安装的软件不同而不同，如果机器上已经安装了 QuickTime 7 及其以上版本，则在导入嵌入视频时支持包括 MOV（QuickTime 影片）、AVI（音频视频交叉文件）和 MPG/MPEG（运动图像专家组文件）等格式的视频剪辑。Flash 对外部 FLV（Flash 专用视频格式）的支持，可以直接播放本地硬盘或者 Web 服务器上的.flv 文件。这样可以用有限的内存播放很长的视频文件而不需要从服务器下载完整的文件。

如果导入的视频文件是系统不支持的文件格式，那么 Flash 会显示一条警告消息，表示无法完成该操作。而在有些情况下，Flash 可能只能导入文件中的视频，而无法导入音频，此时也会显示警告消息，表示无法导入该文件的音频部分。但是仍然可以导入没有声音的视频。

下面的示例将演示如何设计电视机播放视频的动画效果。

操作步骤：

第 1 步，新建一个 Flash 文件。

第 2 步，选择【文件】|【导入】|【导入到舞台】（快捷键为 Ctrl+R）命令，把图片素材导入到当前动画的舞台中，如图 22.114 所示。

第 3 步，单击【时间轴】面板中的【新建图层】按钮，创建一个新的图层"图层 2"，如图 22.115 所示。

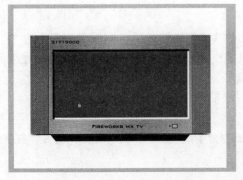

图 22.114　在舞台中导入图片素材

图 22.115　创建一个新的图层

第 4 步，选择【文件】|【导入】|【导入视频】命令，在打开的【导入视频】对话框中查找视频文件的位置，把视频素材导入到当前舞台的"图层 2"中。

第 5 步，在文件路径下面 3 个【部署】选项中选择不同的部署视频类型，如图 22.116 所示。单击【下一步】按钮，在导入视频的【嵌入】选项中调整嵌入视频文件的方式，如图 22.117 所示。

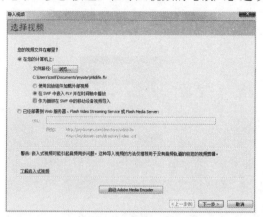

图 22.116　视频的部署选项

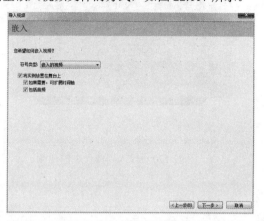

图 22.117　选择嵌入视频的方式

第 6 步，单击【下一步】按钮，在导入视频的【完成视频导入】对话框中将会出现视频文件的设置说明，如图 22.118 所示。单击【完成】按钮，会打开 Flash【导入视频帧】对话框，如图 22.119 所示。当对话框的进度条显示为 100% 时表示视频导入完毕。

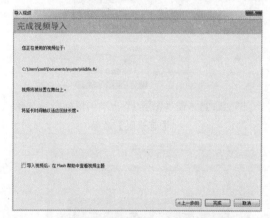

图 22.118　【完成视频导入】对话框

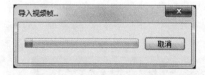

图 22.119　【导入视频帧】对话框

第 7 步，视频导入完毕，显示在舞台中的"图层 2"里，如图 22.120 所示。

第 8 步，单击【时间轴】面板中的【新建图层】按钮，创建一个新的图层"图层 3"，如图 22.121 所示。选择工具箱中的【矩形工具】，在"图层 3"中绘制一个和电视机屏幕同样大小的矩形，颜色不限，如图 22.122 所示。

第 9 步，把"图层 3"中的矩形和"图层 1"中的电视屏幕对齐到相同的位置，选择【时间轴】面板中的"图层 3"，单击鼠标右键，在弹出的快捷菜单中选择【遮罩层】命令，如图 22.123 所示。这样就可以把视频的内容显示在矩形内，动画效果完成，如图 22.124 所示。

第 10 步，选择【控制】|【测试影片】（快捷键为 Ctrl+Enter）命令，在 Flash 播放器中预览动画效果，如图 22.125 所示。在 Flash 中结合视频制作特殊效果的方法还有很多，大家可以自己慢慢尝试。

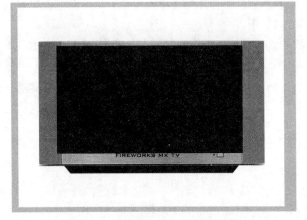

图 22.120 导入到舞台中的视频

图 22.121 创建一个新的图层

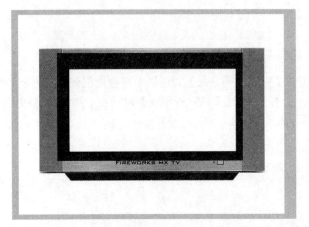

图 22.122 在"图层 3"中绘制一个和电视屏幕
同样大小的矩形

图 22.123 在"图层 3"上单击鼠标右键选择
【遮罩层】命令

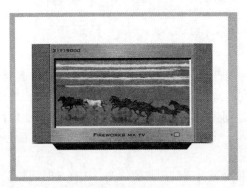

图 22.124 动画效果完成

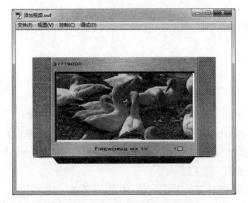

图 22.125 完成后的最终效果

第23章

创建复杂交互式动画

（ 📹 视频讲解：1 小时 16 分钟 ）

在简单动画中，Flash 按顺序播放动画中的场景和帧，而在交互动画中，用户可以使用键盘或鼠标与动画进行交互，如单击控制按钮可以控制动画播放、暂停或者重播，使用 ActionScript 脚本可以控制 Flash 动画中的对象，创建导航元素和交互元素，扩展 Flash 创作交互动画和网络应用的能力。

ActionScript 是一种面向对象的编程语言，它遵循 ECMAscript 4 标准，是 Adobe Flash Player 运行时环境的编程语言，用于在 Flash 动画和应用程序中实现交互性、数据处理以及其他功能。ActionScript 是 Flash 的脚本语言，与 JavaScript 是网页的脚本语言相似，当然 Flash 也支持 JavaScript 脚本语言。

学习重点：

▸▸ 认识 ActionScript 语言。

▸▸ 使用【动作】和【行为】面板。

▸▸ 能够在脚本中添加函数。

▸▸ ActionScript 基本交互行为应用。

23.1 ActionScript 概述

ActionScript 最早被用来制作动画控制按钮或者是简单的网页应用功能，如网页导航或者欢迎动画等。随着 Flash 版本的不断更新升级，ActionScript 也在发生着变化，从最初的 Flash 4 中所包含的十几个基本函数，提供对影片的简单控制，到现在在 Flash 中逐渐演变成一门强大的面向对象的编程语言，并且可以使用 ActionScript 来开发应用程序，这意味着 ActionScript 已经发展成为比较成熟的编程语言。

与 ActionScript 结合，Flash 不再仅是一个动画制作工具，更成为了一个应用程序的开发工具。在 Flash 中，ActionScript 进行了大量的更新，所包含的最新版本称为 ActionScript 3.0。

Flash 中包含多个 ActionScript 版本，以满足各类开发人员开发需要，下面简单介绍一下。

☑ ActionScript 3.0

ActionScript 3.0 是最新版本，执行速度非常快。该版本要求开发人员对面向对象的编程有更深入的理解。ActionScript 3.0 完全符合 ECMAScript 规范，提供了更出色的 XML 处理，一个改进的事件模型，以及一个用于处理屏幕元素的体系结构。

注意，使用 ActionScript 3.0 的 FLA 文件不能包含 ActionScript 的早期版本。

☑ ActionScript 2.0

ActionScript 2.0 具有脚本语言特性，更容易学习，它基于 ECMAScript 规范，但并不完全遵循该规范。尽管 Flash Player 运行编译后的 ActionScript 2.0 代码比运行编译后的 ActionScript 3.0 代码的速度慢，但 ActionScript 2.0 对于许多计算量不大的项目仍然十分有用，更面向设计的内容。

☑ ActionScript 1.0

ActionScript 1.0 是最简单的 ActionScript 版本，仍为 Flash Lite Player 的一些版本所使用。ActionScript 1.0 和 2.0 可共存于同一个 FLA 文件中。

☑ Flash Lite 3.x ActionScript

Flash Lite 3.x ActionScript 是 ActionScript 2.0 的子集，在移动电话等移动设备上的 Flash 播放器 Flash Lite 2.x 中使用。

☑ Flash Lite 2.x ActionScript

Flash Lite 2.x ActionScript 是 ActionScript 2.0 的子集，同样在移动电话等移动设备上的 Flash 播放器 Flash Lite 2.x 中使用。

☑ Flash Lite 1.x ActionScript

Flash Lite 1.x ActionScript 是 ActionScript 1.0 的子集，可以在移动电话等移动设备上的 Flash 播放器 Flash Lite 1.x 中使用。目前国内部分的智能手机默认安装 Flash Lite 1.x 播放器。

当启动了 Flash 软件后，在默认的欢迎界面中就可以选择创建何种 ActionScript 版本的 Flash 影片，如图 23.1 所示。

图 23.1 Flash 的欢迎界面

23.2　在 Flash 中使用 ActionScript

在新建 Flash 文档时，究竟选择 ActionScript 3.0，还是 ActionScript 2.0，主要根据项目的大小和要求来决定，如果只是制作简单的交互动画或者是影片的控制、游戏的开发，ActionScript 2.0 已经足以胜任了，但是如果需要开发大型的基于互联网的应用程序，则应该首选 ActionScript 3.0。

23.2.1　使用动作面板

Flash 提供了一个专门用来编写程序的窗口，它就是【动作】（Action）面板，如图 23.2 所示。在运行 Flash 后有两种方式可以打开【动作】面板：选择【窗口】|【动作】命令，或者按 F9 键，打开 Flash 的【动作】面板。

图 23.2　【动作】面板

在【动作】面板右侧的脚本窗口中输入代码可以创建脚本。在脚本窗口中可以直接编辑动作，如输入动作的参数或者删除动作，这与在文本编辑器中创建脚本非常相似。

在【动作】面板左侧顶部的下拉列表中列出了 Flash 中所有的 ActionScript 版本，用户可以从中选择需要的 ActionScript 版本，如图 23.3 所示。注意，创建的影片类型不同，所选择的 ActionScript 版本也并不相同，如不能把 ActionScript 3.0 脚本添加到基于 ActionScript 2.0 创建的影片文件中。

在【动作】面板左侧中间分类列表中列出了 Flash 中所有的动作及语句，如图 23.4 所示。用户可以用双击或拖曳的方式将需要的动作放置到右侧的动作编辑区。

图 23.3　【动作】面板

图 23.4　【动作】面板

在【动作】面板左侧底部的折叠菜单中列出了 Flash 中所有添加了 ActionScript 的对象和当前选中的对象，如图 23.4 所示。用户可以直接选择以查看这些对象上的函数脚本。

在面板右上角单击菜单按钮，在【动作】面板菜单中选择【脚本助手】命令，切换动作面板显示为脚本助手形式，使用脚本助手可以快速、简单地编辑动作脚本，更加适合初学者使用，如图 23.5 所示。

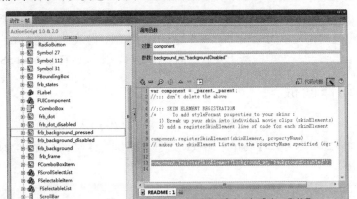

图 23.5　【动作】面板的脚本助手

23.2.2　使用行为面板

实际上 Flash 中的【行为】也就是 ActionScript 动作，只不过在【行为】面板中包含了一些使用比较频繁的 ActionScript 动作。使用【行为】面板可以快速地创建交互效果。下面通过一个具体的案例来说明 Flash 中【行为】面板的使用。

操作步骤：

第 1 步，新建一个 Flash 文件（ActionScript 2.0）。

第 2 步，选择【文件】|【导入】|【导入到舞台】（快捷键为 Ctrl+R）命令，向 Flash 中导入一段视频。

第 3 步，新建"图层 2"，在舞台中放置 3 个按钮，分别控制视频的播放、停止和暂停，如图 23.6 所示。

第 4 步，选择"图层 1"中的视频，在【属性】面板中设置视频的实例名称为"movie"。

第 5 步，选择【窗口】|【行为】（快捷键为 Shift+F3）命令，打开 Flash 的【行为】面板，如图 23.7 所示。

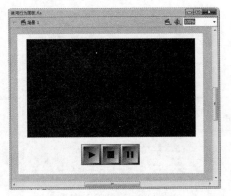

图 23.6　在场景中放置按钮

图 23.7　Flash 的【行为】面板

第 6 步，选择舞台中的"播放"按钮，单击【行为】面板中的"+"号，在打开的菜单中选择【嵌入的视频】|【播放】命令。

第 7 步，在打开的【播放视频】对话框中选择命名的"movie"视频文件，单击【确定】按钮。使用同样的方法，给另外两个按钮添加行为。

第 8 步，动画效果完成。选择【控制】|【测试影片】（快捷键为 Ctrl+Enter）命令，在 Flash 播放器中预览动画效果，效果如图 23.8 所示。

图 23.8　动画效果预览

23.2.3　添加 ActionScript 动作

ActionScript 的功能非常强大，但是在整个影片中，根据实际的效果需要，可以在影片的 3 个位置添加函数。

1. 为关键帧添加动作

给关键帧添加动作，可以让影片播放到某一帧时执行某种动作。例如，给影片的第 1 帧添加 Stop（停止）语句命令，可以让影片在开始的时候就停止播放。同时，帧动作也可以控制当前关键帧中的所有内容。给关键帧添加函数后，在关键帧上会显示一个"a"标记，如图 23.9 所示。

图 23.9　给关键帧添加动作

2. 为按钮元件添加动作

给按钮元件添加动作，可以通过按钮来控制影片的播放或者控制其他元件。结合按钮元件，可以轻松地创建互动式的界面和动画，也可以制作有多个按钮的菜单，每个按钮的实例都可以有自己的动作，而且互相不会影响，如图 23.10 所示。

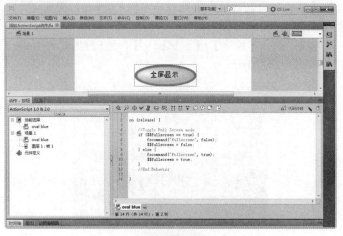

图 23.10　给按钮元件添加动作

3．为影片剪辑元件添加动作

给电影剪辑分配动作，当装载电影剪辑或播放电影剪辑到达某一帧时，分配给该电影剪辑的动作被执行。灵活运用影片剪辑动作，可以简化很多的工作流程，如图 23.11 所示。

图 23.11　给影片剪辑元件添加动作

23.3　实战演练：ActionScript 应用开发

Flash 中的 ActionScript 脚本和 JavaScript 脚本有很多相似之处，它们都是基于事件驱动的脚本语言，所有的脚本都是由"事件"和"动作"的对应关系来组成的。例如，如果到一个公司去应聘，这家公司的应聘条件为"是否会 Flash 动画制作"，如果会，那么就可以顺利地应聘到这家公司，如果不会那么就将被淘汰。这里的"事件"就是"是否会 Flash 动画制作"，而"动作"就是"应聘到这家公司"。

"事件"可以理解为条件，是一种判断，有"真"和"假"两个取值；而"动作"可以理解为效果，当相应的"条件"成立的时候，执行相应的"效果"。在 Flash 脚本中的书写格式如下，同一个事件可以对应多个动作。

```
事件 {
    动作
    动作
}
```

了解了 ActionScript 中事件和动作后，下面重点介绍 Flash 开发中的一些基本函数，这些基本函数都是在动画设计中使用最频繁的。

23.3.1 播放和停止

Flash 动画在默认的状态下是永远循环播放的，如果需要手动控制动画的播放和停止，那么可以添加相应的语句来完成。

Play 命令的作用是播放动画，而 Stop 命令的作用是停止动画播放，并且让动画停止在当前帧。这两个命令没有语法参数。下面通过一个具体的案例来说明这两个命令的作用。

操作步骤：

第 1 步，打开光盘中的练习 Flash 文件"播放和停止.fla"（ActionScript2.0）。

第 2 步，在场景的图层"按钮"中放置两个透明的按钮元件，如图 23.12 所示。

第 3 步，选择【时间轴】面板中任意图层的第 1 帧，这时【动作】面板的左上角会显示"动作－帧"。在动作编辑区中输入语句，如图 23.13 所示。

注意，如果直接给关键帧添加动作，这时的事件就是帧数。表示播放到第 1 帧停止。

```
stop();
```

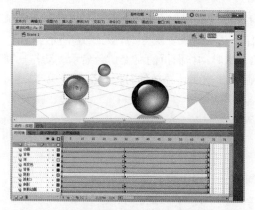

图 23.12　在场景中制作动画并放置按钮元件

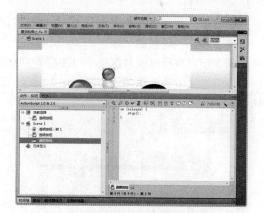

图 23.13　输入语句

第 4 步，选择舞台中的"paly"透明按钮实例，这时【动作】面板的左上角会显示"动作－按钮"。在动作编辑区中输入语句，如图 23.14 所示。

注意，给按钮元件添加动作的时候，必须首先给出按钮事件。

```
on (release) {
    play();
}
```

第 5 步，选择舞台中的"stop"按钮实例，这时动作面板的左上角会显示"动作－按钮"。在动作编辑区中输入语句，如图 23.15 所示。

```
on (release) {
    stop();
}
```

图 23.14　输入语句

图 23.15　输入语句

第 6 步，动画效果完成。选择【控制】|【测试影片】（快捷键为 Ctrl+Enter）命令，在 Flash 播放器中预览动画效果。此时，动画在刚打开的时候是不播放的，当单击"播放"按钮的时候动画播放，单击【停止】按钮的时候动画停止。

23.3.2　跳转动画

使用 goto 命令可以跳转到影片中指定的帧或场景。根据跳转后的状态，执行命令有两种：gotoAndPlay 和 gotoAndStop。

操作步骤：

第 1 步，打开光盘中的练习 Flash 文件"跳转动画.fla"（ActionScript 2.0）。

第 2 步，在场景的"图层 1"中放置一个按钮元件"从头再来一次"，如图 23.16 所示。

第 3 步，选择时间轴面板中"图层 4"的第 16 帧，这时动作面板的左上角会显示"动作－帧"。在动作编辑区中输入语句，如图 23.17 所示。这时动画第二次循环播放的时候只会播放第 13 帧～第 16 帧之间的动画效果。

```
gotoAndPlay(13);
```

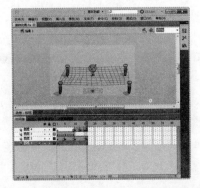

图 23.16　在场景中制作动画并放置按钮元件

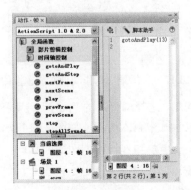

图 23.17　输入语句

第 4 步，选择舞台中的按钮实例，这时【动作】面板的左上角会显示"动作－按钮"。在动作编辑区中输入语句，如图 23.18 所示。

```
on (release) {
    gotoAndPlay(1);
}
```

第 5 步，动画效果完成。选择【控制】|【测试影片】（快捷键为 Ctrl+Enter）命令，在 Flash 播放器中预览动画效果。当单击舞台中的按钮时，动画将回到第 1 帧播放。

图 23.18　输入语句

23.3.3 停止声音播放

stopAllSounds 命令是一个简单的声音控制命令，执行该命令会停止当前影片文件中所有的声音播放。

操作步骤：

第 1 步，打开光盘中的练习 Flash 文件"停止声音播放.fla"（ActionScript 2.0）。

第 2 步，在场景的图层"背景声音"中添加一个声音文件，并且将声音的属性设置为"循环"。在场景的图层"按钮"中放置一个按钮元件，如图 23.19 所示。

第 3 步，选择舞台中的按钮实例，这时【动作】面板的左上角会显示"动作－按钮"。在动作编辑区中输入语句，如图 23.20 所示。

```
on (release) {
    stopAllSounds();
}
```

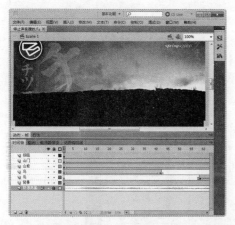

图 23.19　在场景中制作动画，添加声音并放置按钮元件

图 23.20　输入语句

第 4 步，动画效果完成，选择【控制】|【测试影片】（快捷键为 Ctrl+Enter）命令，在 Flash 播放器中预览动画效果。当单击舞台中的按钮时，动画中的声音将停止播放。

23.3.4 控制 Flash 播放器

Fscommand 命令的作用是控制 Flash 播放器，Flash 中常见的全屏、隐藏右键菜单等效果都可以通过添加这个命令来实现。Fscommand 命令包含两个参数：命令和参数，该命令详细说明如表 23.1 所示。

表 23.1 Fscommand 命令

命 令	参 数	说 明
quit	无	关闭播放器
fullscreen	true 或 false	指定 true 将 Flash Player 设置为全屏模式。如果指定 false，播放器会返回到常规菜单视图
allowscale	true 或 false	如果指定 false，则设置播放器以始终按 SWF 文件的原始大小绘制 SWF 文件，从不进行缩放。如果指定 true，则强制 SWF 文件缩放到播放器的 100%
showmenu	true 或 false	如果指定 true，则启用整个上下文菜单项集合。如果指定 false，则使得除"关于 Flash Player"外的所有上下文菜单项变暗
exec	应用程序的路径	在播放器内执行应用程序
trapallkeys	true 或 false	如果指定 true，则将所有按键事件（包括快捷键事件）发送到 Flash Player 中的 onClipEvent(keyDown/keyUp) 处理函数

操作步骤：

第 1 步，打开光盘中的练习 Flash 文件"控制 Flash 播放器.fla"（ActionScript 2.0）。

第 2 步，在场景的图层"按钮"中放置一个透明的按钮元件，如图 23.21 所示。

第 3 步，选择【时间轴】面板中任意图层的第 1 帧，这时【动作】面板的左上角会显示"动作一帧"。在动作编辑区中输入语句，如图 23.22 所示。这样动画一打开的时候就可以全屏播放，同时不显示菜单，允许缩放。

```
fscommand("fullscreen", "true");
fscommand("showmenu", "false");
fscommand("allowscale", "true");
```

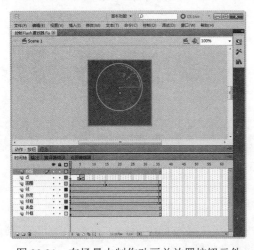

图 23.21 在场景中制作动画并放置按钮元件

图 23.22 输入语句

第 4 步，选择舞台中的透明按钮实例，这时【动作】面板的左上角会显示"动作－按钮"。在动作编辑区中输入语句，如图 23.23 所示。这样当单击按钮的时候就可以关闭 Flash 播放器。

图 23.23　输入语句

```
on (release) {
    fscommand("quit");
}
```

第 5 步，动画效果完成。选择【文件】|【导出】|【导出影片】（快捷键为 Ctrl+shift+S）命令，在 Flash 播放器中预览动画效果。

23.3.5　访问网页

getURL 的作用是创建 Web 链接，可以实现超链接的跳转，包括创建相对路径和绝对路径。其语法格式如下。

getURL(url [, window [, "variables"]])

该函数的参数说明如下。
- ☑ url：指定获取文档的 url。
- ☑ window（窗口）：指定打开页面的方式。
  - ➢ _self 指定当前窗口中的当前框架。
  - ➢ _blank 指定一个新窗口。
  - ➢ _parent 指定当前框架的父级。
  - ➢ _top 指定当前窗口中的顶级框架。
- ☑ variables 用于发送变量的 GET 或 POST 方法。如果没有变量，则省略此参数。GET 方法将变量追加到 URL 的末尾，该方法用于发送少量的变量。POST 方法在单独的 HTTP 标头中发送变量，该方法用于发送大量的变量。

操作步骤：

第 1 步，打开光盘中的练习 Flash 文件"访问网页.fla"（ActionScript2 0）。

选择时间轴面板中任意图层的第 1 帧，这时【动作】面板的左上角会显示"动作－帧"。在动作编辑区中输入语句，如图 23.24 所示。这样当动画一开始播放的时候就可以自动跳转。

getURL("http://www.baidu.com/", "_blank");

第 2 步，在场景的图层"按钮"中放置一个按钮元件，如图 23.25 所示。

图 23.24　在场景中制作动画　　　　　　图 23.25　放置按钮元件

第 3 步，选择舞台中的按钮实例，这时【动作】面板的左上角会显示"动作－按钮"，在动作编辑区中输入语句，如图 23.26 所示。

```
on (release) {
    getURL("http://www.google.com.hk/","_blank");
}
```

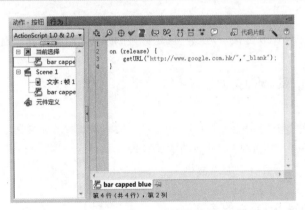

图 23.26　输入语句

第 4 步，单击按钮就可以访问谷歌网站。动画效果完成，选择【文件】|【导出】|【导出影片】（快捷键为 Ctrl+shift+S）命令，在 Flash 播放器中预览动画效果。

23.3.6　加载/卸载影片剪辑

使用 loadMovie 命令可以在一个影片中加载其他位置的外部影片或位图，使用 unloadMovie 命令可以卸载前面载入的影片或位图。

操作步骤：

第 1 步，新建一个 Flash 文件（ActionScript 2.0）。

第 2 步，在场景的"图层 1"中放置两个按钮元件。在"图层 1"中绘制一个白色矩形。

第 3 步，按 F8 键把这个矩形转换为影片剪辑元件，调整其注册中心点为中间，如图 23.27 所示。

选择影片剪辑元件，在【属性】面板中的"实例名称"文本框中输入"here"，如图 23.28 所示。

操作提示：

实例的命名规则是只能以字母和下划线开头，中间可以包含数字，但是不能以数字开头，不能使用中文。

图 23.27 把矩形转换为影片剪辑元件　　　　图 23.28 设置影片剪辑元件实例名称

第 4 步，选择舞台中的第一个按钮元件，在动作编辑区中输入语句，如图 23.29 所示。注意，这里的"01.swf"和最终导出的动画在同一个文件夹中。

```
on (release) {
    loadMovie("01.swf", "here");
}
```

第 5 步，选择舞台中的第二个按钮元件，在动作编辑区中输入语句，如图 23.30 所示。

```
on (release) {
    loadMovie("02.swf", "here");
}
```

图 23.29 输入语句　　　　　　　　　　图 23.30 输入语句

第 6 步，动画效果完成。选择【文件】|【导出】|【导出影片】（快捷键为 Ctrl+shift+S）命令，在 Flash 播放器中预览动画效果。单击不同的按钮，就可以加载不同的动画到当前的影片中，并且对齐到影片剪辑元件"here"的位置上。

23.3.7 加载变量

使用 loadVariables 命令可以加载外部的数据，并设置 Flash 播放器级别中变量的值。

操作步骤：

第 1 步，新建一个 Flash 文件（ActionScript 2.0）。

第 2 步，使用"文本"工具在舞台中拖曳出一个文本框，在【属性】面板中设置文本类型为"动态文本"，在"行为"中选择"多行"，在"变量"文本框中输入"content"，如图 23.31 所示。

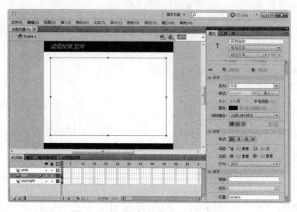

图 23.31　动态文本框属性设置

第 3 步，新建一个网页文件，并将其命名为"content.htm"，网页的内容开始是"content="，如图 23.32 所示。其中开始的"content"是变量名称。

第 4 步，选择时间轴面板中的第 1 帧，这时【动作】面板的左上角会显示"动作－帧"，在动作编辑区中输入如下语句，如图 23.33 所示。

```
loadVariablesNum("content.htm", 0);
stop();
```

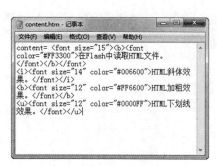

图 23.32　网页文件的源文件

图 23.33　输入语句

第 5 步，动画效果完成。选择【文件】|【导出】|【导出影片】（快捷键为 Ctrl+shift+S）命令，在 Flash 播放器中预览动画效果，如图 23.34 所示。注意，这里的"content.htm"和最终导出的动画在同一个文件夹中。

23.3.8　设置影片剪辑属性

要改变影片剪辑元件实例的位置、大小、透明度等效果时，可以通过修改影片剪辑元件实例的各种属性数据来实现。影片剪辑对象的属性很多，常用的属性如表 23.2 所示。

图 23.34　动画效果预览

表 23.2 影片剪辑元件的属性

属 性 名 称	说 明
_alpha	透明度，100 是不透明，0 是完全透明
_height	高度（单位像素）
_width	宽度（单位像素）
_rotation	旋转角度
_soundbuftime	声音暂存的秒数
_x	X 坐标
_y	Y 坐标
_xscale	宽度（单位百分比）
_yscale	高度（单位百分比）
_heightqulity	1 是最高画质，0 是一般画质
_name	实例名称
_visible	1 为可见，0 为不可见
_currentframe	当前影片播放的帧数

操作步骤：

第 1 步，新建一个 Flash 文件（ActionScript 2.0）。

在"图层 1"中导入一张外部的图片。按 F8 键，把这张图片转换为一个影片剪辑元件。在【属性】面板中设置影片剪辑元件的实例名称为"girl"，如图 23.35 所示。

图 23.35 动态文本框属性设置

第 2 步，新建"图层 2"，在"图层 2"中放置 4 个按钮，如图 23.36 所示。选择舞台中左上角的椭圆按钮，在动作编辑区中输入如下语句，如图 23.37 所示。

```
on (release) {
    girl._xscale=girl._xscale-10
    girl._yscale=girl._yscale-10
}
```

第 3 步，选择舞台中右上角的椭圆按钮，在动作编辑区中输入如下语句，如图 23.38 所示。通过不断地改变影片剪辑元件的宽度和高度的百分比，从而实现对图片放大和缩小的操作。

图 23.36　在场景中放置按钮和影片剪辑元件

图 23.37　输入语句

```
on (release) {
    girl._xscale=girl._xscale+10
    girl._yscale=girl._yscale+10
}
```

第 4 步，选择舞台中左下角的矩形按钮，在动作编辑区中输入如下语句，如图 23.39 所示。

```
on (release) {
    girl._rotation=girl._rotation-10
    girl._rotation=girl._rotation-10
}
```

图 23.38　输入语句

图 23.39　输入语句

第 5 步，选择舞台中右下角的矩形按钮，在动作编辑区中输入如下语句，如图 23.40 所示。

```
on (release) {
    girl._rotation=girl._rotation+10
    girl._rotation=girl._rotation+10
}
```

第 6 步，动画效果完成。选择【控制】|【测试影片】（快捷键为 Ctrl+Enter）命令，在 Flash 播放器中预览动画效果，如图 23.41 所示。通过不断地改变影片剪辑元件的旋转角度，从而实现对图片的顺时针和逆时针旋转。

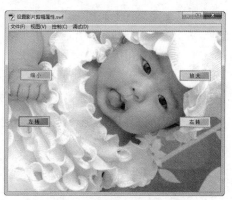

图 23.40 输入语句　　　　　　　图 23.41 动画效果预览

23.3.9 复制影片剪辑

使用 duplicateMovieClip 命令，可以复制命名的影片剪辑元件实例。其语法格式如下。

`duplicateMovieClip(target, newname, depth)`

其中，各参数的说明如下。

☑ target 要复制的影片剪辑的目标路径。

☑ newname 新复制的影片剪辑名称。

☑ depth 新复制的影片剪辑的深度级别。深度级高的在上方，深度级低的在下方，每个对象的深度级是唯一的。

下面通过一个具体的案例来说明这个命令的作用。

操作步骤：

第 1 步，新建一个 Flash 文件（ActionScript 2.0）。

第 2 步，在"图层 1"中导入一张外部的图片。按 F8 键，把这张图片转换为一个影片剪辑元件，如图 23.42 所示。

第 3 步，在场景时间轴面板的第 30 帧按 F6 键，插入关键帧。把第 30 帧舞台中的图像放大，同时把透明度调整为"0"，如图 23.43 所示。

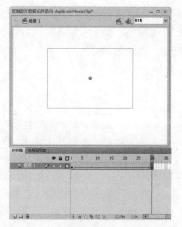

图 23.42 进入到影片剪辑元件的编辑状态　　　图 23.43 为影片剪辑元件制作动画

第 4 步，在【属性】面板中设置影片剪辑元件的实例名称为 "logo"。在 "图层 1" 的第 30 帧处按 F5 键，插入静态延长帧。

第 5 步，新建 "图层 2"，分别在 "图层 2" 中的第 3、6、9、12、15、18、21、24、27、30 帧处按 F7 键，插入空白关键帧，如图 23.44 所示。

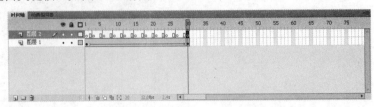

图 23.44　在图层 2 插入空白关键帧

第 6 步，选择时间轴面板中 "图层 2" 的第 1 帧，这时【动作】面板的左上角会显示 "动作-帧"。在动作编辑区中输入如下语句，如图 23.45 所示。

```
duplicateMovieClip("logo", "logo01", 1);
```

第 7 步，选择时间轴面板中 "图层 2" 的第 3 帧，这时【动作】面板的左上角会显示 "动作-帧"，在动作编辑区中输入语句，如图 23.46 所示。

```
duplicateMovieClip("girl", "girl02", 2);
```

图 23.45　输入语句　　　　　　　　　　　　图 23.46　输入语句

第 8 步，依此类推，给所有的关键帧都添加复制语句，但是每个关键帧中的 newname 和 depth 的值是依次递增的。

第 9 步，动画效果完成。选择【控制】|【测试影片】（快捷键为 Ctrl+Enter）命令，在 Flash 播放器中预览动画效果。

23.4　综合实战：开发 Flash 网站

经过前面的学习，很多用户开始对那些全 Flash 网站的制作产生兴趣。全 Flash 网站基本以图形和动画为主，所以比较适合做那些文字内容不太多，以平面、动画效果为主的应用，如企业品牌推广、特定网上广告、网络游戏、个性个人网站等。下面结合 "我的多媒体" 全 Flash 网站的开发来介绍 Flash 网站的制作全过程。

23.4.1 Flash 网站设计概述

制作全 Flash 网站和制作 html 网站类似，应先在纸上画出结构关系图，网站的主题、要用什么样的元素、哪些元素需要重复使用、元素之间的联系、元素如何运动、音乐的风格、整个网站可以分成几个逻辑块、各个逻辑块间的联系如何，以及是否打算用 Flash 建构全站或是只用其做网站的前期部分等，都应在考虑范围之内。

实现全 Flash 网站的效果多种多样，但基本原理是相同的：将主场景作为一个"舞台"，这个舞台提供标准的长宽比例和整个的版面结构，"演员"就是网站子栏目的具体内容，根据子栏目的内容结构可能会再派生出更多的子栏目。主场景作为"舞台"基础，基本保持自身的内容不变，其他"演员"身份的的子类、次子类内容根据需要被导入到主场景内。

从技术方面讲，如果用户已经掌握了不少单个 Flash 作品的制作方法，再多了解一些 SWF 文件之间的调用方法，制作全 Flash 网站并不会太复杂。一般 Flash 网站制作流程如图 23.47 所示。

图 23.47　Flash 网站制作流程

以上内容大致介绍了全 Flash 网站的基本制作方法，下面比较一下全 Flash 网站和单个 Flash 作品的不同之处。

1. 文件结构不同

单个 Flash 作品的场景、动画过程及内容都在一个文件内，而全 Flash 网站的文件由若干个文件构成，并且可以随发展的需要继续扩展。全 Flash 网站的文件动画分别在各自的对应文件内，通过 Action 的导入和跳转控制实现动画效果，由于同时可以加载多个 SWF 文件，它们将重叠在一起显示在屏幕上。

2. 制作思路不同

单个 Flash 作品的制作一般都在一个独立的文件内，计划好动画效果随时间轴的变化或场景的交替变化即可。全 Flash 网站制作则更需要整体的把握，通过不同文件的切换和控制来实现全 Flash 网站的动态效果，要求用户有明确的思路和良好的制作习惯。

3. 文件播放流程不同

单个 Flash 作品通常需要将所需的文件都存放在一个文件内，在观看效果时必须等文件基本下载完毕才开始播放，但全 Flash 网站是通过若干个文件结合在一起，在时间流上更符合 Flash 软件产品的特性。文件可以做的比较小，通过陆续载入其他文件更适合 Internet 的传播，这样同时避免了访问者因等待时间过长而放弃浏览。

23.4.2 Flash 网站开发必须掌握的几个函数

这些函数是全 Flash 网站实现的关键，这里只介绍部分制作全 Flash 网站需要使用的比较重要的 ActionScript 函数。

1. loadMovieNum()和 loadMovie()

☑ 语法格式

loadMovieNum("url",level[, variables])

loadMovie("url",level/target[, variables])

☑ 功能说明

在播放原来加载的影片的同时将 SWF 或 JPEG 文件加载进来。

☑ 参数说明

url 表示要加载的 SWF 或 JPEG 文件的绝对或相对 URL，不能包含文件夹或磁盘驱动器说明。

Level 表示把 swf 文件以层的形式载入到 Movie 里，若载入 0 层，则载入的 swf 文件将取代当前播放的 Movie，2 层高于 1 层。

Target 表示可用路径拾取器取得并替换目标 MC，载入的电影将拥有目标 MC 的位置、大小和旋转角度等属性。用 Target 在控制载入.swf 位置时比较方便。

Variables 表示可选参数，指定发送变量所使用的 HTTP 方法(GET/POST)，如果没有则省略此参数。

☑ 提示

Flash 允许同时运行多个 SWF 文件，Flash 一旦载入一个 SWF 文件，则占据了一个层次，系统默认的是_Flash0 或_Level0，之后的 Movie 则按顺序放在 level0~level16000 里。第一个载入的 SWF 文件为_Flash0 或_Level0，第二个载入的文件如果加载到第一层时称为_Flash1 或_Level1，依此类推，但前提是前面载入的文件没有退出，否则第一个文件也从内存中退出。

注意，如果用户将外部的 Movie 加载到 Level 0 层或者 Level 1 层里，那么，原始的 Movie 就会被暂时取代，要再用时还得重新 Load 一次，也就是说，一个 Level 在一个时间里只能有一个 Movie 存在。在使用 LoadMovie 和 UnLoadMovie 时必须特别注意 Level 之间的关系，否则，当希望在一个时间里只播放一个 Movie，而 Unload 掉前一个 Movie 时，就会出现不必要的麻烦。

2. unloadMovieNum()和 unloadMovie()

☑ 语法格式

unloadMovieNum(level)

unloadMovie[Num](level/"target")

☑ 功能说明

从 Flash Player 中删除已加载的影片。

☑ 参数说明

同 loadMovieNum()和 loadMovie()函数相同。

3. loadVariables ()

☑ 语法格式

loadVariables ("url" ,level/"target" [, variables])

☑ 功能说明

从外部文件中（如文本文件，或由 CGI 脚本、Active Server Page (ASP)、PHP 或 Perl 脚本生成的文本）读取数据，并设置 Flash Player 级别或目标影片剪辑中变量的值。

☑ 参数说明

url 表示变量所处位置的绝对或相对 URL。

level 表示指定 Flash Player 中接收这些变量的级别的整数。

Target 表示指向接收所加载变量的影片剪辑的目标路径。

Variables 表示可选参数，指定发送变量所使用的 HTTP 方法（GET/POST），如果没有则省略此参数。

4．gotoAndPlay()

☑　语法格式

gotoAndPlay(scene, frame)

☑　功能说明

转到指定场景中指定的帧并从该帧开始播放。如果未指定场景，则播放头将转到当前场景中的指定帧。

☑　参数说明

scene 表示转到的场景的名称。

Frame 表示转到的帧的编号或标签。

23.4.3　网站策划

本网站栏目主要包括 6 个版块：媒体开发、资源下载、闪客大侠、友情链接、进入论坛、关于作者，如图 23.49 所示。子栏目"资源下载"包括 4 个小栏目：Macromedia Studio MX、Photoshop 7.02 中文版、Painter 7 自然画笔 7、After Effect5.5 英文版。子栏目"闪客大侠"包括 10 个小栏目：Rocky、玲玲、易拉罐、海明威、花火、DFlying、杨格、白丁、小小、拾荒。子栏目"友情链接"包括 5 个小栏目。子栏目"关于作者"包括 2 个小栏目。

整个网站的结构用图表示，如图 23.48 所示（用文件名表示各个版块）。红线部分构成主场景（舞台），每个子栏目在首页里仅保留名称，属性为按钮。蓝线部分内容为次场景（演员），可以将次场景内容做在一个文件内，同时也可以做成若干个独立文件，根据需要导入到主场景（舞台）内。

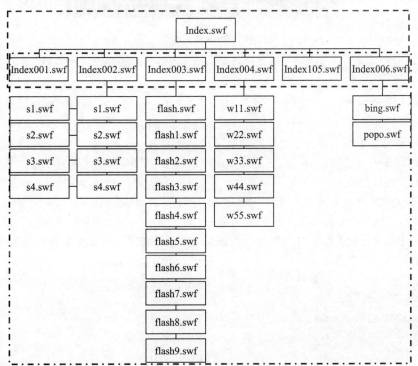

图 23.48　Flash 网站结构

Note

23.4.4 首页场景设计

本全 Flash 网站由主场景、子场景、次子场景构成。与制作 html 网站类似，一般会制作一个主场景 index.swf，主要内容包括：长宽比例、背景、栏目导航按钮、网站名称等"首页"信息。最后发布成一个 html 文件，或者自己做一个 html 页面，内容就是一个表格，里面写上 index.swf 的嵌入代码即可。主场景安排设置如图 23.49 所示。

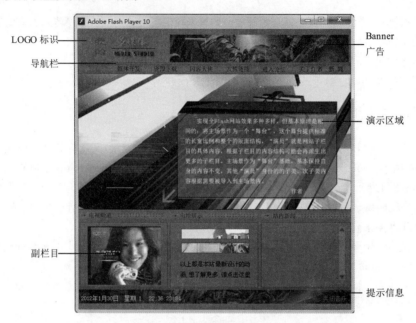

图 23.49　Flash 网站首页效果

☑　Logo 标识区域一般为网站名称、版权等固定信息区，通常所在位置为 Flash 动画的边缘位置。

☑　在 Logo 右边主要放置一些动画广告，也称为 Banner。

☑　导航栏为网站栏目导航按钮，通常也是固定在某个区域。按钮可以根据需要做成静态或动态效果，甚至可以做成一个包含影片剪辑变化的按钮。

☑　中间部分为主场景导入子文件的演示区域。

☑　有时根据内容需要，可以在下边较小区域，或在左右两侧狭长区域设置一些常用的栏目，作为主栏目的补充。

☑　在子文件的装载方面主要用到：LoadMovieNum 和 UnloadMovieNum 两个控制函数。这里主要以子栏目"媒体开发"的制作为例。主场景文件 index 中有一个按钮"媒体开发"，当单击【媒体开发】按钮时，希望导入 index001.swf 文件。所以在主场景内选择"媒体开发"按钮，添加如下 Action 代码。

```
on (release) {
    tellTarget ("/") {
        loadMovieNum("index100.swf", 100);
        loadMovieNum("time.swf", 101);
    }
}
```

其他按钮设置相同，就不再重复了。

23.4.5 次场景的制作

现在确定"资料下载"子栏目需要导入的文件 index002.swf，该文件计划包含 4 个子文件。所以 index002.swf 文件的界面只包含用于导入多个独立的图形按钮和标题，如图 23.50 所示。

图 23.50 "资料下载"子栏目效果

从图 23.49 中可以看到 index002.swf 文件中包含 4 个属性为按钮的小图标，分别为 bb1 到 bb4。单击它们则分别导入相应文件 s1.swf 到 s4.swf。在场景内选择 bb2，为这个按钮添加 ActionScript。

```
on (release) {
    loadMovieNum("so/s2.swf", 2);
}
```

依次将 4 个按钮分别设置好对应的脚本以便调用相应的文件。这里设置 level 为 2，是为了保留并区别主场景 1 而设置的导入的层次数，如果需要导入下一级的层数，则层数增加为 3，依次类推。其他 5 个次场景的制作效果如图 23.51 所示。

媒体开发　　　　　　　　　　　　闪客大侠

图 23.51 其他 5 个次场景的制作效果

友情链接 关于作者

进入论坛

图 23.51 其他 5 个次场景的制作效果（续）

23.4.6 二级次场景制作

这里的二级次场景是与上级关联的内容，是本例中三级结构中的最后一级。该级主要为全 Flash 网站具体内容部分，可以是详细的图片、文字、动画内容。这里需要连接的是具体图片，但同样需要做成与主场景比例相同的 SWF 文件，如图 23.52 所示。

该场景是最底层场景，为主体内容显示部分，具体动画效果大家可以根据需要做得更深入。注意要在场景最后一帧处加入停止 ActionScript 代码:stop();，这样可以停止场景动画的循环动作。

图 23.52 二级次场景制作效果

23.4.7　设计 Loading

在网上观看 Flash 电影时，由于文件太大，或是网速限制，使得 Flash 在网上没办法马上被浏览，需要一段下载的时间，因而 Loading 就应运而生了，Loading 其实就是一段小的动画，可以先下载浏览，而不至于看 Flash 时一片空白。

考虑到网络传输的速度，如果 index.swf 文件比较大，在它被完全导入以前设计一个 Loading 引导浏览者耐心等待是非常有必要的。同时设计得好的 Loading 在某些时候还可以为网站起一定的铺垫作用。

一般的做法是先将 Loading 做成一个 MC，在场景的最后位置设置标签如 end，通过 if FrameLoaded 来判断是否已经下载完毕，如果已经下载完毕则通过 gotoAndPlay 控制整个 Flash 的播放。

操作步骤：

第 1 步，打开 index.fla 文件，按 CTRL＋F8 组合键新建一个影片剪辑，命名为 loading。

第 2 步，进入这个影片剪辑，做一个方框，不带边框，只留填充色。选中方框，按 F8 键转换为图形元件。然后按 F6 键在第 100 帧处插入一个帧。这样，loading 动画就是配合 100％的脚本，到 100％下载的时候，表示完成，也可以只做一帧，不会影响效果，如图 23.53 所示。

图 23.53　loading 影片剪辑制作效果

第 3 步，将 loading 影片剪辑拖入 "00" 场景中的第 1 层，放到合适位置，按 F5 键延长一帧。将影片剪辑实例命名为 jindutiao。

第 4 步，在主场景中新建一层，命名为 "Actions"，按 F6 键延长出一个关键帧，因为第一帧是空白帧，所以第二帧也延长出一个空白关键帧了。

第 5 步，第一帧写入脚本：

```
total = _root.getBytesTotal();
loaded = _root.getBytesLoaded();
baifenshu = int((loaded/total)*100);
```

定义为 loaded 除以 total 再乘以 100，目的是求个百分整数，其实对于这个 loading 的效果不大，不过打个基础，对于以后功能详细的 loading 有用。

```
baifenbi = baifenshu+"%";
setProperty("jindutiao", _xscale, baifenshu);
```

第 6 步，第二帧写入脚本：

```
if (baifenshu == 100) {
    gotoAndPlay(4);
} else {
    gotoAndPlay(1);
}
```

注意，if (baifenshu == 100)千万不要写成 baifenshu = 100，=是赋值，==才是等于。如果 baifenshu 的值，就是下载的总值等于 flash 本身的总值，执行下列语句，跳转到第 4 帧播放；如果是其他情况，就是说 baifenshu 不等于 100，则回到第一帧，这样做一个循环，在 loading 不成功的情况下，回到第一帧重新执行下载。

第 7 步，新建一层，命名为"百分比"，然后在场景中放置一个动态文本，在【属性】的【变量】文本框中输入变量 baifenbi。按 F5 键延长一帧。

第 8 步，按 CTRL＋F8 组合键新建一个影片剪辑，制作一个动态显示信息。按 F6 键建立 25 个连续的关键帧，然后每隔一关键帧删除省略号，制作一个不断闪动的动画效果，提示用户正在下载，如图 23.54 所示。

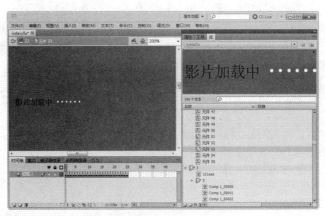

图 23.54　制作提示动画信息

第 9 步，回到主场景，新建层，命名为"提示"，把上面新制作的影片剪辑拖入场景，这样就全部完成了，按 F5 键延长出一帧。整个 loading 制作效果如图 23.55 所示。演示效果如图 23.56 所示。

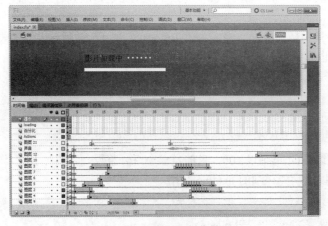

图 23.55　loading 制作效果

图 23.56　loading 演示效果

23.4.8　制作导航条

　　首先，来看一下本例要做的导航按钮的效果：载入时，导航按钮由左到右快速移到所在的位置，同时闪现一道白光。当鼠标指向时，出现动画，一道白光由下向上闪过，如图 23.57 所示。

图 23.57　导航按钮制作效果

　　了解效果后，下面就结合"关于作者"按钮实例进入具体的操作过程。

　　第 1 步，按 CTRL＋F8 组合键新建一个影片剪辑，命名为"b6"。进入编辑状态，新建"文本"层，用文本工具输入按钮标题，本按钮为"关于作者"。

　　第 2 步，在第 9 帧，按 F5 键插入一帧，延伸第 1 帧。新建"白光"层，在第 1 帧插入空白关键帧，在第 2 帧插入一关键帧，用直线工具绘制一条白线，宽度为 1 像素，然后按 F8 键转换为图形元件。

　　第 3 步，在第 8 帧，按 F6 键插入一关键帧，用箭头工具把该线条移动到文本的上面，然后在这之间创建运动补间动画，如图 23.58 所示。

　　第 4 步，新建"as"层，在第 1 帧中输入脚本 stop();，防止动画自动运行。同时插入新建按钮元件，如图 23.59 所示，用来控制动画的执行，即当鼠标经过按钮所在的区域时执行动画。

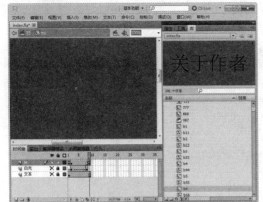

图 23.58　制作白光效果

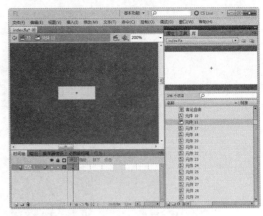

图 23.59　制作按钮效果

第 5 步，回到 "b6" 影片剪辑编辑状态，选中按钮，在【动作】面板中输入以下脚本。

```
on (rollOver) {
    gotoAndPlay(2);
}
```

即当鼠标经过按钮时，执行帧。

第 6 步，设置按钮实例的透明度为 0，使其隐藏，如图 23.60 所示。在第 9 帧处插入一关键帧，输入脚本 stop();，即让动画运行一次。

第 7 步，按钮式影片剪辑已经完成，其他几个标题按钮制作相同。回到主场景 "22" 中，来完成导航条的制作。导航条的制作比较简单，把各个主要标题按钮影片剪辑引入不同的层中。导航条主要通过不同层的叠加，不同的层分别管理各自不同的元件对象，分别进行不同效果的动画处理，而相互不影响。产生一种奇妙复杂的变幻效果，整个时间轴如图 23.61 所示。

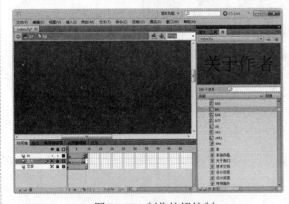

图 23.60　制作按钮控制

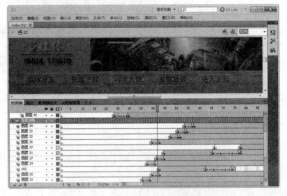

图 23.61　导航条时间轴效果

23.4.9　加载外部动画影片

做全 Flash 网站时，如果把所有的 Flash 文件都放入一个文件，会非常大，不利于维护和管理。所以通常将不同内容和功能分别放入不同的文件。做成站点时，通过单击不同的按钮等方式载入单个栏目的 SWF 文件，而浏览者在浏览网页时，可逐个下载，大大减少主画面的负担。

如何加载外部的 SWF 文件呢？这里主要用到两个函数：loadmovie()和 loadmovienum()，关于这两个函数的说明请参看第 23.4.2 节的相关内容。先看下面几行代码。

```
on (press) {
    tellTarget ("/") {
        loadMovieNum("index104.swf", 100);
    }
}
```

加载 index104.swf 到主动画的第 100 个级别（级别是相对于不同的 SWF 文件而言的，其作用相当于层，如 Falsh 里的层，上一层的东西将覆盖下一层的内容）。

用户要注意 loadMovieNum 语句加载动画时，只能加载本地或同一服务器上的 SWF 文件。加入主动画里的 SWF 文件，用户会经常对其进行控制，如停止、播放、关闭等，下面介绍 3 种常用方法。

1．在本文件里控制

以 index104.swf 为例，在文件中做两个按钮，一个播放一个停止，在播放按钮上输入以下脚本。

```
on(release){
    this.play();
}
```

在停止按钮上输入下面的脚本。

```
on(release){
    this.stop();
}
```

这样测试一下，在 index.swf 主文件中就可以进行控制了。

2．在主文件里控制

同样是上面例子里的播放和停止两个按钮，在播放按钮中输入下面的脚本。

```
on(release){
    _level100.play();
}
//_level(数值)是级别的意思，_level100 就是第 100 级别的意思。
```

在停止按钮上加入以下脚本。

```
on(release){
    _level100.stop();
}
```

测试一下，同样可以达到效果。

如果把 index104.swf 关闭或卸载，可以进行如下控制。

```
on(release){
    unloadMovieNum(100);
}
```

到此，读者就掌握了简单的加载并控制 SWF 文件的方法了。

3．加载定位

上面讲解了通过按钮加载外部 SWF 文件的基本知识，下面进行深一层的探讨，如何给加载的动画定个位置。定位有下面两种方法。

☑ 制作被加载的 Flash 时定位：例如，主动画 index.swf 文件的画布大小是 700×400 像素，被加载的 index104.swf 的大小为 200×200 像素，并载入主动画（300,200）的位置。

可以在 index104.swf 里做画布和 index.swf 相同，即为 700×400 像素，这样就可以导出影片。在 index.swf 里做一个按钮，在按钮上输入下面的脚本。

```
on(release){
    loadMovieNum("index104.swf",100);
}
```

这样就完成了一种定位加载的方法。

☑ 导入主动画影片剪辑：这里的主动画影片剪辑就是指在 index.swf 文件里新建一个空的影片剪辑，将外部的 index104.swf 文件加载到这个影片剪辑里。

23.4.10 加载外部文本文件

在制作全 Flash 网站的过程中经常遇到一定量的文字内容需要体现，文本的内容表现与上面介绍的流程是一样的，但最后的表现效果和处理手法还是有些不同。

1. 文本图形法

如果文本内容不多，又希望将文本内容做的比较有动态效果，可以采用此法。将需要文本做成若干个 Flash 的元件，在相应的位置安排好。文本图形法的文件载入与上面介绍的处理手法比较类似，原理都差不多。具体动态效果就有待用户自己去考虑，这里就不多介绍。本例中大部分文本内容都是这种方法导入。

2. 文本导入法

文本导入法可以将独立的.txt 文本文件，通过 loadVariables 导入到 Flash 文件内，修改时只需要修改 txt 文本内容就可以实现 Flash 相关文件的修改，非常方便。在文本框属性中设置变量名（注意这个变量名）。为文本框所在的帧添加脚本：

```
loadVariables("变量名.txt", "");
```

编写一个纯文本文件.txt（文件名随意），文本开头为"变量名="，"="后面写上正式的文本内容。

例如，index.fla 中的文本导入（本例中最初没有使用此方法，下面的例子为了说明操作方法，是临时加入的）。

第 1 步，在文件 index.fla 里设置【新闻】按钮，在其中输入脚本：

```
on (release) {
    loadMovieNum("news.swf", 1);
    unloadMovieNum (2);
}
```

第 2 步，在 news.fla 文件中做好显示文本的动态文本框，文本框属性设置为多行，变量名为 news（注意这个变量名）。

第 3 步，为文本框所在的帧加入脚本：

```
loadVariables("news.txt", "");
```

第 4 步，在 news.fla 文件所属目录下编写一个纯文本文件 newst.txt，文本开头为"news="，"="

后面写上正式的文本内容，如图 23.62 所示。

图 23.62　输入文本信息

第 5 步，运行 index.fla 后，单击【新闻】按钮，则在中间区域显示将文本文件完整导入到主场景内的效果，如图 23.63 所示。

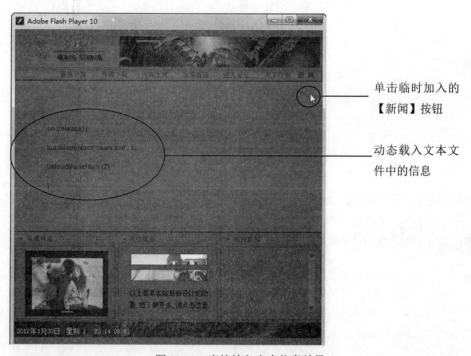

单击临时加入的
【新闻】按钮

动态载入文本文
件中的信息

图 23.63　直接输入文本信息效果

23.4.11　开发小结

通过认真地学习，相信用户已基本掌握 Flash 网站的制作过程和方法，最后还需要注意下面几点。

☑　设置好所有子文件的长、宽属性。

☑　全 Flash 网站从画面层次来看，非常类似 Photoshop 的层结构，可以把每个子场景看做为一个层文件，子文件是在背景的长宽范围内出现。为了方便定位，可以让子文件与主场景保持统一的长宽比例，这样非常便于版面安排，否则就必须用 setProperty 语句小心控制它们的位置。

☑　发布文件时要将 HTML 选项发布为透明模式。

☑　需要将每个子文件发布为透明模式的原因是不能让子文件带有背景底色，由于子文件的长宽比例与主场景基本是一致的，如果子文件带有底色，就会遮盖主场景的内容。

☑ 设置方法：在发布设置里选择 HTML 选项，在 HTML 选项卡里选择【窗口模式】为"透明无窗口"，如图 23.64 所示。

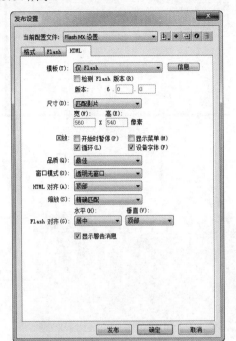

图 23.64　设置透明模式

☑ 使用文本导入时，注意文本文件开头的内容必须是与文本框属性中变量定义相同的字符串。另外需要导入文本的 SWF 文件与被导入的 txt 文本文件最好在同一目录内。

☑ 注意仔细检查文件之间的调用是否正确，避免出现"死链接"。